T0132962

RENCONTRES
450

Série *Confluences littéraires*
dirigée par Pierre Glaudes
4

Femmes et le Savoir / Women and Knowledge / Frauen und Wissen

Actes du colloque « Femme – savoir, sciences et universités »,
organisé du 21 au 23 octobre 2016 à l'université de Varsovie,
publiés avec le soutien de l'Institut d'études allemandes,
l'Institut d'études romanes et la Faculté de lettres modernes
de l'université de Varsovie

Femmes et le Savoir / Women and Knowledge / Frauen und Wissen

Sous la direction de Joanna Godlewicz-Adamiec,
Dariusz Krawczyk, Małgorzata Łuczyńska-Hołdys,
Paweł Piszczatowski et Małgorzata Sokołowicz

PARIS
CLASSIQUES GARNIER
2020

Joanna Godlewicz-Adamiec est professeur à l'université de Varsovie, spécialiste de la littérature du Moyen Âge en allemand et de la mystique médiévale allemande.

Dariusz Krawczyk est maître de conférences à l'université de Varsovie. Dans ses travaux consacrés à la poésie de la Renaissance française il s'intéresse principalement à la relation entre la littérature et la théologie.

Małgorzata Łuczyńska-Hołdys est professeur à l'université de Varsovie. Ses recherches portent sur les rapports entre la poésie et les arts et sur les femmes à l'époque victorienne.

Paweł Piszczatowski est professeur de littérature allemande à l'université de Varsovie et auteur d'ouvrages sur Paul Celan, Gotthold Ephraim Lessing, la Shoah et sur la mystique et la théologie médiévales.

Małgorzata Sokołowicz, maître de conférences à l'université de Varsovie, est auteur de nombreux articles sur les rapports entre la littérature et les arts ainsi que sur l'Orient dans la littérature française.

ISBN 978-2-406-09679-5 (livre broché)
ISBN 978-2-406-09680-1 (livre relié)
ISSN 2103-5636

INTRODUCTION

LES FEMMES ET LE SAVOIR :
HISTOIRE, DÉFIS, PERSPECTIVES

En 2016, l'université de Varsovie fêtait le bicentenaire de sa fondation. Dans le cadre de ces célébrations, un grand colloque international « Femme – savoir, sciences et universités » a été organisé à la faculté de Lettres modernes les 21-23 octobre 2016. À l'origine de cette initiative se trouvait une collaboration fructueuse entre des chercheurs venant de trois instituts de cette faculté : Institut d'études anglaises, Institut d'études allemandes et Institut d'études romanes. C'est pour cette raison que les délibérations ont eu lieu en trois sections linguistiques parallèles : en anglais, en allemand et en français. Le colloque a rassemblé plus d'une soixantaine de chercheurs venant de Pologne, de France, de Suisse, d'Autriche, de Lituanie, de Grèce et d'Italie, mais aussi d'Algérie et du Brésil.

Le bicentenaire de l'une des meilleures universités polonaises est devenu une occasion propice pour rappeler l'histoire des rapports de femmes à la science et/ou celle de leur formation. C'est ainsi que les communications présentées lors du colloque ont mis en scène des femmes qui voulaient se former et des savantes, des écrivaines, des artistes – en un mot bien des destins féminins unis par la même quête du savoir. Les échanges ont permis de (re)définir la place des femmes dans le monde contemporain de la science, en inscrivant souvent l'éducation des femmes dans les études féministes et celles de genre (*gender studies*).

Le présent volume fait partie des célébrations du bicentenaire de l'université de Varsovie et constitue le prolongement de ce projet. Les textes réunis ici présentent les résultats des recherches menées par des chercheurs de différentes nationalités et aires culturelles. Chacun raconte une histoire : celle d'une femme particulière, celle de l'éducation des femmes dans un pays ou dans un moment historique spécifique, celle d'une institution créée pour les femmes ou à laquelle les femmes ont gagné accès. Par conséquent, le tome tout entier construit une sorte d'histoire culturelle des femmes et de leur accès au savoir.

Voulant éviter l'écueil de l'uniformité, les rédacteurs ont décidé de préserver le caractère trilingue du volume. En effet, les langues des articles particuliers désignent non seulement une aire culturelle, mais se réfèrent aussi à une méthodologie et terminologie spéciales. Qui plus est, les trois langues – le français, l'anglais et l'allemand – correspondent aux trois espaces importants du monde scientifique, montrent la complexité de la problématique discutée et celle des méthodes de recherches employées.

Les articles en différentes langues s'entrelacent tout comme le font les différentes histoires des femmes décrites dans ce volume ; histoires des femmes qui viennent de différents pays et milieux, qui vivent (ou vivaient) à différentes époques et qui font (ou faisaient) face à différents problèmes d'accès au savoir ou de reconnaissance. Ces articles ont été divisés en cinq chapitres. Le premier, qui servira d'introduction, présente deux panoramas d'histoire de femmes en Europe centrale. C'est ainsi qu'Agnieszka Janiak-Jasińska et Andrzej Szwarc racontent l'histoire des étudiantes de l'université de Varsovie alors que Magdalena Roguska présente celle des études de genre en Hongrie.

Le deuxième chapitre se concentre déjà sur les institutions et les projets éducatifs particuliers. Il est inauguré par le travail d'Aurélie Perret qui analyse le problème de l'éducation des filles pauvres en France au début du XVIIᵉ siècle. Ensuite, Alicja Urbanik-Kopeć présente le projet des écoles professionnelles pour femmes dans le Royaume de Pologne à la fin du XIXᵉ siècle et Loukia Efthymiou décrit le début de l'École normale supérieure de jeunes filles fondée à Sèvres. L'article de Małgorzata Sokołowicz nous fait découvrir l'éducation des femmes-peintres à Paris au tournant du siècle pendant que le travail de Włodzimierz Zientara examine la présence des étudiantes dans les universités allemandes à la même époque. Carole Carribon décrit l'*Association française des femmes médecins* et son activité dans l'entre-deux-guerres tandis que Martine Sonnet se concentre sur la présence des chercheuses de la Caisse nationale des sciences en France dans les années 1930. À la fin de cet article se trouve le texte de Magdalena Malinowska débattant de l'importance de l'éducation des femmes dans le processus de leur émancipation dans l'Algérie indépendante.

Le troisième chapitre se concentre sur l'éducation des femmes et sur leur accès au savoir dans la perspective des études culturelles. Le premier article, écrit par Joanna Godlewicz-Adamiec et Paweł Piszczatowski, met en scène l'écriture féminine et les personnages littéraires des femmes au Moyen Âge. Ensuite, Armel Dubois-Nayt décrit le rôle de Marie Stuart dans la Querelle du Savoir. Monika Kulesza fait sortir de l'oubli le personnage de Marguerite Buffet et la question de la promotion des femmes présente dans ses écrits, alors que l'article de Véronique Le Ru est consacré à une autre femme savante des époques anciennes, la Marquise du Châtelet. Les deux derniers textes se concentrent sur les époques plus récentes : Nathalie Pigeard-Micault montre comment de nombreuses biographies de Marie Skłodowska-Curie ont contribué à l'émergence de certains stéréotypes et Schirin Nowrousian analyse l'œuvre d'une danseuse et chorégraphe américaine, Anne Halprin.

Les textes qui forment le quatrième chapitre se focalisent sur la littérature. L'article de Monika Nowakowska présente les besoins éducatifs des femmes de la perspective de textes normatifs (śāstra) en Inde. Le travail d'Andréa Rando Martin met en scène les femmes qui s'occupent de la médecine dans le *Roman de Perceforest*. Małgorzata Łuczyńska-Hołdys monte l'attitude envers l'éducation féminine qui émerge de la littérature anglaise du XIXᵉ siècle écrite par les femmes pendant que Dorota Babilas s'occupe du même problème, en se concentrant sur l'opéra-comique *Princess Ida*. Magdalena Pypeć analyse l'équivalent de Queen's College dans le poème héroïcomique *The Princess* de Tennyson. La façon de représenter Agnes Dürer dans la littérature allemande du XIXᵉ et du XXᵉ siècles est analysée par Tomasz Szybisty. L'article qui clôt ce chapitre, celui de Leopoldo Domínguez, nous fait connaître les métamorphoses du mythe de Circé dans la littérature germanophone créée par les écrivains d'origines hispaniques.

Le dernier chapitre montre l'évolution de la pensée éducative. Le premier texte, écrit par Nadège Landon, se concentre sur les lettres d'Anne-Thérèse de Lambert et le modèle de l'éducation féminin qui y est décrit. Monika Malinowska analyse le même sujet, en se basant sur les écrits polonais du XVIᵉ et du XVIIᵉ siècles. La défense de l'éducation des femmes dans les textes de Mary Wollstonecraft est le sujet de l'article de Christina Bezari pendant que Michael Sobczak nous décrit le personnage de Rahel Varnhagen qui émerge des lettres de Karl August Varnhagens à sa sœur. Agnieszka Sowa débat des questions de l'éducation manifestées dans les écrits d'Amalia Schoppe tandis que Renata Dampc-Jarosz s'occupe de l'essai féminin allemand du début du xxe siècle. Le texte de Giuliano Lozzi, qui clôt le chapitre (et le volume), se concentre sur l'analyse rhétorique des discours donnés par les Allemandes dans première moitié du xxe siècle.

Trois langues, mais combien de perspectives et d'axes de recherche, combien de personnages et de destins qui, parfois, sortent ici de l'oubli. Les contributions à ce volume complètent l'histoire fascinante des femmes, mais aussi celle du savoir, de la science, de l'éducation ou, dans un sens plus large encore, celle de la littérature et de l'histoire. Nous espérons que la diversité que nous y présentons plaira à nos lecteurs qui y trouveront de nouvelles pistes de recherche, de nouvelles perspectives et de nouveaux défis.

WOMEN AND KNOWLEDGE:
HISTORY, CHALLENGES, PERSPECTIVES

In 2016, The University of Warsaw celebrated its bicentenary. In conjunction with these celebrations, the Faculty of Modern Languages organized an international conference *Woman: Knowledge, Sciences, Universities. Europe and the World* (October 21-23, 2016). This event came to life as a result of the fruitful cooperation of academics from the Institutes of English, German and French Studies. The conference was held in three languages, and over 60 scholars from Poland, France, Switzerland, Austria, Lithuania, Greece, Italy, as well as Algeria and Brazil, participated in workshops and lectures. The two-hundredth anniversary of one of the leading Polish Universities became an occasion to recall women's history in two ways: in relation to science (broadly understood) and in terms of Higher Education—the stories of women academics, artists, those who wanted to be educated and those who wanted to educate others. It was also a chance to (re)define the place of women in the modern world of science and academia, as the programme incorporated the theme of female education together with the findings of feminist and gender studies.

The present book, also pertaining to the celebrations of the University's bicentenary, is a continuation of this challenging project. The articles contained in this volume present the research of an international group of scholars. Each of the texts tells its own story: of a particular woman, of female education in a particular country or at a specific moment in history, of an institution created for women or to which women have finally been admitted; the whole volume presents a cultural history of women and (their access to) knowledge.

The editors have made the decision to preserve the trilingual character of the volume. The languages of the articles not only relate to a particular culture, but also retain specific methodologies and terminologies, characteristic for that culture and for the articles' subject matter. The three languages of the book—English, French and German—represent three important areas of the academic world, testifying to the diversity and richness of the researched topics and the methodologies employed.

The articles written in three languages seem to interlace, just as the stories of women—coming from different social classes and different cultures, living in different times and facing diverse problems—nevertheless correlate. These diverse texts have been grouped into five chapters. The first provides an introduction, presenting historical outlines of Eastern European contexts. Agnieszka Janiak-Jasińska and Andrzej Szwarc delineate the history of women studying at Warsaw University, while Magdalena Roguska sketches out the history and the problems faced by Gender Studies in Hungary.

The second chapter revolves around specific institutions or educational projects. It begins with Aurélie Perret's essay, presenting the problem of education of young poor girls at the beginning of the 17th century in France. Alicja Urbanik-Kopeć discusses the project of vocational schools for women in the Kingdom of Poland at the end of the 19th century. Loukia Efthymiou relates the beginnings of a school for women teachers in Sevres near Paris. Małgorzata Sokołowicz examines the education of women painters at the turn of the 19th and the 20th centuries, while Włodzimierz Zientara shows the presence of female students at German Universities at the same historical moment. In what follows, Carole Carribon describes an association of female doctors in the interwar period, and Martine Sonnet outlines the role of women in research projects, funded by France in the 1930s. The closing article of this section by Magdalena Malinowska explores the importance of female education in the emancipation process in independent Algeria.

The third chapter presents women's education and their access to knowledge from the cultural studies perspective. The opening essay by Joanna Godlewicz-Adamiec and Paweł Piszczatowski discusses women's writing and various female figures present in German medieval literature. Armel Dubois Nayt, in shifting to the early modern period, delineates the role of Mary Stuart in the controversy about female education. Monika Kulesza recalls the figure of Marguerite Buffet (a French writer, grammarian, and teacher) and the way she promoted women in her writing, whereas Véronique Le Ru's article is devoted to Gabrièle-Émilie de Breteuil, Marquise Du Châtelet, an 18th century French natural philosopher, mathematician, physicist, and author. The final two essays relate to more contemporary times: Nathalie Pigeard-Micault shows how subsequent biographies of Marie Skłodowska-Curie resulted in the formation of various stereotypes concerning the scientist, and Schirin Nowrousian describes the work of Ann Halprin, an American dancer and choreographer.

The essays in part four are all literature-oriented. Monika Nowakowska's article presents the educational needs of women from the perspective of normative (sastra) texts in classical India, Andréa Rando Martin analyses the figures of women who occupied themselves with medicine in *Roman de Perceforest*, and Małgorzata Łuczyńska-Hołdys discusses the attitudes to female education that transpire from various 19th century literary texts written by women authors. Dorota Babilas's article concerns the same issue in the comic opera *Princess Ida*, while Magdalena Pypeć discusses a literary counterpart of Queen's College for women in Tennyson's mock-heroic poem *The Princess*. The text by Tomasz Szybisty outlines the presentation of Agnes Dürer in German literature of the 19th and the 20th century, and Leopoldo Domínguez traces the metamorphoses of Circe in the works by authors of Spanish/Spanish-American origin, written in German.

The final part shows the development of educational thought on the basis of numerous primary sources. The article by Nadège Landon focuses on Anne-Thérèse de Lambert's letters and the model of female education that emerges from them. Monika Malinowska presents Polish 16th and 17th century sources concerning the same subject. Christina

Bezari discusses the defence of female education in the writings of Mary Wollstonecraft, while Michael Sobczak concerns himself with the figure of Rahel Varnhagen as presented in Karla Augusta Varnhagens' letters to his sister. In what follows, Agnieszka Sowa explores the question of education in the writings of Amalia Schoppe, and Renata Dampc-Jarosz examines the genre of the female essay in Germany at the beginning of the 20th century. The closing text of the volume is by Giuliano Lozzi, who employs rhetorical analysis in his reading of public speeches given by female German speakers in the first half of the 20th century.

Three languages, many authors, a variety of texts and topics, numerous historical and literary figures–some well known, some almost forgotten; these things together create a fascinating history of women, as well as an account of the development of science, knowledge, education and–broadly conceived–literature, art and culture. We wholeheartedly hope that the readers of the present volume will find this diversity attractive and stimulating, offering new directions for further research, new challenges and perspectives.

FRAUEN UND WISSEN: GESCHICHTE, HERAUSFORDERUNGEN, PERSPEKTIVEN

2016 feierte die Universität Warschau den 200. Jahrestag ihrer Gründung. Anlässlich dieses Jubiläums wurde an der Neuphilologischen Fakultät – als Kooperationsarbeit der Institute für Anglistik, Germanistik und Romanistik – eine große internationale Konferenz „Die Frau – Wissen, Wissenschaft, Universitäten. Europa und die Welt" (21. bis 23. Oktober 2016) veranstaltet. Getagt wurde in drei parallelen Sprachsektionen: auf Englisch, Deutsch und Französisch. Über 60 Wissenschaftlerinnen und Wissenschaftler aus Polen, Frankreich, der Schweiz, Österreich, Litauen, Griechenland und Italien, aber auch aus außereuropäischen Ländern wie Algerien oder Brasilien nahmen an der Tagung teil. Das Jubiläum des 200-jährigen Bestehens einer der prominentesten polnischen Universitäten wurde zum Anlass einer mehrfachen Reflexion: einerseits über die Geschichte der Frauen und ihrer Beziehung zu der

weit gefassten Wissenschaft und zu den Universitäten, der weiblichen
Gelehrten, Schriftstellerinnen und Künstlerinnen, die sich und andere
bilden wollten, andererseits aber auch über die Stellung der Frau im
modernen wissenschaftlichen Betrieb unter Berücksichtigung der feministischen und genderorientierten Herangehensweisen an die Problematik.

Das vorliegende Buch, das das Jubiläum der Universität Warschau
würdigen will, stellt im gewissen Sinne eine Fortsetzung jenes
Konferenzprojekts dar. Die in ihm gesammelten Beiträge präsentieren die Forschungsergebnisse eines internationalen wissenschaftlichen
Kollektivs. Jeder von ihnen erzählt eine Geschichte – die einer konkreten Frau und ihres Weges zur Bildung und wissenschaftlichem Erfolg,
oder des Zugangs von Frauen zur Bildung in einem bestimmten Land
bzw. in einem geschichtlichen Kontext, schließlich die Geschichte von
wissenschaftlichen Institutionen, die speziell für Frauen geschaffen wurden, oder zu denen Frauen allmählich Zugang bekamen. Der gesamte
Band hingegen ist ein Entwurf einer Kulturgeschichte von Frauen und
(ihrem Zugang zum) Wissen.

Die Herausgeber entschlossen sich für die Beibehaltung der
Dreisprachigkeit des Bandes. Die jeweiligen Sprachen sind oft nicht
nur mit einem bestimmten Kulturkreis verbunden, sondern auch
mit spezifischen methodologischen Ansätzen und terminologischen
Unterschieden. Die drei hier vertretenen Sprachen: Englisch, Deutsch
und Französisch stehen für drei wichtige Einflussbereiche in der Welt
der Wissenschaft und veranschaulichen die Zusammengesetztheit
der präsentierten Problematik und die Vielfalt von kulturabhängigen
Herangehensweisen an den Forschungsgegenstand.

Die in verschiedenen Sprachen verfassten Beiträge wechseln sich
miteinander ab wie die Geschichten und Probleme von Frauen aus
unterschiedlichen Kulturkreisen, gesellschaftlichen Schichten und
verschiedenen Epochen, die in dem Band versammelt wurden. Die
Texte wurden in fünf Kapitel unterteilt. Das erste von ihnen dient
der Einführung in die Problematik des Bandes und präsentiert zwei
geschichtliche Skizzen im mittelosteuropäischen Kontext: Agnieszka
Janiak-Jasińska und Andrzej Szwarc schildern Schicksale der ersten
Frauen an der Universität Warschau, Magdalena Roguska dagegen die
Geschichte von Gender Studies in Ungarn, wodurch gleichzeitig eine
Brücke zu der unmittelbaren Gegenwart geschlagen wird.

Das zweite Kapitel ist konkreten Bildungseinrichtungen und -projekten gewidmet. Es wird durch den Beitrag von Aurélie Perret eröffnet, in dem die Autorin dem Problem der Bildung armer Mädchen in Frankreich zu Beginn des 17. Jahrhunderts nachgeht. Alicja Urbanik-Kopeć schildert das Projekt der Berufsschulen für Frauen im Königreich Polen am Ende des 19. Jahrhunderts. Loukia Efthymiou beschreibt die Anfänge der Lehrerinnenbildung in Sèvres bei Paris. Małgorzata Sokołowicz wendet sich der Ausbildung von Malerinnen in Paris um die Wende zwischen dem 19. und dem 20. Jahrhundert zu, und Włodzimierz Zientara folgt den Spuren von studierenden Frauen an deutschen Universitäten in derselben Zeit. Carole Carribon widmet ihren Beitrag dem französischen Ärztinnen-Verein in der Zwischenkriegszeit und Martine Sonnet der Mitarbeit von Frauen an den vom französischen Staat unterstützten Forschungsprojekten in den 30er-Jahren des 20. Jahrhunderts. Der das Kapitel abschließende Text von Magdalena Malinowska thematisiert die Bedeutung der Frauenbildung innerhalb des gesellschaftlichen Emanzipationsprozesses im unabhängigen Algerien.

Das dritte Kapitel befasst sich mit der Bildung von Frauen und ihrem Zugang zum Wissen aus kulturwissenschaftlicher Perspektive. Der Beitrag von Joanna Godlewicz-Adamiec und Paweł Piszczatowski schildert in diesem Zusammenhang die weibliche Autorschaft und die literarischen Frauenfiguren im Mittelalter. Armel Dubois Nayt präsentiert die Position Maria Stuarts im Streit um den Zugang von Frauen zum Wissen. Monika Kulesza erinnert an die Gestalt der französischen Grammatiklehrerin aus dem 17. Jahrhundert Marguerite Buffet und die Förderung von Frauenbildung in ihren Schriften, während Véronique Le Ru eine andere gebildete Frau aus alten Zeiten – die Mathematikerin und Physikerin Émilie du Châtelet-Laumont in den Mittelpunkt ihrer Erörterrungen stellt. Die zwei letzten Beiträge verschieben die zeitliche Perspektive auf jüngere Vergangenheit. Nathalie Pigeard-Micault zeigt, auf welche Art und Weise die vielen, aufeinander folgenden Biografien von Marie Skłodowska Curie zur Entstehung zahlreicher Klischees über die große Chemikerin und Physikerin beitrugen. Schirin Nowrousian analysiert dagegen das Schaffen der amerikanischen Tänzerin und Choreografin Anna Halprin.

Das vierte Kapitel ist literaturwissenschaftlich profiliert. Eröffnet wird es von der Studie Monika Nowakowskas zu den Bildungsbedürfnissen der Frauen aus der Perspektive normativer indischer Texte (*śāstra*). Andréa Rando Martin schildert die sich mit der Medizin beschäftigenden Frauen im *Roman de Perceforest*. Małgorzata Łuczyńska-Hołdys untersucht die Einstellung zur Frauenbildung in der englischen, von Frauen verfassten Literatur des 19. Jahrhunderts, während Dorota Babilas dasselbe Problem auf der Grundlage der komischen Oper *Princess Ida* schildert. Magdalena Pypeć befasst sich mit der Präsentation von Queen's College im heroisch-komischen Epos *The Princess* von Tennyson. Der Text von Tomasz Szybisty thematisiert die Darstellungsmodi von Agnes Dürer in der deutschen Literatur des 19. und 20. Jahrhunderts und der abschließende Beitrag von Leopoldo Domínguez – die Wandlungen des Kirke-Mythos in deutschsprachigen Texten von Autoren und Autorinnen spanischer und hispanoamerikanischer Abstammung.

Das letzte Kapitel präsentiert den Bildungsgedanken aufgrund nicht fiktionaler Dokumente. Nadège Landon schreibt über die Briefe der Pariser Salonnière Anne-Thérèse de Lambert und dem aus ihnen hervorgehenden Modell der Mädchenbildung und Monika Malinowska schildert polnische Schriften aus dem 16. und 17. Jahrhundert zu demselben Thema. Die Apologie der Frauenbildung in Texten Mary Wollstonecrafts ist das Anliegen des Beitrags von Christina Bezari. Michael Sobczak schildert dagegen die Gestalt der deutsch-jüdischen Schriftstellerin und Salonnière Rahel Varnhagen, wie sie in den Briefen von Karl August Varnhagen an seine Schwester präsentiert wurde. Agnieszka Sowa bespricht die Problematik der Frauenbildung in den Schriften von Amalia Schoppe und Renata Dampc-Jarosz widmet sich den deutschen, von Frauen geschriebenen Essays des beginnenden 20. Jahrhunderts. Giuliano Lozzi analysiert in dem abschließenden Beitrag des Bandes die rhetorischen Strategien der weiblichen Rednerinnen der ersten Hälfte des 20. Jahrhunderts.

Drei Sprachen, mehrere Autorinnen und Autoren, unterschiedliche Themen, zahlreiche bekannte, nicht selten aber auch aus der Vergessenheit geholte Frauengestalten – all das setzt sich zu einer faszinierenden Geschichte von Frauen, aber auch zu der von Wissen, Wissenschaft, Bildung, und auch – etwas weiter gefasst – Literatur, Kunst und Kultur zusammen. Wir hoffen, dass die Heterogenität des vorliegenden Bandes dessen Leserinnen und Leser ansprechen und sie zu neuen Erkenntnissen und Forschungsansetzen stimulieren wird.

PREMIÈRE PARTIE

DANS L'HISTOIRE / CONSIDERING HISTORY /
UNTERWEGS DURCH DIE HISTORIE

WOMEN'S HISTORY
AT THE UNIVERSITY OF WARSAW

A review of research

In keeping with the intimation contained in the title we would like to present the most important achievements of the research into women's history carried out at our university. The area of chronological enquiry would be the period from the 1990s approximately until the present. The large number of relevant publications–greater than might have been expected–necessitates far-reaching selection, which, as is usual in such cases, will contain elements of evaluation. We will focus our attention on the major directions of historical research into women as well as those works that cover the 19th and 20th centuries, that is the period of technical, social and cultural modernization, a very important, if not fundamental, element of which were (and still are) the transformations of women's social roles, their emancipation, achievement of equal rights as well as access to education and work in positions heretofore reserved for men, their growing independence and increasing participation in public life. However, we will also mention scientific publications devoted to women in traditional societies–from ancient to modern times.

Due to the historical sciences' wide range of interests we will disregard studies of contemporary women. Therefore there will be practically no mention of the achievements of sociologists, cultural anthropologists, political scientists, and in part even those researchers who conduct gender studies at the University of Warsaw. In practice, however, it is very difficult to draw the boundary between that which belongs to the past and the present. Historians in their research often touch upon modernity, while other representatives of the humanities and social sciences do go back in time. As it happens, many of the successful research studies that we wish to talk about were of interdisciplinary character and led to very interesting and fruitful meetings between researchers belonging to different disciplines, as well as comparisons of women's situation in different ages, countries and social environments. Sometimes there were inter-borrowings of research questions and methods or simply factual discoveries. It may even be claimed that such inspirations are very valuable. For instance, there is no doubt that social history, within which the studies of women's history develop, owes a considerable debt to sociology; although, naturally, it enriches those borrowings with its ability to analyse and criticise historical sources, the knowledge of a given period (including its various contexts and cultural determinants) or the knowledge of what had come before, facilitating the drawing of genetic conclusions. Below we will attempt to show that the issues under discussion have favoured—and still favour—the interdisciplinary approach.

At the University of Warsaw the researcher who contributed the most to the development of so understood women's history studies (very important, too, on the national, and even international, level) was Anna Żarnowska (1931-2007), a professor at the University of Warsaw's Institute of History[1]. There is little doubt that she played a pioneering role. Unfortunately, she never managed to prepare the planned synthesis of the history of Polish women over the last two centuries. However, the importance of her minor works is attested to by their two collections, separately published and without overlap: one in English—*Workers, Women and Social Change in Poland 1870-1939*, the other in Polish—*Kobieta i rodzina w przestrzeni wielkomiejskiej na ziemiach polskich w XIX i XX wieku (Woman and family in the metropolitan environment in the Polish lands in the 19th and 20th centuries)*[2].

---

1   M. Nietyksza, M. Wierzbicka, "Profesor Anna Żarnowska–główne nurty badań (Professor Anna Żarnowska–the main avenues of research)", *Społeczeństwo w dobie przemian: wiek XIX i XX. Księga jubileuszowa profesor Anny Żarnowskiej (Society in the age of transformations–19th and 20th century. Professor Anna Żarnowska's Anniversary Book)*, eds. M. Nietyksza, A. Szwarc, K. Sierakowska, A. Janiak-Jasińska, Warszawa, DiG, 2003, p. 9-16; A. Szwarc, A. Janiak-Jasińska, "Anna Żarnowska (28 VI 1931–8 VI 2007)", *Kwartalnik Historyczny*, no. 2, 2008, p. 187-191; A. Szwarc, A. Janiak-Jasińska, "Anna Żarnowska (1931-2007)", *Acta Poloniae Historica*, 97, 2008, p. 242-244; G. Szelągowska, "Professor Anna Żarnowska (1931-2007): Obituary and selected Bibliography", *Aspasia. The International Yearbook of Central, Eastern and Southeastern European Women's and Gender History*, no. 2, 2008, p. 192-200.

2   A. Żarnowska, *Workers, Women and Social Change in Poland, 1870-1939*, Ashgate 2004; eadem, *Kobieta i rodzina w przestrzeni wielkomiejskiej na ziemiach polskich w XIX i XX wieku (Woman and family in the metropolitan environment in the Polish lands in the 19th and 20th centuries)*, eds. A. Janiak-Jasińska, K. Sierakowska, A. Szwarc. Warszawa, 2013.

In addition to the value and significance of the texts she authored, Anna Żarnowska had an extraordinary part to play as teacher, initiator and the guiding spirit of collective research on a scale unique in the humanities, which favour rather the individual effort. For many years she was able to gather round her students of both sexes as well as collaborators, tirelessly organizing more and more research projects, suggesting subjects, dispensing kind but competent advice–in a word, attracting to the study of women's history young people as well as experienced scientists whom she was able to interest in the subject. She also created the institutional framework for this research: The Research Team for Social History of Poland in the 19th and 20th Centuries at the University of Warsaw's Institute of History[3], and Commission for the History of Women at the Committee of Historical Sciences of the Polish Academy of Sciences, which she led until her death. Even more significant, however, were her informal contacts, friendly relations with many research workers nationally and abroad, to which she devoted a considerable amount of time[4].

Anna Żarnowska became interested in the issue of women's history around 1990. Not without significance in this regard was the turbulent growth of the feminist movement and the related emergence of many centres of gender studies at American and Western European universities. Some of the ideas then being put forth she viewed with a critical (if usually benevolent) eye, others she wished to transplant on to Polish ground. At the time there was little interest in women's history among Polish historians, limited (with some exceptions) to the biographies of prominent individuals: female rulers, intellectuals and artists, sometimes also social activists. Of 19th century emancipation they wrote

3   A. Szwarc, "Zespół Badawczy Historii Społecznej Polski XIX i XX wieku w Instytucie Historycznym Uniwersytetu Warszawskiego (The Research Team for Social History of Poland in the 19th and 20th Centuries at the University of Warsaw's Institute of History)", *Przegląd Historyczny*, no. 1, 2005, p. 123-133; G. Szelągowska, "Women's and Gender History in Poland after 1990: The Activity of the Warsaw Team", *Aspasia The International Yearbook of Central, Eastern, and Southeastern European Women's and Gender History, no. 7*, 2013, p. 192-200.

4   In 2003 a wide circle of Anna Żarnowska's more and less close collaborators paid Her a homage by publishing an extensive anniversary book. The section entitled *Kobiety–stereotypy i rzeczywistość* (*Women–stereotypes and reality*) contained 18 articles, eight of them authored by University of Warsaw employees. See *Społeczeństwo w dobie przemian: wiek XIX i XX. Księga jubileuszowa profesor Anny Żarnowskiej* (*Society in the age of transformations–19th and 20th centuries. Professor Anna Żarnowska's Anniversary Book*), eds. M. Nietyksza, A. Szwarc, K. Sierakowska, A. Janiak-Jasińska, Warszawa, DiG, 2003.

in a stereotypical way, presenting the views of its proponents without analysing their social context. Apart from the demands put forth by women's circles, an important source of inspiration were her contacts with French and German social history researchers (including Michelle Perrot, Jürgen Kocka, Klaus Tenfelde and Ute Frevert) and the body of Western European research into the transformations of social structures, the situation of the family and the relations within the family in a city of the industrial era. The latter were particularly important for Anna Żarnowska's scientific interests. Following the questions posed by demographers and historians of Western Europe (for instance about the differences between a city family of the preindustrial era and a family in an industrial city), as well as the results of the research by Polish ethnographers interested in the customs of the miners' families and the changes in the lifestyle of peasant families emigrating to new industrial centres (such as Łódź or Żyrardów), for many years she studied the influence of the modern city on the size, structure and stability of the family, the functions it performed, and the hierarchies and roles within it. In the early days of the Polish transformation, that is, at the end of the 1980s and the beginning of the 1990s Anna Żarnowska had already authored many works about the working-class family in the Kingdom of Poland after the January Uprising[5]. Consideration of these issues had to direct her attention to women's social position, its changes and the factors that caused them; and theoretical reflections on gendered cultural identity made it possible to understand and explain many a thing. This link between women's history and history of the family determined the attitudes of Anna Żarnowska and her collaborators towards the study

---

5   For instance: *Klasa robotnicza Królestwa Polskiego 1870-1914 (The working class of the Kingdom of Poland 1870-1914)*, Warszawa, 1974; "La famille et le statut familial des ouvriers et des domestiques dans la Royaume de Pologne au déclin du XIXe siècle", *Acta Poloniae Historica*, no. 35, 1977, p. 113-144; "Sytuacja rodzinna robotników i struktura rodziny robotniczej" (*The family situation of workers and the structure of the working-class family*), *Polska klasa robotnicza. Zarys dziejów (The Polish working class. An outline history)*, ed. S. Kalabiński, vol. 1, part 2, *Lata 1870-1918, Królestwo Polskie, Białostocczyzna, robotnicy polscy w Cesarstwie Rosyjskim (The years 1870-1918, the Kingdom of Poland, the Białystok region, Polish workers in the Russian Empire)*, p. 205-234; "Forschungen zur Geschichte der Arbeiterklasse in Polen im. 19. bis 20. Jahrhundert (bis 1939)", *Jahrbuch für Geschichte*, vol. 23, 1981, p. 531-548; "La classe ouvrière à la fin du XIXe siècle et au début du XXe siècle (avant 1939) dans les recherches historiques en Pologne", *Le Mouvement Social*, no. 115, 1981, p. 89-102; *Robotnicy Warszawy na przełomie XIX i XX wieku (The Warsaw workers at the turn of the 20th century)*, PIW, Warszawa, 1985.

of women's history and history of gender, perceived as an important fragment of the study of social history as well as history of culture, in a broad anthropological sense.

The team that was taking shape for more than a quarter of a century under Anna Żarnowska's direction was initially composed of Maria Nietyksza, Maria Wierzbicka, Jolanta Sikorska-Kulesza, Grażyna Szelągowska and Andrzej Szwarc, later to be joined by Żarnowska's doctoral students, Agnieszka Janiak-Jasińska and Katarzyna Sierakowska, as well as many other people–not only from the University of Warsaw–who collaborated closely or occasionally. The conferences that were organized at regular intervals were major scientific events and naturally resulted in the publication of collections of articles, studies and sketches. The first volume, which came out in 1990 and after five years was reprinted as an extended and revised version, was a truly pioneering work[6]. All the articles, each devoted to the changes in the position of women in various groups and social environments (such as the landed gentry, the petty gentry, the peasantry, the intelligentsia, the lower middle class and the bourgeoisie) added up to a unique whole, although naturally did not cover everything. They did, however, describe and analyse a society poised between tradition and modernity, in which post-feudal structures and conservative collective notions were undergoing a slow evolution.

Another joint publication edited by Anna Żarnowska and Andrzej Szwarc was devoted to broadly defined education[7]. It discussed, among other things, traditional ideas about the upbringing of girls and their transformations, women's educational aspirations and the educational aspirations of parents towards their daughters in various societies and regions, new educational concepts and their influence on education, and finally the attempts–evident at the end of the 19th and the beginning of the 20th century–to create secondary schools for girls with the same curricula as those for the boys, and the struggle to allow women access to higher education. The publication in question extended the timeframe considerably, pushing it further into the 20th century, which is evidenced, for instance, by Dariusz Jarosz's article about the role models

---

6   A. Żarnowska, A. Szwarc, eds., *Kobieta i społeczeństwo na ziemiach polskich w XIX wieku* (*Woman and society in the Polish lands in the 19th century*), Warszawa, DiG, 1990.

7   A. Żarnowska, A. Szwarc eds., *Kobieta i edukacja na ziemiach polskich w XIX i XX wieku* (*Woman and education in the Polish lands in the 19th and 20th century*), Warszawa, DiG, 1995.

and advancement patterns of the peasant woman in 1949-1955. It should be remembered that we are writing about a time 25 years ago, when even the early days of People's Republic of Poland did not seem so remote, and the study of modern history was only then entering a period of freedom of research as well as deep revision of the "official"–imposed from above–view of events. In the 1990s Polish historians of the 20th century were engaged mainly in the breaking of taboos and the verification of theses that had been dominant in the area of political history, therefore a study of this kind–from the field of social history, underappreciated in Poland at the time–was an exception.

Another two-part collection of studies, entitled *Kobieta i świat polityki* (*Woman and the world of politics*), covered (in comparative context) the Polish lands in the 19th and early 20th century and the period of the Second Polish Republic[8]. The title suggested a more traditional approach, but the contents contradicted this impression. Among the 34 articles only four presented biographies of particular female activists, which were, furthermore, usually treated as case studies. The rest discussed the perspectives and opportunities for women to act in the public sphere, their engagement in the process of social democratization, the creation of political culture and the awakening of national identity. In keeping with the paradigm of social history the articles dealt with communities rather than individuals. The volume begins with an article by Anna Żarnowska about the links between family life and the external, public life and their determinants. A broad perspective was also adopted in the articles by Maria Nietyksza about traditional and new forms of women's public activity under the Partitions, and by Beate Fieseler about women's political involvement in tsarist Russia. The contents of the volume also included, among other things, reflection on women's presence in patriotic conspiracies, socialist parties, the parliament and self-government bodies of the Second Polish Republic, agrarian and nationalist movements, etc. Most of the research was of a pioneering nature and provided impetus for further, more extensive research work.

Strong interest in the interwar period evinced by a growing number of researchers collaborating with our team led to the decision to allow

---

8   A. Żarnowska, A. Szwarc eds., *Kobieta i świat polityki: Polska na tle porównawczym w XIX i w początkach XX wieku* (*Woman and the world of politics; Poland in comparative context in the 19th and early 20th century*), Warszawa, DiG, 1994.

their voices to be heard outside the *Woman and...* series, in which every volume focused on a different subject matter, considered within a wider chronological framework. Thus a collected work came into being summing up the state of the knowledge about the situation of women in the reborn Polish state[9]. Apart from additional texts about their political involvement and legal position one can find there accounts of women's wage-earning employment, their ways of reconciling work duties with private life, the presence of women among the creators of culture and at the universities, the feminist movement, family planning and changes in the perception of maternity, modernization of the household in the country and in the city. Some of these were the forerunners of topics that would be addressed in the continuation of the series.

The next part of the series was a joint publication published in 1996 and devoted to the female creators of intellectual and artistic culture at the time of the Partitions and in interwar Poland[10]. The authors wrote about women's academic education and careers, about female philosophers, educators, ideologues of various political and social trends, writers and painters. Apart from attempts at a more synthetic presentation one can find there biographical sketches about the painters Zofia Stryjeńska and Olga Boznańska written by art historians Anna Sieradzka and Maria Poprzęcka. It would be worthwhile to note here that both these researchers, apart from occasional collaboration with our team, have to their credit valuable contributions about, in general, women's art and art for women. We might mention books by Anna Sieradzka, who specializes, for instance, in costumology[11], or Maria Poprzęcka's very interesting collection of essays *Uczta bogiń. Kobiety, sztuka i życie (A feast of goddesses. Women, art and life)*[12]. Poprzęcka's continued interest in feminist inspirations in art history is also evidenced by her review of

9   A. Żarnowska, A. Szwarc, eds., *Równe prawa i nierówne szanse. Kobiety w Polsce międzywojennej* *(Equal rights and unequal chances. Women in interwar Poland)*, Warszawa, DiG, 2000.

10 A. Żarnowska, A. Szwarc, eds., *Kobieta i kultura. Kobiety wśród twórców kultury intelektualnej i artystycznej w dobie rozbiorów i w niepodległym państwie polskim (Woman and culture. Women among the creators of intellectual and artistic culture at the time of the Partitions and in the independent Polish state)*, Warszawa, DiG, 1996.

11 A. Sieradzka, *Żony modne. Historia mody kobiecej od starożytności do współczesności* (Fashionable wives. The history of female fashion from antiquity to modern times), Warszawa, Wydawnictwa Naukowo-Techniczne, 1993.

12 M. Poprzęcka, *Uczta bogiń: kobiety, sztuka i życie (A feast of goddesses: women, art and life)*, Warszawa, Agora, 2012.

Whitney Chadwick's famous work, *"Women, Art and Society"*, entitled: *Dlaczego Leonardo nie był kobietą?* (*Why wasn't Leonardo a woman?*)[13].

Let us return, however, to a short characteristic of the *Woman and...* series as the main, although not the only, forum where the results of the research undertaken by the team led by Anna Żarnowska were published. The volume that came out in 1997 took up the topic of the culture of everyday life, heretofore only rarely considered by historians[14]. Its objective was first and foremost the observation and analysis of the norms for individual behaviour established in everyday life: in the family, in the neighbourhood circle, in various groups and communities. Attention was also focused on the objects and activities related to work rhythms within the household and outside it, to the cycles of the seasons, the calendar, etc. Much consideration was given to the realities of material culture, especially the influence exerted upon daily life by new objects and devices that were changing the actions and behaviours anchored in tradition–in a word, the interference between "the world of people" and "the world of things". These very modern premises–especially considering the date of the volume's creation–bore fruit in the form of many interesting detailed studies. Due to the limited scope of this article it is only possible to mention a few, for instance Jadwiga Hoff's *Rodzice i dzieci–norma obyczajowa na przełomie XIX i XX wieku* (*Parents and children–customs at the turn of 20th century*), Jan Molenda's *Postawy kobiet wiejskich wobec unowocześnienia gospodarki chłopskiej w pierwszym dwudziestoleciu XIX wieku* (*Village women's attitude towards the modernisation of peasant farming in the first two decades of the 19th century*), Grażyna Szelągowska's *Świat rzeczy i rytuały życia codziennego mieszczańskiej rodziny duńskiej pod koniec XIX wieku* (*The world of things and the rituals of everyday life in a Danish urban family at the end of the 19th century*), Pavla Vosahlikova's *Nowoczesne miasto i życie codzienne kobiet w Czechach w drugiej połowie XIX wieku* (*The modern town and women's everyday life in Bohemia in the second half of the 19th century*), Dariusz Jarosz's *Wybrane problemy kultury życia codziennego kobiet pracujących w Nowej Hucie w latach pięćdziesiątych XX wieku* (*Culture in the everyday life of women at Nowa Huta in the 1950s. Selected questions*).

---

13 *Eadem*, "Dlaczego Leonardo nie był kobietą? (Why wasn't Leonardo a woman?)", review of W. Chadwick, *Women, Art and Society*, Magazyn Literacki Książki, no. 2, 2015, p. 46-49.

14 A. Żarnowska, A. Szwarc, eds., *Kobieta i kultura życia codziennego: wiek XIX i XX* (*Woman and the culture of everyday life: 19th and 20th century*), Warszawa, DiG, 1997.

As can be seen, we are dealing here with a large variety of topics, as well as–let us add–considerable latitude in how the authors approached them. Let us note, by the way, that the majority of reviewers evaluating the volume showed a positive attitude towards that aspect. However, there were also those who considered it a weakness of the whole research project and suggested that the authors focus on the most important ideas or move on promptly to a synthetic description of all the issues of women's history in the Polish lands.

Sociological inspiration are distinctly apparent in two further collections that focused on work and leisure respectively[15], to some extent supplementing each other, as well as being a continuation of the preceding volume in that together they covered daily life in its entirety. The first presented two groups of issues: the situation of women in the job market and their chances of a career on the one hand, and on the other hand the perception of the working woman in different social environments. The majority of authors attempted to show elements of both continuity and change, considering those branches of the economy in which female effort has long been taken for granted (such as for instance agriculture and petty trade), as well as those which became open to women only at the turn of the 20th century (see also Włodzimierz Mędrzecki *Praca kobiety w chłopskim gospodarstwie rodzinnym między uwłaszczeniem a wybuchem II wojny światowej [Women's work in a peasant farm during the period from enfranchisement to the outbreak of the Second World War]*, Agnieszka Janiak-Jasińska *Pracownice i pracownicy handlu na rynku pracy w Królestwie Polskim przełomu XIX i XX wieku [Saleswomen and salesmen on the labour market in the Kingdom of Poland at the beginning of the twentieth century]*). Of importance to the researchers were also the cultural phenomena accompanying the rise in the number of women active in the labour market. This diversity of subjects, however, did not preclude providing more general conclusions and summaries, presented every time by the editors. Among them can be found the assertion that in the 20th century women's increasing economic involvement was clearly evident both in the democratic countries, with free market economies, as well as those of the authoritarian or totalitarian kind, where various forms of statism

---

15   A. Żarnowska, A. Szwarc, eds., *Kobieta i praca: wiek XIX i XX (Woman and work: 19th and 20th century)*, Warszawa, DiG, 2000; A. Żarnowska, A. Szwarc, eds., *Kobieta i kultura czasu wolnego (Woman and the culture of leisure)*, Warszawa, DiG, 2001.

were preferred. In both cases, however, despite verbal declarations and at least partial legal changes, some forms of discrimination of women were retained, although more often than before they were informal and concealed.

In the 30 articles that comprise the volume devoted the culture of leisure the authors talk, for instance, about the democratization of this phenomenon, which in the early 19th century was still, by and large, the exclusive privilege of the elites. The process of its emergence was rightly linked to the gradual, slow departure from family-owned farmsteads, artisan workshops and tradesmen's shops, which occurred in the course of the development of metropolitan civilization. Some articles considered the understanding of leisure among landed gentry or women's leisure in workers' and intelligentsia circles, and in a small Galician town. Many authors focused their attention on the new forms of recreation and entertainment on offer, as well as their social context and the emancipation processes that allowed women to avail themselves of those opportunities. The subject of those articles, therefore, were women on holidays and at health resorts, on the beach, in the cinema, in sports societies, at eating places and places of entertainment, etc. In all those situations the authors described a movement away from restrictions and submission to ostentatious male protection and towards equal rights in the sphere of social mores.

The next two volumes—which form a unique whole—attracted the most interest. These were joint publications devoted to social and cultural aspects of sexuality, the first concentrating on woman's position in marriage, the second discussing changes in conventions observed in the 19th and 20th centuries[16]. They comprise the grand total of 59 texts (not counting extensive introductions containing general remarks and attempts at a summary). The titles of successive sections, among other things, bear witness to their content: *Wzorce i modele seksualności w świadomości społecznej (The patterns and models of sexuality in social awareness); Edukacja seksualna z małżeństwem w tle (Sex education against the background of marriage); Małżeństwo pod presją tradycyjnych norm i nowych obyczajów (Marriage*

---

16   A. Żarnowska, A. Szwarc, eds, *Kobieta i małżeństwo. Społeczno-kulturowe aspekty seksualności: wiek XIX i XX (Woman and marriage. Socio-cultural aspects of sexuality: 19th and 20th century)*, Warszawa, DiG, 2004; A. Żarnowska, A. Szwarc, eds, *Kobieta i rewolucja obyczajowa. Społeczno-kulturowe aspekty seksualności: wiek XIX i XX (Woman and the sexual revolution. Socio-cultural aspects of sexuality: 19th and 20th centuries)*, Warszawa, DiG, 2006.

under the pressure of traditional norms and new customs); Wzorce małżeństwa i seksualności w dyskursie społecznym (The models of marriage and sexuality in social discourse); Wojna i rewolucja–załamywanie się tradycyjnych wzorców obyczajowości seksualnej (War and revolution–the collapse of the traditional models of sexual mores). These indicate, once again, a very wide variety of specific subjects. And indeed in those two volumes we find articles about guides to manners and women's periodicals, the emergence of sexology as a medical discipline, Victorian England, peasant sexuality in France at the turn of the 20th century, Michel Foucault's theories about sexuality, prostitution and the problem of the so-called "she-soldiers" in tsarist army, the marriages of Polish exiles with Siberian women, the annulment of marriages as well as divorces among Catholics, Protestant and Jews, etc.–and this list is by no means exhaustive. As before, the objective was first and foremost to capture cultural changes, connected mostly with modernization, both with regard to the realities as well as society's notions about the sexual sphere. Of particular relevance here was the gradual departure from perceiving woman solely in the role a wife and mother subject to her husband's aspirations. Many authors emphasize those facts and phenomena that bear witness to the long-term process of coming to accept the alternative model of woman as a social entity equal to the man, realizing her own aspirations in the intellectual and professional sphere as well as within the family and sexual life. To describe various stages of this process by analysing its specific manifestations many different sources were used: from diaries, journals and private correspondence to literary reportage, schoolbooks, *belles lettres*, theatre and cinema. The authors and editors were careful in drawing general conclusions, pointing out, however, that the pioneers of freedom in the sphere of social mores–both male and female–belonged, as a rule, to the social elites, and especially literary and artistic circles, whose members often ostentatiously flaunted traditional cultural models, provoking the outrage of the conservatives, but also secretly tempting potential imitators.

Contrasting the volume under discussion with those that preceded it, it would be worthwhile to draw the reader's attention to that fact that greater care was apparently taken by the authors to compare the social and cultural markers of identity for both sexes–in this case in the context of sexuality.

Our last scientific project undertaken together with Anna Żarnowska involved research into women's attempts at organizing themselves, and their participation in the life of various societies and mass movements in the last two centuries. The subject of reflection, therefore, were, for instance, women's organizations of professional, educational, charitable and religious character, the feminist movement and its political strategies in the Polish lands under the Partitions, the links between Polish female emancipation activists and international women's movement, new spheres of political activity and new forms of organizing themselves for women in the reborn Polish state after 1918, and finally the relations of the sexes within the formal and informal structures of the People's Republic of Poland (1945-1989). The results of this research were published after Anna Żarnowska's death in two volumes of studies ordered chronologically. The first focused on the period before 1918, the second—on the Second Polish Republic and the years of the People's Republic of Poland[17]. A conclusion of these reflections is an article about the modern times, authored by the co-founder of gender studies at the University of Warsaw, Bożena Chołuj, who looked for the answer to the question: why did the non-govermental organisations in Poland become the province of women?

The departure of Anna Żarnowska put an end to the publication of the "Woman and..." series at the University of Warsaw's Institute of History and to the realization of projects devoted solely to women's history. This, however, does not mean that we abandoned the category of gender. We came to conclusion that the time had come to introduce this perspective into enquiry into various other social and cultural phenomena and processes. This had been, in fact, the oft-mentioned Anna Żarnowska's intention all along. At the close of an article published in Kwartalnik Historyczny in 2001 the researcher states that in her opinion "the emergence of women's history as a research specialization

17   A. Janiak-Jasińska, K. Sierakowska, A. Szwarc, eds., *Działaczki społeczne, feministki, obywatelki... Samoorganizowanie się kobiet na ziemiach polskich do 1918 roku (na tle porównawczym) (Social activists, feminists, citizens... Women organizing themselves in the Polish lands before 1918 [in comparative context])*, vol. 1, Warszawa, Neriton, 2008; A. Janiak-Jasińska, K. Sierakowska, A. Szwarc, eds., *Działaczki społeczne, feministki, obywatelki... Samoorganizowanie się kobiet na ziemiach polskich po 1918 roku (na tle porównawczym) (Social activists, feminists, citizens... Women organizing themselves in the Polish lands before 1918 [in comparative context])*, vol. 2, Warszawa, Neriton, 2009.

is of transitory character", because it serves to "legitimize the modern research perspective which takes into account the value of gender as an important factor differentiating" the phenomena undergoing scientific scrutiny[18]. Following this lead, in 2010-2013 we carried out a research project devoted to old age and old people since the 18th century until modern times. It resulted in two extensive volumes of studies, in which the categories of sex and gender were successfully used both for the examination of social practice and the analysis of social perception, without losing sight of many other important factors that differentiate social behaviours, such as social background or religion[19].

This review of the series "Woman and...", which was being published over more than a dozen years does not, of course, exhaust the list of achievements of Anna Żarnowska and the circle of her more and less close collaborators. Among their number we may count the symposia organized as part of general conventions of Polish historians which take place every five years and are very important for our community. Professor Żarnowska organized three such symposia: in 1994, with the motto "Social breakthroughs and family models", five years later– "Woman in the urban space at the time of modern urbanization", and finally in 2004–"Family–privacy–intimacy. History of Polish family in the European context". These meetings resulted in independent volumes of joint publications, containing articles based on the papers presented there and some voices in the discussion[20].

Determined efforts made by Anna Żarnowska and her collaborators to have women's history–and, more broadly, the history of gender–recognized by the community of Polish scholars of bygone days, apparently

18   A. Żarnowska, "Studia nad dziejami kobiet w dzisiejszej historiografii polskiej (Studies on women's history in contemporary Polish historiography)", *Kwartalnik Historyczny*, no. 3/108, 2001, p. 116.

19   A. Janiak-Jasińska, K. Sierakowska, A. Szwarc, eds., *Ludzie starzy i starość na ziemiach polskich od* XVIII *do* XXI *wieku (na tle porównawczym) (Old people and old age in the Polish lands from the 18th to the 21st century [in comparative context])*, vol. 1: *Metodologia, demografia, instytucje opieki (Methodology, demography, welfare institutions)*; vol. 2: *Aspekty społeczno-kulturowe (Socio-cultural aspects)*, Warszawa, DiG, 2016.

20   A. Żarnowska, ed., *Pamiętnik* XV *Powszechnego Zjazdu Historyków Polskich (A memoir of the 15th General Convention of Polish Historians)*, vol. 2, *Przemiany społeczne a model rodziny (Social transformations and the family model)*, Toruń, Adam Marszałek, 1995; D. Kałwa, A. Walaszek, A. Żarnowska, eds., *Rodzina–Prywatność–Intymność: dzieje rodziny polskiej w kontekście europejskim (Family–privacy–intimacy. History of Polish family in the European context)*, Warszawa, DiG, 2005.

yielded enduring and positive results. More and more academic centres which undertake the organization of Polish historians' conventions not only do not deny the necessity of discussing those issues, but themselves initiate the setting up of panel discussions devoted to the subject, inviting the cooperation of the representatives of our community.

Evidence of this could be seen at the latest, 19th General Convention of Polish Historians which took place in September 2014. Women's history was present both on the main agenda as well as at the accompanying events. A symposium we had created–"Woman against the background of civilizational changes, 19th and 20th century"–was an attempt to assess the research conducted over the last few decades. The researchers representing our university (Jolanta Sikorska-Kulesza, Grażyna Szelągowska, Dobrochna Kałwa and the authors of this article) focused on a discussion of the results obtained by applying to the study of women's history the new methodological suggestions formulated by Western European and American historiography, a presentation of the achievements and failures of emancipation and feminist movements active before the First World War and a summary of the impact that the restoration of an independent State and 20th-century modernization as a whole exerted on women's social position. On the day before the official opening of the convention specialist panel discussions took place. One of these was devoted in its entirety to the fate of women during the wars and political and social conflicts of the 20th century, and the papers presented at the time were published in the same year[21].

The panel discussion in question was initiated by the Commission for the History of Women at the Committee of Historical Sciences of the Polish Academy of Sciences, the founder and first chairwoman of which–as we mentioned at the beginning of the article–had been Anna Żarnowska. While the presence of women's history at the historians' conventions was important with regard to disseminating research findings among a wide circle of researchers into the past, and introducing this methodological "novelty" into the mainstream of historical research, the regularly held (at least once every year) meetings of the Commission for the History of Women served somewhat different purposes. The

---

21 T. Kulak, A. Chlebowska, eds., *Kobiety w wojnach i konfliktach polityczno-społecznych na ziemiach polskich w pierwszej połowie* XX *wieku* (*Women in wars and socio-political conflicts in the Polish lands in the first half of the 20th century*), Wrocław, Chronicon, 2014.

objective was to create a platform to facilitate contact and opinion exchange for historians undertaking research into women's history and the history of gender in academic centres and research institutes from various parts of the country.

Initially, then, the Commission only facilitated the forging of ties–and not only professional, either–improved the flow of scientific information and provided opportunities to compare the results of research that was being carried out individually, without the support of a local research community, and often in the face of its evident displeasure. And finally, by undertaking a systematic review of Polish and foreign works devoted to the subject matter of interest to us, it provided encouragement to study it and to assimilate methodological novelties. Apart from Anna Żarnowska–to whom the Commission owed not only its modern working style, but also an unusually strong position within the Committee of Historical Sciences of the Polish Academy of Sciences–all the other researchers from the Historical Institute of the University of Warsaw interested in the history of women in the modern era participated in the undertaking.

Another unquestionable success of Anna Żarnowska was the fact that her untimely death did not lead to the Commission's break-up. The community turned out to be well organized and convinced of the need for this institution's existence, and after a short interval prof. Jadwiga Hoff of the University of Rzeszów was persuaded to continue the founder's work. Since 2011 the Commission has been headed by prof. Teresa Kulak of the University of Wrocław, with whom historians from Warsaw also collaborate[22]. As the position of the study of women's history in Polish historiography became more stable and the Commission's leadership changed, the character of activities undertaken under its auspices also underwent some modifications. It now focused mainly on initiating enquiry into so far unexplored topics (such as for instance women's religiosity, migrations, or the status of the unmarried woman), as well as the preparations for a jointly written synthesis of the history of women in the Polish lands. A vital stage of the latter project

---

22   On Women History Commission's initiative additional volumes of studies are still being published on a more or less yearly basis. The latest of them was: T. Kulak, M. Dajnowicz, eds., *Drogi kobiet do polityki (na przestrzeni XVIII-XXI wieku)* (*Women's roads to politics [from the 18th to 21st century]*), Wrocław, Stara Szuflada, 2016.

was a discussion concerning the very concept of this publication, which resulted in a small but important collection of texts presenting the state of fundamental research for each historical period. Among their authors there were also two historians from the University of Warsaw: Dobrochna Kałwa, who in her unassumingly titled article *Historia kobiet–kilka uwag metodologicznych (Women's history–a few methodological remarks)* confronted the question of the contemporary character of the research carried out in Poland and the reception of foreign methodological concepts, and Małgorzata Karpińska, who undertook a summary of the research on Poland in the modern era (since the 16th to the 18th century)[23].

Female scientists from other university centres involved in the study of the past also collaborated regularly with the research team created by Anna Żarnowska at the Historical Institute at the University of Warsaw. In addition to the art historians mentioned earlier, there were literary scholars, especially of the 19th and 20th centuries, and culture scholars focusing on the previous century. From the Institute of Polish Culture we might mention Iwona Kurz and Justyna Jaworska[24], and from the Institute of Polish literature–Ewa Paczoska, the author of an inspiring text about the old woman in the literature at the turn of the 20th century and female writers at the time of the 1905 revolution, Ewa Ihnatowicz, who together with the former author published in 2012 a collection of comparative studies about the works of Eliza Orzeszkowa and Maria Konopnicka and who in her texts interpreted not only the works of the most respected Polish female writers from the second half of the 19th century, but also those of the most popular Polish female cook–Lucyna Ćwierciakiewiczowa; and finally Lena Magnone, the author of the most recent biography of Maria Konopnicka and interesting articles about female writers who dealt with the issue of equal rights for women–Gabriela Zapolska, Zofia Nałkowska or Maria Szeliga–full of new biographical findings and novel interpretations[25].

---

23   K.A. Makowski, ed., *Dzieje kobiet w Polsce. Dyskusja wokół przyszłej syntezy (The history of women in Poland. A discussion around future synthesis)*, Poznań, Nauka i Innowacje, 2014.

24   It should be added that apart from the collaboration with our team both researchers–together with A. Chałupnik, J. Kowalską-Leder, M. Szpakowska–prepared a very interesting book whose cover suggests more in-depth reflection on feminity. See M. Szpakowska, ed., *Obyczaje polskie. Wiek XX w krótkich hasłach (Polish customs. The 20th century in short entries)*, Warszawa, WAB, 2008.

25   E. Ihnatowicz, E. Paczoska, eds., *Dwie gwiazdy, dwie drogi. Konopnicka i Orzeszkowa–relacje różne (Two stars, two roads. Konopnicka and Orzeszkowa–different relationships)*, Warszawa,

Although we focus on works that concern the transformations of the 19th and 20th centuries, it would be unfair to ignore the achievements of specialists interested in other periods, especially as the employees of the Historical Institute of the University of Warsaw have had not inconsiderable achievements in this area. In the early 1990s a prominent historian of antiquity, Iza Bieżuńska-Małowist, published an academic book for the popular public which presented various contexts of women's situations in antiquity[26]. She wrote about their position in society, in political activity and in cultural life, not to mention the heroines of myths and legends, who symbolized different models of femininity. In recent years research into women in Greece is being carried out by Aleksander Wolicki, who has been publishing articles about women's education in ancient Greece and women's sport in Sparta in specialist English-language publications[27]. Great promise is shown by the research now being carried out by the team headed by Krystyna Stebnicka, as part of a research project funded by the National Science Center entitled "Inscriptions honouring women in Greek cities as evidence of a change in civic mentality in the Hellenistic and Roman periods (until the early 3rd century AD)". They are to be published in an English-language book.

A pioneer of research into women's social roles in the Middle Ages at the University of Warsaw's Institute of History in the middle of the 1970s was Maria Koczerska, the author of a highly critically acclaimed book about the landed gentry family in Poland in the late Middle Ages[28]. The topic was taken up by subsequent generations of university medievalists. It might be worthwhile to mention recent articles by Aneta Pieniądz about the status of women in the Carolingian and post-Carolingian period, about their position in the family in those times, widowhood, uxoricide and the perception of the female body. Another important achievement is Grzegorz Pac's book about the

Wydział Polonistyki Uniwersytetu Warszawskiego, 2011; L. Magnone, *Konopnicka: Lustra i symptomy (Konopnicka: Mirrors and Symptoms)*, Gdańsk, słowo/obraz terytoria, 2011.

26 I. Bieżuńska-Małowist, *Kobiety Antyku. Talenty, ambicje, namiętności (The women of antiquity; Talents, ambitions, passions)*, Warszawa, PWN, 1993.

27 A. Wolicki, "The Education of Women in Ancient Greece", *A Companion to Ancient Education*, ed. W. M. Bloomer, Malden & Oxford, 2015, p. 305-320.

28 M. Koczerska, *Rodzina szlachecka w Polsce późnego średniowiecza (The gentry family in Poland in the late Middle Ages)*, Warszawa, PWN, 1975.

women from the Piast dynasty, published in the prestigious series Monographies of the Polish Science Foundation[29]. The author discusses the roles played by women belonging to the ruling dynasty, considers the scope and character of their power, presents them as pious sponsors and promoters of worship, as well as the guardians of family history. He also touches upon the issue of their agency in the adoption by Polish elites of the cultural models from the areas and communities from which the wives and mothers of the Piasts hailed (for instance, the role of Dobrawa in the process of Christianization is presented in a unique way in a comparative context).

Among modern history experts we should mention first and foremost Andrzej Karpiński, the author of an exhaustive work on woman in the 16th and 17th century Polish town[30], often cited in scientific literature. In later years he published a series of articles devoted, among other things, to women's crime, prostitution and witchcraft trials, in which, as we know, women were the main defendants. An original and novel book about the peasant family in the 17th and 18th century was written by Michał Kopczyński[31]. It makes available the results of historical and demographic research in which by means of sophisticated statistical methods the information from parish registers about births, marriages and deaths is processed and used as a basis for the reconstruction and analysis of the social context of marriage, mortality rates of women and men, and even the rhythms and intensity of sexual life.

As we can see, the historians of the University of Warsaw had an important part to play in the development of research into the history of women and gender in Poland. It would be difficult to assess the significance of the inspiration originating from this source, as it cannot be measured by means of the number of scientific works in print. We might also add that independent research into the subject matter in question is now being carried out by various researchers of

---

29 G. Pac, *Kobiety w dynastii Piastów. Rola społeczna piastowskich żon i córek do połowy XII wieku: studium porównawcze (Women in the Piast dynasty. The social role of the Piast wives and daughters until the middle of the 12th century; a comparative study)*, Toruń, Wydawnictwo Naukowe Uniwersytetu Mikołaja Kopernika, 2013.

30 A. Karpiński, *Kobieta w mieście polskim w drugiej połowie XVI i w XVII wieku (Woman in a Polish city in the second half of the 16th and in the 17th century)*, Warszawa, PAN, 1995.

31 M. Kopczyński, *Studia nad rodziną chłopską w Koronie w XVII-XVIII wieku (Studies of the peasant family in the Crown in the 17th and 18th centuries)*, Warszawa, Wydawnictwo Krupski i S-ka, 1998.

both sexes who took their first steps in science at the seminars and scientific conferences organized by Anna Żarnowska and the team of her collaborators[32].

Agnieszka JANIAK-JASIŃSKA
Andrzej SZWARC
University of Warsaw

---

32 For instance K. Sierakowska, M. Gawin, M. Kondracka, A. Żarnowska's doctoral students, who wrote their doctoral and habilitation theses under the direction of other supervisors at the IH PAN: K. Sierakowska, *Wzory a rzeczywistość. Wielkomiejska rodzina inteligencka w Polsce w okresie międzywojennym (Models and reality. The metropolitan intelligentsia family in Poland in the interwar period* (2002), M. Kondracka, *Posłanki i senatorki II Rzeczypospolitej. Nowe obszary publicznej działalności kobiet (Female deputies and senators in the 2nd Polish Republic. New areas of women's public activity)* (2013), M. Gawin, *Spór o równouprawnienie kobiet (1864-1919) (The dispute about equal rights for women [1864-1919])* (2016).

BIBLIOGRAPHY

BIEŻUŃSKA-MAŁOWIST, Iza, *Kobiety antyku: Talenty, ambicje, namiętności* (*The women of antiquity. Talents, ambitions, passions*), Warszawa, PWN, 1993.

IHNATOWICZ, Ewa; PACZOSKA, Ewa, eds., *Dwie gwiazdy, dwie drogi. Konopnicka i Orzeszkowa–relacje różne* (*Two stars, two roads. Konopnicka and Orzeszkowa– different relationships*), Warszawa, Wydział Polonistyki Uniwersytetu Warszawskiego, 2011.

JANIAK-JASIŃSKA, Agnieszka; SIERAKOWSKA Katarzyna; SZWARC, Andrzej, eds., *Działaczki społeczne, feministki, obywatelki... Samoorganizowanie się kobiet na ziemiach polskich do 1918 roku (na tle porównawczym)* (*Social activists, feminists, citizens... Women organizing themselves in the Polish lands before 1918 [in comparative context]*), Warszawa, Neriton, 2008-2009 (2 vols.).

JANIAK-JASIŃSKA, Agnieszka; SIERAKOWSKA, Katarzyna; SZWARC, Andrzej, eds., *Ludzie starzy i starość na ziemiach polskich od XVIII do XXI wieku (na tle porównawczym)* (*Old people and old age in the Polish lands from the 18ᵗʰ to the 21ˢᵗ century [in comparative context]*), vol. 1: *Metodologia, demografia, instytucje opieki* (*Methodology, demography, welfare institutions*); vol 2: *Aspekty społeczno-kulturowe* (*Socio-cultural aspects*), Warszawa, DiG, 2016.

KAŁWA, Dobrochna; WALASZEK, Adam; ŻARNOWSKA, Anna, eds., *Rodzina– Prywatność–Intymność. Dzieje rodziny polskiej w kontekście europejskim* (*Family– privacy–intimacy. History of Polish family in the European context*), Warszawa, DiG, 2005.

KARPIŃSKI, Andrzej, *Kobieta w mieście polskim w drugiej połowie XVI i w XVII wieku* (*Woman in a Polish city in the second half of the 16ᵗʰ and in the 17ᵗʰ century*), Warszawa, PAN, 1995.

KOCZERSKA, Maria, *Rodzina szlachecka w Polsce późnego średniowiecza* (*The gentry family in Poland in the late Middle Ages*), Warszawa, PWN, 1975.

KOPCZYŃSKI, Michał, *Studia nad rodziną chłopską w Koronie w XVII-XVIII wieku* (*Studies of the peasant family in the Crown in the 17ᵗʰ and 18ᵗʰ centuries*), Warszawa, Wydawnictwo Krupski i S-ka, 1998.

KULAK, Teresa; CHLEBOWSKA, Agnieszka, eds., *Kobiety w wojnach i konfliktach polityczno-społecznych na ziemiach polskich w pierwszej połowie XX wieku* (*Women in wars and socio-political conflicts in the Polish lands in the first half of the 20ᵗʰ century*), Wrocław, Chronicon, 2014.

KULAK, Teresa; DAJNOWICZ, Małgorzata, eds., *Drogi kobiet do polityki (na przestrzeni XVIII-XXI wieku)* (*Women's roads to politics [from the 18ᵗʰ to 21ˢᵗ century]*), Wrocław, Stara Szuflada, 2016.

MAGNONE, Lena, *Konopnicka: Lustra i symptomy (Konopnicka: Mirrors and Symptoms)*, Gdańsk, słowo/obraz terytoria, 2011.

MAKOWSKI, Krzysztof Antoni, ed. *Dzieje kobiet w Polsce. Dyskusja wokół przyszłej syntezy (The history of women in Poland. A discussion around future synthesis)*, Poznań, Nauka i Innowacje, 2014.

NIETYKSZA, Maria; SZWARC, Andrzej; SIERAKOWSKA, Katarzyna; JANIAK-JASIŃSKA, Agnieszka, eds. *Społeczeństwo w dobie przemian: wiek XIX i XX. Księga jubileuszowa profesor Anny Żarnowskiej (Society in the age of transformations–19th and 20th century. Professor Anna Żarnowska's Anniversary Book)*, eds. M. Nietyksza, A. Szwarc, K. Sierakowska, A. Janiak-Jasińska, Warszawa, DiG, 2003.

NIETYKSZA, Maria; WIERZBICKA, Maria, "Profesor Anna Żarnowska–główne nurty badań (Professor Anna Żarnowska–main avenues of research)", *Społeczeństwo w dobie przemian: wiek XIX i XX. Księga jubileuszowa profesor Anny Żarnowskiej (Society in the age of transformations–19th and 20th century. Professor Anna Żarnowska's Anniversary Book)*, eds. M. Nietyksza, A. Szwarc, K. Sierakowska, A. Janiak-Jasińska, Warszawa, DiG, 2003, p. 9-16.

PAC, Grzegorz, *Kobiety w dynastii Piastów. Rola społeczna piastowskich żon i córek do połowy XII wieku: studium porównawcze (Women in the Piast dynasty. The social role of the Piast wives and daughters until the middle of the 12th century; a comparative study)*, Toruń, Wydawnictwo Naukowe Uniwersytetu Mikołaja Kopernika, 2013.

POPRZĘCKA, Maria, "Dlaczego Leonardo nie był kobietą?", review of Chadwick W., *Women, Art and Society, Magazyn Literacki Książki*, no. 2, 2015, p. 46-49.

POPRZĘCKA, Maria, *Uczta bogiń: kobiety, sztuka i życie (A feast of goddesses: women, art and life)*, Warszawa, Agora, 2012.

SIERADZKA, Anna, *Żony modne. Historia mody kobiecej od starożytności do współczesności (Fashionable wives. The history of female fashion from antiquity to modern times)*, Warszawa, Wydawnictwa Naukowo-Techniczne, 1993.

SZELĄGOWSKA, Grażyna, "Professor Anna Żarnowska (1931-2007): Obituary and selected Bibliography", *Aspasia. The International Yearbook of Central, Eastern and Southeastern European Women's and Gender History*, no. 2, 2008, p. 192-200.

SZELĄGOWSKA, Grażyna, "Women's and Gender History in Poland after 1990: The Activity of the Warsaw Team", *Aspasia. The International Yearbook of Central, Eastern, and Southeastern European Women's and Gender History*, no. 2, 2013, p. 192-200.

SZPAKOWSKA, Małgorzata, ed., *Obyczaje polskie. Wiek XX w krótkich hasłach (Polish customs. The 20th century in short entries)*, Warszawa, WAB, 2008.

SZWARC, Andrzej, "Zespół Badawczy Historii Społecznej Polski XIX i XX wieku w Instytucie Historycznym Uniwersytetu Warszawskiego (The Research Team for Social History of Poland in the 19th and 20th Centuries at the University of Warsaw's Institute of History)", *Przegląd Historyczny*, no. 1, 2005, p. 123-133.

SZWARC, Andrzej; JANIAK-JASIŃSKA, Agnieszka, "Anna Żarnowska (1931-2007)", *Acta Poloniae Historica*, no. 97, 2008, p. 242-244.

SZWARC, Andrzej; JANIAK-JASIŃSKA, Agnieszka, "Anna Żarnowska (28 VI 1931-8 VI 2007)", *Kwartalnik Historyczny*, no. 2, 2008, p. 187-191.

WOLICKI, Aleksander, "The Education of Women in Ancient Greece", *A Companion to Ancient Education*, ed. W. M. Bloomer, Malden & Oxford, Wiley Blackwell, 2015, p. 305-320.

ŻARNOWSKA, Agnieszka, "Studia nad dziejami kobiet w dzisiejszej historiografii polskiej (Studies on women's history in contemporary Polish historiography)", *Kwartalnik Historyczny*, no. 3/108, 2001, p. 99-116.

ŻARNOWSKA, Anna; SZWARC, Andrzej, eds., *Równe prawa i nierówne szanse. Kobiety w Polsce międzywojennej (Equal rights and unequal chances. Women in interwar Poland)*, Warszawa, DiG, 2000.

ŻARNOWSKA, Anna; SZWARC, Andrzej, eds., *Kobieta i edukacja na ziemiach polskich w XIX i XX wieku (Woman and education in the Polish lands in the 19th and 20th centuries)*, Warszawa, DiG, 1992, 2nd edition, Warszawa, DiG, 1995.

ŻARNOWSKA, Anna; SZWARC, Andrzej, eds., *Kobieta i kultura. Kobiety wśród twórców kultury intelektualnej i artystycznej w dobie rozbiorów i w niepodległym państwie polskim (Woman and culture. Women among the creators of intellectual and artistic culture at the time of the Partitions and in the independent Polish state)*, Warszawa, DiG, 1996.

ŻARNOWSKA, Anna; SZWARC, Andrzej, eds., *Kobieta i kultura czasu wolnego (Woman and the culture of leisure)*, Warszawa, DiG, 2001.

ŻARNOWSKA, Anna; SZWARC, Andrzej, eds., *Kobieta i małżeństwo. Społeczno-kulturowe aspekty seksualności: wiek XIX i XX (Woman and marriage. Socio-cultural aspects of sexuality: 19th and 20th centuries)*, Warszawa, DiG, 2004.

ŻARNOWSKA, Anna; SZWARC, Andrzej, eds., *Kobieta i praca: wiek XIX i XX (Woman and work; 19th and 20th centuries)*, Warszawa, DiG, 2000.

ŻARNOWSKA, Anna; SZWARC, Andrzej, eds., *Kobieta i rewolucja obyczajowa. Społeczno-kulturowe aspekty seksualności: wiek XIX i XX (Woman and the sexual revolution. Socio-cultural aspects of sexuality: 19th and 20th centuries)*, Warszawa, DiG, 2006.

ŻARNOWSKA, Anna; SZWARC, Andrzej, eds., *Kobieta i społeczeństwo na ziemiach polskich w XIX wieku (Woman and society in the Polish lands in the 19th century)*, Warszawa, DiG, 1990, 2nd edition, Warszawa, DiG, 1995.

ŻARNOWSKA, Anna; SZWARC, Andrzej, eds., *Kobieta i świat polityki: Polska na tle porównawczym w XIX i w początkach XX wieku (Woman and the world of politics; Poland in comparative context in the 19th and early 20th centuries)*, Warszawa, DiG, 1994.

ŻARNOWSKA, Anna; SZWARC, Andrzej, eds., *Kobieta i kultura życia codziennego: wiek XIX i XX (Woman and the culture of everyday life: 19th and 20th centuries)*, Warszawa, DiG, 1997.

ŻARNOWSKA, Anna, ed. *Pamiętnik XV Powszechnego Zjazdu Historyków Polskich (A memoir of the 15th General Convention of Polish Historians)*, vol. 2: *Przemiany społeczne a model rodziny (Social transformations and the family model)*, Toruń, Adam Marszałek, 1995.

ŻARNOWSKA, Anna, *Kobieta i rodzina w przestrzeni wielkomiejskiej na ziemiach polskich w XIX i XX wieku (Woman and family in the metropolitan environment in the Polish lands in the 19th and 20th centuries)*, eds. A. Janiak-Jasińska, K. Sierakowska, A. Szwarc, Warszawa, 2013.

ŻARNOWSKA, Anna, *Workers, Women and Social Change in Poland, 1870-1939*, Aldershot-Burlingston, Ashgate, 2004.

WOMEN'S AND GENDER STUDIES
IN HUNGARY

Women's and Gender Studies as disciplines are at very different levels within higher education institutions in Europe. In all European countries, there are at present numerous scholars conducting research related to Women's or Gender Studies, however, as noted by Gabrielle Griffin, "that individual endeavor is [...] distinct from the infrastructural integration of Women's Studies into higher education"[1]. The above remark, made by the British scholar more than 10 years ago, is equally valid also today, especially if we compare in this respect Central and Eastern Europe with Western Europe (in particular with its Northern part). As a matter of fact, universities in Poland, Hungary, Slovakia, Czech Republic, Romania, Bulgaria and Belarus all together provide at present less Women's and Gender Studies programs than the United Kingdom only[2]. It is a known fact that the reason for such disparity is political in nature. In the United Kingdom Women's and Gender Studies first started in the academy in the late 1970s and early 1980s[3], while in the post-communist countries the first programs in this field were set up only after the collapse of communism, that is in the late 1980s and early 1990s.

As noted by Enikő Bollobás, "[1980s] were the pioneering years in Hungarian feminism". Hungarian scholar recalls the days when in the beginning of the 1980s she had to smuggle her first feminist-oriented books across borders. Such subjects as: "Civil Rights Movement, affirmative action, equal opportunity, gender segregation, reproductive

---

1   G. Griffin, "Co-option or Transformation? Women's and Gender Studies Worldwide", *Societies in Transition–Challenges to Women's and Gender Studies*, eds. Heike Flessner and Lydia Potts, Opladen, Leske and Budrich, 2002, p. 19.
2   See the list of Women's Studies Programs, Departments, & Research Centers on the following website: http://userpages.umbc.edu/~korenman/wmst/programs.html#outside, acc. 17 Sept. 2016.
3   G. Griffin, *op. cit.*, p. 21.

rights, sexual aggression, date rape, sex roles, pornography, prostitution, etc." were considered subversive by the authorities and as such banned[4]. As a matter of fact, years later Bollobás discovered that in her secret police files there was a note recorded by informants in 1981 about her "spreading dangerous ideas about women"[5]. Nonetheless, she made every effort in order to insert some feminist books on the reading lists of her courses at Eötvös Loránd University of Budapest[6].

The very first Women's and Gender Studies seminars in Hungary were held by Anna Fábri at Eötvös Loránd University of Budapest ("The history of women's issues in Hungary", 1987) and by Sarolta Marinovich, Barbara C. Pope and Enikő Bollobás at József Atilla University, nowadays University of Szeged ("Introduction to Women's Studies", 1988)[7]. From the mid-1990s Women's or Gender Studies courses have been offered by most major Hungarian universities[8]. Yet, it is noteworthy that most of these classes were organized by English and sociology departments and for several consecutive years there had been no graduate programs in Women's and Gender Studies in Hungary[9].

Nowadays[10] the widest range of Gender Studies classes is offered by four institutions of higher education in Hungary. The so-called Gender Studies Centre (GSC) is affiliated to the Institute of English and American Studies at the University of Debrecen. It offers nearly 30 courses at every level of studies, from BA through MA to PH.D.

Both degree (MA, PH.D. and Master) as well as non-degree programs are offered also by the Department of Gender Studies at Central European University, the first Gender Studies department founded in Hungary. The institution enjoys an excellent reputation, being recognized not only because of the high level of education, but also due to the scientific activities carried out by its employees.

---

4   *Teaching Gender Studies in Hungary*, ed. A. Pető, Ministry of Youth, Family, Social Affairs
     and Equal Opportunities, Budapest, 2006, p. 23.
5   *Ibid.*, p. 27.
6   *Loc. cit.*
7   J. Acsady, *Women's and Gender Studies oktatás* Magyarországon, www.hier.iif.hu/hu/letoltes.
     php?fid=tartalomsor/1626, acc. 7.04.2017.
8   *Ibid.*
9   It is noteworthy that similar situation could be observed also in Poland. See: A. Mrozik,
     Gender studies in Poland: prospects, limitations, challenges, http://genderstudies.pl/wp-content/
     uploads/2010/01/Agnieszka_Mrozik_Gender-studies-in-Poland.pdf. acc. 7.04.2017.
10   Any data given in this article refer to the second half of 2016.

Furthermore, Women's and Gender Studies seminars and classes are offered by the University of Szeged where the first program in Gender Studies called GLASS ("Gender in Language and Literature Specialization Stream") was founded in 1998. It operated until 2010 when due to the introduction of the new Bologna-type MA program in English Studies it was transformed into GLCE ("Gender through Literatures and Cultures in English").

Finally, at the Corvinus University of Budapest (previously Budapest University of Economic Sciences and Public Administration) there is a Centre for Gender and Culture, which aims to "coordinate the gender related educational and research activities at the CUB, and to connect [the] university to the national and international scientific network of the discipline"[11].

The activities of the above-mentioned institutions are not limited solely to teaching students. All of them conduct research in the field of Women's and Gender Studies and regularly announce its results in the form of conference papers and publications. Furthermore, all of them organize scientific conferences and seminars as well as meetings aimed at popularizing Women's and Gender Studies.

The first Gender Studies conference was organized in December 1995 by the Hungarian Academy of Science's Research Department for Social Conflicts and the Institute of Sociology at Eötvös Loránd University of Budapest. It was followed by other, equally significant events. In November 2002, an important conference entitled "Woman and Man, Man and Woman. Gender Studies in Hungary at the Millennium" [Nő és férfi, férfi és nő. A társadalmi nemek kutatása Magyarországon az ezredfordulón"] was organized by the Centre for Gender and Culture of today's Corvinus University of Budapest. In 2005 the first "Language, Ideology, Media" [Nyelv, ideológia, média] Gender Studies conference was held at the University of Szeged. Since then it has been held 12 times and currently it is considered the most important Women's and Gender Studies conference in Hungary. In the early years, the conference papers were published in the conference books, while since 2011 selected

---

11   http://gender.uni-corvinus.hu/angol/aboutus_en.html, acc. 4.07.2017. In the early 90s at the Corvinus University there was an organization called Women's Studies Központ [Women's Studies Center] which was the first Women's Studies center in Hungary: *Teaching Gender Studies in Hungary, op. cit.*

proceedings can be read on the website of the peer-reviewed TNTeF Interdisciplinary Journal of Gender Studies (http://tntefjournal.hu/).

Finally, it is worth mentioning that the 8th European Feminist Research Conference was organized in Budapest in May 2012 by the Central European University, Department of Gender Studies and AtGender, the European Association for Gender Research, Education and Documentation[12]. The European Feminist Research Conferences usually have more than 500 participants from both inside and outside Europe. They are targeted on presenting innovative feminist scholarly work with critical perspectives on contemporary Europe and its histories[13].

Regarding the state of research in the field of Women's and Gender Studies in Hungary it should be noted that the vast majority of gender-oriented scientific projects and publications from the last 20 years refer only to human disciplines (namely to literary and cultural studies, linguistics, history, anthropology, sociology and political science). Hungarian English scholar and feminist researcher Nóra Séllei in the annex to her monograph describing the state of feminist criticism in Hungary[14] published a bibliography collecting all the Hungarian language texts on literary criticism, art and culture in conjunction with Women's and Gender Studies. The list has about nine hundred records, which is, at first glance, quite impressive. However, if we take a closer look at the contents of the bibliography, we will notice that works on Hungarian literature, art and culture represent only a tiny part of this extensive inventory and they are mostly short texts: articles, conference papers, interviews, inevitably dealing with the topics rather superficially. As a matter of fact, there are very few books and monographs written in Hungarian and on Hungarian topics that are related to Women's or Gender Studies.

As far as the literary studies are concerned, the first work related to Women's Studies was published in 1996 by Anna Fábri ("*A szép tiltott táj felé*". *A magyar írónők története két századforduló között (1795-1905)* ["Towards the forbidden beautiful land". The history of Hungarian

---

12   The previous European Feminist Research Conferences were held at the universities of Alborg (1991), Graz (1994), Coimbra (1997), Bologna (2000), Lund (2003), Łódź (2006) and Utrecht (2009).

13   http://www.asszisztencia.hu/gender/, acc. 7.04.2017.

14   N. Séllei, *Miért félünk a farkastól? Feminista irodalomszemlélet itt és most*, Debreceni Egyetem, Kossuth Egyetemi, Debrecen, 2007.

women writers between two turns of the century (1795-1905)]). It was devoted to the literature written by Hungarian women between 1795 and 1905[15].

Furthermore, two years later one other important Hungarian language work was published by two literary scholars from Groningen University in Holland: László Kemenes Géfin and Jolanta Jastrzębska, who is, incidentally, a graduate of the University of Warsaw. A small part of their work, entitled *Erotika a huszadik századi magyar regényben* [Eroticism in the twentieth-century Hungarian novel][16], deals with Hungarian women's fiction, more to the point, with two novels written by modernist Hungarian women writers: Margit Kaffka and Renée Erdős.

In the first decade of the twentieth century, the Hungarian publishing market presented six books on the topics related to Women's or Gender Studies:

- a volume gathering autobiographical texts by homoerotic women writers (*Előhívott önarcképek. Leszbikus nők önéletrajzi írásai* [Recalled self-portraits. Lesbian women's autobiographical writings])[17];
- a collection of critical texts by women critics on contemporary Hungarian literature (*Egytucat. Kortárs magyar írók női szemmel* [A dozen. Contemporary Hungarian writers in women's eyes][18];
- a work dedicated to English and Hungarian women's autobiographical literature[19] by Nóra Séllei (*Tükröm, tükröm... Írónők önéletrajzai a 20. század elejéről* [Mirror, mirror... Women writers' autobiographical texts from the beginning of the twentieth century])[20];
- a work in the field of literary theory analyzing different concepts of authorship in the contemporary Hungarian literature, among others, the concept of a women as an author of literary texts (*Miért nem elég*

15 A. Fábri, *"A szép tiltott táj felé". A magyar írónők története két századfordulló között (1795-1905)*, Budapest, Kortárs, 1996.
16 L. Kemenes Géfin, J. Jastrzębska, *Erotika a huszadik századi magyar regényben, 1911-1947*, Budapest, Kortárs, 1998.
17 *Előhívott önarcképek. Leszbikus nők önéletrajzi írásai*, ed. A. Borgos, Budapest, Labrisz Leszbikus Egyesület, 2003.
18 G.T. Molnár, ed. *Egytucat. Kortárs magyar írók női szemmel*, Budapest, JAK-Kijárat, 2003. This volume provoked an intensive discussion in Hungarian press. For more details see: N. Séllei, *Miért félünk...*, *op. cit.*, p. 131-132.
19 One chapter of the book is devoted to the analysis of Margit Kaffka's autobiographical novel.
20 N. Séllei, *Tükröm, tükröm... Írónők önéletrajzai a 20. század elejéről*, Debrecen, Kossuth Egyetemi, 2001.

nekünk a könyv. A szerző az értelmezésben: szerzőségkoncepciók a kortárs magyar irodalomban [Why the book is not enough. Interpreting the author: concepts of authorship in the contemporary Hungarian literature])[21];
– a monograph by Edit Zsadányi analyzing different narrative figures of female subjectivity (*A másik nő. A női szubjektivitás narratív alakzatai* [The other woman. Narrative figures of female subjectivity])[22];
– a volume gathering the analytical texts on women's writings from the first half of the 20th century (*Nő, tükör, írás. Értelmezések a 20. század első felének női irodalmáról* [Woman, mirror, writing. Interpretations of women's writings from the first half of the 20th century][23].

Finally, in recent years three more Hungarian language books on Hungarian literature were published in Hungary. In 2011 Anna Borgos together with Judit Szilágyi published a monograph devoted to women (writers) associated with *Nyugat* journal, the most important literary periodical from the first half of the 20th century whose foundation is identified with the beginning of modernism in Hungary (*Nőírók és írónők. Irodalmi és női szerepek a Nyugatban* [Women writers and writing women. Literary and female roles in *Nyugat*])[24]. Next, in 2013 Anna Menyhért released a book gathering analyses of the texts by five Hungarian women writers from the first half of the 20th century: Renée Erdős, Ágnes Nemes Nagy, Minka Czóbel, Ilona Harmos Kosztolányiné and Anna Lesznai (*Női irodalmi hagyomány* [Female literary tradition])[25]. Then, also in 2013 Anna Borgos published a book *Nemek között. Nőtörténet. Szexualitástörténet* [Between sexes. Women's history. History of sexuality][26].

To sum up, in the period from early 90s until today a total number of eleven books related to Women's or Gender Studies in literary studies were published in Hungarian and on Hungarian topics. It

21 A. Gács, *Miért nem elég nekünk a könyv. A szerző az értelmezésben: szerzőségkoncepciók a kortárs magyar irodalomban*, Budapest, Kijárat, 2002.
22 E. Zsadányi, *A másik nő. A női szubjektivitás narratív alakzatai*, Budapest, Ráció, 2006.
23 *Nő, tükör, írás. Értelmezések a 20. század első felének női irodalmáról*, eds. V. Varga, Z. Zsávolya, Budapest, Ráció Kiadó, 2009.
24 A. Borgos, J. Szilágyi, *Nőírók és írónők. Irodalmi és női szerepek a Nyugatban*, Budapest, Noran Kiadó, 2011.
25 A. Menyhért, *Női irodalmi hagyomány*, Budapest, Napvilág Kiadó, 2013.
26 A. Borgos, *Nemek között. Nőtörténet. Szexualitástörténet*, Budapest, Noran Libro, 2013.

should be noted, however, that only five of them are devoted entirely to Hungarian literature, and just one book (by Edit Zsadányi) deals with the contemporary Hungarian women's fiction. And to put that in perspective, it is worth mentioning that the Polish scientific literature can pride itself on a couple of excellent Women's or Gender Studies works on Polish women's literature, most of which had been published in the 1990s[27].

The situation looks a little better in such areas as sociology and political science, mainly thanks to three scholars who have regularly published the results of their research from the mid-nineties: Miklós Hadas, Beáta Nagy (both affilliated to Corvinus University of Budapest), and Andrea Pető (Central European University). As a matter of fact, the first Gender Studies work in the field of sociology was published in 1994 and it was edited by Hadas (*Férfiuralom. Írások nőkről, férfiakról, feminizmusról* [Male domination. Writings about women, men, feminism])[28]. Nowadays Hadas specializes mainly in Men's Studies and he is an author of numerous publications in this field. Also Pető and Nagy are authors of many publications related to Gender Studies. Pető alone is an author of 11 books in the field of Gender Studies and hundreds of minor publications.

Quite significant research is also conducted by Hungarian scholars in the field of Gender Linguistics. Here, the works of Erika Szekeres Kegyesné from the University of Miskolc and Ágnes Huszár from Eötvös Loránd University of Budapest are worth mentioning. For many years the two scholars have conducted research in the field of Gender Linguistics, which resulted in numerous publications (in Hungarian as well as other languages, for instance in German) in this field. Huszár, for instance, is the author of so far the only Hungarian language academic textbook in the field of Gender Linguistics, entitled *Bevezetés a gendernyelvészetbe* [Introduction to Gender Linguistics][29].

Finally, it should be noted that Women's and Gender Studies were present also on the pages of the Hungarian scientific journals. In the 1990s

---

27   See: M. Janion, *Kobiety i duch inności*, Warszawa, Sic!, 1996; G. Borkowska, *Cudzoziemki. Studia o polskiej prozie kobiecej*, Warszawa, IBL, 1996; K. Kłosińska, *Ciało, pożądanie, ubranie. O wczesnych powieściach Gabrieli Zapolskiej*, Kraków, Wydawnictwo eFKa, 1999; E. Kraskowska, *Piórem niewieścim. Z problemów prozy kobiecej dwudziestolecia międzywojennego*, Poznań, Wydawnictwo Naukowe UAM, 1999.

28   M. Hadas, *Férfiuralom. Írások nőkről, férfiakról, feminizmusről*, Budapest, Replika kör, 1994.

29   Á. Huszár, *Bevezetés a gendernyelvészetbe*, Budapest, Tinta Könyvkiadó, 2009.

and in the first decade of the 20th century several Hungarian periodicals released special issues devoted entirely to topics related to Women's and Gender Studies, to name only a few: "Café Babel", "Kalligram", "Helikon", "Magyar Lettre", "Palimpszet" (4 issues), "Ex-Symposion" and "Új Symposion".

Regarding the future of Gender Studies in Hungary it must be regrettably stated that researchers in this field are encountering more and more difficulties that prevent them from carrying out their studies and teaching freely. This can be evidenced, for example, by the events that took place in Hungary in early 2017. When the largest Hungarian university ELTE in Budapest announced the launch of a Master degree program in Gender Studies; the pro-governmental media started a smear campaign against the university, which was targeted to block the program. Moreover, the president of an organization of young Christians issued an open letter to the rector of the university, in which he described Gender Studies as a "'pseudoscience' which threatens the development of Hungarian society", and expressed regret about the fact that instead of "tackling demographic problems", ELTE "fulfils expectations of homosexual and gender lobby"[30].

So far the university authorities have not succumbed to these pressures; however, there is still no certainty as to whether the program will run. This is all the more disturbing considering the fact that due to the latest reform of higher education, approved in April 2017 by the government of Viktor Orbán, the future of the Central European University is also uncertain. Thus, if the ELTE's Gender Studies programme does not start, there is a danger that in Hungary soon there will not be even one degree program in Gender Studies.

Magdalena ROGUSKA
University of Warsaw

---

30   The letter can be read here: https://888.hu/article-nyilt-levelet-kapott-az-elte-a-gender-studies-bevezetese-miatt, acc. 04.07.2017.

BIBLIOGRAPHY

ACSADY, Judit, *Women's and Gender Studies oktatás Magyarországon*, www.hier. iif.hu/hu/letoltes.php?fid=tartalomsor/1626, acc. 7.04.2017.

BORGOS, Anna, ed. *Előhívott önarcképek. Leszbikus nők önéletrajzi írásai*, Budapest, Labrisz Leszbikus Egyesület, 2003.

BORGOS, Anna, SZILÁGYI, Judit, *Nőírók és írónők. Irodalmi és női szerepek a Nyugatban*, Budapest, Noran Kiadó, 2011.

FÁBRI, Anna, „*A szép tiltott táj felé". A magyar írónők története két századforduló között (1795-1905)*, Budapest, Kortárs, 1996.

GÁCS, Anna, *Miért nem elég nekünk a könyv. A szerző az értelmezésben: szerzőségkoncepciók a kortárs magyar irodalomban*, Budapest, Kijárat, 2002.

GRIFFIN, Gabriele, "Co-option or Transformation? Women's and Gender Studies Worldwide", *Societies in Transition–Challenges to Women's and Gender Studies*, eds. H. Flessner, L. Potts, Opladen, Leske and Budrich, 2002, p. 13-32.

KEMENES GÉFIN, László; JASTRZĘBSKA, Jolanta, *Erotika a huszadik századi magyar regényben, 1911-1947*, Budapest, Kortárs, 1998.

MENYHÉRT, Anna, *Női irodalmi hagyomány*, Budapest, Napvilág Kiadó, 2013.

Egytucat. Kortárs magyar írók női szemmel, ed. G.T. Molnár, Budapest, JAK-Kijárat, 2003.

MROZIK, Agnieszka, *Gender studies in Poland: prospects, limitations, challenges*, http://genderstudies.pl/wp-content/uploads/2010/01/Agnieszka_Mrozik_ Gender-studies-in-Poland.pdf, acc. 7.04.2017.

Nő, tükör, írás. Értelmezések a 20. század első felének női irodalmáról, ed. V. VARGA, Z. ZSÁVOLYA, Budapest, Ráció Kiadó, 2009.

SÉLLEI, Nóra, *Miért félünk a farkastól? Feminista irodalomszemlélet itt és most*, Debrecen, Debreceni Egyetem, Kossuth Egyetemi, 2007.

SÉLLEI, Nóra, *Tükröm, tükröm... Írónők önéletrajzai a 20. század elejéről*. Orbis Litterarum, Debrecen, Kossuth Egyetemi, 2001.

Teaching Gender Studies in Hungary, ed. A. Pető, Budapest, Ministry of Youth, Family, Social Affairs and Equal Opportunities, 2006.

ZSADÁNYI, Edit, *A másik nő. A női szubjektivitás narratív alakzatai*, Budapest, Ráció, 2006.

DEUXIÈME PARTIE

DANS L'ÉDUCATION / CONSIDERING EDUCATION / UNTERWEGS DURCH DIE BILDUNGSGESCHICHTE

LES DÉBUTS DE L'ENSEIGNEMENT POUR FILLES PAUVRES DANS LA FRANCE DU XVIIᵉ SIÈCLE

Traditions historiographiques et travaux en cours

En 1665, Charles Démia, prêtre originaire de Bourg-en-Bresse, lance un appel aux élites lyonnaises, les *Remontrances*[1], afin de promouvoir l'instruction des enfants pauvres de la ville de Lyon par la création des petites écoles.

Charles Démia n'est cependant pas le seul ecclésiastique à s'intéresser à l'éducation des filles pauvres dans la deuxième moitié du XVIIᵉ siècle comme en témoigne un ensemble de fondations de congrégations enseignantes, mais aussi de petites écoles dirigées par des maîtresses laïques. La question de l'instruction des filles en général suscite un vif intérêt visible par la publication de nombreux traités à vocation pédagogique à la fin du siècle, comme celui de Fénelon[2]. L'engouement pour l'éducation des pauvres, suscité par des pédagogues comme Charles Démia, s'appuie aussi sur des fondations apparues au début du siècle comme celle des Filles de la Charité de saint Vincent de Paul et Louise de Marillac à Paris, en 1633, ou celle des sœurs du Saint Enfant Jésus par le père Nicolas Barré à Rouen en 1659, et le mouvement ne cesse en effet de s'amplifier. À la fin du XVIIᵉ siècle, on assiste par exemple à Paris à la création de la communauté de sainte Geneviève en 1670 ou bien à celle des Sœurs grises de Marie Houdemare en 1668 à Rouen[3].

Si l'historiographie traditionnelle a longtemps laissé de côté l'éducation des filles, et plus encore celle des filles pauvres, les recherches

---

1 C. Démia, *Remontrances faites à Messieurs les Prévost des Marchans, échevins et principaux habitants de la Ville de Lyon, touchant la nécessité et utilité des Écoles chrétiennes, pour l'inscription des enfants pauvres,* par Mre Charles Démia, Pre. Commissaire député pour la visite des églises de Bresse, Bugey, Dombes, etc., Lyon, sans nom, 1668.

2 Fénelon, *De l'éducation des filles,* Paris, P. Aubouin, 1687.

3 Fondation précédée, il est vrai, par celle des Dames noires de l'Hôpital Général dès 1646.

et travaux récents nous amènent aujourd'hui à reconsidérer la place de l'école de charité pour filles dans l'espace urbain de la France du XVIIe siècle.

Nous nous proposons donc d'aborder ici les débuts de l'instruction primaire pour filles pauvres dans une triple perspective : après un rapide aperçu des traditions historiographiques en jeu, nous esquisserons les traits généraux du mouvement de promotion de l'éducation des filles dans la France du Grand Siècle. Nous les illustrerons enfin par l'exemple de la ville de Lyon qui semble faire figure de modèle en raison de l'engouement national pour les *Remonstrances* de Charles Démia. Dans ce cadre, nous ne nous attarderons pas seulement sur les élèves et les principes d'éducation qui leur sont destinés ; nous nous interrogerons également sur la formation des maîtresses, religieuses ou laïques.

HISTORIOGRAPHIE SUR L'ÉDUCATION DES FILLES PAUVRES

Si des travaux sur l'histoire de l'enseignement des filles ont été menés avant les années 1970, cette production est relativement dispersée et, malgré le travail précurseur d'Octave Gréard[4], plutôt centrée sur les doctrines pédagogiques.

Toutefois, depuis les années 1970, l'histoire de l'éducation sous l'Ancien Régime a connu un renouveau important. Si celui-ci n'a d'abord concerné que l'éducation des élites, notamment par le biais de nombreux travaux sur les collèges et universités[5], l'éducation des filles a longtemps été résumée à celle de la maison d'éducation de

---

4   O. Gréard, *L'Éducation des femmes par les femmes : études et portraits*, Paris, Hachette, 1887.

5   Voir à ce titre les importants travaux de D. Julia sur les collèges et notamment, *Les collèges français du XVIe au XVIIIe siècle. Répertoire des établissements*, Éditions du CNRS et Service des publications de l'INRP, Paris, 1984 et 1988 (t. 1, *France du midi* ; t. 2, *France du Nord et de l'Ouest*) ou *Les Universités françaises entre XVIe et XVIIIe siècles*, chapitre de l'ouvrage collectif *Histoire des universités françaises*, éd. J. Verger, Toulouse, Éditions Privat, 1986, p. 141-197 ou encore *École et société dans la France d'Ancien Régime. Quatre exemples : Auch, Avallon, Condom et Gisors*, Paris, A. Colin, 1975, en collaboration avec W. Frijhoff.

Saint-Louis et par là même à l'idée que seules les filles des élites pouvaient prétendre à une instruction[6]. En revanche, les « petites écoles » et l'éducation des pauvres en général (et celle des filles pauvres en particulier) ont été plutôt négligées[7]. Non pas que la question soit complètement absente de l'historiographie puisque le sujet a été abordé dans le cadre d'études consacrées à la pauvreté[8], et que les efforts pédagogiques d'un certain nombre d'acteurs de la Contre-Réforme sont bien connus[9] ; mais les choses sont restées dans une large mesure consacrées à l'analyse des programmes pédagogiques alors que les réalités sociales sont toujours peu étudiées. Pourtant, les archives ne manquent pas pour le faire et c'est ce dont j'ai pu me rendre compte dans mes propres travaux en découvrant ou redécouvrant des sources qui nous permettent d'appréhender les réalités pédagogiques de l'enseignement à destination des filles pauvres, notamment pour la ville de Lyon[10].

D'un point de vue historiographique, il faut sans nul doute interroger l'histoire de l'éducation des filles pauvres sous l'Ancien Régime en prenant en compte les avancées opérées dans différents champs de la recherche historique qu'ils se trouvent dans l'histoire des femmes, dans l'histoire de l'éducation populaire, dans l'histoire culturelle ou encore dans l'histoire urbaine.

---

6 De nombreux travaux sont disponibles sur la question et notamment ceux de D. Picco, « L'éducation des filles de la noblesse française aux XVIIᵉ-XVIIIᵉ siècles », *Noblesse française et noblesse polonaise : mémoire, identité, culture XVIᵉ-XXᵉ siècles*, éd. J. Dumanowski, M. Figeac, Pessac, Maisons des sciences de l'homme d'Aquitaine, 2005, p. 475-497.

7 Une seule étude partielle existe sur l'éducation des filles pauvres pour la ville de Paris sous l'Ancien Régime et a été réalisée par M. Sonnet, *L'éducation des filles au temps des lumières*, Paris, Cerf, 2011. Pour les garçons nous pouvons mentionner les ouvrages de B. Grosperrin, *Les petites écoles sous l'Ancien Régime*, Rennes, Ouest-France Université, 1984, et M. Froeschle, *L'école au village. Les petites écoles de l'Ancien Régime à Jules Ferry*, Nice, Serre éditeur, 2007, et les articles de R. Grevet, « L'enseignement charitable en France : essor et crise d'adaptation (milieu XVIIᵉ – fin XVIIIᵉ siècle) », *Revue Historique*, T. 301, 2/610, 1999, p. 227-306, ou M. Venard « L'école élémentaire du XVIᵉ au XVIIIᵉ siècle », *Une histoire de l'éducation et de la formation*, s.l.d. V. Troger, Les Dossiers de l'Éducation, Sciences Humaines Édition, Auxerre, 2006, p. 23-32.

8 Notamment par les travaux de J.-P. Gutton, *La société et les pauvres : l'exemple de la généralité de Lyon*, Les Belles Lettres, Paris, 1971 et « Dévots et petites écoles : l'exemple du Lyonnais », *Marseille*, n° 88, 1972.

9 J.-L. Vives, *De institutione feminae christianae*, 1523.

10 A. Perret, *L'éducation des filles pauvres, 1665-1790*, Mémoire de Master Recherche en Histoire moderne et contemporaine, sous la direction de A. Chassagnette, Université Lumière Lyon 2, 2015.

En matière d'histoire des femmes, un tel sujet permet en effet de s'interroger sur différents aspects : quelle place a la femme dans la société de l'époque ? Comment est-elle perçue ? Quels sont les attributs qui lui sont propres et dans quel espace vit-elle ? Quel monde du travail s'offre à une femme « instruite » ? On a en effet longtemps pensé qu'à l'époque moderne, mais également sur les périodes antérieures, la femme n'avait qu'un rôle d'épouse et de mère, son sexe ne lui permettant pas de penser et de prendre des décisions[11]. Néanmoins, la quantité d'archives administratives que nous avons trouvées nous permet de penser et d'inscrire les femmes dans une histoire administrative puisque, si elles ont longtemps été exclues du pouvoir et des cadres dirigeants, leurs positions et leurs rôles sont à réévaluer dans l'administration des petites écoles. En effet, la création d'un séminaire de maîtres et de maîtresses à Lyon semble leur donner une part aussi importante que celle des hommes dans les décisions relatives à l'éducation des enfants. Les comptes rendus des réunions font apparaître les signatures des hommes présents, mais aussi celles des femmes qui ont pris part à la discussion et qui ont approuvé les décisions prises[12], et la mise en place d'une communauté de maîtresses, les sœurs de Saint-Charles, en 1678, témoigne d'une certaine autonomie en matière de gestion des écoles de filles. Les travaux de Sylvie Schweitzer ont déjà démontré que « la femme a toujours travaillé[13] », mais nos archives nous permettent également d'ancrer certains aspects de notre sujet dans l'histoire économique du travail féminin puisque l'objectif principal des petites écoles de filles est de leur offrir la possibilité d'un travail honnête[14].

Ces premiers éléments peuvent également être élargis sous l'angle de l'histoire de l'éducation puisqu'il est à noter qu'en matière d'histoire de l'éducation, l'instruction donnée aux filles est longtemps restée « illégitime », voire sans importance. Le passage d'une réflexion où l'instruction est exclusivement masculine à une prise en compte de l'importance de l'éducation féminine semble avoir été permis par des sociologues. Pierre Bourdieu ou Marie Duru-Bellat ont en effet longuement étudié

---

11   C'est notamment le cas dans le *Traité sur l'éducation des filles* de l'abbé Fénelon, ou dans *L'Émile* de J.-J. Rousseau.

12   AD 69, 5D7, Livre de compte et rapports des assemblées de maîtres et maîtresses.

13   S. Schweitzer, *Les Femmes ont toujours travaillé. Une histoire du travail des femmes, XIXᵉ-XXᵉ siècles*, Paris, Éditions Odile Jacob, 2002.

14   C. Démia, *Remonstrances, op. cit.*, p. 3-4.

le sujet par le biais des sciences de l'éducation en se posant la question de la réussite scolaire des filles, malgré une forme d'autocensure, à une époque où la loi sur la mixité venait d'être proclamée[15]. Les historiens contemporains, se penchant alors sur ces travaux, sont arrivés à l'étude de l'éducation des filles du peuple aux XIXe et XXe siècles. Pour la période moderne, c'est par le biais de l'histoire culturelle et de l'histoire des mentalités que les historiens se sont intéressés à l'histoire de l'éducation. C'est parce que l'école nourrit une civilisation, et par conséquent sa société, que des historiens du livre, comme Roger Chartier, ou des spécialistes d'histoire religieuse, comme Dominique Julia, en sont venus à se demander comment les populations avaient été formées aux rudiments de lecture ou d'écriture. Ils vont alors publier dans les années 1970 un ouvrage qui allait devenir une œuvre de référence pour l'historien de l'éducation à l'époque moderne, *L'éducation en France du XVIe au XVIIIe siècle*[16]. À travers cet ouvrage, les auteurs reconstituent l'ensemble du tissu scolaire à l'époque moderne, mais ne donnent malheureusement que très peu d'informations sur l'éducation des filles hormis les pensionnats, déjà connus, les congrégations enseignantes ou la maison royale d'éducation de Saint-Louis. L'ouvrage de Martine Sonnet *L'éducation des filles au temps des Lumières* est l'un des premiers travaux à donner un large panorama de l'offre scolaire parisienne destinée aux jeunes filles, riches et pauvres, sous l'Ancien Régime.

Ces ouvrages et ces premières études sur le sujet nous donnent de nombreuses possibilités d'analyses consacrées à l'enseignement au féminin et interrogent plus directement la mise en place d'un enseignement populaire à destination des filles en France sous l'Ancien Régime.

---

15   Loi Haby en 1975.
16   R. Chartier, M. M. Compère, D. Julia, *L'éducation en France du XVIe au XVIIIe siècle*, Paris, Sedes, 1976.

LA MISE EN PLACE DE L'ÉDUCATION
DES FILLES PAUVRES EN FRANCE,
XVIIᵉ-XVIIIᵉ SIÈCLE

L'idée généralement reçue que l'expansion des petites écoles, et de l'enseignement élémentaire, est née de la Réforme protestante, désireuse d'assurer à tous les fidèles l'accession directe et personnelle à l'Écriture sainte, peut être retenue, mais nécessite aussi d'être nuancée. La prédication, tout d'abord, a certainement joué, surtout au XVIᵉ siècle, un rôle beaucoup plus important dans la propagation de la parole que l'écrit. Par ailleurs, dans la perspective tracée par les humanistes, les réformés n'ont souvent attribué à l'instruction élémentaire qu'un rôle mineur, indispensable certes, mais considéré comme un simple préalable devant déboucher sur un enseignement secondaire, voire supérieur. Enfin, il ne peut s'agir pour eux que d'un aspect inférieur de l'instruction chrétienne des enfants qui est principalement celle de la foi[17].

Le réseau des petites écoles réformées ne se révèle pas aussi uniformément dense qu'on pourrait s'y attendre, même là où les huguenots étaient nombreux, puisque de fortes distorsions apparaissent[18]. Quoi qu'il en soit, l'école protestante est placée sous le contrôle étroit des dirigeants spirituels de la communauté. Le consistoire examine les candidats aux fonctions de maîtres, les anciens s'occupent de réunir les moyens nécessaires et les diacres veillent à une scolarisation effective. Les matières profanes sont les mêmes et sont enseignées selon les mêmes méthodes que dans les petites écoles catholiques, avec cette différence toutefois que les réformés les conçoivent dans la perspective d'une scolarité prolongée ultérieurement jusqu'à des niveaux supérieurs de l'enseignement[19]. En ce qui concerne l'éducation des filles, si les réformés ne paraissent pas avoir éprouvé de prévention particulière à l'égard de la mixité des écoles, il reste qu'ils préféraient encore plus l'éducation familiale pour leurs filles que pour leurs fils.

---

17 F. Lebrun, J. Quéniart, M. Venard, *Histoire de l'enseignement et de l'éducation*, II. *1480-1789*, Paris, Perrin, 2003 (1982).
18 À Lyon, par exemple, seules trois petites écoles protestantes sont avérées avant 1685 alors que les petites écoles catholiques sont au minimum une vingtaine.
19 B. Grosperrin, *Les petites écoles sous l'Ancien Régime, op. cit.*, Chap. I, « L'impulsion protestante », p. 12-14.

De l'autre côté, l'Église catholique n'a pas attendu le défi protestant pour se préoccuper de l'enseignement élémentaire et fait un devoir aux évêques et aux curés d'ouvrir des écoles. Mais il est certain que la multiplication des petites écoles catholiques à partir de la seconde moitié du XVIe siècle est due, en grande partie, au fait nouveau de la confrontation des deux confessions rivales. La petite école de la réforme catholique n'a pas pour objectif fondamental la formation intellectuelle de l'enfant, les matières profanes ne constituent que le moyen de l'attirer à l'école et de l'y maintenir le plus longtemps possible[20].

La diffusion des petites écoles a été essentiellement une arme pour un combat religieux. Et ceci apparaît avec une netteté particulière quand les catholiques entreprennent la reconquête intégrale du royaume, car il ne s'agit plus alors seulement de consolider la foi des enfants catholiques, mais d'enseigner la vraie doctrine à ceux dont les parents sont soit des nouveaux convertis, passés plus ou moins librement de la confession reformée à l'Église romaine, soit des irréductibles[21]. L'engouement pour l'éducation féminine, déjà visible dans l'émergence des écoles paroissiales de charité vers la fin du XVIe siècle, se traduit également dans la création de nombreuses communautés religieuses féminines enseignantes dans la capitale et qui perdurent jusqu'au XVIIIe siècle. L'ouverture du premier couvent des Ursuline à Paris dès 1610 marque en effet la naissance d'une grande vague d'implantations de congrégations à caractère éducatif.

D'après l'étude de Martine Sonnet[22], sur les 80 communautés présentes à Paris, 71 participent à l'éducation des filles à titre d'école, de pensionnat ou d'orphelinat. Toutefois, concernant uniquement l'éducation des filles pauvres seuls les deux établissements des Ursulines et celui de la congrégation Notre Dame leurs offrent une éducation[23].

Parmi les congrégations ayant vocation d'enseignement pour les filles un premier ensemble s'est mis en place dès le début du XVIIe siècle. Ce premier réseau d'éducation des filles prend appui sur les monastères et est ensuite complété de manière très différente par les nombreuses ouvertures de séminaires de maîtresses destinés à former des régentes pour les écoles populaires, ou à fonder des congrégations qui s'orientent vers les

---

20 *Ibid.*, p. 15.
21 *Ibid.*, p. 16.
22 M. Sonnet, *L'éducation des filles au temps des Lumières, op. cit.*, Chap. I, « Les communautés religieuses féminines » p. 26-31.
23 *Ibid.*, p. 28.

campagnes. Nous pouvons ainsi noter, entre les années 1600 et 1700, l'apparition de nombreuses congrégations enseignantes fondées à Paris ou en province et dont un inventaire exhaustif est donné dans *L'éducation en France du XVIe au XVIIIe siècle*[24]. Parmi celles-ci, certaines lient l'éducation à l'assistance, sur le modèle des Filles de la Charité de Saint Vincent de Paul fondées en 1634. L'instruction des filles pauvres se trouve donc, dans un premier temps, liée aux hôpitaux ou aux maisons de charité.

Si les communautés religieuses constituent, en théorie, un réseau déjà efficace pour l'éducation des filles pauvres[25], l'ensemble des écoles parois-siales permet surtout une diversification des possibilités de scolarisation pour les familles[26]. Dans les villes et les campagnes, les petites écoles accueillent uniquement les plus pauvres. Les évêques soutenus par le roi ont mené un tenace combat contre la mixité des écoles et l'enseignement des filles par des hommes. Mais la répétition même des injonctions et le fait que tout au long des XVIIe et XVIIIe siècles de tels désordres soient invoqués prouvent que la pratique a été bien difficile à déraciner[27].

Dans la grande majorité des statuts de fondation ou des règlements, aucune place particulière n'est faite aux régentes d'école ou à l'instruction des filles ; les injonctions écrites au masculin ayant valeur universelle. Il demeure donc difficile de mesurer les résultats de l'effort de scolari-sation féminine qui connaît de surcroît un décalage entre la campagne et la ville. Cette dernière jouit, en effet, d'un double équipement : celui assuré par les maîtresses laïques, placées comme les maîtres des petites écoles sous la juridiction de l'évêque, du chancelier ou du chantre, et celui fourni par les couvents et les congrégations. Dans une société qui compte, à la veille de la Révolution encore près de huit personnes sur dix vivant à la campagne, la majorité des écoles sont donc des écoles rurales. Même si toutes les communautés villageoises n'en disposent

---

24 R. Chartier, M. M. Compère, D. Julia, *L'éducation en France du XVIe au XVIIIe siècle, op. cit.*, Chap. VIII, « L'apostolat des filles pieuses », p. 237-242.

25 La Congrégation de Marie de Notre Dame est fondée dès 1607, les Ursulines dès 1608 et les Visitandines en 1610. Toutefois, et même si des externats sont mis en place, ces fondations restent majoritairement destinées aux filles issues des couches les plus favorisées de la société.

26 Cela est surtout vrai dans les villes même s'il demeure difficile de mesurer les résultats de l'effort de scolarisation féminine. Voir à ce titre l'ouvrage de R. Chartier, M. M. Compère, D. Julia, *op. cit.*, p. 245-247.

27 Voir par exemple les Statuts synodaux de l'évêque d'Autun en 1669, mentionnés dans l'ouvrage de R. Chartier, M. M. Compère, D. Julia, *ibid.*, p. 11.

pas et même si elles attirent moins les enfants que celles des villes, la plupart des Français qui savent lire, écrire et compter sous l'Ancien Régime l'ont appris dans ces petites écoles des paroisses rurales. Une école ne peut être créée dans une paroisse rurale que si les habitants en acceptent le financement ou si la générosité d'un donateur l'assure. Si les mises en place de petites écoles de filles sont assez différentes entre la ville et la campagne, il reste que le but de l'enseignement dispensé est relativement le même. Les petites écoles doivent en effet apprendre, tant aux filles qu'aux garçons, à lire, écrire, compter, mais aussi à préparer le catéchisme dans un but évident d'évangélisation des populations qui pourraient être tentées par la mauvaise religion[28].

Enfin, le roi de France va se faire protecteur des petites écoles de charité par la publication de deux déclarations royales datées du 3 décembre 1698 et du 14 mai 1724 où il est dit dans les articles IV, identiques dans les deux déclarations : « Voulons que l'on établisse autant qu'il sera possible, des maîtres et des maîtresses dans toutes les paroisses où il n'y en a point pour instruire tous les enfants ». La déclaration de 1698 pose également un principe d'obligation scolaire jusqu'à 14 ans qui ne sera cependant pas appliqué sur le terrain.

Dès le XVIe siècle, apparaît donc le souci de s'occuper de la masse des enfants pauvres même s'ils ne sont pas animés par une vocation cléricale. Toutefois, les réalisations restent partielles, locales ou multiformes jusqu'à l'élan de la Réforme catholique. Plus précoce pour les filles, ce processus aboutit à ses premières concrétisations d'importance avec l'action lyonnaise de l'abbé Charles Démia.

L'EXEMPLE DES PETITES ÉCOLES LYONNAISES

La ville de Lyon est relativement novatrice en matière d'éducation. En effet, l'Aumône Générale fondée en 1533 donnait déjà une instruction aux petits garçons pauvres de l'Hôpital La Chanal avant qu'ils ne soient

---

28   R. Chartier, M. M. Compère, D. Julia, *op. cit.*, p. 14 : « Il s'agissait en fait du sens à donner à la christianisation par l'école, soit œuvre de reconquête sur une minorité écrasée soit saisie de tout un peuple dans un enseignement universel ».

placés en apprentissage chez des artisans. Les filles pauvres de l'Hôpital Sainte Catherine bénéficiaient elles aussi d'une instruction dispensée par une maîtresse d'école qui leur apprenait également à coudre et à filer pour qu'elles puissent être placées comme chambrière ou dans des ateliers de soieries. L'éducation s'organise donc très tôt à Lyon, mais elle est encore insuffisante lorsque Charles Démia décide de la repenser[29].

Désigné par Gabriel Compayré comme « le Christophe Colomb de l'enseignement catholique[30] », Charles Démia est né à Bourg-en-Bresse en 1637. Il est l'unique héritier d'une petite fortune qu'avait acquise son père, apothicaire puis secrétaire, et qui par la suite sera transmise en intégralité aux pauvres. Après des études chez les Pères Jésuites de Bourg et de Lyon, le jeune homme se prépare à la prêtrise et réalise pour cela quelques études de droit à Paris. Prêtre en 1663, il se distingue très vite par ses mérites dans la région de Bourg où il exercera son ministère et reçoit de l'Archevêque de Lyon la fonction d'archiprêtre, visiteur de la Bresse, de la Dombes et du Bugey. Influencé par ses contacts avec la Compagnie de Saint-Sacrement de l'autel de Lyon, qui mûrissait déjà un projet de création d'écoles de charité pour les enfants pauvres, Charles Démia devient rapidement l'instrument de la congrégation et le principal promoteur de l'œuvre. Par l'intermédiaire de nombreux documents officiels s'installe à Lyon une nouvelle forme d'éducation qui a, pour la première fois, un but de promotion sociale s'adressant aussi bien aux garçons qu'aux filles. Si l'éducation féminine a souvent été décriée et moquée au XVIIe siècle, notamment dans *Les Précieuses Ridicules* ou *Les Femmes Savantes* de Molière, Charles Démia la voit avant tout comme un moyen de former les mères de demain, mais aussi comme un moyen de protéger leur vertu en leur permettant de trouver un travail convenable pour hausser leur statut social[31].

Dès 1675, deux écoles de filles pauvres fonctionnent déjà à Lyon[32]. L'une est placée dans la paroisse Saint-Nizier et l'autre dans la paroisse Saint-Paul, ce qui laisse à penser qu'elles ont été ouvertes très peu de

---

29 R. Gilbert, « Charles Démia et les écoles des Pauvres (1637-1689) », Éducation et péda-gogie à Lyon, de l'antiquité à nos jours, éd. G. Avanzini, Lyon, Clerse, 1993, p. 69-98.
30 G. Compayré, *Charles Démia et les origines de l'enseignement primaire*, Paris, P. Delaplane, 1905, p. 113.
31 C. Démia, *Remonstrances, op. cit.*, p. 4-5.
32 Ces écoles sont fondées sur le même modèle que les écoles pour garçons pauvres mises en place dès 1667 par C. Démia. Les *Règlemens* publiés par Démia en 1685 s'adressent,

temps après la première petite école lyonnaise pour garçons qui est celle de la paroisse Saint-Georges fondée en 1667. Pour éduquer les jeunes filles pauvres, Charles Démia fait appel, dès 1671, à trois filles de la Charité qui doivent s'occuper des familles miséreuses des quartiers Saint-Georges, Sainte-Croix et Saint-Pierre-le-Vieux et qui vont également tenir les deux écoles mentionnées précédemment. L'institutionnalisation de l'enseignement populaire féminin n'est cependant réalisée qu'en 1678 avec la création de la communauté des maîtresses d'école appelée aussi les Sœurs de saint Charles.

Afin de former au mieux les enfants qui lui seront confiés, Charles Démia met en place un véritable centre de formation d'institutrices visant à leur donner les clés nécessaires à la mise en place d'une bonne pédagogie. La création d'un séminaire de formation des enseignantes est en partie due à l'établissement, dès août 1677, d'une assemblée de Dames de Piété qui doit veiller au bon fonctionnement des écoles de filles[33]. Ce « comité de patronage des écoles[34] » permet, dès 1678, une prise de conscience de la communauté des maîtresses. La communauté, fondée officiellement en 1680, est la plus durable des œuvres de Démia puisqu'elle existe toujours aujourd'hui. Les règlements de ce séminaire sont les mêmes que pour celui des maîtres d'école[35]. Des retraites peuvent aussi être pratiquées par les enseignantes laïques de la ville. Elles sont encadrées par des religieuses proches des problèmes inhérents à la condition féminine, comme les sœurs de l'Enfant Jésus du

---

en effet, autant aux établissements de filles qu'aux établissements de garçons. Ce point sera plus largement développé dans ma thèse en préparation.

33   C. Démia, *Règlemens pour les écoles de la ville et diocèse de Lyon dressez par Charles Démia*, Lyon, s. n., 1685 – Charles Démia y fait notamment allusion dans son avis au lecteur, « août 1677 : Charles Démia est convaincu de l'utilité d'une école de filles. Établis une assemblée de Dames de piété pour veiller à la perfection des écoles de ce sexe » et dans le Chapitre V « Des exercices particuliers », § VIII, p. 47 : « On pourrait établir une assemblée de Dames de Piété, dont les soins seraient : 1. De veiller sur tous les Vagabonds, Orphelins, fainéants, pauvres et autre Sujet de qualité requise, pour être admis aux Écoles, afin d'engager leurs Parents à les y envoyer. / 2. De s'appliquer à certains jours et heures, à faire des habits pour les Pauvres des Écoles, ou à raccommoder les vieux, observant à peu près l'ordre suivant / 3. Une d'entre elles serait préposée pour faire la quête par quelques filles des écoles, de ce qui serait nécessaire pour ces ouvrages, qu'elle distribuerait aux autres et aurait soin de les recueillir. On commencera et finira ce travail par la Prière. / 4. On gardera le silence et on fera faire la Lecture par quelques filles des Écoles, pendant qu'elles travailleront. / 5. Il y aura un Tronc pour les aumônes qu'elles voudraient y mettre ».

34   R. Gilbert, « Charles Démia et les écoles des Pauvres (1637-1689) », *op. cit.*, p. 72.

35   C. Démia, *Règlemens, op. cit.*, « Règlemens de la Confrérie saint Charles », p. 91.

père Nicolas Barré[36], c'est certainement cette proximité qui permet la fondation d'école de travail pour filles dès 1721[37].

> Et afin que les maîtres et les maîtresses puissent mieux s'acquitter de leur devoir, & qu'ils en soient mieux instruits ; ceux de cette Ville tâcheront de faire quelques jours de retraite, & pourront passer quelques jours dans l'une des Écoles des mieux réglées, suivant que nous leur indiquerons sur tout à ceux qui prétendront d'enseigner dans Lyon ; & ils s'assembleront à l'avenir dans le lieu qui sera par nous désigné, & ce tous les premiers dimanches de chaque mois, à deux heures après midi, sauf à être assemblé plus souvent s'il est ordonné, auxquels susdits jours se pourront présenter, ceux qui demanderont des Permissions de tenir lesdites Écoles[38].

Le *Status pour les maîtres et les maîtresses*[39] nous donne le portrait de l'enseignante idéale telle que Démia l'envisage. Il faut tout d'abord noter que les prétendantes feront l'objet d'une véritable enquête sur leurs bonnes mœurs et devront fournir des certificats de vie et mœurs en plus de leur acte de baptême et de leurs éventuels contrats de mariage. Si au XIXe siècle l'on préfère les maîtresses célibataires[40], on trouve souvent, au sein des petites écoles de Lyon, des couples d'enseignants se partageant les élèves, la femme enseigne alors aux filles et l'homme aux garçons. Être mariée ne constitue donc pas un handicap au titre de maîtresse d'école, mais encore faut-il que l'entourage de celle-ci soit extrêmement bien réglé et constitue un exemple de piété et de dévotion pour les familles des enfants pauvres. C'est le certificat de vie et mœurs établi par le curé qui constitue la pièce maîtresse du dossier. Un âge particulier ne semble pas être requis pour obtenir le poste et la future enseignante ne doit pas nécessairement appartenir au clergé. Une fois l'enquête terminée, et si les autorités ne trouvent rien à redire, la future maîtresse reçoit une permission d'enseigner qui doit être exposée sur un tableau au niveau de l'entrée principale de son domicile, afin de la faire connaître au public et de pouvoir commencer à recevoir des élèves.

---

36 Les sœurs de l'enfant Jésus, proche du père Nicolas Barré de Rouen, ont pour vocation d'instruire et d'aider les enfants pauvres et connaissent très bien les milieux populaires.

37 AM Lyon, 3GG114, Établissements d'instruction publique, pièce 50 « Règlements des écoles de travail ».

38 C. Démia, *Règlemens, op. cit.*, « Statuts pour les maîtres et les maîtresses », 28 juillet 1676, p. 84.

39 *Loc. cit.*

40 J. et M. Ozouf, *La République des instituteurs*, Paris, Seuil, 2001, p. 414.

La mise en place d'une formation officielle et d'un cadre très réglementé tend à donner l'image d'une institution solide qui forme des enseignants de qualité. La réalité de cette volonté se confirme lorsque l'on trouve mentionnée l'obtention de distinctions reçues par certains enseignants méritants. Toutefois, quelques plaintes à l'encontre du corps enseignant sont aussi déposées démontrant ainsi les limites de l'encadrement[41].

Les filles qui bénéficient de ces écoles doivent remplir des critères assez précis. Selon les *Règlemens*, ces jeunes filles devaient déjà « être réduit [es] à la mendicité ou que leurs pères et mères aient le pain de l'aumône ou soient dans une nécessité notoire et n'aient le moyen de les faire instruire sans s'incommoder[42] ». On remarque également que si les garçons ne peuvent rester que quatre ou cinq ans dans l'école, les filles, elles, peuvent y demeurer plus longtemps si elles fréquentent les écoles de travail mises à leur disposition après leur parcours scolaire. Les petites filles commençaient le plus souvent leur éducation autour de 6 ou 7 ans et la terminaient vers 12 ou 13 ans avant de se diriger vers ces établissements, qui étaient en fait des bâtiments séparés des petites écoles et qui n'accueillaient vraisemblablement que les enfants les plus motivées.

Grâce aux différents registres de disputantes conservés aux Archives départementales du Rhône[43], nous avons pu déterminer l'origine sociale réelle des élèves puisqu'ils nous donnent, en plus du nom, prénom et âge de l'enfant, la profession des parents. Nous avons ainsi pu constater que la majorité des élèves des petites écoles sont des enfants d'ouvriers en soie (10 % soit 160 cas sur 1641), de taffetatiers (6 % soit 105 cas), de cordonniers (6 % soit 97 cas), de passementiers (5 % soit 76 cas) et d'affaneurs (4 % soit 61 cas). Le reste de nos données oscille entre les

---

41   AD 69, 5D20, Cahiers d'inspection, pièces annexes – On y trouve notamment une plainte du curé de la paroisse Saint Irénée « Le prieur-curé de St Iréné de Lyon a l'honneur de faire observer à messieurs les administrateurs des petites écoles de Lyon que la paroisse de St Iréné est fort mal servie depuis plusieurs années par le maître et la maîtresse d'école ; quelque médiocres que soient leurs revenus, ils le gagnent sans travail ; les enfants de St Iréné ne vont plus chez eux ; ou s'il y en a quelques-uns qui y aillent ; le nombre se réduit à trois ou quatre ; je leur ai représenté plusieurs fois, qu'ils devaient amener les enfants de la paroisse au catéchisme les dimanches et fêtes, ils ne l'ont jamais fait, les pères et mères de la paroisse se plaignent que leurs enfants ne profitent pas auprès d'eux, c'est sans doute leur impiété qui fait déserter leurs écoles […] ».

42   C. Démia, *Règlemens, op. cit.*, chapitre 1 « du Bureau des écoles », § XXVI, p. 5.

43   AD 69, 5D7, Livre de comptes de l'argent reçu pour la grosse dépense des ecclésiastiques de la communauté de Saint-Charles – Il contient en plus des comptes de la communauté saint Charles des listes de disputants.

artisans (les tailleurs d'habits, les menuisiers, les potiers, les tireurs d'or, etc.), les métiers de bouche (bouchers, fruitiers), les métiers de la sécurité (gardes, soldats), les services (loueurs de chevaux, garde-malade, « hostes ») ou encore les cas de pauvreté extrême (mendiants, pauvres). Cette grande variété de métiers montre la diversité de l'espace lyonnais aux XVIIe et XVIIIe siècles. Si la majorité de ces métiers est reliée au domaine du textile (artisans, compagnons ou maîtres), ce tableau reste le reflet des couches de la population les plus défavorisées et donc celles qui doivent en effet bénéficier des petites écoles.

Bien plus que de leur fournir de simples outils pour s'en sortir dans la vie, l'institution de Charles Démia propose aux filles un véritable enseignement professionnel à l'issue de leurs études. Fondée en 1721 par Pierrette Chènevière, la première école de travail entend permettre aux filles de gagner leur vie tout en les protégeant des dangers de la rue et de la misère. Cette école forme surtout ses élèves à la couture, à la broderie et à d'autres ouvrages manuels qui peuvent servir dans l'industrie du tissu[44]. Mais l'enseignement dispensé est également chargé de les conforter dans la lecture, l'écriture et le catéchisme ainsi que dans tout ce qu'on leur a enseigné dans les petites écoles. Il ne s'agit pas là de faire table rase de l'enseignement passé, mais au contraire de le renforcer pour donner encore une meilleure chance à ces élèves.

À bien des égards, il semble que le passage des filles par les petites écoles puis les écoles de travail ait été assez bénéfique. En effet, le savoir intellectuel, mais aussi professionnel qu'elles ont acquis au cours de ces années a certainement permis, pour la plupart d'entre elles, de trouver par la suite un environnement socioprofessionnel stable. Il a même été pour certaines l'unique porte de sortie d'un avenir s'annonçant sombre. Mais certaines zones d'ombres persistent en raison du silence des sources sur le travail féminin et nous ne sommes donc pas en mesure de connaître précisément l'évolution professionnelle et le devenir de toutes ces jeunes filles[45].

L'institution de Charles Démia semble tout de même avoir atteint, dans la majorité des cas, ses objectifs en permettant à ses jeunes filles

---

44   AM Lyon, 3GG114, Établissements d'instruction publique, pièce 50 « Règlements des écoles de travail ».

45   M. Martinat, « Travail et apprentissage des femmes à Lyon au XVIIIe siècle », *MEFRIM*, 123/1, 2011, p. 7-20.

de s'élever socialement et en leur préparant un avenir peut-être meilleur que celui de leurs parents.

L'histoire de l'éducation populaire féminine reste encore à faire aujourd'hui, mais les sources en notre possession et relativement riches sur ce sujet, nous donnent déjà une image différente des filles pauvres sous l'Ancien Régime. Les filles bénéficient en effet de la compétition religieuse que connaît le XVIe siècle permettant ainsi aux couches les plus basses de la société d'accéder à des formes rudimentaires d'alphabétisation. Si l'étendue des innovations pédagogiques et des fondations pour filles pauvres restent assez dévaluées aujourd'hui par l'historiographie, la ville de Lyon constitue un exemple parlant en termes d'éducation populaire. Le cas lyonnais semble d'autant plus avoir nourri les initiatives singulières qui ont parsemé le territoire entre le XVIIe et le XVIIIe siècle. Les *Remonstrances* de Démia puis ses *Règlemens* ont en effet été publiés dans cette volonté et expliquent certainement que l'on retrouve des modèles analogues à celui de la ville de Lyon dans des villes comme Toulouse, Nantes, Rouen ou Marseille. Il faut dès lors, et au vu des éléments évoqués précédemment, sortir des *aprioris* sur les couches populaires de l'Ancien Régime et reconsidérer, dans une large mesure, les travaux sur l'alphabétisation du Recteur Maggiolo qui ne donnent pas l'ampleur du phénomène de scolarisation des enfants pauvres au XVIIe siècle[46].

Aurélie PERRET
Université de Limoges

---

46 L'étude de Maggiolo a été réalisée sous la Troisième République afin de déterminer les progrès de l'instruction élémentaire entre Louis XIV et Napoléon III. Pour la proportion de personnes alphabétisées, Maggiolo a recensé celles qui savent écrire à travers un indicateur qui est pour lui la signature. Néanmoins, cet indicateur fait débat. En effet, certains historiens, tels que Y. Castan dans son ouvrage *Honnêteté et relations sociales en Languedoc, 1715-1780*, Paris, Plon, 1974, p. 116-118, considèrent qu'il ne prouve en rien l'alphabétisation des personnes, car ce n'est pas parce que l'on sait signer qu'on sait écrire. D'autres, comme J. Meyer dans « Alphabétisation, lecture et écriture. Essai sur l'instruction populaire en Bretagne du XVIe au XIXe siècle », *Actes du 95e congrès des Sociétés Savantes*, Reims, 1970, Section d'Histoire Moderne et Contemporaine, Paris, 1974, p. 333-353, considèrent que c'est un indicateur que l'on peut prendre en compte, mais avec une sélection des signatures les plus sophistiquées qui montreraient mieux les gens sachant tenir une plume et par conséquent écrire. Enfin, certains historiens, tels que F. Furet et W. Sachs dans « La croissance de l'alphabétisation en France XVIIIe-XIXe siècles », *Annales E.S.C.*, 1974, p. 714-737, considèrent la signature comme un indicateur du savoir écrire et donc d'alphabétisation.

BIBLIOGRAPHIE

BATENCOURT, Jacques de, *Instruction méthodique pour l'école paroissiale, dressée en faveur des petites écoles*, Paris, 1669.

CHARTIER, Roger; COMPÈRE, Marie Madeleine; JULIA, Dominique, *L'éducation en France du XVIe au XVIIIe siècle*, Paris, Sedes, 1976.

COMPAYRE, Gabriel, *Charles Démia et les origines de l'enseignement primaire*, Paris, P. Delaplane, 1905.

DÉMIA, Charles, *Remonstrances faites à Messieurs les Prevost des Marchans, échevins et principaux habitants de la Ville de Lyon, touchant la nécessité et utilité des Écoles chrétiennes, pour l'inscription des enfants pauvres, par Mre Charles Démia, Pre. Commissaire député pour la visite des églises de Bresse, Bugey, Dombes, etc.*, Lyon, sans nom, 1668.

FROESCHLE, Michel, *L'école au village. Les petites écoles de l'Ancien Régime à Jules Ferry*, Nice, Serre Éditeur, 2007.

GILBERT, Roger, « Charles Démia et les écoles des Pauvres (1637-1689) », *Éducation et pédagogie à Lyon, de l'antiquité à nos Jours*, éd. Guy Avanzini, Lyon, Clerse, 1993, p. 69-98.

GRÉARD, Octave, *L'Éducation des femmes par les femmes : études et portraits*, Paris, Hachette, 1887.

GREVET, René, « L'enseignement charitable en France : essor et crise d'adaptation (milieu XVIIe – fin XVIIIe siècle) », *Revue Historique*, t. 301, 2/610, 1999, p. 227-306.

GROSPERRIN, Bernard, *Les petites écoles sous l'Ancien Régime*, Rennes, Ouest-France Université, 1984.

GUTTON, Jean-Pierre, *La société et les pauvres : l'exemple de la généralité de Lyon*, Paris, Les Belles Lettres, 1971.

GUTTON, Jean-Pierre, « Dévots et petites écoles : l'exemple du lyonnais », *Marseille*, n° 88, 1972, p. 9-14.

MARTINAT, Monica, « Travail et apprentissage des femmes à Lyon au XVIIIe siècle », *MEFRIM*, n° 123/1, 2011, p. 7-20.

PERRET, Aurélie, *L'éducation des filles pauvres, 1665-1790*, Mémoire de Master Recherche en Histoire moderne et contemporaine, Université Lumière Lyon 2, 2015.

PICCO, Dominique, « L'éducation des filles de la noblesse française aux XVIIe-XVIIIe siècles », *Noblesse française et noblesse polonaise : mémoire, identité, culture XVIe-XXe siècles*, éd. M. Figeac, J. Dumanowski, Pessac, Maisons des sciences de l'homme d'Aquitaine, 2005, p. 475-497.

SCHWEITZER, Sylvie, *Les Femmes ont toujours travaillé. Une histoire du travail des femmes, 19ᵉ-20ᵉ siècles*, Paris, Édition Odile Jacob, 2002.

SONNET, Martine, *L'éducation des filles au temps des lumières*, Paris, Cerf, 2011.

VENARD, Marc, « L'école élémentaire du XVIᵉ au XVIIIᵉ siècle », *Une histoire de l'éducation et de la formation*, éd. Vincent Troger, Auxerre, Sciences Humaines Édition, 2006, p. 23-32.

DES FEMMES DE SCIENCE
DANS UN MÉTIER D'HOMMES

L'Association française des femmes médecins
dans l'entre-deux-guerres

L'*Association française des femmes médecins* (AFFM) voit le jour en 1921. Elle a, selon ses statuts, « pour but de constituer un groupement corporatif qui permettra aux femmes médecins de s'aider mutuellement dans la défense de leurs intérêts professionnels, d'étudier en commun les questions d'intérêt général qui sont du domaine de leur activité et d'associer leurs efforts pour collaborer aux progrès de l'Hygiène Sociale[1] ».

Au début des années vingt, la profession de médecin demeure très majoritairement masculine. Même si, depuis le dernier quart du XIXᵉ siècle, les études médicales leur sont progressivement devenues plus accessibles, les femmes constituent encore dans l'entre-deux-guerres une minorité, à la fois sur les bancs des facultés et, une fois diplômées, parmi les praticiens.

Tout en n'appartenant pas à la génération pionnière ayant ouvert aux femmes études et professions médicales, fondatrices et membres de l'AFFM ont pleinement conscience de constituer une minorité et défendent leur double identité de médecins *et* de femmes. Être des femmes de science dans un métier d'hommes a-t-il orienté leurs centres d'intérêt et leurs prises de position ? L'existence de l'AFFM peut-elle être perçue comme une réponse à la féminisation encore limitée de la profession de médecin durant l'entre-deux-guerres ?

---

1   Statuts de l'AFFM, *Bulletin de l'Association française des femmes médecins* (ci-après *Bull. AFFM*), 1929, n° 1.

LA LENTE FÉMINISATION DES ÉTUDES MÉDICALES
ET DE LA PROFESSION DE MÉDECIN

L'histoire des femmes médecins en France a d'abord intéressé des étudiantes dans le cadre de leur doctorat[2], avant d'être abordée par des historien(ne)s. Parmi les recherches historiques sur les étudiantes, celles portant sur les étudiantes en médecine ont principalement été menées par Pierre Moulinier[3], pionnier en la matière, Natalie Pigeard-Micault[4] pour Paris et, plus récemment, Jacqueline Fontaine[5] pour Montpellier.

La condition *sine qua non* de la féminisation du métier de médecin a d'abord été celle des études de médecine, aboutissant à l'accès des femmes au doctorat[6]. C'est auprès de la Faculté de médecine de Paris que des étudiantes étrangères[7] déposèrent les premières demandes pour accéder au doctorat : si, en 1866-1867, Mary Putnam, docteure en pharmacie de l'université de Pennsylvanie, ne fut autorisée qu'à suivre les cours, trois ans plus tard, la Britannique Elizabeth Garrett fut la première à soutenir un doctorat d'État à Paris. Dans les années 1870,

---

2   C. Schultze, *La femme-médecin au XIXᵉ siècle*, Thèse pour le doctorat en médecine à la faculté de Paris, Lib. Ollier-Henry, 1888 ; M. Lipinska, *Histoire des femmes médecins depuis l'Antiquité jusqu'à nos jours*, Paris, Librairie G. Jacques, 1900. L'histoire de la médecine reste un thème minoritaire des doctorats de médecine et, en son sein, l'histoire universitaire et celle des femmes sont encore plus rarement abordées. Voir M. Tournier, *L'accès des femmes aux études universitaires en France et en Allemagne (1861-1967)*, thèse de 3ᵉ cycle, université René Descartes-Paris 5, Paris, 1972.

3   P. Moulinier, « Les premières doctoresses de la Faculté de médecine de Paris (1870-1900) : des étrangères à plus d'un titre », Colloque *Histoire/Genre/Migration*, Paris 2006.

4   N. Pigeard-Micault, « The Entrance of Women to Medicine », *Vesalius*, 2010, 16/1, p. 24-29.

5   J. Fontaine, *Les étudiantes en médecine à la Faculté de Montpellier au cours de la Troisième République*, Paris, L'Harmattan, 2016.

6   L'accès des femmes au statut d'officière de médecine n'est pas abordé ici. Le doctorat d'État en médecine ou chirurgie était obtenu après quatre années d'études, terminées par cinq examens et une thèse en français ou en latin. En 1878, un décret institua une année préparatoire d'études, tout entière consacrée à des travaux pratiques de physique, chimie et sciences naturelles. En 1893, l'obtention du certificat de sciences physiques, chimiques et naturelles (PCN) délivré par les facultés des sciences devint obligatoire pour s'inscrire en faculté de médecine. En 1909, la durée des études fut portée à cinq ans (année préparatoire du PCN non comprise) et le stage hospitalier fut rendu obligatoire.

7   Les étudiants étrangers étaient admis sur équivalence du baccalauréat. Un doctorat spécifique fut instauré pour les non titulaires du baccalauréat ne souhaitant pas exercer en France : les facultés de Paris et de Montpellier furent habilitées à le décerner en 1900.

en Europe, outre les universités suisses, seules les facultés de médecine de Paris et de Montpellier acceptaient les femmes ; les autres universités françaises[8] le firent par la suite. Selon Pierre Moulinier, 172 étudiantes étrangères obtinrent le titre de docteure à Paris entre 1870 et 1900[9] ; durant la même période, elles furent quinze à Montpellier, une à Lyon, quatre à Lille[10]. Entre 1894 et 1914, 27 femmes soutinrent leur thèse à Nancy[11]. La croissance du nombre d'étudiantes en médecine en France fut ainsi d'abord due aux étudiantes étrangères, venues principalement du Royaume-Uni et des empires russe, austro-hongrois et ottoman.

L'accès à l'université était en effet difficile pour les jeunes femmes françaises car, pour s'inscrire, il fallait posséder les baccalauréats de l'enseignement secondaire classique *et* de sciences. Certes, rien, dans les textes législatifs, n'interdisait aux femmes de passer ces examens, mais l'instruction qui leur était dispensée ne les y préparait pas[12]. Il fallait sans nul doute beaucoup de volonté à une femme pour préparer le baccalauréat et encore davantage pour décrocher le double sésame permettant de s'inscrire en médecine. Ce que parvint à faire Madeleine Brès, la première « nationale » à avoir présenté une thèse à la faculté de Paris, devenant ainsi, en 1875, la première Française docteure en médecine. Les étudiantes en médecine « nationales » restèrent toutefois minoritaires jusqu'à la Première Guerre mondiale : elles représentaient

---

8   Avant la Troisième République (1870-1940), il n'existait que trois facultés de médecine : Paris, Montpellier et Strasbourg (transférée à Nancy entre 1872 et 1919). Dans les années 1870, accédèrent au rang de Facultés mixtes de médecine et de pharmacie les écoles de médecine de Lyon, Bordeaux et Lille, puis, entre la fin du siècle et la Première Guerre mondiale, celles de Toulouse et d'Alger. Ce n'est qu'en 1930 que Marseille obtint la transformation de son école en faculté de médecine.

9   P. Moulinier, « Les premières doctoresses de la Faculté de médecine de Paris... », *op. cit.*

10   M. Lipinska, *Histoire des femmes médecins...*, *op. cit.*

11   S. Gilgenkrantz, « Les premières doctoresses à la faculté de médecine de Nancy », *Histoire des Sciences médicales*, 2012, 46/3, p. 279-286.

12   Elle ne comprenait pas de cours de latin, de rhétorique ni de philosophie. À partir des années 1880 fut développé un enseignement secondaire pour filles, mais il ne dispensait pas d'humanités classiques et accordait peu de place à l'enseignement scientifique. Au début du XXe siècle, des cours de latin, facultatifs et payants, furent créés en vue de la préparation des jeunes filles au baccalauréat ; les établissements publics en donnèrent à partir de 1908. À la veille de la guerre, le Conseil supérieur de l'Instruction publique reconnut aux femmes des droits égaux pour l'accès aux grades universitaires. Il fallut cependant attendre 1924 pour que les programmes d'enseignement secondaire soient identiques pour les filles et les garçons.

entre 10 % et 15 % des diplômées des facultés de Paris et de Montpellier[13].
Il faut attendre les lendemains de la Grande Guerre pour voir, à Paris,
les étudiantes françaises devenir plus nombreuses que leurs camarades
étrangères, qui suivent désormais des études universitaires dans leurs
propres pays, tandis que la guerre et la révolution de 1917 tarissent le
flux d'étudiantes russes. Dans les années trente, à la Faculté de médecine de Paris, 80 % des étudiantes sont françaises[14] ; à Montpellier,
entre 1919 et 1940, elles sont six fois plus nombreuses à obtenir leur
doctorat d'État. Le ratio entre Françaises et étrangères s'est clairement
inversé. Cette « francisation » des étudiantes en médecine va de pair
avec la croissance du nombre global d'étudiantes et de leur part dans
les effectifs des facultés de médecine. Ainsi, la Faculté de médecine
de Paris compte environ 500 étudiantes en 1920, plus du double dix
ans plus tard, plus de 1200 en 1935 ; dans les années trente, les filles
constituent 15 à 20 % des effectifs de cette université[15].

Une fois l'étape de l'accès au doctorat franchie, les femmes ont
revendiqué le droit de se présenter aux concours de l'Externat et de
l'Internat afin de se former à la médecine clinique en hôpital. Au début
des années 1880, Blanche Edwards et Augusta Klumpke furent autorisées à se présenter aux concours d'Externat des hôpitaux de Paris,
mais lorsqu'elles réclamèrent l'accès à l'Internat, il leur fut opposé
leur manque de force physique, la pudeur des malades, l'ambiance des
salles de garde... Il fallut l'intervention du ministre de l'Instruction
publique, Paul Bert, pour que le concours d'Internat soit ouvert aux
femmes en 1885. Deux ans plus tard, Augusta Klumpke devint la
première femme interne des hôpitaux de Paris, ouvrant très lentement
la voie aux générations suivantes : selon Pierre Moulinier, en 1914,
seuls deux postes d'internes sur 67 sont attribués à des femmes ; à
Montpellier, alors que la première interne a été nommée en 1897, il
faut attendre 1931 pour les nominations suivantes. Mais en 1936, il y

---

13 Le corpus élaboré par Pierre Moulinier comprend 3 858 dossiers (étudiants étrangers reçus
    docteurs en médecine entre 1807 et 1907, étudiantes françaises et étrangères reçues au
    doctorat à partir de 1870). Il peut être consulté sur le site de la BIU Santé de l'université
    Paris-Descartes. À Montpellier, entre 1868 et 1918, 22 étudiantes françaises ont soutenu
    leur thèse contre 126 Russes ayant obtenu leur doctorat d'État. Voir J. Fontaine, *op. cit.*
14 N. Pigeard-Micault, « "Nature féminine" et doctoresses (1868-1930) », *Histoire, médecine
    et santé*, n° 3, 2013, p. 83-100.
15 *Ibid.*

a plus de 130 femmes internes à Paris, et en 1939, elles représentent 10 % des internes et 25 % des externes[16].

L'accès des femmes à une formation clinique hospitalière leur fit envisager la possibilité de briguer certains postes jusque-là réservés aux hommes. Grâce à une décision du préfet de la Seine Eugène Poubelle, elles purent travailler dans les hôpitaux parisiens avant de partir à la conquête de différentes responsabilités : chef de clinique adjointe (Marie Long-Landry à la Salpetrière en 1911), médecin titulaire (le Dr Tixier en 1913). Certes, une seule femme fut médecin dans l'armée française au cours de la Première Guerre mondiale[17], mais la progression des femmes dans la médecine civile se poursuit après le conflit : première femme praticien hospitalier en 1919, première femme médecin des hôpitaux de Paris en 1930. Parallèlement, la première agrégée de médecine est reçue en 1923 à Toulouse, la première lauréate parisienne en 1934. Jusque-là, rien n'empêchait officiellement les filles de se présenter à ce concours, mais elles étaient systématiquement recalées à l'oral... La progression des femmes est donc indéniable et, une fois obtenus, leurs droits à accéder aux concours et aux postes médicaux ne furent jamais remis en question. Il ne faut cependant pas en minimiser les difficultés et les limites : en 1939, il n'y a qu'une seule femme parmi les 330 chefs de services des hôpitaux de Paris ; des spécialisations, comme la chirurgie, leur demeurent encore inaccessibles. N'oublions pas non plus qu'il leur faut officiellement, en vertu du Code civil de 1804, l'autorisation de leur tuteur – père, époux ou autre – pour faire des études et ensuite, le cas échéant, exercer[18].

L'accès des femmes aux études de médecine et la féminisation de la profession de médecin, suscitèrent dans un premier temps, une vive opposition. Natalie Pigeard-Micault en a étudié les ressorts et les arguments, fondés sur l'incompatibilité entre une supposée « nature féminine » et la pratique de la médecine[19] : les femmes contreviendraient à

---

16 J. Fette, *Exclusions : Practicing Prejudice in French Law and Medicine, 1920-1945*, Cornell University Press, 2012.

17 J.-J. Schneider, *Nicole Mangin : une Lorraine au cœur de la Grande Guerre, l'unique femme médecin de l'armée française (1914-1918)*, Nancy, éd. Place Stanislas, 2011.

18 Les femmes mariées purent disposer librement de leur salaire à partir de 1907 ; elles purent s'inscrire à l'université sans l'autorisation de leur époux en 1938. L'autorisation maritale pour exercer un travail fut supprimée en 1965.

19 N. Pigeard-Micault, « "Nature féminine" et doctoresses... », *op. cit.*

leur essence même en voulant accéder à cette profession, pour laquelle elles ne possèderaient ni les qualités physiques, ni la solidité psychologique, ni les capacités intellectuelles requises. La femme se voit allouer une fonction biologique et sociale – mariage, maternité, éducation des enfants et entretien du foyer – dont elle dévie en se lançant dans des études, *a fortiori* une carrière, scientifiques, d'autant plus que les pionnières, issues de milieux favorisés, ne peuvent arguer d'une nécessité de travailler pour vivre.

Le « corps médical » masculin reste cependant divisé sur la question de l'arrivée des femmes dans la profession. Les étudiants n'adoptent ainsi pas tous la même attitude face à leurs premiers condisciples féminins : « Vous vous demandez sans doute sur quel pied je vivais avec les étudiants et avec mes chefs de service ? Je dois dire de suite que je n'ai jamais eu à me plaindre de personne », affirme Madeleine Brès lors d'un entretien en 1895, avant d'ajouter : « on vivait sur un pied de franche et bonne camaraderie[20] ». Souvenir exact ou enjolivé avec le temps ? Il semble que les relations entre étudiants et étudiantes aient été plus apaisées en province, par exemple à Montpellier ou à Nancy, qu'à Paris où les femmes, regroupées au rez-de-chaussée des amphithéâtres, subissent encore fréquemment huées et quolibets dans les années vingt[21]. Certains jeunes hommes craignent à la fois la dévalorisation de leurs études, dès lors qu'elles deviennent accessibles aux filles qui ont reçu un enseignement secondaire jugé inférieur, et une forme de concurrence déloyale. Ils dénoncent par exemple l'avantage que constitue pour les femmes le fait de ne pas faire de service militaire, ce qui leur permet de terminer leurs études et de démarrer leur carrière plus tôt. Leur hostilité s'exprime notamment lors du débat des années 1880 sur l'accès des femmes à l'Internat, source de concurrence potentielle à des postes rares et convoités, synonymes de qualité de la formation et d'autonomie financière. L'enjeu économique de l'accession des femmes aux professions médicales n'est pas négligeable : moins rétribuées que leurs confrères, elles risquent de détourner une partie de la patientèle[22]. Un consensus se développe cependant : au nom des qualités « naturelles » attribuées aux

---

20 « La première doctoresse française : conversation avec Mme Madeleine Brès, docteur en médecine », *La Chronique médicale*, 1895, vol. 2, n° 7, p. 195.
21 Dr M. Bertheaume, « Les femmes médecins », *La Grande Revue*, 2e série, n° 213, août 1923, p. 25-38.
22 J. Fette, *op. cit.*

femmes, et du respect de la pudeur féminine – celle des praticiennes et des patientes – les femmes médecins doivent prioritairement soigner les femmes – dont une partie hésite à consulter des médecins hommes – et les enfants. La ségrégation sexuée des clientèles émerge donc comme une solution permettant la féminisation du métier de médecin sans bouleversement de l'ordre social et, dans une certaine mesure, de l'ordre professionnel.

La féminisation de la profession n'est cependant pas équivalente à celle des études de médecine, les femmes restant plus minoritaires parmi les praticiens que parmi les étudiants. Avant la Première Guerre mondiale, une partie des étrangères, majoritaires parmi les étudiantes en médecine, quittaient le pays une fois diplômées. En 1900, sur les 200 femmes reçues docteures à Paris, moins de la moitié (44 %), parmi lesquelles beaucoup d'étrangères, exerçaient, le plus souvent à Paris et à domicile. Une partie des diplômées ne travaille pas, ou abandonne rapidement l'exercice de la médecine pour se consacrer à sa vie familiale ou/et à des activités philanthropiques et sociales. Natalie Pigeard-Micault estime par exemple la part des femmes à moins de 2 % des médecins parisiens en 1910[23].

Dans l'entre-deux-guerres, se produit une hausse significative du nombre de femmes médecins : en 1921, 160 à Paris et presque autant en province et dans les colonies ; en 1928, 556 dont 344 dans le département de la Seine[24]. Entre 1882 et 1929, le nombre de femmes médecins en exercice est multiplié par 80. La proportion de diplômées n'exerçant pas reste néanmoins importante : en 1929, sur les 900 femmes qui ont été reçues docteures à Paris, 243 (27 %) sont établies professionnellement, les autres s'étant mariées et/ou n'exerçant pas ou plus[25]. Malgré l'augmentation enregistrée, les femmes médecins ne représentent pas plus de 5 % des praticiens dans les années trente. Est-il possible de rendre cette minorité plus visible et de lui donner du poids au sein d'un métier demeurant très majoritairement masculin ?

---

23 N. Pigeard-Micault, « "Nature féminine" et doctoresses… », *op. cit.*, p. 7.
24 E. Charrier, *L'évolution intellectuelle féminine*, Paris, 1931.
25 A. Largillière, *Une femme médecin au début du XXᵉ siècle : Madeleine Pelletier*, Thèse pour le doctorat en médecine, Faculté de médecine de Tours, février 1982.

L'AFFM, UNE ASSOCIATION POUR DÉFENDRE
LES FEMMES MÉDECINS ET AFFIRMER LEUR RÔLE
DANS LA SOCIÉTÉ FRANÇAISE

Les fondatrices de l'AFFM n'appartiennent pas à la génération pionnière des femmes médecins, nées dans les années 1840-1850, et devenues docteures ou internes dans les années 1870-1880. Elles représentent la génération suivante : la fondatrice et première présidente de l'AFFM, Lasthénie Thuillier-Landry est née en 1879 ; issue d'une famille aisée[26], veuve à 22 ans, elle a entrepris des études de médecine sur le tard, à plus de trente ans, et est devenue psychiatre. Invitée à New York en 1919 lors de la création de l'AIFM (*Association internationale des femmes médecins*), elle en est devenue vice-présidente. De retour en France, elle a fondé la Section française de l'AIFM – qui devient l'AFFM – qu'elle préside jusqu'en 1929[27]. La seconde présidente de l'Association, Alice Hartmann-Coche, née en 1874, a été interne pendant la guerre dans le service du professeur Hartmann, qu'elle épouse en 1919, avant de se consacrer à des œuvres médico-sociales ; elle préside l'AFMM de 1929 à 1932. Lui succède, pour un an seulement, Mme Eyraud-Déchaux, née en 1880, puis le Dr Montlaur et Denise Blanchier, la seule à appartenir à une génération plus jeune : née à la fin du siècle, elle a 39 ans en 1936 quand elle devient présidente de l'AFFM, fonction qu'elle exerce pendant trois ans. Avec Thérèse Bertrand-Fontaine, née en 1885, et qui dirige l'AFFM à la veille de la Seconde Guerre mondiale, s'opère un retour aux aînées. Cette génération de femmes médecins a dû préparer le baccalauréat en

---

26 Elle est la sœur d'Adolphe Landry, économiste et démographe, qui fit une belle carrière politique dans l'entre-deux-guerres. Sa sœur ainée, Marguerite Pichon-Landry (1878-1972), est une figure du féminisme français, militante active de *l'Union française pour le suffrage des femmes* (UFSF), par ailleurs très investie au *Conseil National des Femmes Françaises* (CNFF) dont elle fut la présidente de 1932 à 1952. Sa cadette Marie Long-Landry (1897-1968) devient elle aussi docteure en médecine et est la première femme à accéder au statut de chef de clinique.

27 Mme Thuillier-Landry préside également l'AIFM de 1924 à 1934, est vice-présidente pendant 20 ans de *l'Association des Françaises Diplômées des Universités* (AFDU), présidente de la section d'hygiène du *Conseil International des Femmes* (CIF) pendant un quart de siècle et de la section d'hygiène du CNFF (que préside sa sœur à partir de 1932). Elle participe au *Comité d'éducation féminine* fondé en 1924 par son amie et consœur Germaine Montreuil-Straus, également membre éminente de l'AFFM.

palliant les insuffisances de l'enseignement secondaire pour filles ; elles ont sans doute dû défendre leur choix de faire des études de médecine, se battre pour décrocher des postes d'internes encore rarement attribués aux femmes. Certaines ont ouvert de nouvelles portes – Thérèse Bertrand-Fontaine a été la première femme médecin des hôpitaux de Paris en 1930 – et fait une longue carrière – Le Dr Eyraud-Déchaux a dirigé l'hôpital de la Croix-Rouge du Puy entre 1910 et 1930 tout en étant médecin consultant à La Bourboule. Elles sont donc parfaitement conscientes des difficultés rencontrées par les femmes dans un milieu professionnel dominé par les hommes. Est-ce pour cette raison qu'elles fondent ou, pour les figures moins connues, adhèrent à l'*Association française des femmes médecins* ?

Les statuts de l'Association sont officiellement déposés en 1924. L'AFFM n'est pas un syndicat, ce qui peut la desservir : les femmes médecins, admises dans les syndicats[28], risquent en effet de ne pas voir l'intérêt d'adhérer à une organisation professionnelle supplémentaire. L'AFFM cherche au contraire à en faire un atout, en soulignant sa neutralité, tant du point de vue politique que religieux, et en affichant l'ambition de débattre de problématiques plus larges que les enjeux strictement professionnels. L'AFFM n'est pas non plus une société savante : « l'Association n'a pas pour objet la recherche scientifique, son but est de créer un lien de solidarité entre femmes s'intéressant aux mêmes questions[29] ».

Les statuts de l'AFFM définissent ses objectifs et ses moyens d'action, à savoir la centralisation d'informations utiles aux femmes médecins et l'organisation de réunions, conférences ou publications. L'Association organise des réunions de travail afin de débattre de questions de médecine ou d'hygiène sociale, de « sujets d'étude [...] toujours choisis parmi ceux qui peuvent nous intéresser à la fois en tant que femmes et en tant que médecins[30] ». C'est donc bien cette double identité, sexuelle et professionnelle, qui est mise en avant comme fondant la spécificité de l'AFFM.

---

28   L'AFFM est en contact avec *l'Association générale des Médecins de France* (AGMF), premier organisme représentatif des médecins auprès des pouvoirs publics. Dans les années vingt, trois organisations regroupent les syndicats de médecins : *l'Union des Syndicats, la Fédération Nationale des Syndicats* et *le Groupement de syndicats de Spécialistes,* unis en une *Confédération des Syndicats médicaux français* afin de peser davantage lors des négociations préalables à l'instauration de la loi sur les assurances sociales de 1928.

29   *Bull. AFFM*, mars 1936, n° 24.

30   Mme Eyraud-Dechaux, « Utilités et buts de l'Association française des femmes médecins », *Bull. AFFM*, 1938, n° 35.

En 1924, cette dernière compte 87 membres[31], 119 quatre ans plus tard. « Nous ne sommes encore qu'une petite escouade dans l'armée des médecins », écrit Alice Hartmann-Coche en 1930, « nous voudrions qu'aucune femme-médecin ne se tienne en dehors de notre groupement[32] ». L'objectif n'est pas atteint : en 1938, l'AFFM compte 346 membres[33]. Le nombre d'adhérentes triple entre 1928 et 1939, mais, au regard des objectifs ambitieux qu'elle affiche, la modicité de l'Association invite à relativiser ses résultats.

L'AFFM se pense d'abord comme un organe de défense des femmes médecins, dont il s'agit de faire reconnaître les compétences afin de mieux combattre les préjugés, voire les discriminations, dont elles sont victimes. Il n'est pas anodin de voir l'AFFM organiser en 1929 un référendum pour connaitre la préférence de ses adhérentes entre les titres de « docteur » et de « doctoresse ». À la quasi-unanimité, elles récusent le second terme, communément utilisé pour désigner, au mieux, l'épouse d'un médecin, mais fréquemment, dans un registre plus familier, la maîtresse d'un carabin. Les femmes médecins ne souhaitent pas féminiser leurs titres scientifiques, car il s'agit bien de faire reconnaître leurs compétences plus que leur féminité, ce que traduit également l'adhésion de l'AFFM à la *Confédération des travailleurs intellectuels (CTI)*[34]. L'AFFM entend ainsi rappeler que les femmes médecins exercent une profession fondée sur des capacités intellectuelles. À compter de 1931, elle adhère également à *l'Association des Françaises Diplômées des Universités* (AFDU)[35]. La principale préoccupation concrète de l'AFFM concerne l'emploi. Son action la plus spécifique est l'existence, à compter de 1925, d'un Service

---

31   L'adhésion à l'AFFM est individuelle, selon trois statuts : les membres adhérents sont exclusivement des femmes pourvues d'un diplôme d'État français de Docteur en médecine ; les étudiantes en médecine peuvent devenir membres auxiliaires ; enfin, les membres honoraires sont des « personnes » – *a priori* sans condition de sexe – ayant rendu des services importants et reconnus par l'Association.

32   *Bull. AFFM*, 1930, n° 2.

33   G. Montreuil-Straus, Rapport de l'année 1937-1938, *Association internationale des femmes médecins*, Paris, L'Expansion scientifique française, décembre 1938, n° 13.

34   La CTI a été fondée en 1920. Voir Ch. Manigand, « Aux sources de la coopération culturelle internationale. Genève et l'aventure du Comité National français de coopération intellectuelle », *Géopolitique de la culture : espaces d'identité, projections, coopération*, éd. F. Roche, Paris, L'Harmattan, 2007, p. 65-80.

35   L'AFDU a été fondée au lendemain de la Première Guerre mondiale. Voir J. Aubertin, *L'Association des Françaises diplômées des universités, 1919-1940. Un réseau féminin de solidarités nationales et internationales*, Mémoire de Master, sous la direction de Claire Andrieu, 2008, IEP, Paris.

d'entraide. Les femmes médecins subissent en effet des discriminations professionnelles : à compétences égales, elles ont plus de mal à trouver un emploi et, notamment en début de carrière, doivent accepter des postes moins qualifiés et moins bien payés que ceux proposés à leurs confrères masculins. Le service d'entraide de l'AFFM coordonne les demandes et offres d'emploi qui lui sont adressées et promeut la solidarité féminine quand un poste est à pourvoir.

L'Association milite pour l'égalité entre médecins des deux sexes. Tout en reconnaissant les avancées – accès aux études, aux grades universitaires, aux concours et aux postes hospitaliers – elle déplore que certaines responsabilités restent inaccessibles aux femmes, par l'existence de quotas, de clauses restrictives de fait, comme l'obligation d'avoir satisfait aux obligations militaires, et de préjugés défavorables :

> Il est bien évident que le choix peut, tout en restant légal, être dicté par un arbitraire beaucoup plus souvent défavorable que favorable aux femmes, et que, en particulier pour les postes qui n'ont encore jamais été occupés par une femme, il faut que la candidate s'impose par une valeur exceptionnelle. [Les femmes] peuvent se heurter à l'arbitraire antiféministe[36].

Ainsi, au cours des années trente, l'AFFM effectue des démarches pour faciliter l'admission des femmes aux postes de médecin aux P.T.T ou d'inspecteur d'hygiène ; elle réclame que des femmes puissent diriger des sanatoria recevant une clientèle mixte ou masculine. Elle proteste contre la rareté des postes permanents proposés à des femmes dans les colonies. Dès qu'elle le peut, elle met à l'honneur les femmes qui parviennent à exercer de nouvelles responsabilités, à l'instar de Thérèse Bertrand-Fontaine qui, en 1930, « vient de rompre les vieilles traditions et qui, à Paris, porte le titre de "Médecin des Hôpitaux"[37] ».

Il est cependant impossible de mesurer l'influence de l'AFFM et il serait sans aucun doute présomptueux de lui attribuer l'ouverture de nouveaux postes médicaux à des femmes. Si l'on juge ses résultats à l'aune de ceux de son Service d'entraide, qui peine à pourvoir quelques emplois chaque année, l'impact des revendications de l'AFFM est sans doute limité. À sa décharge, le contexte ne lui devient guère favorable au

---

36 *Association internationale des femmes médecins*, 1938, n° 13, Paris, L'Expansion scientifique française, p. 38-39.
37 *Bull. AFFM*, 1930, n° 2.

début des années trente, car la crise économique, ainsi que les inquiétudes grandissantes générées par la dénatalité française, nourrissent un discours d'hostilité au travail féminin. Étudiants en médecine et praticiens participent d'ailleurs à ce discours en soutenant que l'abandon de leurs emplois par les femmes médecins désengorgerait un marché médical national saturé. La crise favorise ainsi l'expression, dans le corps médical comme dans l'ensemble de la société française, d'un discours traditionnel sur le rôle social alloué à chaque sexe. Cette vision sous-tend une partie du discours de l'AFFM elle-même.

L'*Association française des femmes médecins* oscille en effet entre féminisme professionnel et conception traditionnelle de la femme. Tout en revendiquant l'égalité entre praticiens des deux sexes, l'AFFM cherche à mettre en avant une expertise propre aux femmes médecins *parce que* femmes. Il faut en premier lieu souligner que la répartition par spécialités des membres de l'Association – deux-tiers des adhérentes sont gynécologues, pédiatres, généralistes, ou bien n'exercent pas ou plus, soit pour une question d'âge, soit parce qu'elles ont choisi de se consacrer à leur famille et/ou à des œuvres médico-sociales[38] – reflète les choix opérés par les premières générations de femmes médecins, qui ont affirmé leur vocation à soigner prioritairement femmes et enfants. Madeleine Brès n'affirmait-elle pas, vingt ans après être devenue docteure :

> Les femmes doivent – [elles] faire de la clientèle sans sélection et traiter de toutes sortes de maladies ? Je persiste à croire, pour mon compte, qu'elles doivent s'en tenir à la spécialité des femmes et des enfants. Personnellement, je n'ai jamais donné de consultation à un homme [...] tout en devenant médecin, je suis restée femme ou plutôt mère de famille. J'estime, en effet, que la femme, quelque situation qu'elle occupe, ne doit jamais perdre les attributs de son sexe[39].

À la Faculté de médecine de Montpellier, 61 % des thèses soutenues par des filles avant la Première Guerre mondiale, 71 % entre 1919 et 1940, traitent des pathologies des femmes ou/et des enfants[40]. Natalie Pigeard-Micault a montré toute l'ambivalence de cette démarche : en intégrant

---

38 Annuellement, le bulletin de l'AFFM publie une liste nominative, divisée en deux catégories – Seine/Province et colonies (plus de 60 % des adhérentes exercent ou habitent dans le département de la Seine) – suivie d'une liste par spécialisation médicale ou lieu d'exercice.

39 « La première doctoresse française : conversation avec Mme Madeleine Brès... », *op. cit.*, p. 196.

40 J. Fontaine, *op. cit.*, p. 122-125.

le fait d'être supposément dotées d'une « nature » spécifique, les femmes médecins ont ainsi retourné en leur faveur l'argument principal des adversaires de l'accès des femmes aux études et aux carrières médicales en raison de cette même « nature féminine[41] ». Pratiquer la médecine dans un « entre femmes » correspond au désir de la majorité des premières praticiennes et à un besoin exprimé par la clientèle féminine qui souhaite être examinée par un médecin de son sexe, en particulier pour les examens gynécologiques, ressentis comme choquants voire traumatisants[42]. La nécessité de compter plus de femmes médecins dans les colonies est également affirmée en raison des réticences des femmes indigènes à être soignées par des hommes. Les femmes médecins qui choisissent d'exercer font donc majoritairement carrière en tant que gynécologues, spécialistes de l'accouchement, des maladies des femmes et des enfants. Cela conditionne les centres d'intérêt de l'AFFM, exposés dans le bulletin qu'elle publie[43].

La santé des enfants est une première priorité. L'AFFM, qui compte en son sein des médecins-inspecteurs des écoles et des médecins de lycées, affirme la nécessité d'une plus grande intervention des (femmes) médecins dans le milieu scolaire, pour veiller à la santé des enfants, mais aussi aider à l'orientation professionnelle. La situation sanitaire et sociale des femmes constitue le second axe majeur de réflexion. Concernant les jeunes filles, il s'agit d'améliorer leur éducation sexuelle afin de mieux les préparer à leur rôle d'épouses et de mères. Comme nombre d'autres organisations féminines de cette époque, l'AFFM ne pense pas le destin féminin hors du mariage et de la procréation. Très circonspecte sur le contrôle des naissances, l'AFFM, tout en soulignant que l'avortement clandestin peut avoir des causes sociales, appelle à une application sans faille de la loi de 1920. Selon Yvonne Knibiehler, « encore mal acceptées par une partie de l'opinion, [les femmes médecins] voulaient donner des gages de moralité à leurs maîtres masculins et aux pouvoirs publics[44] ».

---

41 N. Pigeard-Micault, « "Nature féminine" et doctoresses... », *op. cit.*

42 Voir A. Carol, « L'examen gynécologique en France, XVIIIe-XIXe siècles : techniques et usages », in P. Bourdelais, O. Faure, *Les nouvelles pratiques de santé XVIIIe-XXe siècles*, Paris, Belin, p. 51-66.

43 Le premier numéro du *Bulletin de l'Association française des femmes médecins* est paru en décembre 1929. La publication est trimestrielle de 1930 à 1939, année au cours de laquelle paraissent seulement deux numéros. Ce corpus de 37 bulletins (38 en prenant en compte le premier numéro de 1940) peut être consulté à la bibliothèque Marguerite Durand à Paris.

44 Y. Knibiehler, « L'éducation sexuelle des filles au XXe siècle », *Clio. Histoire, femmes et sociétés*, 4/1996, http://clio.revues.org/436 ; DOI : 10.4000/clio.436.

Et, « profondément conservatrice, [l'AFFM] souhaitait par-dessus tout le relèvement du taux de natalité[45] ». Logiquement, l'Association prône l'assistance des femmes enceintes et des mères, avec parfois des propositions novatrices (instituer des droits pour les mères, rémunérer le congé maternité). Toujours dans une perspective de protection, elle approuve les mesures législatives d'exclusion de la main-d'œuvre féminine du travail de nuit ou de certaines professions considérées comme dangereuses ou insalubres. Enfin, s'intéressant aux femmes « déviantes », et plus particulièrement aux prostituées, l'AFFM, analysant la situation en termes de santé publique, juge la lutte contre les maladies vénériennes inefficace, prône l'abrogation de la réglementation de la prostitution, la suppression de la police des mœurs, la fermeture des maisons closes, l'instauration d'un délit de proxénétisme et le développement d'un système de dépistage et de suivi des populations potentiellement dangereuses. L'Association s'intéresse également aux détenues et soutient que les femmes médecins pourraient agir positivement dans les établissements pénitentiaires pour femmes et les maisons d'éducation surveillée pour adolescentes[46].

L'*Association française des femmes médecins* a donc vu le jour dans un contexte où les femmes médecins constituaient encore une minorité, malgré la progressive féminisation des études de médecine et l'augmentation du nombre de praticiennes depuis le dernier quart du XIXᵉ siècle. Elle espère rassembler cette minorité et lui donner une plus grande visibilité, relayer ses revendications pour une plus grande égalité professionnelle entre hommes et femmes médecins. L'AFFM demeure cependant très modeste, comptant environ 350 adhérentes à la veille de la Seconde Guerre mondiale. Il s'agit néanmoins de la seule association de ce type et, en dépit ou à cause de sa modicité, elle établit des connexions avec de nombreuses autres organisations : l'*Association des Françaises diplômées des universités* (AFDU), la *Confédération des travailleurs intellectuels* (CTI), mais aussi le *Conseil national des femmes françaises* (CNFF) qui a pour vocation de regrouper les associations préoccupées du sort de la femme et de l'enfant, le *Comité d'éducation féminine*, avec qui elle œuvre pour l'éducation sexuelle des jeunes filles, etc. Afin d'avoir un impact plus important que celui permis par ses seules forces, l'AFFM s'insère donc

---

45 *Ibid.*
46 *Bulletin de l'Association française des femmes médecins*, 1929, n° 1-1940, n° 38.

dans la « nébuleuse[47] » d'action sociale que connaît la France durant l'entre-deux-guerres.

La spécificité de l'*Association française des femmes médecins* est de proposer un point de vue à la fois professionnel *et* féminin sur des questions concernant essentiellement l'hygiène, la santé publique, et surtout la situation sanitaire et sociale des femmes et des enfants, tous domaines pour lesquels l'AFFM estime que les compétences de ses membres peuvent être utiles à l'ensemble du corps social. La revendication d'une expertise spécifique, voire supérieure, des femmes médecins sur ces questions, *parce qu'elles sont femmes*, conduit paradoxalement ces praticiennes, qui ont dû se battre contre les préjugés pour faire leurs études et exercer leur métier, à conforter les stéréotypes de genre prévalant dans la société française de l'entre-deux-guerres.

Carole CARRIBON
Université Bordeaux Montaigne

---

47 L'expression est empruntée à Ch. Topalov, éd., *Laboratoires du nouveau siècle. La nébuleuse réformatrice et ses réseaux en France, 1880-1914*, Paris, EHESS, 1999. Elle est reprise dans V. de Luca, éd., *Pour la famille. Avec des familles. Des associations se mobilisent (France 1880-1950)*, Paris, L'Harmattan, 2008.

BIBLIOGRAPHIE

CAROL, Ann, « L'examen gynécologique en France, XVIIIᵉ-XIXᵉ siècles : techniques et usages », in : P. Bourdelais, O. Faure, *Les nouvelles pratiques de santé XVIIIᵉ-XXᵉ siècles*, Paris, Belin, p. 51-66.

FETTE, Julie, *Exclusions : Practicing Prejudice in French Law and Medicine, 1920-1945*, Cornell University Press, 2012.

FONTAINE, Jacqueline, *Les étudiantes en médecine à la Faculté de Montpellier au cours de la Troisième République*, Paris, L'Harmattan, 2016.

GILGENKRANTZ, Simone, « Les premières doctoresses à la faculté de médecine de Nancy », *Histoire des Sciences médicales*, 2012, 46/3, p. 279-286.

KNIBIEHLER, Yvonne, « L'éducation sexuelle des filles au XXᵉ siècle », *Clio. Histoire, femmes et sociétés*, 4/1996, http://clio.revues.org/436 ; DOI : 10.4000/clio.436.

LARGILLIÈRE, Aliette, *Une femme médecin au début du XXᵉ siècle : Madeleine Pelletier*, Thèse pour le doctorat en médecine, Faculté de médecine de Tours, février 1982.

LUCA, Virginie de, éd., *Pour la famille. Avec des familles. Des associations se mobilisent (France 1880-1950)*, Paris, L'Harmattan, 2008.

MANIGAND, Christine, « Aux sources de la coopération culturelle internationale. Genève et l'aventure du Comité National français de coopération intellectuelle », *Géopolitique de la culture : espaces d'identité, projections, coopération*, éd. F. Roche, Paris, L'Harmattan, 2007, p. 65-80.

MOULINIER, Pierre, « Les premières doctoresses de la Faculté de médecine de Paris (1870-1900) : des étrangères à plus d'un titre », Communication au colloque *Histoire/Genre/Migration*, Paris, 2006, http://barthes.enssib.fr/clio/dos/genre/com/Moulinierprem.pdf.

PIGEARD-MICAULT, Natalie, « The Entrance of Women to Medicine », *Vesalius*, 2010, 16/1, p. 24-29.

PIGEARD-MICAULT, Natalie, « "Nature féminine" et doctoresses (1868-1930) », *Histoire, médecine et santé*, n° 3, 2013, p. 83-100.

SCHNEIDER, Jean-Jacques, *Nicole Mangin : une Lorraine au cœur de la Grande Guerre, l'unique femme médecin de l'armée française (1914-1918)*, Nancy, éd. Place Stanislas, 2011.

TOPALOV, Christian, éd., *Laboratoires du nouveau siècle. La nébuleuse réformatrice et ses réseaux en France, 1880-1914*, Paris, EHESS, 1999.

TOURNIER, Michelle, *L'accès des femmes aux études universitaires en France et en Allemagne (1861-1967)*, thèse de 3ᵉ cycle, université René Descartes-Paris 5, Paris, 1972.

L'ÉCOLE NORMALE SUPÉRIEURE
DE SÈVRES

Naissance, évolutions, mutations d'une institution
de formation professorale féminine
sous la IIIᵉ République

En 1880, dans le cadre d'une entreprise de large envergure visant à la
laïcisation de l'enseignement en France, fut votée, malgré l'opposition de
la droite cléricale, la loi relative à la création par l'État de l'enseignement
secondaire de jeunes filles[1]. Rien n'y était cependant prévu sur le personnel qui, dans les nouveaux établissements féminins, allait se charger
de l'instruction des jeunes bourgeoises.

Dans son rapport de 1880 à la Chambre, Camille Sée, promoteur
de l'œuvre, suggérait :

> À mesure qu'il se présentera des femmes capables de donner l'enseignement,
> on devra les préférer et cela pour deux raisons : toutes les carrières sont fermées
> à la femme [...] nous trouvons chez elle des qualités que nous chercherons
> en vain chez l'homme[2].

Par cette proposition, le député républicain tranchait sur la question
du sexe des membres du nouveau corps professoral à créer et, ce faisant, supprimait en substance le monopole masculin. Il n'en exprimait
pas moins la conviction d'une large partie de l'opinion, selon laquelle
l'éducation des filles, même secondaire, devait être assumée par des
femmes en raison de leurs qualités spécifiques.

Un tel choix commandait néanmoins la mise en œuvre d'un projet
global réglant à la fois les questions de formation et de recrutement des

---

1   Sur l'histoire de l'enseignement secondaire de jeunes filles v. F. Mayeur, *L'enseignement
    des Jeunes Filles sous la Troisième République*, Paris, PFNSP, 1977.
2   Proposition de loi de M. Camille Sée sur l'enseignement secondaire des jeunes filles :
    Discours prononcé par M. Camille Sée, rapporteur de la commission. Séance du 19 janvier 1880,
    Paris, Librairie des publications législatives Wittersheim, 1880, p. 11.

enseignantes du secondaire. Dans ce but, fut d'abord créée en 1881 à Sèvres une École normale supérieure, une sorte de pendant féminin de celle qui fonctionnait pour les jeunes gens depuis le début du XIXᵉ siècle. Ensuite, étant donné que cette structure de formation pour femmes ne détenait pas le monopole pour l'entrée dans la nouvelle carrière, des concours de recrutement spécifiquement féminins furent également ouverts en 1882 et 1883.

Le présent travail se propose de reconstituer – à travers l'étude d'archives, de textes administratifs, de la presse spécialisée et associative de l'époque et de témoignages autobiographiques – la première grande étape de l'histoire fascinante de l'École normale supérieure de jeunes filles qui eut lieu à Sèvres même. Elle fait partie intégrante de celle, plus vaste, de la Troisième République. L'ambition du propos ne peut qu'être multiple : montrer l'évolution des finalités d'une formation destinée à des femmes ; suivre, subséquemment, durant une période de près de soixante ans, les mutations du genre dans les programmes d'études et des concours ; faire ressortir, enfin, les hésitations, les obstacles ou, au contraire, les avancées vers l'assimilation avec la formation des professeurs hommes.

LA « VOIE ROYALE » DE SÈVRES :
UN CENTRE DE CULTURE ÉTENDUE, 1881-1918

La loi de fondation de l'École normale supérieure destinée à former les professeures de l'enseignement secondaire de jeunes filles fut présentée par Camille Sée[3] comme une « suite logique » de l'ouverture des lycées féminins. La conception et l'organisation de la nouvelle structure pédagogique projetée reflétaient le dessein des républicains : donner aux futures enseignantes une « haute direction morale » et, certes, un savoir supérieur, mais ayant tout de même un genre.

Dans son rapport au Sénat, Jean-Baptiste Ferrouillat résumait ainsi la physionomie idéale d'une école normale pour femmes, qui

> ne vaut que par la discipline qui y règne et qui peut seule préparer les élèves maîtresses à la vie austère du professorat qui doit être la leur. Il importe donc

---

3   Dans son rapport à la commission de la Chambre. *Cf.* F. Mayeur, *op. cit.*, p. 107-108.

d'en écarter avec soin tout ce qui pourrait altérer le caractère de recueillement indispensable à ce noviciat laïque[4].

Sous ce rapport, le régime d'internat s'imposait d'emblée. C'est qu'après une longue période de cléricalisation de l'instruction des filles[5], les parlementaires visaient par extrême prudence à créer un avatar laïque du modèle de la religieuse – si familier et respecté à la fois au sein de la société française du XIXe siècle : il fallait prouver que la nouvelle institution ne fut point « un suppôt de Satan, une pépinière de vices[6] ».

Le choix de l'emplacement devait donc obéir à l'impératif d'isolement nécessaire au « recueillement ». Mais, en même temps, des questions d'ordre pratique, tel l'accès facile à l'École, imposaient la prise en considération d'autres paramètres comme sa proximité de la capitale. À cet égard, Sèvres, une commune de la banlieue ouest de Paris, paraissait remplir tous les critères requis pour l'installation de l'école. Les vastes bâtiments abandonnés de la vieille manufacture de porcelaine construite à l'initiative de Madame de Pompadour en 1756 offraient cet univers clos que les promoteurs du projet recherchaient avec empressement : perdu derrière la verdure, bien protégé des regards indiscrets, l'édifice ressemblait à un cloître. En même temps, grâce au développement dès les années 1840 du réseau ferroviaire suburbain, Paris devenait tout proche[7].

Le recrutement des quarante premières élèves se heurta au faible nombre de candidates[8]. Qui plus est, le concours d'entrée, tant par les sujets proposés que par le niveau des connaissances des jeunes filles – institutrices dans leur grande majorité –, se démarqua à peine de l'examen

---

4   J.-B. Férrouillat, rapport au Sénat, *Lycées et Collèges de Jeunes filles*, Paris, Cerf, 1884, p. 445.

5   R. Rogers, « Culture and Catholicism : France », *Girls Secondary Education in the Western World, from the 18th to the 20th Century*, éd. J. Albisetti, J. Goodman, R. Rogers, Palgrave-Macmillan, 2011, p. 31.

6   J. Crouzet-Benaben, *Souvenirs d'une jeune fille bête*, Paris, Nouvelles éditions Debresse, 1971, p. 598. *Cf.* « Discours de Mlle Amieux, directrice de l'ÉNS de Sèvres, Les fêtes du Cinquantenaire de l'enseignement secondaire des jeunes filles et de l'ÉNS de Sèvres », *Revue de l'enseignement secondaire des jeunes filles*, n° 19, juillet 1931, p. 291 et s.

7   V. I. Rabault-Mazières, « Chemin de fer, croissance suburbaine et migrations de travail : l'exemple parisien au XIXe siècle », *Histoire urbaine*, n° 11, 2004/3, p. 10-12.

8   76 candidates se sont présentées à ce premier concours de 1881. Sur l'histoire de la formation de la première génération de Sévriennes, v. Jo Burr Margadant, *Madame le Professeur. Women Educators in the Third Republic*, Princeton, Princeton University Press, 1990, p. 43-96.

du brevet supérieur[9]. Enfin, les commentaires des examinateurs évoquent des candidates dotées d'une forte mémoire, mais de peu d'envergure intellectuelle[10]. Dans de telles conditions, l'École normale de Sèvres se vit investie d'un double rôle particulièrement significatif : à savoir celui de refaire la formation de cette première génération de professeures et, sur le long terme, de mettre en place le cursus académique préparant au professorat féminin dans l'enseignement secondaire. Œuvre importante où tout était à concevoir, à prévoir, à préciser, à ceci près que la spécificité de la « nature » féminine des futures enseignantes devait être prise en considération de façon prioritaire. Dès lors, tout parallèle avec le programme d'études de l'École normale supérieure de jeunes gens devenait impossible.

Paradoxalement, cette finalité première commandait à la fois de retrancher et d'élargir, afin de préparer non point des femmes de science et des lettrées, mais des professeures et des éducatrices polyvalentes. Ainsi, les Sévriennes, réparties entre deux sections seulement, littéraire et scientifique[11], se virent pratiquement astreintes à une spécialisation fort limitée. Elles durent en conséquence affronter les exigences difficiles de programmes très vastes à caractère encyclopédique. Indépendamment de la filière choisie, leurs études comprenaient la morale et les langues vivantes, substituts chez les filles de la philosophie et des humanités classiques enseignées aux garçons. Elles se diversifiaient pour les matières de « spécialisation » : littérature, histoire-géographie pour les littéraires ; mathématiques, sciences physiques et naturelles pour les scientifiques.

Mais, qu'elles fussent littéraires ou scientifiques, les Sévriennes, éloignées de fait des laboratoires, des cours de la Sorbonne et des bibliothèques parisiennes[12], ne préparaient point le diplôme d'études supé-

---

9   Brevet qui donnait accès à la carrière d'institutrice.

10   V. copies des candidates et commentaires des examinateurs conservés dans le dossier AN/F17/8808.

11   Aucune section ne fut prévue, en 1881, pour les futures professeures de langues vivantes. Afin de se préparer au certificat et à l'agrégation mixte de langues vivantes, celles-ci devaient passer par la faculté.

12   D'ailleurs, elles n'étaient pas nanties, dans leur grande majorité, du baccalauréat, seul titre secondaire donnant accès aux études universitaires. Jusqu'en 1924, les établissements féminins préparaient officiellement à un diplôme d'études secondaires qui n'ouvrait aux filles que la carrière enseignante. Après l'autorisation du Conseil supérieur de l'Instruction publique, la préparation du baccalauréat commença officieusement dans quelques lycées féminins à partir de 1908. V. L. Efthymiou, *Identités d'enseignantes,*

rieures comme les Normaliens[13]. C'est que, selon les responsables de la nouvelle institution, la recherche scientifique leur était inutile. Le fonds solide de connaissances générales acquis à l'École était jugé pleinement suffisant pour leur permettre de remplir honorablement leurs fonctions d'enseignantes. Dans ces conditions, les maîtres appelés à les former devaient s'attacher moins à en faire des pédantes qu'à les initier à une méthode pour apprendre davantage[14]. La direction tient même, en toute occasion, à préciser que l'instruction donnée n'est pas aussi poussée que celle réservée aux hommes.

L'orientation donnée aux études n'empêcha pas les promoteurs du projet de réunir à l'École tout au long de cette première période une pléiade éclatante de maîtres, dont la compétence et la notoriété allaient rejaillir sur l'institution naissante. Des savants, tout d'abord, comme le grammairien Arsène Darmesteter qui savait parler des textes « avec un cœur sensible et pénétrant » ; l'érudit Louis Petit de Julleville, surnommé par les élèves « le Baron » en raison de sa haute taille et de son allure noble ; le géographe Marcel Dubois, « apôtre » d'une géographie « purement géométrique[15] ». Des sommités dans leur discipline ensuite, comme le mathématicien Jean Gaston Darboux, le naturaliste Edmond Perrier, la physicienne et prix Nobel Marie Curie. De fins lettrés enfin, tels le poète et professeur de rhétorique Henri Chantavoine, « homme d'esprit, professeur [...] brillant [...] dont le cours était aussi suggestif qu'amusant[16] » ; le professeur de littérature Paul Desjardins paré de la « culture prestigieuse d'un Maître[17] ». D'autres choix étaient moins heureux, comme celui du littérateur et ancien député, Joseph Fabre, « improvisé professeur de philosophie à l'École Normale de Sèvres[18] ». La plus grande partie de cette équipe resta fidèle à Sèvres jusqu'au lendemain de la Grande Guerre. Ne craignant pas de « viser trop haut »,

---

identités de femmes. Les femmes professeurs dans l'enseignement secondaire public en France, 1914-1939, Thèse pour le doctorat en histoire, Paris, Université Paris Diderot-Paris 7, 2002, p. 41 et 109.

13   Les Normaliens remettaient à la fin de la troisième année un mémoire attestant un travail original.

14   A. Amieux, « L'École Normale des Professeurs-femmes (1881-1931) », *Le Cinquantenaire de l'École de Sèvres*, Paris, Ateliers Printory, 1932, p. 146.

15   J. Crouzet-Benaben, *Souvenirs d'une jeune fille bête, op. cit.*, p. 459-461.

16   *Ibid.*, p. 456.

17   C. Audry, *La Statue*, Paris, Gallimard, 1983, p. 174.

18   J. Crouzet-Benaben, *Souvenirs d'une jeune fille bête, op. cit.*, p. 457.

elle soutint la direction de l'École dans son effort de spécialisation des concours de recrutement féminins.

Ces concours sont le « certificat d'aptitude à l'enseignement secondaire des jeunes filles » et l'« agrégation pour l'enseignement secondaire des jeunes filles[19] ». Le premier, en théorie du niveau de la licence masculine, donnait droit au titre de « chargée de cours dans les lycées » et de professeure dans les collèges ; il ouvrait, par ailleurs, la voie au second concours. Les agrégées, elles, se réservaient le titre de professeures de lycée. Entre 1882 et 1894, certificat et agrégation se ressemblaient par leur manque quasi absolu de spécialisation : dans les deux cas, il existait un examen pour l'ordre des lettres et un autre pour l'ordre des sciences[20]. Le niveau exigé ne pouvait pas être comparé à celui des concours et examens masculins. D'ailleurs, signalait Henry Lemonnier, professeur d'histoire de l'art à la Sorbonne et à Sèvres, on « ne demande pas à des jeunes filles d'être professeurs absolument à la façon de nos agrégés ; qu'on fasse pour elles, incitait-il, un examen où leur originalité personnelle puisse rester intacte, où il leur soit possible de développer des aptitudes qui ne sont pas les nôtres[21] ». Manifestement donc les activités intellectuelles étaient dotées d'un sexe et, subséquemment, les nouveaux concours devaient avoir un genre[22].

La réforme de l'agrégation de 1894, initiée par la directrice de l'École, la républicaine et protestante Julie Favre née Velten (1881-1895), était conçue dans le sens d'une plus grande spécialisation. Alors que le certificat demeurait un concours polyvalent à l'extrême, chacune des agrégations se subdivisa en deux sections : mathématiques et sciences physiques ; lettres et histoire respectivement. Cette spécialisation, si elle allégeait certains aspects de la préparation, signifiait également une élévation du niveau des concours. Les épreuves de morale et de langues vivantes continuaient, toutefois, à constituer la base commune pour les littéraires des deux sections.

---

19 Ouverts en 1882 et 1883 respectivement.
20 Pour les sciences, trois sont les épreuves tant au certificat qu'à l'agrégation : mathématiques, physique et chimie. En lettres, les candidates au certificat concouraient sur des sujets de littérature ou de morale, de grammaire et d'histoire de France ; à l'agrégation, les compositions portaient sur des sujets de littérature, de langue et d'histoire.
21 *Revue de l'enseignement secondaire et de l'enseignement supérieur*, Paris, Dupont, mai-juin 1884, p. 33.
22 *Cf.* L. Efthymiou, « Le genre des concours », *Clio, Histoire, Femmes et Sociétés*, n° 18 : *Coéducation et mixité*, éd. F. Thébaud, M. Zancarini-Fournel, Toulouse, Presses universitaires du Mirail, 2002, p. 99-112.

La réforme des agrégations ouvrit une nouvelle période pour la formation des Sévriennes. L'arrivée de spécialistes éminents, notamment dans le domaine des sciences physiques, conduisit à la révision des méthodes et des approches des matières étudiées[23]. Il n'empêche que, par rapport aux Ulmiens, les Sévriennes continuaient à se préparer à des concours encyclopédiques et, pour cette raison, considérés comme de second ordre. Un certain nombre de candidates au professorat choisit alors de s'en détourner. C'est qu'à la veille de la guerre, grâce à l'accès officieux de plus en plus de jeunes filles au baccalauréat, d'autres voies s'ouvraient également aux futures professeures : elles passaient par la faculté et la mixité.

Face à cette évolution, l'École normale de Sèvres risquerait-elle de représenter « un anachronisme[24] » ?

FORMATION PÉDAGOGIQUE
VS SPÉCIALISATION POUSSÉE : 1919-1936

En effet, dès 1914, les structures étaient quasiment en place pour l'assimilation des enseignements secondaires masculin et féminin. Mais la guerre et l'opposition de certains milieux enseignants et politiques favorables au maintien de la différence estimée conforme à la distribution des rôles sociaux, voire biologiques pensait-on, des sexes firent que l'égalisation des cursus fut instituée seulement en 1924 (décret Bérard). Se posa alors de manière impérative la question de nomination dans les établissements féminins de femmes latinistes, hellénistes, philosophes.

Or Sèvres, attachée encore au principe de « l'égalité dans la différence » promu par Ernest Legouvé, directeur d'études à l'École de 1881 jusqu'à la fin du siècle, ne semblait guère être à l'époque en mesure de préparer convenablement ses élèves aux spécialités professorales que commandait la mise en application des nouveaux programmes d'études des lycées

---

23 Chargé en 1894 de l'enseignement de la physique, Lucien Poincaré mena une campagne très active en faveur de l'enseignement expérimental. Ses successeurs, Marie Curie, Paul Langevin et Jean Perrin donnèrent à cet enseignement un développement considérable.

24 *Le Droit des femmes*, novembre 1926, p. 566 ; *cf.* G. Moulinier, « Sèvres ou la rue d'Ulm », *Nouvelles Littéraires*, 7 octobre 1928, cité dans *Les Agrégées*, n° 25, déc. 1928, p. 19.

féminins. Si, jusqu'en 1926, l'École avait recruté trois professeurs de latin, il fallut attendre 1928 pour qu'un professeur de grec y fût nommé sur les instances des élèves. L'enseignement de ces disciplines dispensé à des littéraires n'ayant pas, de surcroît, étudié de manière régulière le latin et le grec au lycée n'en restait pas moins inférieur à celui donné à leurs concurrentes en faculté. En sciences, des chapitres importants, notamment la mécanique, n'étaient pas non plus abordés[25].

Qui plus est, la nouvelle directrice de Sèvres, Anna Amieux, résista aux changements qui altéraient profondément la physionomie pédagogique de son École qu'elle voulait, au contraire, renforcer. En 1920 (décret du 28 septembre), elle avait fondé à cette fin dans les locaux de sa maison une École d'application où les futures professeures effectuaient leur stage pédagogique de 8 à 9 semaines[26]. Pour la directrice, les Sévriennes étaient toujours destinées à devenir d'abord d'excellentes éducatrices. Elle était, par ailleurs, convaincue que ses élèves, menacées constamment de surmenage, risquaient de ne pas pouvoir mener de front la formation pédagogique et la spécialisation disciplinaire. Dès lors, un choix s'imposait selon elle. Il devait surtout tenir compte de la spécificité de la « nature » et des aptitudes intellectuelles féminines. Elle privilégia alors la pédagogie, estimant que la formation scientifique poussée devait être réservée aux hommes.

Les finalités promues par la direction et l'orientation donnée subséquemment aux études firent que, malgré le mouvement favorable à l'identification amorcé depuis quelque temps déjà, Sèvres se limita à une « guerre de positions ». Le ministère de l'Instruction publique s'avéra son allié le plus efficace, dans la mesure où il maintint le système initial des concours de recrutement féminins. Il n'était pas encore question de supprimer, mais simplement de modifier, de compléter, d'adapter. De faire retarder aussi. Alors qu'en 1924 par un arrêté on ouvrait aux licenciées l'accès « à toutes les agrégations et à tous les certificats réservés

---

25 Il est vrai qu'au lendemain de la Grande Guerre, Sèvres dut faire face à un manque de crédits inquiétant. Cette longue période d'austérité économique se fit inévitablement sentir sur l'organisation des études notamment scientifiques. On fit souvent appel à des professeurs de lycée dont l'enseignement fut, par la force des choses, de niveau secondaire plutôt que supérieur : trop de sciences naturelles, réduction des enseignements mathématique et physique. *Cf.* « L'évolution de l'enseignement féminin », interview de Catherine Schulhof, professeur de physique et présidente de la Société des Agrégées, *La Française*, 16 janvier 1937.

26 Il remplaçait le stage effectué depuis 1898 dans les lycées de Paris et de Versailles.

autrefois aux hommes », on en excluait du même coup pratiquement les Sévriennes non nanties de ce diplôme[27]. C'est le décret de 1927 qui devait remédier à cette injustice. La directrice essaya, tout de même, de détourner les Sévriennes des agrégations de philosophie et de sciences naturelles : s'y présenter supposait fréquenter les cours de la Sorbonne et rester à Sèvres en tant que boursière quatre ans au lieu de trois, afin de préparer la licence, le diplôme et l'agrégation. Et les crédits disponibles étaient loin d'y suffire. Dans ces conditions, c'est seulement en 1930 que la première Sévrienne candidate à une agrégation masculine put commencer sa préparation en Sorbonne.

Le certificat ne fut pas non plus supprimé : concours commode, il permettait d'une part de recruter le personnel enseignant des collèges féminins et d'autre part de ménager les transitions au sein d'un enseignement qui avait fait ses preuves. En 1929 cependant, on en procéda à une spécialisation limitée à l'image de la réforme des agrégations de 1894. Mais, le concours finit par être présenté presque exclusivement par les Sévriennes, qui, entretemps, avaient commencé à préparer en seconde année un « Mémoire », première figuration du Diplôme qui allait lui succéder. Pour sa préparation, les Sévriennes bénéficiant du progrès du métropolitain, se rendaient aux bibliothèques parisiennes et aux laboratoires de l'École normale de jeunes gens. D'ailleurs la réclusion conventuelle d'autrefois n'avait plus la même raison d'être : les professeures, agentes laïques de l'enseignement secondaire féminin, étaient depuis longtemps pleinement acceptées au sein de la société française.

Malgré les timides ajustements des études à Sèvres, les agrégées se recrutaient de plus en plus parmi les jeunes filles qui ont pu se passer d'être boursières de l'État. Il semble même que, dans les années 1930, la préparation en Faculté offrait une plus grande garantie de succès à ce concours[28]. Un demi-siècle après sa fondation, Sèvres avait-elle donc échoué dans son but originel qui fut la formation de l'élite du personnel

---

27 Précisons ici que, bien avant cette date, et notamment dès 1905, quelques-unes des rares candidates qui étaient parvenues à décrocher la licence, avaient tenté les agrégations masculines sans équivalence dans le régime des concours de recrutement féminin, à savoir celles de philosophie, de mathématiques et de grammaire.

28 Certaines candidates au professorat – se méfiant du niveau de formation offerte à Sèvres – tentèrent la voie masculine. Entre 1910 et 1939 – date à laquelle les femmes ne sont plus admises à se présenter au concours d'entrée à l'École normale supérieure de jeunes gens (décret du 9 mars 1938) – 41 jeunes filles arrivèrent à être nommées « Normaliennes ». L. Efthymiou, « Le genre des concours », *op. cit.*, p. 96-98.

enseignant des établissements secondaires féminins ? On commençait à s'inquiéter de son avenir et avec raison. « Il ne faut pas que l'élite abandonne cette voie, ou alors il deviendra inutile que l'État fasse la dépense d'une École Normale supérieure de Jeunes Filles : il ne semble pas en effet que le but d'une telle École soit uniquement de former d'excellents professeurs de collège », notait la présidente de la Société des Agrégées, Emma Flobert, en 1927[29]. Dans ces conditions, une nouvelle révision des finalités et des programmes de Sèvres s'imposait à bref délai.

L'ÉGALITÉ DANS L'IDENTITÉ : 1936-1940

Grâce aux initiatives entreprises par le ministre novateur de l'Éducation nationale et membre du gouvernement du Front populaire, Jean Zay, un pas décisif dans cette direction fut franchi en 1936 avec la désignation à la tête de Sèvres d'une docteure ès sciences, habilitée à diriger un établissement d'enseignement supérieur, Eugénie Cotton[30]. Dès lors, le rattachement de l'École à la Direction de l'Enseignement supérieur devint possible. Il fut scellé par le décret du 23 décembre 1936. Sèvres devenait subséquemment l'homologue de la rue d'Ulm et devait offrir les mêmes conditions de travail que l'École normale supérieure masculine. Dans ce but, la nouvelle directrice put enrichir laboratoires et bibliothèques ; confier à une titulaire de l'agrégation masculine de mathématiques le soin d'adapter graduellement l'enseignement des mathématiques aux nouveaux programmes ; faire venir à l'École de nombreux conférenciers[31].

Au cours de cette période transitoire, les objectifs les plus importants de la nouvelle direction furent l'assimilation du concours d'entrée à celui de la rue d'Ulm et l'homogénéisation progressive des différents régimes

---

29 E. Flobert, « Lettre de la Société des Agrégées à M. Le Directeur de l'Enseignement Secondaire », 6 janvier 1927, *Les Agrégées*, n° 19, mars 1927, p. 12.

30 Ancienne professeure-adjointe de l'École, Eugénie Cotton était la première directrice de Sèvres non issue de l'enseignement secondaire.

31 BMD, FEC, 64-70, « L'École de Sèvres, 1940 », texte dactylographié dont l'auteure est probablement E. Cotton ; J. Ferrand, « Hommage à Eugénie Cotton, directrice de l'ENSJF de 1936 à 1941 », *Sévriennes d'hier et d'aujourd'hui*, n° 147, juin-septembre, p. 11-14.

d'études en vigueur. En effet, depuis 1938 les Sévriennes se répartissaient à leur entrée à l'École entre différentes spécialités dont chacune correspondait à une agrégation soit féminine soit mixte : lettres (agrégation féminine), grammaire (agrégation mixte), philosophie (agrégation mixte), histoire et géographie (agrégation féminine), langues vivantes (agrégation mixte), mathématiques (agrégation féminine), physique (agrégation féminine), sciences naturelles (agrégation mixte)[32].

Pour les candidates aux agrégations mixtes qui devaient préparer les certificats de licence, l'assiduité aux cours de la Sorbonne était obligatoire[33]. Dans de telles conditions, il devenait impossible de créer et de maintenir à Sèvres un milieu « propice à l'atmosphère de travail et de formation intellectuelle et morale qui sont l'un des principaux avantages de nos grandes écoles », constatait la direction de Sèvres[34]. Son transfert à Paris devint impérieux durant cette période.

Toutefois, ce projet, malgré l'urgence de sa réalisation, prit un retard considérable : le terrain (la maison de retraite La Rochefoucauld, avenue d'Orléans), les crédits pour bâtir, les actes de l'administration et les

---

32 *Cf.* « Réforme de l'École normale supérieure des jeunes filles », *Les Agrégées*, n° 50, avril 1935, p. 28. Les agrégations féminines de sciences physiques, de lettres et d'histoire se spécialisèrent davantage en 1938 avec la suppression des épreuves de culture générale et l'introduction de compositions empruntées aux agrégations masculines. Pour les littéraires, la durée de la période transitoire devait s'étendre jusqu'en 1945, afin de ménager les candidates qu'on avait autorisées à entrer à l'École sans épreuves de grec. L'unification des agrégations de mathématiques commença tardivement, en 1938. Pour justifier ce retard, on invoqua l'incompatibilité de cette discipline avec les qualités intellectuelles féminines. V. H. Lebesgue, « Contre la fusion des agrégations de mathématiques, masculine et féminine », *L'enseignement secondaire de jeunes filles*, n° 4, novembre 1928, p. 49-55. En histoire, la réforme de 1938 interdisait aux femmes de se présenter au concours masculin. L'accès plus difficile des Sévriennes aux centres d'archives et aux bibliothèques de la capitale fut invoqué pour justifier cette entorse à l'identification des concours. Il était question de ménager les filles qui ne travaillaient pas dans les mêmes conditions que les candidats masculins. À la Libération, l'identification des agrégations envisagée dès 1924 n'eut pas lieu. La distinction entre concours masculins et féminins perdura jusqu'en 1976.

33 En ce qui concerne le certificat, il fut remplacé par deux examens à passer à la fin de la première et deuxième année d'études respectivement. Ces derniers étaient considérés comme équivalents à deux certificats de licence. Le succès à ces examens conférait jusqu'en 1941 les mêmes prérogatives que la licence (décret du 9 mars 1938 applicable à titre transitoire jusqu'en 1940). Or, sous la pression des circonstances, cette mesure transitoire ne fut appliquée que jusqu'en 1939. À partir de cette année, toutes les Sévriennes commencèrent à préparer les certificats de la licence.

34 Voir aussi : « … il n'y a plus d'unité, d'esprit de l'École, donc plus d'École », BMD, FEC, 64-70, « Situation de l'École de Sèvres au point de vue de l'habitation », 1948.

formalités nécessaires pour commencer les travaux furent à tour de rôle obtenus, mais on ne réussit à aucun moment à opérer leur indispensable conjonction.

Entretemps, il fallait faciliter aux élèves, qui suivaient les cours de la Sorbonne, les voyages à Paris. Dans ce but, la direction de l'École entreprit d'organiser des transports directs[35]. Elle loua en outre des locaux dans un foyer d'étudiantes avenue de l'Observatoire, où les Sévriennes pouvaient déjeuner, se reposer et travailler dans les intervalles des cours regroupés sur deux jours de la semaine. À Sèvres, elles continuaient à suivre les conférences et les enseignements complémentaires.

Sur ce, la guerre éclata. Elle imposa brusquement le transfert à Paris. L'assimilation complète sembla s'imposer maintenant par la force des choses : les Sévriennes, dispersées aux quatre coins de la France après la débâcle de 1940, devaient continuer provisoirement leurs études en Faculté.

Après la Libération, il ne fut plus question de ramener les élèves à Sèvres. Ainsi commençait, de locaux d'attente en locaux provisoires, une existence itinérante. Tout compte fait, la guerre marque la fermeture de ce premier grand volet de l'histoire de l'École façonné à Sèvres même[36].

EN GUISE DE CONCLUSION :
UNE ASSIMILATION DIFFICILE

Malgré le processus d'assimilation des enseignements et des concours de recrutement féminins et masculins amorcé dès avant la guerre de 1914, Sèvres continua pendant longtemps à parcourir un chemin solitaire. Ce sont des préoccupations d'ordre financier et pratique conjuguées à des conceptions pédagogiques reposant sur la différence, dite naturelle, des

---

35   BMD, FEC, 64-70, lettres de la direction des transports Citroën et de la Compagnie
      d'exploitation automobile, 25 et 30 novembre1936.
36   En 1945, Edmée Hatinguais, directrice de l'École de 1941 à 1944 et Inspectrice géné-
      rale, fonda à Sèvres avec Gustave Monod, directeur de l'enseignement du second degré
      et continuateur de l'œuvre de Jean Zay, le Centre international d'études pédagogiques
      (CIEP).

sexes qui jouèrent un rôle déterminant dans la lenteur qui caractérisa le processus de son rapprochement avec la rue d'Ulm.

En 1948, l'École normale supérieure de jeunes filles s'installa provisoirement, pensait-on alors, boulevard Jourdan. Elle y resta, néanmoins, jusqu'à sa fusion avec l'École normale supérieure de la rue d'Ulm en 1985[37]. Cette opération ne fut pas facile. Elle suscita chez les hommes de fortes objections : elles concernaient d'une part la différence de prestige entre les deux établissements et, d'autre part, de statut entre leurs personnels enseignants respectifs.

La création d'une seule ÉNS mixte en 1986 signala la mort du dernier vestige de l'enseignement secondaire féminin créé un siècle plus tôt sous la Troisième République. Avec bien du retard, Sèvres alla rejoindre dans le « musée imaginaire de la pédagogie[38] » les lycées féminins et les concours pour femmes, en d'autres termes, l'édifice éducatif que Camille Sée avait conçu en 1880.

Loukia EFTHYMIOU
Université nationale
et capodistrienne d'Athènes

---

37 Elle prévoyait un seul concours et un classement commun. *Cf.* M. Ferrand, « La mixité à dominance masculine : l'exemple des filières scientifiques de l'École normale supérieure d'Ulm-Sèvres », R. Rogers, *La mixité dans l'éducation*, Lyon, ENS, 2004, p. 181-193.

38 F. Mayeur, *L'enseignement des Jeunes Filles sous la Troisième République*, *op. cit.*, p. 444.

BIBLIOGRAPHIE

AMIEUX, Anna, « L'École Normale des Professeurs-femmes (1881-1931) », *Le Cinquantenaire de l'École de Sèvres*, Paris, Ateliers Printory, 1932, p. 113-212.

AMIEUX, Anna, « Discours de Mlle Amieux, directrice de l'ÉNS de Sèvres, Les fêtes du Cinquantenaire de l'enseignement secondaire des jeunes filles et de l'ÉNS de Sèvres », *Revue de l'enseignement secondaire des jeunes filles*, n° 19, juillet 1931, p. 291-295.

AUDRY, Colette, *La Statue*, Paris, Gallimard, 1983.

CROUZET-BENABEN, Jeanne Paul, *Souvenirs d'une jeune fille bête*, Paris, Nouvelles éditions Debresse, 1971.

EFTHYMIOU, Loukia, « Le genre des concours », *Clio, Histoire, Femmes et Sociétés*, n° 18 : *Coéducation et mixité*, éd. F. Thébaud, M. Zancarini-Fournel, Toulouse, Presses universitaires du Mirail, 2002, p. 99-112.

EFTHYMIOU, Loukia, *Identités d'enseignantes, identités de femmes. Les femmes professeurs dans l'enseignement secondaire public en France, 1914-1939* (2002), Thèse pour le doctorat en histoire, Paris, Université Paris Diderot-Paris 7.

FERRAND, Jacqueline, « Hommage à Eugénie Cotton, directrice de l'ENSJF de 1936 à 1941 », *Sévriennes d'hier et d'aujourd'hui*, n° 147, juin-septembre, p. 11-14.

FERRAND, Michèle, « La mixité à dominance masculine : l'exemple des filières scientifiques de l'École normale supérieure d'Ulm-Sèvres », *La mixité dans l'éducation*, éd. R. Rogers, Lyon, ÉNS Éditions, 2004, p. 181-193.

FERROUILLAT, Jean-Baptiste, « Rapport fait au nom de la Commission chargée d'examiner la proposition de loi, adoptée par la Chambre des députés, ayant pour objet la création, par l'État, d'une École normale destinée à préparer des professeurs-femmes pour les Écoles secondaires de jeunes filles », *Lycées et Collèges de Jeunes filles*, Paris, Cerf, 1884, p. 444-446.

FLOBERT, Emma, « Lettre de la Société des Agrégées à M. Le Directeur de l'Enseignement Secondaire », 6 janvier 1927, *Les Agrégées*, n° 19, mars 1927, p. 10-12.

LEBESGUE, Henri, « Contre la fusion des agrégations de mathématiques, masculine et féminine », *L'enseignement secondaire de jeunes filles*, n° 4, novembre 1928, p. 49-55.

MARGADANT, Jo Burr, *Madame le Professeur. Women Educators in the Third Republic*, Princeton, Princeton University Press, 1990.

MAYEUR, Françoise, *L'enseignement des Jeunes Filles sous la Troisième République*, Paris, PFNSP, 1977.

MOULINIER, Georges, « Sèvres ou la rue d'Ulm », *Nouvelles Littéraires* du 7 oct. 1928, dans *Les Agrégées*, n° 25, déc. 1928, p. 17-19.

RABAULT-MAZIÈRES, Isabelle, « Chemin de fer, croissance suburbaine et migrations de travail : l'exemple parisien au XIXe siècle », *Histoire urbaine*, n° 11, 2004/3, p. 9-30.

ROGERS, Rebecca, « Culture and Catholicism : France », *Girls Secondary Education in the Western World, from the 18th to the 20th Century*, éd. J. Albisetti, J. Goodman, R. Rogers, New York, Palgrave-Macmillan, 2011, p. 25-39.

SCHULHOF, Catherine, « L'évolution de l'enseignement féminin », *La Française*, 16 janvier 1937.

SÉE, Camille, *Discours prononcé par M. Camille Sée, rapporteur de la commission. Séance du 19 janvier 1880*, Paris librairie des publications législatives Wittersheim, 1880.

« MONSIEUR INGRES ! ORA PRO NOBIS ! »

La formation des femmes-peintres à Paris au tournant du siècle, l'École des beaux-arts et l'Académie Julian

La dame du palais doit avoir connaissance « des lettres, de la musique, de la peinture », écrivait déjà au XVIe siècle Baldassar Castiglione dans son fameux *Livre du Courtisan*[1]. L'image de la femme qui s'adonne à la peinture, et plus particulièrement au dessin, est bien enracinée dans la conscience européenne. Une certaine formation artistique devient « une composante de l'être féminin accompli[2] » et les jeunes filles de bonne famille suivent d'habitude des cours de dessin, complétés par des leçons de chant et/ou de piano. Pourtant, généralement, personne ne tient à ce que la jeune dame dépasse le niveau de dilettante : elle doit se voir capable d'esquisser un petit paysage dans un carnet intime d'une amie ou de préparer une nature morte en aquarelle qu'on pourra admirer lors de rencontres de salon. Rien de plus. Cela devient particulièrement visible au XIXe siècle où la femme peut être « artisane, jamais artiste[3] ». La « vraie » créativité artistique est alors une « province exclusivement masculine[4] ». C'est pourquoi la formation artistique développée et codifiée devient réservée aux hommes[5]. Dans les années 1870, en passant près

---

1   *Cf.* B. Castiglione, *Le Livre du courtisan*, présenté et traduit de l'italien d'après la version de Gabriel Chappuis (1580) par A. Pons, Paris, Éditions Gérard Lebovici, 1987, p. 240.

2   M. A. Trasforini, « Du génie au talent : quel genre pour l'artiste ? », *Cahiers du Genre*, 2007/2, n° 43, p. 122.

3   *Ibid.*, p. 119. Selon Séverine Sofio, la situation change autour des années 1840. Avant, sous le Directoire et Consulat, « les structures institutionnelles et juridiques de l'espace des beaux-arts se stabilisent et les femmes y bénéficient de conditions de travail comparables à celle des hommes pendant quelques décennies [...]. ». Séverine Sofio appelle cette période une « parenthèse enchantée » et y consacre son livre. *Cf.* S. Sofio, *Artistes femmes. La parenthèse enchantée, XVIIIe-XIXe siècles*, Paris, CNRS Éditions, 2016, p. 11 et suivantes.

4   M. Lacas, *Des femmes peintres. Du XVe à l'aube du XIXe siècle*, Paris, Seuil, 2015, p. 7.

5   L'École nationale de dessin pour jeunes filles, fondée en 1803, qui est, à l'époque, la seule institution publique d'art ouverte aux femmes à Paris, « enseigne tout ce qui est compatible

de l'École des beaux-arts à Paris, Marie Bashkirtseff s'exclame : « C'est à faire crier. Pourquoi ne puis-je aller étudier là ? Où peut-on avoir un enseignement aussi complet que là[6] ? ! ».

Les questions que cette jeune peintre talentueuse se pose sont aussi celles auxquelles nous essayerons de répondre dans le présent travail consacré aux changements dans le système de formation de peintres professionnels dans la seconde moitié du XIXe siècle et au début du XXe siècle et à son ouverture progressive aux femmes. Nous nous concentrerons sur deux établissements parisiens sans doute les plus reconnus, à savoir l'École des beaux-arts et l'Académie Julian, sa concurrente la plus importante, et nous nous baserons sur deux journaux intimes de deux femmes peintres : Marie Bashkirtseff (1858-1884) et Aline Réveillaud de Lens (1891-1925)[7]. Notre travail sera partagé en trois parties. Premièrement, nous présenterons brièvement la situation des femmes peintres (et de leur formation) dans les époques précédentes et les changements qui ont eu lieu dans la seconde moitié du XIXe siècle. Deuxièmement, nous présenterons le fonctionnement de l'École des beaux-arts de Paris et de l'Académie Julian. La dernière partie sera consacrée aux impressions et expériences décrites par Marie Bashkirtseff et Aline Réveillaud de Lens.

---

avec le "comportement féminin" […]. Il ne s'agit pas de produire des artistes, mais de participer au goût français dans des travaux anonymes ». *Cf.* C. Gonnard et E. Lebovici, *Femmes artistes / Artistes femmes. Paris, de 1880 à nos jours*, Paris, Hazan, 2007, p. 20.

6   M. Bashkirtseff, *Journal de Marie Bashkirtseff*, Paris, G. Charpentier et Cie, 1890, t. II, p. 95.

7   M. Bashkirtseff, *Journal*, Paris, G. Charpentier et Cie, 1890, t. I et II. Morte avant que les femmes puissent entrer à l'École des beaux-arts de Paris, Marie Bashkitseff était l'une des premières femmes à suivre la formation artistique à Paris dans l'Académie Julian et se déclarait toujours sensible à la cause des femmes-peintres, voir p. ex. M. Bashkitseff, (sous le pseudonyme de Pauline Orell), « Les femmes artistes », *La Citoyenne*, n° 4, 6 mars 1881, p. 3-4. C'est pourquoi nous avons décidé de mettre ici son journal ensemble avec celui d'Aline Réveillaud de Lens, l'une des premières femmes admises à l'École des beaux-arts, poursuivant, parallèlement, sa formation dans l'Académie Julian : A. R. de Lens, *Journal 1902-1924. « L'amour, je le supplie de m'épargner... »*, texte revu par A. Weil, Paris, La Cause des Livres, 2007. Les deux femmes étaient très déterminées pour devenir peintre professionnel et leurs journaux témoignent d'une sensibilité très semblable.

DE L'ACADÉMIE ROYALE
À L'ÉCOLE DES BEAUX-ARTS,
OU LE CHEMIN ÉPINEUX

Depuis des siècles, le type de formation artistique le plus populaire consistait à devenir l'élève d'un maître. L'atelier d'un peintre de
renom devenait souvent une vraie entreprise réalisant maintes copies sur
commande des nobles. Fondée à Paris le 20 janvier 1648, l'Académie
royale de peinture et de sculpture avait pour ambition de former et
rassembler les meilleurs artistes du royaume. Les plus doués sont nommés académiciens, un titre prestigieux garantissant la protection et la
reconnaissance grâce aux commandes d'État et au Salon, créé la même
année[8]. Les peintres, appelés « peintres du roi », définissent aussi les règles
selon lesquelles sont jugées les œuvres et monopolisent l'éducation[9]. En
1663 la première femme, Catherine Duchemin, est admise à l'Académie.
Au début, la présence féminine n'en est donc pas exclue, même si elle
est toujours minoritaire par rapport à celle des hommes[10]. Pourtant,
en 1706, à cause des manœuvres habiles de quelques académiciens, les
portes de l'Académie se ferment aux femmes et ne s'ouvrent alors que
sporadiquement, uniquement sur la demande particulière du roi[11].

Avec le temps, l'Académie commence à monopoliser le marché, en
imposant la façon de peindre. C'est l'une des raisons de la dissolution
de l'Académie en 1793 et de la fondation de la nouvelle institution,
l'Institut de France, qui reconstituera la première école des beaux-arts en
1797[12]. Malgré maintes protestations et démarches de femmes-artistes,

---

8   L. Vitet, *L'Académie royale de peinture et de sculpture : étude historique*, Paris, Michel Lévy
     frères, 1861, p. 54-61.
9   M.-J. Bonnet, *Les femmes dans l'art. Qu'est-ce que les femmes ont apporté à l'art ?*, Éditions
     de La Martinière, 2004, p. 37.
10   Il n'y avait jamais plus de quatre femmes. *Cf.* C. Gonnard, E. Lebovici, *op. cit.*, p. 15. En
     général, jusqu'à la fin de l'Ancien Régime, l'activité artistique « s'inscrit dans le cadre
     patriarcal des corporations ». Les femmes-peintres sont d'habitude filles de peintres (ou
     femmes des peintres), mais restent toujours considérées comme artisanes plutôt qu'artistes.
     Cf. M.-J. Bonnet, *Les femmes dans l'art...*, *op. cit.*, p. 39.
11   M.-J. Bonnet, « Femmes peintres à leur travail : de l'autoportrait comme manifeste politique
     (XVIIIᵉ-XIXᵉ siècles) », *Revue d'histoire moderne et contemporaine*, n° 49/3, 2002, p. 143.
12   L'existence officielle de l'École royale des beaux-arts et confirmée par une ordonnance de
     Louis XVIII en 1816, l'établissement devient l'École impériale des beaux-arts en 1863

la présence féminine y est exclue[13]. À en croire Marie-Jo Bonnet, « [à]
partir de la Révolution, le génie devient une composante de la virilité[14] »,
ce qui influence aussi la formation artistique.

Même si l'école a été réformée en 1863, le modèle de l'apprentissage
en vigueur ne différait pas tellement de celui lancé par l'Académie
royale de peinture et de sculpture au XVIIe siècle. Les modalités de
l'instruction consistaient alors en « une formation pratique élémentaire
contrôlée par une série méthodique de concours, à l'exclusion de tout
apprentissage des techniques artistiques dispensé dans les ateliers
privés des artistes en renom[15] ». À l'École, les élèves suivaient des
cours d'anatomie, de perspective et d'histoire et n'apprenaient que
le dessin sur le modèle vivant ou sur la bosse (les cours duraient en
principe deux heures par jour). Ils « devaient aller chercher en dehors
de l'établissement les compléments techniques indispensables à la
pratique de la peinture et de la sculpture[16] ». Les reproches adressés
à cette formation reprenaient en écho des objections habituelles qui
étaient à l'origine de la fondation de l'Académie royale de peinture
et de sculpture : le programme ne servait qu'à « l'élevage d'animaux
savants ». Les concours « avaient pour seule justification de contraindre
les élèves à adopter le style neutre de l'académisme, seul capable de
contenter leurs juges » et étouffait « tous les germes d'une originalité
personnelle[17] ».

Comme l'on a déjà dit, l'École tenait ses portes fermées aux femmes.
Cela ne veut pas dire, pourtant, que les femmes-peintres n'existaient pas
ou qu'elles ne se formaient pas. Elles fréquentaient des ateliers privés
et des académies et exposaient au Salon qui leur avait été définitivement ouvert en 1791[18]. Elles avaient pourtant un accès très limité aux

---

et l'École nationale des beaux-arts après la chute de l'Empire. Pour l'histoire détaillée
de l'institution, *Cf.* A. Jacques, *Les Beaux-Arts. De l'Académie aux Quat'z'arts. Anthologie
historique et littéraire*, Paris, École nationale supérieure des Beaux-Arts, 2001, spécialement
le premier chapitre « Historique », p. 7-25.

13 *Cf.* M.-J. Bonnet, « Femmes peintres à leur travail... », *op. cit.*, p. 163.

14 M.-J. Bonnet, *Les femmes dans l'art...*, *op. cit.*, p. 56.

15 A. Bonnet, « La réforme de l'École des beaux-arts de 1863 : Peinture et sculpture »,
Romantisme, n 93 : *Arts et institutions*, 1996, p. 28.

16 *Ibid.*, p. 28-29.

17 *Ibid.*, p. 28.

18 Au Salon de 1791, 56 sur 900 tableaux exposés ont été peints par les femmes, 178 sur
801 en 1835 et 418 sur 2771 au Salon de 1889. *Cf.* D. Noël, « Les femmes peintres dans
la seconde moitié du XIXe siècle », *Clio. Femmes, Genre, Histoire*, n° 19, 2004, p. 2.

commandes officielles[19] et continuaient à être traitées en dilettantes[20]. Le milieu artistique étant extrêmement misogyne, le plus grand compliment qu'une femme pouvait entendre était le suivant : « elle peint presque comme un homme[21] ».

Les femmes luttent pourtant pour les droits à la reconnaissance et à l'éducation. En 1881, la sculptrice Hélène Bertaux fonde l'Union des femmes peintres et sculpteurs dont le but principal est d'exposer les meilleures œuvres de ses membres, mais aussi de défendre leurs intérêts et contribuer à l'élévation de leur niveau artistique[22]. C'est pourquoi, en 1889, Mme Bertaux fait la première demande écrite d'admission à l'École nationale des beaux-arts. Une année plus tard, elle demande qu'on y ouvre une classe spéciale des femmes[23]. Même si l'école continue à répondre qu'elle manque de locaux et de ressources, Mme Bertaux ne se rend pas. C'est grâce à son action militante que la situation change : à partir de 1896, les jeunes femmes peuvent fréquenter la bibliothèque de l'École et assister aux cours magistraux de perspective, anatomie et histoire de l'art[24]. En 1897, elles peuvent déjà travailler dans les galeries et suivre les cours à l'Académie, même si les ateliers de peinture leur restent toujours fermés[25]. Ce n'est qu'en 1900 qu'un atelier leur est spécialement destiné[26]. On choisit comme professeur pour ce nouvel atelier M. Humbert, portraitiste accompli, protestant scrupuleux, « élégant dans sa peinture et nonchalant sur sa personne ». Il devait « avoir la cinquantaine quand on lui confia les jeunes artistes. Il était large d'esprit, de tendance moderne et [...] comprenait l'emballement

---

19 Cf. C. Gonnard et E. Lebovici, *op. cit.*, p. 12.
20 Généralement, on croyait que les femmes n'étaient pas capables de peindre quelque chose de plus sérieux qu'une miniature, étude ou portrait. Cf. M.-J. Bonnet, *Les femmes artistes dans les avant-gardes*, Paris, Odile Jacob, 2006, p. 12-14.
21 Cf. M.-J. Bonnet, *Les femmes dans l'art…*, *op. cit.*, p. 58.
22 *Ibid.*, p. 65.
23 *Ibid.*, p. 66.
24 M. Sauer, *L'entrée des femmes à l'école des Beaux-Arts. 1880-1923*, trad. de l'allemand M.-F. Thivot, Paris, École nationale supérieure des Beaux-Arts, 1992, p. 15-28. Pour ce faire, elles doivent remplir les conditions d'admission : formuler une requête écrite, être âgées de quinze à trente ans, présenter un acte de naissance ainsi qu'une lettre de recommandation d'un professeur ou d'un artiste de renom. Les prétendantes étrangères doivent fournir une lettre de leur consulat ou de leur ambassade. Cf. *ibid.*, p. 28.
25 *Ibid.*, p. 30-31.
26 *Loc. cit.* Elles pourront se présenter au Prix de Rome à partir de 1903. *Ibid.*, p. 36. C'est pourquoi, à la fin des années 1870, Marie Bashkirtseff pense s'y présenter sous un nom masculin. Cf. M. Bashkirtseff, *op. cit.*, t. II, p. 4.

de ses élèves pour les peintres de plein air, les impressionnistes[27] ». La bataille a été gagnée.

Marie-Jo Bonnet souligne, pourtant, que les femmes sont admises à l'École quand elle commence à perdre toute influence dans la vie artistique : « Aucune des grandes artistes qui ont été formées à l'École des beaux-arts ne marquera le XXᵉ siècle[28] ». Les portes ouvertes à l'École ne veulent pas dire non plus que les femmes peintres aient tout de suite commencé à être traitées de façon sérieuse par les peintres-hommes et toute la société.

L'ATELIER DE M. HUMBERT ET L'ACADÉMIE JULIAN, OU LA FORMATION « POUR LES FEMMES »

Le travail de l'atelier féminin de M. Humbert commençait le matin. Durant trois heures, les femmes s'adonnaient à l'étude d'un nu. Le mardi et le samedi, le patron faisait mettre tous les dessins et toutes les peintures sur la table de modèle et jugeait et corrigeait chaque ouvrage[29]. Il y avait aussi un autre type d'évaluation qui englobait cette fois-ci les travaux de tous les étudiants de l'École. La direction de l'école disait que cela se faisait « dans un parfait esprit d'équité », ce qui n'était pas vrai. Dans l'atelier de M. Humbert, les modèles masculins ne se déshabillaient jamais totalement, restaient « caleçonnés », c'est-à-dire portaient une sorte de pagne qui cachait leur sexe[30]. Par conséquent, les membres du jury pouvaient tout de suite reconnaître les ouvrages des femmes. Les femmes ont dû se lancer dans une nouvelle bataille pour pouvoir peindre le nu masculin, réellement nu[31].

---

27 S. Réveillaud Kriz, *L'Odyssée d'un peintre. Drouet Réveillaud*, Paris, Éditions Fischbacher, 1973, p. 33.

28 M.-J. Bonnet, *Les femmes dans l'art...*, *op. cit.*, p. 67.

29 *Cf.* A. R. de Lens, *op. cit.*, p. 60.

30 Seuls, les modèles féminins étaient entièrement nus. *Cf.* C. Gonnard et E. Lebovici, *op. cit.*, p. 44. La décision du Conseil de l'École du 14 mai 1901 stipulait que « le modèle masculin jusque-là entièrement dévêtu devait être voilé pour les femmes ». *Cf.* M. Sauer, *op. cit.*, p. 40.

31 Après maintes protestations et longues délibérations, le Conseil a décidé que le modèle serait nu, mais que les femmes et les hommes ne le peindraient pas au même moment. *Cf. ibid.*, p. 38.

Tout comme dans les ateliers masculins, le travail à l'atelier féminin était géré par une massière. Celle-ci, choisie parmi les élèves par M. Humbert et approuvée par les autres (ou à l'inverse), s'occupait de l'organisation de l'atelier. Au début, elle remettait à chaque élève le certificat de propriété du chevalet et de deux tabourets. En effet, chaque nouvelle élève de l'école devait y apporter son propre chevalet ainsi qu'un grand et un petit tabourets, dûment estampillés de ses initiales. La massière exigeait de chaque élève 10 francs or, qui servaient à payer les modèles et d'autres dépenses communes[32]. Elle pouvait aussi infliger des amendes en cas de retard des élèves ou de fautes récurrentes. C'est aussi elle qui distribuait les places dans l'atelier et veillait à ce qu'elles soient régulièrement changées[33].

L'après-midi, les femmes pouvaient assister aux cours facultatifs : de perspective, d'anatomie, d'histoire de l'art, de littérature, d'archéologie[34]. Ces cours étaient ouverts au public et on y voyait plus de vieilles dames que d'élèves de l'École. Ces derniers travaillaient l'après-midi pour pouvoir continuer leurs études[35] ou prenaient des cours supplémentaires, comme Aline de Lens. Car il y avait des femmes qui ne trouvaient pas la formation à l'École des beaux-arts suffisamment développée. D'autres continuaient leur formation ailleurs par habitude. La plus grande concurrente de l'École des beaux-arts était l'Académie Julian.

Rodolphe Julian ouvre son atelier en 1873, en y accueillant vingt hommes et neuf femmes[36]. Le premier atelier est mixte, mais ce ne sont que des Anglaises et des Américaines qui le fréquentent, attirées par son enseignement d'après le modèle vivant nu (cette pratique était exclue dans leurs pays d'origine). Elles s'enthousiasment alors pour la possibilité d'étudier à Paris et y voient un paradis[37]. En revanche, les Françaises ne semblent pas trop intéressées par la formation proposée et

---

32 Chaque nouvelle élève devait s'acquitter de la somme de 40 francs, dont 10 francs de contribution obligatoire, 10 francs pour l'atelier, 10 francs de bienvenue et 10 francs pour l'utilisation du chevalet et de la chaise. *Cf.* M. Sauer, *op. cit.*, p. 35. Sinon, la formation était gratuite contrairement à celle dispensée aux académies, relativement chère. *Cf.* C. Gonnard et E. Lebovici, *op. cit.*, p. 56.

33 *Cf.* Ch. et P. Dalibard, *Elle signait Droeut Réveillaud*, Buc, Éditions Tensing, 2014, p. 20.

34 *Cf.* A. R. de Lens, *op. cit.*, p. 46.

35 Par exemple une autre femme-peintre de talent, Suzanne Drouet. *Cf.* S. Réveillaud Kriz, *op. cit.*, p. 38-40.

36 M.-J. Bonnet, *Les femmes dans l'art…*, *op. cit.*, p. 64.

37 *Cf.* M.-J. Bonnet, *Les femmes artistes dans les avant-gardes*, *op. cit.*, p. 16-17.

pour les encourager, vers 1875, Julian met en place une classe exclusivement réservée aux femmes[38]. En 1877, Marie Bashkirtseff entre dans l'Académie et la décrit dans son journal : « j'ai eu le temps d'aller à l'atelier Julian, le seul sérieux pour les femmes. On y travaille de huit heures à midi et d'une heure à cinq heures. Un homme nu posait quand M. Julian m'a conduite dans la salle[39] ». Aline de Lens fréquente cette académie avant d'être admise à l'École des beaux-arts.

Malgré l'enthousiasme des étudiantes, particulièrement celles venant de l'étranger, la formation artistique féminine à l'Académie Julian n'était pas sans défauts. Doté d'un sens d'affaires développé, Julian savait profiter de la situation bien particulière de ses élèves féminines. Même s'il leur proposait une formation professionnelle, il était loin de les considérer comme de futures artistes sérieuses. Tout au contraire, lui aussi, il traitait les femmes comme de riches dilettantes, dont la famille avait les moyens de payer les caprices. En effet, les frais d'inscription pour les femmes étaient deux fois plus élevés que ceux proposés aux hommes[40].

L'Académie Julian était ouverte toute l'année, tous les jours sauf dimanche. La séance du matin, 8h-12h, était dédiée au portrait et celle de l'après-midi, de 13h à 17h, au modèle vivant nu. En hiver, entre octobre et mars, les élèves avaient aussi la possibilité de dessiner des académies de 20h à 22h, car l'éclairage au gaz était particulièrement propice à l'étude des ombres et des lumières (les autres ateliers parisiens, ceux de l'École des beaux-arts compris, fermaient d'habitude à midi)[41]. En théorie, les élèves devaient passer par des étapes successives, il fallait donc bien dessiner pour commencer la peinture. De même, on commençait par copier des gravures, puis des plâtres et à la fin on arrivait aux modèles vivants. En pratique, pourtant, ce n'était pas aussi strict[42]. Julian est très présent dans son atelier, encourage les dames à travailler (et réclame le règlement de l'abonnement), mais ce sont des professeurs en titre, Tony Robert-Fleury, Gustave Boulanger, Jules Lefebvre et William Bouguereau, qui arrivent pour corriger les ouvrages des élèves deux fois par semaine[43]. À en croire

---

38 Et déjà en 1905, sur 1000 étudiants inscrits, il y avait 300-400 femmes. *Cf.* C. Gonnard et E. Lebovici, *op. cit.*, p. 43.

39 M. Bashkirtseff, *op. cit.*, t. II, p. 3-4.

40 *Cf.* C. Gonnard et E. Lebovici, *op. cit.*, p. 43-44.

41 D. Noël, *op. cit.*, p. 4.

42 Marie Bashkirtseff par exemple n'a pas été obligée de passer par les plâtres et la nature morte. *Cf.* M. Bashkirtseff, *op. cit.*, t. II, p. 90.

43 D. Noël, *op. cit.*, p. 3-4. Dans le cas des hommes, ce n'était qu'une fois par semaine.

Aline de Lens, ils commençaient toujours par « pas mal », et ensuite il y avait une litanie de « mais[44] ».

Julian imitait en quelque sorte l'enseignement de l'École des beaux-arts en organisant lui aussi des concours pour ses élèves. Celles qui gagnaient obtenaient les meilleures places autour du modèle, prix d'autant plus important que les salles étaient surpeuplées[45]. On le voit bien sur l'un des tableaux de Marie Bashkirtseff : les femmes travaillent à partir d'un modèle, petit garçon demi-nu. Il y en a beaucoup : une quinzaine dans une toute petite pièce. Elles semblent entièrement vouées à leur activité, concentrées, sérieuses[46].

SPLENDEURS ET MISÈRES DE LA FORMATION, OU LES SOUVENIRS DES ÉLÈVES

Maria Transforini a intitulé son article « Du génie au talent : quel genre pour l'artiste[47] ? ». Cette question paraît essentielle au tournant du siècle. « L'instruction sérieuse de la femme dans l'art serait un désastre sans remède », écrivait Gustave Moreau, en traitant Marie Bashkirtseff de « pauvre idiote enflammée, pauvre concierge exaltée[48] ». Quand les femmes ont obtenu le droit d'étudier à l'École des beaux-arts, on s'est mis à les accuser publiquement de « se confondre » avec de vrais peintres, alors que tout leur art se limitait à « la décoration des assiettes ou de dessins accrochés au salon[49] ». On regrettait de leur avoir ouvert le Salon et on refusait de traiter sérieusement leur formation artistique. Gabriel Ferrier, peintre à l'Académie Julian, déclarait :

C'est ridicule de laisser concourir les femmes [pour le prix de Rome], elles n'entendent rien à la peinture, elles n'arrivent jamais à rien, même les mieux

---

44 *Cf.* A. R. de Lens, *op. cit.*, p. 37.
45 D. Noël, *op. cit.*, p. 4.
46 M. Bashkirtseff, *L'Académie Julian*, 1881, huile sur toile, 188 x 154 cm, le Musée des beaux-arts à Dnipro, anciennement Dnipropetrovsk, disponible sur le site du Musée : http://museum.net.ua/kartina/v-studii-masterskaya-zhyuliana-1881, consulté le 14 mai 2018.
47 M. A. Trasforini, *op. cit.*, p. 113-131.
48 G. Moreau, *L'Assembleur de rêves*, cité d'après C. Gonnard et E. Lebovici, *op. cit.*, p. 12-13.
49 *Cf.* M. Sauer, *op. cit.*, p. 36-38.

douées... J'ai de bonnes élèves, mais *pas une n'arrivera*, pas même la meilleure, Mlle B. qui avait énormément de dispositions. Voilà deux ans qu'elle s'acharne à un tableau, elle n'en peut pas sortir. Les femmes ne devraient faire que de la dentelle, tout au plus de la miniature[50].

Même si quelques chercheurs suggèrent que ces voix, parfois très critiques et même cruelles, montrent que les artistes hommes avaient peur de l'« efféminement » de l'art[51], l'atmosphère n'était pas favorable aux femmes qui voulaient suivre la formation artistique. Leur éducation ressemblait à une lutte visant à montrer aux hommes qu'elles méritaient le nom d'artiste. En effet, Marie Bashkirtseff écrit que, pour motiver ses élèves, Julian aimait comparer les femmes aux hommes. La méthode était efficace. L'atelier dit masculin était placé au-dessous de l'atelier de femmes :

> À chaque chose Julian dit : – Que dirait-on en bas ? ou, je voudrais montrer cela aux messieurs d'en bas.
> Je soupire bien après l'honneur de voir un de mes dessins descendu. C'est qu'on ne leur descend des dessins que pour se vanter et pour les faire rager parce qu'ils disent que des femmes ce n'est pas sérieux[52].

En effet, « des femmes ce n'est pas sérieux » était une opinion qui dominait à Paris de l'époque[53]. « Tant qu'une femme ne se prive pas de son sexe, elle ne peut exercer l'art qu'en amateur. La femme de génie

---

50   Cité d'après A. R. de Lens, *op. cit.*, p. 42.

51   M. Perrot, « Les femmes et l'art en 1900 », *Mil neuf cent. Revue d'histoire intellectuelle*, n° 21/1, 2003, p. 50.

52   M. Bashkirtseff, *op. cit.*, t. II, p. 91. Dans un autre endroit, Bashkirtseff écrit : « [Julian] dit que ses élèves femmes sont quelques fois aussi fortes que ses élèves hommes ». *Cf. ibid.*, t. II, p. 5. Ce « quelques fois » semble montrer de vrais sentiments de Julian envers ses élèves féminines.

53   Force est de constater qu'en effet, ce n'était pas toujours sérieux. Il y avait aussi des jeunes femmes qui traitaient la formation artistique comme une sorte de divertissement. Elles s'organisaient des ateliers où elles tenaient de véritables salons. L'atelier devait être avant tout « arrangé joliment » pour impressionner des amies et des membres de famille. *Cf.* A. R. de Lens, *op. cit.*, p. 34. Dans son journal, Marie Bashkirtseff déclare être la seule à travailler sérieusement à l'Académie Julian. *Cf.* M. Bashkirtseff, *op. cit.*, t. II, p. 16-17. Les femmes s'y organisaient des goûters avec du champagne et même admises à l'École des beaux-arts, elles y « mus[aient], flân[aient] et bavard[aient] une [bonne] partie des matinées ». *Cf.* A. R. de Lens, *op. cit.*, p. 67. En 1902, Aline de Lens écrivait : « Je retournerai dans une quinzaine de jours à l'atelier Julian et cette fois c'est sérieux. Tous les jours de 8h à midi et de 1h à 5h. Je prends le voile, je me cloître, j'épouse le dessin et la peinture. Quelle joie ! ». *Cf. ibid.*, p. 33. L'extrait exalté prouve que, quelquefois, il pouvait arriver que cela ne soit pas sérieux.

n'existe pas ; quand elle existe, c'est un homme[54] ». « [J]e voudrais être homme. Je sais que je pourrais devenir quelqu'un ; mais avec des jupes où voulez-vous qu'on aille », se plaignait en 1878 Marie Bashkirtseff[55]. « Plus tard, quand je serai une vraie artiste, ce sera sérieux et j'aurai une position tout comme un homme », écrit Aline de Lens[56]. Le désir d'être comme un homme revient dans son journal, comme si elle avait accepté que la réussite artistique était possible uniquement pour les hommes[57].

Parfois, le ton tout à fait dramatique émerge des journaux des deux femmes-peintres : « À vingt-cinq ans, je serai célèbre ou morte », déclare Marie Bashikirtseff[58]. « Si la peinture ne me donne pas de gloire assez tôt, je me tuerai et voilà tout », note-t-elle un autre jour[59]. Aline de Lens montre aussi l'importance de l'espoir d'une réussite dans la carrière artistique : « Toutes les fois que j'entre dans une église je répète : 'Je vous supplie, mon Dieu, conservez-moi mes parents et faites que je devienne une grande artiste'[60] ».

C'est pourquoi chaque succès est considéré comme une victoire personnelle. Et le moment où Aline de Lens apprend qu'on l'a admise à l'École des beaux-arts et qu'elle commence sa formation à l'atelier de M. Humbert, elle sent que ses rêves s'accomplissent :

> Pendant mes vacances [de 1904] j'avais un peu préparé les épreuves du concours d'admission à l'École des Beaux-arts, sans espoir de succès du reste. Je m'y suis présentée en octobre et j'ai eu la grande joie d'être reçu 37e. Nous étions cinq cents concurrents pour une centaine de places [...] nous travaillons [...] à l'atelier d'Humbert. M. Humbert est un maître terrible, extrêmement sévère et exigeant. Au début on est absolument ahuri par ses observations et ses colères mais plus on va, plus on découvre ses qualités de franchise, plus on estime sa direction artistique, son exactitude et l'intérêt qu'il porte à son atelier. Je suis enchantée maintenant d'être de ses élèves. [...] En somme, j'ai la vie que j'avais rêvée[61].

---

54 Octave Uzanne (sous le pseudonyme féminin de Bettina Van Houten), *La Femme Moderne*, 1905, cité d'après C. Gonnard et E. Lebovici, *op. cit.*, p. 13.

55 M. Bashkirtseff, *op. cit.*, t. II, p. 88.

56 A. R. de Lens, *op. cit.*, p. 35.

57 Elle aimait rapporter les paroles de sa mère qui, en observant son comportement, lui disait souvent qu'elle était un garçon déguisé en fille, comme elle était née la nuit du Mardi gras. *Cf. ibid.*, p. 36.

58 M. Bashkirtseff, *op. cit.*, t. II, p. 54.

59 *Ibid.*, p. 107.

60 A. R. de Lens, *op. cit.*, p. 35.

61 *Ibid.*, p. 46.

Et pourtant, la vie à l'École n'est pas toujours facile, spécialement à cause du nombre de concours. C'est déjà Marie Bashkirtseff qui parle de la difficulté émotionnelle pour les jeunes femmes de passer par ces compétitions qui constituaient, rappelons-le, l'essentiel de l'approche pédagogique de l'époque : « On a fait le concours des places, une esquisse de tête en *une heure*. Une fille eut une attaque de nerfs proche de l'épilepsie. Elle a déchiré et mangé son esquisse[62] ». Le motif revient chez Aline de Lens :

> Et dire qu'en ce moment à l'École le jury passe, discute et juge ! Heureuse ou désolée, je voudrais être à demain. L'attente est pire que tout. Je suis tellement nerveuse et crispée qu'un rien me fait fondre en larmes.
> Ah ! ceci est d'une femme ! Il ne faut pas. Le calme est la première condition pour réussir. Je me suis trop énervée pendant toutes les épreuves. Mon bonhomme était cent fois moins bon que ce que je puis faire, que celui de la semaine d'avant. Je ne passerai pas. Cependant, je sais que, tel quel, il peut passer. Ah ! flûte ! [...] Eh bien oui, je suis recalée. Oh la déception profonde qui n'est qu'une déception d'amour-propre ! Sentir que l'on a échoué là où on pouvait, où on devait réussir ! Et puis le doute, le doute terrible qui étreint et tourmente ! L'angoissante pensée qu'on veut chasser et qui revient sans cesse ! « Si pourtant je n'étais pas capable ! si malgré travail, efforts, lutte acharnée, je n'arrivais jamais ! Il y en a qui sont doués et d'autres qui ne le sont pas, ou médiocrement ! Si j'étais de ceux-là ? » Sacrifier toute sa vie à la poursuite d'une chimère[63] ?

Cet extrait montre bien les hésitations des premières femmes admises à l'École, mais aussi, sans doute, de chaque artiste.

« [C]e qu'il nous faut c'est la possibilité de travailler comme les hommes et ne pas avoir à exécuter des tours de force pour en arriver à avoir ce que les hommes ont tout simplement », écrit Marie Bashkirtseff[64]. Au tournant du siècle, cela semblait être particulièrement difficile. Aux soucis artistiques s'ajoutait la réprobation sociale. Tout d'abord, la création était réservée aux hommes, seuls dignes du nom d'artiste. Ensuite, les femmes-artistes étaient souvent considérées par l'opinion publique comme étant nécessairement de mœurs légères, à cause de la réputation de liberté de comportement et de dépravation morale du milieu

---

62 M. Bashkirtseff, *Journal*. Édition intégrale, 26 septembre 1877 – 21 décembre 1877, texte établi et annoté par L. Le Roy, Lausanne, L'Âge d'Homme, 1999, p. 77. Dans la première édition, la deuxième phrase manque. *Cf.* M. Bashkirtseff, *op. cit.*, t. II, p. 27.

63 A. R. de Lens, *op. cit.*, p. 57.

64 M. Bashkitseff, « Les femmes artistes », *op. cit.*, p. 4.

artistique[65]. Finalement, sans doute en conséquence de tout cela, il leur était difficile de vendre leurs œuvres[66]. Il y en avait pourtant celles qui n'avaient pas peur de lutter pour la possibilité de se former et de chercher leur place parmi les artistes de renom. Morte en 1884, 16 ans avant que l'École des beaux-arts puisse lui ouvrir ses portes, Marie Bashkirtseff a laissé nombre de toiles qui montrent un talent auquel la mort précoce de l'artiste a mis fin. Aline de Lens a quitté l'École des beaux-arts après trois ans de formation, elle s'est mise à voyager en Espagne et puis a vécu en Afrique du Nord. La plupart de ses tableaux ont été perdus, mais ceux qui sont conservés montrent que sa formation artistique n'était pas, comme elle le craignait, « la poursuite d'une chimère ».

EN GUISE DE CONCLUSION

En attendant les résultats d'un concours à la fin de l'année académique, Aline de Lens a écrit : « Ah ! Monsieur Ingres ! *Ora pro nobis*[67] ! ». Une femme demandait du soutien à un homme-peintre. Confirmait-elle par cela la suprématie d'un artiste-homme ou justement faisait-elle recours à un grand artiste, en ne pensant pas du tout à son sexe ? Aline de Lens a été bouleversée quand Marcelle Tinayre avait annoncé qu'elle était une femme et non pas un écrivain. « Moi, [dit-elle,] si je pouvais, je dirais "Je ne suis pas une femme, je suis un peintre" ». Mais très vite, elle se demande si l'on doit vraiment renier son sexe. Non, se répond-elle : « Femme on est née, femme on restera toujours[68] ». Le tournant du siècle est généralement le moment où les femmes, toute en acceptant leur féminité, se fraient un chemin aux carrières (et formations) jadis réservées aux hommes. Les femmes-peintres ne forment qu'un groupe parmi de nombreux groupes professionnels de femmes qui faisaient tout leur possible pour atteindre leurs buts. Malgré les difficultés, l'attitude parfois indulgente, parfois dédaigneuse des professeurs-hommes, Marcelle

---

65   M. Perrot, *op. cit.*, p. 52.
66   *Cf.* A. R. de Lens, *op. cit.*, p. 34-35 ou Ch. et P. Dalibard, *op. cit.*, p. 20.
67   A. R. de Lens, *op. cit.*, p. 79.
68   *Ibid.*, p. 89.

Ackein, Marcelle Rondenay, Suzanne Drouet, Aline de Lens et bien des autres qui furent les premières à étudier à l'École des beaux-arts à Paris ont fait des carrières égales et parfois même supérieures à celles de leurs camarades masculins et ont donné l'exemple aux autres femmes qui, une centaine d'années plus tard, sont devenues majoritaires à l'École des beaux-arts à Paris[69] et à tant d'autres.

Małgorzata SOKOŁOWICZ
Université de Varsovie

---

69 En effet, 100 ans après son ouverture aux femmes, 60 % des étudiants à l'École des beaux-arts de Paris sont des femmes. *Cf.* M.-J. Bonnet, *Les femmes artistes dans les avant-gardes,* *op. cit.*, p. 19.

BIBLIOGRAPHIE

BASHKIRTSEFF, Marie (sous le pseudonyme de Pauline ORELL), « Les femmes artistes », *La Citoyenne*, n° 4, 6 mars 1881, p. 3-4.

BASHKIRTSEFF, Marie, *Journal*, Paris, G. Charpentier et Cie, 1890, t. I et II.

BASHKIRTSEFF, Marie, *Journal. Édition intégrale, 26 septembre 1877 – 21 décembre 1877*, texte établi et annoté par L. Le Roy, Lausanne, L'Âge d'Homme, 1999.

BONNET, Alain, « La réforme de l'École des beaux-arts de 1863 : Peinture et sculpture », *Romantisme*, n° 93 : *Arts et institutions*, 1996, p. 27-38.

BONNET, Marie-Jo, « Femmes peintres à leur travail : de l'autoportrait comme manifeste politique (XVIIIe-XIXe siècles) », *Revue d'histoire moderne et contemporaine*, n° 49/3, 2002, p. 140-167.

BONNET, Marie-Jo, *Les femmes dans l'art. Qu'est-ce que les femmes ont apporté à l'art ?*, Éditions de La Martinière, 2004.

BONNET, Marie-Jo, *Les femmes artistes dans les avant-gardes*, Paris, Odile Jacob, 2006.

CASTIGLIONE, Baldassar, *Le Livre du courtisan*, trad. A. Pons, Paris, Éditions Gérard Lebovici, 1987.

DALIBARD, Christiane et Pierre, *Elle signait Droeut Réveillaud*, Buc, Éditions Tensing, 2014.

GONNARD, Catherine et LEBOVICI, Elisabeth, *Femmes artistes / Artistes femmes. Paris, de 1880 à nos jours*, Paris, Hazan, 2007.

JACQUES, Annie, *Les Beaux-Arts. De l'Académie aux Quat'z'arts. Anthologie historique et littéraire*, Paris, École nationale supérieure des Beaux-Arts, 2001.

LACAS, Martine, *Des femmes peintres. Du XVe à l'aube du XIXe siècle*, Paris, Seuil, 2015.

NOËL, Denise, « Les femmes peintres dans la seconde moitié du XIXe siècle », *Clio. Femmes, Genre, Histoire*, n° 19, 2004, p. 1-13.

PERROT, Michelle, « Les femmes et l'art en 1900 », *Mil neuf cent. Revue d'histoire intellectuelle*, n° 21/1, 2003, p. 49-54.

R[ÉVEILLAUD] DE LENS, Aline, *Journal 1902-1924. « L'amour, je le supplie de m'épargner... »*, éd. A. Weil, Paris, La Cause des Livres, 2007.

RÉVEILLAUD KRIZ, Suzanne, *L'Odyssée d'un peintre. Drouet Réveillaud*, Paris, Éditions Fischbacher, 1973.

SAUER, Marina, *L'entrée des femmes à l'école des Beaux-Arts. 1880-1923*, trad. M.-F. Thivot, Paris, École nationale supérieure des Beaux-Arts, 1992.

SOFIO, Séverine, *Artistes femmes. La parenthèse enchantée, XVIIIᵉ-XIXᵉ siècles,* Paris, CNRS Éditions, 2016.

VITET, Ludovic, *L'Académie royale de peinture et de sculpture : étude historique,* Paris, Michel Lévy frères, 1861.

TRASFORINI, Maria Antonietta, « Du génie au talent : quel genre pour l'artiste ? », *Cahiers du Genre,* n° 43/2, 2007, p. 113-131.

FROM SEAMSTRESS TO TYPESETTER

A project of vocational schools for women
in the Kingdom of Poland (1870-1895)

It would seem that setting up vocational schools for women of lower classes was deemed the best way of curing some of the most prominent ailments said to be plaguing women of the working class in the second part of the 19ᵗʰ century. As their unskilled jobs were unable to support their basic needs, female workers were suspected of practicing clandestine prostitution. Technical education would allow them to earn more, freeing them from the need to supplement their meagre income. It followed that this would also allow them to work less and in better conditions. These steps would put pay to the notion that factory work of women destroys families and takes mothers away from their children. With education, factory work would lose the air of absolute last resort for women on the brink of death by starvation, a job that ultimately leads them to social exclusion. And indeed, vocational schools started to spring into existence in the last quarter of the century. However, even if they seemed a perfect panacea for the situation of working-class women, there is much doubt if they were directed at them at all.

Although educational authorities in the Kingdom of Poland did not, despite constant urging from the social activists and the promises of the Ministry of Education[1], conduct any systemic changes allowing for the appearance of state-run vocational schools for women[2], in the second

---

1 According to the act set by tsar Alexander II in 1864, "it is necessary to adopt a general system of education of women designed specifically to fit the needs of different social classes, as moral and intellectual education of female sex will be the best guarantee of proper formation of future generations", D. Wawrzykowska-Wierciochowa, "Tajne pensje żeńskie w Królestwie Polskim", *Rozprawy z Dziejów Oświaty*, no. 10, 1967, p. 109.

2 Education authorities did not care very much for the question of technical education for girls. An act on vocational schools from 1888 did not in fact mention them at all. It was only in 1912 that the Ministry of Education created a bill on female vocational schools,

part of the century some private institutions came into existence. As Józefa Bojanowska wrote for *Kurier Warszawski* in 1895:

> The general economic shift caused a frenzied turn to craftsmanship among women, that, especially from 1870 to 1890, seemed for them an easy terrain to carve an independent existence in the difficult circumstances of the times" and it "gave an impulse for creation of special vocational schools for women"[3].

Eliza Orzeszkowa wrote in *A Few Words About Women* from 1873 that girls who have no other means should see to becoming educated in one of the myriad of professions that befit their sex. She warned them against becoming a seamstress or a teacher, two of the most popular professions for impoverished women of the time, as these were underpaid and universally disdained occupations of unskilled and desperate girls. She called unqualified governesses teaching piano and French for a few roubles a month "the poorest, most pitiful creatures on Earth". Instead of searching desperately for a husband or suffer poverty, those women should learn to become dressmakers, shoemakers, glove makers, start earning money by "binding books, goldsmithing and making haberdashery out of wood or ivory" or, last but not least, become typesetters or lathe operators[4]. Other emancipates, such as Anastazja Dzieduszycka, presented a similar set of professions befitting a woman, also warning them against becoming one of the underpaid and easily demoralised seamstresses or governesses[5].

The discussion about the necessity of setting female vocational schools started in press in the beginning of the 1870s. Most of the articles repeated the thesis that female technical education was supposed to provide them with the possibility of decent wages and independent existence, regardless of their social class[6], and not that it was supposed to ensure

---

but it did not take effect until 1914. See J. Miąso, *Szkolnictwo zawodowe w Królestwie Polskim w latach 1815-1915*, Wrocław, Ossolińscy, 1966, p. 182.

3   J. Bojanowska, "Szkoły rzemiosł dla kobiet", *Kurier Warszawski*, 1895, no. 349, p. 2. All quotations are translated to English by the author of the article.

4   E. Orzeszkowa, *Kilka słów o kobietach*, Warszawa, druk S. Lewentala, 1893, p. 248.

5   A. Dzieduszycka, *Myśli o wychowaniu i wykształceniu niewiast naszych*, Lwów, Księgarnia Gubrynowicza i Schmidta, 1871, p. 193. Notably, she wrote that "girls are taught to behave like a circus poodle", learning tricks like playing the piano, painting or speaking French not to become useful members of society, but to please the audience (meaning, prospective husbands).

6   See *Przegląd Tygodniowy*, no. 21, 1882; *Gazeta Rzemieślnicza*, no. 45, 1895; *Bluszcz*, no. 5, 1896; *Przedświt*, no. 10, 1895; *Przedświt*, no. 9, 1896, a series of articles "Szkoły Rzemiosł dla kobiet" by J. Bojanowska in *Kurier Warszawski*, 1895, no. 349-351.

that they stay in their traditional gender roles. For example, Edward Prądzyński, the author of a book from 1873 *On the Rights of Women*, wrote in 1872 in *Ekonomista*, that women are in need of technical education, because it would save them from poverty in the event of spinsterhood, and if they married, they could help in supporting their families with their skilled labour[7].

FROM FEMALE FANCYWORK
TO RESPECTED CRAFTS

Vocational schools of crafts and handiwork for women, as they were called, started to be established in the 1870s. Józef Miąso recalls especially the Warsaw Institute of Handiwork and Crafts for Women, set up in 1869 by Mr and Mrs Schmidt, allegedly on the initiative of the wife, Wanda[8]. However, it was her husband Rudolf that signed all of the press articles concerning the school, and it functioned in the press discourse as "Mr Schmidt's school of crafts". The school was the first of several such places that were set up in Warsaw. In 1873, a private Institute of Crafts and Handiwork was founded by Edward Łojko[9], and in 1874 Olimpia Suchowiecka set up an Institute of Crafts. In 1882, Countess Cecylia Plater-Zyberkówna founded an Institute of Industry and Handiwork, and Aleksandra Korycińska in 1885. Other schools appeared in Kalisz, Radom, Włocławek and Lublin.

It seems that despite the long list of possible occupations for women listed by the publicists and warnings about the dreadful fate of seamstresses, the most popular course in those schools was dressmaking. In Łojko's school almost 60% of girls chose this course, similarly to the girls in Korycińska's school[10]. Dressmaking became so popular that in

---

7 E. Prądzyński, "Wyzwolenie ekonomiczne kobiety", *Ekonomista*, no. 10, 1872.

8 J. Miąso, *op. cit.*, p. 177.

9 During the twelve years of its existence it had 1040 students, of which 645 learned dressmaking, 135 floriculture, 103 bookbinding, 34 glove making, 58 studied hosiery making and 10–shoemaking. See: *Dwunastoletnia działalność zakładu rękodzielniczego dla kobiet (1874-1886)*, Warsaw 1886, p. 7.

10 J. Miąso, *op. cit.*, p. 180.

1889 six schools offering hosiery and dressmaking courses were set up in Warsaw. Most of them, as Józefa Bojanowska wrote, were long gone by the beginning of 1890s. The second most popular profession was bookbinding. Most of the listed schools offered bookbinding courses, as did many private teachers advertising in newspapers[11].

A choice of those two specialties allowed women to be educated in the areas that were perceived as traditional female occupations. Dressmaking and bookbinding were, in fact, types of female handiwork transformed into a professional career. As Jadwiga Waydel-Dmochowska, a translator and an author of two memoirs on Warsaw society life in the late 19th century, wrote, "in time ladies from the ton started to learn stamping on leather and metal, bookbinding [...] those occupations demanded a workshop, a separate room, and stopped being a part of female fancywork, entering instead a realm of respected arts and crafts"[12]. Education allows assigning a higher status to the created objects, and therefore enables emancipation of the creators themselves. For women of bourgeoisie, who made up most of the students in vocational schools, those fancyworks became, thanks to their achievement of a technical education, legitimate occupations. They ceased to be elaborate ways of passing the time, an indicator of being part of Veblen's leisure class. If, for Veblen, being a part of the leisure class meant engaging in "acquisition, not production; exploitation, not serviceability"[13], then technical education would allow women to replace life of leisure with productivity. Most crucially, they could do this by essentially performing the same tasks as before, and emancipation took place silently. As proposed by Dzieduszycka and Orzeszkowa, engaging in manly professions, such as shoemaking and lathe operating, would require a further step. Here, transforming traditional fancywork by the means of vocational schools into profession was easier and less likely to cause a scandal.

---

11 A detailed list of bookbinding schools for women, as well as a full bibliography, is available in the article by E. Pokorzyńska, "Emancypacja kobiet w zawodzie introligatorskim w Warszawie w końcu XIX i na początku XX wieku", *Bibliotekarz Podlaski*, no. 28, 2014, p. 38-39.
12 J. Waydel-Dmochowska, *Dawna Warszawa. Wspomnienia*, Warszawa, PIW, 1959, p. 292.
13 T. Veblen, *The Theory of the Leisure Class*, New York, Macmillan, 1889, p. 96.

WHO WAS ABLE TO AFFORD TUITION
AT MR SCHMIDT'S SCHOOL?

The creation of vocational schools for women was at the time widely discussed in newspapers and journals. How can the problem of the massive number of unskilled labourers be solved, and how could vocational schools help to improve conditions of life for women of the working class? Those institutions were dedicated mostly to paying students from the middle class, and not educating the biggest and the poorest group of working women. Nevertheless, these poor students were the main problem.

A press debate that started with the founding of Schmidts' school in 1869 can serve as an example of an ongoing discussion around the vocational schools. Because it was the first establishment of this kind, the public felt obliged to judge its rules of conduct, as well as closely monitor its performance. The discussion was started in 1869 by Józefa Dobieszewska, with her article in *Tygodnik Ilustrowany*, where she admitted to having serious doubts about the usefulness of vocational schools for women from the working class. "It is well known—she wrote—how many women are now in dire need of finding a job. [...] When Mr Schmidt opened his institute of handiwork and crafts for women, I was sure that it will be instantly full. It was not the case"[14]. Dobieszewska pointed out two reasons why women were not overeager to enrol in the school. First, the monthly tuition was 5 roubles, which is "too much for the poor, and those who are capable of paying such a sum would rather send their daughters to a finishing school than have them learn crafts". As a result, those girls "after parading about in beautiful gowns and dancing on numerous balls till their feet were sore [...] are left in very dire circumstances, and even in poverty". Secondly, girls from the working class lacked even the basic education, necessary for more complicated professions—"girls who are unable to read come to Mr Schmidt's school to attend free classes on printing".

Dobieszewska proposed a number of solutions to this problem. First of all, "such an institution could be beneficial if it was set up by gentile ladies who would then sponsor girls", and if such philanthropists were

---

14 J. Dobieszewska, "Potrzeba zarobku dla kobiet i zakład rzemieślniczo-przemysłowy", *Tygodnik Ilustrowany*, no. 95, 1869, p. 204 *sqq.*

nowhere to be found, "we proposed (to Mr Schmidt) that he could take as many girls as he could and teach them for free, having made an arrangement with them that they would work in the institute for some time after their schooling is finished". This second solution also proved to be impossible, as Mr Schmidt said that he "cannot teach without a guarantee that the students will abide by the contract". Furthermore, as Dobieszewska stated, "Mr Schmidt did not plan to run a charity institution". The third solution could be setting up scholarships. "The humble fund was even started in the editorial office of one of our daily papers but... nothing came out of it".

The article arose some interest; an answer was published by an author signing herself with initials "A.D...a"[15], and by Rudolf Schmidt himself. In the next issue of *Tygodnik Ilustrowany*, "A.D...a" claimed that "our women are in need of new ways of earning money. Embroidery and sewing are not enough, so they should turn to new crafts". However, she pointed to some obstacles, as "they could not be sent to learn at ordinary (male) workshops for fear of tarnishing their reputation". It is then "necessary to set up such institutes that would educate female teachers who, in turn, would teach in their workshops whole genera-tions of girls". Most importantly, she claimed that those institutions are necessary for "less indigent women in need of education and a learned profession that would, if need be, rescue them from poverty". "Less indigent" meant: certainly not for working-class women.

The same "A.D...a" published an article in *Kłosy*[16], where she des-cribed a school of crafts located in Paris and managed by a certain Mrs Souvestre. She made the point that this institution had a low tuition[17], and, apart from educating girls in crafts, it also provided them with more general education. She claimed that combining technical education with a more general one was a key to the success of such a school. In the article from *Tygodnik Ilustrowany* she wrote that:

---

15 A.D...a, "Kilka słów z powodu artykułu pani Dobieszewskiej 'Potrzeba zarobku dla kobiet itd.'", *Tygodnik Ilustrowany*, no. 101, 1869, p. 276 *sqq.*

16 A.D...a, "Szkoły rzemieślniczo-rękodzielnicze dla kobiet", *Kłosy*, no. 208, 1869, p. 340-342.

17 She described the fee as "low", even though it was 120 franks per year, with the annual earnings of an average French female factory worker between 250 and 550 franks. In a situation where the tuition would be between the half and a quarter of a yearly earning of the student, describing it as "low" seems doubtful.

More educated and wealthier mothers would always like to send their daughters to schools where, apart from a profession, they would learn something more, and the poorer ones are ready to sacrifice their last coin to give their daughters better education and, after they learn a certain craft, be able to see them among the best of their class, and even elevated to the higher one[18].

As it seems, in vocational schools she saw not only a chance of emancipation of women, but also of class emancipation. Thanks to the technical skills acquired at the school, a girl from working class could earn a living, and the general education would allow her to gain the superficial polish that she could use to advance her social position.

An alternative could be the focusing only on teaching simple crafts, such as "shoemaking, haberdashery, varnishing". This solution, more beneficial for students from working class, would be, to A.D.'s mind, far less profitable to Mr Schmidt himself. She claimed that this way, he would have to compete with regular, craft-teaching workshops, and to his disadvantage. In a regular workshop, the master was able to dismiss incapable apprentices, whereas a vocational school, dedicated to teaching, "has to keep its students and provide them with an occupation, even if the goods are piling up on the shelves"[19]. Mr Schmidt and his institute were therefore bound to perish on the free market.

Rudolf Schmidt framed his response in *Tygodnik Ilustrowany*. Before that, in an article in *Gazeta Polska*, he described the regulations of his school. He said that there are ways to allow girls from the working classes that cannot afford a 5 rouble fee to study in his institute. They could be admitted to the school after signing a contact which stated that "after graduating they would reimburse their education by giving back the wages from half of each day during the first year of work"[20]. It stands in direct contrast to the claims of Dobieszewska, who in the article published a month later wrote that Mr Schmidt does not wish to sign such contracts[21].

---

18 A.D...a, "Kilka słów z powodu artykułu pani Dobieszewskiej 'Potrzeba zarobku dla kobiet itd.'", *Tygodnik Ilustrowany*, no. 101, 1869, p. 276.
19 *Loc. cit.*
20 R. Schmidt, "Zakład rękodzielniczo-przemysłowy dla kobiet", *Gazeta Polska*, no. 251, 1869, p. 2 *sqq.*
21 J. Dobieszewska, "Potrzeba zarobku dla kobiet i zakład rzemieślniczo-przemysłowy", *Tygodnik Ilustrowany*, no. 95, 1869, p. 204.

Schmidt presented other options as well. He wrote that girls above 12 years of age, who wished to enter the bookbinding course, could be admitted for a two-month free internship. Those who proved capable "would be chosen and, with a two-year contract, would pursue a more complicated course on leather goods and boxes making; to make sure that they could earn a living while attending the course, they would be given some boxes and envelopes to manufacture at home"[22]. The girls could, with the help of "mothers, sisters and other household members", earn money by selling what they made. What is more, the poorest and most diligent students (and those with perfect attendance) would have priority in enrolling on the courses. Introducing such discipline was designed to make the students accustomed to daily work in a factory. In his article, Schmidt explained two other rules of his school by comparing it to a factory: "in order to become accustomed to the discipline and order of factory work", girls were supposed to have shifts in the school's reception area, and those who were slacking were supposed to be expelled, because they were "not respecting the rigour that should take place in every factory". Schmidt had in mind the fact that his students may one day work in a real factory.

What is more, in his retort in *Tygodnik Ilustrowany*, Schmidt commented on the idea of combining technical and general education, as proposed by A.D. He wrote that the idea was great indeed, but that he did not have the fund to introduce such a scheme—"it is not my duty to develop this idea further: this obligation is upon society now"[23]. It is worth noting that he also found a solution for a far more pressing problem. In yet another article in *Gazeta Polska*, he explained: "on Sundays and holidays illiterate girls will be taught for free by the chosen older student; these classes are going to take place between 2 and 4 pm"[24]. Apparently, his school admitted also illiterate working class girls and managed to incorporate them into the learning process.

---

22   R. Schmidt, „Zakład rękodzelniczo-przemysłowy dla kobiet", *op. cit.*, p. 2 *sqq.*
23   R. Schmidt, "Autorce odpowiedzi na artykuł pani Dobieszewskiej p.t. 'Potrzeba zarobku dla kobiet' umieszczonej w Tygodniku Ilustrowanym nr 101", *Tygodnik Ilustrowany*, no. 103, 1869, p. 316.
24   R. Schmidt, "Praca kobiet", *Gazeta Polska*, no. 264, 1869, p. 2 *sqq.*

DREAMING A DIFFERENT DREAM

The high cost of tuition was without doubt the most criticized aspect of the vocational schools[25]. Among other flaws the commentators listed the insufficient number of students, their low attendance, as well as the level and type of courses offered. The founders of vocational schools found themselves navigating a path through the maze of various social expectations. On the one hand, journalists and social activists saw those institutions as securing the survival of working-class women and the impoverished gentry girls, on the other hand–an answer to a catastrophic (in their judgement) state of the educational possibilities for women. These two expectations seemed impossible to reconcile. A high level of education would require a prior schooling in elementary schools, which, given that the level of illiteracy at the end of the century was as high as 70 %[26], excluded women from working class. At the same time, to recruit more girls from gentry and middle class, they should compete with finishing schools and raise the fees further, which would exclude working class women even more.

The founders understood that their schools were perceived in an unfavourable light, and were conscious of the stereotypes attached to female technical education. Rudolf Schmidt wrote in 1869 in *Gazeta Polska* that:

> Women seek work only when they are forced to do so, and when they are forced to earn money. As a result, they are unqualified for the job, and there is not enough work for them, as there is no demand. Time and experience will change that; we must bring our daughters up in a different way, and teach them to think pragmatically[27].

---

25 Some examples: in Olimpia Suchowiecka's school three month course of bookbinding was 15 roubles in 1880. In Gutowska's school, a year-long course of bookbinding, complete with drawing classes, and therefore aimed at wealthier and more educated students, cost 100 roubles, which is similar to a tuition in an average finishing school. In Edward Łojko's school a month of learning bookbinding was 7 roubles, a month of glove making–8 roubles. See: E. Pokożyńska, *op. cit.*, p. 38.

26 A. Żarnowska, "Stan oświaty robotników", *Polska klasa robotnicza. Zarys dziejów, t. I, cz. 2: 1870-1918*, ed. S. Kalabiński, Warszawa, PWN, 1978, p. 354.

27 R. Schmidt, "Praca kobiet", *op. cit.*, p. 2 *sqq.*

Their scholarship programme notwithstanding, Schmidts' school was able to remain open for only two years. None of the students managed to graduate from a fully completed course, which was considered not only a failure of the inter-class programme, but also—a failure of the women's rights' movement. As Józefa Bojanowska, a founder of a National Women's Industrial School herself, wrote:

> the light-headedness of women in choosing their profession shows that they are unable to understand the consequences of their behaviour. The unrealized typesetters and lithographers make it possible to claim that these are not occupations fit for women, and with the closing of Mr and Mrs Schmidts' school it became impossible to prove that those claims are indeed false[28].

Very similar views, and, as we can presume, supported with experience, were uttered by Edward Łojko, the founder of another well-known vocational school in Warsaw. In his autobiography he complained that he was unable to inspire young women to appreciate the benefits of technical education. "They did not wish or perhaps were unable to understand my attempts, with their backwards opinion and false ambition, caused by their superficial education acquired more to impress than to be useful in any way"[29]. It is worth noting that those arguments were directed rather at girls from the gentry or bourgeoisie that were able to treat technical education as a whim. Is it right to conclude then that students from the working class treated their education seriously? Or maybe there we so few of them, that they weren't worth mentioning?

A partial answer to this question can be found in the statistics published in 1879 in *Gazeta Przemysłowo-Rzemieślnicza*. According to them, out of 631 women learning in Edward Łojko's vocational school between 1874-1879, almost all were from the "middle classes [...] 177 daughters of the gentry, 36 daughters of the bourgeoisie, 35 of doctors and professors, 7 of lawyers, 151 of officials, 30 of factory owners and merchants"[30]. The newspaper also added that "most of the students had higher education, and understood fully the importance of independent

---

28 J. Bojanowska, "Szkoły rzemiosł dla kobiet", *Kurier Warszawski*, no. 349, 1895, p. 2.
29 E. Łojko, *Monografija Rodziny Rędziejwskich Łojko, spisana podług dokumentów fam*ilijnych, Kraków, W Drukarni Wł. L. Anczyca i Spółki, 1891, p. 42.
30 "Sprawozdanie z działalności warszawskiego zakładu rękodzielniczego dla kobiet w ciągu 1878 roku", *Gazeta Przemysłowo-Rzemieślnicza*, no. 7, 1879, p. 2 *sqq*.

work". Józef Miąso, basing on report of twelve years of work in Łojko's institute, containing data for years 1874-1886, states that during that whole period there were only 136 (out of 1040) students that could be even loosely qualified as members of the working class, making that only 13 % of all students[31].

After more than a decade of the popularity of vocational schools, voices claiming that they were only a pastime for wealthy girls, and not a meaningful tool for the emancipation of women of lower classes became louder. Bojanowska wrote in 1895: "What can be said about women's technical education, which is often second-rate, as any girl who finishes 3-4 months of the courses thinks herself a great professional. [...] Today's schools produce only dilettantes playing at crafts"[32]. Kazimiera Bujwidowa wrote in "Nowe Słowo" in 1902:

> Apart from teacher's seminaries, there are virtually no vocational schools for women, because those schools that teach the so called fancyworks like hemstitching, embroidery and whitework, or those various artistic courses teaching wood engraving or painting on porcelain, are a caricature of arts and crafts[33].

The recurring subject were also the choices made by the students, as it was said that girls, following stereotypes, most often chose dress-making courses, and "it is no wonder that the working class avoids any innovations even more, and this is why Warsaw has more than 20 thousand seamstresses"[34].

The grand educational projects of Eliza Orzeszkowa or Anastazja Dzieduszycka, advising young women to learn typesetting or shoemaking did not work out. Over the course of 10 years, Aleksandra Korycińska's school (1885-1895) had 15 students who wanted to learn shoemaking, 7 who wanted to learn lithography, and only one who learned turnery. Out of 1040 students, almost 1100 learned dressmaking, embroidery and lace making[35]. Out of the 30 vocational schools founded after 1869, most either shut down a few years later, or turned into millinery workshops. It is not known how many of the students actually worked

---

31 J. Miąso, *op. cit.*, p. 181.
32 J. Bojanowska, "Szkoły rzemiosł dla kobiet", *Kurier Warszawski*, no. 351, 1895, p. 3.
33 K. Bujwidowa, "Wykształcenie kobiet", no. 2, *Nowe Słowo*, 1902, p. 29.
34 J. Bojanowska, "Szkoły rzemiosł dla kobiet", *Kurier Warszawski*, no. 350, 1895, p. 3.
35 *Loc. cit.*

in the learned trades, or how many set their own workshops. Press articles do not offer any exact information[36].

It seems unlikely that the girls who were offered to earn their 5 rouble tuition fees by making cardboard boxes were able to afford to set up their own businesses. The entrepreneurs were rather students the from middle class. Vocational schools, even though they seemed to be innovative, were rather instrumental in confirming the class divisions and were not able to produce female professional force in any substantial number. Instead, they produced seamstresses (or rather qualified dressmakers) and teachers (admittedly, not French teachers, but those teaching crafts).

Learning in vocational schools was, at the same time, undercut by various "stereotypes and schemes", as Schmidt wrote in 1869[37], and bound to fail because of the low standards of teaching. Above all, as one can understand from the presented press articles, the idea of vocational schools of arts and crafts for women was doomed because of the poor education of the students; illiterate girls from the working classes wanting to learn typesetting, or spoiled ladies trying to learn new tricks to attract a husband, oblivious to the fact that they were damaging the opinion of other women wanting to actually acquire professional skills. They were too poor, too wealthy, too few, choosing all the wrong courses, and because every single attendee wanted to become a florist or a dressmaker, not caring about the market needs, irresponsible, light-headed, useless.

As Mięso writes, "in the middle of 1880s, the interest in female vocational schools started to vanish and gradually, the schools started to close. Daughters of the bourgeoisie and gentry, instead of wanting to learn crafts, dreamt about universities"[38]. The case of vocational schools for women shows adequately how different the paths to the emancipation of women from upper classes and those from working

---

36 The only exception is *Gazeta Przemysłowo-Rzemieślnicza* that, in 1879, wrote that after 5 years of existence of Edward Łojko's school, the former students "set three glove making workshops, five book binding workshops, seven workshops making artificial flowers and 12 dress making workshops". See: "Sprawozdanie z działalności warszawskiego zakładu rękodzielniczego dla kobiet w ciągu 1878 roku", *Gazeta Przemysłowo-Rzemieślnicza*, no. 7, 1879, p. 3.

37 R. Schmidt, "Praca kobiet", *Gazeta Polska*, no. 264, 1869, p. 2 *sqq.*

38 J. Mięso, *op. cit.*, p. 182.

class were. While girls from the gentry and bourgeoisie aspired to a university education, working-class girls were forced to dream their own, different dream.

The research was funded by the polish National Science Centre grant, number 2016/23/N/HS3/00813.

Alicja URBANIK-KOPEĆ
University of Warsaw

BIBLIOGRAPHY

A.D...A, "Kilka słów z powodu artykułu pani Dobieszewskiej 'Potrzeba zarobku dla kobiet itd.'", *Tygodnik Ilustrowany*, no. 101, 1869, p. 276-277.

A.D...A, "Szkoły rzemieślniczo-rękodzielnicze dla kobiet", *Kłosy*, no. 208, 1869, p. 340-342.

BOJANOWSKA, Józefa, "Szkoły rzemiosł dla kobiet", *Kurier Warszawski*, no. 349, 1895, p. 2.

BOJANOWSKA, Józefa, "Szkoły rzemiosł dla kobiet", *Kurier Warszawski*, no. 350, 1895, p. 3-4.

BUJWIDOWA, Kazimiera, "Wykształcenie kobiet", *Nowe Słowo*, no. 2, 1902, p. 28-30.

DOBIESZEWSKA, Józefa, "Potrzeba zarobku dla kobiet i zakład rzemieślniczo-przemysłowy", *Tygodnik Ilustrowany*, no. 95, 1869, p. 204-205.

DZIEDUSZYCKA, Anastazja, *Myśli o wychowaniu i wykształceniu niewiast naszych*, Lwów, Księgarnia Gubrynowicza i Schmidta, 1871.

ŁOJKO, Edward, *Monografija Rodziny Rędziejwskich Łojko, spisana podług dokumentów familijnych*, Kraków, W Drukarni Wł. L. Anczyca i Spółki, 1891.

MIĄSO, Józef, *Szkolnictwo zawodowe w Królestwie Polskim w latach 1815-1915*, Wrocław, Ossolińscy, 1966.

ORZESZKOWA, Eliza, *Kilka słów o kobietach*, Warszawa, druk S. Lewentala, 1893.

POKORZYŃSKA, Elżbieta, "Emancypacja kobiet w zawodzie introligatorskim w Warszawie w końcu XIX i na początku XX wieku", *Bibliotekarz Podlaski*, no. 28, 2014, p. 35-57.

PRĄDZYŃSKI, Edward, "Wyzwolenie ekonomiczne kobiety", *Ekonomista*, 1872, no. 10.

SCHMIDT, Rudolf, "Autorce odpowiedzi na artykuł pani Dobieszewskiej p.t. 'Potrzeba zarobku dla kobiet' umieszczonej w *Tygodniku Ilustrowanym* nr 101", *Tygodnik Ilustrowany*, no. 103, 1869, p. 316-317.

SCHMIDT, Rudolf, "Praca kobiet", *Gazeta Polska*, no. 264, 1869, p. 2-3.

SCHMIDT, Rudolf, "Zakład rękodzielniczo-przemysłowy dla kobiet", *Gazeta Polska*, no. 251, 1869, p. 2-3.

"Sprawozdanie z działalności warszawskiego Zakładu rękodzielniczego dla kobiet w ciągu 1878 roku", *Gazeta Przemysłowo-Rzemieślnicza*, no. 7, 1879, p. 3.

VEBLEN, Thorstein, *The Theory of the Leisure Class*, New York, Macmillan, 1889.

WAWRZYKOWSKA-WIERCIOCHOWA, Dionizja, "Tajne pensje żeńskie w Królestwie Polskim", *Rozprawy z Dziejów Oświaty*, no. 10, 1967, p. 108-160.

WAYDEL-DMOCHOWSKA, Jadwiga, *Dawna Warszawa. Wspomnienia*, Warszawa, PIW, 1959.

ŻARNOWSKA, Anna, "Stan oświaty robotników", *Polska klasa robotnicza. Zarys dziejów, t. I, cz. 2: 1870-1918*, ed. Stanisław Kalabiński, Warszawa, PWN, 1978.

STUDIERENDE FRAUEN AN DEUTSCHEN UNIVERSITÄTEN AN DER SCHWELLE DES 19. UND 20. JAHRHUNDERTS

Eine immer wieder kommende Reflexion, wie lange es gedauert hat, bis die Frauen zu studieren begannen, begleitet uns seit Langem. Die Männerwelt baute eine Mauer aus Tradition, dem aktuellen rechtlichen Zustand und dem „es gehört sich nicht".

In den Publikationen zu ehrgeizigen Frauen des 17. und 18. Jahrhunderts, die die Welt kennen lernen und eine höhere Ausbildung erreichen wollten, werden oft Maria Sibylla Merian (1647-1717), Dorothea Christiane Erxleben, primo voto Leporin (1715-1762), Johanna Schopenhauer (1766-1838) oder Dorothea Schlözer (1770-1825) genannt. Den negativen Pol stellten im nächsten Jahrhundert die Kritiker jeglicher Ideen der Zulassung der Frauen zum Studium, wie Heinrich von Treitschke (1834-1896) in Berlin oder Theodor L.W. von Bischoff (1807-1882) in München dar[1]. Da auch die Presse sich in diesen Streit engagierte, musste Treitschke seine Worte bereuen. Laut Helene Stöcker soll er nämlich gesagt haben: „Die deutschen Universitäten sind seit einem halben Jahrtausend für Männer bestimmt und ich will nicht helfen, sie zu zerstören"[2]. Unabhängig von ihrer beruflichen Autorität und einem wahren Ruhm, den die beiden Gelehrten genossen, mussten sie damit rechnen, dass sie der Kritik der Frauen (und nicht nur der Frauen) ausgesetzt werden, egal wie demütigend sie es empfanden. Die Argumentation der Gegenseite war simpel und schmerzhaft. Hedwig

---

1   M. Birn, *Die Anfänge des Frauenstudiums in Deutschland. Das Streben nach Gleichberechtigung von 1869-1918, dargestellt anhand politischer, statistischer und biographischer Zeugnisse,* Heidelberg, Universitätsverlag Winter, 2015, S. 315; *Stieftöchter der Alma mater? 90 Jahre Frauenstudium in Bayern – am Beispiel der Universität München,* hrsg. von H. Bußmann, o.O., Verlag Antje Kunstmann, 1993, S. 22-23.

2   H. Stöcker, „Autobiografie", *Ariadne. Forum für Frauen und Geschlechtergeschichte,* 5, 1985, S. 1-7, hier: S. 3, zit. nach M. Birn, *ibid.,* S. 315.

Dohm (1833-1919) schrieb in ihrem Buch *Die wissenschaftliche Emancipation der Frau* (1874) dazu:

> Sie, Herr v. Bischoff, sind gewiß ein eminenter Anatom. Nun stellen Sie sich vor, Sie wären in einer Schule, dem Abbild einer gewöhnlichen Mädchenschule erzogen worden. Mit kaum sechzehn Jahren hätte man Sie dieser Bildungsanstalt enthoben, an den Nähtisch gesetzt, hinter das Plättbrett [Bügelbrett W.Z.] gestellt und in die Küche geschoben. Wie und wann, Herr v. Bischoff, glauben Sie nun wohl, wäre Ihr anatomischer Genius zum Durchbruch gekommen. Ob mit dem Bereiten eines Puddings der Verdauungsprozeß des Puddings in Ihrem Körper sich Ihrem ahnungsvollen Geiste physiologisch und anatomisch dargestellt hätte? [...] Ich möchte es bezweifeln; ich möchte eher glauben, daß Sie eine ebenso tüchtige Nähmamsell geworden wären, als Sie jetzt ein hervorragender Anatom sind[3].

Derart polemische Aussagen erschienen in der zweiten Hälfte des 19. und Anfang des 20. Jahrhunderts zu Dutzenden im gesamten deutschsprachigen Gebiet. Die Autoren und Autorinnen erinnern daran, was bisher für die Frauenbewegung getan wurde, was die Frauen für sich selbst erreicht haben, sie zeigen aber auch, dass es trotz des gemeinsamen Zieles keine so homogene Bewegung war, wie es scheinen könnte. Gleichzeitig mahnen sie ihre Politiker zu mutigen gesetzlichen Entscheidungen, die dem Tempo der zivilisatorischen Herausforderungen gewachsen sein sollten[4]. In den Broschüren von etwa fünfzig Seiten wird auf die Familienerziehung der jungen Mädchen hingewiesen, deren Eltern zwar schon gelernt haben, stolz auf die studierende Tochter zu sein, gar nicht aber daran denken, ihr Freiheit und Vertrauen zu schenken, damit sie lernt, selbst Entscheidungen zu treffen. Die Ärztin Julie Ohr stellt die rhetorische Frage, wie man mit der bisherigen Auslegung dessen kämpfen sollte, was als „weiblich" und was „unweiblich" verstanden wird. Wie soll man die eigene Tochter vor der Frauenbewegung, vor den emanzipierten Frauen, aber auch vor

---

3   *Stieftöchter der Alma Mater?*, *op. cit.*, S. 23.

4   J. Ohr, *Die Studentin der Gegenwart*, Buchhandlung Nationalverein, Druck Max Steinbach München, München-Gern 1909; Dr. Carpin [Carl Pinn], *Frauenstudium, Sittlichkeit und Sozialreform. Ein Mahnruf an deutsche Gesetzgeber*, Leipzig, Oskar Gottwald's Verlag, 1896; E. Gnauck-Kühne, *Das Universitätsstudium der Frauen. Ein Beitrag zur Frauenfrage*, 2. Aufl., Oldenburg und Leipzig, Schulzesche Hof-Buchhandlung und Hof-Buchdruckerei A. Schwarz 1891; E. Krukenberg-Conze, *Über Studium und Universitätsleben der Frauen*, Gebhardshagen, Hof- und Verlagsbuchhandlung J. H. Maurer-Greiner Nachf. Heinrich Knackstedt, 1903.

Kommilitonen an der Universität schützen? Dass man sie schützen muss, halten die Eltern für selbstverständlich[5].

Bevor die Frauen an einer deutschen Universität tatsächlich zu studieren begannen, mussten sie einen langen Weg voller Hindernisse bewältigen. Die Fakultätsräte reagierten auf die Anträge mit blankem Hohn, und wenn sie diplomatisch antworten wollten, so äußerten sie mindestens ihre Skepsis dazu. Auch in den Medien, etwa in moralischen Wochenschriften, begleitete die Bestrebungen der Frauen eine Diskussion unter dem Motto: Wozu soll es gut sein? Die Frauen vergessen ja auf diese Weise ihre Grundpflichten! Mehr oder weniger bis in die Zwischenkriegszeit dauerte es, bis der Traum Wirklichkeit wurde und die Männerwelt diese Situation akzeptierte. Klugerweise beginnen Studentinnen eigene Organisationen zu gründen. In Marburg entstand 1906 „Der Verein studierender Frauen".

Will die Welt uns nicht helfen, so helfen wir uns selbst. So geben wir für Frauen Journale heraus[6]. Ernestine Hofmann gab „Für Hamburgs Töchter", Charlotte Henriette von Hezel „Wochenblatt fürs schöne Geschlecht" (1779), Sophie von La Roche redigierte „Pomona für Teutschlands Töchter" (1783 in Speyer, erschien bis 1784) heraus. Dazu kamen „Papiere einiger Freunde" von Dorotea Linden (1780-1783), „Amaliens Erholungsstunden" von Marianne Ermann (1790-1792). Diese Titel werden hier so explizit aufgezählt, denn meistens denkt man im Zusammenhang mit der damaligen Presselandschaft eher an „Den Geselligen"[7] oder an die erste deutschsprachige moralische Wochenschrift „Der Vernünfftler" (seit 1713) von Johann Mattheson[8]. Sowohl die Halleschen Redakteure als auch der Hamburger Herausgeber Mattheson richteten sich auch an Frauen. In ihren Blättern erschienen Originalbriefe der Leserinnen, aber alle drei legten Wert auf fiktive Äußerungen, die sie mit Witz und Freude verfassten und damit

---

5   J. Ohr, *op. cit.*, S. 16-17.

6   H. Brandes, *Das Frauenzimmer-Journal*, in: *Frauen. Ein historisches Lesebuch*, hrsg. von A. van Dülmen, München, Verlag C. H. Beck, 1995, S. 240-243.

7   „Der Gesellige" wurde von dem Theologen Samuel Gotthold Lange (1711-1781) und dem Philosophen Georg Friedrich Meier (1718-1777) herausgegeben. *Cf.* E. Peter, *Geselligkeiten. Literatur, Gruppenbildung und kultureller Wandel im 18. Jahrhundert*, Tübingen, De Gruyter, 1999 [= Studien zur deutschen Literatur Bd. 153], S. 96.

8   H. Böning, *Der Musiker und Komponist Johann Mattheson, Studie zu den Anfängen der Moralischen Wochenschriften und der deutschen Musikpublizistik*, Bremen, Edition Lumière, 2011, S. 186-265.

die Leser und Leserinnen zur Reaktion und Reflexion über wichtige
Angelegenheiten im Geiste der Aufklärung provozierten.
Gleich im ersten Heft „Des Geselligen" werden die Rollen verteilt.
Jedes Geschlecht soll wissen, falls das jemand noch nicht begriffen hat,
welche Rolle es zu spielen hat:

> Endlich muß die Gelehrsamkeit eines Frauenzimmers auch den feinern
> Grenzen desselben gemäs seyn. Die anständigen Sitten einer Mannsperson sind
> nicht in so enge Grenzen eingeschlossen, als die Sitten eines Frauenzimmers.
> Wir Mannsleute können ohne Verletzung der guten Sitten, unter uns von
> tausend Sachen reden, die einem Frauenzimmer eine Schamröthe abjagen.
> Nun kommen in der Gelehrsamkeit viele solche Untersuchungen vor, die
> hier gehören. Die muß ein gelehrtes Frauenzimmer gar nicht wissen. Wer
> würde es vertragen, wenn ein Frauenzimmer ein sehr gründtliches Buch von
> der Erzeugung der Menschen schreiben wollte? Wer könnte dieses aber einer
> Mannsperson verdenken[9]?

Die Lektüre ruft heutzutage ein Lächeln hervor, sie hat aber eher
in ein Wespennest gestochen. Dieser Gedankenfaden wird fortgesetzt.
Es schreibt also an die Redaktion ein Fräulein, das sich ernsthaft über-
legt, ob es lernen will. Es verbringe recht viel Zeit vor dem Spiegel,
gucke aus dem Fenster, sei also sehr beschäftigt und wolle nun wissen, wieviel Zeit man brauche, um gebildet zu werden. Die Frage sei
zweifellos berechtigt, denn es gebe noch einen Herrn, der vor ihrem
Fenster ab und zu marschiere und sie höflich grüße. Was soll das
arme Wesen nun tun? Weiter schreibt eine Witwe, die ziemlich stolz
darauf ist, nicht gebildet zu sein. Trotzdem, habe sie einen Mann und
drei Töchter bekommen, die das notwendige Wissen hätten, um den
Haushalt zu führen und fromm seien sie auch. Und so machen sich der
Theologe und der Philosoph über derart Menschen lustig. Die Frauen
wissen bereits: Trotz der männlichen Argumente (kleineres Gehirn als
beim Mann, körperlich und psychisch schwächer, fest zugeschriebene
Rollen usw.) ist es des Versuches wert, um die eigene Ausbildung zu
kämpfen. Über den richtigen Lebensweg eines jungen Frauenzimmers
gibt es – parallel dazu – mehrere Lehrbücher, die den hohen Standard
versprechen und bestimmen. So erfährt die junge Leserin, über welches
allgemeine Wissen es verfügen sollte und wie wichtig es sei, zu lesen

---

9   „Der Gesellige, eine moralische Wochenschrift", erster Band, neue Auflage, Halle, 1764,
     S. 245-249, S. 424-430, hier: S. 249.

und schreiben[10]. Sie sollte zwar Fremdsprachen lernen, aber vor allem die Kenntnisse der Muttersprache pflegen. Moralische Grundlage sollte die Liebe zu den Eltern und Geschwistern sowie die Achtung des zu Hause arbeitenden Gesindes darstellen. Über gelehrte Frauen verliert einer der Lehrbuchverfasser, Christian Gottlieb Steinberg kein Wort und für das Stichwort „Studium" ist es auch für ihn noch ein Jahrhundert zu früh.

Die Lebenswege der ehrgeizigen jungen Damen sind unterschiedlich. Da es in der Schweiz einfacher ist zu studieren, tun sie es. Entweder absolvieren sie ein reguläres Studium oder sie versuchen nach einigen Semestern, das Studium in Deutschland fortzusetzen[11]. Die Schweizer Universitäten waren viel „frauenfreundlicher". Die erste Immatrikulation erfolgte in Zürich bereits 1864, wobei der Senat zunächst dachte, es gehe nur um eine freie Hörerin. Mitnichten! Die russische Studentin Maria Alexandrowna Kniaschnina wollte ein regelrechtes Medizinstudium absolvieren. Drei Jahre später gab es die erste Dissertation. 1874 kam die nächste in Bern, ebenfalls von einer Russin, Susanna Rubinstein[12]. Die erste Medizinstudentin wurde an der Universität Bern 1872 immatrikuliert. Die nächste Frau an dieser Fakultät, Marie Walitzky, kam ebenfalls aus Russland[13]. Im akademischen Jahr 1873/74 studierten 163 Personen Medizin, darunter 23 Frauen. Die Mindestaltersgrenze für sie war auf 23 Jahre festgelegt. Wollte eine jüngere Frau mit dem Studium beginnen, so erwartete man eine Zustimmung des Vormunds. War eine zukünftige Studentin verheiratet, erwartete die Universität die Zustimmung des Ehemannes, unabhängig vom Alter der Gattin.

---

10 Ch.G. Steinberg, *Lehrbuch für Frauenzimmer*, erster Band 1772, zweiter Band, Breslau und Leipzig, 1774; Ch.G. Steinberg (1738-1781) war Pastor in Breslau. *Cf.* F. Raßmann, *Literarisches Handwörterbuch der verstorbenen deutschen Dichter und zur schönen Literatur gehörenden Schriftsteller in acht Zeitabschnitten von 1137 bis 1824*, Leipzig, Wilhelm Lauffer, 1826, S. 344-345.

11 *Das Frauenstudium an den Schweizer Hochschulen*, hrsg. vom schweizerischen Verband der Akademikerinnen, Zürich/Leipzig/Stuttgart, Rascher & CIE A.-G Verlag, 1928, S. 63-64. Außer dem Überblick über die Universitätsgeschichte enthält der Band Erinnerungen der Studentinnen und Protokolle der Senatssitzungen, wo festgelegt wurde, nach welchen Regeln sie in die Studentenreihen aufgenommen werden. Unter ihnen befand sich M. Brockmann-Jerosch aus Ostpreussen (S. 74-79). *Cf. Pionierinnen Feministinnen Karrierefrauen? Zur Geschichte des Frauenstudiums in Deutschland*, hrsg. von A. Schlüter, Pfaffenweiler, Centaurus- Verlagsgesellschaft, 1992, S. 9-34, Beiträge von Gabi Einsele, Sabina Streiter und Christine Roloff.

12 *Das Frauenstudium, op. cit.*, S. 110.

13 *Ibid.*, S. 91.

Zu dieser ersten, gewissermaßen experimentellen Gruppe gehörten Frauen aus den Vereinigten Staaten, Japan und Russland. Sie bahnten auch den deutschen Frauen den späteren Weg zur Hochschulbildung. In Preußen taten die Behörden 1886 den ersten Schritt und erlaubten den Frauen, nach Erfüllung konkreter Bedingungen, als Hörerinnen an den Vorlesungen teil zu nehmen. In Marburg erlaubte man 1895 drei Frauen: Natalie Wickerhauser aus Agram (Zagreb) und Miss Mackenzie, einer Amerikanerin Mistress Mathews (sie kam mit ihrem Gatten) im Vorlesungsaal als Gasthörerinnen dabei zu sein[14]. Für die Mädchen aus Preußen gab es ein grundlegendes Hindernis: das Abitur. Dieses gab es praktisch nur für die Jungen, für Mädchen nur in Ausnahmefällen. Diese Situation änderte sich erst 1908, als die Frauen auch in Preußen zum Studium zugelassen wurden. Aber ein Göttinger Altgermanist, Professor Gustav Roethe berichtete: „Unser ganzes übergrosses weibliches Studentenmaterial kommt aus Vorderasien, es sind polnische und russische Jüdinnen, Polinnen, Russinnen, Armenierinnen, Serbinnen und Bulgarinnen, und vor diesen möge der Himmel die deutschen Universitäten bewahren. [...] Die Frau studiert nicht, sie lernt und wenn viele lernen, lernen die andern auch, d.h. die Männer verlernen das Studieren und begnügen sich mit Lernen"[15].

So meldete sich eine junge Dame 1908 aus diesem „Vorderasien" in Marburg. Sie hieß Rosa Spielfogel, machte ihr Abitur 1901 in Petrikau [Piotrków Trybunalski], dann ging sie nach Zürich, danach nach Florenz und schließlich wollte sie an der Lahn studieren[16]. Margit Lemberg fand komplette Unterlagen zu ihrem Abitur und akademischer Laufbahn. In Marburg studierte sie bis 1911, zunächst an der juristischen, dann aber seit 1909 an der philosophischen Fakultät. Seitdem ist von ihr nichts bekannt. Sie hat Zürich insoweit vernünftig gewählt, als dass sie in diesem Zeitraum an keiner deutschen Universität mit allen

---

14 M. Lemberg, *Es begann vor hundert Jahren. Die ersten Frauen an der Universität Marburg und die Studentinnenvereinigungen bis zur Gleichschaltung im Jahre 1934. Eine Ausstellung der Universitätsbibliothek Marburg vom 21. Januar bis 23. Februar 1997*, Marburg, Universitätsbibliothek Marburg, 1997, S. 5. Zum Problem der Gasthörerinnen *Cf.* M. Koerner, *Auf fremdem Terrain. Studien und Alltagserfahrungen von Studentinnen 1900 bis 1918*, Bonn, Didot Verlag, 1997, S. 80-96; J. Jacobi, *Mädchen- und Frauenbildung in Europa. Von 1500 bis zur Gegenwart*, Frankfurt a.M. / New York, Campus Verlag, 2013, S. 317-320.

15 *Ibid.*, S. 9; M. Koerner, S. 129-130.

16 *Ibid.*, S. 76-78.

studentischen Rechten studieren könnte. Mehrere Professoren und die jeweiligen Rektoren konnten sich eine Frau im Hörsaal nicht vorstellen[17]. Chronologische Reihenfolge der Zulassung von Frauen zum Studium beginnt hier mit Freiburg und Heidelberg im Großherzogtum Baden 1900 sowie Erlangen, München und Würzburg 1903-1904 im Königreich Bayern. Königreich Preußen folgt erst 1908-1909. Im übrigen Europa setzte die neue Tendenz viel früher an: 1863 in Frankreich, ein Jahr später in Zürich und bis 1890 an den übrigen Schweizer Universitäten, 1876 in Italien, 1879 in London.

Die führende Position der Heidelberger Universität ist mit den Aktivitäten der Frauen in der Stadt verbunden[18]. Sie gründeten mehrere Organisationen, die ihre Interessen für die Mitmenschen in Not überhaupt betonten: den Heidelberger Frauenverein für Polenhilfe, den Badischen Frauenverein Zweigverein Heidelberg und andere[19]. Diese Tätigkeit zeigte ihre andere, von der traditionellen stark abweichende Anwesenheit in der Stadt, aber das erwartete Abiturniveau zu erreichen war genauso schwer wie in Marburg. In Ausnamefällen durften sie es an einem Jungengymnasium ablegen. Nichtsdestoweniger bekamen sie endlich 1900 das Immatrikulations- und sogar das Promotionsrecht. Ausnahmen gab es bereits 1895 (Katarina Windscheid und Marie Gernet in Mathematik, Physik und Mechanik). Das zeigt auch, dass die Fakultätsräte untereinander sich nicht einig waren. Die Vertreter der Naturwissenschaften, die in der Schweiz ihre Berufserfahrungen vorhin gesammelt haben, waren eher fortschrittlich[20]. Ihre Meinungen

---

17   „Hessische Landeszeitung", Marburg, Nr 242, 15. Oktober 1895, zit. nach Lemberg, *op. cit.*, S. 2-3: „Herr Theobald Fischer [Rektor – W.Z.] nahm Gelegenheit, in ernster Mahnung auf die fürchterlichen Konsequenzen dieses ernsten Umsturzes hinzuweisen. Bald werden die Studentinnen die Hörsäle überfluten, hineingerissen in den „zügellosen Wettbewerb" werden sie entweibt, schließlich auch das Wahlrecht verlangen; und doch sei eine Erweiterung der Rechte der Frauen nicht zu dulden ohne entsprechende Ausdehnung der Pflichten. Damit aber käme man zu dem Absurdum der Militärdienstpflicht der Frauen". Der berichtende Journalist wusste nicht, wie nahe der kommenden Realität er sich befindet.

18   K. Dzikiewicz, *Frauenbundnisse und Frauenvereine in Heidelberg im 19. Jahrhundert und in der ersten Hälfte des 20. Jahrhunderts*, Diplomarbeit, Toruń, 2004.

19   E. Kuby, „Politische Frauenvereine und ihre Aktivitäten 1848 bis 1850", *Schimpfende Weiber und patriotische Jungfrauen*, hrsg. von C. Lipp, Moos / Baden Baden, Elster, 1986, S. 248-269, hier: S. 230.

20   *Die akademische Frau, Gutachten hervorragender Universitätsprofessoren, Frauenlehrer und Schriftsteller über die Befähigung der Frau zum wissenschaftlichen Studium und Berufe*, hrsg.

zeigt die Umfrage von A. Kirchhoff, die an 122 Professoren, aber auch zum Teil Lehrer an höheren Mädchenschulen und Schriftsteller gerichtet wurde. Diese zeigte nicht so viele unversöhnliche Gegner eines regulären Frauenstudiums, wie es scheinen könnte. Die meisten Aussagen waren entweder sehr vorsichtig oder sie fingen mit „ja, aber" an, d.h. ja, aber zu meinen Konditionen, oder zu solchen Bedingungen, wie ich sie mir vorstelle. Die Mediziner waren in ihrer Mehrheit dagegen. Frauen hätten keine Ahnung wie schwer dieses Studium sei. Sie würden es körperlich nicht aushalten. Sie seien sehr durchschnittlich in praktischer, operativer Medizin. Sie könnten höchstens Krankenschwester werden. Mediziner sind in dieser Umfrage mit 39 Aussagen am meisten repräsentiert. Historiker sind, nach den Problemen, die Treitschke in Berlin und Bischoff in München hatte, in ihren offiziellen Aussagen vorsichtiger geworden. Diejenigen die sich einen Namen gemacht haben, äußerten trotzdem ihre negative Meinung[21]. Die Theologen waren erwartungsgemäß eher konservativ[22]. Nicht anders äußerte sich der deutsche Schriftsteller

---

von Arthur Kirchhoff, Berlin, Hugo Steinitz Verlag 1897, S. 268; Prof. Victor Meyer, Direktor des chemischen Laboratoriums der Universität Heidelberg: „Die Frage des Frauenstudiums hat mich vielfach beschäftigt, da ich während 12 Jahren Professor der Chemie in Zürich war und dort zahlreiche Damen in Vorlesungen und im Laboratorium unterrichtete, ferner auch jetzt in Heidelberg einer, allerdings kleinen, Anzahl von Damen in gleicher Weise Unterricht erteile. Meine Erfahrungen beziehen sich lediglich auf das Studium der Medizin und der Naturwissenschaft. Das Frauenstudium erscheint unbedingt gerechtfertigt in Bezug auf die Medizin, da erfahrungsmäßig die Frauen als Spezialistinnen für Frauen und Kinderkrankheiten, ebenso wie als Hausärztinnen, Ausgezeichnetes leisten können. Die Erfahrungen von drei Jahrzehnten lassen darüber keinen Zweifel. Daß der weibliche Arzt unter Umständen Segen stiften kann, welcher dem männlichen versagt ist, beweist der Umstand, daß manche Frauen aus Schamhaftigkeit es vorziehen, ihre Leiden zu verschweigen, ehe sie sich einer Untersuchung durch den Mann unterziehen. So werden anfangs heilbare Leiden zu unheilbaren".

21 *Ibid.*, S. 187: Prof. Hans Delbrück Berlin: „Ich habe selber einige Damen in meinem Kolleg, muß aber gestehen, daß, als diese Damen die Erlaubnis zum Hören von mir erbaten, ich ungalant genug war, ihnen zu sagen, ich sähe es nicht gern. Wenn ich zuletzt die Erlaubnis dennoch nicht versagt habe, so ist es der einzige Grund, daß es uns noch an passenden Instituten für studierende Frauen fehlt. Ich wünsche dringend, daß solche Institute geschaffen werden und daß dann die Teilnahme der Damen an Universitätskollegien wieder aufhört. Einzelne Damen in dieser oder jener Vorlesung thun natürlich keinen Schaden [sic!], aber wenn, wie es jetzt den Anschein hat, einmal ganze Scharen von inländischen und ausländischen Damen in die Hörsäle einströmen werden, so muß mit der Zeit der wissenschaftliche und soziale Charakter unserer Universitäten Veränderungen erleiden, und das möchte ich so lange und so sehr es irgend möglich ist, zu verhüten suchen".

22 *Ibid.*, S. 3-4, Prof. Dr. theol. et. phil. August Dorner an der Universität Königsberg: „Im allgemeinen stehe ich der modernen Frauenbewegung ziemlich skeptisch gegenüber.

Ernst Wichert, der unzählige Hindernisse und Vorbehalte anhäufte[23].
Sie betreffen die traditionelle geschlechtsbedingte Rolle der Frauen, ihre
zierliche Körperstruktur sowie die ökonomische Lage von bürgerlichen
Familien, für die es eine genug schwere Last sei, die Ausbildung ihrer
Söhne zu finanzieren. Weder Kommunen noch der Staat seien seiner
Meinung nach am Frauenstudium nicht sonderlich interessiert. Er würde
Frauen eventuell als Ärztinnen akzeptieren. Wichert erkannte Frauen
auch als Schriftstellerinnen an: „Daß auch ohne akademisches Studium
die weibliche geistige Arbeit da, wo es auf schöpferische Thätigkeit
der Phantasie, sichere Beobachtung und künstlerische Gestaltung
ankommt, nicht zurückbleibt, stellen die trefflichen Leistungen vieler
Schriftstellerinnen außer Frage"[24].

Marco Birn[25] versuchte, aufgrund von Erinnerungen und Tagebüchern
der Studentinnen die Reaktionen der studentischen Kommilitonen zu
analysieren, kam aber auf keine eindeutigen Schlüsse. Es ergab sich eher
ein Spektrum von negativer Verhaltensweise bis zu enthusiastischen
Äußerungen und Eheschließung unter den Studierenden.

Die rechtliche Situation der Studentinnen beginnt sich um 1914
zu klären, dann aber kommt der Erste Weltkrieg. Im Wintersemester
1915/1916 waren z.B. von 1.940 eingeschriebenen Studierenden 1.423
im Felde beurlaubt, in Marburg waren nur 517 ortsanwesend, davon 262
Frauen[26]. Sie engagierten sich in den Hilfsdienst, leisteten medizinische

---

Da das einzig naturgemäße ist, daß die Frauen heiraten, so halte ich die Wahl solcher
Berufe für sie für bedenklich, die die Schließung der Ehe eher erschweren als fördern.
Mag man immerhin für manche eine gewisse Notlage zugeben, es spielt doch auch in
der Frauenfrage etwas von falschem Freiheitstriebe und romantische Auffassung der
Ehe eine Rolle. [...] Da sich nun aber gegenwärtig thatsächlich ein Überschuß weiblicher Bevölkerung herausstellt, so fragt sich, wie dieser Überschuß am besten für die
Gesellschaft verwendet werden soll, so daß auch die unverheirateten Mädchen selbst
sich am besten dabei befinden. [...] Was aber das akademische Studium den Frauen
angeht, so ist es fraglich, ob es im Durchschnitt der weiblichen Kraft entspricht, die
Gymnasialvorbereitungen und die Anstrengungen des akademischen Studiums ohne
dauernde Schädigung der Gesundheit durchzuführen. Die zunehmende Nervosität
unserer Zeit wird gewiß durch dasselbe nicht abnehmen. In jedem Falle aber muß dann
für die freie Zeit eine ausgehende Gymnastik als Gegengewischt empfohlen werden".

23 Ernst Alexander August George Wichert (1831-1902), geboren in Insterburg, studierte
    Jura in Königsberg, Kammergerichtsrat und deutscher Schriftsteller.
24 *Die akademische Frau, op. cit.*, S. 336.
25 M. Birn, *op. cit.*, S. 324-327.
26 M. Lemberg, *op. cit.*, S. 18.

Hilfe oder arbeiteten in der Rüstungsindustrie in Kassel. Da keiner
von ihnen im (männlichen) Marburger Studentenausschuss akzeptiert
wurde, gründeten die Studentinnen 1915 den Verband der Marburger
Studentinnen und durch ihn versuchten sie, Interessen aller studierender
Frauen im Rahmen der gesamten Universität zu vertreten.

Nach dem Krieg, angesichts der hohen Arbeitslosigkeitsquote, wurden die Frauen als Konkurrenz der männlichen Studenten angesehen.
Trotzdem stellten sie einen bedeutenden Teil aller Marburger Studierenden
dar: 492 von 3.150[27]. Die Zeiten änderten sich, der Dornenweg hatte
aber doch kein Ende. Trotz aller Schwierigkeiten wurden diese Frauen
erfolgreiche Ärztinnen, Lehrerinnen, Chemikerinnen, und es gab unter
ihnen auch solche gelehrte Mitglieder der akademischen Welt, wie
Kovalevskaja, die eine richtige Karriere als Mathematikerin gemacht
hat[28].

Włodzimierz ZIENTARA
Nikolaus-Kopernikus-Universität
Toruń

---

27 *Ibid.*, S. 20.
28 A.M. Stuby, „„Ich war Assistent und blieb es noch lange…' Kritische Überlegungen
    zum Verhältnis Frau und Mathematik mit einer Fallstudie über Sofja Kovalevskaja",
    Pionierinnen, Feministinnen, Karrierefrauen? Zur Geschichte des Frauenstudiums in Deutschland,
    hrsg. von A. Schlüter, Pfaffenweiler, Centaurus-Verlagsgesellschaft, 1992, S. 41-62.

BIBLIOGRAFIE

BIRN, Marco, *Die Anfänge des Frauenstudiums in Deutschland. Das Streben nach Gleichberechtigung von 1869-1918, dargestellt anhand politischer, statistischer und biographischer Zeugnisse,* Heidelberg, Universitätsverlag Winter, 2015.

BÖNING, Holger, *Der Musiker und Komponist Johann Mattheson. Studie zu den Anfängen der Moralischen Wochenschriften und der deutschen Musikpublizistik,* Bremen, Edition Lumière, 2011.

BRANDES, Helga, *Das Frauenzimmer-Journal,* in: *Frauen. Ein historisches Lesebuch,* hrsg. von A. van Dülmen München, Verlag C. H. Beck, 1995, S. 240-243.

BUSSMANN, Hadumod (Hg.), *Stieftöchter der Alma mater? 90 Jahre Frauenstudium in Bayern – am Beispiel der Universität München,* [München], Verlag Antje Kunstmann [o.J.].

Das Frauenstudium an den Schweizer Hochschulen, herausgegeben vom schweizerischen Verband der Akademikerinnen, Zürich/Leipzig/Stuttgart, Rascher & CIE A.-G, 1928.

„Der Gesellige, eine moralische Wochenschrift", erster Band, neue Auflage, Halle, 1764.

DR. CARPIN [Carl Pinn], *Frauenstudium, Sittlichkeit und Sozialreform. Ein Mahnruf an deutsche Gesetzgeber,* Leipzig, Oskar Gottwald's Verlag, 1896.

DZIKIEWICZ, Katarzyna, *Frauenbundnisse und Frauenvereine in Heidelberg im 19. Jahrhundert und in der ersten Hälfte des 20. Jahrunderts,* Diplomarbeit, Universität Toruń, 2004.

GNAUCK-KÜHNE, E.[lisabeth], *Das Universitätsstudium der Frauen. Ein Beitrag zur Frauenfrage,* Oldenburg/Leipzig, Schulzesche Hof-Buchhandlung und Hof-Buchdruckerei A. Schwarz, 1891.

KIRCHHOFF, Arthur (Hg.), *Die akademische Frau, Gutachten hervorragender Universitätsprofessoren, Frauenlehrer und Schriftsteller über die Befähigung der Frau zum wissenschaftlichen Studium und Berufe,* Berlin, Hugo Steinitz Verlag, 1897.

KRUKENBERG-CONZE, Elsbeth, Über Studium und Universitätsleben der Frauen, Gebhardshagen, Hof- und Verlagsbuchhandlung J. H. Maurer-Greiner Nachf. Heinrich Knackstedt, 1903.

KUBY, Eva, „Politische Frauenvereine und ihre Aktivitäten 1848 bis 1850", *Schimpfende Weiber und patriotische Jungfrauen,* hrsg. von C. Lipp, Moos / Baden Baden, Elster, 1986, S. 248-269.

LEMBERG, Margaret, *Es begann vor hundert Jahren. Die ersten Frauen an der Universität Marburg und die Studentinnenvereinigungen bis zur Gleichschaltung im Jahre 1934. Eine Ausstellung der Universitätsbibliothek Marburg vom 21. Januar bis 23. Februar 1997*, Marburg, Universitätsbibliothek Marburg, 1997.

OHR, Julie, *Die Studentin der Gegenwart, Buchhandlung Nationalverein*, Druck Max Steinbach München, München/Gern, 1909.

PETER, Emanuel, *Geselligkeiten. Literatur, Gruppenbildung und kultureller Wandel im 18. Jahrhundert*, Tübingen, de Gruyter Verlag, 1999.

STÖCKER, Helene, „Autobiografie", *Ariadne. Forum für Frauen und Geschlechtergeschichte*, 5, 1985, S. 1-7.

STUBY, Anna Maria, „„Ich war Assistent und blieb es noch lange...' Kritische Überlegungen zum Verhältnis Frau und Mathematik mit einer Fallstudie über Sofja Kovalevskaja, *Pionierinnen, Feministinnen, Karrierefrauen? Zur Geschichte des Frauenstudiums in Deutschland*, Pfaffenweiler, Centaurus-Verlagsgesellschaft, 1992, S. 41-62.

LES CHERCHEUSES DE LA CAISSE
NATIONALE DES SCIENCES EN FRANCE
DANS LES ANNÉES 1930

L'insertion immédiate des femmes
dans un métier neuf

La création, en France, en 1930, de la Caisse nationale des sciences, après celle de la Kaiser-Wilhelm-Gesellschaft allemande en 1911 et celle du Fonds national de la recherche scientifique belge en 1927, s'inscrit dans un mouvement d'institutionnalisation de la recherche scientifique publique hors des universités. Ces créations favorisent l'émergence de carrières vouées à la recherche sans obligation d'enseignement.

Alors que, depuis 1901, une Caisse des recherches scientifiques contribuait en France, avec un financement aléatoire, aux frais de publications et d'équipement des laboratoires, la Caisse nationale des sciences consacre, pour la première fois, un budget annuel conséquent à l'attribution nominative de bourses et d'allocations de recherche à des chercheurs et chercheuses. Leurs travaux se trouvent ainsi pris en charge par l'État. En 1935, les deux dispositifs, Caisse nationale des sciences et Caisse des recherches scientifiques, fusionnent en une « Caisse nationale de la recherche scientifique », ardemment soutenue par le sous-secrétariat d'État à la Recherche scientifique mis en place par le gouvernement du Front Populaire en 1936. Ce sous-secrétariat d'État confié initialement à Irène Joliot-Curie, prix Nobel de chimie avec son mari Frédéric en 1935, réaffirme et amplifie la volonté de mise à niveau de la recherche publique française en même temps qu'il promeut, par le choix symbolique de sa première titulaire, la place des femmes dans les sciences. Le successeur d'Irène Joliot-Curie au sous-secrétariat d'État, Jean Perrin, prix Nobel de physique en 1926, a été un porteur déterminant du projet de la Caisse, en 1930, et de sa réforme, en 1935. L'aboutissement des efforts déployés pour renforcer le potentiel de recherche publique sera la création du Centre national de la recherche scientifique (CNRS) en octobre 1939[1] dans lequel fusionnent la branche de la recherche fondamentale – la Caisse nationale de la recherche scientifique – et celle de la recherche appliquée[2].

Cet article sur l'insertion immédiate des femmes dans le dispositif mis en place en 1930 porte sur les années universitaires de 1931/32 à 1938/39, années de fonctionnement de la Caisse nationale des sciences réformée en Caisse nationale de la recherche scientifique en 1935, institution désignée *infra* sous les initiales CNS[3]. Après une brève présentation de son organisation, la place des femmes y sera mesurée avec précision de leurs statuts, puis sera esquissé un portrait collectif sociobiographique et professionnel des chercheuses, mettant l'accent sur les effets de genre et l'articulation entre carrière et vie privée dans ce métier neuf. Cette étude s'inscrit dans une recherche en cours concernant l'ensemble des allocataires, femmes et hommes, de la CNS en vue de contribuer à une histoire genrée des travailleurs scientifiques de la recherche publique en France par un état des lieux de la situation originelle.

L'ORGANISATION DE LA CAISSE NATIONALE DES SCIENCES

Les personnels de recherche publique rétribués par la CNS relèvent de quatre statuts : boursiers, chargés de recherche, maîtres de recherche et directeurs de recherche[4]. Cette pyramide à quatre niveaux hiérarchiques se

---

1   Sur la genèse du CNRS : J.-F. Picard, *La République des savants : la recherche française et le CNRS*, Paris, Flammarion, 1990 ; D. Guthleben, *Histoire du CNRS de 1939 à nos jours : une ambition nationale pour la science*, Paris, A. Colin, 2009 ; Comité pour l'histoire du CNRS, *Histoire documentaire du CNRS*, Tome 1, *années 1930-1950*.

2   Le Centre national de la recherche scientifique appliquée, héritier de l'Office national des recherches scientifiques, industrielles et des inventions créé en 1922.

3   Les initiales CNS sont adoptées ici pour toute la période étudiée, qu'il s'agisse de la Caisse nationale des sciences de 1930 ou de son extension en Caisse nationale de la recherche scientifique en 1935.

4   Le dispositif est ici décrit à partir des règlements intérieurs et rapports d'activité présentés par le secrétaire de la CNS à son Conseil d'administration. Archives nationales : AN 20020476/293 et AN F/17/17463.

réfère à celle en vigueur à l'université comprenant les corps des assistants, des chefs de travaux, des maîtres de conférences et des professeurs. À la CNS, la succession des bourses, obtenues pour un an et renouvelables trois fois, puis des trois niveaux d'allocations accordées pour trois ans (chargés de recherche) ou cinq ans (maîtres et directeurs de recherche) renouvelables sans limite, instaure la possibilité, au moins sur le papier, d'une carrière consacrée à la recherche sans obligation d'enseignement. Néanmoins, dès sa création la CNS s'ouvre aux « enseignants-chercheurs » en permettant le cumul d'une demi-bourse ou demi-allocation avec une fonction rémunérée, le plus souvent dans une faculté ou un grand établissement scientifique, sous réserve de consacrer tout son temps libre à la recherche. À partir de 1934, des quarts de bourses et allocations sont également accordés, toujours en fonction des services rémunérés assurés ailleurs. Les chercheurs bénéficiant de bourses et allocations à taux plein s'engagent, eux, à consacrer tout leur temps et toute leur activité à la recherche scientifique.

Les montants des bourses et allocations s'alignent sur les salaires moyens en vigueur à l'université : 24 000 francs à taux plein pour la bourse (soit le salaire moyen d'un assistant) ; 36 000 francs à taux plein pour un chargé de recherche (salaire moyen d'un chef de travaux) ; 49 000 francs à taux plein pour un maître de recherche (salaire moyen d'un maître de conférences) ; 62 000 francs à taux plein pour un directeur de recherche (salaire moyen d'un professeur). Ces équivalences sont toutefois trompeuses dans la mesure où les sommes allouées, bien qu'identiques, ne sont pas des salaires et engendrent des conditions beaucoup plus précaires pour les chercheurs, sans protection sociale ni pension de retraite. Une petite part du budget de la CNS, dévolue à « l'aide aux savants », tente de remédier aux détresses matérielles les plus graves. La place laissée immédiatement aux femmes (comme par ailleurs aux étrangers non naturalisés qui ne peuvent postuler à l'université) dans le dispositif n'est pas étrangère à la précarité de la condition.

Les bourses de la CNS veulent donner leur chance à des jeunes gens désireux de se consacrer à la science, sans exclure celles et ceux qui auraient suivi des cursus très incomplets ou atypiques, dès lors qu'un goût et des prédispositions sont décelés ; aucun diplôme n'est donc théoriquement requis. Les allocations de chargés de recherche sont accordées à des scientifiques qui, eux, ont déjà obtenu des résultats remarqués, celles de maîtres de recherche à des chercheurs qui font autorité dans leur domaine et dirigent les travaux de jeunes disciples, celles de directeurs de recherche, enfin, à des « seniors » de même profil, mais avec une notoriété et une autorité encore plus grandes.

Les candidatures, puis les demandes de renouvellements conditionnés à la remise d'un rapport d'activité, sont examinées par des comités scientifiques émanant du Conseil supérieur de la recherche scientifique. Celui-ci est composé de membres nommés et élus représentant les communautés savantes, académiques et universitaires. Un comité existe par section disciplinaire : à l'origine, en 1931, cinq en sciences exactes – mathématiques, physique, chimie, biologie, sciences naturelles, auxquelles s'ajoutent la section mécanique/statistiques/astronomie en 1934 puis celle de médecine expérimentale en 1935 – et cinq en sciences humaines – histoire/archéologie/géographie, philosophie, philologie, sciences juridiques et sciences sociales. Malgré les procédures de candidatures et renouvellements mises en œuvre, le système peine à se démarquer de la cooptation au sein du très petit monde de l'excellence scientifique, puisque des directeurs de laboratoires qui superviseront les travaux des boursiers et allocataires sont amenés à être rapporteurs des dossiers des jeunes chercheurs de leur discipline.

QUELLE PLACE POUR LES FEMMES À LA CAISSE NATIONALE DES SCIENCES ?

La population des bénéficiaires de bourses et allocations de la CNS, à taux plein comme à taux partiel, en sciences exactes et en sciences humaines a été reconstituée pour toutes les années académiques de son fonctionnement. Les listes annuelles de bénéficiaires ont été pour la première fois compilées[5] et constitueront, à moyen terme, une base de

---

5   1931/1932 liste par sections, noms, statuts, AN 20020476/293 ; 1932/1933 et 1933/1934 listes par sections, noms, statuts, AN F/17/17458 ; 1934/1935 et 1935/1936 listes par noms et sommes attribuées, AN 20020476/293 ; 1936/1937 liste par sections, noms, statuts et sommes attribuées, AN 20020476/293 ; 1937/1938 liste par sections, noms, statuts et sommes attribuées, AN F/17/17458 ; 1938/39 liste par sections, noms, statuts, AN 19 800 284/23. Pour l'année 1938/1939, en sciences exactes uniquement, sont également

données accessible en ligne. Les informations recueillies sur les « années CNS » nourriront ainsi la connaissance des carrières, et notamment de leurs débuts, des scientifiques du XXe siècle ; le passage par cette structure étant le plus souvent méconnu ou mal identifié, y compris dans les biographies des plus célèbres d'entre eux.

De 1931/32 à 1938/39, la CNS accorde des bourses et allocations à 135 chercheuses et 715 chercheurs en sciences exactes ainsi qu'à 29 chercheuses et 225 chercheurs en sciences humaines et sociales, soit un total de 1104 individus avec un taux de féminisation globale de 15 % (16 % en sciences exactes et 11 % en sciences humaines et sociales). Cette présence féminine immédiate dans un dispositif de professionnalisation inédit est remarquable aussi bien en nombre, le vivier des jeunes femmes suivant des études supérieures étant alors restreint[6], qu'en diversité disciplinaire puisque des chercheuses se rencontrent dans toutes les sections de la CNS. En sciences exactes, alors que le taux de féminisation des nouveaux recrutements s'inscrit, en dents de scie, dans une amplitude allant de 11 % en 1933/34 à 20 % en 1936/37, la présence des femmes, anciennes et nouvelles recrues additionnées, connaît en revanche une croissance constante, partant de 14 % en 1931/32 pour atteindre 20 % en 1938/39. Le très petit effectif féminin présent dans l'ensemble des sciences humaines et sociales – 29 chercheuses au total – réduit drastiquement la signification des pourcentages les concernant, pourcentages pourtant nécessaires à l'établissement de comparaisons. De leur côté, si la féminisation des recrutements comme la présence globale des femmes connaissent, au fil des années, des variations erratiques, le fort déficit de départ – 6 % de femmes en 1931/32 – tend à se combler, principalement grâce aux arrivées des deux dernières années : 15 % de femmes parmi les recrutements de 1937/38 et 27 % parmi ceux de 1938/39. Ces renforts tardifs permettent aux sciences humaines et sociales de rattraper le niveau de féminisation des sciences exactes.

Au-delà de ses variations annuelles, la place des chercheuses doit être considérée également au prisme des disciplines scientifiques auxquelles ressortissent leurs travaux afin d'observer les différents niveaux de

---

utilisables les fiches individuelles de recensement des personnels des facultés et établissements scientifiques en vue de leur mobilisation scientifique, AN 19800284/25-28.

6   N. Pigeard-Micault, « La féminisation des facultés de médecine et de sciences à Paris : étude historique comparative (1868-1939) », *Les femmes dans le monde académique*, éd. R. Rogers et P. Molinier, Rennes, PUR, 2016, p. 49-63.

féminisation de ces disciplines (tableau 1) et de comparer la ventilation différente de l'emploi féminin et de l'emploi masculin au sein de la CNS (tableau 2).

Population CNS de 1931/32 à 1938/39 par section	Effectif total de la section	dont nombre de femmes	Taux de féminisation de la section
Chimie	192	37	19 %
Physique	179	17	9 %
Sciences naturelles	166	28	17 %
Biologie	150	40	27 %
Mathématiques	71	2	3 %
Médecine expérimentale (après 1935)	51	8	16 %
Mécanique/Statist./Astro. (après 1934)	41	3	7 %
Ensemble des sciences exactes	*850*	*135*	*16 %*
Histoire/Archéologie/Géographie	76	7	9 %
Philologie	59	8	14 %
Sciences juridiques	47	3	6 %
Philosophie	40	5	12 %
Sciences sociales	32	6	19 %
Ensemble des sciences hum. et soc.	*254*	*29*	*11 %*

TABLEAU 1 – Féminisation des différentes sections de la CNS
(population totale CNS de 1931/32 à 1938/39).

Si entre 1931/32 et 1938/39 la totalité des sections font place aux femmes, cette ouverture connaît des degrés différenciés, de l'étroite entre-ouverture des portes, en mathématiques ou en sciences juridiques, à l'accueil, si ce n'est à bras ouverts du moins leur assurant une réelle visibilité, en biologie ou en sciences sociales (tableau 1).

En sciences exactes, la biologie s'affirme, avec un peu plus d'un quart de chercheuses, comme la plus féminisée des sections, suivie de la chimie puis des sciences naturelles – ces trois sections dépassant le taux moyen de féminisation, juste atteint par la médecine expérimentale. Nettement sous-féminisées en revanche, avec moins de 10 % de chercheuses dans leurs effectifs, apparaissent (sans trop de surprise) les sections de physique,

de mécanique/statistiques/astronomie et de mathématiques ; deux chercheuses seulement sauvant la mise[7] en mathématiques. La féminisation
accentuée des sciences de la vie et de la chimie, pérennisée par la suite
au CNRS, est donc sensible dès les prémices de l'institution[8].

En sciences humaines et sociales, champ sous-développé de la CNS
ne mobilisant qu'environ le cinquième de son budget et de ses effectifs, les toutes jeunes sciences sociales sont d'emblée accueillantes aux
femmes, alors que les juristes et les historiens se montrent les plus
réticents à leur irruption. La CNS ne laisse en rien présager que, passée la Seconde Guerre mondiale et au cours de la seconde moitié du
XXe siècle, la parité puis la sur-féminisation des personnels de recherche et
d'enseignement supérieur en sciences sociales et humaines s'affirmeront[9].
La place globalement plus grande faite aux femmes en sciences exactes
qu'en sciences humaines et sociales dans la CNS des années 1930 est
à rapprocher de leur situation contemporaine à l'université : la faculté
des sciences de Paris accueille des femmes professeurs, Marie Curie en
1908 puis Pauline Ramart-Lucas en 1935, et la faculté de médecine
Lucie Randoin en 1929, avant que la faculté des lettres ne s'y décide
enfin avec Marie-Jeanne Durry en 1947.

Un éclairage complémentaire sur la répartition des chercheuses au sein
des sections de la CNS est fourni par la comparaison de la ventilation
disciplinaire relative des femmes et des hommes (tableau 2).

En sciences exactes, mis à part les deux sections ajoutées après coup
au dispositif qui mobilisent relativement peu de personnel, la répartition
des hommes entre les cinq autres sections se fait de façon plus homo-
gène que celle des femmes. Les variations ne s'étendent que de 10 %
des chercheurs en mathématiques à 23 % en physique, quand pour les
chercheuses l'écart va de 1 % d'entre elles présentes en mathématiques
à 30% en biologie. Plus de la moitié (57 %) de l'effectif féminin est
biologiste ou chimiste, ce qui induit une « bi-spécialisation » absente
chez leurs collègues masculins. En sciences humaines et sociales la

---

7   Marie Charpentier (1903-1994) dès 1932/33, rejointe par Marie-Louise Dubreil-Jacotin
     (1905-1972) en 1933/34.
8   M. Sonnet, « Combien de femmes au CNRS depuis 1939 ? », *Les femmes dans l'histoire
     du CNRS*, Paris, Mission pour la place des femmes au CNRS, Comité pour l'histoire
     du CNRS, 2004, p. 39-67 ; en ligne sur le site internet de la Mission pour la place des
     femmes au CNRS.
9   *Ibid.*

distribution relative des unes et des autres entre les sections ne présente pas de disparités aussi marquées – pour autant que le très petit effectif féminin permette d'en juger.

Sections de la CNS	% des chercheuses	% des chercheurs
Chimie	27 %	22 %
Physique	13 %	23 %
Sciences naturelles	21 %	19 %
Biologie	30 %	15 %
Mathématiques	1 %	10 %
Médecine expérimentale (après 1935)	6 %	6 %
Mécanique/Statist./Astronomie (après 1934)	2 %	5 %
Ensemble des sciences exactes	*100 %*	*100 %*
Histoire/Archéologie/Géographie	24 %	31 %
Philologie	28 %	23 %
Sciences juridiques	10 %	19 %
Philosophie	17 %	16 %
Sciences sociales	21 %	11 %
Ensemble des sciences humaines et sociales	*100 %*	*100 %*

Tableau 2 – Répartition différentielle des chercheuses et chercheurs CNS par section.

QUELS STATUTS POUR LES FEMMES À LA CAISSE NATIONALE DES SCIENCES ?

Les chercheuses de la CNS en sciences exactes se distinguant des chercheurs par leur polarisation sur deux disciplines présentent aussi des caractères propres en termes de statut[10]. Au recrutement, 90 % des femmes

---

10 Dans le cas des sciences humaines et sociales, le statut au recrutement n'est pas précisé dans toutes les listes annuelles de bénéficiaires et lorsque les sommes attribuées sont

rejoignent la CNS avec une simple bourse, contre 76 % seulement des hommes, 9 % en tant que chargées de recherche contre 16 % des hommes, 1 % en tant que maîtresse de recherche contre 5 % des hommes. Aucune n'est recrutée directrice de recherche alors que c'est le cas de 3 % des hommes. Les chercheuses accédant à la CNS sont donc presque exclusivement cantonnées au plus bas échelon, alors que leurs profils montreront qu'elles ne sont ni plus jeunes ni moins qualifiées que leurs homologues masculins. Le quart des hommes parviennent, eux, à s'intégrer directement à un niveau supérieur. La précision des taux, complet ou réduit, auxquels les bénéficiaires de la CNS perçoivent leurs bourses ou allocations permet de nuancer leurs conditions d'emploi[11]. Quand les boursières sont 60 % à être recrutées à taux plein, c'est le cas de seulement 52 % des boursiers, les hommes cumulant donc relativement plus souvent leur bourse avec une activité par ailleurs rémunérée. Ce qui pourrait apparaître comme une marque de valorisation particulière des jeunes chercheuses reflète en réalité surtout les moindres opportunités d'emplois offertes aux scientifiques débutantes qu'à leurs homologues masculins. Les jeunes femmes sont donc plus disponibles pour la CNS – les anciennetés acquises dans le système corroborant par ailleurs cette disponibilité féminine spécifique.

Pour le minuscule effectif féminin recruté à un niveau supérieur, 13 chargées de recherche et une maîtresse de recherche[12], c'est en revanche le taux réduit qui s'impose, à l'exception d'une seule chargée de recherche[13], quand près du quart des hommes chargés de recherche le sont à taux complet (21 sur 88) ainsi que quelques maîtres (cinq sur 34) et directeurs (deux sur 19) de recherche. Au-delà de la bourse, les femmes, à une seule et unique exception, ne sont plus recrutées que comme cumulantes, ce qui les prive de fait de l'affichage d'une identité professionnelle « entière » de chercheuse de la CNS.

Les anciennetés acquises en sciences exactes confirment le déficit d'alternatives ouvertes aux chercheuses, que l'on observe les « bénéficiaires

---

connues, celles-ci ne permettent pas de le restituer tant le dispositif de la CNS semble s'appliquer dans ce champ avec adaptations au cas par cas.

11   Le taux des bourses ou allocations attribuées est disponible pour 123 des 136 chercheuses et 659 des 715 chercheurs en sciences exactes.

12   Marcelle de Hérédia Lapicque (née en 1873) physiologiste, épouse du physiologiste Louis Lapicque (1866-1952), directeur de recherche CNS, avec qui elle collabore.

13   Thérèse Frémont (1910-1994), agronome, chargée de recherche une seule année à la CNS, en 1933/34.

météores », titulaires de bourse ne passant qu'un an à la CNS[14] alors qu'arrivés au plus tard en 1937/38 ils auraient pu y demeurer au moins deux ans et, par contraste, les arrivants de 1931/32 à 1934/35 qui ont, de fait, la possibilité d'y émarger cinq ans ou plus et le font. Si les boursières qui ne passent qu'un an à la CNS représentent 12 % de celles qui auraient la possibilité de s'y attarder, contre 15 % des boursiers dans le même cas, le différentiel sexué de fidélité à la CNS le plus probant se situe au niveau des longs séjours. En effet, 61 % des boursières (34/56), mais 51 % seulement des boursiers (135/263) susceptibles de s'y maintenir au moins cinq ans le font, signe d'une mobilité sur le marché du travail scientifique moins aisée pour elles que pour eux. Les hommes inscrits sur les listes d'aptitudes à l'enseignement supérieur, après obtention de leur doctorat, accèdent plus rapidement que leurs collègues féminines à une maîtrise de conférences, si tant est qu'à cursus égal elles finissent par y parvenir. La CNS est une position jugée trop précaire pour que les jeunes chercheurs s'y attardent dès lors que l'université leur tend les bras.

En sciences humaines et sociales, tous statuts confondus puisque la distinction rigoureuse n'est pas possible en l'état des sources, près de la moitié (4/9) des très rares femmes susceptibles de se maintenir cinq ans ou plus à la CNS le font, contre seulement un gros quart (28/102) des hommes. Dans un contexte de volatilité accentuée du personnel de recherche de ce champ, les chercheuses marquent toujours leur différence en se montrant plus dépendantes du dispositif.

Alfred Coville[15] dans son *Rapport préliminaire sur un statut des chercheurs*[16] présenté à la réunion du Conseil supérieur de la recherche scientifique de mars 1938 relève bien que, certes, une carrière entièrement consacrée à la recherche est possible « d'au moins 32 ans, et en supposant qu'elle ait commencé à 25 ans, poursuivie jusqu'à 57 ans », mais qu'« il n'est pas fréquent qu'une production scientifique puisse se prolonger d'une égale qualité et avec un égal succès pendant si longtemps, et, surtout, bien avant cet âge, la plupart des chercheurs n'ont-ils pas cherché et réussi à obtenir un emploi plus stable ni à s'assurer une retraite ? ». Sa remarque conduit à se demander qui sont les femmes désireuses de

---

14   Numériquement, la population des boursières et boursiers permet les comparaisons par sexe les plus sûres.
15   Alfred Coville (1860-1942) historien, chartiste, a été directeur de l'Enseignement supérieur au ministère de l'Instruction publique.
16   A.N.F/17/17464.

s'engager dans cette carrière assortie de précarité et sans certitudes de lendemains, quand elle n'est pas cumulée avec une fonction plus stable et protégée socialement.

REPÈRES POUR UN PORTRAIT COLLECTIF
DES CHERCHEUSES DE LA CAISSE NATIONALE
DES SCIENCES

Pour faire plus ample connaissance avec les bénéficiaires de la CNS, les informations biographiques minimalistes livrées par les listes annuelles ont été complétées grâce à l'exploitation d'autres archives résultant du fonctionnement de la Caisse, de certains dossiers de carrière et de sources d'état civil. De nombreux dictionnaires biographiques, généraux ou spécialisés, des annuaires d'anciens élèves ou d'institutions de recherche, enfin la presse générale et scientifique des années 1930 ont été également mobilisés. Les informations réunies contribuent à cerner les profils sociaux du groupe professionnel en gestation.

La « génération CNS » féminine est aux deux tiers née entre 1900 et 1914 en sciences exactes comme en sciences humaines et sociales ; 63 % des chercheurs en sciences exactes et 60 % en sciences humaines et sociales sont nés au cours de cette même période[17]. Néanmoins, la distribution spécifique des chercheuses dans l'échelle hiérarchique du dispositif – au plus bas – conduit à considérer le seul cas des boursières et boursiers pour rendre compte des différences démographiques sexuées, ce qui laisse de côté le champ des sciences humaines et sociales où les statuts ne sont pas définis.

Si, en sciences exactes, toutes sections confondues, les femmes comme les hommes obtiennent leur première bourse à 31 ans en moyenne, les âges médians d'obtention – 30 ans pour elles, 29 ans pour eux – font état d'un léger retard féminin. Ce retard est en réalité plus important

---

17   Informations disponibles : en sciences exactes : 133 années de naissances (de 1866 à 1819) connues pour 135 femmes et 700 (de 1844 à 1917) pour 715 hommes ; en sciences humaines et sociales : 29 années de naissances (de 1866 à 1914) connues pour 29 femmes et 211 (de 1857 à 1916) pour 225 hommes.

qu'il n'y paraît puisque les jeunes hommes ont été retenus 12 ou 18 mois par leurs obligations militaires à un tournant ou à la fin de leur cursus. Si l'on considère les âges moyens d'accès à la CNS dans les sections où les boursières sont les plus présentes, l'égalité théorique – 32 ans en biologie et 30 ans en chimie – cache donc de fait un retard féminin d'un à deux ans. La précocité la plus grande se rencontre en mathématiques, un peu retardée néanmoins pour les femmes : 27 ans en moyenne pour les hommes, 28 et 29 ans à l'intégration pour les deux seules mathématiciennes. Les « retardataires » diffèrent en revanche avec, côté boursières, 33 ans en médecine expérimentale et, côté bousiers, 35 ans en sciences naturelles[18]. En 1936, une disposition du règlement nouveau de la Caisse vise à rajeunir son vivier en fixant à 28 ans l'âge limite pour obtenir une bourse. Son effet s'observe sur les recrutements de 1937/38 dont l'âge moyen – 30 ans – a baissé d'un an. L'âge médian des chercheuses arrivantes s'est aligné pour sa part sur celui de leurs collègues masculins – 29 ans[19].

Les origines géographiques des chercheuses et chercheurs, observées dans leur répartition entre naissances en France ou à l'étranger, sont identiques, que l'on en considère la population générale de la CNS dont 85 % est née en France (métropolitaine, des colonies et d'outre-mer) et 15 % à l'étranger, ou les seules boursières et boursiers, avec 86 % en France et 14 % à l'étranger[20]. La quasi-identité des origines féminines et masculines est également de mise en sciences humaines et sociales – 83 % des naissances en France et 17 % à l'étranger pour les femmes, 82 % et 18 % pour les hommes[21] –, mais le recrutement est là sensiblement plus cosmopolite. Dans les deux champs de recherche, les natifs de l'étranger sont dans leur grande majorité des scientifiques juifs réfugiés d'Allemagne et de pays de l'Est fuyant le nazisme.

La seule distinction de genre décelable au niveau des lieux de naissance concerne l'importance des villes de France métropolitaine dans

---

18 Section où l'on rencontre parmi les boursiers quelques « vieux » autodidactes ou amateurs passionnés, de botanique notamment, contribuant à élever la moyenne d'âge masculine.

19 Calcul sur les 29 boursières et 125 boursiers en sciences exactes recrutés en 1937 dont les années de naissance sont connues.

20 Calcul sur les pays de naissances connus de 131 chercheuses et 667 chercheurs en sciences exactes.

21 Calcul sur les pays de naissances connus des 29 chercheuses et de 211 chercheurs en sciences humaines et sociales.

lesquelles sont nés les boursières et boursiers en sciences exactes. Être né à Paris ou dans sa proximité immédiate (anciens départements de la Seine et de la Seine-et-Oise) est un atout plus déterminant pour les femmes que pour les hommes : elles sont 32 % à en être natives contre 27 % pour eux. À l'autre extrémité du réseau urbain, la naissance dans une petite ville (ni universitaire, ni préfecture, ni sous-préfecture de département) ou un village semble un peu moins pénalisant pour eux, avec 34 % des natifs, que pour elles qui ne sont que 32 % à y être nées. Les hommes compensent leur moindre parisianisme par plus de naissances dans les grandes et moyennes villes : 39 % des boursiers et 36 % des boursières en proviennent.

Les origines sociales des boursières et des boursiers, recherchées pour l'heure uniquement pour celles et ceux qui, avec au moins cinq ans dans le dispositif, sont les plus engagés vers une carrière scientifique[22], se caractérisent par une surreprésentation du monde enseignant : plus du quart des pères et près de la moitié des (rares) mères ayant une profession autonome en relèvent. Cette prépondérance vaut pour les boursières comme pour les boursiers et fait place à tous les niveaux du personnel enseignant, de l'instituteur au professeur au Collège de France[23]. Au-delà de cette présence massive une relative diversité est à souligner, avec quatre groupes comptant 10 % environ de représentants chacun : les professions médicales, les ingénieurs et industriels, les commerçants et artisans, les employés. Ces deux dernières catégories, en leur ajoutant les quelques pères domestiques, ouvriers et agriculteurs rencontrés, laissent supposer qu'un gros quart des pères n'ont pas eux-mêmes suivi d'études supérieures et que les scolarités de leurs fils ou filles ont été facilitées par des bourses dès le niveau secondaire.

La population féminine de la CNS, tous statuts confondus, fait majoritairement une fois dans sa vie l'expérience du mariage : *a minima* 54 % en sciences exactes et 50 % en sciences humaines et sociales. Le célibat « définitif » (attesté au moins jusqu'à 50 ans) concernant 30 % des femmes en sciences exactes et 17 % en sciences humaines et sociales, il

---

22   Calculs sur 128 professions paternelles et 20 professions maternelles identifiées.
23   La même surreprésentation des enfants d'enseignants est constatée pour ces mêmes années 1930 parmi les élèves de l'École normale supérieure. C. Baudelot, F. Matonti, « Les Normaliens : origines sociales. Le recrutement social des normaliens 1914-1994 », École normale supérieure : le livre du bicentenaire, éd. J.-F. Sirinelli, Paris, PUF, 1994, p. 155-190.

reste une fraction des chercheuses dont le destin matrimonial demeure inconnu alors que les mariages observés à la CNS comme dans tous les groupes diplômés sont assez tardifs. Les chercheurs de la CNS, avec un mariage avéré pour (au moins) 80 % des hommes en sciences exactes et 67 % en sciences humaines, ont un taux de nuptialité beaucoup plus proche de celui de leurs contemporains qui est de 90 % des mariages à 50 ans pour les deux sexes. Mariage et recherche font indubitablement meilleur ménage pour les hommes que pour les femmes, ce que confirme un zoom sur les boursières demeurant au moins cinq ans à la CNS, soit les plus déterminées à faire carrière : leur score matrimonial descend à 44 % quand le taux de célibataires définitives parmi elles grimpe pour atteindre lui aussi 44 %.

Pour les jeunes femmes désireuses de mener de front vie d'épouse et vie de chercheuse le « choix » d'un conjoint appartenant aux milieux de la recherche ou de l'enseignement supérieur s'impose comme une condition quasi nécessaire. Une très forte endogamie est constatée chez elles puisque les trois quarts des professions de conjoints identifiées y ressortissent ; certains des époux étant eux-mêmes bénéficiaires de la CNS[24]. Le marché matrimonial des chercheurs est plus ouvert, notamment en direction de jeunes femmes qui, même si elles ont été rencontrées en cours d'études, ne mèneront pas de carrière. Ce dernier point est à relier avec les caractères bien différenciés de la parentalité chez les jeunes chercheuses et chercheurs. Si 62 % des boursières mariées sont mères pendant leurs années de CNS, comme 64 % des boursiers mariés sont pères, les femmes sont mères d'un ou de deux enfants, exceptionnellement de trois, quand les hommes sont fréquemment pères de trois enfants et plus, voire jusqu'à dix... Il est évident, dans un contexte où les modes de garde pour la petite enfance ne sont pas encore développés, que les épouses de ces pères de familles nombreuses renoncent à leurs ambitions professionnelles si elles en avaient, se faisant éventuellement les collaboratrices bénévoles et discrètes de leur chercheur ou professeur de mari ; certaines nécrologies de ces messieurs s'en font l'écho.

---

24   Au total « 17 couples CNS » ont été identifiés : 14 internes aux sciences exactes, deux mixtes sciences exactes / sciences humaines et sociales et le dernier interne à ces dernières.

DES DÉBUTS PROFESSIONNELS
ET DES CARRIÈRES QUI S'ENSUIVENT

Si théoriquement aucun diplôme ni niveau d'étude n'est requis pour obtenir une bourse, près des trois quarts des femmes (73 %) et près de la moitié des hommes (48 %) dont les candidatures sont retenues étaient déjà docteurs ou sur le point de soutenir (au plus tard dans l'année suivant leur recrutement) leurs thèses. L'intention louable d'ouvrir la CNS à des jeunes passionnés sans cursus accompli peine d'autant plus à se traduire dans les faits que la publicité pour ce financement passe par les titulaires de chaires et directeurs de laboratoires. Les âges moyens de soutenance, 32 ans pour les boursières et 31 pour les boursiers, reflètent à la fois le retard des parcours féminins déjà constaté et la concomitance de l'événement avec les débuts à la CNS.

Le fait que les chercheuses soient plus avancées sur la voie du doctorat que les chercheurs révèle un « ticket d'entrée » plus élevé dans leur cas, mais il convient de pondérer ce constat par la moindre présence féminine dans les cursus hors des facultés. Ainsi 17 boursiers sont d'anciens élèves de l'École normale supérieure de la rue d'Ulm, mais une boursière seulement[25], ce qui n'empêche pas, au demeurant, que les titulaires de l'agrégation soient relativement aussi nombreux chez les boursières (15 %) que chez les boursiers (16 %). Le titre d'ingénieur enfin, toutes spécialités et écoles confondues, est détenu par 30 boursiers, mais par une seule boursière.

Si la grande majorité des nouvelles recrues féminines de la CNS sont déjà docteures ou doctorantes très avancées, elles sont aussi, à part égale avec leurs collègues masculins, déjà auteures ou co-auteures, au plus tard l'année de leur première bourse, d'au moins une note scientifique. Ces « primo-publications » interviennent à 26 ans en moyenne pour les hommes et 27 ans pour les femmes dans un échantillon de 90 boursiers de première génération pour lesquelles les conditions d'accès à la publication ont été étudiées[26]. Les débuts d'auteurs se font, dans près de

---

25   La mathématicienne Marie-Louise Dubreil-Jacotin.
26   M. Sonnet, « Faire connaître ses travaux : l'accès à la publication de la première génération de boursières et boursiers de la Caisse nationale des sciences », *Communicating Science*, éd. M. Le Roux, à paraître aux Éd. Peter Lang.

la moitié (48 %) des cas, avec une note publiée dans les *Comptes rendus hebdomadaires des séances de l'Académie des sciences*. Les primo-publications paraissant dans des revues sont co-signées pour 55 % d'entre elles, le co-auteur étant le plus souvent un chercheur senior, directeur de thèse par exemple.

Les bénéficiaires de bourses et allocations de la CNS sont accueillis dans les laboratoires de facultés ou de grands établissements scientifiques pour y mener leurs recherches. Si les deux tiers des boursières, comme des boursiers en sciences exactes présents cinq ans au moins à la CNS, sont hébergés dans des laboratoires parisiens, une différenciation sexuée se fait jour au niveau de leur dispersion : 60 % des boursières, mais 38 % des boursiers seulement, ont pour lieu de travail la faculté des sciences. Les hommes sont donc plus éparpillés dans la capitale, ils sont plus nombreux que leurs collègues féminines à être présents dans les laboratoires du Collège de France, de l'Institut de biologie physico-chimique, du Muséum national d'histoire naturelle, de l'École normale supérieure, du Conservatoire national des arts et métiers, de l'Institut Pasteur ou de l'Observatoire de Paris. Il est remarquable que les boursières et boursiers qui travaillent à Paris vivent pour les deux tiers d'entre elles et eux dans les ve, vi^e et xive arrondissements de Paris, soit au plus près de leurs laboratoires, situés pour la plupart dans le « campus » scientifique de la montagne Sainte-Geneviève et de ses abords. Ce qui pourrait sembler un luxe relève de la nécessité quand des manipulations et expériences sont à surveiller à toute heure et sept jours sur sept. Nul doute que les boursières de biologie ou de chimie déjà mères de famille apprécient cette proximité entre leur résidence et leur laboratoire… Sans surprise, les universités de province les plus importantes développant une activité de recherche (facultés des sciences ou de médecine de Strasbourg, Lyon, Montpellier et Toulouse en premiers lieux), accueillent le tiers restant des boursiers de la CNS, ainsi que la faculté des sciences d'Alger. Les bénéficiaires cumulant leur bourse avec une fonction rémunérée, femmes ou hommes, sont le plus souvent assistants, chefs de travaux, préparateurs, moniteurs ou enseignent dans le secondaire. Quelques autres fonctions ne sont occupées que par des hommes, ainsi de diverses charges de cours ou de conférences et des services d'aide-astronome ou astronome-adjoint dans les observatoires.

Cinq ans après être entrés avec une bourse à la CNS, 82 % des femmes et 85 % des hommes toujours là sont promus chargés de recherche, score atteignant respectivement 87 % et 92 % pour les titulaires de bourses à taux plein. Les femmes présentent donc un léger déficit de promotion quel que soit leur taux d'emploi. Mais que sont devenus, en 1938/39, celles et ceux qui n'ont fait que passer dans le dispositif et ne sont plus là ? Le point sur la situation de la plupart peut être fait grâce au recensement en vue de la mobilisation scientifique et aux listes du corps électoral du Conseil supérieur de la recherche scientifique de 1938. Sur 297 ex-boursières et boursiers qui ne sont plus à la CNS en 1938/39, 187 sont localisables, en activité ailleurs[27]. Près du tiers seulement (66) sont restés à Paris, les autres sont en province : le rapport s'est inversé, le passage à une situation moins précaire imposant un éloignement, au moins temporaire. Pour les hommes, les anciens assistants cumulants de la CNS sont massivement devenus maîtres de conférence ou au moins chefs de travaux et quelques heureux ont été promus professeurs. Les femmes se démarquent de ce bilan puisque plus de la moitié sont restées à Paris où les opportunités professionnelles sont toujours meilleures pour elles. Leur glissement vers le haut de la hiérarchie universitaire est plus lent, la moitié sont toujours assistantes, une seule maîtresse de conférences et une seule professeure. Celles qui ont accédé à des postes à responsabilités les ont obtenus hors des facultés, au Muséum national d'histoire naturelle, à l'Institut du radium et à l'École des Hautes Études.

À plus long terme, et parmi la cohorte des boursières de sciences exactes ayant acquis cinq ans au moins d'ancienneté, les trois-quarts *a minima* (même proportion que chez leurs collègues masculins) mèneront une carrière complète dans la recherche ou l'enseignement supérieur, jusqu'à la retraite ou attestée au moins jusqu'à 60 ans. Des 34 femmes suivies, 10 poursuivront leur carrière au CNRS, achevée comme directrice de recherche pour six d'entre elles, et 11 comme professeures des universités ; quatre continuent à publier, mais leur fonction institutionnelle finale n'est pas connue, quatre décèdent prématurément, une abandonne la recherche, de même peut-être que les quatre perdues de

---

27   Une cinquantaine au moins des non-localisés de 1938/39 réapparaîtront ultérieurement menant des carrières complètes dans la recherche et/ou dans l'enseignement supérieur.

vue (à l'occasion d'un mariage tardif[28] ?). Chez les hommes, la douzaine de perdus de vue sont vraisemblablement à ajouter aux quatre ayant choisi de rejoindre le monde industriel, les autres poursuivant leurs carrières dans l'enseignement supérieur et la recherche, en y accédant pour nombre d'entre eux aux fonctions les plus prestigieuses que n'atteignent pas les anciennes boursières : chaire au Collège de France pour quatre d'entre eux ou direction du CNRS pour deux d'entre eux, par exemple.

Anciennes boursières comme anciens boursiers mènent donc très majoritairement des carrières scientifiques prolongeant leur engagement premier par la CNS, mais des carrières retardées à chacune de leurs étapes pour les femmes et se heurtant déjà dans leur cas à un plafond de verre toujours de mise aujourd'hui. Si le passage par la CNS dans les années 1930 a constitué un petit dénominateur commun aux carrières féminines et masculines scientifiques observées, le rythme de leurs développements et leurs aboutissements divergent. Il est frappant de constater par ailleurs que si 20 % de présence féminine à la CNS étaient atteints dès 1938/39, la féminisation du personnel de recherche permanent du CNRS en 2016 ne dépasse pas 33,9 % (38,1 % parmi les chargés de recherche et 28,6 % parmi les directeurs de recherche[29]) alors que les 30 % de femmes étaient atteints dès 1946 et que le « pic » des années 1960, avec 35 % de femmes, n'a pas été égalé depuis[30]. L'accès des femmes aux études supérieures et le nombre de femmes titulaires de doctorats sont pourtant sans commune mesure avec ce qu'ils étaient au sortir de la Seconde Guerre mondiale. Il n'y a donc pas eu progrès, mais stagnation de la présence des femmes dans l'institution qui a succédé à la CNS. Disponibles et actives dès les années 1930 lors de sa genèse, les femmes y prennent alors une place qu'on leur laisse d'autant plus volontiers que le statut est précaire. Quand le statut du personnel s'améliore, avec le salariat instauré au sortir de la Seconde Guerre mondiale puis la fonctionnarisation au début des années 1980, la concurrence avec les hommes se fait plus rude pour des postes de plus en plus convoités. La croissance des effectifs féminins comme leurs promotions s'en trouveront

---

28 Le risque de perdre de vue des chercheuses du fait d'un changement de nom lié à un mariage tardif est toutefois limité par leur usage constaté, dès cette période, de signer leurs publications de leur double nom patronymique et d'épouse.

29 *Bilan social et parité 2016*, Paris, CNRS, 2017 et en ligne sur le site du CNRS.

30 M. Sonnet, « Combien de femmes au CNRS depuis 1939 ? », *Les femmes dans l'histoire du CNRS*, *op. cit.*

durablement entravées, et d'autant plus sévèrement que les femmes n'intègrent que très lentement et difficilement les instances décision-naires en matière d'évaluation, de recrutements et d'orientation de la politique de recherche. Près d'un siècle après la création de la CNS et en dépit du déploiement, depuis le début du XXIe siècle, d'une politique égalitaire volontariste propre à l'institution et promue au plan européen, les chercheuses n'ont toujours pas pris au CNRS toute la place que pouvait faire espérer leur présence initiale dans la profession naissante.

Martine SONNET
IHMC (CNRS / ÉNS / université
Paris I Panthéon Sorbonne)

BIBLIOGRAPHIE

BAUDELOT, Christian ; MATONTI, Frédérique, « Les Normaliens : origines sociales. Le recrutement social des normaliens 1914-1994 », *École normale supérieure : le livre du bicentenaire*, éd. J.-F. Sirinelli, Paris, PUF, 1994, p. 155-190.

Bilan social et parité 2016, Paris, CNRS, 2017.

Comité pour l'histoire du CNRS, *Histoire documentaire du CNRS*, Tome 1, *années 1930-1950*.

GUTHLEBEN, Denis, *Histoire du CNRS de 1939 à nos jours : une ambition nationale pour la science*, Paris, A. Colin, 2009.

PICARD, Jean-François, *La République des savants : la recherche française et le CNRS*, Paris, Flammarion, 1990.

PIGEARD-MICAULT, Natalie, « La féminisation des facultés de médecine et de sciences à Paris : étude historique comparative (1868-1939) », *Les femmes dans le monde académique*, éd. R. Rogers ; P. Molinier, Rennes, PUR, 2016, p. 49-63.

SONNET, Martine, « Combien de femmes au CNRS depuis 1939 ? », *Les femmes dans l'histoire du CNRS*, Paris, Mission pour la place des femmes au CNRS, Comité pour l'histoire du CNRS, 2004, p. 39-67.

SONNET, Martine, « Faire de la recherche son métier ? Les "sciences humaines" à la Caisse nationale des sciences (1930-1939) », *Revue d'histoire des sciences humaines*, n° 34, printemps 2019, p. 125-154.

SONNET, Martine, « Faire connaître ses travaux : l'accès à la publication de la première génération de boursières et boursiers de la Caisse nationale des sciences », *Communicating Science*, éd. M. Le Roux, à paraître aux éditions Peter Lang.

LE RÔLE DE LA SCOLARISATION DES FILLES DANS L'ÉMANCIPATION DES FEMMES ALGÉRIENNES DÈS L'INDÉPENDANCE JUSQU'AU XXIe SIÈCLE

Le rôle de l'éducation dans le développement des pays et des sociétés est indéniable, ce qui explique pourquoi les autorités, surtout dans les pays en développement, y accordent autant d'importance. Au moment de son indépendance, l'Algérie a dû faire face à une situation complexe et difficile, y compris en matière de l'éducation. Pendant la période coloniale, très peu d'enfants issus des familles autochtones ont eu la possibilité de fréquenter l'école[1]. Certes, à l'avènement de la IIIe République est apparue la volonté de scolarisation massive, mais elle ne concernait pas nécessairement la population indigène, pour laquelle on ne prévoyait qu'une « scolarisation limitée » ou une « acculturation contrôlée[2] ». Parmi ces enfants indigènes scolarisés, il y avait très peu de filles[3], car, dans la famille traditionnelle, seulement la partie masculine de la progéniture était destinée à acquérir l'instruction. Telle était la situation il y a plus de cinquante ans ; l'écart entre les taux de scolarisation à cette époque-là et les temps présents témoigne d'un grand progrès de ce pays maghrébin dans le domaine.

---

1 K. Kateb souligne « la faiblesse du niveau de scolarisation » (paragraphe 70) dont le taux le plus élevé n'a atteint que 16,7 % en 1954 ; *Cf.* K. Kateb, « Les séparations scolaires dans l'Algérie coloniale », *Insaniyat*, 2526/2004, https://journals.openedition.org/insaniyat/6242#tocto1n7, consulté le 2 juin 2018.

2 A. Kadri, « Histoire du système d'enseignement colonial en Algérie », *La France et l'Algérie : leçons d'histoire : De l'école en situation coloniale à l'enseignement du fait colonial*, éd. F. Abécassis, Lyon, ENS, 2007, http://books.openedition.org/enseditions/1268, consulté le 2 juin 2018, paragraphe 8. L'auteur remarque à ce propos : « La politique scolaire coloniale a été [...] prise au piège d'une contradiction insurmontable : scolariser, c'est acculturer mais c'est aussi éveiller les consciences et courir le risque de mettre en cause le rapport colonial » (paragraphe 6).

3 K. Kateb, *op. cit.* : « Les filles indigènes algériennes furent tardivement scolarisées y compris dans les centres urbains mais surtout en petit nombre » (paragraphe 79).

Dans le présent article, nous voudrions accorder une importance particulière à l'organisation de l'enseignement offert aux filles algériennes et étudier son impact sur leur émancipation. Premièrement, nous expliquerons les enjeux liés à l'enseignement à la fin de la période coloniale et présenterons l'évolution du système éducatif algérien, ensuite nous analyserons des données statistiques relatives à l'instruction des filles, pour passer, dans la dernière partie, aux conséquences de cette scolarisation sur la situation actuelle des Algériennes.

PÉRIODE COLONIALE
ET GUERRE DE LIBÉRATION

La période coloniale se caractérisait entre autres par l'implantation des institutions françaises sur le territoire algérien, comme la juridiction pénale. Le système éducatif se caractérisait par un dédoublement : la population européenne fréquentait les écoles mutuelles, pendant que pour les indigènes l'administration coloniale a ouvert des écoles musulmanes françaises (en 1850 six écoles pour les garçons et quatre pour les filles[4]). En pratique, cela signifiait que les écoles publiques françaises n'étaient fréquentées presque que par des enfants des colons, et que très peu d'enfants musulmans avaient la possibilité de suivre un enseignement au niveau primaire (3,8 % en 1911, 7,9 % en 1936, 9,8 % en 1948 et 16,7 % en 1954[5]) et encore moins de continuer leur éducation aux niveaux secondaire ou supérieur[6].

Après la Seconde Guerre mondiale, avec l'apparition du mouvement national algérien, la question de la scolarisation de la population autochtone est devenue pressante pour la métropole, afin que la France puisse se présenter dans le rôle de l'éducateur principal de toute la nation.

En passant, il convient de rappeler que, durant l'époque coloniale, le corps de la femme constituait l'objet des enjeux politiques cruciaux,

---

4   *Ibid.*, paragraphe 54.
5   *Ibid.*, tableau 7.
6   *Cf.* A. Kadri, *op. cit.*, les parties « Le supérieur » (paragraphes 19-28) et « Le secondaire : un recrutement dérisoire » (paragraphe 29).

et cela aussi bien de la part des Algériens – femme algérienne comme symbole de l'intégrité et d'identité nationales qu'il fallait impérativement protéger –, que de la part de la France métropolitaine – femme algérienne en tant que bastion de l'algérianité qu'il faut conquérir. Dans ce contexte, la scolarisation des filles musulmanes « revêt une importance particulière, tant le statut des filles est symbolique et symptomatique des enjeux "civilisationnels" qui se jouent[7] ».

Par conséquent, en 1951, Paule Malroux[8] soumet à l'Assemblée de l'Union française une proposition de résolution selon laquelle l'instruction des filles en Algérie serait obligatoire. Mais cette idée se heurte aux préjugés culturels – selon l'opinion générale, la scolarisation est destinée aux garçons –, de même qu'aux difficultés économiques et sociales de nombreuses familles algériennes pour lesquelles l'instruction des filles serait une charge financière trop grande. Une forme d'éducation qui conjuguerait la transmission des connaissances intellectuelles, de la puériculture et des savoirs pratiques (p. ex. ménagers) pourrait constituer un remède à cette situation. Ainsi, dès 1955, la priorité est-elle donnée à la scolarisation des filles musulmanes et la proposition de Malroux est réalisée en 1958 quand « l'obligation des filles est décrétée dans le primaire et leur accès dans l'enseignement secondaire et supérieur est favorisé[9] » grâce à la législation adoptée par le gouvernement français (l'arrêté du 20 février 1958 et l'ordonnance du 20 août 1958). La situation n'est pourtant pas optimiste : 95 % des filles algériennes sont toujours illettrées, il y a des disproportions manifestes entre les régions, notamment entre les grandes villes et la campagne, de même qu'une hostilité persistante de certaines familles à l'idée de l'instruction des filles dans des écoles françaises publiques et laïques, ainsi qu'à la mixité de ces établissements. Pour répondre à cette réticence et proposer à ces parents une alternative, un réseau d'écoles privées musulmanes se répand, incité par le Front de libération nationale, non sans opposition de la part de l'administration française. La sollicitation de la métropole en matière de la scolarisation des filles algériennes montre bien que celles-ci « constituent la moitié du corps

---

7   D. Sambron, *Les femmes algériennes pendant la colonisation*, Paris, Riveneuve, 2009, p. 211.
8   Institutrice, conseillère de l'AUF, épouse d'Augustin Malroux, député du Tarn (1936-1940) socialiste (SFIO), résistante, déportée et décédé en 1945 au camp de Bergen-Belsen (Allemagne).
9   D. Sambron, *op. cit.*, p. 212.

social musulman le plus convoité dans la politique d'intégration menée au moment de la guerre[10] ».

En 1962, les autorités de la jeune république indépendante doivent faire face à de nouveaux problèmes : « le départ de nombreux enseignants vers la France, combiné avec la politique d'arabisation, a déstabilisé le système éducatif naissant pendant au moins une décennie[11] ». De plus, seulement 15 % de tous les enfants d'âge scolarisable fréquentent l'école, l'obligation scolaire est donc loin d'être généralisée. Même si dans l'enseignement primaire la part des filles et celle des garçons sont presque les mêmes, le nombre des filles dans le secondaire et le supérieur est infime. Le taux d'analphabétisme féminin reste également très élevé : 90 % des femmes entre 15 et 32 ans sont toujours illettrées. Pour sortir de cette impasse, le gouvernement adopte des législations en faveur de l'égalité entre les sexes en matière de scolarisation : la Constitution algérienne de 1963 ainsi que la Charte nationale algérienne de 1976 maintiennent le droit à l'instruction pour les filles. Pour que la loi ne reste pas lettre morte, les autorités introduisent des moyens ayant pour but de faciliter l'intégration des établissements scolaires par la partie féminine de la jeunesse, notamment la généralisation des internats pour filles et la mise en place de la politique de bourse. Malgré cela, les inégalités régionales restent très fortes : « le taux de scolarisation dans les grandes villes est d'environ 90 %, alors qu'il est de 50 % dans les campagnes avec des taux d'analphabétisme proches de 70 %[12] ».

Aussi la nouvelle école algérienne diffère-t-elle beaucoup de celle instaurée par les colons, comme si le gouvernement tentait à tout prix de rompre avec le système imposé par la France. Le nouveau modèle comportant des cursus de neuf années divisées en trois cycles de trois ans chacun (cycle de base, d'éveil et terminal) provient des pays de l'Est. Or, il ne fonctionne pas comme il faut, si l'on en croit le taux très bas de réussites au baccalauréat, à savoir seulement 25 % des réussites en 1982[13]. En ce qui concerne l'enseignement supérieur, l'université est basée sur le modèle américain, mais ses résultats ne sont guère plus

---

10 *Ibid.*, p. 219.
11 A. Akkari, « La scolarisation au Maghreb : de la construction à la consolidation des systèmes éducatifs », *Carrefours de l'éducation*, n° 27, 2009, p. 230.
12 D. Sambron, *op. cit.*, p. 224.
13 Y. et C. Lacoste, éd., *L'État du Maghreb*, Paris, La Découverte, 1994.

convaincants. La primauté attribuée à l'enseignement général a pour conséquence un manque s'approfondissant des spécialistes techniques et, en second lieu, elle contribue d'une certaine manière à l'augmentation du chômage. Telle est la situation au lendemain de l'indépendance et elle évolue avec le temps.

ÉDUCATION EN ALGÉRIE

Avant d'entrer dans les détails, nous voudrions commencer par une brève présentation du système algérien d'éducation nationale. Il a été mis en place en 2008 conformément à la loi d'orientation sur l'éducation nationale[14]. Il comprend trois niveaux : le préscolaire, l'éducation fondamentale et l'enseignement secondaire. L'éducation préscolaire concerne les enfants âgés de 3 à 6 ans et n'est pas obligatoire. L'éducation préparatoire concerne seulement les enfants de 5 ans afin de les préparer à entrer dans l'enseignement. L'enseignement fondamental est obligatoire, il dure neuf ans et est divisé entre l'enseignement primaire et moyen qui assurent à tous les élèves les savoirs fondamentaux nécessaires et les compétences essentielles. L'enseignement primaire dure cinq ans, il est dispensé dans des écoles primaires et se termine par un examen final. À son tour, l'enseignement moyen dure quatre ans, il est dispensé dans des collèges d'enseignement moyen et se termine par un examen pour l'obtention du brevet d'enseignement moyen. Les élèves de quatrième année ont le choix entre la continuation de la scolarisation dans l'enseignement secondaire général et technologique, la formation professionnelle ou la vie active. L'enseignement secondaire général et technologique dure trois ans, est dispensé dans des lycées et se termine par le baccalauréat de l'enseignement secondaire. Après le baccalauréat, les jeunes gens ont la possibilité de poursuivre leur éducation dans des établissements de l'enseignement supérieur[15].

---

14 Loi n° 08-04 du 15 Moharram 1429 correspondant au 23 janvier 2008 portant loi d'orientation sur l'éducation nationale.

15 « Données mondiales de l'éducation. 7ᵉ édition 2010/11. Algérie. Version révisée, mai 2012 ». Rapport du Bureau international d'éducation de l'UNESCO, http://www.ibe.

	Baccalauréat de l'enseignement secondaire
ENSEIGNEMENT SECONDAIRE	ENSEIGNEMENT SECONDAIRE GÉNÉRAL ET TECHNOLOGIQUE Type d'écoles : lycées Durée : 3 ans (l'âge de 15-18 ans)
	Brevet d'enseignement moyen
ENSEIGNEMENT FONDAMENTAL obligatoire Durée : 9 ans	ENSEIGNEMENT MOYEN Type d'écoles : collèges d'enseignement moyen Durée : 4 ans (l'âge de 11-15 ans)
	ENSEIGNEMENT PRIMAIRE Type d'écoles : écoles primaires Durée : 5 ans (l'âge de 6-11 ans)
ENSEIGNEMENT PRÉSCOLAIRE (facultatif : l'âge de 3-6 ans)	ÉDUCATION PRÉPARATOIRE Type d'écoles : écoles préparatoires, des jardins d'enfants et des classes enfantines (l'âge de 5 ans)

FIG. 1 – Structure du système d'éducation en Algérie dès 2008.

Bien que le système ne soit pas parfait et que la qualité de l'éducation proposée laisse à désirer[16], de plus en plus grande partie de la société algérienne en profite, dont témoigne l'augmentation constante du nombre de personnes alphabétisées, y compris celui de femmes. En 2008, il y avait presque deux fois plus d'analphabètes parmi les femmes que parmi les hommes, bien que leur nombre pour les deux sexes ait considérablement diminué. Si l'on regarde l'écart qui s'est opéré entre 1966 et 2008 (donc

---

unesco.org/fileadmin/user_upload/Publications/WDE/2010/pdf-versions/Algeria.pdf, consulté le 31 mai 2018. Voir aussi la loi d'orientation sur l'éducation nationale, *op. cit.*, « Titre trois : organisation de la scolarité ».

16 Le 3 février 2015, pendant sa conférence de presse, le Rapporteur Spécial des Nations Unies sur le droit à l'éducation, Kishore Singh, a rendu compte de sa visite officielle en Algérie. Parmi les problèmes dans le système scolaire algérien, il a énuméré entre autres la qualité de l'éducation, la qualification des enseignants, l'abandon scolaire, le redoublement et la surcharge dans les écoles (« Déclaration du Rapporteur Spécial sur le droit à l'éducation à la fin de sa visite en Algérie [27 janvier-3 février 2015] » http://www.ohchr.org/FR/NewsEvents/Pages/DisplayNews.aspx?NewsID=15534&LangID=F). En témoigne également la position de l'Algérie dans la dernière enquête Pisa (Programme for international student assessment) de l'Organisation de coopération et de développement économiques (OCDE), qui a évalué en 2015 la qualité, l'équité et l'efficacité des systèmes scolaires dans 72 pays : elle apparaît avant-dernière dans le classement (http://www.oecd.org/pisa/pisa-2015-results-in-focus-FR.pdf).

en 42 ans) (figure 2) nous pouvons voir que le pourcentage des femmes analphabètes dans la société algérienne a diminué de 52,3 %. Néanmoins, si nous regardons les données les plus récentes, nous pouvons observer un grand recul de l'analphabétisme dans la société algérienne : en dix ans le taux d'analphabétisme dans toute la population a diminué de 12,2 %. En outre, le progrès le plus considérable dans la matière d'alphabétisation a été fait par les femmes : plus de 90 % des femmes en Algérie savent lire et écrire, en dépassant ainsi les hommes. Si l'on considère que parmi les personnes prises en compte, il y a également des générations plus âgées dont les représentants n'ont pas eu la possibilité de fréquenter l'école (et, nous avons déjà insisté là-dessus, cela est surtout vrai pour les femmes) nous pouvons constater un grand changement en la matière, de même que la généralisation de la scolarisation des enfants de deux sexes.

Année	1966	1977	1987	1998	2008	2017[17]	Écart 1966-2008	Écart 2008-2017
Masculin	62,3	48,2	30,8	23,7	15,6	11,2	46,7	4,4
Féminin	85,4	74,3	56,7	40,3	29,0	9,1	56,4	19,9
Total	74,6	58,1	43,6	31,9	22,3	10,1	52,3	12,2

FIG. 2 – Évolution du taux d'analphabétisme
de la population âgée de 10 ans et plus selon le genre – 1966-2008 (%).
Source : ONS : Collection statistique n° 80 – Recensement général
de la population et de l'habitat (RGPH) (ménages ordinaires et collectifs)
1998 – RGPH 2008 – APS pour 2017.

Dans l'enseignement fondamental, nous pouvons observer une grande évolution du taux de scolarisation des enfants des deux sexes (figure 3). Au lendemain de l'indépendance, seulement 47,2 % des

---

17 Les dernières statistiques officielles disponibles datent du 2008 et proviennent des enquêtes effectuées auprès des ménages (résultats du cinquième recensement général de la population et de l'habitat [RGPH] [ménages ordinaires et collectifs] durant la période du 16 au 30 avril 2008 disponibles sur le site internet de l'ONS http://www.ons.dz/IMG/pdf/pop9_national.pdf). Les données les plus récentes sont apportées par Algérie Presse Service à partir du discours d'Aicha Bakri, la présidente de l'Association Algérienne d'alphabétisation Iqraa, prononcé le 5 février 2018 à l'occasion de l'inauguration d'un centre d'alphabétisation à Ain Bessam (http://www.aps.dz/algerie/69434-baisse-a-10-du-taux-general-de-l-analphabetisme-en-algerie).

enfants scolarisables fréquentaient l'école, alors qu'en 2008 ce taux a presque doublé. L'écart est plus visible dans le cas des filles : 36,9 % en 1966 contre 90,6 % en 2008. Il faut également noter qu'à présent, les disproportions entre les filles et les garçons sont à ce niveau minimes et qu'elles changent en faveur des filles dans la suite de l'éducation : « la présence des filles dans l'enseignement secondaire et supérieur est devenue plus importante que celle des garçons[18] ».

Année	1966	1977	1987	1998	2008	Écart 1966-2008
TOTAL	47,2	70,4	79,9	83,1	91,1	43,9
– Garçons	56,8	80,8	87,8	85,3	91,6	34,8
– Filles	36,9	59,6	71,6	80,7	90,6	53,7
Écart G-F	19,9	21,2	16,2	4,6	1	

FIG. 3 – Évolution du taux de scolarisation des 6-15 ans
selon le genre – 1966-2008 (%).
Source : RGPH 1966, 1977, 1987, 1998 et 2008.

L'une des plus grandes difficultés éducationnelles auxquelles l'Algérie est à présent confrontée est un nombre toujours assez élevé de déperditions scolaires dans le cycle primaire et moyen qui s'élèvent à plus de 500 000 par an[19]. Les causes de cette situation sont multiples, surtout en milieu rural : « la pauvreté, l'absence ou l'éloignement des écoles, l'implication des enfants dans les tâches agricoles ou domestiques est une tendance à privilégier la prolongation de la scolarisation des garçons par rapport à celle des filles au sein de certaines familles[20] ».

Il faut également prendre en considération les taux de redoublement qui concernent davantage les garçons. Les filles réussissent mieux à tous les niveaux de l'éducation, bien que les résultats ne soient pas toujours

---

18 K. Kateb, « Scolarisation massive des femmes et changement dans le système matrimonial des pays du Maghreb : Cas de l'Algérie », *Démographie et Cultures (Actes du colloque de l'AIDELF)*, Québec, Association Internationale des Démographes de Langue Française, 2008, p. 983.

19 Y. Kocoglu, *Formation et emploi des jeunes dans les pays méditerranéens. Fiche pays système d'éducation et de formation : Algérie*, Rapport commandité par l'OCEMO dans le cadre du programme Méditerranée Nouvelle Chance (MedNC), Lead, Université du Sud Toulon-Var, 2014, p. 9.

20 A. Akkari, *op. cit.*, p. 232.

satisfaisants et que les taux de réussite au bac oscillent aux environs de 50 % pour la totalité de lycéens se présentant au bac, avec un écart considérable entre les deux genres (figure 4). Toujours est-il que le développement de l'instruction féminine est un fait et il prouve que les filles voient dans la poursuite de leur instruction une voie de promotion par la scolarisation, ainsi qu'« une opportunité d'échapper à l'enfermement familial et, au-delà, à la condition féminine[21] ».

Année	1997	2004	2017	Écart 1997/2004	Écart 2004/2017
Total	26,9	42,5	56,07	+15,6	+13,57
– Garçons	26,4	36,4	35	+10	–1,4
– Filles	27,3	44,5	65	+17,2	+20,5
Écart F-G	+0,9	+8,1	+30		

FIG. 4 – Évolution des taux de réussite au bac – 1997-2017 (%).
Source : MEN-APS pour 2017.

En deux décennies, le nombre de filles dans l'enseignement supérieur s'est accru de 24,5 % (figure 5). Le changement le plus remarquable s'est opéré dans les domaines des sciences exactes et des sciences de la nature et de la terre, pendant longtemps considérés comme masculins. En 2013, les filières avec le pourcentage le plus élevé des filles sont les lettres, les sciences de la nature et de la terre, les sciences exactes, les sciences médicales et les sciences sociales, ce qui témoigne qu'elles sont présentes à peu près dans tous les domaines universitaires. « Par contre, la présence d'un nombre important de jeunes filles dans une filière n'est pas toujours liée à des choix personnels et ne doit pas être forcément interprétée comme l'expression de mutations des mentalités, de vocation ou d'aspiration sociale[22] ».

---

21 S. Houria, « Scolarisation – Travail et Genre en Algérie », *Afrique et développement*, vol. XXXII, n° 3, 2007, p. 127.
22 Conseil National Économique et Social, « Rapport : Femme et marché du travail », Alger, Publication du CNES, 2005, p. 90.

	1990/1991			2002/2003			2012/2013		
	Total	Filles	part des filles (%)	Total	Filles	part des filles (%)	Total	Filles	part des filles (%)
T. C technologie et Sciences exactes	33 628	10 050	29,9	41 914	14 279	34,1	–	–	–
Technologies	44 584	13 183	29,9	86 978	28 718	33	37 524	12 571	33,5
Sciences exactes	8 412	3 775	44,9	9 633	5 722	59,4	6 873	4 643	67,6
Sciences appliquées	4 177	–	–	914	267	29,2	277	126	45,5
Sciences de la nature et de la terre	16 803	8 916	53,1	42 923	28 162	65,6	17 471	13 223	75,7
Sciences médicales	24 838	11 774	47,4	44 674	26 331	58,9	5 901	3 828	64,9
Sciences vétérinaires	4 916	1 612	32,8	4 827	2 045	42,4	1 150	488	42,4
Sciences économiques, gestion et commerce	17 846	6 132	34,4	119 001	60 960	51,2	–	–	–
Sciences sociales	13 906	7 209	51,8	52 447	3 277	6,3	118 226	75 317	63,7
Sciences juridiques	11 247	4 264	37,9	96 334	59 596	61,9	–	–	–
Sciences politiques et de l'information	2 174	918	42,2	15 377	9 142	59,5	–	–	–
Lettres/ langues	15 027	10 129	67,4	74 971	58 934	78,6	46 457	37 213	80,1
Total	197 560	77 962	39,5	589 993	326 933	55,4	233 879	147 409	63

Fig. 5 – Répartition par filière et selon le genre
des inscrits en graduation – 1990-2013.
Sources : MESRS : Rétrospective statistique – ONS : Annuaire
statistique de l'Algérie 2014, vol. 30, résultats 2010-2012.

Aussi le nombre croissant de filles vivant dans les cités universitaires (figure 6), qui commence à dépasser largement le nombre de garçons, témoigne-t-il d'une évolution des mentalités en ce qui concerne l'habitat de la fille en dehors de la maison familiale, y compris dans des maisons étudiantes parfois mixtes.

Année	1999/2000	2012/2013	Écart 1999/2013
Total	215 292	445 248	229 956
– Garçons	107 641	156 651	49 010
– Filles	107 651	288 597	180 946
Part des filles dans l'ensemble (%)	50	64,82	14,82

FIG. 6 – Évolution des résidents en cités universitaires selon le genre – 1999-2013.
Sources : MESRS : Rétrospective statistique et bilan de la formation supérieure 2001-2002 – ONS : Annuaire statistique de l'Algérie 2014, vol. 30, résultats 2010-2012.

En nous basant sur les données présentées, nous pouvons conclure que les filles obtiennent de meilleurs résultats scolaires que leurs pairs masculins. Elles sont aussi de plus en plus présentes à tous les niveaux de l'enseignement et dans toutes les filières. Cela fait preuve que la ségrégation sexuelle d'antan a cédé la place à une véritable mixité.

TRAVAIL COMME CONSÉQUENCE
DE LA SCOLARISATION

La scolarisation généralisée des filles entraîne plusieurs transformations sociales. Tout d'abord, elle permet aux femmes d'accéder au salariat et devient de cette façon un des plus grands acquis de l'indépendance, en s'ingérant dans les structures profondes de la société puisqu'elle « perturbe les règles qui fondent et gèrent le mariage et la famille[23] ». Parmi ses

---

23   F. Aït Sabbah, *La femme dans l'inconscient musulman*, Paris, Albin Michel, 2010, p. 44.

conséquences, il faut noter le recul de l'âge du mariage, l'augmentation du nombre de célibataires, une maîtrise de la fécondité et une réduction sensible des grossesses précoces (avant l'âge de 20 ans)[24]. Tous ces changements constituent des facteurs de stimulation et de facilitation de l'intégration de la femme dans le monde du travail et, par conséquent, favorisent l'accroissement de la demande féminine de travail.

Pourtant, le travail féminin est un phénomène relativement nouveau, vu qu'il est apparu dans les années soixante, c'est-à-dire avec l'indépendance. Étant donné son caractère et le bouleversement qu'il provoque dans les règles de la société traditionnelle où c'est sur l'homme que pèse la responsabilité, y compris économique, pour la famille et le devoir de l'entretenir, le salariat des femmes ne s'est pas encore définitivement imposé. Bien que certains admettent qu'il n'est pas un facteur libérateur[25], il influence de plus en plus les mentalités, même conservatrices et traditionalistes :

> Le revenu, essentiellement salarial, des femmes constitue un facteur de changement dans les rapports de sexe dans une société qui n'avait connu que le travail des paysannes. Le travail féminin, même limité, apparaît comme un horizon possible et structure la conscience et les représentations féminines[26].

Quoi que l'on en dise, le travail à l'extérieur change la réalité des femmes : elles ne sont plus cantonnées dans les quatre murs de la maison, elles deviennent plus indépendantes et appréhendent moins l'avenir, vu qu'elles sont capables de se prendre en charge elles-mêmes.

Bien évidemment, la présence des femmes sur le marché de travail dérange, car non seulement elles deviennent une concurrence pour les hommes, mais aussi elles perturbent l'ordre social et menacent la position habituelle des chefs de famille. La confusion des rôles qui accompagne ce phénomène remet en cause les fondements de la société patriarcale et dénie la suprématie masculine :

> Ce qui perturbe l'Islam conservateur, c'est la confusion des rôles et des espaces : un homme qui reste à la maison et une femme qui vit une partie de sa journée

---

24 *Cf.* K. Kateb, « Scolarisation massive des femmes… », *op. cit.*, p. 995.
25 *Cf.* M. Rebzani, *La vie familiale des femmes algériennes salariées*, Paris, L'Harmattan, 1997, p. 55.
26 Z. Haddab, « En Algérie », *Clio. Histoire, femmes et sociétés*, n°9, 1999, http://journals. openedition.org/clio/639, DOI : 10.4000/clio.639, consulté le consulté le 2 juin 2018.

à l'extérieur dérangent le système. Une femme qui gagne de l'argent et un homme qui n'en gagne pas perturbent le schéma, d'où la portée psychologique du chômage des hommes dans cette période de crise économique, et peut-être l'esquisse d'une explication du phénomène de l'intégrisme [...][27].

Ainsi, la généralisation de la scolarisation et l'arrivée des femmes bien formées et diplômées sur le marché du travail mènent à la modification considérable de la famille traditionnelle. Bien qu'il soit loin de se généraliser, ce phénomène est un vecteur incontestable des changements dans la société algérienne.

CONCLUSION

À certains égards, la situation des Algériennes s'est améliorée. Les femmes travaillent pratiquement dans tous les secteurs, elles ont réussi à se faire une place par leurs talents dans de multiples domaines comme l'éducation, la santé, l'entreprise, la littérature, la recherche universitaire, le journalisme, la culture, les arts, et même le commerce. Elles sont aussi plus instruites et plus diplômées que leurs collègues masculins. Bien qu'elles soient encore généralement « écartées des lieux politiques [...] où s'élaborent les décisions les concernant[28] », certaines d'entre elles ont réussi à devenir cadres ou entrer au gouvernement, et leur présence dans l'espace public est de plus en plus importante.

Aussi les structures familiales se voient-elles modifiées par le travail féminin. Les Algériennes expriment une volonté de s'investir dans la carrière professionnelle et renoncent au mariage précoce, ce qui se traduit notamment par un recul de l'âge moyen du mariage (de 18 ans en 1966 à 30 ans en 2015[29]). Encore que les raisons de ce phénomène soient multiples (il faut en énumérer entre autres des conditions économiques défavorables et une crise de logements), la scolarisation des femmes y

---

27   F. Aït Sabbah, *op. cit.*, p. 39.

28   A. Lamchichi, « Une bataille ardente et obstinée », *Confluences Méditerranée*, n° 59, 2006, p. 9.

29   « The Global Gender Gap Report 2015 », rapport sur les inégalités de genre publié annuellement par le Forum économique mondial, p. 91, http://www3.weforum.org/docs/GGGR2015/cover.pdf, consulté le 3 juin 2018.

joue un rôle déterminant : « l'instruction entraîne [...] un fort désir d'émancipation des femmes qui aspirent de plus en plus à choisir librement leur futur conjoint, et surtout à réaliser une carrière professionnelle avant de se marier[30] ». Ce changement s'accompagne d'une baisse de fécondité (7,67 enfants par femme en 1965 contre 2,84 enfants par femme en 2015[31]) et d'un recul de l'âge moyen à la maternité (31 ans en 2017[32]). Tout cela prouve que de plus en plus de femmes en Algérie s'opposent à l'enfermement dans le foyer et à la réduction au rôle traditionnel de mère et d'épouse. Si cela est aujourd'hui possible, c'est en grande partie grâce à cette « révolution scolaire[33] » qui, il y a déjà cinquante ans, a permis à des milliers de filles de prendre le chemin à l'école. Il nous semble donc fondé de dire que, pour l'Algérie contemporaine, la scolarisation généralisée des filles a permis un changement des mentalités, et ainsi, a largement contribué à l'émancipation des Algériennes.

Magdalena MALINOWSKA
Université de Silésie à Katowice

---

30 Z. Ouadah-Bedidi, « Avoir 30 ans et être encore célibataire : une catégorie émergente en Algérie », *Autrepart* 2005/2, n° 34, p. 46.

31 *Perspectives monde. Outil pédagogique des grandes tendances mondiales depuis 1945*, Université de Sherbrooke, http://perspective.usherbrooke.ca/bilan/tend/DZA/fr/SP.DYN.TFRT. IN.html, consulté le 8 juin 2018.

32 « The Global Gender Gap Report 2017 », rapport sur les inégalités de genre publié annuellement par le Forum économique mondial, p. 61, http://www3.weforum.org/docs/ GGGR2015/cover.pdf, consulté le 3 juin 2018.

33 B. Stora, *Histoire de l'Algérie depuis l'indépendance (1962-1988)*, Paris, Éditions de la Découverte, 2004, p. 48.

BIBLIOGRAPHIE

Aït Sabbah, Fatna, *La femme dans l'inconscient musulman*, Paris, Albin Michel, 2010.

Akkari, Abdeljalil, « La scolarisation au Maghreb : de la construction à la consolidation des systèmes éducatifs », *Carrefours de l'éducation*, n° 27, 2009, p. 227-244.

Conseil National Économique et Social (CNES), « Rapport : Femme et marché du travail », Publication du CNES, 2005, http://www.cnes.dz/cnes/wp-content/uploads/Rapport-sur-la-femme-et-marché-du-travail.pdf, consulté le 19 octobre 2016.

Hachlouf, Brahim, « La femme et le développement au Maghreb. Une approche socio-culturelle », *Afrika Focus*, n° 4, 1991, p. 330-354.

Haddab, Zoubida, « En Algérie », *Clio. Histoire, femmes et sociétés*, n° 9, 1999, http://journals.openedition.org/clio/639, DOI : 10.4000/clio.639, consulté le 24 novembre 2014.

Houria, Sadou, « Scolarisation – Travail et Genre en Algérie », *Afrique et développement*, vol. XXXII, n° 3, 2007, p. 121-130.

Kadri, Aïssa, « Histoire du système d'enseignement colonial en Algérie », *La France et l'Algérie : leçons d'histoire : De l'école en situation coloniale à l'enseignement du fait colonial*, éd. Frédéric Abécassis, Lyon, ENS, 2007, http://books.openedition.org/enseditions/1268, consulté le 2 juin 2018.

Kateb, Kamel, « Les séparations scolaires dans l'Algérie coloniale », *Insaniyat*, 2526/2004, https://journals.openedition.org/insaniyat/6242#toctoln7, consulté le 2 juin 2018.

Kateb, Kamel, « Scolarisation massive des femmes et changement dans le système matrimonial des pays du Maghreb : Cas de l'Algérie », *Démographie et Cultures (Actes du colloque de l'AIDELF)*, Québec, Association Internationale des Démographes de Langue Française, 2008, p. 979-998, http://retro.erudit.org/livre/aidelf/2008/001548co.pdf, consulté le 2 octobre 2017.

Kocoglu, Yusuf, *Formation et emploi des jeunes dans les pays méditerranéens. Fiche pays système d'éducation et de formation : Algérie*, Rapport commandité par l'OCEMO dans le cadre du programme Méditerranée Nouvelle Chance (MedNC), Lead, Université du Sud Toulon-Var, 2014, http://ufmsecretariat.org/wp-content/uploads/2015/04/Etude-OCEMO-Fiche-Algerie.pdf, consulté le 18 octobre 2016.

Lacoste, Yves et Camille, s.l.d., *L'État du Maghreb*, Paris, La Découverte, 1994.

LAMCHICHI, Abderrahim, « Une bataille ardente et obstinée », *Confluences Méditerranée*, n° 59, 2006, http://www.cairn.info/revue-confluences-mediterranee-2006-4-page-11.htm, consulté le 18 décembre 2014.

OUADAH-BEDIDI, Zahia, « Avoir 30 ans et être encore célibataire : une catégorie émergente en Algérie », *Autrepart*, 2005/2, n° 34, p. 29-49, https://www.cairn.info/revue-autrepart-2005-2-page-29.htm, consulté le 3 juin 2018.

REBZANI, Mohammed, *La vie familiale des femmes algériennes salariées*, Paris, L'Harmattan, 1997.

SAMBRON, Diane, *Les femmes algériennes pendant la colonisation*, Paris, Riveneuve, 2009.

STORA, Benjamin, *Histoire de l'Algérie depuis l'indépendance (1962-1988)*, Paris, Éditions de la Découverte, 2004.

« Baccalauréat : un taux de réussite 65 % chez les filles (ministre) », Algérie Presse Service, le 25 juillet 2017, http://www.aps.dz/algerie/60956-baccalaureat-un-taux-de-reussite-65-chez-les-filles-ministre, consulté le 31 mai 2018.

« Déclaration du Rapporteur Spécial sur le droit à l'éducation à la fin de sa visite en Algérie (27 janvier – 3 février 2015) », exposé de Kishore Singh, Rapporteur Spécial des Nations Unies sur le droit à l'éducation, du 3 février 2015, http://www.ohchr.org/FR/NewsEvents/Pages/DisplayNews.aspx?NewsID=15534&LangID=F, consulté le 3 juin 2018.

« Données mondiales de l'éducation. 7ᵉ édition 2010/11. Algérie. Version révisée, mai 2012 », rapport du Bureau international d'éducation de l'UNESCO, http://www.ibe.unesco.org/fileadmin/user_upload/Publications/WDE/2010/pdfversions/Algeria.pdf, consulté le 31 mai 2018.

« Loi d'orientation sur l'éducation nationale – loi n° 08-04 du 15 Moharram 1429 correspondant au 23 janvier 2008 ». Le texte accessible sur le site internet de l'UNESCO, http://www.unesco.org/education/edurights/media/docs/a7e0cc2805ceafd5db12f8cf3190f43b66854027.pdf, consulté le 18 octobre 2016.

Perspectives monde. Outil pédagogique des grandes tendances mondiales depuis 1945, Université de Sherbrooke, http://perspective.usherbrooke.ca/bilan/tend/DZA/fr/SP.DYN.TFRT.IN.html, consulté le 8 juin 2018.

« Résultats de l'enquête PISA 2015 », http://www.oecd.org/pisa/pisa-2015-results-in-focus-FR.pdf, consulté le 3 juin 2018.

« The Global Gender Gap Report 2015 », rapport sur les inégalités de genre publié annuellement par le Forum économique mondial, http://www3.weforum.org/docs/GGGR2015/cover.pdf, consulté le 3 juin 2018.

« The Global Gender Gap Report 2017 », rapport sur les inégalités de genre publié annuellement par le Forum économique mondial, http://www3.weforum.org/docs/WEF_GGGR_2017.pdf, consulté le 3 juin 2018.

TROISIÈME PARTIE

DANS LA CULTURE /
CONSIDERING CULTURE /
UNTERWEGS DURCH DIE KULTUR

ARM IM GEISTE? WEIBLICHES SCHREIBEN
UND LITERARISCHE FRAUENFIGUREN
IM DEUTSCHEN MITTELALTER

Mittelalterliche Ideologie und Rechtsetzung hielten Frauen für das schwächere Geschlecht. Bedeutete es aber keine schwere Arbeit, keine Kriegsführung, kein Handwerk, keine Kunst? Gelehrte bezeichneten Frauen als ,arm im Geiste': War es jedoch unbedingt mit keiner Bildung, keinem Anteil an Politik und Rechtsprechung, keiner Kultur gleichbedeutend[1]? Vieles scheint dagegen zu sprechen. Nicht zuletzt die Rolle der mittelalterlichen Frauen in der literarischen Tradition der Zeit. Man muss in diesem Zusammenhang vor allem zwei grundlegende Aspekte beachten: erstens – die schreibenden Frauen sowie deren Texte, und zweitens – die Frauenfiguren in den von männlichen Autoren stammenden bzw. anonym überlieferten literarischen Dokumenten.

Es sind freilich auch andere Elemente von Bedeutung, etwa die aus dem Bereich der Literatursoziologie, z. B. die Rolle der Frauen als Förderinnen und Mäzeninnen der Dichtung oder die Bedeutung von Frauen als literarisches Publikum[2]. Gerade Frauen galten im Mittelalter vielfach als Förderinnen der Dichter und erst in zweiter Reihe ihre männlichen Verwandten. Es kann das Beispiel der *Eneide* Heinrichs von Veldecke angeführt werden, der ursprünglich im Auftrag der Gräfinnen von Loon bzw. Margarethas von Kleve dichtete. Heinrich hat wohl sein erstes Werk, die *Servatius-Legende*, für Agnes von Loon gedichtet. Sie wird auch mit Eilhard von Oberg, dem ersten deutschsprachigen Tristandichter in Verbindung gebracht[3].

---

1   E. Schraut, C. Opitz, *Frauen und Kunst im Mittelalter*, Ludwigshafen/Rh., Wilhelm-Hack-Museum, 1984, S. 4.
2   B. Kochskämper, „Die germanistische Mediävistik und das Geschlechterverhältnis. Forschungen und Perspektiven", *Germanistische Mediävistik*, hrsg. von V. Honemann, T. Tomasek, Münster, LIT Verlag, 2000, S. 309-352.
3   *Cf.* N. Kruppa, „Zur Bildung von Adligen in nord- und mitteldeutschen Raum vom 12. bis zum 14. Jahrhundert. Ein Überblick", *Kloster und Bildung im Mittelalter*, hrsg.

Darüber hinaus hätte auch der Anteil von Spielfrauen an der oralen Vermittlung der Literatur stärker beachten werden müssen[4]. Dass man Bildung dazu brauchte und sich im öffentlichen Raum bewegen musste, unterliegt wohl keinem Zweifel. Den adeligen Frauen wird in der Regel mehr Bildung zugesprochen. Man geht davon aus, dass sie zumindest eine Einführung in die Fähigkeit des Lesens und Schreibens besaßen, die ihnen zu Hause, von einem Hofkleriker, oder in einem Kloster bzw. Stift vermittelt wurde. Ein weiteres Kennzeichen für die literarische Bildung von Frauen sind die überlieferten (religiösen) Handschriften, von denen in vielen Fällen bekannt ist, dass sie im Auftrag von Frauen für Frauen hergestellt wurden. Als Beispiel können die Psalterien der welfischen Herzoginnen Mathilde von Anhalt, der Tochter des Herzogs Otto von Braunschweig, genannt werden[5].

Wohlgemerkt waren die gebildeten Frauen überwiegend Nonnen und gerade die Klöster, als ein der Besinnung gewidmeter Lebensraum, gaben seit dem frühen Mittelalter den Frauen – wie übrigens auch den Männern – die Möglichkeit zum Studium und künstlerischer Betätigung, und dies lange vor der Entstehung der ersten europäischen Universitäten. Die notwendige Voraussetzung für Bildung und Kunst ist – neben dem Interesse der Einzelnen – eine entsprechende ökono-mische Sicherheit, die die Klöster gewehrleisteten: allein Materialien wie Pergament und Farbe zur Erstellung von Büchern waren sehr schwer herzustellen und daher äußerst kostspielig, geschweige denn von Büchern. Viele Historikerinnen und Historiker gehen auch davon aus, dass die Buchmalerei und Kalligraphie im frühen Mittelalter zum großen Teil gerade von Nonnen betrieben wurde[6].

Hinsichtlich der weiblichen Autorschaft wird in der mediävistischen Literatur oft beklagt, dass es im Mittelalter so gut wie keine deutschen Autorinnen gegeben habe und dass erst mit der Reformationszeit die Rolle der Frauen im literarischen Umfeld gestiegen sei. So glaubt etwa Barbara Becker-Cantarino, dass Frauen erst im 16. Jahrhundert die

---

von N. Kruppa, J. Wilke, Göttingen, Vanderhoeck & Ruprecht, 2006, S. 155-176, hier: S. 161-162.

4   Ansätze zur Erforschung dieses Gebietes stammen vorwiegend aus der Musikwissenschaft; vgl. W. Salmen, *Spielfrauen im Mittelalter*, Hildesheim, Olms, 2000. Literaturwissenschaftlich orientierte Studien im Rahmen der Oralitätforschung sind dagegen kaum vorhanden.

5   *Cf.* N. Kruppa, *op. cit.* S 162.

6   *Cf.* E. Schraut, C. Opitz, *op. cit.*, S. 22 und 28.

Möglichkeit der „Konstitution eines eigenen autonomen Ich durch Schreiben als Vorform politisch-gesellschaftlicher Emanzipation" gewannen[7]. Diesem Urteil zuwider kann man leicht eine ganze Liste schreibender mittelalterlicher Frauen aus dem deutschen Sprachraum präsentieren. Selbstverständlich wird sie im Vergleich zu der Liste männlicher Autoren gering erscheinen, es gibt allerdings einige Namen, die dieses homogen maskuline Bild der mittelalterlichen Literaturlandschaft etwas relativieren. Chronologisch gesehen würde sie im 9. Jahrhundert mit dem *Liber manualis* der Dhuoda beginnen und bekannte Namen wie Hrosvith von Gandersheim (schrieb u.a. geschichtliche Chroniken) oder Hildegard von Bingen (Verfasserin u.a. von enzyklopädischen Werken zu Natur- und Heilhunde) würden lediglich die Spitze des Eisberges darstellen[8]. Weitere Namen würden ihnen folgen: Ava von Göttweig, Mechthild von Magdeburg, Mechthild von Hackeborn, Gertrud von Helfta, Christine Ebner, Margareta Ebner. Die absolute Domäne deutscher schreibender Frauen im Mittelalter war ohne Zweifel die Mystik, wo sie sehr souveräne literarische, aber auch theologische Welten schufen, auf die am Ende des Beitrags noch eingegangen wird[9]. Die Namensliste könnte Elisabeth von Lothringen abschließen, die mit ihren Übersetzungen aus dem Französischen dem neuhochdeutschen Prosaroman den Weg bereitet hat. Ihr Schaffen fällt jedoch in die Spätphase des Mittelalters, oder – wenn man will – bereits in die Frühe Neuzeit, was die These von Becker-Cantarino bekräftigen würde.

Der vorliegende Beitrag will sich jedoch nicht nur auf das Phänomen weiblicher Autorschaft im deutschen Mittelalter konzentrieren, sondern auch die Erzählwelten um die Frauenfiguren in der mittelhochdeutschen

---

7   B. Becker-Cantarino, „Frauen in den Glaubenskämpfen. Öffentliche Briefe, Lieder und Gelegenheitsschriften", *Deutsche Literatur von Frauen*, hrsg. von G. Brinker-Gabler, Bd. 1, München, C. H. Beck, 1988, S. 149-172, hier: S. 152.

8   E. Schraut, C. Opitz, *op. cit.*, S. 4; J. Loos, „Hildegard von Bingen und Elisabeth von Schönau", *Hildegard von Bingen 1179-1979. Festschrift zum 800. Todestag der Heiligen*, hrsg. von A.Ph. Brück, Mainz, Selbstverlag der Gesellschaft für mittelrheinische Kirchengeschichte, 1979, S. 263; M. Grabmann, *Mittelalterliches Geistesleben. Abhandlungen zur Geschichte der Scholastik und Mystik*, Bd. I., München, Max Hueber Verlag, 1926.

9   Tanja Reinlein weist darauf hin, dass im Umkreis der Mystiker erste Ansätze privater Briefe und Briefwechsel entstanden, die neben der ekstatischen Bekundung des Glaubens auch auf die Artikulation persönlicher Gefühle ein besonderes Augenmerk legten und erwähnt dabei Hildegard von Bingen. *Cf.* T. Reinlein, *Der Brief als Medium der Empfindsamkeit. Erschriebene Identitäten und Inszenierungspotentiale*, Würzburg, Königshausen & Neumann, 2003, S. 62.

Epik erkunden. Es werden dabei unterschiedliche Konstruktionen des Weiblichen miteinander konfrontiert: die starken Frauen aus dem *Nibelungenlied* mit der „willigen Vollstreckerin des Patriarchats", wie Jerold C. Frakes die Kudrun nannte[10]. „(D)ie völlig emanzipierte Isolde" mit ihrem Gegenbild Enite sowie mit den stark durch biblische Analogien bestimmten grafischen Darstellung der Entdeckungsszene. Zum Schluss wird noch auf die Erzählwelten der deutschen Frauenmystik eingegangen, wobei die selbstbewussten Darstellungen der weiblichen Erotik die zentrale Rolle spielen werden.

ERZÄHLWELTEN UM WEIBLICHE FIGUREN IN DER HELDENDICHTUNG GERMANISCHEN URSPRUNGS

Zu den bekanntesten Frauengestalten der mittelhochdeutschen Epik gehören ohne Zweifel die beiden Hauptprotagonistinnen des *Nibelungenliedes*: Kriemhild und Brünhild. Was bei ihnen sofort auffällt, ist ihre außergewöhnliche Stärke und ein hoher Machtanspruch, Eigenschaften, die in den Weiblichkeitsbildern des gleichzeitig entstehenden Minnesangs oder des höfischen Romans kaum vertreten sind.

Diese Tatsache hat vor allem die Forscherinnen und Forscher angesprochen, die – ab den 80er Jahren des 20. Jahrhunderts – feministische Gesichtspunkte in die mediävistische Debatte mitintegrierten. So formulierte 1980 Berta Lösel-Wieland-Engelmann die These, für die sie auch gute Gründe finden konnte, das *Nibelungenlied* stamme von einer anonymen Autorin[11]. Auch wenn die These – damals wie heute – etwas provokant klingt, so ist sie doch – wie etwa die ähnlich provokante These Harold Blooms über die weibliche Autorschaft weiter Teile der hebräischen Bibel[12] – aus dem Diskurs um die Genese des Textes nicht auszuschließen.

---

10 J.C. Frakes, *Brides and Doom. Gender, Property and Power in Medieval German Women's Epic*, Philadelphia, University of Pennsylvania Press, 1994, S. 265.

11 B. Lösel-Wieland-Engelmann, „Verdanken wir das *Nibelungenlied* einer Niedernburger Nonne?", *Monatshefte*, 1, 1980, S. 5-25.

12 H. Bloom, *Genius: Die hundert bedeutendsten Autoren der Weltliteratur*, übers. von Y. Badal, München, Albrecht Knaus Verlag, 2004, S. 168-177.

Lösel-Wieland-Engelmann sieht in dem *Nibelungelied* ein „feministisches Manifest" und in den beiden Hauptprotagonistinnen „sehr aktive, selbständige und selbstbewußte Frauen, die es nicht dulden wollen, daß Männer ‚korrigierend' in ihre Lebensgestaltung eingreifen"[13]. Auch Albrecht Classen liest dieses anonym überlieferte Heldenepos als Schilderung des Geschlechterkampfs zwischen matriarchalen und patriarchalen Gesellschaftsstrukturen, obgleich er – im Unterschied zu Lösel-Wieland-Engelmann – die These vertritt, dass das Epos letztendlich den Niedergang des Matriarchats darstellt[14]. Ganz anders argumentiert dagegen Ingrid Bennewitz, die zwar den Heldinnen des *Nibelungenliedes* ihre Selbstbestimmtheit und die Fähigkeit, die männliche Macht zu instrumentalisieren, nicht abspricht, aber ihre Figurationen vor allem als Projektionen männlicher Frauenphantasien betrachtet[15].

Bereits diese Diskrepanz in der Bewertung der Frauenfigurationen innerhalb der Erzählwelt des *Nibelungenliedes* ist ein Indiz für die Uneindeutigkeit des ursprünglichen Bildes und die im überlieferten Text erhaltene Potenzialität von konkurrierenden Deutungen hinsichtlich der Wahrnehmung der Rolle von Frauen in der Evolution von mittelalterlichen Gesellschaftsstrukturen. Selbst wenn die Hypothesen von Lösel-Wieland-Engelmann als allzu „optimistisch" hinterfragt werden müssen, scheint die Souveränität der Frauenfiguren im *Nibelungenlied* unbestreitbar, oder zumindest den heutigen Emanzipationsbestrebungen der genderorientierten Forschung in der Literaturwissenschaft einhergehend.

In rezeptionsgeschichtlicher Perspektive ist hier der Vergleich mit dem Kudrun-Epos viel sagend, das dem *Nibelungenlied* vor allem in der älteren Forschung als Gegenentwurf gern gegenübergestellt wurde. Die Frauenfiguren der beiden Epen wurden als kontrastierend aufgefasst, wobei man geneigt war, in der friedensstiftenden und feminin gütigen

---

13   B. Lösel-Wieland-Engelmann, „Die wichtigsten Verdachtsmomente für eine weibliche Verfasserschaft des Nibelungenliedes", *Feminismus. Inspektion der Herrenkultur. Ein Handbuch*, hrsg. von L.F. Pusch, Frankfurt a.M., Suhrkamp, 1983, S. 149-170, hier: S. 169; *cf.* Kochskämper, *op. cit.*, S. 330.

14   A. Classen, „Matriarchalische Strukturen und Apokalypse des Matriarchats im *Nibelungenlied*", *Internationales Archiv für Sozialgeschichte der deutschen Literatur*, 1, 1991, S. 1-31.

15   I. Bennewitz, „Das Nibelungenlied – Ein 'Puech von Crimhilt'? Ein geschlechtergeschichtlicher Vergleich zum Nibelungenlied und seiner Rezeption", *3. Pöchlarner Heldeliedgespräch. Die Rezeption des Nibelungenlieds*, hrsg. von K. Zatloukal, Wien, Verlag Fassbaender, 1995, S. 33-52.

Kudrun – im Gegensatz zu der „bösen" Kriemhild – gar ein Ideal deutscher Frau zu sehen. Diese Vergleiche scheinen aus der heutigen Perspektive so „unzeitgemäß" und irritierend, dass es sich lohnt, sie als Dokumente patriarchaler Denkweise zu zitieren: „Im Gegensatz zu Kriemhild, die zur Furie wurde aus Schmerz und Rache, bleibt Gudrun auch in der Erniedrigung ganz Weib; Stolz und Herzensgüte sind in ihr vereinigt" – schrieb Alfred Briese in seiner Literaturgeschichte[16]. Noch aussagekräftiger formuliert es der völkisch gesinnte Adolf Bartels, der in Kudrun „nicht bloß die Verkörperung deutscher weiblicher Treue" sah, „sondern ein echtes Weib, stolz und stark, aber doch auch zur rechten Zeit wieder mild, nicht ohne Berechnung und Eitelkeit, aber doch wieder zartfühlend und schamhaft"[17]. Diese Tendenz zur Gegenüberstellung der Frauenfiguren aus den beiden Epen kulminiert in der These Werner Hoffmanns, die Kudrun sei eine „Antwort auf das Nibelungenlied"[18], die eine direkte und bewusste Intertextualität zwischen den beiden Epen suggeriert.

Ähnlich sieht es oft auch die neuere Forschung, die am Gegensatz Kriemhild als heldenhafte Rebellin gegen die patriarchale Ordnung versus Kudrun als ihre „willige Vollstreckerin", wie es Jerold C. Frakes 1994 ausdrückte[19] (siehe oben), festhält, diesen jedoch umgekehrt wertet. Gleichzeitig versucht man die weiblichen Figuren des Kudrun-Epos auch positiv aufzuwerten. So sieht etwa Theodor Nolte in der Erzählwelt des Epos eine Repräsentation „spezifischer Arbeitseigenschaften der Frauen", wie „Kooperation, Solidarität, friedlicher Austausch, Integration von Fremden"[20]. Einen interessanten Beitrag zu der Debatte leistete Ann Marie Rasmussen in ihrem Buch *Mothers and Daughters in Medieval German Literature*. Ihr Ansatz liegt in der Betrachtung der generationsübergreifenden Familienbeziehungen in der deutschen Dichtung des Mittelalters. So sieht sie auch Kudrun in ihrer gegenseitigen Relation zu ihrer Mutter Hilde und Stiefmutter Gerlint. Die Figur der letzteren widerlege die These einer spezifisch femininen

---

16   A. Briese, *Deutsche Literaturgeschichte*, Bd. 1, München, Beck'sche Verlagsbuchhandlung, 1930, S. 236.

17   A. Bartels, *Geschichte der deutschen Literatur in zwei Bänden*, Bd. 1, Leipzig, Verlag Eduard Avenarius, 1905, S. 93.

18   W. Hoffmann, „Die Kudrun. Eine Antwort auf das Nibelungenlied", *Nibelungenlied und Kudrun*, hrsg. von H. Rupp, Darmstadt, Wissenschaftliche Buchgesellschaft, 1976, S. 599-620.

19   J.C. Frakes, *op. cit.*, 1994.

20   Th. Nolte, *Das Kudrunepos – ein Frauenroman?*, Tübingen, Max Niemeyer Verlag, 1985, S. 73 und 76.

Veranlagung zu „Kooperation, Solidarität und friedlichem Austausch",
wie sie von Nolte – nicht ohne stereotype Voreingenommenheit bezüglich
der „typisch weiblichen" sozialen Kompetenzen – formuliert wurde. Die
Friedensverhandlungen und die Heiratspolitik – so Rasmussen – seien darüber hinaus im Mittelalter nie Bestandteile der weiblichen Handlungssphäre
gewesen, sondern waren der männlich geprägten Sphäre der Politik und
Öffentlichkeit vorbehalten. Was die Frauenfiguren in diesem Text auszeichne,
ist also nicht eine speziell weibliche Veranlagung zu irgendetwas, sondern
die Fähigkeit, sich innerhalb der patriarchalen Ordnung Freiräume zu
schaffen, also das System quasi zu überlisten, um aktiv handeln zu können,
und sich das Wissen um diese Handlungsstrategie über Generationen
zu vermitteln: „Kudrun und Hilde besitzen keine besondere, aber unde-
finierte, ‚feminine' Qualität, die sie mitbringen würden. Sie zeigen die
Fähigkeit – die nicht aus stereotypen *gender*-Zuschreibungen, sondern aus
ihrer Klassenzugehörigkeit resultiert – öffentliche, politische, traditionell
männliche Rollen intelligent zu übernehmen"[21].

Trotz der offensichtlichen Perspektivenvielfalt, die nicht zuletzt auch
durch die weltanschauliche Position der Kommentierenden bedingt ist,
platzieren sich die Frauenfigurationen in einem sozialen Gefüge der
patriarchalen Ständegesellschaft, wobei das *Nibelungenlied* gegenüber
dem *Kudrun-Lied* deren eindeutig frühere Phase repräsentiert. Zwischen
den Extremen von „feministischem Manifest" (das *Nibelungenlied*) und
der gänzlichen Vergegenständlichung der Frau zu einer „willigen
Vollstreckerin des Patriarchats" (Kudrun) schildern die beiden Epen
diverse Freiräume, in denen die Frauen ihre Eigenständigkeit gewinnen.

FRAUENFIGUREN IM HÖFISCHEN ROMAN

Neue Aspekte kommen hinzu, wenn man die höfische Literatur des
deutschen Mittelalters in Betracht zieht. Hier wird der literarische Diskurs
um die Frau vor allem durch das Minne-Konzept einerseits und die
christlich geprägte Ehemoral andererseits dominiert. Inwieweit die beiden

---

21   A.M. Rasmussen, *Mothers and Daughters in Medieval German Literature*, New York, Syracuse
University Press, 1997, S. 104. Übers. von P.P. und J.G.-A.

Konzepte Projektionen männlicher Vorstellungen von Geschlechterrollen darstellen, soll erstmal offen bleiben. Das Minne-Konzept, und insbesondere seine literarische Umsetzungsweise, ist keineswegs so „platonisch", wie man es oft meinen will. Neben der „hohen", gibt es auch eine „niedere" und auch eine „ebene" Minne. Die weiblichen Stimmen – wenn auch von männlichen Autoren inszeniert – schildern ihre Liebesabenteuer und werden – immerhin – zu literarischen Subjekten. Der *hêren frowe* Jungfrau Maria wird die *hêre frowe* Walthers von der Vogelweide entgegen gesetzt, die mit großer Sinnlichkeit über ihr geheimes Treffen in einem Blumenbett inmitten einer Aue erzählt[22]. Birgit Kochskämper sieht darin – zurecht wohl – einen geradezu zivilisatorischen Umbruch:

> Die „Entdeckung der Liebe" unter dem Leitbegriff der *minne* [gilt] als besonderes Kennzeichen eines kulturellen Umbruchs, der einen zivilisatorischen Fortschritt markierte: Die lyrische und epische Gestaltung weltlich-erotischer Mann-Frau-Beziehung, die sich vom theologischen Verdikt gegen die sinnliche Geschlechtsliebe ebenso wie von den gewalthaften, frauenverachtenden Zügen der realen Geschlechterbeziehungen weitgehend entfernen, wird zum zentralen Merkmal einer „höfisch" genannten Kultur und Literatur[23].

Auf der anderen Seite ist der literarische Diskurs weitgehend durch das Prinzip ehelicher Treue dominiert. Traditionell gilt Erecs Ehefrau Enite als eine geradezu perfekte Repräsentation dieses Ideals[24]. „Sie erträgt geduldig alle Zumutungen Erecs, unterordnet seiner Rettung das eigene Leben, widerspricht allen Verlockungen anderer Männer und ist bereit, Erec in den Tod zu folgen"[25]. Ein Gegenbild zu Enite sehen viele Forscherinnen

---

22 *Deutsche Lyrik der frühen und hohen Mittelalters*, hrsg. von I. Kasten, Frankfurt a.M., Deutscher Klassiker Verlag, 2014, S. 396-399 und 913-914.

23 B. Kochskämper, *op. cit.*, S. 323.

24 P. Wapnewski konzentrierte sich eher auf männliche Gestalten und sah *Erec* und *Iwein* als dialektisch miteinander verbundene Epen, in denen es – wie immer bei Hartmann – um Ausgleich, Harmonie und Maß geht – in diesem Fall um die Vereinbarkeit der ritterlichen Pflichten des ehelichen Frauendienstes und der ritterlichen Pflichten der âventiuren-Suchen und âventiuren-Siege. Der eine „verliegt" und der andere „verfährt" sich. Beide finden nach Opfer und Erkenntnis zum rechten Maß. In Wahrheit liegt die Schuld eher in der Maßlosigkeit unbedachten Kampfes, die den König Askalon tötet – und der Sieger Iwein heiratet die schnell entflammte Witwe, „so daß das Gebackne vom Leichenschmaus wohl kalte Hochzeitsschlüsseln geben mochte"; P. Wapnewski, *Deutsche Literatur des Mittelalters. Ein Abriß von den Anfängen bis zum Ende der Blütezeit*, Göttingen, Vandenhoeck & Ruprecht, 1960, S. 57.

25 H. Sieburg, *Literatur des Mittelalters*, Berlin, De Gruyter, 2000, S. 184.

und Forscher in der „völlig emanzipierten Isolde"[26]. Es sei nur auf den Tatbestand hingewiesen, dass die Emanzipiertheit der Figur zu ihrer Präsenz im Text Gottfrieds von Straßburg im krassen Widerspruch steht, worauf etwa Melanie Uttenreuther hinweist, die einerseits die Meinung äußert, dass sich Isolde vom höfischen Weiblichkeitsideal emanzipiert habe[27], gleichzeitig aber die These Johnsons anführt, dass Gottfrieds Roman doch ein „Tristanroman" ist und nicht ein „Isolderoman":

> [D]aß das Werk eher als Tristanroman denn als Isoltroman gemeint ist, wird dadurch unterstrichen, daß – außer im Prolog – 7715 der 19548 Verse [...] verflossen sind, bevor wir von Isolt hören; erst 246 Verse später beginnt sie, eine Rolle zu spielen [...], und sie muß dann noch 1323 Verse warten, bis sie ein Wort sprechen darf (v. 9283)[28].

Der Umbruch wird durch den Minnetrank herbeigeführt:

> Wie der Trank in Bezug auf Tristans Männlichkeit die Grenze zwischen einem überlegen agierenden und einem verunsichert reagierenden Helden bildet, so markiert er sie in Bezug auf Isoldes Weiblichkeit [...] zwischen dem Weiblichkeitskonzept der höfischen Dame als Instrument und Garant der männlichen Ordnung und einer von diesem Ideal emanzipierten Konzeption handlungsmächtiger Weiblichkeit [...]. Während die Ordnung der Geschlechter vor dem Einbruch der Liebe ins Erzählgeschehen den männlichen Hauptfiguren, d. h. konkret Tristan und Marke, den Status des handlungsmächtigen Subjekts und insbesondere Isolde den eines Objekts zuschreibt, erlangt Isolde danach ebenfalls den Status eines handelnden Subjektes[29].

Gleichzeitig kann auch der sogenannte *huote*-Exkurs (*Tristan*, V. 17858-18114[30]) als ein Plädoyer für die Eigenständigkeit und ethische Autonomie der Frau, gegen jede männliche Bevormundung verstanden werden.

---

26 C. Soeteman, „Das schillernde Frauenbild mittelalterlicher Dichtung", *Amsterdamer Beiträge*, 5, 1973, S. 74-94, hier: S. 86.

27 *Cf.* M. Uttenreuther, *Die (Un)Ordnung der Geschlechter. Zur Interdependenz von Passion, ,gender' und ,genre' in Gottfrieds von Straßburg „Tristan"*, Bamberg, University of Bamberg Press, 2009, S. 200 passim.

28 P.L. Johnson, *Geschichte der deutschen Literatur von den Anfängen bis zum Beginn der Neuzeit*, hrsg. von J. Heinzle, Bd. 2: *Vom hohen zum späten Mittelalter*, Teil 1: *Die höfische Literatur der Blütezeit*, Tübingen, De Gruyter, 1999, S. 312; *cf.* M. Uttenreuther, *op. cit.*, S. 179.

29 M. Uttenreuther, *op. cit.*, S. 239-240.

30 Der mittelhochdeutsche Text von Gottfrieds *Tristan* ist verfügbar unter: https://www. hs-augsburg.de/~harsch/germanica/Chronologie/13Jh/Gottfried/got_tr29.html, Zugriff: 20.12.2017.

Im Spannungsfeld von *minne* und *êre* erscheint die *huote* gegenüber der Frau als unwürdig:

> daz ist der angende zorn,
> der lop und êre sêret
> und manic wîp entêret,
> diu vil gerne êre haete,
> ob man ir rehte taete.
> als man ir danne unrehte tuot,
> sô swâret ir êre unde muot.
> sus verkêret si diu huote
> an êren unde an muote.
> und doch swar manz getrîbe,
> huote ist verlorn an wîbe,
> dar umbe daz dekein man
> der übelen niht gehüeten kan.
> der guoten darf man hüeten niht,
> sie hüetet selbe, als man giht. (V. 17862-17876)

> Das ist der wachsende stille Zorn,
> Der Lob und Ehre versehret
> Und manches Weib entehret,
> Die keine Ehr verspielte,
> So man sie ehrlich hielte.
> So man ihr aber Unrecht thut,
> So wird sie krank an Ehr und Muth:
> So wird sie die Hut verkehren
> Am Muth und an den Ehren.
> Und doch, wie man's auch treibe,
> Hut ist verloren am Weibe:
> Denn hier auf Erden lebt kein Mann,
> Der eine Schlimme hüten kann;
> Die Gute braucht's zu hüten nicht:
> Sie hüet sich selber, wie man spricht[31];

Allerdings folgt dem *huote*-Exkurs ein direkter Hinweis auf die biblische Sündenfallszene, die als Parallele zu der Entdeckung von Tristan und Isolde durch Marke angeführt wird:

> nu tete er rehte als Âdam tete.
> daz obez, daz ime sîn Êve bôt,
> daz nam er und az mit ir den tôt. (V. 18162-18164)

---

31   Gottfried von Straßburg, *Tristan und Isolde*, übers. von H. Kurz, Stuttgart, Verlag der J.G. Cotta'schen Buchhandlung, 1877, S. 412-413.

Nun that er recht, wie Adam that:
Das Obst, das ihm seine Eve bot,
Das aß er und mit ihm den Tod[32].

Diese Verse bringen nun die Gestalt Isoldes in die unmittelbare Nähe
Evas und lassen sie somit als eine der Frauen erscheinen, „die sint ir
muoter Êven kint" (17934), von denen bereits im Exkurs selbst die Rede
war. Die bewusste Einbettung der Entdeckungszene in den Kontext
des Verbotsbruchs muss allerdings nicht unbedingt pejorativ gedeutet
werden, da Gottfried dazu geneigt scheint, nicht die Übertretung des
Verbots, sondern das Verbot selbst als Quelle des Übels zu deuten,
indem er sagt:

Êve enhaetez nie getân
und enwaere ez ir verboten nie. (V. 17948-17949)

Eve hätte es nie gethan,
So sie nicht das Verbot empfing[33].

So sieht es etwa Ingrid Hahn, wenn sie schreibt: „Hätte Gott das
Obst nicht verboten, hätte Eva nicht davon gegessen. Wenn darum
jetzt die *huote* des Mannes die Frau dazu treibt, nach der verbotenen
Frucht zu greifen, so ist dieser Widerhaken durch das erste Verbot in ihr
Wesen, ihre *art*, gesenkt [...]"[34]. In dieser Perspektive spreche der *huote*-
Diskurs samt der Entdeckungsszene gegen die stereotype Vorstellung
einer naturgegebenen Sündhaftigkeit der Frau und würde das neue Bild
einer Frau bekräftigen, die durch ihre aktive Handlungsfähigkeit die
konstant scheinenden Denkmuster zu sprengen vermag[35].

---

32 *Ibid.*, S. 419.
33 *Ibid.*, S. 414.
34 I. Hahn, „Daz lebende paradis (Tristan 17858-18114)", *Zeitschrift für deutsches Altertum*,
    92, 1963, S. 184-195, hier: S. 187.
35 M. Baisch, *Textkritik als Problem der Kulturwissenschaft: Tristan-Lektüren*, Berlin, De
    Gruyter, 2006, S. 248-255.

BILDLICHE TRANSPOSITIONEN
DER IN FLAGRANTI-SZENE

Über die Position der Frau im mittelalterlichen Sittlichkeitsdiskurs sagen auch die bildlichen Transformationen der Entdeckungsszene mit ihren ambivalenten intertextuellen Bezügen zu der biblischen Sündenfall-Geschichte. Von Bedeutung sind dabei nicht erstrangig die drei illuminierten Codices, die den Tristan-Roman enthalten (die Münchner Handschrift cgm. 51, die Kölner Handschrift aus dem Historischen Archiv der Stadt Köln Best. 7020 [W*] 88 und die Brüsseler Tristanhandschrift ms. 14697) von Interesse, sondern die grafische Überlieferung auf Gebrauchsgegenständen, die in Form von Wandmalereien in den Häusern, Wandteppichen, Ornamenten auf Kästchen und dergleichen mehr in verschiedene Lebenssphären der damaligen Menschen mit enormer Intensität Eingang gefunden hat. Doris Fouquet stellt dazu fest:

> Das Stelldichein im Baumgarten aus der Tristangeschichte ist die Episode der Artusepik, der in der mittelalterlichen Kunst das meiste Interesse entgegengebracht wurde. Neben den zahlreichen zyklischen Darstellungen auf Wandteppichen, Decken, Fliesen usw. erscheint diese Szene sehr häufig isoliert von der übrigen Geschichte auf vielen Denkmälern[36].

In der Einleitung zu dem Band *Visuality and materiality in the story of Tristan and Isolde* verweisen Jutta Eming, Ann Marie Rasmussen und Kathryn Starkey auf das im bildlichen Bereich zu beobachtende Phänomen, dass die Schlüsselszenen des Romans „die in der Überlieferung einzigartige Fähigkeit aufweisen, zu einer emblematischen Szene zusammenzufallen – zu der der Versuchung im Baumgarten –, deren Visualität

---

36 D. Fouquet, „Die Baumgartenszene des Tristan in der mittelalterlichen Kunst und Literatur", *ZfdPh*, 92, 1973, S. 360-370, hier: S. 360. *Cf.* auch: N.H. Ott, „„Freisetzung' und ‚Ritualisierung'. Zur Struktur und Funktion von Einzelmotiven und Handlungsmomenten in literarischen Bildzeugnissen", *Literatur und Wandmalerei II: Konventionalität und Konversation. Burgdorfer Colloquium 2001*, hrsg. von E. Conrad Lutz [u. a.], Tübingen, De Gruyter, 2005, S. 253-272, hier: S. 155-156; D. Fouquet, *Wort und Bild in der mittelalterlichen Tristan-Tradition. Der älteste Tristan-Teppich von Kloster Weinhausen und die textile Tristan-Überlieferung des Mittelalters*, Berlin, Erich Schmidt Verlag, 1971.

(Wahrnehmung als Verständnis) sich auf die heilige Ikonographie um Adam und Eva neben dem verbotenen Baum stützt"[37]. Wie die hier angebrachten Illustrationen zeigen, ist der Darstellungsmodus der Entdeckungs- und der Sündenfallszene geradezu identisch.

ABB. 1 – Tristan und Isolde, französische Elfenbeinplastik, 13. Jh., Musée du Louvre, Département des Arts décoratifs.

---

37 *Visuality and materiality in the story of Tristan and Isolde*, hrsg. von J. Eming, A.M. Rasmussen, K. Starkey, Notre Dame, University of Notre Dame Press, 2012, S. 3, übers. von P.P. und J.G.-A.

ABB. 2 – Adam und Eva, Notre Dame, Paris
(Kathedralenhaupteingang), um 12-14 Jh.

Interessant ist dabei die Frage, inwieweit die bildlichen Repräsentationen der beiden Szenen in ihrer engen Korrelation zueinander die oben aufgeführte Interpretation der Schilderung des Sachverhalts in Gottfrieds Roman übereinstimmen bzw. übereinstimmen könnten, angenommen, dass den Betrachtern und Benutzerinnen dieser Kunstgegenstände die literarische Vorlage und ihre Subtilitäten vertraut waren.

Allem Anschein zum Trotz kommt in diesem Zusammenhang der Figur Markes, der in den bildlichen Darstellungen den Platz des beobachteten Dritten einnimmt, also entweder Gottes oder der um den Baumstamm gewundenen Schlage mit menschlichem Antlitz in der

Baumkrone. Die Verortung in der Position des Schöpfers als desjenigen, der das Verbot ausspricht und somit – gemäß der zuvor vorgeschlagenen Lektüre des *huote*-Exkurses – auch für dessen Überschreitung verantwortlich ist, wäre mit der Textauslegung einhergehend. Mit der Schlange scheint die Sache nicht so selbstverständlich. Wenn man jedoch beachtet, dass die grafischen Darstellungen der Schlange diese meistens mit einem weiblichen Gesicht zeigen, die Frau also verdoppelt in ihrer naturgegebenen Verführungskraft zum Bösen schildern, so ist die Ersetzung des Symbols einer chthonischen Gebundenheit der Frau an das Böse durch das Antlitz des Königs gleichzeitig auch als ein Gestus der Loslösung des Weiblichen aus der Ordnung der *par excellence* verdorbenen Natur.

MYSTISCHES SCHREIBEN
UND SOUVERÄNER UMGANG
MIT WEIBLICHER EROTIK – EIN HINWEIS

Wie bereits am Anfang angedeutet, war das mystische Schreiben die Stärke der mittelalterlichen Frauen. Für den deutschen Sprachraum gilt diese Feststellung als besonders zutreffend – Hildegards von Bingen *Scivias*[38] oder Mechthilds von Magdeburg *Das fließende Licht der Gottheit*[39] gehören zu den Meisterwerken der Weltliteratur –, aber Luce Irigaray hat Recht, wenn sie darin ein gesamt abendländisches Phänomen sehen will und feststellt, dass „der einzige Diskurs des

---

38   Als Universalgelehrte, die – neben mystischen Texten – Schriften zu Naturkunde, Medizin und Kosmologie sowie Musikwerke hinterließ, wird Hildegard zu den faszinierendsten und beeindruckendsten, aber auch einflussreichsten Frauengestalten des 12. Jahrhunderts gezählt (*cf.* F. Jürgensmeier, „St. Hildegard ‚prophetissa teutonica'", *Hildegard von Bingen 1179-1979. Festschrift zum 800. Todestag der Heiligen*, hrsg. von A.Ph. Brück, Mainz, Selbstverlag der Gesellschaft für mittelrheinische Kirchengeschichte, 1979, S. 273) und als „nicht zeittypisch" gekennzeichnet (Loos, *op. cit.*, S. 264).

39   Mechtild, von adligen Eltern abstammend, hat eine gute Bildung bekommen. Sie war auch mit dem Dominikanerorden verbunden, der von Anfang hohen Wert auf die wissenschaftlichen Studien legte (*cf.* K. Bihlmeyer, *Einleitung*, in: H. Seuse: *Deutsche Schriften*, im Auftrag der Württembergischen Kommission für Landesgeschichte hrsg. von K. Bihlmeyer, Stuttgart 1907, Minerva Verlag, Frankfurt a.M., unveränderter Nachdruck 1961, S. 85).

Abendlandes, den die Frauen gehalten haben, [...] der mystische Diskurs [war]"[40].

Birgit Kochskämper sieht in der mittelalterlichen Frauenmystik das eigentliche „weibliche Schreiben", d. h. ein „körperbestimmtes und körpergebundenes Schreiben, als verflüssigtes, alogisches, ‚ver-rücktes' Schreiben der Subversion gegen die phallisch-sprachliche Ordnung der Vernunft"[41]. Nun mag in den Ausführungen Kochskämpers vieles allzu klischeehaft erscheinen, wenn sie etwa Weiblichkeit allein an die Körperlichkeit bindet und mit dem flüssigen Element des Alogischen gleichsetzt, während das Phallisch-Männliche die harte Ordnung des Logos vertritt. Denn zum mystischen Diskurs, der von mittelalterlichen Frauen entwickelt wurde, gehört mit Sicherheit mehr als nur das. Hildegard von Bingen kann in diesem Zusammenhang als ein Paradebeispiel fungieren. Sie ist nicht nur eine Visionärin, die aus einer transrationalen Ekstase schöpft, sondern auch eine, die es versteht, das Visionäre – so ‚ver-rückt' es auch ist – strategisch ins theologisch Orthodoxe zu wenden, wodurch sie ein bewusstes Spiel mit den Machtstrukturen der patriarchalen Welt eingeht. Nicht durch ‚naturgegebene' Abkehr ins Alogische soll diese Ordnung hinterfragt werden, sondern durch die kalkulierte Sicherung einer Freiheitszone, in der die Mystikerin sich erlauben kann ihre eigenen Denk- und Wirkungsregeln festzulegen. Eine solche Strategie bedarf jedoch eines gründlichen Wissens um die zu entmachtenden Funktionsweisen des Phallogozentrismus und eines intellektuellen Potenzials sich ihm zu widersetzen. Worin Kochskämper zweifellos recht hat, ist die Sicht auf die Frauenmystik des Mittelalters in den Kategorien der Subversion. Diese bedeutet aber nicht eine konkurrenzbewusste Unterminierung des herrschenden Machtdiskurses, sondern eine direkte Macht- und Freiheitssicherung durch die Sprengkraft der Parallelität.

Diese Art subversiver Potenz zeigt etwa der mutige Umgang mit der weiblichen Erotik in mystischen Texten von Frauen. Nirgendwo sonst in der Dichtung des Mittelalters – weder in der Minnelyrik noch in einem so erotisch aufgeladenen Text wie Gottfrieds *Tristan* – kommt sie so stark und selbstbewusst zum Ausdruck, wie in der an die Tradition

---

40 L. Irigaray, *Die Frau, ihr Geschlecht und die Sprache*, in: *eadem: Unbewußtes, Frauen, Psychoanalyse*, Berlin, Merve Verlag, 1977, S. 104-111, hier: S. 106.
41 B. Kochskämper, *op. cit.*, S. 316.

des Hohenliedes angelehnten ekstatischen Frauenmystik. Ein Beispiel
– stellvertretend für viele weitere Schilderungen – sei aus Mechthilds
von Magdeburg *Das fließende Licht der Gottheit* angeführt. Gott spricht
zu einer begehrenden Seele:

> Wie wite wir geteilet sin –
> wir mœgen doch nit gescheiden sin.
> Ich kan dich nit so kleine beriben:
> Ich tuo dir unmassen we an dinem armen libe.
> Sœlte ich mich dir ze allen ziten geben nach diner ger,
> so mueste ich miner suessen herbergen in dem ertrich an dir enbern,
> wan tusent lichamen mœhtin nit einer minnenden sele ire ger vollewern.
>
> Ich kann nicht ohne dich sein!
> Wie weit wir auch voneinander entfernt sind –
> wir könnten doch nicht getrennt sein.
> Ich kann dich gar nicht sehr zärtlich berühren,
> ohne dir unvorstellbar weh zu tun an deinem armen Leib!
> Würde ich mich dir zu aller Zeit so schenken, wie du es begehrst,
> so müsste ich die angenehme Herberge, die du mir bist, auf Erden
>   entbehren,
> denn tausend Leiber würden nicht hinreichen, um das Begehren einer
>   liebenden Seele vollkommen zu stillen[42].

Wie Peter Dinzelbacher bemerkt, wird hier Gott selbst „als von lei-
denschaftlicher Lust ergriffen imaginiert und verwendet sogar das Wort
‚bereiben‘, ein recht konkretes Verb für den Geschlechtsverkehr"[43]. Wenn
man dazu noch die „tausend Leiber" imaginiert, die nicht hinreichen
würden, das Begehren der Seele zu stillen, kann man über die erotische
Aussagekraft dieses Bildes recht erstaunt sein.

Was Mechthild hier schafft, ist aber nicht nur eine kühne
Versprachlichung des femininen Begehrens, sondern auch ein raffiniertes
Spiel mit den Gattungsregeln der mittelalterlichen Liebesdichtung, das
ein hoch ausgebildetes Formbewusstsein impliziert. Die Steigerung
des Begehrens wird einerseits durch die konsequente Ausdehnung
der Verslänge versinnbildlicht, andererseits wird sie in offensichtlicher
Anlehnung an die Tradition der zeitgenössischen Wechsellieder als

---

42 Mechthild von Magdeburg, *Das fließende Licht der Gottheit*, Frankfurt a.M., Deutscher
     Klassiker Verlag, 2003, S. 130-131.
43 P. Dinzelbacher, *Deutsche und niederländische Mystik des Mittelalters. Ein Studienbuch*, Berlin/
     Boston, De Gruyter, 2012, S. 100.

männlich-göttliche Rede inszeniert, aus der zuletzt das nur noch männliche Ich jedoch heraustritt zugunsten einer orgiastischen Vision der „tausend Leiber" zur Stillung der weiblichen Begierde. Erstaunlich sind diese Verse somit nicht nur durch deren erotische Kühnheit, sondern auch durch die aus ihnen ausstrahlende Perfektion der Formbeherrschung, die es allein möglich macht, Sprengendes zu äußern ohne die Welt zu entrüsten.

Joanna GODLEWICZ-ADAMIEC
Paweł PISZCZATOWSKI
Universität Warschau

BIBLIOGRAFIE

BAISCH, Martin, *Textkritik als Problem der Kulturwissenschaft: Tristan-Lektüren*, Berlin, De Gruyter, 2006.

BARTELS, Adolf, *Geschichte der deutschen Literatur in zwei Bänden*, Bd. 1, Leipzig, Verlag Eduard Avenarius, 1905.

BECKER-CANTARINO, Barbara, „Frauen in den Glaubenskämpfen. Öffentliche Briefe, Lieder und Gelegenheitsschriften", *Deutsche Literatur von Frauen*, hrsg. von G. Brinker-Gabler Bd. 1, München, C. H. Beck, 1988, S. 149-172.

BENNEWITZ, Ingrid, „Das Nibelungenlied – Ein „Puech von Crimhilt"? Ein geschlechtergeschichtlicher Vergleich zum Nibelungenlied und seiner Rezeption", *3. Pöchlarner Heldeliedgespräch. Die Rezeption des Nibelungenlieds*, hrsg. von K. Zatloukal, Wien, Verlag Fassbaender, 1995, S. 33-52.

BIHLMEYER, Karl, *Einleitung*, in: Heinrich Seuse: *Deutsche Schriften*, im Auftrag der Württembergischen Kommission für Landesgeschichte, hrsg. von K. Bihlmeyer, Stuttgart 1907, Minerva Verlag, Frankfurt a.M., unveränderter Nachdruck 1961.

BLOOM, Harold, *Genius: Die hundert bedeutendsten Autoren der Weltliteratur*, übers. von Y. Badal, München, Albrecht Knaus Verlag, 2004.

BRIESE, Alfred, *Deutsche Literaturgeschichte*, Bd. 1, München, Beck'sche Verlagsbuchhandlung, 1930.

CLASSEN, Albrecht, „Matriarchalische Strukturen und Apokalypse des Matriarchats im *Nibelungenlied*", *Internationales Archiv für Sozialgeschichte der deutschen Literatur*, 1, 1991, S. 1-31.

Deutsche Lyrik der frühen und hohen Mittelalters, hrsg. von I. Kasten, Frankfurt a.M., Deutscher Klassiker Verlag, 2014.

DINZELBACHER, Peter, *Deutsche und niederländische Mystik des Mittelalters. Ein Studienbuch*, Berlin/Boston, De Gruyter, 2012.

FOUQUET, Doris, *Wort und Bild in der mittelalterlichen Tristan-Tradition. Der älteste Tristan-Teppich von Kloster Weinhausen und die textile Tristan-Überlieferung des Mittelalters*, Berlin, Erich Schmidt Verlag, 1971.

FOUQUET, Doris, „Die Baumgartenszene des Tristan in der mittelalterlichen Kunst und Literatur", *ZfdPh*, 92 (1973), S. 360-370.

FRAKES, Jerold C., *Brides and Doom. Gender, Property and Power in Medieval German Women's Epic*, Philadelphia, University of Pennsylvania Press, 1994.

GOTTFRIED VON STRASSBURG, *Tristan und Isolde*, übers. von H. Kurz, Stuttgart, Verlag der J.G. Cotta'schen Buchhandlung, 1877.

GOTTFRIED VON STRASSBURG, *Tristan* (17862-17876), verfügbar unter: https://www.hs-augsburg.de/~harsch/germanica/Chronologie/13Jh/Gottfried/got_tr29.html, Zugriff: 20.12.2017.

GRABMANN, Martin, *Mittelalterliches Geistesleben. Abhandlungen zur Geschichte der Scholastik und Mystik*, Bd. I, München, Max Hueber Verlag, 1926.

HAHN, Ingrid, „Daz lebende paradis (Tristan 17858-18114)", *Zeitschrift für deutsches Altertum*, 92, 1963, S. 184-195.

HOFFMANN, Werner, „Die Kudrun. Eine Antwort auf das Nibelungenlied", *Nibelungenlied und Kudrun*, hrsg. von H. Rupp, Darmstadt, Wissenschaftliche Buchgesellschaft, 1976, S. 599-620.

IRIGARAY, Luce, „Die Frau, ihr Geschlecht und die Sprache", in: *eadem, Unbewußtes, Frauen, Psychoanalyse*, Berlin, Merve Verlag, 1977, S. 104-111.

JOHNSON, Peter L., *Geschichte der deutschen Literatur von den Anfängen bis zum Beginn der Neuzeit*, hrsg. von J. Heinzle, Bd. 2: *Vom hohen zum späten Mittelalter*, Teil 1: *Die höfische Literatur der Blütezeit*, Tübingen, Max Niemeyer Verlag, 1999.

JÜRGENSMEIER Friedhelm, „St. Hildegard ‚prophetissa teutonica'", *Hildegard von Bingen 1179-1979. Festschrift zum 800. Todestag der Heiligen*, hrsg. von A.Ph. Brück, Mainz, Selbstverlag der Gesellschaft für mittelrheinische Kirchengeschichte, 1979.

KOCHSKÄMPER, Birgit, „Die germanistische Mediävistik und das Geschlechterverhältnis. Forschungen und Perspektiven", *Germanistische Mediävistik*, hrsg. von V. Honemann, T. Tomasek, Münster, LIT Verlag, 2000, S. 309-352.

KRUPPA, Nathalie, „Zur Bildung von Adligen in nord- und mitteldeutschen Raum vom 12. bis zum 14. Jahrhundert. Ein Überblick", *Kloster und Bildung im Mittelalter*, hrsg. von N. Kruppa, J. Wilke, Göttingen, Vanderhoeck & Ruprecht, 2006, S. 155-176.

LANGE, Gunda, *Nibelungische Intertextualität: Generationenbeziehungen und genealogische Strukturen in der Heldenepik des Spätmittelalters*, Berlin / New York, De Gruyter, 2009.

LOOS, Josef, „Hildegard von Bingen und Elisabeth von Schönau", *Hildegard von Bingen 1179-1979. Festschrift zum 800. Todestag der Heiligen*, hrsg. von A.Ph. Brück, Mainz, Selbstverlag der Gesellschaft für mittelrheinische Kirchengeschichte, 1979.

LÖSEL-WIELAND-ENGELMANN, Berta, „Die wichtigsten Verdachtsmomente für eine weibliche Verfasserschaft des Nibelungenliedes", *Feminismus. Inspektion der Herrenkultur. Ein Handbuch*, hrsg. von L.F. Pusch, Frankfurt a.M., Suhrkamp, 1983, S. 149-170.

LÖSEL-WIELAND-ENGELMANN, Berta, „Verdanken wir das *Nibelungenlied* einer Niedernburger Nonne?", *Monatshefte*, 1, 1980, S. 5-25.

MECHTHILD VON MAGDEBURG, *Das fließende Licht der Gottheit*, Frankfurt a.M., Deutscher Klassiker Verlag, 2003.

NOLTE, Theodor, *Das Kudrunepos – ein Frauenroman?*, Tübingen, Max Niemeyer Verlag, 1985.

OTT, Norbert H., *‚Freisetzung' und ‚Ritualisierung'. Zur Struktur und Funktion von Einzelmotiven und Handlungsmomenten in literarischen Bildzeugnissen*, in: Eckhart Conrad Lutz [u. a.] (Hrsg.): *Literatur und Wandmalerei II: Konventionalität und Konversation. Burgdorfer Colloquium 2001*, Tübingen, De Gruyter, 2005, S. 253-272.

RASMUSSEN, Ann Marie, *Mothers and Daughters in Medieval German Literature*, New York, Syracuse University Press, 1997.

REINLEIN, Tanja, *Der Brief als Medium der Empfindsamkeit. Erschriebene Identitäten und Inszenierungspotentiale*, Würzburg, Königshausen & Neumann, 2003.

SALMEN, Walter, *Spielfrauen im Mittelalter*, Hildesheim, Olms, 2000.

SCHRAUT, Elisabeth; OPITZ, Claudia, *Frauen und Kunst im Mittelalter*, Ludwigshafen/Rh., Wilhelm-Hack-Museum, 1984.

SIEBURG, Heinz, *Literatur des Mittelalters*, Berlin, De Gruyter, 2000.

SOETEMAN, Cornelis, „Das schillernde Frauenbild mittelalterlicher Dichtung", *Amsterdamer Beiträge*, 5, 1973, S. 74-94.

TOMASEK, Tomas, „Germanistische Mediävistik", *Germanistische Mediävistik*, hrsg. von V. Honemnn, T. Tomasek, Münster, LIT Verlag, 2000, S. 1-12.

UTTENREUTHER, Melanie, *Die (Un)Ordnung der Geschlechter. Zur Interdependenz von Passion, ‚gender' und ‚genre' in Gottfrieds von Straßburg ‚Tristan'*, Bamberg, University of Bamberg Press, 2009.

Visuality and materiality in the story of Tristan and Isolde, hrsg. von J. Eming, A.M. Rasmussen, K. Starkey, Notre Dame, University of Notre Dame Press, 2012.

WAPNEWSKI, Peter, *Deutsche Literatur des Mittelalters. Ein Abriß von den Anfängen bis zum Ende der Blütezeit*, Göttingen, Vandenhoeck & Ruprecht, 1960.

BREATH MADE THINKABLE

A reading of the work of Anna Halprin, American dancer, choreographer and performer

> Dancing is not just getting up painlessly
> Like a leaf blown on the wind;
> Dancing is when you tear your
> Heart out and rise out of your body
> To hang suspended between the
> worlds[1].

This article proposes a reading of the work of American dancer, choreographer and performer Anna Halprin, who is well known in the United States for having constantly crossed the borders between dance, theatre and performance. In Ruedi Gerber's film on her life and work–*Breath Made Visible*–Halprin talks, as we will see, about something crucial that happened in her life and profoundly altered her art and life. It is a very important artistic turn: first she lived for her art, but then she came to practice her art in order to live. In prolongation of this switch, she developed post-modern dance as what could perhaps be called a "social art", and in a way–and this way shall be presented and discussed here–she pushed open the door to a very large public of all gender, ethnic backgrounds and ages, thereby making

---

1   These words are commonly attributed to the Persian poet Rumi. As it was impossible to find the indication of the exact original source of these words so far, it cannot be said for certain that they really come from Rumi. But they belong for sure to those quotes on dance which are widely shared on official websites within the dance community and beyond. They can for instance be found on the website of this teacher of the 5Rhythms Movement: https://www.5rhythms.com/teachers/Mia+Arneric, acc. 22.07.2017. Or on this entry on the website of a dance school teaching Argentinian Tango: http://laspiernastango.ca/le-moment-magique-au-tango-reflexions-sur-la-charla-a-lecole-de-tango-argentin-las-piernas-par-dania-percy-4, acc. 23.07.2017.

dance, as well as the bodies and brains of those who come to practice with her, a true place of experimentation. The borders of those who perform and those who observe get blurred. If dance–as Halprin puts it–can start with the slightest little movement of one's hand[2] (if only one wants it like this, sees, feels and thinks it like this), then we are literally–which here is physically too–touching a point where the life practice of art directly intermingles with the (art of) thinking in and through the body. There is a quote by Rabbi Nachman which can, as the present article aims furthermore to show, be put into direct connection with Halprin's work. It reads: *"Chaque jour il faut danser, / Fût-ce seulement par la pensée."* ("Every day one has to dance, / be it only in one's thought")[3]. Next to the aspects (in the French version) of rhyme and rhythm which are already interesting in themselves as integral part of the expression as a whole, of how things are expressed, the most interesting point about it is its content: its sense and meaning. Nachman's sentence directly belongs to the world Halprin comes from. Throughout this text, we will discuss the reason for this as through Halprin's artistic-pedagogical body of work (and the expression "body of work" will gain much sense in this context) the crucial question–in the context of her work and not only there–will be investigated: how to dance in thought?

Anna Halprin is very well known in the United States for having constantly crossed–since many, many years–the borders between dance, theatre and performance. She has not really been known in Europe for a (far too) long time. Her recognition and (re)discovery in Europe started, as far as it can be seen, around 2000[4], and especially in France thirteen

---

2   *Cf.* for instance http://www.breathmadevisible.com/?lang=en, acc. 21.09.2017, the Website of Gerber's film where she can be heard with the words: "Enter the body through your hands".

3   Rabbi Nachman, in: *Dicocitations, Le Monde,* http://dicocitations.lemonde.fr/citations/citation-65366.php, acc. 12.07.2017. Translation from French into English by the author. No precise indication of the original source was found so far, but this quote can be found on numerous official websites as the just quoted page of *Le Monde* and as, for instance, here as well: http://www.mouv.fr/emissions/culturecite/chaque-jour-il-faut-danser-fut-ce-seulement-par-la-pensee-nahman-de-braslaw, acc. 23.07.2017. Mouv.fr is a French public radio station which is part of Radio France. It mostly plays music for the youth: hip hop and urban music.

4   This is the year of publication of the German translation of her book *Dance as a Healing Art.* Her book *Returning to Health: With Dance, Movement & Imagery* was translated into German that same year too.

years ago, in 2004, with the "restaging"–at the Festival d'Automne in Paris–of Halprin's play *Parades and Changes*[5]. It nevertheless makes sense to write some introductory remarks on her, especially as she seems still to be rather unknown in some Eastern parts of Europe, to the larger public as well as in the academic world of the Humanities. It is of course impossible to sum up her life and practice of several decades in just a few words, yet it is useful to recount some points which are important in the given context. As stated, the situation (of Halprin not really being known in Europe for such a long time) used to be worse thirteen years ago. Since the above-mentioned "restaging" in Paris many things have happened and the situation has already changed a lot.

Halprin is a dancer, choreographer and performer, but she is also a great teacher. Not being a university teacher, she uses precise empirical insights to develop an art which should also in many regards be seen as a science, and it is high time that this science gets more echoed in the academic world.

Throughout her life and artistic activity Halprin has addressed many social issues; she has also created communities and developed tools for both physical and emotional healing processes and tools for the reconnection to nature and landscapes. Her concern for social issues started quite early. One example of the power of many of her works is a performance from 1968-1969.

When in April 1968 the news of the killing of Martin Luther King spread through America, people–and especially the black community–rose in unrest, and this also happened in one of the areas of Los Angeles called Watts[6]. Anna Halprin then realized a project called "Ceremony of Us" which was very powerful: she invited two dance groups to meet in what can be called an interracial and inter-ethnical encounter through dance. One of the two groups came from the "Studio Watts" which was an Afro-American arts organization of the Watts area, an all-black group of black women and men, and the other group came from San Francisco; this group was Halprin's own dance company of that time called "San Francisco Dancer's Workshop". This group was all-white,

5   *Cf.* G. Wittmann, "Zum Phänomen der Rezeption von Anna Halprin", *Anna Halprin. Tanz–Prozesse–Gestalten*, eds. U. Schorn, R. Land, G. Wittmann, München, K. Kieser Verlag, (2009), 2013, p. 99-100.

6   *Cf.* G. Wittmann, "Anna Halprin, Leben und Werk", *ibid.*, p. 37.

again women and men alike. In a series of workshops, Halprin first worked separately with these two groups at the end of 1968; with each group, she developed–on the same music score–a specific repertory and vocabulary of movements coming directly from each group. After that, she brought the two groups together in what turned out to become a really tense dance encounter. "Ceremony of Us" was then performed by both groups united, in a collaborative performance, at the end of February 1969 in Los Angeles. This experience led Halprin to question the racial composition of her own dance company and she came up with a multi-ethnic dance education program and a multiracial dance company called "Reach Out", and the theme of social justice started to take an even bigger part in her work[7].

In Ruedi Gerber's film–*Breath Made Visible*–Halprin talks about something crucial that happened in her life and profoundly altered her art and mastery. In the early 1970s, she was diagnosed with cancer, and what she did to face the cancer had a deep impact on her work and life as she used her dance as one element of her own healing process, and it worked. What followed was a very important artistic turn. With regards to this shift, she likes to say that first she lived for her art, then she came to practice her art in order to live[8]. It is in prolongation of this switch that she developed post-modern dance as what could perhaps be called a social art. It is the reconnection of processing art and processing healing, both practiced as expressive art forms. In a way, it is innovation through the rediscovery of very ancient links which she gave not only a new shape, but literally also a new breath. Halprin developed for instance workshops for patients with AIDS or cancer, patients in great distress who faced fear, depression and death. On her own webpage, one can read the following words: "I have an enduring love for dance and its power to teach, inspire, heal, and transform. I've spent a lifetime of passion and devotion probing the nature of dance and asking why it so important as a life force. [...] I want to integrate

---

7   *Cf.* for instance J. Ross, *Anna Halprin–Experience as Dance*, foreword by R. Schechner, Berkeley, University of California Press, 2007, p. 266-284.
8   H. Poynor and L. Worth quote Halprin with the following words: "[B]efore I had cancer, I lived my life in service of dance, and after I had cancer, I danced in the service of life." They quote from "A Future Where Dance is Honoured", Roundtable keynote address *Dance Journal USA*, 17 (3/4), 2001, p. 16-17, in: H. Poynor, L. Worth, *Anna Halprin*, New York, Routledge, 2004, p. 34.

life and art so that as our art expands our life deepens and as our life deepens our art expands"[9].

When asked how it all started, how she became a dancer, Halprin likes to tell a specific story about her grandfather; and in the context of this story, the initially given quote by Rabbi Nachman can be reconsidered. In the short video *To the Roots of Dance*, she can be heard saying the following words:

> I don't have any specific recollection of a particular moment where I started to dance. However, I have a very vivid impression of a dance experience that I think may have lived with me throughout my life. It goes back to when I was a very little girl and my Grandfather would be in Schul (the synagogue). And when I would go to Schul to visit him, I would go up in the balcony where the women sat and I would look down and try to pick out my grandfather. He had a long white beard and long white hair, he wore a long black coat, he looked absolutely elegant. And I would discover him—in prayer—dancing. He was clapping his hands and stumping his feet and jumping up and down in a very ecstatic form of dance. And I thought to myself: "He must be God. And God dances"[10].

It becomes clear that this Jewish prayer dance in the synagogue made a huge impression upon the young girl she was at that time[11]. In the

---

9   *Cf.* https://www.annahalprin.org/artist-statement, acc. 08.08.2017.

10 From the chapter "My Life & Art Themes" on the DVD Anna Halprin, *Dancing Life / Danser la vie* (*DL*), prod. B Andrien, F. Corin, Bruxelles, Éditions Contredanse, 2014. Spoken words transcribed by the author.

11 We can find this story in J. Ross's biography on Halprin's life as well. There Ross writes: "One Saturday morning in 1926, in a quiet Chicago suburb, a small girl peered through the wooden lattice that screened the women in the upstairs gallery of an old synagogue from the men below. At first she could see only a mass of black frocks and broad-brimmed black felt hats swaying subtly to the rumbling incantations. Then, as a group, the men beneath these hats, their long black side curls reaching the lapels of their coats, turned. They faced the two small narrow doors of the Ark, the cabinet that held the ornately wrapped scrolls of the Torah. Precisely on cue from their prayer books, they bent their knees and bowed their heads as one. The girl held her breath in anticipation of the next moving prayer. 'Shem'a Israel, Adonai, Aloniheniu, Adoni Ehad...,' the rabbi intoned, and the full congregation joined in [...]. The rabbi and the cantor carried the Torah scrolls around the synagogue as the boys and men sang and danced behind them in serpentine lines. Their arms flung upward and their feet stamped the ground as the rhythm of devotion, the physical passion of faith, rose up, sending their bodies into intoxicated action, echoing their joyful hosannas of communion with God. Six-year-old Ann Schuman caught sight of her grandfather, Nathan Schuman, his head thrown back, his arms upraised, and his long white beard and long silky white hair swaying as he joined in ecstatic prayer. Years later she recalled, 'I just thought this was

same video, Halprin adds another important sentence, in an extract from her solo dance production "The Grandfather Dance" from 1996. Halprin was born on July 13, 1920, she just turned 97 in July 2017. At the time when she first danced "The Grandfather Dance" she was 76, and she was 6 in 1926 when she observed her grandfather's dance as a child. In the above-mentioned extract, she states: "I believe my Grandfather's love–his dance and his ritual–has been with me all my life. And throughout all my life, I've been searching for a dance that would mean as much to me–as much though in spirit–as his dance meant to him"[12].

Why is this so remarkable, especially the tiny little addition "as much though in spirit"? It is so remarkable as in this early observation, which is perhaps the earliest remaining impression of a dance she recalls and which then became her "personal narrative" of the origin of her own activity as a dancer, Halprin is fully aware of something which can happen in and through dance–and this is the (most) direct link between or fusional awareness of the spirit and the body. She tells us about it as an elder, but she already thought this thought as a child. This link and the perception of it is not something that can be taken for granted, at least not in many parts of the dance world where quite often virtuosity and/or pure capacity of mastering certain forms of dance or mastering certain stylistic figures and elements of style prime over the approach Halprin expresses here. Most of the time virtuosity and/or the capacity of mastering certain forms of dance or certain stylistic figures and elements of style are what is taught and meant when it comes to the question if someone "can" dance, in both the professional as well as the amateur world: it is very rare that the search for a personal meaning of a dance that expresses itself through a direct link to a spirit involved comes into play and that at the same time we do not drift away in the thinking that separates art on the one hand and didactics and pedagogics on the other. We will come back to this crucial point.

---

the most beautiful dance I had ever seen. Not only that, but I thought he was God. He looked like God to me, and he acted like what I thought a God would act like. So I thought that God was a dancer'" (J. Ross, *op. cit.*, p. 1-2). It becomes clear here too that it was this "physical passion" which impressed the young girl Halprin was at that time, in other words: the intensity of the moving bodies in the synagogue and how they were moved as well as the fact that here, in this situation, people used their bodies to express something that belonged to the world of thoughts and feelings–their prayers.

12   Words transcribed by the author.

Let us now focus on Halprin as a teacher and on what she teaches. There is one key to her practice and this key is the perception of the body as an instrument: "Of all the art forms, there is something unique about dance and that is that we are using our bodies as our instrument, and everything that we realize about the world lives through our body. It can't live anywhere else except with us"[13].

What she tries to teach when working with people from all kinds of background is how to internalize one's own body perception (including thoughts and feelings alike) so that one can get in touch with one's own body, how to get anchored in one's own body to be able to spread out, to feel and to know one's full in-corporation and em-bodiment, in all its dimensions and wrinkles. One way to access the direct link between body and mind or body and spirit[14] runs through the breath, another through the pulse[15]. In a short video with the title "Dance as a Science" she asserts:

> I feel that dance can be a very important science in relationship to the body, in relationship to how the body functions, how it responds, how it relates to other people's bodies, how it relates to the environment. So working just with the science of the body is the mind informing the body of how it functions as an instrument because this is all we have, it is the body, that's our instrument, that's our method of communicating[16].

Body and mind are said to work together in a way that they cannot be separated, one informing the other about the way it functions: a fusional, an interdependent functioning. As Land in an article on Halprin's pedagogical art work puts it[17]: "For Anna Halprin our individual cultural identity is the only mental starting point from which we should act as authentic and independent persons. Anna Halprin's 'Life / Art Process'—the core of her artistic thinking—sees any cultural

---

13   Cf. A. Halprin, *Dancing Life / Danser la vie, op. cit.* in the little introduction film. Words transcribed by the author.

14   Here we use both English terms (mind and spirit) to express the aspect or energy that in German could be rendered by "Geist", in French by "esprit". A discussion about a possible and/or necessary differentiation in the context of this work could (and should) be done, but this will have to be realised at another occasion as there is no room to do it here. For the moment being, we can use them alike without losing or impairing the crucial point we are aiming at.

15   Cf. for instance A. Halprin, *Tanz, Ausdruck und Heilung, op. cit.*, p. 59 and 70.

16   Cf. A. Halprin, *Dancing Life / Danser la vie, op. cit.* in the chapter "My Life & Art Themes". Words transcribed by the author.

17   For all quotes from this book the author translates from German.

path of life as a very rich source in itself, a source for the creative as well as for the healing work"[18].

The idea is that human beings should use their bodies as an instrument for movement so that each human being can get in direct touch with his/her sensations, perceptions and emotions. Halprin never got tired of putting this idea into practice. What she developed is a kind of learning process where "emotions and images of perceptions can be integrated into one's own life experience" which is one's own creative "treasure box"[19]. To reach this goal, she also quite often uses a participatory approach (as for instance in "Ceremony of Us") and creates a direct link between social engagement and artistic work.

We have already seen Halprin's Jewish origin and the importance it had and has from her childhood until now[20]. Another key idea of her work might be the "celebration of diversities"[21] which also stems from her Jewish background. Halprin has always known how difficult it is to think about others in a prejudice-free way[22]. Her "Life / Art Process" is an attempt to give groups tools which allow to practice being without prejudices. The path leads through the characteristics of every individual of a group; each single person becomes part of the "natural creative power of the community"[23], and together they create the multiple whole: a united multiplicity.

18 R. Land, "Einführung in das pädagogische Profil Anna Halprins", *op. cit.*, p. 128. R. Land's text is a very informative and rich piece for all those who wish to deepen the pedagogical aspect of Halprin's work. There is an English translation of the text published in 2014 which we do not quote from as, while writing this text, we had only access to the German original. For the following parts of this article, we–among others–intensely studied what R. Land discusses in this text.

19 *Loc. cit.*

20 *Cf.* for instance A. Halprin, *Tanz, Ausdruck und Heilung, op. cit.*, p. 105.

21 R. Land, *op. cit.*, p. 129. The English quote in the German text is probably a direct quote of Halprin's words. This is not indicated.

22 *Cf.* J. Ross, *op. cit.*, p. 12: "Ann and her classmate friend Miriam Raymer (Bennett) recalled the extreme social isolation they felt as the only Jewish children in their class. As Ann put it: 'Knowing that I was different was sometimes very painful to me because I was discriminated against because of that difference. I wouldn't be invited to certain social events at school, and it took me a while to realize that was because I was Jewish. But all I knew as a kid was that I was different. My hair was bright red and very kinky. Everyone else in my school had blond hair and blue eyes, and the girls could swish their hair around. I would try and swish my head, and my hair would stand up and never come back down. So I knew that I looked different as well.'" Ross here quotes words from an interview she led with A. Halprin at June 30, 1992.

23 R. Land, *op. cit.*, p. 129.

Land formulates this thought as follows: "Anna Halprin celebrates the body with the power of someone who transgresses over and over again new mental borders in order to grant the body its singularity [...]"[24]. With Halprin, the boundaries between aesthetics and healing, spiritual and ordinary, ordinary and artistic creativity as well as individual and collective bodies do no longer exist. They all flow into each other.

In a certain way, her approach is similar to some teaching in Zen-Buddhism, as at the centre of her pedagogical goal is the experience of the here and now. Only that the path to reach out takes another turn. Being fully aware of the space and the environment that surround us, being fully aware of the present moment is considered as a "creative power in itself"[25]; we enter into play with the awareness, it becomes a playful recognition which runs through our ever-moving bodies, it is embedded in the body, and as the body is the place where all awareness is generated, all acting consciousness not only comes from there, but also always runs back to it, to its very playground. Any movement and any forms of change come from the creative power of the body-mind-awareness. One main goal in Halprin's teaching work would be to reach out for the personal creative potential of people. For this, she works with images and words alike.

We all have a complex self-awareness, a complex mental idea of how we see ourselves, which is not only the image of how we think we look (the outer appearance, visible for others as well), but of how we perceive ourselves in terms of, for example, self-esteem, confidence, attitude, demeanour, voice, physical size and strength, etc. "Moments of happiness", as Land has it, can for instance "emerge when the artistic experience" that we make "leads a direct dialogue with our personal image"[26] that we carry in us. This can also imply pain and strong emotions in i.e. destabilizing moments of life as getting into unfiltered touch with one's emotions through one's body can trigger many (often unexpected) feelings.

Halprin's work is process orientated and fosters peaceful coexistence and a respectful exchange of mental and physical resources within groups and it can also be applied by each single person, in solo work[27];

---

24 *Loc. cit.*
25 *Ibid.*, p. 130.
26 *Loc. cit.*
27 For many years now and especially over the last four years, the author of this article has been practicing and experimenting with–for the moment being just for herself and on her

her work is concerned with how one treats oneself and therefore others too. Illnesses and conflicts often stem from bad emotions and/or from physical as well as psychological processes that go unnoticed or are continuously neglected (this can happen individually or in a group or a whole society). To encounter such forms of tightening and give room to body-mind processes is of great importance to avoid sickening stress and be able to handle stress and the conflicts that come along with it. To cope with such problems, one should learn how to mentally run through one's own body, how to get back to it, constantly and consistently. For this, one must also take into consideration the different cultures and backgrounds of people because each culture has its own ethical system, not only with regards to people's mind sets, but also with regards to the physical being, and every individual is part of a system, next to its personal way of expressing, feeling and seeing itself. That is why intercultural exchange for instance must give room to the possibility to maintain and work within the system someone comes from[28] as this system is an integral part of someone's personality and identity, and at the same time an exchange must make room for the questioning of these things so that transformation can be possible. Such work is always situated "between wounds and healing"[29] as it moves between both and acts and often struggles between conservation and overturning of physically as well as mentally learned patterns settled since long. Working this way within a group is also the attempt to help others discover the immense range of possibilities our bodies possess to perceive things[30].

As said, we all do not only have a complex mental image of ourselves, but do also have certain patterns of movements which we have deeply internalized since long, for the best and for the worst. Other great body/mind-workers knew that as well. One might think for instance of Frederick Alexander, the founder of the Alexander technique, or of

---

own–what she calls the "Body Exploration" or "Body Quest" which is an investigation of the possibilities of natural, systemic body movements through dance; this kind of dance is nourished by, among others, her knowledge in Yoga, Tai chi, Alexander technique and A. Halprin's approach. It has been Halprin's work which at the end of 2012 triggered this path.

28   Cf. R. Land, op. cit., p. 132.
29   Loc. cit.
30   Cf. ibid., p. 133.

Moshe Feldenkrais who by the way is another great influence in Halprin's development[31]. To elucidate these patterns with the goal to allow a more creative handling of them is another driving force of her work.

In everyday life, numerous possibilities of movements and most of the sensory experiences one makes are not considered as a suggestion to get into direct touch with one's body and they are rarely used as rooms of perception of one's life environment; and this is a pity as they are a direct encouragement to take notice and to take care. Being aware of one's own body and mind experiences strongly fosters the responsibility for all things happening around us. The more we deepen and enlarge our vitality and the sense of sheltering this at once fragile, precious and vigorous vitality, the better for us as individuals and for the society as a moving body.

In this context, let us quote Land again who refers to the French psychoanalyst Sibony who is said to have formulated a thought as follows: "the dance touches the body before any borders and rules [can] confine it"[32]. This way, it can always create new "stories" to make itself heard, seen, felt, new ways of telling itself that do not come from outside but directly from its own resources. It is important to underline that this kind of work with body and brain and with the thoughts and the imagery they produce does not mean that the critical intellect and the wish for understanding get wiped out and people get invited to unleash all senses and act nonsensically. Quite the contrary. Halprin's work includes precision of movements and critical investigation in all regards with the purpose to reach a better understanding of ourselves. It combines "structure" and "liberation"[33].

In a similar context, it is interesting to remark that the spectator of a dance performance also tries–while watching someone else dance–to mentally trace his or her own physical borders and freedoms which also among others implies to critically consider one's awareness of things. Watching a dance then becomes a kind of internal dance, a dance replayed internally, a true dance-in-thought or else a thought-in-dance.

---

31 *Cf. ibid.*, p. 135. *Cf.* also Halprin, *Tanz, Ausdruck und Heilung, op. cit.*, p. 56 where Anna Halprin quotes Feldenkrais's words "The ability of a human being to move is probably more important for his/her self-perception than anything else". Retranslated from German by the author.

32 *Ibid.*, p. 135.

33 *Cf. ibid.*, p. 138-139.

Halprin closely worked with a medical doctor called Mike Samuels. In his essay Samuels states:

> Thoughts, feelings and images develop in certain areas of the brain [...]. Inner representations of movement and dance are stocked in certain regions of the brain which pilot the realization of the movement of the muscles. As well by the effective triggering of a movement as by memorization of it, neurones are released. The concerned persons experience this as an image of a movement which hails from their imagination or memory. As in dance so many proprioceptive, sensory as well as kinetic nerve tracts are addressed, both the imagination as well as the memory of a movement are experienced as being very real and intense[34].

A dancer transmits mental messages to the whole body and bodily messages to the brain, no matter if he or she really, which is: effectively does a certain movement or only thinks back to it or thinks towards this movement–what becomes a fusional thinking: as while thinking back to remember, one realizes this thought in the here and now and gets perhaps prepared for a physical realization later on. And this is also true for the spectator of a dance. Mind and body are constantly linked and in interactive action, and every movement of muscles stimulates the mind that in return can stimulate the muscles to move. Samuels calls this a "resonating system which we call body, mind and soul" and "which brings our physiology in balance in three different ways: through the thoughts in the brain; through the creation of a balance in our nervous system and through transformation of cells"[35]. The stories a body creates from its own resources are stories between the body "right now" and the "recalled body". As each body possesses its own system of perception, another goal in Halprin's work always has been to find out more about the positive kinaesthetic perceptions of bodies, which is about what can be called inward perceptions. The main aim then would be to go inwards to be able to get connected outwards, grounding the inner world to be able to spread out.

Moshe Feldenkrais also intensely worked on the "learned responses"[36] of bodies. As already said, we all possess them and we all move in

---

34 In an essay by Mike Samuels entitled "Kunst als heilende Kraft", Halprin, *Tanz, Ausdruck und Heilung, op. cit.*, p. 173-174. Retranslated from German by the author.

35 *Ibid.*, p. 175.

36 *Cf.* Moshe Feldenkrais, http://www.feldenkraismethod.com/wp-content/uploads/2014/11/Awareness-Through-Movement-Feldenkrais.pdf, p. 2 (not numerated in the PDF document):

accordance to our own biographies of movement, in patterns learnt since childhood. To train a good physical awareness helps to differentiate and to make good use of the everyday life archives of movement patterns that are also patterns of personal styles. So, it is always good to get a new vision of and a new access to what we think of as our well-known body. Precision of movement and in movement is mostly the result of a conscious perception, and habits can become (and often are) the biggest enemy of moving with precision, lightness and in good balance.

Halprin often underlines that we always meet the outer world in motion, never in a state of complete motionlessness (which she associates with illness). This can of course be a very small movement, hardly visible perhaps, but a movement nevertheless. And breathing for instance is moving too. The way we breathe has direct impact on the way we think or imagine things. In Halprin's approach thought and imagination are never juxtaposed as a contradiction. In dance, both aspects co-exist: structure and liberation, composition and letting go. The aim would be to create a balance between feeling secure and feeling unsecure, between clinging to the familiar and touching the unfamiliar, the risky, between structuring processes on the one hand and freeing ones on the other. Therefore, Halprin works with improvisation wherein she tries to arrange different ideas of precise movement as well as different perception of the space. In dance, like in all performing arts and practices, nothing is done twice, everything is ephemeral. The physical gestures change all the time. Dance, with Halprin, is about the kinaesthetic integration of what the body can reflect upon and the transfer of this perception into reality[37]. Every improvisation for instance creates an interaction that sharpens the attention paid to physical and mental precision based on "rhythm, space, power, flexibility"[38], pulse and breath. Anna Halprin loves to work on polarities. Pulse and breath belong to the elements

"[...] man has both the extraordinary opportunity–given to no other animal–to build up a body of learned responses and the special vulnerability of going wrong. Since other animals have their responses to most stimuli wired in to their nervous systems in the form of instinctive patterns of action, they go wrong less frequently. Even more irritating, we have little opportunity to become aware of where we went wrong. Since we are the learner and the judge at the same time, our judgement depends on, and is limited to, our learning achievements. Obviously, to improve, we individuals have to better our judgment. But judgment is the result of learning already completed".

37   Cf. R. Land, op. cit., p. 140.
38   Loc. cit.

which allow to perceive polarities like i.e. heavy and light, deep and shallow. They can both be givers of energy as well as contributors to movements of calming and relaxation. The body becomes a landscape or vessel that allows to project one's self-reflection as part of the action. In this way of seeing dance as something where the emotional and the physical perceptions can be united, all layers of emotions are admitted to the play. The personal potential of every individual being is never a self-contained unity, but a continuous interplay between the body, the consciousness and the environment. The same way as we can never be without a movement, we also can never perceive nothing, in other words: we do always perceive something. As Land puts it: Anna Halprin's method offers the "stability of a process" not that of a product[39]. Furthermore, Halprin considers human beings as "tribal creatures"[40], and this "tribal belonging"[41], if it is well lived without segregation and turned towards the empowering of all life in general, empowers the individual and in return the individual strengthens the group. Art in this sense is never entertainment.

In conventional procedures of learning often dominates the idea that there should be an emotional distance to the object that must be learnt[42]. Halprin asks for the contrary, but without falling in any trap of sentimentalism. During the learning processes, she looks for a dialogue between people's feelings and the artistic, critical act, and science with Halprin also follows this path. Success and knowledge are no longer a product or result of orientated states of being of something or someone. They are emotional and artistic processes, and the emotional aspects and the work with them have nothing "inferior" in them. Quite the contrary: Halprin invites us to rethink the—in our cultures—strongly predominant and antagonist dualism of emotions on the one hand and the presumed objective thinking on the other. Through her work, this dualism gets dissolved in a highly productive and at the same time critical way which is a way that never loses sight of its self-reflectiveness which is integral part of the process. Each experience that is made is one more exercise for our consciousness that allows us to reflect upon

---

39 *Ibid.*, p. 142.
40 A. Halprin, *Tanz, Ausdruck und Heilung, op. cit.*, p. 164.
41 R. Land, *op. cit.*, p. 142.
42 For the following considerations, *cf. ibid.*, p. 145-146.

our actions with greater competence and to then share the knowledge with others.

The experience–this impression–to leave the body while dancing and to relinquish it thanks to the dance (as the first quote at the beginning of this article has it), certainly belongs to the very nature of our physical as well as mental existence; it may underline the twofold movement of going inside to go outside at once: in order to be able to get out of the body, one certainly also always runs through the experience to fully get anchored in the body. Both moves are inextricably linked, they happen simultaneously. Thus, in this sense "fully-being-body" can never be reduced to something scary as it presents and contains the always pluralistic and intrinsic move of life itself. It is important to underline this point as some might have the tendency to imagine this idea as frightening as they would imagine it as "reducing" the human being "to its body only" which in their sense would mean that the human being gets limited. With Halprin, we learn that the absolute contrary is the case: the inward, anchoring move allows the biggest widening coming out of it, physically and mentally spoken. And the outward move cannot be done without the body "within" it, as irreducible support. Dance then becomes an opening force.

If–with these considerations in mind–one now goes back to Rabbi Nachman's sentence: "Every day one has to dance, / be it only in one's thought", it becomes possible to read it as a very practical and precise invitation to consider our mind as being able to dance, physically; it is by no means separated from the body; the mind gets moulded by the body and moulds the body in a never-ending process as long as one lives. There is no such thing as a sharp separation line between body and mind, only numerous possibilities and levels of how they work together, as a kind of dualistic or even pluralistic one. And if we train to dance, body and mind literally tread in each other's footsteps.

To conclude, two more quotes on dance can fruitfully be associated with Halprin's work. Halprin uses the first one in one of her books; it is the beginning of a poem by W.B. Yeats: "God guard me from those thoughts / men think in the mind alone; / he that sings a lasting song / thinks in a marrow-bone [...]"[43] It is not surprising that Halprin likes

---

43 *Cf.* A. Halprin, *Tanz, Ausdruck und Heilung, op. cit.*, p. 34. The quote follows the layout used in the German translation of the book. The original English version of the poem

these lines. Yeats also expresses the absolute need to recognize that body and thought are inextricably intermingled and that one should be wary of thoughts thought "in the mind alone", which is: separated from the body. He adds the aspect of the marrow to it which is to be found in the bones and which is a crucial part of our—let us call it—cerebral endowment: it can probably be considered as the physical filigree of the human brain. Halprin would not be afraid of a thought or of thoughts that claim to be thought "in the mind alone" as, even if they claim it, they simply do not exist. But what exists (and here she absolutely joins Yeats as this seems to be the meaning of the above quote) are thoughts in all kinds of distress when they ignore or deny relatedness, connectivity and interaction: when they ignore the natural inner bond (if not to say: union) with the body which carries them, they literally go wrong.

As becomes clear by now, dancing and dancing in thought are not separated either, and dancing in thought is not a question of abstraction versus concreteness or one of being within or without the body. Instead it could perhaps be described as dropping the thought right into the body, letting it fall in one's own physical pool in order to get it back well-nourished by the vital energy the body provides, and this energy can also mean that one "flies" and "rises out of the body" and "feels suspended between the worlds". And we could also inverse the title of this article and call it "Thought made breathable" or else modify it again and call it "Body made thinkable" and/or "Thought made moveable" as these would also fit in with what is transported and conferred by Anna Halprin's bodily stance.

Finally, in his foreword to Ross's book Richard Schechner wonders:

> A long journey, that from being Ann Schuman, the granddaughter of an immigrant tailor from Odessa, to becoming Anna Halprin, the iconoclastic icon of the American avant-garde. How much of Ann, the Jewess with Eastern European roots, remains active in Anna, the quintessential Marin County, California, counterculturist? We can change our names, but to what extent can we transform and transcend our personal history? [...] we each carry within us our own cultural DNA, a marker. No, not something as sharply defined as a marker. More like a cultural perfume enfragranting our values and behavior. And what might Anna Halprin's scent be? Earthy, from Russia;

---

can for instance be found here: http://poetryx.com/poetry/poems/1423/ with a different alignment which accentuates the passage "in the mind alone" by granting it one line of its own.

sweaty from her immigrant hard-working grandparents; expensively perfumed from her father's success as a Chicago businessman; the odor of talism, the prayer shawls worn in shul, where Ann admired the men swaying back-and-forth in their ritual prayer dance[44].

Halprin's "scent", at least for one part and at least for our understanding of her journey, lies exactly there, in the constant revaluation of her own and, through her work, of all our intrinsic body-mind-netting, and, next to so many other influences that nourish her work, her grandfather's dance and the recalling of it transform this scent, again and again, into what it was, has been and still will become—an always-open-source for reconnection to the earthliest plot we have, our moved and moving bodies in deep love with our minds. This is also true the other way around. Rabbi Nachman's beautiful words tell the never-ending story of the embodiment of this kind of dance practice that can inspire, heal and flow into any act of life and any story line our bodies wish to tell.

Schirin NOWROUSIAN
University of Paderborn

---

44 R. Schechner's "Foreword" in: J. Ross, *op. cit.*, pp. xi-xii.

BIBLIOGRAPHY

FELDENKRAIS, Moshe, *Awareness Through Movement*, http://www.feldenkraismethod.com/wp-content/uploads/2014/11/Awareness-Through-Movement-Feldenkrais.pdf, acc. 08.08.2017.

GERBER, Ruedi, *Breath Made Visible–Revolution in Dance*, DVD, ZAS Film AG, 2010.

GERBER, Ruedi, *Breath Made Visible–Revolution in Dance*, http://www.breathmadevisible.com/?lang=en, acc. 23.09.2017.

HALPRIN, Anna, "Artist Statement", https://www.annahalprin.org/artist-statement, acc. 08.08.2017.

HALPRIN, Anna, *Dancing Life / Danser la vie*, prod. B. Andrien, F. Corin, Bruxelles, Éditions Contredanse, 2014, DVD.

HALPRIN, Anna, *Tanz, Ausdruck und Heilung*, tran. Th. Kierdorf, H. Höhr, Essen, Synthesis Verlag, 2000.

LAND, Ronit; SCHORN, Ursula; WITTMANN, Gabriele, *Anna Halprin. Tanz–Prozesse–Gestalten*, München, K. Kieser Verlag, 2013.

POYNOR, Helen; WORTH, Libby, *Anna Halprin*, New York, Routledge, 2004.

RABBI NACHMAN, "Dicocitations", *Le Monde*: http://dicocitations.lemonde.fr/citations/citation-65366.php, acc. 12.07.2017.

RABBI NACHMAN, http://www.mouv.fr/emissions/culturecite/chaque-jour-il-faut-danser-fut-ce-seulement-par-la-pensee-nahman-de-braslaw, acc. 23.09.2017.

ROSS, Janice, *Anna Halprin–Experience as Dance*, foreword by R. Schechner, Berkeley, University of California Press, 2007.

GABRIÈLE-ÉMILIE DE BRETEUIL,
LA MARQUISE DU CHÂTELET,
UNE GRANDE DAME SAVANTE

Notre propos est de montrer à quel point Gabrièle-Émilie de Breteuil, la marquise du Châtelet (1706-1749), a marqué le savoir de son siècle et marque encore aujourd'hui le nôtre ne serait-ce que par le travail de traduction et de commentaire qu'elle a fourni sur Newton. La seule traduction intégrale de l'œuvre magistrale de Newton, les *Principes mathématiques de la philosophie naturelle*, actuellement disponible en français, reste celle de la marquise du Châtelet. Sa vie commune avec Voltaire à Cirey entre 1735 et 1749 a été déterminante pour rendre Voltaire newtonien et l'inciter à prêter sa plume à la cause newtonienne. Si cette influence sur Voltaire est connue, si son travail de traduction et de commentaire l'est aussi dans une certaine mesure, d'autres aspects de son œuvre le sont moins, comme les *Institutions de physique* (1740), manuel pour apprendre la physique à son fils qui présente une tentative de synthèse audacieuse de la métaphysique de Leibniz et de la physique de Newton. Cet ouvrage offre, en outre, des considérations subtiles et fines en épistémologie sur le statut des hypothèses en sciences, considérations dont les encyclopédistes ont fait leur miel. Ce sont toutes ces facettes de la vie intellectuelle très riche, bien que brève, de cette femme exceptionnelle que nous voudrions présenter.

Commençons par introduire brièvement deux personnages importants dans la vie de la Marquise : l'auteur d'un texte difficile, s'il en est, que la Marquise a brillamment traduit et commenté jusqu'à sa mort, et celui qui fut son compagnon de vie et de travail : Newton et Voltaire.

Newton naît en 1642 et meurt en 1727. En 1687, il publie les *Principia mathematica philosophiae naturalis* qui sont traduits en français par la Marquise du Châtelet, alors qu'elle vit à Cirey. La Marquise y a travaillé jusqu'à sa mort en 1749, survenue de manière précoce et dramatique, alors qu'elle n'avait que 43 ans. Elle a non seulement traduit le texte de Newton du latin au français, mais elle a rédigé un commentaire fort utile du traité. L'ouvrage, relu par Clairaut, a été publié de manière posthume en 1756-1759. Il a été réédité en fac-similé à Paris, par Blanchard en 1966, puis par Jacques Gabay en 1990.

Voltaire, né une centaine d'années après Descartes (il naît en 1694 et meurt en 1778), a connu sa période newtonienne justement pendant une quinzaine d'années à Cirey de 1734 à 1749. Et c'est sans doute stimulé par la Marquise que Voltaire rédige une présentation systématique de l'œuvre de Newton : les Éléments de la philosophie de Newton[1]. Cet ouvrage rompt avec les ouvrages de vulgarisation qui mettent en scène une marquise imaginaire qui cherche à s'instruire auprès d'un homme de la science de son temps (comme les Entretiens sur la pluralité des mondes de Fontenelle parus en 1686 ou Le newtonianisme pour les Dames d'Algarotti paru en 1737 en italien et traduit en français en 1738). Or, à Cirey, en effet, la situation est inversée : c'est la Marquise qui rend savant le philosophe, ce dont Voltaire est à la fois parfaitement conscient et fort reconnaissant à Émilie.

Quand la Marquise rédige l'avant-propos des Institutions de physique qu'elle adresse à son fils de 13 ans, elle n'hésite pas à présenter son ouvrage comme un traité de physique plus complet que celui de Voltaire :

> Vous pouvez tirer beaucoup d'instructions sur cette matière [l'attraction] des Éléments de la philosophie de Newton, qui ont paru l'année passée ; et je supprimerais ce que j'ai à vous dire sur cela, si leur illustre auteur avait embrassé un plus grand terrain ; mais il s'est renfermé dans des bornes si étroites, que je n'ai pas cru qu'il pût me dispenser de vous en parler[2].

Il est vrai qu'en 1738 les deux éditions qui sont parues des Éléments de Voltaire ne comportent pas de partie sur la métaphysique de la science ni sur ce qu'on appellerait aujourd'hui la philosophie de la science (rôle des hypothèses, par exemple), ce qui est l'objet des premiers chapitres des Institutions de physique. Du reste, Voltaire, sans doute contrarié par cette remarque de la Marquise dans l'Avant-propos rédigé en 1739, d'après la mention des éditions de 1738, publia en 1740 La Métaphysique

---

1   Voltaire, Éléments de la philosophie de Newton (titre abrégé par la suite en Éléments) dans Œuvres complètes, t. XV, éd. R. L. Walters, W. H. Barber, Oxford, The Voltaire Foundation, 1992.
2   É. du Châtelet, Institutions de physique, Paris, Prault, 1740, p. 7.

de Newton qu'il inséra, au titre de première partie, dans la troisième édition de 1741 des *Éléments de la philosophie* de Newton qui constitue l'édition de référence[3].

Or, la Marquise et Voltaire ne sont pas d'accord sur la métaphysique de la science : Voltaire défend une métaphysique déiste, mais plutôt vague et générale, à la manière de Newton, sans entrer dans aucun détail, alors que la Marquise encadre la physique newtonienne par une lecture précise de la métaphysique leibnizienne et notamment par son principe de raison suffisante qu'elle présente comme le fondement de toutes les vérités contingentes ou expérimentales (le principe de contradiction étant le fondement de toutes les vérités nécessaires). Autrement dit, elle se donne pour défi de présenter une synthèse des deux auteurs antagonistes[4].

Cependant, comme l'introduction de la métaphysique leibnizienne dans les *Institutions de physique* a déjà fait l'objet de plusieurs travaux, notamment la présentation que fait la Marquise du système des monades[5], nous proposons plutôt de mettre l'accent sur un autre aspect du travail de la Marquise, à savoir ses réflexions méthodologiques ou épistémologiques sur la science qu'elle développe dans l'Avant-propos et dans le chapitre V consacré aux hypothèses. C'est donc le portrait de la Marquise en philosophe des sciences que nous voudrions esquisser.

Dans l'Avant-propos, qu'on peut lire comme un véritable discours de la méthode, la Marquise développe des considérations fort intéressantes sur la science : elle reprend la métaphore des épaules des géants[6] en ces

---

3   *Cf.* V. Le Ru, *Voltaire newtonien*, Paris, Vuibert, 2005 ; 2013, note 1 de l'Avant-propos, p. 3 : « La première édition de 1738 à Amsterdam n'est pas achevée de la main de Voltaire et paraît sans son consentement, d'où une deuxième édition immédiate en 1738 prétendument faite à Londres, mais réellement en France. Enfin, la troisième édition augmentée de 1741 est l'édition de référence, c'est celle reprise dans les *Œuvres complètes* de Voltaire, t. XV, éd. R. L. Walters and W. H. Barber, The Voltaire Foundation Taylor Institution, Oxford, 1992.

4   Leibniz considère l'attraction comme un miracle perpétuel, et critique les conceptions newtoniennes de l'espace absolu et du temps absolu (voir la correspondance de Leibniz et de Clarke, porte-parole de Newton). Les newtoniens, de leur côté, accusent Leibniz d'avoir plagié Newton dans sa découverte du calcul infinitésimal, accusation non fondée, mais soutenue par la *Royal Society of London* à la grande vexation de Leibniz.

5   *Cf.* A.-L. Rey, « La figure du leibnizianisme dans les *Institutions de physique* », et V. Le Ru, « Quand Voltaire et la Marquise parlent métaphysique… », *Émilie du Châtelet, éclairages et documents nouveaux*, éd. U. Kölving et O. Courcelle, Centre international d'étude du XVIIIe siècle, 2008, respectivement p. 229-240 et p. 213-218.

6   C'est à Bernard de Chartres au XIIe siècle qu'on attribue la mention des « nains sur les épaules des géants », selon Jean de Salisbury qui la rapporte (voir É. Jeauneau, « *Nani gigantum humeris insidentes*. Essai d'interprétation de Bernard de Chartres… », *Vivarium* V,

termes : « Nous nous élevons à la connaissance de la vérité, comme ces géants qui escaladaient les cieux en montant sur les épaules les uns des autres[7] ». Rien ne se fait de rien : la science progresse en s'appuyant sur les auteurs précédents d'une manière cumulative. Newton s'appuie sur Kepler et Huygens qui eux-mêmes s'appuient sur Leibniz qui s'appuie à son tour sur Descartes et Galilée et eux-mêmes sur Copernic. Deuxième point important, la Marquise s'oppose à une conception nationale de la science :

> la recherche de la vérité, dit-elle à son fils, est la seule chose dans laquelle l'amour de votre pays ne doit point prévaloir, et c'est assurément bien mal à propos qu'on a fait une espèce d'affaire nationale des opinions de Newton, et de Descartes : quand il s'agit d'un livre de physique il faut demander s'il est bon, et non pas si l'auteur est anglais, allemand, ou français[8].

On n'est donc pas un mauvais citoyen français[9] parce qu'on adopte la physique de Newton (auteur anglais) plutôt que celle de Leibniz (auteur allemand) ou de Descartes (auteur français). Troisième point remarquable, la Marquise bannit tout argument d'autorité en science et dans la connaissance en général : « lorsqu'on a l'usage de la raison, il ne faut en croire personne sur sa parole, mais il faut toujours examiner par soi-même, en mettant à part la considération qu'un nom fameux emporte toujours avec lui[10] ». Et pour justifier son rejet de l'argument d'autorité, elle fait mention d'Aristote et de son étonnement d'y trouver « des idées parfois si saines sur certains points de physique générale, à côté des plus grandes absurdités[11] », mais aussi – ce qui est plus surprenant – de Newton : « et quand je lis quelques-unes des questions que M. Newton a mises à la fin de son *Optique*, je suis frappée d'un étonnement bien différent[12] ». Quatrième point à souligner, la Marquise distingue deux espèces de choses dans la métaphysique : « la première, ce

---

    1967, p. 79-99). Bernard de Chartres se serait peut-être inspiré de Platon qui soutient dans le *Phédon* (90a) qu'il est rare de trouver dans la nature des éléments extrêmement grands ou extrêmement petits, des nains et des géants.

7   É. du Châtelet, *op. cit.*, p. 6.
8   *Ibid.*, p. 7.
9   Voltaire partage avec la Marquise cette conception universelle de la science, voir notre ouvrage *Voltaire newtonien*, *op. cit.*, p. 88-89.
10 É. du Châtelet, *op. cit.*, p. 11.
11 *Loc. cit.*
12 *Loc. cit.*

que tous les gens qui font un bon usage de leur esprit, peuvent savoir ; et la seconde, qui est la plus étendue, ce qu'ils ne sauront jamais[13] ».

Le dernier point que nous voudrions relever dans l'Avant-propos concerne les hypothèses. La Marquise, quand elle fait référence aux deux systèmes d'explication du monde développés par Descartes et Newton, choisit de ne traiter que de celui de Newton (celui de Descartes étant bien connu) et de montrer « comment les phénomènes s'expliquent par l'hypothèse de l'attraction[14] ». L'attraction, notons-le, a le statut d'une hypothèse qu'il faut étudier parce qu'elle est l'un des systèmes qui partagent le monde pensant. En ne présentant pas le système des tourbillons de Descartes, elle prend ouvertement parti pour Newton. Mais ce qui est intéressant est que sa préférence n'est pas partisane : elle qualifie l'attraction d'hypothèse alors que Voltaire dans les *Éléments* en fait une question de fait. En outre, elle est loin d'être aveuglément newtonienne ; d'une part, parce qu'elle trouve la physique de Newton et notamment l'attraction infondée et qu'elle veut la fonder dans la métaphysique leibnizienne ; d'autre part, parce qu'elle est réservée, on l'a vu, à l'égard de certaines des questions qu'il développe à la fin de l'*Optique*. Enfin, elle est très critique sur sa position à l'égard des hypothèses :

> Un des torts de quelques philosophes de ce temps, c'est de vouloir bannir les hypothèses de la physique ; elles y sont aussi nécessaires que les échafauds dans une maison que l'on bâtit ; il est vrai que lorsque le bâtiment est achevé, les échafauds deviennent inutiles, mais on n'aurait pu l'élever sans leur secours[15].

Deux remarques à propos de ce passage : d'une part, le bâtiment newtonien a encore besoin d'échafauds, car il est inachevé du fait que Newton n'a pas assigné de cause à l'attraction, ce qui est confirmé par le statut d'hypothèse que la Marquise lui confère. D'autre part, ce statut même d'hypothèse donné à l'attraction montre bien que Newton lui-même, quoiqu'il en ait, ne peut se passer d'hypothèse. Et c'est bien Newton qui est visé, lui qui après avoir reconnu qu'il n'a pas encore assigné de cause à l'attraction déclare, dans le *Scholie général* des *Principia mathematica*, « hypotheses non fingo » que la Marquise traduit par : « je

---

13 *Ibid.*, p. 14.
14 *Ibid.*, p. 7.
15 *Ibid.*, p. 9.

n'imagine pas d'hypothèses[16] ». Les hypothèses sont nécessaires en physique, car elles sont fécondes et heuristiques et obligent les scientifiques à se mettre au travail et à ne pas se contenter de ce qu'ils ont découvert. Par conséquent, Newton a tort, selon la Marquise, de renoncer à élaborer des hypothèses pour tenter d'assigner une cause à l'attraction. Voici ce qu'elle écrit :

> aussi rien n'est-il plus capable de retarder les progrès des sciences que de vouloir les en bannir, et de se persuader que l'on a trouvé le grand ressort qui fait mouvoir toute la nature, car on ne cherche point une cause que l'on croit connaître, et il arrive par là que l'application des principes géométriques de la mécanique aux effets physiques, qui est très difficile et très nécessaire, reste imparfaite, et que nous nous trouvons privés des travaux et des recherches de plusieurs beaux génies qui auraient peut-être été capables de découvrir la véritable cause des phénomènes[17].

Mais les hypothèses peuvent être dangereuses si elles se mêlent aux conclusions du raisonnement : « Il est vrai que les hypothèses deviennent le poison de la philosophie quand on les veut faire passer pour la vérité[18] ». La Marquise est proche de ce que dit Descartes dans la Règle III des *Règles pour la direction de l'esprit* : si on mêle une seule conjecture avec des choses vraies et évidentes, tout devient incertain. Mais c'est pourtant Descartes qui est visé dans la critique que fait la Marquise de l'abus des hypothèses :

> une hypothèse ingénieuse et hardie, qui a d'abord quelque vraisemblance, intéresse l'orgueil humain à la croire, l'esprit s'applaudit d'avoir trouvé ces principes subtils, et se sert ensuite de toute sa sagacité pour les défendre. La plupart des grands hommes qui ont fait des systèmes nous en fournissent des exemples, ce sont de grands vaisseaux emportés par des courants, ils font les plus belles manœuvres du monde, mais le courant les entraîne[19].

L'allusion aux tourbillons de Descartes est manifeste, lui qui compare les cieux à des courants marins qui emportent les planètes comme de grands vaisseaux[20]. Le système des tourbillons fait de belles manœuvres

---

16 I. Newton, *Principes mathématiques de la philosophie naturelle*, trad. Marquise du Châtelet, Paris, 1756-1759, rééd. Blanchard, 1966 ; puis Jacques Gabay, 1990, t. II, p. 179.

17 É. du Châtelet, *op. cit.*, p. 9.

18 *Loc. cit.*

19 É. du Châtelet, *op. cit.*, p. 10.

20 Descartes, *Principes de la philosophie* in *Œuvres philosophiques*, Paris, Garnier, 1963-1973, tome II, p. 234-235 : « mais ne croyons pas aussi que cela puisse empêcher qu'elle [la Terre] ne soit emportée par le cours du ciel et qu'elle ne suive son mouvement, sans

pour sauver les phénomènes, mais le progrès des sciences est un fort courant qui emporte tous les systèmes bâtis sur le sable des hypothèses. La Marquise ici paie son tribut à l'air du temps qui condamne les systèmes et l'esprit de système qui les régit. Ni trop ni trop peu – telle est la position que défend la Marquise à l'égard des hypothèses qui nous aident à force de tâtonnements dans la recherche du vrai, mais qui, dans cette démarche aveugle, doivent s'appuyer sur le bâton de l'expérience, seul recours pour réguler le pas du scientifique :

> l'expérience est le bâton que la nature a donné à nous autres aveugles, pour nous conduire dans nos recherches ; nous ne laissons pas avec son secours de faire bien du chemin, mais nous ne pouvons manquer de tomber si nous cessons de nous en servir ; c'est à l'expérience à nous faire connaître les qualités physiques, c'est à notre raison à en faire usage et à en tirer de nouvelles connaissances et de nouvelles lumières[21].

Cette méthode à suivre pour se servir des hypothèses en physique est approfondie dans le chapitre v des *Institutions de physique*. La Marquise nous livre ici ses réflexions sur l'art de conjecturer. Elle commence par rappeler l'obligation d'errer en science : « il faut nécessairement que quelques-uns risquent de s'égarer, pour marquer le bon chemin aux autres : ce serait donc faire un grand tort aux sciences, et retarder infiniment leurs progrès que d'en bannir avec quelques philosophes modernes, les hypothèses[22] ». Suit une critique des deux excès inverses : abuser des hypothèses, comme les cartésiens, et tomber dans des fictions, ou bien bannir les hypothèses, comme les newtoniens, et renoncer à assigner et démontrer les causes de tout ce que nous voyons.

Contre ces deux excès inverses, il faut se donner une méthode pour bien user des hypothèses et ne pas craindre de nous tromper et d'errer en nous mettant en chemin, car plusieurs routes s'offrent à nous :

> mais si l'incertitude où l'on est, lequel de ces chemins est le bon, était une raison pour n'en prendre aucun, il est certain qu'on n'arriverait jamais ; au lieu que lorsqu'on a le courage de se mettre en chemin, on ne peut douter

---

pourtant se mouvoir : de même qu'un vaisseau qui n'est point emporté par le vent ni par des rames, et qui n'est point aussi retenu par des ancres, demeure au repos au milieu de la mer, quoique peut-être le flux et le reflux de cette grande masse d'eau l'emporte insensiblement avec soi ».

21 É. du Châtelet, *op. cit.*, p. 10.
22 *Ibid.*, p. 75.

que de trois chemins, dont deux nous ont égarés, le troisième nous conduira infailliblement au but[23].

La Marquise développe ici des idées qui seront amplement reprises après elle, à savoir le caractère positif de l'erreur et l'obligation d'errer en science. L'erreur n'est pas à rejeter, car elle nous indique les voies à ne pas suivre et nous oblige à changer de méthode d'investigations. L'erreur a, tout comme l'hypothèse dont elle résulte, une valeur heuristique, elle nous oblige à tenter d'autres chemins, à oser élaborer d'autres hypothèses qui elles-mêmes nous mettent en route sans que nous sachions si ce chemin conduit à une découverte ou ne mène nulle part. Mais nous savons, depuis l'Avant-Propos, que nous avons le bâton de l'expérience pour ne pas nous égarer dans des pays imaginaires ou des romans de la nature. La Marquise, dans le chapitre V, fait de nouveau référence à l'expérience, mais dans un sens beaucoup plus précis visant à expliquer le fonctionnement du raisonnement :

> Une expérience ne suffit pas pour admettre une hypothèse, mais une seule suffit pour la rejeter lorsqu'elle lui est contraire. Il suit, par exemple, de l'hypothèse dans laquelle on suppose que le Soleil se meut autour de la Terre qui lui sert de centre, que les diamètres du Soleil doivent être égaux dans tous les temps de l'année ; mais l'expérience montre qu'ils paraissent inégaux. On peut donc conclure de cette observation, avec sûreté, que l'hypothèse dont cette égalité est une conséquence, est fausse ; et que la Terre n'occupe point le centre de l'orbe du Soleil[24].

La Marquise, dans sa conception de l'induction, est proche de ce que dit Pascal dans la *Préface au Traité du vide*[25]. En revanche, elle s'écarte de la conception newtonienne de l'induction de la règle IV des *Regulae philosophandi* (*Règles qu'il faut suivre pour étudier la physique*) qui vise avant tout à dévaloriser les hypothèses :

---

23 *Ibid.*, p. 77.
24 *Ibid.*, p. 84.
25 B. Pascal, *Préface au Traité du vide* in *Œuvres complètes*, Paris, Seuil, 1963, p. 232 : « Aussi dans le jugement qu'ils [les Anciens] ont fait que la nature ne souffrait point de vide, ils n'ont entendu parler que de la nature qu'en l'état où ils la connaissaient ; puisque, pour le dire généralement, ce ne serait pas assez de l'avoir vu constamment en cent rencontres, ni en mille, ni en tout autre nombre, quelque grand qu'il soit ; puisque s'il restait un seul cas à examiner, ce seul suffirait pour empêcher la définition générale, et si un seul était contraire, ce seul... [suffirait à renverser le jugement des Anciens] ».

Dans la philosophie expérimentale, les propositions tirées par induction des phénomènes doivent être regardées malgré les hypothèses contraires, comme exactement ou à peu près vraies, jusqu'à ce que quelques autres phénomènes les confirment entièrement ou fassent voir qu'elles sont sujettes à des exceptions. Car une hypothèse ne peut affaiblir les raisonnements fondés sur l'induction tirée de l'expérience[26].

Ce commentaire montre que Newton cherche moins à réfléchir sur les limites de l'induction qu'à décrier voire à bannir les hypothèses de la philosophie expérimentale. À l'encontre de ce rejet, la Marquise juge les hypothèses utiles et fécondes même s'il ne faut pas en abuser. Elle critique deux excès inverses : abuser des hypothèses, comme les cartésiens, et tomber dans des fictions, ou bien bannir les hypothèses, comme les newtoniens, et renoncer à assigner et démontrer les causes de tout ce que nous voyons. Contre ces deux excès inverses, il faut se donner une méthode pour bien user des hypothèses et ne pas craindre de nous tromper et d'errer en nous mettant en chemin, car plusieurs routes s'offrent à nous : « mais si l'incertitude où l'on est, lequel de ces chemins est le bon, était une raison pour en prendre aucun, il est certain qu'on n'arriverait jamais ; au lieu que lorsqu'on a le courage de se mettre en chemin, on ne peut douter que de trois chemins, dont deux nous ont égarés, le troisième nous conduira infailliblement au but[27] ». La Marquise développe ici une conception positive de l'erreur et de l'obligation d'errer en science. L'erreur n'est pas à rejeter, car elle nous indique les voies à ne pas suivre et nous oblige à changer de méthode d'investigations. L'erreur a, tout comme l'hypothèse dont elle résulte, une valeur heuristique, elle nous oblige à tenter d'autres chemins, à oser élaborer d'autres hypothèses qui elles-mêmes nous mettent en route sans que nous sachions si ce chemin conduit à une découverte ou ne mène nulle part. Mais nous savons, depuis l'Avant-Propos, que nous avons le bâton de l'expérience pour ne pas nous égarer dans des pays imaginaires ou des romans de la nature.

Dans le chapitre IV sur les hypothèses, la Marquise montre que les sciences, et notamment l'astronomie, progressent par la succession d'hypothèses corrigées ou rectifiées : « Il est donc évident que c'est aux hypothèses successivement faites et corrigées que nous sommes redevables des belles et sublimes connaissances dont l'astronomie et les sciences

---

26   I. Newton, *Principes mathématiques de la philosophie naturelle, op. cit.*, t. II, p. 5.
27   É. du Châtelet, *op. cit.*, p. 77.

qui en dépendent sont à présent remplies ; et l'on ne voit pas comment il aurait été possible aux hommes d'y parvenir par un autre moyen[28] ». L'art de conjecturer et l'obligation d'errer sont donc constitutifs de l'art d'inventer, comme le dernier paragraphe du chapitre le souligne : « En distinguant entre le bon et le mauvais usage des hypothèses, on évite les deux extrémités, et sans se livrer aux fictions, on n'ôte point aux sciences une méthode très nécessaire à l'art d'inventer, et qui est la seule qu'on puisse employer dans les recherches difficiles qui demandent la correction de plusieurs siècles, et les travaux de plusieurs hommes, avant d'atteindre une certaine perfection[29] ».

Les idées développées par la Marquise dans ce chapitre sont amplement reprises par les encyclopédistes et, en particulier, par d'Alembert dans sa philosophie des sciences. En premier lieu, d'Alembert développe dans les *Éléments de philosophie* des considérations sur l'art de conjecturer fort proches de celles de la Marquise. Ainsi il explique que certaines questions en physique relèvent de l'art de conjecturer :

> ainsi on doit apprendre dans les matières purement conjecturales à ne pas confondre avec le vrai rigoureux ce qui est simplement probable, à saisir dans le vraisemblable même les nuances qui séparent ce qui l'est davantage de ce qui l'est moins. Tel est l'usage de cet esprit de conjecture ; plus admirable quelquefois que l'esprit même de découverte, par la sagacité avec laquelle il fait entrevoir ce qu'on ne peut pas parfaitement connaître, suppléer par des à peu près à des déterminations rigoureuses et substituer lorsqu'il est nécessaire la probabilité à la démonstration, avec les restrictions d'un pyrrhonisme raisonnable[30].

Dans ce passage, en insistant sur le fait qu'on ne doit pas confondre le vrai rigoureux avec le probable, d'Alembert reprend l'idée de la Marquise selon laquelle les hypothèses si on les fait passer pour des vérités deviennent le poison de la philosophie. Il souligne également le caractère heuristique des hypothèses et de l'esprit de conjecture « plus admirable quelquefois que l'esprit de découverte » par les chemins qu'il indique.

Par ailleurs, d'Alembert, en tant que directeur de la partie scientifique de l'*Encyclopédie*[31], a certainement supervisé l'article Hypothèses

---

28　*Ibid.*, p. 79-80.
29　*Ibid.*, p. 88.
30　J. d'Alembert, *Éléments de philosophie*, Paris, Fayard, 1986, p. 36.
31　J. d'Alembert a été même co-directeur avec Diderot de l'*Encyclopédie* jusqu'en 1758, puis après sa démission, il se contenta de diriger la partie scientifique de l'ouvrage.

de l'*Encyclopédie* et contribué à ce qu'il soit une reprise mot à mot de certains passages du chapitre IV des *Institutions de physique*[32].

Enfin, d'Alembert est aussi l'héritier de la Marquise à propos de l'argument d'autorité : celui-ci n'a aucune place en science. En effet, quand la Marquise n'hésite pas à critiquer Newton, par certains aspects de son œuvre (elle critique notamment son rejet des hypothèses et l'absurdité de certaines des questions finales de l'*Optique*), elle le fait au nom d'un refus de l'argument d'autorité en science : « [...] lorsqu'on a l'usage de la raison, il ne faut en croire personne sur sa parole, mais il faut toujours examiner par soi-même, en mettant à part la considération qu'un nom fameux emporte toujours avec lui[33] ». Or, d'Alembert n'hésite pas lui non plus à critiquer Newton, il a même pensé un moment remettre en question sa théorie scientifique à propos du problème des trois corps. Rappelons ici que le calcul du périgée de la Lune qui plongea Clairaut, d'Alembert et Euler dans la controverse du problème des trois corps, était au départ en désaccord avec la théorie newtonienne de l'attraction, jusqu'à ce que les trois savants découvrent chacun leur erreur et réhabilitent la théorie newtonienne. Ce qui se joue derrière la controverse du problème des trois corps, c'est le refus de considérer l'œuvre newtonienne comme un système clos et auto-suffisant. D'Alembert, à la suite de la Marquise, rejette tout argument d'autorité en science y compris celui qui a pour nom Newton. La lettre à M.*** qu'il écrit en réponse au discours du Prince Louis Gonzaga di Castiglione prononcé à la Société Royale de Londres est de ce point de vue tout à fait significative :

L'objet du discours dont il s'agit ici est de sacrifier les géomètres français au grand Newton (qui n'a pas besoin pour être grand qu'on lui sacrifie personne) et de faire entendre que nos mathématiciens n'ont fait que mettre en calcul ce que Newton avait déjà trouvé avant eux, ou ce qu'il n'a pas cru digne d'être développé dans son livre des Principes ; cet ouvrage selon l'auteur du discours, n'a laissé aux siècles suivants que l'honneur de le commenter[34].

32 La comparaison entre l'article Hypothèses de l'Encyclopédie et le chapitre IV des *Institutions de physique* a été soigneusement étudiée par Koffi Maglo, dans son article « Madame du Châtelet, l'*Encyclopédie*, et la philosophie des sciences », Émilie du Châtelet, éclairages et documents nouveaux, *op. cit.*, p. 255-260.

33 É. du Châtelet, *op. cit.*, p. 11.

34 J. d'Alembert, « La lettre à M.*** », *Correspondance inédite de D'Alembert avec Cramer, Lesage, Clairaut, Turgot, Castillon, Béguelin, etc.*, Paris, Gauthier-Villars, 1885, p. 95.

Prenant alors la défense des géomètres français, d'Alembert énumère les progrès qui leur sont dus et cite notamment le problème des trois corps.

Dans le *Discours Préliminaire de l'Encyclopédie*, d'Alembert reprend la conception de la Marquise selon laquelle les progrès des sciences sont de nature historique, ce qui est une manière forte de dire que la physique cartésienne doit désormais faire place à la physique newtonienne qui est pour l'instant celle qui est la plus reconnue, grâce au calcul qui permet de l'étayer : « cette démonstration [de la gravitation des planètes] qui n'appartient qu'à lui, fait le mérité réel de sa découverte ; et l'attraction sans un tel appui serait une hypothèse comme tant d'autres[35] ». Mais cela ne veut pas dire que c'est un système figé dans le marbre, d'Alembert va même supposer : « Si le newtonianisme venait à être détruit de nos jours[36] ». On retrouve ici la proposition de la Marquise que les sciences progressent par une série d'hypothèses rectifiées : « Il est évident que c'est aux hypothèses successivement rectifiées et corrigées que nous sommes redevables des belles et sublimes connaissances dont l'astronomie et les sciences qui en dépendent sont à présent remplies ; et l'on ne voit pas comment il aurait été possible aux hommes d'y parvenir par un autre moyen[37] ». L'art de conjecturer et l'obligation d'errer sont donc constitutifs de l'art d'inventer.

Véronique LE RU
Université de Reims

---

35   J. d'Alembert, *Discours Préliminaire de l'Encyclopédie*, Paris, Vrin, 1984, p. 101.
36   *Ibid.*, p. 111.
37   É. du Châtelet, *op. cit.*, p. 79-80.

BIBLIOGRAPHIE

ALEMBERT, Jean d', *Discours Préliminaire de l'Encyclopédie*, dans *Encyclopédie*, t. 1, Paris, Vrin, 1984.

ALEMBERT, Jean d', *Correspondance inédite de d'Alembert avec Cramer, Lesage, Clairaut, Turgot, Castillon, Béguelin, etc.*, Paris, Gauthier-Villars, 1885.

ALEMBERT, Jean d', Éléments de philosophie, Paris, Fayard, 1986.

DESCARTES, René, *Principes de la philosophie*, *Œuvres philosophiques*, Paris, Garnier, 1963-1973.

Encyclopédie ou dictionnaire raisonné des sciences, des arts et des métiers, 1751-1780, Paris, Briasson, David, Le Breton et Durand, 35 vol., 1751-1780 ; 1966, Stuttgart, rééd. Fromann.

JEAUNEAU, Édouard, « *Nani gigantum humeris insidentes*. Essai d'interprétation de Bernard de Chartres », *Vivarium*, V, 1967, p. 79-99.

LE RU, Véronique, *Voltaire newtonien*, Paris, Vuibert, 2013.

LE RU, Véronique, « Quand Voltaire et la Marquise parlent métaphysique », *Émilie du Châtelet, éclairages et documents nouveaux*, éd. U. Kölving, O. Courcelle, Centre international d'étude du XVIIIᵉ siècle, Ferney-Voltaire, 2008, p. 213-218.

LE TONNELIER DE BRETEUIL, Émilie (Marquise du CHÂTELET), *Institutions de physique*, Paris, Prault, 1740.

NEWTON, Isaac, *Principes mathématiques de la philosophie naturelle*, trad. Marquise du Châtelet, Paris, Jacques Gabay, 1990.

MAGLO, Koffi, « Madame du Châtelet, l'*Encyclopédie*, et la philosophie des sciences », *Émilie du Châtelet, éclairages et documents nouveaux*, éd. U. Kölving, O. Courcelle, Centre international d'étude du XVIIIᵉ siècle, Ferney-Voltaire, 2008, p. 255-266.

PASCAL, Blaise, *Œuvres complètes*, Paris, Seuil, 1963.

REY, Anne-Lise, « La figure du leibnizianisme dans les *Institutions de physique* », *Émilie du Châtelet, éclairages et documents nouveaux*, éd. U. Kölving, O. Courcelle, Centre international d'étude du XVIIIᵉ siècle, Ferney-Voltaire, 2008, p. 229-240.

VOLTAIRE, « Éléments de la philosophie de Newton », *Œuvres complètes*, t. XV, éd. R. L. Walters, W. H. Barber, Oxford, The Voltaire Foundation, 1992.

LES BIOGRAPHIES
SUR MARIE SKŁODOWSKA-CURIE
COMME OUTIL DE CONSTRUCTION
DES STÉRÉOTYPES ET DES IDÉOLOGIES

Marie Skłodowska-Curie (1867-1934) est la plus célèbre scientifique dans le monde[1]. Elle est la première et souvent la seule femme apparaissant dans les manuels scolaires scientifiques des lycéens français. L'étude ici proposée se penche sur les biographies qui lui ont été consacrées, afin de comprendre le processus de construction de la mémoire collective qui a permis à cette femme de devenir un personnage historique. J'essaierais ensuite d'évaluer l'impact de cette construction sur l'histoire des sciences et des femmes.

Que Marie Curie soit une figure historique n'a rien d'étonnant. Maria Skłodowska, née à Varsovie en Pologne en 1867, devient Marie Curie en 1895 en épousant en France le physicien Pierre Curie (1859-1906). Avec son époux, elle découvre en 1898 deux nouveaux éléments chimiques, le polonium et le radium. C'est elle qui définit la radioactivité comme propriété de l'atome. Première femme à recevoir un Prix Nobel (en partage avec Henri Becquerel et Pierre Curie en 1903), elle est aujourd'hui la seule femme à en avoir reçu deux (1911). Première femme professeur titulaire d'une chaire des universités de France (1908), première femme membre libre de l'Académie de médecine (1922), etc., Marie Curie représente, en France, l'image de la femme scientifique. Cependant cette image s'est transformée au fil des ans pour devenir une icône nationale.

---

1   *Cf.* C. Burek, B. Higgs, « Public perception of women scientists », présenté lors du colloque *Revealing lives : Women in Science, 1830-2000*, 22 mai 2014, https://womeninscience.net/?page_id=675#Perception.

ÉVOLUTION DES BIOGRAPHIES

Depuis le décès de Marie Skłodowska-Curie en 1934 et jusqu'en 2015 soixante et une biographies lui ont été consacrées en France[2]. Certaines ont bénéficié de nombreuses rééditions et réimpressions. La première de ces biographies a été publiée dès 1936 par Jean Hesse, journaliste, à destination du grand public ; il en publie immédiatement une adaptation pour la jeunesse[3]. Deux ans après paraît le livre d'Ève Curie sur sa mère[4]. La grande majorité (48 sur 61) de ces biographies a été écrite pour les enfants ou pour un large public. Comparativement, peu de livres ont été écrits par des historiens ou scientifiques. La diffusion majoritaire au sein de la jeunesse et du public dénote clairement d'une volonté de faire connaître la vie de la scientifique dans la sphère sociale la plus large possible. Dès son décès, elle devient héroïne de roman.

Pourtant si l'on regarde la progression chronologique des parutions de ces biographies, on s'aperçoit que celle-ci est très lente jusqu'aux années 1990. Seuls 18 ouvrages sur 61 sont publiés avant cette date. En ce qui concerne les articles qui lui sont consacrés, dans les ressources historiques du Musée Curie, la revue de presse, même incomplète, permet de dessiner l'évolution du nombre des articles publiés sur Marie Skłodowska-Curie. Cent soixante-sept articles couvrent sa vie, cent cinq son décès, trente seulement parlent d'elle entre 1945 et 1959. À la lecture de ces articles, on s'aperçoit qu'ils sont principalement publiés en 1956 et 1958 quand Marie Curie apparaît au travers des décès de sa fille et de son gendre. Ainsi, que ce soit sous forme de biographies ou d'articles, il semble que les publications sur Marie Curie s'estompent au fil du temps.

En 1967, le centenaire de la naissance de Marie Skłodowska est nationalement célébré et largement relayé dans la presse[5]. À partir de cette date, cinq ouvrages paraissent tous les dix ans jusqu'en 1995 et parmi eux les premiers ouvrages destinés à un public plus spécialisé. Le premier,

---

2   Biographies consacrées à Marie Skłodowska-Curie ayant fait l'objet d'un dépôt légal en France.

3   J. Hesse, *Madame Curie*, Paris, Denoël, 1936 et *Histoire d'une petite Polonaise*, Paris, Larousse, 1936.

4   E. Curie, *Madame Curie*, Paris, Gallimard, 1938.

5   *Cf.* Archives du musée Curie, [AMC] Fonds ACJC, FP_ACJC_Commémorations.

celui du physicien Józef Hurwic, sort pour le centenaire[6]. L'ouvrage en français est édité en Pologne et entre dans des explications scientifiques que peu de biographies oseraient.

En 1995, les cendres de Marie et Pierre Curie sont transférées au Panthéon des grands hommes de la nation française. Cette consécration nationale n'était, à l'origine, destinée qu'à Marie Curie. La famille précisa alors que la panthéonisation concernerait Pierre et Marie Curie ou personne[7]. L'idée d'honorer une femme parmi les hommes de l'histoire de France venait de trois personnalités féminines qui, à l'occasion des nombreuses panthéonisations du bicentenaire de la Révolution française, signifièrent au Président de la République leur réprobation de n'y voir que des hommes et mentionnèrent entre autres le nom de Marie Curie comme digne d'être honorée[8]. Que ces trois personnalités évoquent Marie Curie dénote d'une certaine connaissance de la scientifique dans l'espace public, au moins intellectuel. Contre la disparité entre hommes et femmes, mais aussi contre la montée de la xénophobie, le président de la République française trouve en Marie Skłodowska-Curie, le symbole qu'il cherchait[9]. Une fois entrée au Panthéon, le nombre de biographies sur Marie Curie augmente considérablement, ce qui ne fut pas le cas pour Pierre Curie qui, en tant qu'homme, n'a pas connu le même engouement. On peut se demander si, sans cette reconnaissance nationale, Marie Curie aurait été aussi connue aujourd'hui.

CRÉATION D'UNE IMAGE

Revers de la médaille de la reconnaissance nationale, Marie Curie est devenue une icône dont on réécrit l'histoire au fil des biographies de plus en plus romancées, exagérées, fausses. L'image de la scientifique devrait aujourd'hui répondre à celle d'une héroïne quasi mythique.

---

6 J. Hurwic, *Maria Skłodowska-Curie*, publié sous le patronage de l'Institut d'histoire de la science et de la technique de l'Académie polonaise des sciences, Warszawa, Polonia, 1967.
7 AMC, Fonds Ève Curie : FP-EC/F1a3.
8 Il s'agissait d'Hélène Carrère d'Encausse, Françoise Gaspard et Simone Veil.
9 Voir le discours de François Mitterrand lors de la cérémonie. En ligne : [https://fr.wikisource.org/wiki/Discours_du_transfert_des_cendres_de_Pierre_et_Marie_Curie_au_Panth%C3%A9on]

Alors de quelle image parle-t-on ? Le caractère exceptionnel de son parcours implique une histoire exceptionnelle. En France, en 2011, au cours du centenaire du second prix Nobel, pas moins de six ouvrages sont parus sur Marie Curie. Un de ces ouvrages rassemble la quasi-totalité des erreurs que l'on rencontre dans les autres :

> Première à l'agrégation de physique, première femme docteur ès sciences, première lauréate féminine de la médaille Davy, premier prix Nobel féminin, première nobélisée aussi à l'avoir reçu deux fois, première femme professeur à l'École normale supérieure de Sèvres, première femme à avoir enseigné à la Sorbonne et première femme membre de l'Institut en entrant à l'Académie de médecine en 1922, elle fut première en tout. Comme une parfaite bonne élève. Une légende à elle toute seule[10].

Excepté pour la médaille Davy et le prix Nobel, tous les autres attributs nécessitent correction. En effet, Marie Curie a bien été reçue première à l'agrégation, mais il s'agissait de l'agrégation féminine créée en 1881 pour l'enseignement secondaire des jeunes filles, ce qui change considérablement le niveau exigé. De plus, cette agrégation a été passée en mathématiques et non en physique. Marie Curie n'est certainement pas la première femme docteur ès sciences. Ce titre revient en France à Amelie Leblois en 1888 en sciences naturelles. Par contre, elle est la première femme docteur ès sciences physiques. Il faut ajouter que les docteurs en sciences, qu'ils soient hommes ou femmes, sont alors très peu nombreux. Seuls 32 doctorats ès sciences sont soutenus en France durant l'année scolaire 1902/1903[11]. Ce diplôme n'étant pas nécessaire pour parvenir à un poste très qualifié dans l'enseignement ou l'industrie, il n'était réservé qu'à ceux qui visaient la recherche ou l'enseignement supérieur[12]. S'il faut donc insister sur le doctorat de Marie Curie, ce n'est pas en raison de son sexe, mais de la rareté des détenteurs du plus haut diplôme académique. Si on continue à analyser la description de Marie Curie dans cette biographie, notons immédiatement qu'elle est loin d'être la première femme professeur de l'École normale supérieure de jeunes filles de Sèvres, qu'elle n'est pas la première à avoir enseigné

---

10 J. Trottereau, *Marie Curie*, Paris, Gallimard, 2011, p. 10.
11 *Cf. Annuaire statistique de la France* [*Ann. Stat. Fr.*], 1903, p. 16.
12 En France, l'année 1913 est la plus productive en doctorat ès sciences avec seulement 58 soutenances, alors que 3 ans auparavant (délai pour faire un doctorat) elle consacrait 502 licences ès sciences.

en Sorbonne[13], mais première à y être nommée professeur en chaire en 1908. Notons pour finir qu'elle n'a jamais été membre de l'Institut puisque l'Académie de médecine ne fait pas partie de l'Institut. Par toutes ces exagérations, on assiste à la construction d'une « légende en elle-même ».

PRESSE AMÉRICAINE DE 1921

Comment en est-on arrivé, en 2011, à cette envolée d'exagérations et quel est son impact ? De son vivant, excepté la presse relatant les moments forts de sa carrière où, bien souvent, elle n'est présentée que comme la digne assistante de son mari, c'est essentiellement dans la presse américaine de 1921 que l'on découvre comment l'image de Marie Curie va être modelée au travers de 19 848 articles couvrant 46 jours de sa vie. De mai à fin juin 1921, Marie Curie est accueillie aux États-Unis pour recevoir un gramme de radium offert par les femmes américaines. Ce radium lui est remis par le président Warren G. Harding.

Immédiatement, Marie Curie est présentée comme une grande scientifique, mais également et avant tout comme une femme, une mère, une exception qui s'est sacrifiée à l'Humanité. Le Président des États-Unis s'adresse à « la noble créature, à l'épouse dévouée, à la mère affectueuse qui, en dehors de son œuvre écrasante, a rempli toutes les tâches de la femme ». Ajoutant : « Il est vrai aussi que le zèle, l'ambition et le but inébranlable d'une carrière élevée ne pouvaient pas vous empêcher d'accomplir merveilleusement toutes les tâches simples, mais dignes qui incombent à chaque femme[14] ». La scientifique est honorée, la mère est adulée.

Par cette presse, Marie Curie est devenue exceptionnelle. Pour construire l'exceptionnalité, la recette employée est alors bien rodée. Tout d'abord, définir ses compétences comme issues d'un caractère inné. Tout le monde ne peut pas être né doté de génie. « Genius » étant un terme qui revient très fréquemment dans les titres ou le corps des articles américains. Pour

---

13   Marie Pape-Carpantier y a donné par exemple des cycles de conférences en 1868.
14   *The New-York city World*, 21 mai 1921.

souligner ce caractère inné du génie, pour devenir un héros, il faut que
ce génie rencontre de nombreuses entraves à sa mise en lumière. Les
journaux réinventent son enfance. Elle se devait d'être pauvre et triste,
et la petite Maria Skłodowska avait dû se battre pour exercer sa science :
« La carrière de madame Curie prévisible par ses goûts d'enfance, fille de
parents pauvres, elle a travaillé jusqu'à atteindre le sommet[15] ».

Après son enfance, une fois devenue scientifique, les difficultés rencontrées par la savante viendraient de son pays d'adoption. Si la France
reconnaît et exploite son génie, comme pour d'autres scientifiques, le
gouvernement français n'a pas compris l'importance de ses travaux pour
l'humanité. Marie Curie vit et travaille dans la pauvreté alors qu'elle a
réalisé de grands progrès contre la plus grande des maladies : le cancer.
Elle n'aurait qu'un seul assistant et penserait même à émigrer aux États-
Unis pour plus de moyens[16].

Plus important encore, la presse américaine met en avant la femme
qui a gardé et entretient sa nature féminine : la maternité[17]. Preuve en
est que Marie Skłodowska-Curie a refusé de venir sans ses filles. Ici le
sexe de la scientifique passe avant ses compétences. Si la scientifique est
adulée, c'est avant tout parce qu'elle a su rester femme !

La majorité des biographies écrites depuis son décès, et plus encore
autour de 2011, reprend encore cette image modifiée de la vie de Marie
Curie et continue d'amplifier son exceptionnalité. Cependant, la presse
américaine est loin d'être sur le territoire français le seul vecteur de
création de son image.

AUTOBIOGRAPHICAL NOTES

Marie Curie elle-même dans son autobiographie, publiée en 1922
aux États-Unis en anglais à la demande des femmes américaines, ne
montre pas la même histoire. Elle ne parle pas de pauvreté ou de gêne

---

15 *Providence R. D. Tribune*, 8 mai 1921.
16 *The Youngstown vindication*, 2 février 1921 et *Inquirer Philadelphia, PA*, 9 mai 1920. Marie
    Curie possède alors un des laboratoires les mieux dotés de France et ils sont dix-neuf à
    y travailler.
17 *Cf. The New-York City World*, 21 mai 1921.

de l'étudiante dans une communauté principalement masculine. Elle y reconnaît l'aisance de ses origines sociales. Elle parle du goût des sciences acquis en grande partie grâce à son milieu familial dans lequel son père est professeur de physique et mathématiques et sa mère directrice d'une des meilleures pensions de jeunes filles de la ville de Varsovie. Quant à la pauvreté de l'étudiante et ses conditions de vie, elle ne les présente pas comme subies, mais comme choisies. Arrivée à Paris, elle aurait pu rester dans le confort de l'appartement de sa sœur, mais c'est elle qui choisit de vivre en ermite dans une chambre près de l'université, se plongeant dans ses études à en oublier de se nourrir. La liberté avant le confort, la liberté avant la richesse, la liberté avant la célébrité. S'il est un mot qui qualifie bien la vie de Marie Skłodowska-Curie, c'est liberté et non pauvreté.

À contrario, au début de son mariage, Marie Curie se plaint auprès de son père de sa condition économique puisqu'elle ne bénéficie que d'une domestique une heure par jour[18]. Les biographes mettent en exergue cette plainte comme reflet d'une souffrance économique ; oubliant que cette situation était très enviable pour 95 % de la population française[19]. Issue de la bourgeoisie aisée polonaise, Marie Curie n'a pas conscience de la condition sociale moyenne de la population française.

Si, dans son autobiographie, Marie Curie modère donc sa propre histoire vue par la presse américaine, elle sait également construire son propre mythe par un vocabulaire empathique. Sur 67 pages, Marie Curie sait toucher les cœurs sensibles de ses lecteurs : 35 fois le mot *petit*, 25 fois celui de *dévouement*, mais aussi 23 fois celui de l'*aide*, 30 fois celui d'*amour* ou d'*amitié*.

ÈVE CURIE ET *MADAME CURIE*

Ève Curie saura, après le décès de sa mère, encore mieux utiliser ce vocabulaire empathique. Son livre reste le plus célèbre consacré à la scientifique. Il a connu environ 170 réimpressions ou adaptations pour

---

18   AMC : FP-EC_B1a11.
19   *Cf. Ann. Stat. Fr.* de 1899, p. 209 où une parisienne active sur presque quatre est domestique et une sur deux travaille dans l'industrie.

la jeunesse et plus de 35 traductions. Ève Curie reprend cette idée de génie inné de sa mère, de cette pauvreté de ses origines sociales, de cette abnégation et d'indifférence pour les honneurs et les événements sociaux, de cette force de se battre contre tout et contre tous. Pourtant, si nous lisons attentivement, nous ne trouvons pas les erreurs des biographies du XXIe siècle. Seules quelques omissions de précisions comme pour l'agrégation, quelques exagérations comme son invention de l'expression « petite Curie » pour désigner les voitures radiologiques. Cependant, l'usage du vocabulaire empathique permet d'imaginer une héroïne de la science presque déifiée : « Elle est femme, elle appartient à une nation opprimée, elle est pauvre, elle est belle. [...] Sa mission accomplie, elle meurt, épuisée, ayant refusé la richesse et subi les honneurs avec indifférence[20] ».

Ève Curie surdétermine sémantiquement le portrait qu'elle fait de sa mère afin d'éveiller l'empathie et la connivence du lecteur. Ainsi le registre lexical est-il saturé de termes forts. Elle use 81 fois des termes renvoyant à la pauvreté, 15 fois à celui du sacrifice, 22 fois à celui du dévouement, 24 fois au malheur, 24 fois à la tâche, 22 à la besogne, 44 fois à la fatigue, 38 fois à la souffrance. Elle emploie 278 fois les qualificatifs de *petit* ou *petite* et 31 fois ceux qui connotent la tristesse. Ève érige ainsi au fil des pages une icône de la science.

Comme le montre Julie Desjardins dans son livre, par ces biographies Marie Curie est présentée comme une sorte de *wonder woman* de la science[21]. Cette image a été construite un peu par Marie Curie elle-même, beaucoup par sa fille Ève, par la presse, mais aussi par la volonté politique française. Marie Skłodowska-Curie est seule à pouvoir répondre à cette image, la seule femme à qui le Panthéon a été ouvert durant si longtemps. Or cette solitude et cette exceptionnalité ôtent à son image tout le pouvoir du rôle de modèle[22].

---

20   E. Curie, *Madame Curie*, Paris, Folio, p. 7-8.
21   J. Desjardins, *The Madame Curie Complex*, New York, The Feminist Press, 2010, p. 56.
22   M. W. Rossiter, *Women scientists in America : struggles and strategies to 1940*, Baltimore/London, Johns Hopkins University Press, 1982, p. 127.

CONSÉQUENCES DE L'UNICITÉ DU MODÈLE

Conséquence directe : dans nos manuels scolaires scientifiques pour l'enseignement secondaire, comme les manuels de physique-chimie de première scientifique, on peut trouver le nom de plusieurs hommes comme Rutherford, Galilée, Copernic (notons au passage qu'ils sont tous occidentaux et que les scientifiques asiatiques, africains ne sont pas représentés) et très peu de femmes. Souvent Marie Curie et trop rarement Marie Skłodowska-Curie[23]. En effet, si la science de nos manuels est masculine et occidentale, la science au féminin est souvent uniquement française, sa nationalité ou son nom de naissance sont bien souvent omis. Depuis quelques années, d'autres femmes apparaissent parfois dans les manuels de physique, comme Émilie du Châtelet ou « madame Lavoisier ». Ceci étant, leur présentation est très succincte et les noms des femmes scientifiques étrangères sont encore trop peu nombreux. L'internationalisme de la science voulu par les Curie[24], les Joliot, défini par Merton[25], est alors loin des préoccupations de nos manuels. Que dire de l'omission des scientifiques comme Hertha Ayrton, Lise Meitner, Rosalind Franklin ?

Nous savons aujourd'hui que les femmes scientifiques étaient nombreuses à cette époque[26]. Le laboratoire Curie en est un exemple. Au cours de plus de vingt-huit ans, Marie Curie y a accueilli quarante-cinq femmes venant de nombreux pays[27]. Comparer l'histoire de l'intégration

---

23 Voir par exemple le manuel *Physique chimie 1ʳᵉ S*, Paris, Belin, 2014, p. 147 et p. 156-157 ou seule Marie Curie sous son nom marital est cité. Dans celui des éditions Hachette, *Physique-Chimie 1ʳᵉ S*, Paris, Hachette, 2014, p. 134-135, Marie et Irène Curie sont encore citées. Si Marie Curie est notée comme franco-polonaise, son nom de jeune fille n'est pas mentionné.

24 Voir par exemple le rôle de Marie Curie au sein de la Société des Nations à partir de 1922.

25 R. K. Merton, « The ethos of science », *On Social Structure of Science*, Chicago, University of Chicago Press, 1996, p. 267-276.

26 Voir les nombreuses prosopographies, comme M. et G. Rayner-Canham, *A Devotion to Their Science : Pioneer Women of Radioactivity*, Philadelphia, Chemical Heritage Foundation, 2005 ; N. Byers, G. Williams, *Out of the Shadows : Contributions of Twentieth-Century Women to Physics*, Cambridge, Cambridge University Press, 2010 ; *The biographical dictionary of women in science : pioneering lives from ancient times to the mid-20ᵗʰ century*, éd. M. Ogilvie, J. Harvey, New York, Routledge, 2000.

27 *Cf.* N. Pigeard-Micault, « Le laboratoire Curie et ses Femmes (1906-1934) », *Annals of Science*, n° 70/1, 2013, p. 71-100.

de ces femmes avec celle de Marie Curie permet de comprendre une fois de plus l'importance du contexte social dans le parcours de la scientifique. En effet, en 1895, lorsque Marie Skłodowska se marie, la faculté des sciences n'accueille que 776 étudiants, elle en accueillera 4515 au décès de la savante quarante ans plus tard. Une augmentation numéraire, suivie de la construction de nombreux instituts de recherches, de chaires et de laboratoires qui est successive au fait que la faculté des sciences devient une faculté professionnalisante. Le besoin d'enseignants du secondaire, de personnels qualifiés dans l'industrie chimique et électrique en pleine révolution expliquent en grande partie cet engouement pour les sciences[28]. Or, à cause du fort pourcentage d'illettrisme en France[29] ce personnel qualifié fait défaut et les femmes viennent alors quelque peu combler ce manque.

Maria Skłodowska arrive donc en France à un moment favorable. Ils sont peu nombreux à la faculté, la France manque d'élite intellectuelle[30]. Il n'est donc pas étonnant qu'elle bénéficie d'un mentor (Gabriel Lippmann), qu'elle obtienne une place dans un laboratoire et une bourse de recherche. Rappelons que le directeur de l'École municipale de physique et de chimie industrielle de la ville de Paris (EMPCI Paris), Paul Schutzenberger, ne vit aucune objection à ce qu'elle travaille dans le laboratoire qu'occupait son mari. Néanmoins, la France n'a pas entièrement rattrapé son retard en matière d'instruction féminine. Si la faculté des sciences de Paris accueille 155 femmes en 1905[31], le laboratoire Curie n'en accueille qu'une pendant l'année scolaire 1906/1907, Harriet Brooks, canadienne, élève d'Ernest Rutherford.

Avant la Première Guerre mondiale, sur dix étudiantes du laboratoire Curie, seules deux sont françaises. L'apport quantitatif de la population étrangère est alors primordial pour atteindre un effectif suffisant de personnel, mais aussi primordial pour la renommée internationale du laboratoire. Marie Skłodowska a fait partie de ce contingent. Les

---

28 Cette situation explique la nécessite de former plus de personnel qualifié et spécialisé, voir A. Grelon, « Les écoles d'ingénieurs et la recherche industrielle. Un aperçu historique », *Culture technique*, n° 18, 1988, p. 233-235.

29 Ne pas confondre illettrisme et analphabétisme. D'après les *Ann. Stat. Fr.*, en 1930 59,56 % des conscrits ont un niveau scolaire inférieur au certificat d'études primaires, 34,43 % ont le certificat d'études, 1,92 % le baccalauréat et enfin on ne compte que 0,46 % des diplômés du supérieur.

30 475 étudiants en 1895, voir *Ann. Stat. Fr.*

31 *Ann. Stat. Fr.* : 1450 hommes, 155 femmes dont 117 étrangères.

Françaises ne sont arrivées en grand nombre qu'après la Première Guerre mondiale. En fait, si la Première Guerre mondiale n'a pas d'incidence sur l'évolution de la situation sociale des femmes en général[32], elle a changé la situation des femmes des classes sociales supérieures. Pendant la guerre, 70 % des infirmières sont bénévoles ; elles n'ont pas besoin de travailler pour vivre[33].

Après la guerre, après la découverte d'une indépendance de vie, de leur utilité sociale, ces jeunes filles décident de ne pas attendre un potentiel mari, mais d'aller investir les champs intellectuels au moment même où, on l'a dit, l'université se développe en parallèle avec le marché du travail.

Chaque jour, les femmes sont de plus en plus nombreuses dans les laboratoires. Or, plus elles y sont nombreuses, plus elles apparaissaient comme des concurrentes. Après la crise économique des années 1930, les 91 décrets-lois Laval de 1935 limitant le travail féminin rendent leur intégration bien plus difficile[34].

En parlant de bataille des sexes, de difficulté d'intégration de Marie Curie dans la communauté savante, l'histoire construite faussement nie les allers-retours sociaux en matière d'admission des minorités sur le marché du travail en fonction de la situation économique[35]. Ainsi, on peut dire qu'il était plus facile pour une femme d'être intégrée dans un laboratoire au début de la carrière de Marie Curie qu'à la fin de sa vie. L'histoire des femmes dans la science n'est pas linéaire. Après leur prix Nobel en 1935, Frédéric Joliot devient professeur titulaire alors qu'Irène Curie devient maître de conférences. Frédéric Joliot deviendra académicien alors qu'Irène Curie sera rejetée quatre fois de la noble institution.

---

32 *Cf.* F. Thébaud, éd., « La Grande Guerre : le triomphe de la division sexuelle », *Histoire des femmes en Occident*, Paris, Perrin, 2002.

33 E. Morin-Rotureau, éd., *Françaises en guerre (1914-1918)*, Paris, Autrement, 2013.

34 *Cf.* L. P. Jacquemont, *L'espoir brisé*, Paris, Belin, 2016, p. 45-46.

35 Par exemple en 1938 les femmes peuvent s'inscrire à l'université sans autorisation de leur père ou mari, en 1940 toute femme de plus de cinquante ans travaillant pour l'État ou les collectivités doit être licenciée.

MARIE CURIE FÉMINISTE

De cette évocation d'une bataille des sexes, que la jeune Maria Skłodowska puis Marie Curie aurait eu à affronter, est issu tout un discours sur le «féminisme» de la savante. Pourtant, ce combat n'est pas évoqué par Marie Curie qui note au contraire la camaraderie et le soutien. En fait, dans sa communauté confinée, l'égalité des droits pour les hommes et les femmes n'est pas un problème. La jeunesse estudiantine a souvent été d'un soutien incontestable pour les premières étudiantes[36], celles-ci ont d'ailleurs majoritairement connu leur conjoint au sein de leur milieu intellectuel, comme Martine Sonnet le montre dans son étude[37]. Les maris sont donc acquis à l'instruction supérieure, à l'indépendance intellectuelle et se veulent progressistes[38]. Ainsi, les mouvements féministes français d'avant 1918 ne sont pas suivis par les scientifiques[39]. C'est dans l'entre-deux-guerres qu'elles entreront peu à peu dans l'activisme, notamment avec Irène Joliot-Curie et Eugénie Cotton. Si donc Marie Curie était un modèle pour les étudiants et les étudiantes, c'était en tant que scientifique et non pas féministe[40].

L'importance de la vie de ces femmes n'est pas dans leur attitude envers la science ou le féminisme, mais dans le fait que beaucoup d'entre elles ont été les premières dans leur domaine. Elles ont franchi les obstacles juridiques ou culturels et ont ouvert les portes des possibles.

---

36 *Cf.* N. Pigeard, « "Nature féminine" et doctoresses (1868-1930) », *Histoire, médecine et santé*, n° 3, 2013, p. 83-100.

37 Voir la contribution de M. Sonnet dans ce volume.

38 Voir par exemple l'ensemble des soutiens de Marie Curie à l'Académie des sciences en 1910 qui revendique leur caractère progressiste politiquement et socialement en s'opposant à l'Institut de France qui refuse que l'Académie des sciences accepte une candidature féminine. Voir aussi les témoignages de Hertha Ayrton dans H. M. Pycior, N. G. Slack et P. G. Abir-Am, *Creative Couples in the Sciences*, New Brunswick, Rutgers University Press 1996. Cependant, pas de généralité, telle n'est pas l'idée défendue par tous les républicains. *Cf.* K. Offen, « The Second Sex and the *Baccalauréat* », *French Historical Studies*, vol. 13, n° 2, 1983. p. 252-286.

39 N. Pigeard-Micault, « Féminisation des facultés de médecine et de sciences à Paris : Étude historique comparative (1868-1939) », *Les femmes dans le monde académique, éd.* R. Rogers, P. Molinier, Rennes, PUR, 2016, p. 49-62.

40 Certaines femmes proches de Marie Curie ont été réellement des militantes féministes comme H. Ayrton, déjà citée, mais aussi Ellen Gléditsch.

ORIGINE SOCIALE

Dans la même approche (ne pas définir un profil selon la vie d'une personne), il est un autre cliché qui perdure concernant les origines sociales de ces femmes scientifiques. Aujourd'hui encore la scientifique apparaît comme issue d'une classe sociale moyenne si ce n'est défavorisée, tout comme Marie Curie dans les biographies. Il est faux de dire que les scientifiques sont venues et viennent de la classe moyenne inférieure[41]. À son arrivée en France, Marie Curie possède un bagage culturel que peu de Français possèdent.

En 1930, en France, seulement cinq pour cent des conscrits ont un diplôme secondaire et pourtant les 45 femmes du laboratoire Curie possèdent déjà un diplôme de l'enseignement supérieur. Ceci met ainsi l'accent sur leurs origines privilégiées. L'origine sociale la plus modeste trouvée est celle des femmes comme Angèle Pompéi dont les parents sont enseignants du primaire ou directeurs d'école primaire. Le statut d'instituteur offre néanmoins à l'époque un niveau économique et culturel bien supérieur à la moyenne sociale[42].

Ici, joue encore profondément l'image de la pauvreté des origines de Marie Curie dont seul le génie aurait permis l'ascension sociale. En dehors du fait que la notion de génie implique une discrimination due à l'inné limitant le nombre de scientifiques possible, cette notion de génie sous-tend que l'importance n'est donc pas de développer des compétences de tout un chacun, mais de savoir reconnaître un génie et de mettre à profit ses compétences en investissant dans son développement intellectuel. Plus encore, puisque les compétences sont innées, l'importance de l'origine sociale de la personne dans son développement intellectuel et professionnel est niée et même affirmée comme inexistante. Or, il est évident que la jeune Maria Skłodowska est née dans un milieu privilégié économiquement, mais surtout culturellement, lui permettant de bénéficier d'excellentes

---

41   *Cf.* E. Telkes « Présentation de la faculté des sciences et de son personnel, à Paris (1901-1939) », *Revue d'histoire des sciences*, n° 43-4, 1990, p. 459 et R. Watts, *Women in science. A Social and Cultural History*, London, Routledge, 2007.

42   *Cf.* L. Rouban, « Les profs et leur salaire », *Le Monde* du 13 septembre 2011.

études secondaires et lui donnant le goût des études. Minimiser ce contexte social favorable, c'est encore minimiser l'importance des inégalités sociales dans le processus éducationnel. Cela permet de ne pas se poser la question du nécessaire investissement de l'État dans l'instruction des classes les moins favorisées et dans la possibilité des échelles sociales. Aujourd'hui comme hier, les hautes études scientifiques et les hautes sphères scientifiques sont généralement l'apanage d'une minorité.

SE SACRIFIER POUR FAIRE CARRIÈRE

Un autre stéréotype issu de l'image construite de Marie Curie est celui du dévouement à la science. Marie Curie est présentée comme entièrement dévouée à la science, se sacrifiant à sa passion. « La vie entière de Marie Curie est consacrée à la science » peut-on lire un peu partout[43]. Si on prend comme exemple les femmes de son laboratoire, plusieurs sont pointées comme dignes héritières de Marie Curie quant à ce dévouement total à la science[44].

Lorsque nous étudions la vie des autres femmes du laboratoire, nous sommes frappés par le nombre qui a suivi le mode de vie de leur « patronne » Marie Curie, qui est mère, qui prend de longues vacances, qui aime nager, jardiner et qui aime faire la recherche scientifique. Or, en appuyant sur la notion de sacrifice et de dévouement, on efface la notion de plaisir de recherche, si important pour elle. Pire, ce renversement justifie aujourd'hui le harcèlement social exercé pour qu'une carrière réussie soit synonyme d'investissement total au détriment du plaisir professionnel et de la vie privée.

Avec le XXᵉ siècle, quand les femmes des classes supérieures ont quitté leur foyer pour aller étudier et travailler, alors même qu'elles avaient les moyens financiers d'y rester, elles l'ont fait parce qu'elles le

---

43 Voir par exemple les expositions virtuelles et itinérantes du Musée Curie.
44 Voir par exemple le titre même de l'ouvrage de M. F et G. W. Rayner-Canham, *A Devotion to Their Science : Pioneer Women of Radioactivity*, Philadelphia, Chemical Heritage Foundation, 2005.

voulaient et non parce qu'elles en avaient besoin, contrairement aux paysannes ou aux ouvrières. Ainsi, une nouvelle répartition consciente des rôles sociaux a commencé. En soulignant que de nombreuses femmes scientifiques se sont sacrifiées pour leurs carrières, nous présentons leurs vies comme subies et non choisies. Ainsi l'idée qu'elles ont participé à ce mouvement de modification des relations entre les hommes et les femmes dans l'industrie et dans la société en général est supplantée par celle d'un sacrifice.

L'étude des biographies de Marie Curie permet de montrer, en parallèle de celles d'autres femmes scientifiques, que nous ne pouvons pas définir un seul profil de femme dans la science, hier comme aujourd'hui. Cette étude permet également et surtout de mesurer l'influence du contexte social et économique pour leur existence même, mais également pour leur acceptation au sein de leur communauté.

Ces histoires montrent que les stéréotypes comme la classe sociale, l'adhésion au mouvement féministe, le dévouement à la science ou le sacrifice de la vie privée sont historiquement remis en cause. Pour intégrer la mémoire collective, la construction de l'image de Marie Curie nourrit malheureusement ces clichés et ne permet pas d'appréhender l'importance du contexte. Par conséquent, cette construction autorise que ce contexte social ne prenne pas sa place dans l'histoire des progrès scientifiques auxquels elle a pu participer. De plus, cette image exceptionnelle, exagérée, modifiée construit les fondations des stéréotypes d'aujourd'hui en les définissant comme soi-disant historiques parce que la vie de Marie Sklodowska-Curie les prouverait.

Un autre impact non négligeable de cette image concerne la politique de la recherche et de l'éducation. En effet, comme nous l'avons vu, la notion de génie entrave la réflexion de l'investissement de l'État dans l'éducation nationale, notamment dans les milieux les plus défavorisés. Plus largement, la presse américaine, mais aussi les biographies montrant la pauvreté de la recherche française, insistent sur le fait que parce que Marie Curie a prouvé qu'elle était une grande scientifique, il faudrait que l'État investisse dans son laboratoire et augmente son niveau de vie. Il est clair que l'on considère alors l'investissement économique d'un État en la science comme une récompense et non comme une nécessité de développement scientifique et social. En conclusion, cette image reconstruite bloque les possibilités de nouveaux raisonnements et infère une vision déformée des problèmes auxquels sont confrontées les sciences et les femmes aujourd'hui.

Natalie PIGEARD-MICAULT
Musée Curie (UMS 6425, CNRS /
Institut Curie)

BIBLIOGRAPHIE

ARCHIVES

Archives du musée Curie, Fonds Association Curie et Joliot-Curie
Archives du musée Curie, Fonds Ève Curie
Archives du musée Curie, Fond Archives de l'Institut du Radium
Manuscrits de la Bibliothèque nationale de France, Fonds Pierre et Marie Curie
Manuscrits de la Bibliothèque nationale de France, Fonds Irène et Frédéric
Joliot-Curie, déposé au Musée Curie

SOURCES SECONDAIRES

Annuaire statistique de la France [*Ann. Stat. Fr.*], 1878-1941.
BUREK, Christiane ; HIGGS, Bettie, « Public perception of women scientists »,
Revealing lives : Women in Science, 1830-2000, https://womeninscience.
net/?page_id=675#Perception, consulté le 22 mai 2014.
BYERS, Nina, et WILLIAMS, Gary, *Out of the Shadows : Contributions of Twentieth-
Century Women to Physics*, Cambridge, Cambridge University Press, 2010.
CURIE, Ève, *Madame Curie*, Paris, Gallimard, 1938.
DESJARDINS, Julie *The Madame Curie Complex*, New York, The Feminist
Press, 2010.
GRELON, André, « Les écoles d'ingénieurs et la recherche industrielle. Un
aperçu historique », *Culture technique*, n° 18, 1988, p. 233-235.
HESSE, Jean, *Histoire d'une petite Polonaise*, Paris, Larousse, 1936.
HESSE, Jean, *Madame Curie*, Paris, Denoël, 1936.
HURWIC, Józef, *Maria Skłodowska-Curie*, Warszawa, Polonia, 1967.
Inquirer Philadelphia, PA, 9 mai 1920.
JACQUEMONT, Louis Pascal, *L'espoir brisé*, Paris, Belin, 2016.
MASSIOT, Anaïs et PIGEARD-MICAULT, Natalie, *Marie Curie et la Grande
Guerre*, Paris, Glyphe, 2014.
MERTON, Robert K., « The ethos of science », *On Social Structure of Science*,
Chicago, University of Chicago Press, 1996.
MITTERRAND, François, *Discours prononcé lors de la cérémonie du transfert des
cendres de Pierre et Marie Curie au Panthéon*, s.n., 1995, https://fr.wikisource.
org/wiki/Discours_du_transfert_des_cendres_de_Pierre_et_Marie_Curie_
au_Panth%C3%A9on, consulté le 22 mai 2014.
MORIN-ROTUREAU, Évelyne, éd., *Françaises en guerre (1914-1918)*, Paris,
Autrement, 2013.

OFFEN, Karen « The Second Sex and the *Baccalauréat* », *French Historical Studies*, vol. 13, n° 2, 1983. p. 252-286.

OGILVIE, Marilyn Bailey ; HARVEY, Joy, *The biographical dictionary of women in science : pioneering lives from ancient times to the mid-20th century*, New York, Routledge, 2000.

PIGEARD-MICAULT, Natalie, « "Nature féminine" et doctoresses (1868-1930) », *Histoire, médecine et santé*, n° 3, 2013, p. 83-100.

PIGEARD-MICAULT, Natalie, « Féminisation des facultés de médecine et de sciences à Paris : Étude historique comparative (1868-1939) », *Les femmes dans le monde académique*, éd. R. Rogers, P. Molinier, Rennes, PUR, 2016, p. 49-62.

PIGEARD-MICAULT, Natalie, « Le laboratoire Curie et ses Femmes (1906-1934) », *Annals of Science*, n° 70/1, 2013, p. 71-100.

PIGEARD-MICAULT, Natalie, *Les femmes du laboratoire de Marie Curie*, Paris, Glyphe, 2013.

Providence R. D. Tribune, 8 mai 1921.

PYCIOR, Helena, éd., *Creative Couples in the Sciences*, New Brunswick, Rutgers University Press, 1996.

RAYNER-CANHAM, Marlen F. ; RAYNER, Geoffrey W., *A Devotion to Their Science : Pioneer Women of Radioactivity*, Philadelphia, Chemical Heritage Foundation, 2005.

ROSSITER, Margaret W., *Women scientists in America : struggles and strategies to 1940*, Baltimore/London, Johns Hopkins University Press, 1982.

ROUBAN, Luc, « Les profs et leur salaire », *Le Monde* du 13 septembre 2011.

TELKES, Eva, « Présentation de la faculté des sciences et de son personnel, à Paris (1901-1939) », *Revue d'histoire des sciences*, n° 43-4, 1990, p. 459.

The New-York City World, 21 mai 1921.

THÉBAUD, Françoise, éd., « La Grande Guerre : le triomphe de la division sexuelle », *Histoire des femmes en Occident*, vol. 5, Paris, Perrin, 2002.

TROTTEREAU, Jeanine, *Marie Curie*, Paris, Gallimard, 2011.

WATTS, Ruth, *Women in science. A Social and Cultural History*, London, Routledge, 2007.

Youngstown vindication, 2 février 1921.

MARGUERITE BUFFET,
DE LA GRAMMAIRE FRANÇAISE
À LA PROMOTION FÉMININE

Les études consacrées à la sociabilité féminine sous l'Ancien Régime sont nombreuses et recensent une quantité considérable de textes anciens écrits par les femmes ou par les hommes, détracteurs ou défenseurs des aptitudes intellectuelles des femmes. L'image qui en ressort est contradictoire : d'une part l'activité mondaine des femmes fleurit. Les romancières, poétesses, épistolières, pédagogues et même philosophes obtiennent une reconnaissance sociale plus grande : les académies qui élisent des femmes et qui récompensent leur création par des prix littéraires[1]. D'autre part, les universités ne sont pas ouvertes aux femmes et le savoir féminin est persiflé[2]. Dans un passé très récent, les femmes-auteures ont été très fréquemment amenées à se réfugier dans l'anonymat ou à publier sous un nom d'emprunt, généralement masculin. Elles devaient éviter à tout prix d'être considérées comme auteurs de profession ou comme savantes. Ainsi dans *Artamène ou le Grand Cyrus* (1649-1653), Mlle de Scudéry déconseille aux femmes le comportement d'une Damophile, une savante exhibant ses connaissances de manière ostentatoire donc inacceptable dans la société. Et même si, entre 1640 et 1715, 380 auteures-femmes sont éditées[3], leurs ouvrages restent mineurs et, pour la plupart, sans lendemain.

Marguerite Buffet fait partie de ces auteures-femmes publiées, mais aussitôt oubliées. Sa date de naissance reste inconnue, on sait juste qu'elle

---

1 Par exemple l'académie d'Arles ou l'académie des Ricovrati de Padoue. *Cf.* L. Timmermans, *L'accès des femmes à la culture sous l'Ancien Régime*, Paris, Champion, 1993, p. 222.
2 Molière dans *les Précieuses ridicules* ou *Les femmes savantes* pour ne citer que les exemples les plus connus.
3 D. Haase-Dubosc, « Intellectuelles, femmes d'esprit et femmes savantes au XVIIe siècle », *Intellectuelles. Du genre en histoire des intellectuels*, éd. N. Racine et M. Trebitsch, Paris, Complexe, 2004, p. 62.

était d'origine noble, parisienne, philologue, grammairienne, qu'elle
enseignait à bien parler français et à bien écrire et qu'elle est morte en
1680. Il est possible que sa situation matérielle précaire l'ait poussée à
publier son ouvrage et que, comme l'affirme Cinthia Meli, « en choisissant
d'éditer les *Nouvelles Observations* et en les destinant explicitement à des
femmes, elle espère peut-être se faire connaître davantage et agrandir
ainsi sa clientèle[4] ». Comme l'ouvrage n'a jamais été réédité, cette
stratégie n'a probablement pas satisfait aux attentes de notre auteure.

La plupart des chercheurs parlent de Buffet dans le contexte de
la *Querelle des femmes*[5]. Ce terme désigne un débat qui s'est étiré sur
presque quatre siècles et qui avait pour objet de comparer les qualités
et les défauts de chacun des deux sexes. Dans la première phase de
la *Querelle des femmes*, allant du Moyen-Âge au XVIe siècle, les auteurs
qui glorifient la gent féminine s'attachent à en souligner les vertus :
leur piété, leur chasteté, leur fidélité ou encore leur importance dans
la procréation. C'est seulement à la Renaissance qu'on commence à
discuter de l'accès des femmes au savoir. Le discours sur la supériorité
féminine fait son apparition et, au XVIIe siècle, *la Querelle* se focalise sur
l'instruction des femmes : est-elle contraire ou non aux qualités que
la tradition reconnaît aux femmes ? Les femmes ont-elles les mêmes
capacités intellectuelles que les hommes ? Au XVIIe siècle, on apprécie
les femmes pour leurs talents mondains qui fleurissent dans les salons.
Au goût de la conversation s'ajoute celui de l'écriture et même du savoir
et des arts. Les textes vantant les femmes érudites sont de plus en plus
nombreux (*L'Apologie de la science des dames. Par Cléante* [1662], *Le Cercle
des femmes savantes* [1663] de Mlle de La Forge, le *Dialogue de la Princesse
sçavante et de la dame de Famille* [1664] de Mlle Clément, *Les Dames illustres*
[1665] de Jacquette Guillaume) et « la querelle traditionnelle cède le pas
à une forme nouvelle du discours proféminin – à laquelle appartient le
texte de Buffet – valorisant la présence et la contribution de la femme

---

4   C. Meli, « Un bien dire à l'usage des bourgeoises : *Les Nouvelles observations sur la langue
     françoise* (1685) de Marguerite Buffet », *Femmes, rhétorique et éloquence sous l'Ancien Régime*,
     éd. C. La Charité et R. Roy, Saint-Étienne, Publications de l'université de Saint-Étienne,
     2012, p. 90.
5   I. Ducharme, « Marguerite Buffet lectrice de la Querelle des femmes », *Lectrices d'Ancien
     Régime*, éd. I. Brouard-Arends, Rennes, Presses universitaires de Rennes, 2003, p. 331-340
     et « Une formule discursive au féminin : Marguerite Buffet et la *Querelle des femmes* »,
     PFSCL, XXX, 58, coll. Biblio 17, 2003, p. 131-155.

dans la société[6] ». Il est donc tout à fait justifié de placer l'ouvrage de Marguerite Buffet parmi les écrits proféminins non seulement prenant la défense des femmes contre leurs détracteurs, mais allant parfois jusqu'à les considérer comme supérieures aux hommes.

Intitulé *Nouvelles observations sur la langue française ; où il est traité des termes anciens & inusités, & du bel usage des mots nouveaux avec les Éloges des Illustres Savantes tant anciennes que modernes* et datant de 1668, l'ouvrage de Marguerite Buffet se compose de deux parties à la fois distinctes et qui se répondent. Précédé d'une brève adresse au lecteur et d'un éloge « À mademoiselle Buffet sur son ouvrage » signé « Brusle, avocat au Parlement », un traité de grammaire[7] en constitue la première partie. En seconde partie, *Les Éloges* rendent hommage aux femmes en trois chapitres : une apologie générale des femmes, l'éloge de dix-neuf éminentes contemporaines et, pour finir, quarante et une « illustres savantes » du passé. Ainsi M. Buffet contribue à « mettre en place une historiographie du savoir féminin rapprochant figures anciennes et modernes[8] ».

Je commencerai par traiter de la première partie du livre de Marguerite Buffet, ses *Nouvelles observations*, en les comparant aux *Remarques sur la langue française utiles à ceux qui veulent bien parler et bien écrire* d'un homme célèbre, Claude Favre de Vaugelas (1585-1650), parues une vingtaine d'années plus tôt, en 1647. J'examinerai ensuite le texte de Buffet en tant qu'ouvrage destiné par son auteure à la formation du public féminin, m'interrogeant sur la pertinence du lien entre grammaire et savoir-vivre, entre la maîtrise de la langue et la glorification des femmes.

C'est en travaillant sur le *Dictionnaire* de l'Académie Française que Vaugelas a commencé à formuler des remarques sur la langue française qui lui ont valu la réputation « d'oracle du beau langage » (p. XLII)[9]. Les

---

6   I. Ducharme, « Une formule discursive au féminin… », *op. cit.*, p. 136.

7   Sur ce texte en tant que traité de grammaire. *Cf.* W. Ayres-Bennett, *Vaugelas and the Development of the French Language*. London, MHRA, 1987, p. 205 ou *Remarques et observations sur la langue française : histoire et évolution d'un genre*, Paris, Classiques Garnier, 2011.

8   J-Ph. Beaulieu, « Jacquette Guillaume et Marguerite Buffet : vers une historiographie du savoir féminin ? », *Les femmes et l'écriture de l'histoire*, éd. S. Steinberg et J.-C. Arnould, Rouen, Presses universitaires de Rouen, 2008, p. 326.

9   C. Favre de Vaugelas, *Remarques sur la langue française utiles à ceux qui veulent bien parler et bien écrire*, Genève, Slatkine Reprints, 1970, introduction de J. Streicher. Toutes les citations proviennent de cette édition et sont suivies, entre parenthèses, du numéro de la page. Dans l'introduction de J. Streicher l'éditeur a choisi la numérotation romaine, la préface de Vaugelas n'est pas paginée ce que j'indique également.

travaux sur le *Dictionnaire* n'avançant pas par manque d'argent, les amis de Vaugelas l'ont encouragé à publier ses *Remarques sur la langue française*. Dans la préface, l'auteur annonce son but : « Mon dessein n'est pas de réformer notre langue, ni d'abolir des mots, ni d'en faire, mais seulement de montrer le bon usage de ceux qui sont faits, et s'il est douteux ou inconnu, de l'éclaircir, et de le faire connaître » (n. p.). Le texte de Vaugelas est l'œuvre d'un parfait courtisan qui identifie le bon usage de la langue à la façon de parler de « la plus saine partie de la Cour » et la manière d'écrire « de la plus saine partie des auteurs du temps » (n. p.). Les auteurs antiques sont souvent mentionnés en tant que « dépouilles » qui « sont une partie des richesses de notre langue » (n. p.). S'il mentionne les bons auteurs, « des plus ingénieux esprits de notre siècle » (n. p.), et de bons ouvrages contemporains qui permettent d'acquérir « une pureté de langage et de style » et aident à corriger les fautes, y compris celles « familières à la Cour » (n. p.), Vaugelas se garde quand même de donner les noms d'auteurs contemporains et de criti- quer le mauvais usage de la langue, car il a la conscience qu'une faute peut devenir un bon usage si elle est répétée à la Cour. Il ne s'érige pas au rang d'autorité, même s'il tient à montrer son érudition d'historien ou de grammairien. Et surtout, il écrit pour ceux qui font partie du même monde que lui : d'une part ses doctes confrères et d'autre part les courtisans ou ceux qui aspirent à le devenir.

Il faut remarquer qu'en parlant de la Cour, Vaugelas précise : « Quand je dis la Cour, j'y comprends les femmes comme les hommes » (n. p.). Cette simple constatation suggère que dans le domaine du beau langage les femmes égalent les hommes.

La préface explique quelles sortes de mots existent, quelles méthodes servent à décider lequel est du bon usage et lequel ne l'est pas. Les *Remarques* ne suivent aucun ordre, mais une table des matières permet de repérer le mot recherché. L'auteur explique que l'ordre alphabétique l'empêcherait d'ajouter d'autres termes lors des éditions futures et que c'est « le dernier de tous les ordres », car « il ne contribue rien à l'intelligence des matières qu'on traite » (n. p.). Par ailleurs, le classement par parties du discours risquait de décourager les lecteurs qui ne connaissent pas la grammaire et en particulier « les femmes et tous ceux qui n'ont nulle teinture de la langue latine » (n. p.). À la fin de la préface, Vaugelas assure que seule l'utilité publique l'a guidé.

Marguerite Buffet, quant à elle, commence son traité par l'évocation du danger qui menace les auteurs de s'être exposé au jugement des autres et au péril de la popularité. Elle constate : « Il y a donc de l'apparence que je n'ai pas entrepris cet ouvrage pour exposer de sang-froid mon nom à la merci de la renommée, mais que seulement j'en ai prétendu faire ma satisfaction personnelle et non pas un bien public » (p. 11)[10]. La timidité féminine et le tempérament doux des femmes est salutaire car il les empêche d'être trop sûres d'elles et de tomber dans le piège de l'orgueil.

Dès le début, Buffet dit qu'elle s'adresse aux femmes, même si elle utilise parfois la forme masculine « le lecteur ». Contrairement au texte de Vaugelas, le traité de Buffet est divisé en parties dont les titres résument le contenu, mais les mots étudiés à l'intérieur de chacune ne sont pas classés selon un ordre quelconque.

Elle commence par une introduction générale intitulée : « De la nécessité de bien parler sa Langue et combien la Française est estimée de toutes les Nations » qui explique l'importance de parler correctement. La simplicité de l'explication et sa brièveté pour ne pas ennuyer, et donc ne pas décourager, ses lectrices, ainsi qu'un véritable dégoût de la grammairienne pour les fautes, ce sont les idées qui reviennent tout au long de l'ouvrage. Dès cette partie, Buffet prend appui sur des autorités anciennes et modernes dont elle retient surtout les femmes, par exemple Mlle de Schurmann qui parle vingt-deux langues.

Les quatre parties qui suivent sont consacrées à divers problèmes de la langue, aux types de mots où on fait le plus souvent des fautes (par exemple les termes barbares, les pléonasmes, les mots corrompus et mal prononcés, etc.). Mais avant d'en parler, Buffet revient aux raisons qui l'ont poussée à écrire son traité : instruire ses lectrices et améliorer leur connaissance de la langue française :

> Premièrement mon dessein est de donner une intelligence générale et facile pour éviter les fautes qui se font dans la langue Française, ne m'étant pas moins attachée à remarquer toutes celles qu'on y commet qu'aux termes

---

10 M. Buffet, *Nouvelles observations sur la langue française ; où il est traité des termes anciens & inusités, & du bel usage des mots nouveaux avec les Éloges des Illustres Savantes tant anciennes que modernes*, Paris, 1668, http://gallica.bnf.fr/ark:/12148/bpt6k50480k, consulté le 20 septembre 2016. Toutes les citations proviennent de cette édition et sont suivies, entre parenthèses, du numéro de la page.

les plus nouveaux qui contribuent à parler cette langue et pour cet effet je me suis étudiée à rendre les choses faciles et intelligibles étant ennemie des termes obscurs et enveloppés ou trop savants qui sont plus capables de jeter de l'erreur dans les esprits que de leur donner de l'instruction. (p. 27)

Les *Remarques* de Vaugelas et les *Observations* de Buffet diffèrent par le choix de mots étudiés, par la manière de les expliquer ainsi que par le ton adopté par l'auteur. Le terme « courtois » par exemple est commenté par Buffet : « il est courtois envers les dames, ces mots d'envers, de courtois sont du vieil style, il faut dire il est civil & obligeant aux Dames » (p. 47). Chez Vaugelas « courtois » n'est pas cité et « civil » seulement à propos de la prononciation des adjectifs. Les deux traités diffèrent surtout par la façon d'expliquer ou de commenter les mots. Chez Vaugelas les commentaires sont plus longs, car l'auteur cite divers exemples, cherche des analogies avec le latin ou d'autres mots de la même famille et recourt à plusieurs autorités (sans citer des noms). On trouve chez lui une réflexion sur le mot ou sur la règle, car l'instruction passe par le biais d'une conversation, d'un échange mettant le lecteur sur un plan d'égalité avec l'auteur. Chez Marguerite Buffet les commentaires sont moins développés et parfois il n'y en a pas, car la grammairienne se contente d'énoncer ce qu'il faut ou ne faut pas dire. Elle n'hésite pas à qualifier de ridicule, d'inutile ou de bizarre telle ou autre expression : « C'est ridiculement parler, annonce Buffet, de dire la bonne grâce de quelqu'un, il faut parler en pluriel et dire gagner les bonnes grâces » (p. 48). La même expression est traitée par Vaugelas qui commence par constater qu'un des célèbres auteurs l'a employée au singulier et qu'on l'a corrigée à juste titre : « Il faut toujours dire au pluriel *gagner les bonnes grâces*, car *bonne grâce*, au singulier veut dire tout autre chose comme chacun le sait » (p. 249). Finalement, il cite un ancien emploi du terme et constate qu'il ne se dit plus depuis cinquante ans et qu'on le trouve seulement dans des textes anciens.

Buffet est une formatrice autoritaire. Elle n'hésite pas, elle tranche : « Ce mot *partant* est fort usité entre ceux qui ne savent pas parler Français : par ex. on dira [...] *partant* que vous alliez dans cette maison, il faut dire *pourvu que* vous alliez dans cette maison » (p. 61). Vaugelas fait preuve de plus de réflexions et d'hésitations :

Ce mot, dit-il à propos de *partant*, qui semble si nécessaire dans le raisonnement, et qui est si commode dans tant de rencontres, commence néanmoins à vieillir, et à n'être plus guère bien reçu dans le beau style. Je suis obligé de rendre ce témoignage à la vérité, après avoir remarqué plusieurs fois que c'est le sentiment de nos plus purs et plus délicats Écrivains. C'est pourquoi je m'en voudrais abstenir, sans néanmoins condamner ceux qui en usent. (p. 225)

Vaugelas admet encore l'utilisation du terme vieilli, car trancher entre le nouvel usage, observé chez les écrivains, et l'ancien, peut-être fréquent à la Cour, le met dans une situation difficile et il préfère garder plus de mesure dans ses propos.

La table des matières chez Vaugelas permet au lecteur de trouver le terme recherché sans être obligé de parcourir tout le texte. Marguerite Buffet n'en donne pas les moyens. Car son ouvrage n'est pas vraiment un manuel de grammaire, mais un plaidoyer en l'honneur des femmes, un livre d'éducation générale dont le bon usage de la langue fait partie intégrante. Buffet souligne l'importance sociale de la parole et « la satisfaction et l'honneur que reçoivent celles qui savent parler juste » (p. 8). Une langue correcte est avant tout le moyen d'acquérir la reconnaissance sociale.

L'ouvrage de Vaugelas, en fournissant des renseignements savants sur la langue, traite aussi la grammaire comme un moyen d'identification sociale au groupe dominant. On peut y voir « une introduction à la vie de la Cour[11] », un manuel de savoir-vivre et de savoir dire, indispensable pour faire partie de l'univers mondain qui copiait les usages de la Cour.

Si le texte de Vaugelas s'adresse aux mondains et aux gens de la Cour, l'enseignement du bon usage de la langue sert de support à Marguerite Buffet pour parler aux femmes de leurs capacités intellectuelles et sociales. La bonne connaissance de sa propre langue est la base de cette instruction à la fois savante et mondaine. Outre les règles de grammaire, d'orthographe et de prononciation, Marguerite Buffet dit clairement ce qui est bienséant ou pas et ainsi elle donne aux femmes le moyen de revendiquer une meilleure reconnaissance sociale liée à la façon de s'exprimer. Son traité est riche en termes qui concernent les femmes ou qui peuvent leur être utiles. Il s'agit de sensibiliser le public féminin à l'emploi de mots nouveaux, de termes exacts, à l'art de différencier les types de langage ou de style. Ainsi, Buffet préconise : « Ce terme est encore fort en usage et nouveau, quand une femme a quelque chose

---

11   K. A. Ott, « La notion du "Bon usage" dans les *Remarques* de Vaugelas », *Cahiers de l'Association internationale des études françaises*, 1962, n° 14, p. 86, www.persee.fr/doc/caief_0571-5865_1962_num_14_1_2218, consulté le 20 septembre 2016.

d'agréable on dit, elle *a bien du revenant*» (p. 52). Ou plus loin : « Un homme qui flattera une femme de bonne grâce, on ne dit plus, il sait bien *dire la fleurette*. Il faut dire *il entend la belle galanterie*» (p. 59). Dans la société mondaine, la mode langagière change et suivre les nouveautés nécessite effort et vigilance.

Par ailleurs, «quand une femme est savante, on peut lui dire de bonne grâce, qu'elle a mérité *le premier rang au Parnasse*, et non pas de la faire passer pour un Platon ou un Aristote, comme quelques-uns» (p. 52). De même : « Une femme qui se plaira à cultiver les sciences, on dira souvent c'est *une femme de lecture*, il faut dire, c'est *une femme de cabinet*» (p. 53-54). « Parlant d'une femme qui aura inventée quelque chose, on dira elle est *l'inventeuse* de cela pour dire elle est *l'inventrice* de cela» (p. 59). Certains termes sont acceptés, mais Buffet attire l'attention de ses lectrices sur les connotations qu'ils peuvent avoir. Par exemple : « Les femmes curieuses qui ont des alcôves faites d'une manière richement embellie, c'est ce qu'on appelle aujourd'hui des *Résides enchantées entre les plus jolies*; bien que ce terme semble un peu précieux, il est bien reçu» (p. 55).

Et sur de l'apparence physique :

> Parlant de la beauté d'un visage qui sera en ovale, on ne dit plus dans le beau style, c'est un *visage long*, il faut dire c'est *une ovale achevée*, quand il est tout beau, étant rond, on dit, c'est *une beauté à la Romaine*. Cette femme est de belle taille, elle a *un beau maintien*, cela n'est plus du bel usage, il faut dire elle a *la bonne grâce*, elle *a tout le bel air* qu'il faut avoir. Celles qui parlent juste, ne disent pas un poil roux, on dit un *poil ardent* ou un *blond doré*. (p. 58)

Buffet limite l'explication savante au minimum. Certes, elle donne des règles grammaticales, mais elle attache beaucoup plus d'importance à l'usage pratique, à la beauté et l'élégance du discours ainsi qu'aux conventions mondaines. Elle préconise la brièveté, l'exactitude et la clarté dans l'explication des mystères de la langue. Elle propose « une méthode très facile pour l'apprendre en peu de temps» et souligne son expérience de formatrice : « L'intelligence de ces règles, assure-elle, en a donné une forte expérience à un très grand nombre de personnes à qui je les ai enseignées» (p. 30).

Dans toutes les parties de l'ouvrage, Buffet va au-delà de l'enseignement de la langue. Son premier but est de persuader les femmes que parler, lire et bien écrire en vaut la peine et qu'elles en sont capables. L'auteure exprime sa confiance dans le goût, dans le jugement et dans les capacités des femmes aptes non seulement à parler et à écrire aussi bien que les hommes, mais à être comme eux compétentes dans tous les domaines :

> Je sais qu'elles aiment les belles choses et qu'elles ne sont pas moins capables d'en bien juger que les hommes, ayant les mêmes dispositions pour les apprendre. Ceux qui savent connaitre la vivacité et l'excellence de leur esprit, n'ignorent point que toutes les sciences où elles voudraient s'appliquer, elles s'y rendraient aussi habiles que les hommes (p. 9).

Vanter les femmes se fait toujours en comparaison avec les hommes auxquels elles sont soit égales, soit supérieures.

Marguerite Buffet vise-t-elle toutes les femmes ? Dans tout le texte, il est question des femmes en général, sauf un fragment où Buffet distingue les femmes qui « ont des occupations importantes » de celles « que leur condition appelle à la belle conversation[12] ». Ces dernières doivent s'instruire un peu plus que les autres et cela pour une raison qui ne surprend pas dans le contexte de l'époque : « Ce n'est pas qu'il ne soit nécessaire à toutes sortes de personnes de ne point faire de fautes dans sa langue ; il faut, dit-elle, éviter quand on le peut d'être le sujet de la raillerie » (p. 142). Plus d'une fois, Marguerite Buffet met en garde ses lectrices contre le ridicule qui menace les femmes plus que les hommes et certainement il les menace aussi plus souvent dans le milieu qui se pique d'être expert dans tous les domaines et particulièrement dans le bon usage du français. Le prestige de la femme dans la société dépend en grande partie de sa façon de s'exprimer.

Un peu plus loin, l'auteure affirme que beaucoup de femmes emploient mal leur temps et, en s'identifiant avec ses lectrices, l'auteure prévient :

> Nous sommes souvent si aveuglées, si enveloppées des bagatelles du siècle que nous ne faisons jamais de réflexion que ce temps passe et que c'est une des plus importantes choses de la vie que celle de le bien employer. Mon dessein est de persuader aux femmes de mépriser la bagatelle en élevant un peu plus leur esprit à la connaissance des belles choses se rendant meilleures ménagères du temps (p. 196-197).

---

12 « Ce n'est pas que je veuille obliger toutes les femmes à ne s'attacher qu'à l'étude de bien parler, prévient Buffet, je sais qu'elles doivent penser aux occupations qui leur sont plus importantes. Il y en a que leur condition appelle tous les jours dans la belle conversation, celles-là semblent être obligées à se cultiver un peu plus que les autres qui sont plus retirées du grand monde », M. Buffet, *op. cit.*, p. 141-142.

Elle tient des propos qui non seulement n'ont rien à voir avec un traité sur la langue, mais qui poussent à la réflexion sur les questions fondamentales : les moyens d'avoir une vie bien remplie, d'employer sa vie à une occupation digne d'estime. M. Buffet enseigne en effet aux femmes que bien parler, c'est aussi un moyen de se faire respecter, d'égaler les hommes et d'acquérir du pouvoir :

> Il n'est pas difficile de se persuader que toutes celles qui possèdent ce riche avantage de parler juste, ne soient infiniment estimées, puisqu'on les appelle protectrices de l'éloquence. Elles brillent avec autant de gloire et de pompe que les plus fameux Orateurs et reçoivent le même honneur ; leur conversation est recherchée des plus habiles. [...] elles y reçoivent toute la gloire et l'encens qu'on donnerait aux plus parfaites du monde ; enfin il faut se rendre compte que ces illustres sont puissantes. (p. 136-138).

Et une quarantaine de pages plus loin, elle ajoute qu'une « personne éloquente règne sur les esprits, belles paroles sont assez puissantes pour forcer ceux avec lesquels elle entre en société à recevoir ses sentiments » (p. 175). La langue est donc cet instrument qui, s'il est précis, permet d'expliquer avec exactitude ses pensées, de jouir du respect social et d'être une autorité auprès des autres.

Marguerite Buffet traite aussi de l'importance de l'expression écrite, car outre l'art de la conversation, les femmes de qualité doivent « savoir comment il faut tourner une lettre et y répondre de bonne grâce, qui est une des plus belles choses de la vie civile » (p. 177). La lettre est comparée à la conversation, parce qu'elle « est ennemie du style pédantesque et trop relevé » (p. 180). Buffet nomme la conversation « l'original », « la règle », tandis que la lettre est traitée comme une copie de cet original. Les deux répondent au modèle du style oratoire qui préconise la clarté, la brièveté, la vraisemblance et l'agrément de l'expression. Elle élabore à cette occasion un véritable manuel de l'art épistolaire.

Marguerite Buffet persuade ses lectrices qu'il faut bien prononcer pour bien lire, bien parler, connaître la grammaire et l'orthographe pour bien écrire et que tout ce savoir permet un développement intellectuel qui aide à bien juger les choses, à maîtriser ses passions et à raisonner juste. « Personne ne doute, poursuit-elle, que les lumières et les connaissances que nous recevons par l'étude des bonnes lettres ne soit un attrait pour nous conduire à la sagesse et nous apprendre à régler nos passions et savoir bien se servir de la raison dans toutes les rencontres de la vie » (p. 194). Ainsi, *Les nouvelles observations sur la langue* se centrent non pas sur la langue en tant que telle, mais sur tous les profits qui découlent pour les femmes d'un bon usage du français : habileté dans la conversation et dans l'écriture, plus grande assurance face aux hommes, développement personnel, respect et pouvoir au sein de la société[13], contrôle de ses passions, maîtrise raisonnable de la vie et, enfin, moyen de comprendre le véritable sens de l'existence.

La seconde partie, les Éloges, s'ouvre par une apologie générale des femmes avant de faire le portrait d'autorités féminines reconnues, modernes et anciennes. Marguerite Buffet dresse l'image des femmes égales, voire supérieures aux hommes. C'est cette seconde partie, souvent extraite pour son caractère ouvertement apologétique, qui l'inscrit dans la tradition discursive proféminine. Elle peut être lue pour elle-même, mais *Les Illustres Sçavantes* se présentent aussi comme une illustration probante du bien-fondé des idées soutenues dans le traité de grammaire. En comparant les deux sexes, elle dit lucidement :

> C'est une nécessité qu'il y ait quelque dissemblance à cause qu'ils sont destinés à d'autres emplois par la nature à différents effets pour l'entretien et la conservation des espèces, que cela ne fait rien pour les actions qui dépendent de la volonté. Les facultés de l'âme de l'un et de l'autre sexe étant toutes égales (p. 241).

La notion d'égalité des intelligences est déjà bien présente dans le traité sur la langue, mais visiblement Buffet a jugé nécessaire de la reprendre sans le contexte du travail sur la langue et l'exprimer encore plus clairement.

Les preuves de la supériorité féminine sont parfois drôles et inattendues :

> Que les hommes se vantent donc tant qu'ils voudront et qu'ils fassent gloire à la grandeur de leurs corps et de la grosseur de leurs têtes, cela leur est très commun avec de très stupides animaux et de très grosses et lourdes bêtes, il est donc certain, généralement parlant, que les femmes ont plus de vivacité d'esprit que les hommes, ce qui se manifeste dans toutes les rencontres de la vie où elles sont employées (p. 245).

Ou encore une idée surprenante, car selon Buffet un garçon dans le ventre de la mère a besoin de moins de temps pour être formé qu'une

---

13 *Cf.* F. Beasley, « Marguerite Buffet and La sagesse mondaine », *Le Savoir au* XVII* siècle*, éd. J. Lyons et C. Welch, Tübingen, Gunter Narr, 2003, p. 227-235.

fille : « la nature a besoin de neuf mois tous entier pour achever son chef-d'œuvre qui est la femme » (p. 247).

Dans ses Éloges, Buffet dépasse petit à petit l'idée d'égalité des sexes et considère que les femmes sont supérieures aux hommes. En concluant, elle soutient que les femmes « ont plus de piété, elles sont plus fidèles dans leurs promesses, plus constantes et plus fortes dans ce qu'elles aiment, elles surpassent de beaucoup les hommes en beauté et en toutes perfections » (p. 247). En comparant les deux parties du texte on observe une évolution de ses idées sur les rapports entre les deux sexes. L'auteure se prononce de plus en plus ouvertement en faveur des femmes et elle reprend les arguments qui ont fleuri au XVIᵉ siècle dans les apologies des femmes[14] et qui mentionnent leurs qualités innées : éloquence, esprit vif, ingéniosité naturelle. Les exemples des femmes illustres contemporaines confirment leurs qualités et prouvent que la clé du succès féminin est dans les capacités intellectuelles et sociales. De plus, « c'est surtout la participation à la culture salonnière qui distingue ces femmes et motive leur éloge : préférant le paradigme de la femme savante à celui de la femme forte, Marguerite Buffet vante davantage leurs qualités intellectuelles que leurs vertus morales et politiques[15] ».

De même que l'ouvrage de Vaugelas ne se limite pas à fournir les règles du bon usage du français, mais devient un guide pour les mondains et les courtisans, l'instruction de Buffet dépasse largement le simple enseignement de la langue, car il s'agit de donner plus d'assurance aux femmes et les motiver à étudier la langue pour leur garantir une reconnaissance sociale et la satisfaction d'une vie bien employée. Le féminisme intellectuel de l'époque n'encourage pas en effet les femmes à étudier les sciences au sens moderne du terme. Comme le souligne Linda Timmermans[16], il ne s'agit pas de savoirs, mais de savoir-faire indispensable à la vie sociale. Le texte de Marguerite Buffet ne pousse pas les femmes à l'émancipation, ne tend pas à bouleverser l'ordre social établi, mais, tout en respectant la différence des sexes, revendique plus de reconnaissance pour les qualités féminines, plus de possibilités

---

14 Par exemple : La Cité des dames de Christine de Pizan, Le Champion des dames de Martin Le Franc ou Traité de l'excellence de la femme d'Henri Corneille Agrippa.

15 C. Meli, op. cit., p. 93.

16 L. Timmermans, op. cit., p. 330.

d'activités diverses au sein des structures existantes. Cette instruction en matière de langue permet de régner dans les salons, mais elle sert aussi à l'affirmation de soi-même en tant qu'individu gérant sa vie en toute conscience. Timidement, certes, le texte de Buffet a contribué à former l'identité féminine.

Monika KULESZA
Université de Varsovie

BIBLIOGRAPHIE

BEASLEY, Faith, « Marguerite Buffet and La sagesse mondaine », *Le Savoir au xviiᵉ siècle*, éd. J. Lyons et C. Welch, Tübingen, Gunter Narr, 2003, p. 227-235.

BEAULIEU, Jean-Philippe, « Jacquette Guillaume et Marguerite Buffet : vers une historiographie du savoir féminin ? », *Les femmes et l'écriture de l'histoire*, éd. S. Steinberg et J.-C. Arnould, Rouen, Presses universitaires de Rouen, 2008, p. 325-339.

BUFFET, Marguerite, *Nouvelles observations sur la langue française ; où il est traité des termes anciens & inusités, & du bel usage des mots nouveaux avec les Éloges des Illustres Savantes tant anciennes que modernes*, Paris, 1668.

DUCHARME, Isabelle, « Marguerite Buffet lectrice de la Querelle des femmes », *Lectrices d'Ancien Régime*, éd. I. Brouard-Arends, Rennes, Presses universitaires de Rennes, 2003, p. 331-340.

DUCHARME, Isabelle, « Une formule discursive au féminin : Marguerite Buffet et la *Querelle des femmes* », *PFSCL*, xxx, 58, coll. Biblio 17, 2003, p. 131-155.

HACHE-DUBOSC, Danielle, « Intellectuelles, femmes d'esprit et femmes savantes au xviiᵉ siècle », *Intellectuelles. Du genre en histoire des intellectuels*, éd. N. Racine et M. Trebitsch, Paris, Complexe, 2004, p. 57-71.

MELI, Cinthia, « Un bien dire à l'usage des bourgeoises : *Les Nouvelles observations sur la langue françoise* (1685) de Marguerite Buffet », *Femmes, rhétorique et éloquence sous l'Ancien Régime*, éd. C. La Charité et R. Roy, Saint-Étienne, Publications de l'université de Saint-Étienne, 2012, p. 87-101.

OTT, Karl August, « La notion du "Bon usage" dans les *Remarques* de Vaugelas », *Cahiers de l'Association internationale des études françaises*, 1962, n° 14, p. 79-94.

TIMMERMANS, Linda, *L'accès des femmes à la culture sous l'Ancien Régime*, Paris, Champion, 1993.

VAUGELAS, Claude Favre de, *Remarques sur la langue française utiles à ceux qui veulent bien parler et bien écrire*, Genève, Slatkine Reprints, 1970.

MARIE STUART
DANS LA QUERELLE DU SAVOIR

Linda Timmermans considère dans l'*Accès des femmes à la culture* que c'est à la Renaissance que la question du savoir des femmes se posa pour la première fois avec acuité[1]. C'est ainsi que la *Querelle des femmes* s'étoffa d'une nouvelle thématique, celle des capacités intellectuelles du sexe féminin et d'une nouvelle revendication : le droit d'accéder au savoir pour celles que l'on avait, au préalable, dénoncées ou louées essentiellement en tant qu'amantes ou épouses.

Les pionniers de ce nouveau discours furent Christine de Pizan et Martin le Franc qui, les premiers, dressèrent des listes de femmes savantes[2]. Celles-ci allèrent devenir très en vogue au XVIe siècle, période particulièrement friande de répertoires et catalogues en tout genre, comme l'a rappelé Jean Céard[3]. C'est ainsi que le savoir, comme critère individualisé, fut exploité dans un premier temps pour « mettre en relief un ensemble de traits associés au savoir » chez des femmes et, dans un second temps, établir l'égalité des sexes, voire pour les plus enthousiastes des philogynes, la supériorité féminine[4]. Non seulement les répertoires de femmes illustres commencèrent à ajouter des femmes réputées pour leur savoir aux côtés de celles louées pour leur piété ou leur force morale, mais d'autres se concentrèrent même plus particulièrement sur l'érudition comme critère permettant de faire l'apologie du sexe féminin[5].

---

1   L. Timmermans, *L'accès des femmes à la culture (1598-1715)*, Paris, Champion, 1993, p. 19.
2   Ch. de Pisan, *Le Trésor de la Cité des dames*, Paris, A. Vérard, 1497 ; M. Franc, *Le Champion des dames*, s.l.n.d. (Lyon, 1485).
3   J. Céard, « Listes de femmes savantes au XVIe siècle », *Femmes savantes, savoirs des femmes, du crépuscule de la Renaissance à l'aube des Lumières*, éd. C. Nativel, Genève, Droz, 1999, p. 85-94.
4   J.-P. Beaulieu, « Jacquette Guillaume et Marguerite Buffet : vers une historiographie du savoir féminin ? », *Les femmes et l'écriture de l'histoire*, éd. S. Steinberg et J.-C. Arnould, Rouen, Presses universitaires de Rouen et du Havre, 2008, p. 326.
5   *Cf.* J.-Ph. Beaulieu, *op. cit.*, p. 325-339.

Parallèlement au simple positionnement hiérarchique entre les sexes, la question du savoir introduisait, comme l'a souligné Marc Angenot, une tonalité réclamatoire et des doléances que les détracteurs des femmes commencèrent à avoir du mal à leur refuser alors que l'humanisme revalorisait le savoir comme instrument de la vertu[6].

Au moment où Marie Stuart grandit à la cour d'Henri II, Claude de Taillemont (1553) et François Billon (1558) avaient fait chorus avec Agrippa (1509) pour chanter « la capacité de science » du sexe féminin[7]. Il n'est donc pas surprenant que son précepteur, Claude Millet (ou Millot), lui ait fait rédiger une série de lettres adressées à Élisabeth de Valois, sa camarade d'étude, sur les femmes savantes. Le présent article établira, dans un premier temps, comment ces lettres latines ont permis à Marie elle-même de faire son entrée dans les listes de femmes savantes du xvie siècle et, dans un second temps, montrera comment ce savoir fut contesté par ses contemporains et leurs successeurs, faisant de la reine d'Écosse un perpétuel objet de la Querelle. Enfin, dans un troisième temps, il reprendra lui-même la défense de l'érudition de la reine en invitant à envisager l'acquisition de son savoir sur les quatre décennies de son existence et non sur ses seules années d'écolière.

Les lettres dont il est ici question sont consacrées aux mérites intellectuels, poétiques, rhétoriques de femmes de l'antiquité et du moyen âge. Elles furent traduites en latin par Marie Stuart entre le 26 juillet 1554 et le 9 janvier 1555. Plusieurs thèses ont été avancées sur la nature de ces textes. On a tout d'abord considéré qu'il s'agissait d'une correspondance authentique de Marie rédigée en latin et en français[8]. Cette version a ensuite été contestée, car seules les versions latines sont autographes et pourraient n'avoir été que des thèmes dont la version française était l'œuvre de son maître[9]. Sylvène

---

6   M. Angenot, *Les champions des femmes*, Montréal, Presses universitaires du Québec, 1977, p. 144-148.

7   C. Agrippa, *De la grandeur et de l'excellence des femmes au-dessus des hommes*, Paris, Galliot du Prè, 1530 ; F. de Billon, *Le Fort inexpugnable de l'honneur du sexe féminin, construit par F. de Billon*, secrétaire, Paris, J. d'Allyer, 1555 ; C. de Taillemont, *Discours des champs faëz à l'honneur & exaltation de l'amour et des dames*, Paris, G. du Pré, 1571.

8   C'est ainsi que le rédacteur du catalogue imprimé du fonds latin de la bibliothèque impériale présente le petit manuscrit in-18 relié en maroquin rouge où il est conservé sous le n° 8660 et le titre *Lettres latines de Marie Stuart, reine d'Écosse et dauphine de France – Maria D.G. Scotor. Reg. Gallia vero Delphina.*

9   Ce fut la thèse défendue par A. de Montaiglon dans son édition des *Latin Themes of Mary Stuart, Queen of Scots*, Londres, 1855, p. VIII, sur la base de l'article de Ludovic Lalanne dans *l'Atheneum Français* du 13 août 1853 (n° 33, p. 775-777).

Édouard, qui prépare une nouvelle édition de ces lettres chez Droz, soutient, pour sa part, que dans le cas précis des essais sur le sujet des femmes savantes, Marie en assura seule la rédaction[10]. Ces textes, sous forme de lettres à Élisabeth de Valois, la fille aînée d'Henri II et de Catherine de Médicis avec qui elle était élevée et éduquée, sont au nombre de quinze et font partie d'un ensemble plus large de soixante qui prêchent l'amour de la vertu et celui de l'étude. Elles ont été publiées en Angleterre par Anatole de Montaiglon au XIXᵉ siècle, les originaux ayant été retrouvés par Ludovic Lalanne à la Bibliothèque Nationale[11].

Selon Sylvène Édouard, la jeune Marie se lança dans le débat sur l'instruction des femmes à la suite d'un incident entre les enfants. Garçons et filles avaient l'habitude de se rencontrer pour partager des moments de détente et à l'une de ces occasions, les garçons auraient tenu des propos dévalorisants au sujet des femmes, aiguillonnant la plus âgée et la plus chevronnée des filles de la maison royale au point qu'elle décide de se faire la championne de leurs illustres prédécesseures[12].

La première lettre sur le sujet (26) annonce une transmission d'arguments de femme en femme pour prendre part à la Querelle du savoir et « répondre a ces beaus deviseurs qui disoient hier que c'est affaire aus femmes a ne rien scavoir[13] ». Il s'agit ainsi de créer un *continuum* voire une filiation symbolique entre les savantes modernes et les anciennes, entre Élisabeth de Valois et sainte Élisabeth (1129-1164), abbesse du monastère de Schönau, et auteure d'un récit du martyre de sainte Ursule et des Onze mille vierges[14]. Il s'agit également pour Marie, comme le note Beaulieu au sujet de Guillaume et Buffet, de faire état de sa propre érudition par la constitution de la liste et de s'inscrire dans cette parenté intellectuelle avec les figures exemplaires qu'elle convoque[15].

Les arguments qui suivent se limitent à une série de cinquante-quatre *exempla* attestant que les femmes peuvent être « doctes », « éloquentes », « de grande doctrine », « fort illustres en grammaire » ; « apprises aux

---

10 S. Édouard, « Un exercice scolaire et épistolaire : les lettres latines de Marie Stuart, 1554 », Paris, Cour de France.fr, 2013. Article inédit mis en ligne le 1ᵉʳ janvier 2013, http://cour-de-France.fr/Article2597.html, p. 2.

11 A. de Montaiglon, *op. cit.*, p. IV-V.

12 S. Édouard, *op. cit.*, p. 7.

13 A. de Montaiglon, *op. cit.*, p. 32.

14 A. L. Clark & B. J. Newman, *Elisabeth of Schönau : the Complete Works*, New York, Paulist Press, 2000.

15 J.-Ph. Beaulieu, *op. cit.*, p. 329.

saintes lettres », « faire grande profession de philosophie ». Au patrimoine féminin de la littérature elles ont collectivement laissé de « belles orai-sons », des « épigrammes élégans », des carmes, des épitres, des dialogues, des poésies d'amours[16]. Elles ont également composé de l'astronomie. Les thèmes revendiquent particulièrement le droit des filles à apprendre les langues anciennes et notamment le latin ce que leur refusent les « babillards » « qui tant méprisent notre sexe disant n'estre affaire aux femmes d'apprendre la langue latine[17] ». Ils insistent également sur la capacité des femmes à prendre part à la querelle, à « se disputer contre gens les plus doctes » et à les vaincre[18]. Pour ce faire, le dernier thème invite sa royale lectrice et elle-même à l'étude dans l'espoir que les bonnes lettres les rendent, à leur tour, immortelles à jamais.

C'est pour ainsi dire ce qui se produit pour Marie Stuart puisque ces lettres lui servirent d'exercice préparatoire à une oraison qu'elle déclama au Louvre à l'âge de treize ou quatorze ans en présence du roi et de toute la cour, laquelle est à l'origine de son inscription dans les listes de femmes savantes du XVIᵉ siècle au XIXᵉ siècle. Brantôme donne le ton de ce serinage philogyne dans la *Vie des Dames Illustres Françoises et étrangères* où il prétend avoir personnellement entendu Marie Stuart soutenir et défendre, « contre l'opinion commune, qu'il estoit bien séant aux femmes de sçavoir les lettres et arts libéraux », et où elle est louée avec empressement : « Songez quelle rare chose c'estoit et admirable de voir ceste sçavante et belle reine ainsy orer en latin, qu'elle entendoit et parloit fort bien : car je l'ay vue là ». Selon l'ami des Guises, la future dauphine « se reservoit toujours deux heures du jour pour estudier et lire : aussy il n'y avoit guerres de sciences humaines qu'elle n'en discourut bien[19] ». Elle était plus particulièrement férue de poésie, notamment celle de Ronsard, de du Bellay et de Maison-Fleur, et composa elle-même des vers « beaux et très-bien faicts ». Brantôme loue également ses qualités d'épistolière et ses lettres « très belles et très éloquentes et très hautes[20] ».

Ce passage de la biographie collective de Brantôme valut à Marie Stuart de figurer ensuite dans des catalogues de femmes savantes à

---

16   A. de Montaiglon, *op. cit.*, lettres 26 à 49, p. 32-52.
17   *Ibid.*, lettre 27, p. 34.
18   *Ibid.*, lettre 40, p. 52.
19   Brantôme, *Vie des dames illustres Françoises et étrangères, nouvelle édition avec une introduction et des notes par Louis Moland*, Paris, Garnier, 1868, p. 103.
20   *Ibid.*, p. 103-104.

commencer par le *Cercle des femmes savantes* de Jean Laforge (1663),
texte singulier puisqu'il s'agit d'un dialogue entre Mécène, Livie et
Virgile à qui la princesse (Livie) reproche de l'avoir singularisée en
tant que femme savante dans les éloges qu'il lui a adressés. Virgile
s'excuse en citant toutes celles qui, comme elle, méritent d'être ainsi
célébrées. Parmi celles-ci figurent Marie Stuart (alias Mariam) placée
entre d'un côté Anne de Marquets (1533-1588), religieuse de l'ordre
de saint Dominique et autrice de sonnets spirituels, Margaret More, la
fille du chancelier anglais Thomas More, et de l'autre Camille, Diane
et Lucrèce Morel, trois autres merveilles du XVIe siècle selon leurs
contemporains[21]. Le dialogue de Laforge enchaîne les noms comme
des perles et ne fait pas le détail des réalisations des unes et des autres,
pas plus que ne le fait, dans le cas de Marie Stuart, Marguerite Buffet
en 1666 dans ses *Éloges des Illustres savantes anciennes et modernes*, qui
se contente de rendre furtivement hommage à « son bel esprit » qui
« s'appliquait aux bonnes lettres » et au fait qu'« elle sçavoit fort bien
parler diverses langues[22] », ou Jacquette Guillaume qui cite Marie
Stuart au chapitre V de la deuxième partie de ses *Dames Illustres* (1665)
au chapitre des « Dames infortunées ». Dans cet ouvrage, elle figure
dans le chapitre sombre de clôture qui rappelle la vulnérabilité de
la femme tout court et de la savante *a fortiori*. Marie y est présentée
comme ayant perdu la tête « sur l'échafaud pour avoir esté soupçonné
d'intelligence avec l'Espagnol[23] ». Ce n'est donc pas son intellect qui
est ici exhaussé, mais « le cerveau » des hommes qui est décrié pour
n'être rempli, accuse Guillaume, que de « soupçons, de niaiseries et
de sottises ». Et Guillaume de conclure « ce qui rend presque toutes
les femmes malheureuses[24] ».

En revanche, dans *Biographium Faeminum : The Female Worthies* (1766)
publié anonymement, l'auteur reprend l'épisode de la harangue du Louvre
pour attester de l'érudition de Marie et de sa maîtrise du latin. Il ajoute
en revanche de sa propre initiative qu'elle étudiait principalement les
langues modernes, là où Brantôme avait insisté sur le fait qu'elle chercha

---

21 J. Laforge, *Le Cercle des femmes sçavantes*, Paris, Jean-Baptiste Loyson, 1663, p. 9.

22 M. Buffet, *Éloges des Illustres Sçavantes anciennes et modernes*, Paris, Jean Cusson, 1668,
    p. 336.

23 J. Guillaume, *Les Dames Illustres ou par bonnes & fortes raisons, il se prouve que le Sexe Feminin
    surpasse en toute sorte de genres le sexe masculin*, Paris, Thomas Joly, 1665, p. 439.

24 *Ibid.*

à améliorer son français et à le parler aussi bien qu'un locuteur natif, ce qu'elle n'était pas ayant grandi jusqu'à l'âge de six ans en Écosse[25].

L'*Histoire abrégée des philosophes et des femmes célèbres* (1773) porte à cinq le nombre de langues étrangères que Marie maîtrisait et fait l'éloge autant de la belle éducation qui lui fut donnée par ses oncles dans la perspective qu'elle devienne reine de France, que de ses prédispositions intellectuelles en propre : elle « avoit infiniment d'esprit[26] ». Aux qualités rédactionnelles qu'il reprend à Brantôme, de Bury qui ne mentionne pas l'*Oraison du Louvre* ajoute, fait nouveau, les qualités de mécène de la dauphine qui « se plaisoit beaucoup à la conversation des gens savants, les protégeoit & les récompensoit librement[27] ».

Riballier dans *De l'education physique et morale des femmes, avec une notice alphabétique de celles qui se sont distinguées dans les différentes carrières des Sciences & des Beaux-Arts, ou par des talens & des actions mémorables* prend le relais de de Bury en complétant le nombre des langues qu'elle avait étudiées par la liste de celles-ci. Selon lui, en plus de sa langue maternelle (le Scot), Marie Stuart « savoit le François, l'Anglois, l'Italien, l'Espagnol & le Latin[28] ». Riballier étoffe davantage encore la description laudatrice de l'intellect de Marie qui selon lui avait « un esprit vif, à une mémoire facile, joignoit une pénétration singulière qui lui fait faire en peu de tems les plus rapides progrès[29] ». Riballier mentionne également le discours très éloquent qu'elle prononça en latin au Louvre, « où elle soutint que la carrière des sciences étoit ouverte aux femmes aussi bien qu'aux hommes[30] ». Le XVIIIe siècle s'appropria ainsi la revendication de Marie d'accéder au savoir des lettres et des arts libéraux (grammaire, dialectique, rhétorique, arithmétique, musique, géométrie, astronomie) pour la moderniser à l'époque où l'on se moquait des femmes de sciences. Cette introduction de la « science » dans le champ du savoir féminin était

---

25 *Biographium Faeminum : The Female Worthies ; or memoirs of the most Illustrious Ladies of All Ages and Nations, who have been eminently distinguished by their Magnanimity, Learning, Geniius, Virtue, Piety and Other excellent Endowments, conspicuous in all the various stations and relations of life, public and private*, London, printed for S. Crowder, 1766, vol. II, p. 116.

26 R. de Bury, *Histoire abrégée des philosophes et des femmes célèbres*, Paris, Chez Monory, 1773, p. 452.

27 *Ibid.*, p. 453.

28 Ph. Riballier et C. Cosson, *De l'éducation physique et morale des femmes*, Bruxelles et Paris, Les frères Estienne, 1779, p. 372.

29 *Loc. cit.*

30 *Loc. cit.*

cependant déjà présente dans une *Apologie des dames* publiée quelques décennies plus tôt par Mme Galien et dans laquelle l'accent est mis sur le rôle des femmes dans la transmission du savoir à d'autres femmes. Il n'est plus ici question de figures exceptionnelles démontrant un potentiel, mais de construire cette filiation qui rompt avec l'exceptionnalité. Mme Galien (Mme de Château Thierry) note ainsi que c'est à Catherine de Médicis que Marie Stuart doit d'avoir été éduquée : « La Reine Catherine de Medicis ayant connu qu'elle avoit beaucoup d'esprit, la fit elever dans les sciences » et présente l'oraison du Louvre comme une opportunité pour Marie d'inviter les femmes à suivre son exemple et à ne « s'occuper que de science[31] ». Elle ajoute que c'est dans ce souci de transmission qu'elle « fit faire en sa faveur une rhétorique Françoise[32] ».

De l'autre côté de la Manche, George Ballard avait rêvé de décrire plus avant l'éducation et l'étendue des connaissances de la reine d'Écosse dans ses *Memoirs of Several Ladies of Great Britain who have been celebrated for their writings or skill in the learned languages arts and sciences* qui parut en 1752. Il ajouta ainsi qu'elle avait commencé sa formation linguistique en Écosse sur l'île d'Inchemahome où elle séjourna après la bataille de Pinkie Cleugh le 10 septembre 1547. Marie n'avait alors que cinq ans, mais selon Ballard c'est alors que commença sa familiarisation avec les quatre langues étrangères qu'elle finit par parfaitement maîtriser et mieux que personne[33]. Ballard, dont le style est particulièrement dithyrambique, précise qu'il ne s'agit cependant pas de se plier simplement aux usages encomiastiques que cultivent d'ordinaire les poètes de cour, car les connaissances de Marie sont attestées par les historiens. Il regrette cependant que les infortunes et la fin tragique de la reine d'Écosse aient détourné les historiens de l'étude de son savoir et de sa contribution à la république des Lettres, le condamnant lui aussi à ne pouvoir y faire que de furtives allusions[34].

Les huit catalogues de femmes savantes parcourus attestent donc de la mise à contribution du personnage de la reine d'Écosse pour défendre le potentiel intellectuel des femmes et revendiquer leur éducation. Parallèlement à ces publications, il est important de mentionner

---

31 Mme Galien, *Apologie des Dames appuyées sur l'histoire*, Paris, Dido, 1748, p. 243.
32 *Ibid.*, p. 244.
33 G. Ballard, *Memoirs of Several Ladies of Great Britain who have been celebrated for their writings or skills in the learned languages, arts and sciences*, Oxford, W. Jackson, 1752, p. 155.
34 *Ibid.*, p. 154.

l'existence d'une représentation picturale de la reine comme femme
savante, d'une part parce que, comme le rappelle Margaret Zimmerman,
la querelle des femmes fut « un combat de plume ou de pinceau, de
textes et/ou d'images » et d'autre part, parce que les galeries de femmes
illustres en tout genre ont eu, depuis la Renaissance au moins, des
déclinaisons dans les beaux-arts et les arts décoratifs[35]. Pour ne citer
qu'un exemple, le père de Marie Stuart, Jacques V possédait ainsi
cinq tapisseries appartenant à la série de « la cité des dames[36] ». Dans
le cas présent, il ne s'agit pas du travail d'un tisserand, mais de celui
d'un peintre Gillot Saint-Èvre au XIXe siècle. Contrairement à d'autres
romantiques, Saint-Èvre ne choisit pas de peindre Marie prisonnière,
mais prononçant son oraison au Louvre. Ce tableau de 1836 fait suite à
un premier tableau rompant avec la victimisation et mettant en scène
Marie Stuart échappée de Lochleven que Saint-Èvre présenta au salon de
1824 et pour lequel il obtint la médaille de seconde classe. Le tableau
de 1836, déposé à Versailles depuis 1951, est intéressant à au moins
deux titres. Premièrement, c'est un tableau joyeux qui met en valeur
l'atmosphère raffinée de la cour d'Henri II et sa culture humaniste,
en attribuant lui-même des places d'honneur aux arts et aux dames[37].
Deuxièmement, on peut arguer qu'il fait partie d'une mini-série de
femmes savantes puisque Saint-Èvre réalisa également un tableau de
Marie de Brabant, reine de France, sur lequel on la voit donner au
poète Adenez le sujet du roman de Cléomandès[38]. Marie de Brabant
figurait elle aussi dans les listes de femmes savantes et on la trouve par
exemple dans *De l'éducation physique et morale des femmes* (1779). Philibert
Riballier et Catherine Cosson l'y présentent en effet comme ayant hérité
des qualités intellectuelles de son père Henri III, duc de Brabant, et
notamment de la science et du talent pour la poésie de ce dernier. Ils
ajoutent qu'elle continua de cultiver le goût des belles lettres à la cour
de France suivant ainsi une double tradition : celle de son père d'une

---

35 M. Zimmerman, « Querelle des femmes, querelles du livre », *Des femmes & des livres –
    France et Espagne, XVIe-XVIIe siècles*, éd. D. de Courcelles, C. Val Julian Paris, École des
    Chartes, 1999, p. 80.
36 S. Groag Bell, *The Lost Tapestries of the City of Ladies – Christine de Pizan's Renaissance
    Legacy*, Berkeley, Los Angeles and London, University of California Press, 2004, p. 130.
37 S. Bann et S. Palloud, *L'invention du passé – Histoires de cœur et d'épée en Europe, 1802-1850*,
    Paris, Hazan, 2014, vol. II, p. 169-170.
38 A. Barbier, *Le salon de 1839*, Paris, Joubert, 1839, p. 130.

part mais également celle de son beau-père, Saint Louis. Enfin, selon Riballier et Cosson, « ses bienfaits attirerent de toutes parts un grand nombre de Savans et de beaux esprits. De ce nombre fut Adenez Le Roi, et l'on croit même que Marie l'aida beaucoup à composer le roman de Cléomades, qui est le meilleur de ses ouvrages[39] ». Avec ces deux reines, Saint-Èvre fit donc modestement participer le style « troubadour » à la Querelle des femmes et plus particulièrement celle du savoir[40].

Pour qu'il y ait querelle cependant, il faut qu'il y ait divergence et expression d'un point de vue contraire. Dans le cas de Marie Stuart, les attaques remettant en question son savoir existent et sont même antérieurs à l'éloge de Brantôme puisqu'elles remontent à son premier entretien avec le réformateur John Knox, le 4 septembre 1561. Elles sont retranscrites dans le récit qu'il en fait dans son *History of the Reformation in Scotland* composée avant la fin de 1566 et publiée pour la première fois en 1587[41]. Knox fut convoqué au château d'Édimbourg par la reine d'Écosse après une série de sermons qui avaient enflammé des villageois protestants au point de les inciter à s'en prendre à la chapelle royale et à son prêtre. La jeune reine d'Écosse l'accusa également d'avoir soulevé ses sujets contre elle en publiant son *First Blast against the Monstrous Regiment of Women*[42]. Alors qu'elle lui expliquait vouloir jouir de sa liberté de conscience en qualité de reine catholique, Knox lui répondit : « *Conscience, Madam, requires knowledge; and I fear that right knowledge ye have none*[43] ». Marie s'étonna alors de pouvoir être considérée comme ignorante : « *But (said she), I have both heard and read* », argument que Knox balaya d'un revers de la main : « *So (said he), Madam, did the jews that crucified Christ Jesus read both the Law and the Prophets, and heard the same interpreted after their manner*[44] ». Puis, il se lança dans une discussion théologique qui, selon le récit dans lequel il se mit lui-même en scène, dépassa les compétences de la reine d'Écosse et fit rendre les armes à sa contradictrice qui capitula en ces termes :

---

39 Ph. Riballier, *op. cit.*, p. 366-367.
40 Le terme « troubadour » définit la peinture d'histoire de la fin du XVIIIe siècle et du premier quart du XIXe siècle qui évoque le passé non classique.
41 J. Knox, *History of the Reformation in Scotland*, éd. W. C. Dickinson, London, Thomas Nelson and Sons Ltd, 1949, 2 vols.
42 J. Knox, *First Blast of the Trumpet of the Monstrous Regiment of Women*, Geneva, J. Poullain et A. Rebul, 1558.
43 J. Knox, *History of the Reformation*, *op. cit.*, t. II, p. 17.
44 *Ibid.*, p. 18.

« *Ye are oure sair for me (said the Queen), but if they were here that I have heard, they would answer you*[45] ».

Le sens que Knox attribue au terme « savoir » est naturellement plus restreint que son acception générale comme « connoissance qu'on a de quelque science, de quelque art, de quelque profession[46] ». Pour lui la connaissance se limite à la connaissance de Dieu, de sa parole, de sa volonté et s'exprime par une liturgie, un office religieux et de manière générale une pratique de la foi conformes aux Écritures. Elle est accessible à tous et facilement intelligible, car Dieu a rendu son propos lumineux et l'Esprit saint l'a clarifié lorsqu'il était opaque dans d'autres passages des Écritures saintes. Cette connaissance est cependant étrangère à tous les papistes, à commencer par le Pape et ses cardinaux, qui, à l'inverse, répandent l'erreur. Knox distingue cependant les papistes ignorants qui « ne savent pas raisonner avec longanimité » et les « érudits et malins » qui ne se confronteront pas à lui de peur que la vanité de leur religion ne soit exposée au grand jour[47]. Knox ne dit pas clairement si Marie faisait partie de la première ou de la seconde catégorie, mais une chose est certaine, il tourne aussi bien en dérision son éducation française[48] que ses qualités d'oratrice lorsqu'il rapporte comment elle fut acclamée au Parlement écossais après y avoir prononcé un discours :

> *Such stinking pride of women as was seen at that Parliament, was never seen before in Scotland. Three sundry days he Queen rode to the Tolbooth. The first day she made a painted orison ; and there might have been heard among her flatterers, « Vox Dianæ ! The voice of a goddess (for it could not be Dei), and not of a woman ! God save the sweet face ! Was there ever orator spake so properly and so sweetly*[49] *! »*

On voit ici que c'est la maîtrise du langage par Marie et sa démonstration qui irritent le réformateur écossais qui de son côté choisit de la montrer à quatre reprises en difficulté dans leurs entretiens[50]. Lorsqu'elle

---

45   *Ibid.*, p. 19.
46   *Dictionnaire de l'Académie française*, 4ᵉ édition, 1762, http://artflsrv02.uchicago.edu/cgi-bin/dicos/pubdico1look.pl?strippedhw=savoir.
47   J. Knox, *History of the Reformation, op. cit.*, t. II, p. 19.
48   *Ibid.*, p. 36.
49   *Ibid.*, p. 77-78.
50   *Cf.* A. Dubois-Nayt, « Dialogues – Knox et Marie Stuart ou l'impossible Querelle des femmes », *Réforme et Révolutions. Hommage à Bernard Cottret*, éd. B. Van Ruymbeke, Paris, Les Éditions de Paris, 2012, p. 55-73.

n'y remet pas à d'autres la tâche de lui répondre, elle éclate en sanglots en panne d'éloquence[51].

Pendant longtemps les historiens ont mis en relief cette virtuosité rhétorique et plus largement linguistique que le dernier biographe en date de Marie, John Guy, explique par la pensée éducative de sa famille biologique et par alliance, qui considérait à la suite de Baldassare Castiglione dans le *Livre du Courtisan* que l'art de bien gouverner était indissociable de l'art de bien parler. Marie reçut partant la même éducation que le dauphin, notamment en latin et en grec, chose qui mérite d'être soulignée, comme l'indique le biographe[52]. Il en tire un bilan positif et conclut : « *Under the curriculum (her uncles) had chosen for her, she had acquired the same skills as a male student and was taught to think for herself. Moreover unimpressed she may have been by classical rhetoric, it had trained her in how to argue a case and how to spot the strengths and flaws in the reasoning of others*[53] ».

Rien n'est cependant jamais acquis pour Marie Stuart ni consensuel au point que désormais ce sont même l'étendue de son savoir et ses compétences oratoires qui sont remises en question. C'est le cas notamment dans le chapitre sans concession qu'Aysha Pollnitz lui consacre dans son ouvrage *Princely Education in Early Modern Britain*. Du récit de Knox, elle déduit par exemple que lorsque la reine était contrainte d'argumenter *ex tempore*, elle était en difficulté[54]. Pollnitz conteste plusieurs autres points de la version la plus dithyrambique de l'éducation de Marie. Premièrement, selon elle, il existait bien des différences de genre entre la manière d'envisager l'éducation du dauphin et celle de sa promise. Elle voit dans les titres différents utilisés pour nommer de leur vivant les enseignants de François et ceux de Marie la preuve même d'une hiérarchie reflétant le degré de compétences de chacun ainsi que le niveau d'attente. Claude Millot, dont on ne sait rien, fut le *maître d'école* de Marie et touchait 200 livres de moins par an que Jacques Amyot (1513-1593), l'érudit traducteur de Plutarque et *précepteur* du dauphin. Lui succédèrent d'autres illustres éducateurs : Jacques de Corneillan (mort en 1582) évêque de Vabres, en 1557 ; puis

---

51 J. Knox, *History of the Reformation, op. cit.*, p. 82.
52 J. Guy, *"My Heart is my own" : the Life of Mary Queen of Scots*, London, Fourth estate, 2004, p. 68.
53 *Ibid.*, p. 80.
54 A. Pollnitz, *Princely Education in Early Modern Britain*, Cambridge, C.U.P., 2015, p. 215.

en 1559 Pierre Danès (1497-1577), ancien professeur de grec au collège de France. Deuxièmement, sur la base d'une lettre de Millot à Marie de Guise, dans laquelle il ne loue que sa vertu, sa beauté et sa grâce, elle conclut à propos de ce dernier que l'ambition académique du maître pour sa royale élève n'était pas très grande. Troisièmement, elle présente cette éducation comme ayant eu une vocation principalement ornementale, la carrière de Marie se profilant à la cour où elle devait pouvoir s'illustrer par ses compétences artistiques et comme une grande chasseresse. Quatrièmement, si elle ne conteste pas son initiation aux langues modernes, elle est beaucoup plus sévère quant aux qualités de latiniste de Marie, langue morte qu'elle aurait commencée à apprendre plus tard que les historiens le disent communément et dans laquelle elle n'avait qu'un vernis. Elle en conclut qu'au vu de son niveau réel de latin, balbutiant un an plus tôt, l'*Oraison du Louvre* fut une opération de communication largement mise en scène dans laquelle Marie Stuart se contenta de réciter par cœur un texte composé par un autre. Elle ajoute que les lettres préparatoires sur lesquelles elle travailla en amont sont toutes tirées d'une même source : une lettre de l'humaniste italien Angelo Poliziano à Cassandra Fidele[55].

Pour nuancer son propos et relancer la querelle du savoir à travers le personnage de Marie Stuart, on peut cependant faire quatre remarques. La première, la plus brève, consiste à rappeler que si les performances scolaires de la jeune reine, notamment en langue latine, peuvent être aujourd'hui jugées plus sévèrement, elles n'étaient cependant pas inférieures à celles de son futur époux, François, qu'elle dépassait au dire de leurs enseignants en diligence et en assiduité[56]. Elle composa même à son attention une homélie qui se trouve également dans son cahier pour l'inviter à se concentrer sur ses études :

> L'amour que je vous porte, Monsr., m'a donné hardiesse de vous prier que le plus que vous pourrés aies avecques vous gens vertueux et sçavans, et que sur tout aimés votre précepteur, a l'exemple d'Alexandre, qui a d'une telle révérence honoré Aristote qu'il disoit ne luy devoir moins qu'a son père. Pour ce que de son père il en avoit pris le commancement de vivre, et de son maître le commancement de bien vivre[57].

---

55 *Ibid.*, p. 214.
56 J. Guy, *op. cit.*, p. 72.
57 A. de Montaiglon, *op. cit.*, letter 54, p. 66.

La seconde vise à relativiser la faiblesse argumentative de Marie face à Knox lors de leurs entretiens à au moins trois titres. Premièrement, Marie avait le désavantage d'échanger avec lui en langue étrangère alors qu'il s'exprimait dans sa langue maternelle. Elle était devenue parfaitement francophone suite à son séjour en France, mais avait eu peu d'occasions de pratiquer son écossais. Deuxièmement, elle fut forcément désavantagée par sa jeunesse face à un adversaire de quarante-huit ans et partant de vingt-neuf ans son aîné qui, du reste, en raison de sa prédication hebdomadaire était beaucoup plus coutumier de la prise de parole en public que la reine.

La troisième est une invitation à envisager l'éducation et l'érudition de Marie Stuart dans la durée et sur les quatre décennies de son existence avant de déterminer l'étendue de son savoir. Comme l'écrit John Guy, Marie Stuart n'était peut-être pas une classiciste née et elle était sans doute plus attirée par la poésie française notamment celle de la Pléiade[58]. Elle a cependant poursuivi sa formation en Écosse notamment avec l'aide du renommé latiniste Buchanan avec qui elle lisait *L'histoire de Rome* de Tite Live une heure tous les après-midi[59]. Elle lut également en latin tout au long de sa vie comme en atteste aussi bien sa riche bibliothèque que des textes difficiles et conséquents qui furent écrits directement à son intention alors qu'elle était prisonnière en Angleterre et que l'on peut penser qu'elle ne s'est pas privée de lire[60]. On peut notamment évoquer un long traité d'enseignement néo-stoïque de son conseiller spirituel John Leslie intitulé *Les consolations pieuses et remèdes divins de l'âme affligée*[61], qu'elle mit à contribution dans sa *Meditation sur l'inconstance et vanité du monde, composée par la reine d'Écosse et douairière de*

---

58   J. Guy, *op. cit.*, p. 72.
59   Randolph to Cecil, 30 janvier 1561-1562 et également 7 avril 1562, *CSP Foreign Elizabeth* volumes 4 et 5.
60   Voir sur ce point : A. Dubois-Nayt, « Les exercices spirituels stoïciens de Marie Stuart : Un néostoïcisme au féminin ? », *L'écriture et les femmes en Grande-Bretagne (1540-1640) – le mythe et la plume*, éd. P. Caillet, A. Dubois-Nayt, J.-C. Mailhol, Valenciennes, Presses universitaires de Valenciennes, 2007, p. 97-112.
61   *Joannis Leslaei, [...] Libri duo quorum uno, piae afflicti animi consolationes, divinaque remedia, altero, animi tranquilli munimentum & conservatio, continentur; ad serenissimam principem D. Mariam Scotorum reginam. His adjecimus ejusdem principis Epistolam ad Rossensem episcopum, et versus item Gallicos latino carmine translatos, pias etiam aliquot preces. Opus iis omnibus, qui hae calamitosa tempore pio fortique animo transigere copiunt, admodum utile : ab eodem auctore, dum pro dicta Principe apud Anglos legatione fungeretur, in carcere conscriptum, & ad eandem missum, nunc vero in communem aliorum usum in lucem editum...*, Parisiis, P. Lhuillier, 1574.

France, après les avoir lues en prison[62]. Marie reconnaissait cependant bien volontiers qu'elle préférait s'exprimer à l'oral en langue vernaculaire comme elle le signifia au légat jésuite du pape, de Gouda, en 1562, à qui elle annonça que si elle pouvait suivre ce qu'il lui disait, elle lui répondrait en français ou en écossais[63].

En ce qui concerne sa riche bibliothèque, elle comptait deux cent quarante-trois ouvrages dont plus d'une cinquantaine en latin et en grec. Par ailleurs, dès le XIXe siècle, Julian Sharman, dont le travail a été affiné dans les années 1980 par John Durkan, a mis en valeur le fait qu'elle est exclusivement le fruit de la collection personnelle de Marie, la bibliothèque de son père Jacques V ayant été entièrement détruite au moment du sac du palais d'Holyrood en mai 1554 par le comte d'Hertford. Partant, Sharman conclut que celle-ci était considérable pour l'époque et indéniablement la plus importante au nord de la Tweed. Elle dépassait notamment celle des universités d'Édimbourg ou de Saint-Andrews que Marie souhaita enrichir comme l'atteste le testament qu'elle rédigea à l'été 1566 alors qu'elle s'apprêtait à donner naissance au futur Jacques VI. Ainsi, si Marie avait perdu la vie en couche, l'université de Saint Andrews aurait reçu l'ensemble de ses livres en latin et en grec, les ouvrages en langues vernaculaires étant destinés à Marie Beaton, signe supplémentaire de la transmission du savoir de femme en femme et de l'existence d'une érudition féminine à la cour de la reine d'Écosse. Si l'on sacrifie à la mauvaise habitude de comparer Marie et sa cousine Élisabeth d'Angleterre, on peut faire le constat avec John Durkan que l'effort de collection réalisée sur le court règne de six ans de la reine d'Écosse est bien supérieur à celui de sa rivale anglaise qui réunit 300 volumes sur les 45 ans de son règne[64].

Il est aussi important de voir comment la formation politique de Marie Stuart devenue reine régnante, continua d'être menée en Écosse. On peut, pour ce faire, partir du travail d'inventaire réalisé par J. Sharman, T. Thomson et J. Robertson[65]. On notera tout d'abord

---

62 Mary Queen of Scots, *Meditation in Verse*, P. Stewart-Mackenzie, éd., *Queen Mary's Book*, London, G. Bell and sons, 1907, p. 106-110.

63 *Papal Negs*, 132 cité dans J. Durkan, « The Library of Mary, Queen of Scots », *Mary Stewart : Queen in Three Kingdoms*, éd. M. Lynch, Oxford et New York, Basil Blackwell, 1988, p. 83.

64 J. Durkan, *op. cit.*, p. 74.

65 J. Sharman, *The Library of Mary, Queen of Scots*, London, Elliot Stock, 1889 ; T. Thomson, *A Collection of Inventories and the Records of the Royal Wardrobe*, Edinburgh, 1815 ; J. Robertson, *Inventaires de la royne Descosse, douairière de France*, Edinburgh, Bannatyne club, 1883.

la présence de plusieurs traités politiques didactiques véhiculant les préceptes moraux et une réflexion sur le prince et son activité qui vont beaucoup plus loin que les attentes exposées dans le *De ratione studii puerilis* et le *Satellitium* de Juan Luis Vivès qu'elle avait paraphrasées ou résumées dans ses lettres latines[66] : *Le gouvernement des Princes* (Paris, 1497), *L'horloge des Princes* d'Antoine de Guevare (1540), *Le livre de police humaine* de François Patrice traduit par Gilles d'Aurigny (Paris 1544), *Le Miroir Politique* de Guillaume de la Perrière (Lyons, 1555), *L'Institution d'un Prince Chrétien* traduit par Daniel d'Ange d'après Synesius (Paris, 1555) ; *L'histoire de Chelidonius Tigurinus sur l'Institution des Princes Chrétiens et origine des Royaumes* (Paris, 1557) ; la traduction par Jacques Amyot de la *Vie des hommes illustres* de Plutarque (1559) ; *Le Traité des devoirs* de Cicéron (*De Officiis*), mais également un ouvrage sur la vie d'Alexandre le Grand et d'autres nobles. Cette formation politique s'étendit jusqu'à une initiation à l'art de la guerre puisque la reine d'Écosse possédait aussi bien le très classique traité de la chose militaire, *De re militari* de Végèce rédigé au moment où l'empire romain périclitait et la plus récente *Pyrotechnie ou art du feu* par Vannuccio Biringuccio traduite par Jacques Vincent du Crest Arnauld (Paris, 1556) qui traitait notamment du feu dans l'art militaire dont elle possédait sans doute la version de 1559 en italien.

Dans une lettre à Élisabeth Tudor, l'émissaire de la reine d'Écosse rapporte sa lecture régulière de « bons livres et d'histoires de divers pays » attestant qu'au moins ces livres-là ne furent pas de simples ornements visant à asseoir son statut de souveraine humaniste[67]. L'intérêt de Marie ne semble en effet pas s'être limité à l'histoire de la Lorraine (Charles Estienne, *Discours de histoires de Lorraine et de Flandres*, Paris, 1552), la France et l'Écosse, ses trois patries de cœur au sujet desquels, comme on pouvait s'y attendre, elle possédait plusieurs titres. Il parcourt l'Europe jusqu'au nouveau monde. Ainsi on peut citer : la *Chronique de Savoye* de Guillaume Paradin (Lyons, 1560), *L'Histoire des guerres faites par les chrétiens contre les Turcs* (Paris, 1559), Estevan de Garibay, *Los Quarenta libros del compendio historial de las chronicas y universal historia de todos los reynos de España*, une chronique en allemand, une description de la province des Indes qui pourrait être soit l'*Historia General y Natural de*

---

66 S. Édouard, *op. cit.*, p. 3-4.
67 J. Melville, *Memoirs of his own Life*, Edinburgh, Bannatyne Club, 1827, p. 124-125.

Los Indias de Fernandez de Oviedo (Seville, 1535) soit la traduction par Richard Eden du *Treatyse of the New India* (London, 1553) de Sebastian Münster. L'ouverture de la reine au vaste monde qui l'entourait se matérialise enfin à travers plusieurs ouvrages d'astronomie et de cosmographie notamment : *Les institutions astronomiques* de Jean-Pierre de Mesmes (Paris, 1557), *Les principes d'astronomie et de cosmographie* de Claude de Bassiere (Paris, 1556), *De Sphaera Mundi* de John Holywood (c1195-c1256) fréquemment réédité au XVIᵉ siècle, l'*Astronomique discours* (Lyons, 1557) de l'Écossais Jacques Bassantin et *La Cosmographie* de Pierre Apian (Anvers, 1544, Paris, 1551).

La quatrième raison pour laquelle on peut, sans doute, relativiser l'hypothétique médiocrité intellectuelle de Marie Stuart est organique et repose sur l'étude de l'intertexte des lettres sur les femmes savantes composées par la jeune reine. Ce travail consiste à regarder d'un œil nouveau les lettres qu'elle composa en préparation à son oraison du Louvre, et que l'on présente encore trop souvent aujourd'hui comme une simple resucée de la lettre d'Angèle Politien à Cassandre Fidele[68]. Si calque il y a, ce n'est pas seulement à cette lettre, comme l'affirme Aysha Pollnitz, thèse reprise depuis Alphonse de Ruble et J. T. Stoddard[69]. Comme l'a établi Sylvène Édouard, Marie reprend en réalité un texte beaucoup plus conséquent, l'encyclopédie de l'humaniste Jean Tixier, dit Ravisius Textor, au chapitre des *mulieres doctae*[70]. Un lecteur vigilant ne manque pas de remarquer que la lettre de Politien ne fait référence qu'à quinze femmes alors que Marie liste successivement cinquante-quatre femmes. Ce simple constat méritait de creuser plus avant pour identifier la source de la production de Marie Stuart. Le parti pris de l'accès de la reine à des ouvrages plus ardus que la brève lettre de Politien a permis à Sylvène Édouard d'identifier la source la plus probable de la reine d'Écosse parmi les principaux compilateurs des femmes illustres du XVIᵉ siècle : Jean Tixier, Battista Fregoso, Rhodiginus et Barthelemy Chasseneux[71]. Sur la

---

68   W.P. Greswell, *Memoirs of Angelus Politianus, Joannus Picus of Mirandola*, 2ⁿᵈ edition, Manchester, R. and W. Dean, 1805, p. 76-79.

69   A. De Ruble, *La Première jeunesse de Marie Stuart*, Paris, E. Paul, L. Huard et Guillemin, 1891 ; J.T. Stoddard, *The girlhood of Mary Queen of Scots*, London, Hodder & Stoughton, 1908.

70   J. Tixier, *Officinae Joannis Ravisii textoris epistome*, Lyon, Sébastien Gryphe, 2 vols., 1551.

71   B. Fregoso, *Bap. Fulgosii Factorum dictorumque memorabilium libri IX*, Parisiis : apud P. Cavellat, 1578 ; C. Rhodiginus, *Antiquae Lectiones*, Venise, 1516 ; B. Chasseneux, *Catalogus Gloriae Mundi II*, 9ᵉ édition, Francfort, typis Willieranis, impensis Rulandiorum, 1612.

base du parallélisme des listes, des emprunts, des réminiscences et des reformulations entre le texte de l'élève et celui de l'auteur-source, Tixier s'est ainsi dégagé comme le point de départ le plus probable du travail de l'écolière Marie qui a retenu cinquante-quatre figures féminines parmi les soixante-quatre que compte sa liste.

Elle a également insisté sur la lecture en parallèle par Marie des *Colloques* d'Érasme et en particulier du dialogue entre Philodoxus et Symbulus auquel elle fait allusion dans une autre lettre sur le sujet de la vraie gloire[72]. On est ici bien loin de la représentation d'un travail superficiel ou hâté et l'image retrouvée de Marie Stuart poursuivant son travail de rédaction de manière autonome, avec sous les yeux une édition in-octavo de l'*Officina*, sans doute celle de Sébastien Gryphe en deux volumes de 1541, réhabilite la reine d'Écosse comme une des femmes savantes de son temps.

À la lumière de la place que Marie Stuart occupe dans la Querelle du savoir en tant qu'*exemplum*, élève-auteure et sujet historique, on peut donc conclure de la pertinence du paradigme de la Querelle dans l'analyse de ce personnage, certes célèbre, mais toujours opaque en grande partie en raison de l'effet déformant de cette polarité positive/négative des discours de l'égalité/inégalité entre les sexes. Il y a fort à croire que la poursuite de ce travail dans d'autres rubriques de la querelle, comme la querelle du mariage ou de l'écriture, pourra apporter des éléments de connaissance nouveaux sur la manière dont l'histoire de cette reine a été écrite, véhiculée et comprise, sans gage cependant de parvenir à recouvrer réellement l'identité de cette femme complexe de l'Écosse et la France de la première modernité.

Armel Dubois-Nayt
Université de Versailles-Saint-Quentin

---

72 S. Édouard, *op. cit.*, p. 9.

BIBLIOGRAPHIE

AGRIPPA, Henri Corneille, *De la grandeur et de l'excellence des femmes au-dessus des hommes*, Paris, Galliot du Prè, 1530.

ANGENOT, Marc, *Les champions des femmes*, Montréal, Presses universitaires du Québec, 1977, p. 144-148.

Anonyme, *Biographium Faeminum : The Female Worthies ; or memoirs of the most Illustrious Ladies of All Ages and Nations, who have been eminently distinguished by their Magnanimity, Learning, Geniius, Virtue, Piety and Other excellent Endowments, conspicuous in all the various stations and relations of life, public and private*, London, printed for S. Crowder, 1766, vol. II.

BALLARD, George, *Memoirs of Several Ladies of Great Britain who have been celebrated for their writings or skills in the learned languages, arts and sciences*, Oxford, W. Jackson, 1752.

BANN, Stephen ; PALLOUD, Stéphane, *L'invention du passé – Histoires de cœur et d'épée en Europe, 1802-1850*, Paris, Hazan, 2014, vol. II.

BARBIER, Ales, *Le salon de 1839*, Paris, Joubert, 1839.

BEAULIEU, Jean-Philippe, « Jacquette Guillaume et Marguerite Buffet : vers une historiographie du savoir féminin ? », *Les femmes et l'écriture de l'histoire*, éd. S. Steinberg et J.-C. Arnould, Rouen, Presses universitaires de Rouen et du Havre, 2008, p. 325-339.

BELL, Susan Groag, *The Lost Tapestries of the City of Ladies – Christine de Pizan's Renaissance Legacy*, Berkeley, Los Angeles and London, University of California Press, 2004.

BILLON, François de, *Le Fort inexpugnable de l'honneur du sexe féminin, construit par F. de Billon, secrétaire*, Paris, J. d'Allyer, 1555.

BRANTÔME (Pierre de BOURDEILLE, seigneur de), *Vie des dames illustres Françoises et étrangères, nouvelle édition avec une introduction et des notes par Louis Moland*, Paris, Garnier, 1868.

BUFFET, Marguerite de, *Éloges des Illustres Sçavantes anciennes et modernes*, Paris, Jean Cusson, 1668.

BURY, Richard de, *Histoire abrégée des philosophes et des femmes célèbres*, Paris, Chez Monory, 1773.

Calendar of State Papers Foreign : Elizabeth volumes 4 et 5, http://www.british-history.ac.uk/cal-state-papers/foreign, consulté le 25 avril 2017.

CÉARD, Jean, « Listes de femmes savantes au XVIᵉ siècle », *Femmes savantes, savoirs des femmes, du crépuscule de la Renaissance à l'aube des Lumières*, éd. C. Nativel, Genève, Droz, 1999.

CHASSENEUX, Barthélémy de, *Catalogus Gloriae Mundi II*, 9ᵉ édition, Francfort, typis Willieranis, impensis Rulandiorum, 1612.

CLARK, Anne ; NEWMAN, Barbara, *Elisabeth of Schönau : the Complete Works*, New York, Paulist Press, 2000.

Dictionnaire de l'Académie française, 4ᵉ édition, 1762, http://artflsrv02.uchicago.edu/cgi-bin/dicos/pubdico1look.pl?strippedhw=savoir, consulté le 25 avril 2017.

DUBOIS-NAYT, Armel, « Dialogues – Knox et Marie Stuart ou l'impossible Querelle des femmes », *Réforme et Révolutions. Hommage à Bernard Cottret*, éd. B. Van Ruymbeke, Paris, Les Éditions de Paris, 2012, p. 55-73.

DUBOIS-NAYT, Armel, « Les exercices spirituels stoïciens de Marie Stuart : Un néostoïcisme au féminin ? », *L'écriture et les femmes en Grande-Bretagne (1540-1640) – le mythe et la plume*, éd. P. Caillet, A. Dubois-Nayt, J.-C. Mailhol, Valenciennes, Presses universitaires de Valenciennes, 2007, p. 97-112.

DURKAN, John, « The Library of Mary, Queen of Scots », *Mary Stewart : Queen in Three Kingdoms*, éd. M. Lynch, Oxford et New York, Basil Blackwell, 1988, p. 71-104.

ÉDOUARD, Sylvène, « Un exercice scolaire et épistolaire : les lettres latines de Marie Stuart, 1554 », Paris, Cour de France.fr, 2013. Article inédit mis en ligne le 1ᵉʳ janvier 2013, http://cour-de-France.fr/Article2597.html, consulté le 25 avril 2017.

FRANC, Martin, *Le Champion des dames*, s.l.n.d. (Lyon, 1485).

FREGOSO, Battista, *Bap. Fulgosii Factorum dictorumque memorabilium libri* IX, Parisiis : apud P. Cavellat, 1578.

GALIEN Mᵐᵉ, *Apologie des Dames appuyées sur l'histoire*, Paris, Dido, 1748.

GRESWELL, William Parr, *Memoirs of Angelus Politianus, Joannus Picus of Mirandola*, 2ⁿᵈ edition, Manchester, R. and W. Dean, 1805.

GUILLAUME, Jacquette, *Les Dames Illustres ou par bonnes & fortes raisons, il se prouve que le Sexe Feminin surpasse en toute sorte de genres le sexe masculin*, Paris, Thomas Joly, 1665.

GUY, John, « *My Heart is my own* » : the Life of Mary Queen of Scots, London, Fourth estate, 2004.

KNOX, John, *First Blast of the Trumpet of the Monstrous Regiment of Women*, Geneva, J. Poullain et A. Rebul, 1558.

KNOX, John, *History of the Reformation in Scotland*, éd. W.C. Dickinson, London, Thomas Nelson and Sons Ltd, 1949, 2 vols.

LAFORGE, Jean de, *Le Cercle des femmes sçavantes*, Paris, Jean-Baptiste Loyson, 1663.

LALANNE, Ludovic, *l'Atheneum Français*, 13 août 1853, n° 33, p. 775-777.

LESLEY, John, [...] *Libri duo quorum uno, piae afflicti animi consolationes, divinaque remedia, altero, animi tranquilli munimento & conservatio, continentur ; ad serenissimam principem D. Mariam Scotorum reginam. His adjecimus ejusdem principis Epistolam ad Rossensem episcopum, et versus item Gallicos latino carmine translatos, pias etiam aliquot preces. Opus iis omnibus, qui hae calamitosa tempore pio fortique animo transigere copiunt, admodum utile : ab eodem auctore, dum pro dicta Principe apud Anglos legatione fungeretur, in carcere conscriptum, & ad eandem missum, nunc vero in communem aliorum usum in lucem editum...*, Parisiis, P. Lhuillier, 1574.

MARY QUEEN OF SCOTS, *Meditation in Verse*, éd. P. Stewart-Mackenzie Arbuthnot, *Queen Mary's Book*, London, G. Bell and sons, 1907, p. 106-110.

MELVILLE, Sir James, *Memoirs of his own Life*, Edinburgh, Bannatyne Club, 1827.

MONTAIGLON, Anatole de, *Latin Themes of Mary Stuart, Queen of Scots*, Londres, 1855.

PISAN, Christine de, *Le Trésor de la Cité des dames*, Paris, A. Vérard, 1497.

POLLNITZ, Aysha, *Princely Education in Early Modern Britain*, Cambridge, C.U.P., 2015.

RHODIGINUS, Coelius, *Antiquae Lectiones*, Venise, 1516.

RIBALLIER, Philibert ; COSSON, Catherine, De *l'éducation physique et morale des femmes*, Bruxelles et Paris, Les frères Estienne, 1779.

ROBERTSON, Joseph, *Inventaires de la royne Descosse, douairière de France*, Edinburgh, Bannatyne club, 1883.

RUBLE, Alphonse de, *La Première jeunesse de Marie Stuart*, Paris, E. Paul, L. Huard et Guillemin, 1891.

SHARMAN, Julian, *The Library of Mary, Queen of Scots*, London, Elliot Stock, 1889.

STODDARD, Jane, *The girlhood of Mary Queen of Scots*, London, Hodder & Stoughton, 1908.

TAILLEMONT, Claude de, *Discours des champs faëz à l'honneur & exaltation de l'amour et des dames*, Paris, G. du Pré, 1571.

THOMSON, Thomas, *A Collection of Inventories and the Records of the Royal Wardrobe*, Edinburgh, 1815.

TIMMERMANS, Linda, *L'accès des femmes à la culture (1598-1715)*, Paris, Champion, 1993.

TIXIER DE RAVISY, Jean (Ravisius Textor), *Officinae Joannis Ravisii textoris epistome*, Lyon, Sébastien Gryphe, 2 vols.

ZIMMERMAN, Margarete, « Querelle des femmes, querelles du livre », *Des femmes & des livres – France et Espagne, XVIe-XVIIe siècles*, éd. D. de Courcelles, C. Val Julian, Paris, École des Chartes, 1999, p. 79-94.

QUATRIÈME PARTIE

DANS LA LITTÉRATURE /
CONSIDERING LITERATURE /
UNTERWEGS DURCH DIE LITERATUR

MOTHERS, WIVES AND LOVERS, SOMETIMES SPIES

The educational needs of women
from the perspective of normative (*śāstra*) texts
in classical India

In contemporary India, in the context of analyses of the situation and status of women, there is a tendency to bring up, at least as an initial reference point, one or other text of the corpus of ancient Sanskrit literature generally called *śāstra*–"science, learning; textbook, compendium". Usually, regarding the miserable fate of women, one of the *dharmaśāstra*s "textbooks of religious law and morality" is mentioned, namely the famous *Mānavadharmaśāstra* or *Manusmṛti* (2nd-3rd CE), a Brahmanical treatise on the right way to live[1]. In this work, the place of the woman is defined in terms of her role and duties to Aryan patriarchal society, and the notion of her education going beyond any marital (also ritual) tasks and domestic chores, unsurprisingly, is out of the question. But the text–as in all *dharmaśāstra*s–offers a perspective of the Vedic clergy (Brāhmaṇas) only, and therefore does not tell us much about other ways of living in India at the time.

Two further rather famous specimens of normative *śāstra*s, dealing with two other traditional spheres of Aryan life, conceptualized as *artha* "power and wealth" and *kāma* "passion and eroticism", throw a slightly different light on the subject. The first text, *Arthaśāstra* (ca. 50-300 CE), focuses on the tasks and duties of kings, occasionally allowing us glimpses of the doings of other members of society, including women, acting also, above all, as spies. The second, *Kāmaśāstra* or *Kāmasūtra*

---

1   See, for example: http://www.thehindu.com/news/cities/Delhi/abvp-burns-manusmriti-copies-in-jnu/article8330154.ece, or https://www.beingindian.com/lifestyle/manusmriti-verses. *Cf.* also P. Olivelle, *Manu's Code of Law: A Critical Edition and Translation of the* Mānava-dharmaśāstra, New Delhi, Oxford University Press, 2006, p. 4.

(ca. 3rd CE), deals with the life of the man-about-town and his main occupations—erotic adventures and power games, thus providing a mine of information about women as lovers, wives, courtesans, and so on, not forgetting their specific educational requirements in this field.

Thus, the three representatives of Sanskrit *śāstra* literature combined together discuss in some detail, although in an idealized fashion, the three Indian aims of human life (*dharma, artha* and *kāma*). They do this from the perspective of men, on the one hand, and of the privileged strata of society, on the other, but nevertheless these texts made history and influence Indian self-awareness even today. They are not our only source of knowledge about ancient India and the situation of women then—we have both an earlier, quite different picture from the late Vedic times, and parallel rich depositories of stories of epic origins—but because of the normativity of *śāstra* textbooks, especially on *dharma*, and in view of their cultural rank, they continue to be referred to.

INTRODUCTORY REMARKS
AND QUALIFICATIONS

There is the basic question of whether and how such ancient, and arguably narrow, textual sources are relevant today. Firstly, we can repeat other scholars in stating that we have to rely on texts "almost exclusively for our information about Indian social history"[2] as it is our largest, and sometimes only, medium. Secondly, these sources do have relevance today, and not only for scholarly purposes. Some of them are considered essential for contemporary pan-Indian self-identity[3]; furthermore, they also happen to be utilized, for example, for various political agendas, to be recalled again and again in many contexts[4]. The *Manusmṛti* usually

---

2   R.W. Lariviere, *Protestants, Orientalists and Brāhmaṇas: Reconstructing Indian Social History*, Amsterdam, Royal Academy of Arts and Sciences, 1995, p. 8.

3   See for example: http://hinduonline.co/Scriptures/Shastras.html. *Cf.* also W. Halbfass, *India and Europe. An Essay in Philosophical Understanding*, Delhi, Motilal Banarsidass Publishers Pvt. Ltd., 1990, p. 76, 126, 204, 338.

4   For example: http://www.huffingtonpost.in/gaurav-pandhi/why-the-bjp-will-remain-i_b_8731150.html.

plays such an (in)famous role in contemporary debates, to the degree that it even happens to be actually burnt as "biased against women" and underprivileged communities[5], such as the *śūdras*.

We are going to look broadly at the main features of female education in ancient India through that narrow, spaciously and temporarily defined perspective (as above), keeping in mind that in Sanskrit normative literature the topic–not only of women's learning–tended to be neglected or at least specifically qualified, as its main focus was often the religious indoctrination of male representatives of the upper classes. We limit our observations to Indo-Aryan (initially North-Indian) traditions surrounding Vedic hymns and rituals. The orally transmitted Vedas–collections of hymns in the Vedic (old Sanskrit) language–were being composed from ca. 1200 BCE to 500 BCE, and, according to scholars, the language of the Vedas and Vedic ritual had, over that long period of their composition, already become archaic. The everyday spoken language(s) of Aryan society differed[6]. Thus, "[-a]n enormous body of sacred literature was produced," while access to it for linguistic and religious reasons became more and more limited, at some point becoming "the preserve of the Brahmins"[7] (the priestly class). Memorizing and faithful oral transmission of the Vedic corpus over generations required elaborate, sophisticated methods, which again made this tradition a male specialized Brahmanic activity. "Correct transmission required highly structured, quasi-official organizations, with the economic leisure to devote the lives of countless people to the task of being mnemonic automata, impersonal channels of transmission, century after century. Such organizations are unlikely to have been in the hands of women, or to include women much, if at all"[8].

Conscious efforts to keep the Vedas faithfully unchanged subsequently gave rise to subsidiary and supplementary technical literature that we might call scientific–works on grammar, etymology, metrics, ritual,

---

5   P. Olivelle, *Manu's ...*, *op. cit.*, p. 4.
6   A.L. Basham, *The Wonder That Was India: A Survey of the Culture of the Indian Subcontinent Before the Coming of the Muslims*, New York, Random House, 1959, p. 391. *Cf.* also A. Aklujkar, "The Early History of Sanskrit as Supreme Language", *Ideology and Status of Sanskrit. Contributions to the History of the Sanskrit Language*, ed. J.E.M. Houben, Delhi, Motilal Banarsidass Publishers Pvt. Ltd., 2012, p. 59-85.
7   A.L. Basham, *op. cit.*, p. 298-299.
8   S.W. Jamison, *Sacrificed Wife / Sacrificer's Wife: Women, Ritual, and Hospitality in Ancient India*, New York / Oxford, Oxford University Press, 1996, p. 7.

astrology and so on—which then (ca. 500 BCE) evolved into *śāstra*s. This is also, conventionally, the beginning of the classical period in the history of Sanskrit literature (from ca. 500 BCE to 1000 CE). The term *śāstra* (from the root *śās*—"to rule; to direct, command; to teach"): "may refer to a system or tradition of expert knowledge in a particular field, that is, to a science" [and metonymically] "to the textualized form of that science"[9], whether it be religious law, grammar, poetics or theatre. "[*Ś*]*āstra*s exercised control over practice, not directly but through the mediation of experts (*śiṣṭa*), who were instructed in the *śāstra*s in their youth and who, as adults, continued to read, reflect, and debate the *śāstra*s among themselves"[10]. Those experts were male and, again, usually priests (Brahmins). *Śāstra*s tended to be prescriptive more than descriptive, especially in normative contexts; however, from various injunctions, instructions—or even more—prohibitions we get glimpses of real life and authentic human situations.

Śāstra literature might be thus considered an elite and higher stage of more formal education, although India for ages was rather pre-literate; therefore, any learning—not only religious—was provided, first of all and for long time, orally only or by acting out and imitating. Hence, if by education we mean, broadly, any training of the young by adults in the knowledge and skills "deemed necessary in their society"[11] as well as providing them with values, beliefs and habits, from the Indian *śāstra* literature we get only a very narrow and biased picture of education of the time.

THE PRE-ŚĀSTRIC EDUCATION OF WOMEN

In the Vedic period, education as a whole "was not totally limited to religious training"; some later Vedic texts "give lists of theoretical and practical sciences and skills"[12]. However, already the oldest collection

---

9   P. Olivelle, *op. cit.*, p. 41.
10   *Ibid.*, p. 65.
11   *Cf.* for example https://en.wikipedia.org/wiki/Education; or https://www.britannica.com/topic/education.
12   H. Scharfe, *Education in Ancient India*, Handbook of Oriental Studies, Section Two: India, vol. Sixteen, Leiden/Boston/Köln, Brill, 2002. p. 58.

of Vedic hymns, the Ṛgveda, contains specific verses stating that "the mind of woman is ineducable [*aśāsyám*], and her understanding is weak [*krátuṃ raghúm*]" (RV VIII.33.17)[13]. It seems that women were, or had been, "barred, at least theoretically, from studying the Veda, though their presence at and participation in Vedic solemn ritual attests to the fact that they were not prevented from hearing it or indeed from speaking Vedic mantras"[14]. One of the reasons for this would definitely be the above-mentioned highly organized and structured transmission of Vedic knowledge and ritual.

That did not, however, exhaust learning possibilities, particularly with the broadening of the gnostic horizon in the late Vedic/Upaniṣadic period (from ca. 600-500 BCE). The Upaniṣads, which were philosophical, soteriologically oriented, often dialogic in text structure, brought a new meaning to the ritual actions of the Vedas[15], moving away from the practice of sacrifice and redefining the status and role of Brahmins[16]–now more teachers than ritual functionaries. These philosophical musings also bring us some very interesting female figures, who were active participants in knowledgeable conversations and partners (besides the usual kings) of discussions for Brahmins[17]. One of the main subjects of Upaniṣadic teachings was immortality and the ways to secure it, granted by having male children[18]. This again implied that married men having sons had privileged access to immortality[19]. This did not exclude women from any possibility of immortal life, but did indeed idealize the Brahmin householder[20]. Females were "defined primarily as procreative bodies and supportive wives, helping their husbands maintain the household fires and helping to prepare mixtures in procreation rites"[21].

Thus, on the one hand, there existed a social life of individual and communal ritual practices, requiring the presence and participation

---

13 S.W. Jamison, *op. cit.*, p. 12.
14 *Ibid.*, p. 14. *Cf.* also T.S. Rukmani, "Foreword", *Jewels of Authority: Women and Textual Tradition in Hindu India*, ed. L.L. Patton, New York, Oxford University Press, 2002, pp. IX-X.
15 B. Black, *The Character of the Self in Ancient India: Priest, Kings, and Women in the Early Upaniṣads*, Albany, State University of New York Press, p. 5, 174.
16 *Ibid.*, p. 16, 34.
17 *Cf. ibid.*, p. 171.
18 *Loc. cit.*
19 *Ibid.*, p. 12.
20 *Ibid.*, p. 145.
21 *Ibid.*, p. 171.

of women; on the other hand, the growing intellectual fascination with immortal life and strong soteriological interests interrelated with metaphysical inquiries. The latter conceptualized esoteric knowledge as elusive and dangerous[22], privileged and exclusive, and some of the intellectual currents kept looking for the disengagement of immortality from procreation. This could have also resulted in misogyny and distrust of women who, in terms of reproduction, were biologically necessary, and yet, therefore, posited a possible source of danger that should be kept contained.

ŚĀSTRA TREATISES

The position of Sanskrit as the sacred language of ritual and knowledge helped preserve it for ages "as a unifying bond and as a means of communication"[23], but it also resulted in the intellectual and educational alienation of women and lower classes of society[24]. They certainly kept acquiring practical training and learning skills (by observation and imitation)[25], were schooled in the values and beliefs of their society; but more formal, "higher" education was closed to them as they were not taught Sanskrit. Teachers were usually (or at least ideally) Brahmins[26], which, in view of one fundamental Indian feature of education, the individual teacher-student relationship, made it even more improbable for females and śūdras to be allowed into such a setting. Indo-Aryan society was traditionally structured into four social estates (varṇa), with Brahmins (brāhmaṇas) at the head, kṣatriyas (rulers, military class) and vaiśyas (trademen, farmers) in the middle and śūdras (physical workers, menial servants) at the bottom. The males of the three higher classes (deemed twice-born, dvija) were entitled to religious education and initiation; śūdras were not–they were to serve those above them. Most

22 Cf. ibid., p. 174.
23 H. Scharfe, op. cit., p. 3.
24 Loc. cit.
25 Cf. ibid., p. 65.
26 Ibid., p. 194-196. Although, if non-Brahmins (or even women) had anything of value to teach, they could be listened to (cf. MDhŚ 2.238-241).

probably only the Brahmanical class would undergo the whole process of religious learning over many years; *kṣatriyas* and *vaiśyas* studied (memorized) only necessities. It most certainly looked different in respect of other skills and learning; the sources point to seriously taken training in military arts, definitely taught not (only) by Brahmins[27]. In general, there is little information about small children in the oldest literature; however, when we come to any subject of "schooling", the assumed pupil or student is a boy; texts and later secondary literature often did not even pause to mention that girls were not included[28].

In the classical formulation, subscribed to also by *Manusmṛti*, *Arthaśāstra* and *Kāmasūtra*, humans could seek three goals in their lives–*puruṣārtha* ("human goal")–called collectively *trivarga* (lit. "a group of three"), with some preference for one or other in general or at a given moment in life, or with some balance among them. These goals were: *dharma* ("ritual duty, law, morality"), *artha* ("wealth, success, power") and *kāma* ("desire, erotic love, enjoyment of life"). At some point, and by some authorities, a fourth goal was added–*mokṣa* (final "liberation")–although not recognized by everyone. The need to add this category, which was usually paired to a degree with *dharma* and its conception of right, moral ideals as the road to final emancipation from the world, points us strongly towards the procedures for forming the ideal character, based on a proper value system, and maintaining the correct customs and conventions: towards education into *dharma*.

---

27 *Cf.* H. Scharfe, *op. cit.*, p. 196.

28 *Cf. ibid.*, p. 71-77; and, for example, the description of education in J. Auboyer, *Daily Life in Ancient India: From Approximately 200 BC to 700 AD*, trans. S. W. Taylor, New York, Macmillan, 1965; or in the Encyclopaedia Britannica entry on education in ancient India: https://www.britannica.com/topic/education/Education-in-classical-cultures#ref47450, acc. 26.06.2017.

MĀNAVADHARMAŚĀSTRA,
I.E. MANUSMṚTI (CA. 150 CE; MDHŚ)

We can repeat that there is no text "more important for the reconstruction of Indian social history" than MDhŚ. It is the most significant
of the metrical textbooks of *dharma* "from the standpoint of its wide
acceptance geographically and chronologically"[29]. As a *dharma-śāstra*,
it examines *dharma* in its most general meaning of "proper behaviour,
morality", analysing various aspects of private and social life in their
moral and legal dimensions. MDhŚ very early (between 3rd CE a 5th CE)
established its pre-eminent position among other treatises on *dharma*,
and its "fame did not diminish through the next fifteen centuries, and
had spread outside of India long before the arrival of the British"[30].
Therefore, because of its status, it was also translated into English very
early (by William Jones, in 1794). Quotations from MDhŚ are scattered
around in almost every book or article touching upon Indian culture.

The text has a very strong agenda, construing and defending the
model of Brahmanical privilege, secured by strong cooperation between
ruling *kṣatriya*s and their paramount advisors and sacrificial representatives, Brahmins[31]. While enumerating and describing all elements
of the edifice of law, and providing solutions to any legal problems,
it offers *brāhmaṇa*'s life and *dharma* as the archetype, suggesting that
other *varṇa*s should just, with some specific modifications, follow the
rules[32]. These centred around Vedic and post-Vedic rituals, reporting
also on later traditions and customs that, after prudent analysis and
selection, together were considered dharmic. The paradigmatic couple
was a householder and his wife, guided and physically represented in
their sacrificial practice by a ritual functionary[33]. To become a householder, a male representative of one of the three upper classes had to
receive religious education and undergo the initiation. For women, the

---

29 R.W. Lariviere, *op. cit.*, p. 4.
30 *Cf.* P. Olivelle, *op. cit.*, p. 4.
31 *Cf. ibid.*, p. 39.
32 *Ibid.*, p. 12, 41.
33 *Cf.* M. McGee, "Ritual Rights: The Gender Implications of Adhikāra", in: L.L. Patton,
    op. cit., p. 43.

equivalent of the initiation was the marriage ceremony, as for females "the marriage ceremony equals the rite of Vedic consecration; serving the husband equals living with the teacher; and care of the house equals the tending of the sacred fires" (MDhŚ 2.67)[34]. The ritual and legal capacity of women was "attributed to their relationship to a male relative, particularly a father or husband"[35]. Chapter 2 of MDhŚ, in the section on "consecratory rites", states that such rites for females should be performed "without reciting any Vedic formula" (MDhŚ 2.66), and this *a-mantra* status became an identifying mark of females.

Chapter 5, in its final portion, comes with the "law with respect to women", which underlines their subordinate and dependent position: "Even in their homes, a female–whether she is a child, a young woman, or an old lady–should never carry out any task independently" (MDhŚ 5.147). The notorious, most quoted verse on this subordination comes immediately afterwards: "As a child, she must remain under her father's control; as a young woman, under her husband's; and when her husband is dead, under her sons'. She must never seek to live independently" (MDhŚ 5.148). There is no possibility of her separation from her male guardians, because that would disgrace family (MDhŚ 5.149). "She should be always cheerful, clever at housework, careful in keeping the utensils clean, and frugal in her expenditures" (MDhŚ 5.150), and she "will be exalted in heaven by the mere fact that she has obediently served her husband" (MDhŚ 5.155).

In Chapter 9, the text discusses "Law Concerning Husband and Wife" with additional argumentation for dependence of and control over women, because, as was already hinted at in Vedic literature and later became a cultural axiom, females are attached "to sensual pleasures" (MDhŚ 9.2), cannot control themselves[36], while their minds are "unsteady" (MDhŚ 8.77). Thus, the text repeats in this context the (in)famous rule: "Her father guards her in her childhood, her husband guards her in her youth, and her sons guard her in her old age; a woman is not qualified to act independently" (MDhŚ 9.3). There is not much

---

34   All the quotations from MDhŚ follow the translation of P. Olivelle, *Manu's Code....*
     Cf. also H. Scharfe, *op. cit.*, p. 208; M. McGee, *op. cit.*, p. 37.
35   M. McGee, *op. cit.*, p. 41.
36   It is also "the very nature of women here to corrupt men" (MDhŚ 2. 213). Yet, MDhŚ
     5.165-166 eulogizes "a woman who controls her mind, speech and body", promising her
     after death the attainment of "the worlds of her husband".

about any education for women in MDhŚ, but their very exclusion from formal religious learning emphasizes the (postulated) situation of the time. However, we should also take into account the rhetorical value of such literature and their hyperbolical exaggerations for argument's sake[37]. Nor should we be surprised with many a contradiction in MDhŚ for the very same reasons (women were abhorred and kept under control, but highly respected as mothers). Yet, it seems that in India human life, indeed, was regulated "by an amalgamation of customary law and the Brahmins' visions of righteousness and sin"[38].

ARTHAŚĀSTRA (50-300 CE; AŚ)

Rediscovered by modern scholarship quite recently[39], and often compared with Machiavelli's *Il Principe*[40], this very important text is a treatise on statecraft and on the training of a ruler; thus it is focused on *artha* in its meaning of "wealth, business, power". The text, as we know it, was subjected to various redactions and revisions[41]. One of its earlier recensions (ca. 50-125 CE) "must have gained some popularity and authority at least by the time of Manu (mid-second century C.E.)", as it was reused in the *Manusmṛti* in sections devoted to king and royal duties. Later, ca. 175-300 C.E., "a scholar well versed in both the Dharmaśāstric and the Arthaśāstric traditions" transformed the Kauṭilya's text "into a true scientific treatise (*śāstra*) compatible with the major principles of Dharmaśāstra"[42].

AŚ, just like MDhŚ, "was a big hit", but, in contrast with MDhŚ, then "nearly disappeared from the manuscript"[43] and scholarly commentarial tradition, maybe because of the dominance of MDhŚ that had borrowed

---

37   *Cf.* P. Olivelle, *Manu's…*, p. 34.

38   H. Scharfe, *op. cit.*, p. 6.

39   P. Olivelle, *King, Governance, and Law in Ancient India: Kauṭilya's Arthaśāstra*, Oxford, Oxford University Press, 2013, p. 1-2.

40   *Ibid.*, p. 38; also, for example https://en.wikipedia.org/wiki/Arthashastra.

41   P. Olivelle, *King…*, p. 8.

42   *Ibid.*, p. 14, p. 30.

43   *Ibid.*, p. 51-52.

the material from and then overshadowed AŚ. Scholars judge that the author(s) of AŚ were Brahmins, but not so politically motivated as in the case of MDhŚ, or, at least, with a different target audience[44]. The text does not describe any real state, but offers an ideal ahistorical model of statecraft[45], presenting its growth as if from scratch and developing it in all relevant aspects in terms of internal and external politics; a state, we should add, governed by an absolute monarch[46].

Although not a historical report, AŚ contains quite a lot of fascinating information. This includes women's activities and occupations even when no formal learning is available. AŚ mentions women as begetters of sons, discusses their right to property, standards of sexual morality as it affected them, their role in the labour force and their legal status in contracts and suits. All these usually hint at female dependency and subservience. The ancient Brahmanic preoccupation with bearing sons is succinctly stated in 3.2.42: "the purpose of women is sons"[47] (*putrārthās*); therefore, missing opportunities for reproduction, meaning that "frustrating menses", is "the destruction of Law" (i.e. *dharma*) (AŚ 3.4.36).

AŚ does not delve into women's occupations in agriculture, but it is likely that they also worked in the fields and pastures hand in hand with men. Spinning was reserved for women. The list of females employed by "the Superintendent of Yarn" includes: "widows, crippled women, spinsters, female renouncers, women paying off a fine through manual labor, as well as prostitutes and madams, old female slaves of the king and female slaves of gods whose divine services has ended" (AŚ 2.23.2).

Women and children were employed in searching for ingredients required to make alcoholic liquor (AŚ 2.25.38). One whole subchapter (AŚ 2.27) is also dedicated to the duties of the "Superintendent of Courtesans", as sexual entertainment was controlled and organized by the state[48]. He was responsible, among others, for providing remuneration for instructors of "courtesans, female slaves, and actresses" in such skills as: "singing; playing musical instruments; reciting; dancing; acting; writing; painting; playing the lute, flute, and drum; reading another's

---

44   M. McClish, "The Dependence of Manu's Seventh Chapter on Kauṭilya's *Arthaśāstra*", *Journal of the American Oriental Society*, vol. 134, no. 2, 2014, p. 25.
45   *Loc. cit.*
46   P. Olivelle, *King...*, p. 38.
47   All translations of AŚ here, unless marked otherwise, follow P. Olivelle, *King...*.
48   *Cf.* A.L. Basham, *op. cit.*, p. 184.

mind; preparing perfumes an garlands; conversation; shampooing; and the arts [*kalās*] of a courtesan" (AŚ 2.27.28). This repertoire seems to be a shorter version of the list that we shall encounter in the *Kāmasūtra* (see below).

Female slaves also worked as "bath attendants, masseurs, preparers of beds, launderers, and garland-makers" (AŚ 1.21.13). AŚ advises the employment of wives of stage actors or dancers "against evil-doers to inform on them, to kill them, and to get them to be careless" (1.27.30). As "a mobile agent" or "roving spy"[49], a female wanderer, namely "one who is looking for a livelihood, who is poor, a widow, bold, and a Brāhmaṇa woman, and who is treated respectfully in the royal residence", or a "shaven-headed ascetic" who is a "śūdra woman" (AŚ 1.12.4-5) could also be used. As we could learn too, in the summarized version of this in MDhŚ[50], women were, as a rule, suspected of a range of undercover activities and espionage, not to mention their participation in provocative games, preferred in AŚ as a means of active politics.

The treatise also mentions armed female bodyguards of kings, those enigmatic and surprising figures we read about in Sanskrit belletristic literature[51]. We might assume then that the actual occupational activities of the lower strata of Indo-Aryan society, including women, as well as of all outsiders, were not so restricted. Yet, they did not become the object of interest for *śāstra* theoreticians; therefore, they slipped out of the scope of *śāstra*s. One should also note that, according to these scanty bits of information, the emphasis was placed not so much on the education of royal subjects, as on the suitability and full use of their inborn skills and natural tendencies.

---

49 R.P. Kangle, *The Kauṭilīya Arthaśāstra*, Parts I-III, Delhi, Motilal Banarsidass, 1992, p. 24.
50 *Cf.* MDhŚ in Chapter 7 ("The Law for the King") verse 150, advising against the presence of some people during the king's conference with his advisors, because "wretched people, [...] women in particular, betray secret plans".
51 *Cf.* H. Scharfe, *op. cit.*, p. 275. See also the recently published book: W.D. Penrose Jr., *Postcolonial Amazons: Female Masculinity and Courage in Ancient Greek and Sanskrit Literature*, Oxford, Oxford University Press, 2016.

KĀMAŚĀSTRA, I.E. KĀMASŪTRA
(CA. 300-400 CE; KS)

The youngest of our three texts deals with the art of love-making and enjoying carnal pleasures, and instructs its readers in the field of using sexual desires for other purposes (especially related to power) as well. It was modelled in structure and some terminology on the *Arthaśāstra*[52]. For some time, it was very influential, leaving its strong mark, for example, on Indian belles-lettres. But then it disappeared somehow, and was not transmitted in manuscripts any longer, and had become forgotten only to be rediscovered by the British hunters of erotic literary curios, R. F. Burton and F. F. Arbuthnot (1883)[53].

The text approaches its subject matter in a scholarly fashion, and in the *sūtra*–succinct, headline style–at the outset defining all three goals of human life and suggesting their healthy, balanced distribution over a man's lifespan. While discussing who should learn the art of *kāma* and related sciences, and when this should be accomplished, it postulates that a man can study *kāmaśāstra*, unless it interferes with his pursuit of the two other human goals[54]. A woman may also study *kāma* "before she reaches the prime of her youth, and she should continue when she has been given away, if her husband wishes it" (KS 1.3.2)[55].

Yet because, according to some, "females cannot grasp texts [*yoṣitāṃ śāstra-grahaṇasyābhāvād*], it is useless [*anarthakam*] to teach women this text" (KS 1.3.3). (Although, we might repeat, one of the main reasons for female incapacity might be their lack of knowledge of the śāstric language, Sanskrit). However, KS 1.3.4 observes that "women understand

52 P. Olivelle, *King…*, *op. cit.*, p. 29; *cf.* also W. Doniger, *The Mare's Trap. Nature and Culture in the* Kamasutra, New Delhi, Speaking Tiger, 2015, p. 35-70.

53 The fascinating story of this hunt, and of subsequent translation of the text into English, as well as many other aspects of the text are told in the book by J. McConnachie, *The Book of Love: In Search of the Kamasutra*, London, Atlantic Books, 2007.

54 "A man should study the *Kamasutra* and its subsidiary sciences as long as this does not interfere with the time devoted to religion (*dharma*) and power (*artha*) and their subsidiary sciences" (KS 1.3.1).

55 All quotations of KS come from: Vatsyayana, *Kamasutra: A New, Complete English Translation of the Sanskrit Text*, trans. and ed. W. Doniger and S. Kakar, Oxford World's Classics, Oxford University Press, 2003.

the practice (*prayoga-grahaṇaṃ tv āsām*), and the practice is based on the text", and "[t]his applies beyond this specific subject of the *Kamasutra*, for throughout the world, in all subjects, there are only a few people who know the text, but the practice is within the range of everyone" (KS 1.3.5). Thus, although the textual formalization is considered above female abilities, KS allows for female practical skills, including erotic sophistication. Not all men are interested in or capable of mastering theoretical aspects of human activities, but that does not mean that they cannot pursue those activities, and with success.

However, KS (1.3.11) notes that "there are also women whose understanding has been sharpened by the text (*śāstra*): courtesans de luxe and the daughters of kings and ministers of state". Although we talk here specifically about the art of love-making, yet this is a strong suggestion of two things: firstly, there are some privileged groups of women who are able to understand (read?) a *śāstra*, and secondly, a belief that some acquaintance with a more formal, theoretical aspect of a branch of learning, skill or art helps and improves the execution of it, in the case of women as well. Therefore, KS next advises from whom and how a woman should learn the erotic techniques (namely, practice) and at least some portions of the erotic scientific treatise (namely, theory) (1.3.12-14).

This is where we come to the list of sixty-four crafts or fine arts (*kalā*s, *cf.* AŚ above; sometimes also called "sciences", *vidyā*s) required ideally to be mastered by any sophisticated, educated person, especially female[56]. Such lists of arts became, at some point, very popular in Indian literature[57], and the numbers of them varied, but this very enumeration given by KS became almost a standard (though they sometimes are mixed with sixty-four erotic techniques[58], mentioned earlier). The number sixty-four itself was considered in India auspicious and resurfaces in different contexts in various lists of important beings or elements, whereas the enumerated crafts and arts were subject of investigations by various scholars[59]. Attributed

---

56 *Cf.* A.L. Basham, *op. cit.*, p. 183-184.
57 *Cf.* H. Scharfe, *op. cit.*, p. 58-59.
58 See Vatsyayana, *op. cit.*, p. 186-187.
59 A. Venkatasubbiah, E. Müller, "The Kalas", *The Journal of the Royal Asiatic Society of Great Britain and Ireland*, Apr., 1914, p. 355-367; which is a very short report from the dissertation by A. Venkatasubbiah, *The Kalās*, Madras, The Vasanta Press, 1911. See also D. Ali, *Courtly Culture and Political Life in Early Medieval India*, Cambridge, Cambridge University Press, 2004, p. 75-77.

first of all to women, sometimes they were referred to as "sixty-four accomplishments of women"[60]. Many of them are nowadays difficult to identify, because they do not appear in any other sources known to us; therefore, they have been variously interpreted:

> The sixty-four fine arts that should be studied along with the *Kāma-sūtra* are: singing; playing musical instruments; dancing; painting; cutting leaves into shapes; making lines on the floor with rice powder and flowers; arranging flowers; colouring the teeth, clothes, and limbs; making jewelled floors; preparing beds; making music on the rims of glasses of water; playing water sports; unusual techniques; making garlands and stringing necklaces; making diadems and headbands; making costumes; making various earrings; mixing perfumes; putting on jewellery; doing conjuring tricks; practicing sorcery; sleight of hand; preparing various forms of vegetables, soups, and other things to eat; preparing wines, fruit juices, and other things to drink; needlework; weaving; playing the lute and the drum; telling jokes and riddles; completing words; reciting difficult words; reading aloud; staging plays and dialogues; completing verses; making things out of cloth, wood, and cane; woodworking; carpentry; architecture; the ability to test gold and silver; metallurgy; knowledge of the colour and form of jewels; skill at nurturing trees; knowledge of ram-fights, cock-fights, and quail-fights; teaching parrots and mynah birds to talk; skill at rubbing, massaging, and hairdressing; the ability to speak in sign language; understanding languages made to seem foreign; knowledge of local dialects; skill at making flower carts; knowledge of omens; alphabets for use in making magical diagrams; alphabets for memorizing; group recitation; improvising poetry; dictionaries and thesauruses; knowledge of metre; literary work; the art of impersonation; the art of using clothes for disguise; special forms of gambling; the game of dice; children's games; etiquette; the science of strategy; and the cultivation of athletic skills (KS 1.3.15).

As we can see, the range of *kalā*s is bewildering: the list includes not only such expected skills as singing, playing musical instruments, dancing, acting, or mastering fine arts, and various parlour games, involving physical agility or conversational dexterity, but also acquaintance with rather serious branches of craft or knowledge ("carpentry", "metallurgy"), even some sports, and other enigmatic or bizarre activities[61]. Probably, no one was really expected to have mastered all of the *kalā*s, but it again suggested a kind of comprehensive formation with a broad range of skills, which would ensure a person to be a source of unending

---

60   A. Venkatasubbiah, E. Müller, *op. cit.*, p. 357.
61   *Cf.* A.L. Basham, *op. cit.*, p. 183-184.

entertainment. Immediately after the list, KS (1.3.17) specifies that "[a] courtesan (*veśyā*) who distinguishes herself in these arts and who has a good nature, beauty, and good qualities, wins the title of Courtesan de Luxe (*gaṇikā*) and a place in the public assembly". A prostitute qualified in such a fashion is honoured by kings and other esteemed people (KS 1.3.18), while a "daughter of a king or of a minister of state, if she knows the techniques [of love][62], can keep her husband in her power even if he has a thousand women in his harem" (KS 1.3.19). Moreover, and this is an interestingly pragmatic approach, although showing that such circumstances might occur, KS (1.3.20) admits that, should such an accomplished woman be "separated from her husband and in dire straits (*vyasanaṃ dāruṇaṃ*), even in a foreign land, by means of these sciences (*vidyābhis*) she can live quite happily". The broad horizon of possibilities, especially in the sphere of *kāma*, opened also before a man who mastered these arts. They surely help him "find the way to women's hearts" (KS 1.3.21). The interesting aspect of the list in our context is the implied juxtaposition of religion-related sciences and other arts and skills[63].

CONCLUSIONS

These three representative texts together cover the three main Indian aspects of human life. They also define the role of women from that perspective: of their duties (*dharma*), uses (*artha*) and recreational erotic values (*kāma*). The horizon of women's life opportunities, similar to that of other underprivileged groups, seems rather narrow. Women are considered as indispensable, but only complementary elements of the men's world; obviously, they do not become the subjective focus of the narrations, nor their main players. They are present only indirectly, if at all, through the medium of the sensations, feelings, needs and fears of the male authors. Even a short, charmingly scholarly discussion in KS

---

62   Here we switch from (sixty-four) fine arts to techniques of love-making, but the following statements bring us back to the subject of sciences and their utility.

63   *Cf.* H. Scharfe, *op. cit.*, p. 263-264.

as to whether women have orgasms[64] does not involve any "interview technique" of simply going up to women and asking them. In the same manner, the educational needs of women are identified from the outside (although, in the case of KS, quite sympathetically). As future lovers and mothers, girls do not need to get the same education as boys, nor any formal education at all, unless they are either representatives of the leisurely layers of society (being daughters of high-rank figures)[65] or their attractive value depends not only on their erotic skills (high quality courtesans). Furthermore, for these reasons, more independence comes with relinquishing social life and duties, which the Indian world admits: female Buddhist nuns or "Hindu" renouncers could then again play an additional useful role for (male) rulers, like courtesans, for example, in espionage.

Thus, in the background of Indian normative texts surfaces the fundamental opposition between religious education and practical learning, projected onto the sacrificial obligations, with the primary duty of procreation (of sons). Certainly, women could learn various things, unless they toiled away at domestic chores, working the land and giving birth, but their presence could only be peripheral in Brahmanical texts by male authors.

Finally, whereas it is claimed that there was no art for art's sake at that time in India[66], it is not an accident that such a long list of crafts and fine arts is given in a text dedicated to carnal pleasures (*kāma*), even if the aim of mastering those arts was, first of all, providing pleasure to others. In general, the Indian idea of human goals in life implies pursuing them to one's satisfaction, whether in a moral, economic or erotic sense, although paradigmatically these were male human goals–*puruṣārtha*, where *puruṣa* is "a man, male person"–and not for women to achieve.

Monika NOWAKOWSKA
University of Warsaw

---

64   KS 2.1.5-30.
65   *Cf.* A.L. Basham, *op. cit.*, p. 171; H. Scharfe, *op. cit.*, p. 209-210.
66   *Cf.* H. Scharfe, p. 65.

BIBLIOGRAPHY

AKLUJKAR, Ashok, "The Early History of Sanskrit as Supreme Language", *Ideology and Status of Sanskrit. Contributions to the History of the Sanskrit Language*, ed. Jan E. M. Houben, Delhi, Motilal Banarsidass Publishers Pvt. Ltd., 2012, p. 59-85.

ALI, Daud, *Courtly Culture and Political Life in Early Medieval India*, Cambridge, Cambridge University Press, 2004.

Arthaśāstra: First XML edition, ed. P. M. Scharf, Providence, RI, The Sanskrit Library, 2010.

AUBOYER, Jeannine, *Daily Life in Ancient India: From Approximately 200 BC to 700 AD*, trans. S. W. Taylor, New York, Macmillan, 1965.

BASHAM, Arthur L., *The Wonder That Was India: A Survey of the Culture of the Indian Sub-continent Before the Coming of the Muslims*, New York, Random House, 1959.

BLACK, Brian, *The Character of the Self in Ancient India: Priest, Kings, and Women in the Early Upaniṣads*, Albany, State University of New York Press, 2007.

DONIGER, Wendy, *The Mare's Trap: Nature and Culture in the* Kamasutra, New Delhi, Speaking Tiger, 2015.

HALBFASS, Wilhelm, *India and Europe. An Essay in Philosophical Understanding*, Delhi, Motilal Banarsidass Publishers Pvt. Ltd., 1990.

JAMISON, Stephanie W., *Sacrificed Wife / Sacrificer's Wife: Women, Ritual, and Hospitality in Ancient India*, New York / Oxford, Oxford University Press, 1996.

Kāmasūtra. First XML edition, ed. Peter M. Scharf, Providence, RI, The Sanskrit Library, 2010, http://sanskritlibrary.org/catalogsText/titus/class/kamasutr.html, acc. 26.06.2017.

KANGLE, R.P., *The Kauṭilīya Arthaśāstra*, Parts I-III, Delhi, Motilal Banarsidass, 1992.

LARIVIERE, Richard W., *Protestants, Orientalists and Brāhmaṇas: Reconstructing Indian Social History*, Amsterdam, Royal Academy of Arts and Sciences, 1995.

MCCLISH, Mark, "The Dependence of Manu's Seventh Chapter on Kauṭilya's Arthaśāstra", *Journal of the American Oriental Society*, vol. 134, no. 2, 2014, p. 241-262.

MCCONNACHIE, James, *The Book of Love: In Search of the Kamasutra*, London, Atlantic Books, 2007.

MCGEE, Mary, "Ritual Rights: The Gender Implications of Adhikāra", *Jewels of Authority: Women and Textual Tradition in Hindu India*, ed. L.L. Patton, New York, Oxford University Press, 2002, p. 32-50.

OLIVELLE, Patrick, *Manu's Code of Law: A Critical Edition and Translation of the* Mānava-dharmaśāstra, New Delhi, Oxford University Press, 2006.

OLIVELLE, Patrick, *King, Governance, and Law in Ancient India: Kauṭilya's Arthaśāstra*, Oxford, Oxford University Press, 2013.

PATTON, Laurie L. (ed.), *Jewels of Authority: Women and Textual Tradition in Hindu India*, New York, Oxford University Press, 2002.

PENROSE, JR., Walter Duvall, *Postcolonial Amazons: Female Masculinity and Courage in Ancient Greek and Sanskrit Literature*, Oxford, Oxford University Press, 2016.

RUKMANI, T.S., "Foreward", *Jewels of Authority: Women and Textual Tradition in Hindu India*, ed. L.L. Patton, New York, Oxford University Press, 2002, pp. VII-XI.

SCHARFE, Hartmut, *Education in Ancient India*, Handbook of Oriental Studies, Section Two: India, vol. Sixteen, Leiden/Boston/Köln, Brill, 2002.

VATSYAYANA, *Kamasutra: A New, Complete English Translation of the Sanskrit Text*, trans. and ed. W. Doniger and S. Kakar, Oxford, Oxford World's Classics, Oxford University Press, 2003.

VENKATASUBBIAH, A., *The Kalās*, Madras, The Vasanta Press, 1911.

VENKATASUBBIAH, A., MÜLLER, E., "The Kalas", *The Journal of the Royal Asiatic Society of Great Britain and Ireland*, Apr., 1914, p. 355-367.

DIE EWIGE WIEDERKEHR

Metamorphosen des Mythos von Kirke in der deutsch-argentinischen Literatur[1]

María Cecilia Barbetta (geb. in Buenos Aires, 1972) zählt zu den wenigen zeitgenössischen und preisgekrönten deutschsprachigen Autoren mit spanischen/hispanoamerikanischen Wurzeln[2]. Dennoch gibt es kaum Sekundärliteratur zu ihrem Werk. Mit einem DAAD-Stipendium kam Barbetta 1996 nach Berlin. Das Stipendium bekam sie dank einer Magisterarbeit, die sie über die Erzählung *Circe* (1951) von Julio Cortázar angefertigt hat. Dieses Werk Cortázars und seine Hauptfigur Delia Mañara spielen in ihrem Debütroman *Änderungsschneiderei Los Milagros* (2008) eine wesentliche Rolle. Barbettas Roman ist ein Versuch, durch die deutsche Sprache die ursprüngliche Landschaft der Heimatstadt zu erkunden. Aus der Distanz der fremden Sprache unternimmt sie eine erfundene Entdeckungsreise, die von der eigenen Biografie geprägt ist[3]. Das Werk entsteht aus einer persönlichen Krise. 2005 denkt Barbetta beim Radeln durch die deutsche Hauptstadt an ihr zurückgelassenes Leben in Argentinien. Auf dem Schild eines Ladens in Berlin entdeckt sie die Anzeige „Änderung von Damen, Kinder- und Herrenbekleidung"[4]. Aus dieser mehrdeutigen Formulierung fällt

1 Dieser Beitrag wurde vom spanischen Ministerio de Economía y Competitivad subventioniert im Rahmen des Forschungsprojekts „Constelaciones Híbridas. Transculturalidad y Transnacionalismo en la Narrativa Actual en Lengua Alemana" (PGC2018-098274-B-I00).
2 María Cecilia Barbetta wurde bisher u.a. mit dem Aspekte-Literaturpreis 2008, dem Adelbert-von-Chamisso-Förderpreis 2009 und dem Alfred-Döblin-Preis 2017 ausgezeichnet.
3 In einem Interview hat Barbetta gesagt: „Es ist die deutsche Sprache, die es mir ermöglicht, mich Buenos Aires anzunähern, einer Stadt die für mich problematisch ist, da sie der Ort ist, wo ich geboren und aufgewachsen bin, der Ort, für den ich die intensivsten, unterschiedlichsten und widersprüchlichsten Gefühle habe, der Ort meiner Kindheit und meiner Familie" (Y. Prieto, „La escritora María Cecilia Barbetta", *La guía de Frankfurt / Rhein-Main*, n° 15, 2009, S. 6-9, hier: S. 8, übers. von L.D.).
4 M.C. Barbetta, *Änderungsschneiderei Los Milagros*, Frankfurt a.M., Fischer, 2008, S. 37.

der Schriftstellerin die Idee ein, das Geschäft literarisch nach Buenos
Aires zu verlagern. In demselben Stadtteil Almagro, in dem die
Handlung von Cortázars Erzählung stattfindet, platziert Barbetta ihren
Werkrahmen. Die Änderungsschneiderei sowie die Straßen Almagros
werden Treffpunkt verschiedener Zeiten und Lebensläufe, die sich in
Barbettas Roman mehrfach fiktiv verknüpfen. Laut Barbetta stellt ihr
Prosatext nicht nur eine „versteckte Hommage"[5] an Cortázars *Circe* dar,
sondern gleichzeitig schafft er zwischen den Zeilen einen imaginären
Raum für die Begegnung und das Wiedererkennen der Figur Cortázars
und ihrer Protagonistin Mariana Nalo. Der Schwerpunkt dieses Beitrags
liegt bei diesen intertextuellen Bezügen sowie der Umgestaltung von
Cortázars Wiedererfindung des weiblichen griechischen Mythos in
Barbettas Roman.

Die Erzählung *Circe*, die 1961 in *Bestiario* herausgegeben wurde,
stellt den zweiten Versuch Cortázars dar, sich mit seiner Fiktion den
Quellen der griechischen Mythologie anzunähern[6]. 1949 veröffentlichte
der in Buenos Aires aufgewachsene Autor *Los Reyes*, ein Gedicht über die
Figur des Minotaurus. Cortázars Interesse für die antike Literatur geht
bis in seine Jugend zurück. So schreibt er bereits in seiner Studienzeit
ein Essay über Pindar und sagt selbst dazu, er erstellte eine Kartei von
griechischer Mythologie, nachdem er alles von Homer und Hesiod gelesen
hatte[7]. In Homers klassischem Epos schickt Odysseus nach der Landung
auf der Insel Aeaea die Hälfte seiner Gefährten unter Führung von
Eurylochos aus, um Aeaea zu erkunden. Sie erreichen Kirkes Festung,
auf der sie zahme Wölfe und Löwen antreffen. Die Zauberin lädt sie
freundlich ein, einzutreten. Jedoch hält sie ein böses Gebräu bereit, das
sie ihnen anbietet und sie in Schweine verwandelt. Nur Eurylochos, der
eine Falle fürchtet und alles von draußen beobachtet, läuft zum Schiff
zurück und berichtet, was geschehen ist. Odysseus beschließt zu Kirke
zu gehen. Auf dem Weg trifft er Hermes, der ihm das Kraut Moly
gibt, um sich gegen Kirkes Zauberkünste zu schützen. Kirkes Gebräu
erzeugt bei Odysseus keine Wirkung. Wie von Hermes empfohlen,
bedroht er sie mit dem Schwert. Sie willigt ein, seine Gefährten wieder

---

5   M.C. Barbetta, Interview vom 13.05.2009, https://www.youtube.com/
     watch?v=MllbQgN634k&t=165s, Zugriff: 28.05.2017.
6   P. Goyalde Palacios, „Circe, de Julio Cortázar: una lectura intertextual", *Arrabal*, n° 1,
     1998, S. 113-118.
7   J. Cortázar, *Salvo el crepúsculo*, Madrid, Alfaguara, 1985, S. 30.

in Menschen zu verwandeln. Odysseus bleibt bei Kirke ein Jahr, bevor er und seine Begleiter nach Ithaka zurückkehren. Während in Homers Epos analeptisch durch den Protagonisten erzählt wird, wird in Cortázars Erzählung die Erzählerrolle durch einen Zeugen übernommen, der sich nur ungenau an die vergangenen Ereignisse erinnern kann: „Ich kann mich an Delia nicht mehr genau erinnern [...], ich war damals zwölf [...]"[8]. Wie Kirke stellt Delia Mañara Liköre und Pralinen mit tödlicher Wirkung her, die sie ihren Verlobten zu kosten gibt. Darüber hinaus hat sie eine ähnliche Herrschafts- und Verzauberungsmacht über alle Arten von Tieren:

> Eine Katze folgte Delia, alle Tiere waren ihr stets gefügig, man wußte nicht, ob es Liebe war, oder ob sie eine geheime Macht über sie besaß, sie umstrichen sie, ohne daß Delia sie beachtete. Mario hatte einmal bemerkt, daß ein Hund vor ihr zurückwich, als Delia ihn streichen wollte. Sie hatte ihn zu sich gerufen (eines Nachmittags auf der Plaza Once) und der Hund war brav, wohl auch freudig, bis an ihre Hand gekommen[9].

Die vielfältige Präsenz von Tieren sowie das Verhältnis Kirkes zu ihnen in Homers Epos ist ein weiteres Merkmal, das sich in Cortázars Erzählung widerspiegelt. So wird im Text gesagt, Delia habe als Kind mit Spinnen gespielt, die Schmetterlinge setzten sich auf ihre Haare (S. 67), sie sagte den Tod eines Fisches voraus (S. 76) oder suchte eine Ameise am Boden des Wohnzimmers, als Mario um ihre Hand anhielt (S. 77). Cortázar hat selbst angedeutet, dass der Hund und andere Tiere in der Erzählung Menschen seien, vielleicht von Delia verzauberte alte Liebhaber („man wußte nicht, ob es Liebe war, oder ob sie eine geheime Macht über sie besaß"). Des Weiteren wird in Cortázars *Circe* der wunderbare Raum des Mythos zu einem Alltagsraum[10]. Den Rahmen seines Werks platziert er in Almagro in den 20er Jahren. Cortázar macht mehrere Referenzen zu Straßen, Plätzen und Orten von Buenos Aires und verweist auf Begebenheiten, wie den Boxkampf zwischen Ángel

---

8   J. Cortázar, „Circe", *Bestiarium. Erzählungen*, Frankfurt a.M., Suhrkamp, 1979, S. 65-83, hier: S. 65.

9   *Ibid.*, S. 67.

10 Laut Cortázar sind „die Protagonisten [...] die normalen Bewohner von Buenos Aires, ihre Sprache ist wie unsere, ihre Zeremonien erinnern an irgendeine unserer Leben" (D. Tomasi, *Cortázar por Buenos Aires, Buenos Aires por Cortázar*, Ciudad de Buenos Aires, Seix Barral, 2013, S. 91-92, übers. von L.D.).

Firpo und Jack Dempsey im Jahr 1923. Diese Räume und die Bezüge
auf die Wirklichkeit nutzt Cortázar, um seine Fiktion zu bauen. Laut
Alazraki sind die Geschichte Kirkes und die von Delia Mañara Beispiele
für Unterschiede zwischen wunderbarer und fantastischer Erzählung:
Während die erste Form eine Welt darstellt, in der das Wunder die Regel
ist, erinnert in der anderen alles an die eigene Realität[11]. Außerdem
verwandelt Delia Mañara ihre Liebhaber in Tiere wie Kirke Odysseus'
Gefährten. Auch Mario kommt wie Odysseus mit Hilfe von Hermes
Gegengift um die Verzauberung herum. Die Entdeckung der Kakerlake
in der von Delia zubereiteten Praline zeigt Mario ihre bösen Absichten.
Diese löst ihre Anziehungskraft auf und befreit ihn von seiner lähmenden
Angst. Diese letzte Szene veranschaulicht die psychotische Persönlichkeit
einer verführerischen und mörderischen weiblichen Figur.

Wie Goyalde Palacios beschreibt, überschneiden sich in Cortázars *Circe*
neben Homers *Odyssee* noch zwei weitere Lektüren: erstens die von Dante
Gabriel Rossetti, auf den sich Cortázar in einem Zitat bezieht, welches
zu Beginn seiner Erzählung steht[12]; zweitens die von John Keats und
seiner *Belle dame sans merci* (1820). Den Einfluss Rossettis auf Cortázars
sieht man schon in seiner ersten Veröffentlichung *Presencia* (1938), wo
eines der Sonette von einem Motto aus Rossetti begleitet wird. Das in
Circe zitierte Fragment der Prosafassung des unvollendeten Gedichts
Rossettis *The Orchard-Pit* stellt eine intertextuelle Verbindung her, die
die Interpretation der Erzählung mitbestimmt. Rossettis Text stellt eine
schöne blonde Frau dar, die ihre Liebhaber mit Gesängen verzaubert.
Sie vergiftet einen nach dem anderen mit Äpfeln und lässt sie in einen
Graben fallen, wo die anderen Opfer bereits liegen. Die Gesänge, mit
denen Rossettis Figur ihre Liebhaber anlockt, enthalten drei bedeutende
Imperative: „*Come to Love*", „*Come to Life*", „*Come to Death*"[13]. Dabei kommt
die Idee einer unlösbaren Verknüpfung zwischen Liebe und Tod zum
Vorschein. Wie in *The Orchard-Pit* verführt Delia Mañara ihre Liebhaber,
um sie zu Tode zu bringen. Nur Mario entkommt, denn er vertraut ihr

---

11 J. Alazraki, *En busca del unicornio: los cuentos de Julio Cortázar*, Madrid, Gredos, 1983,
    S. 164.
12 „*And one kiss I had of her mouth, as I took the apple from her hand. But while I bit it, my
    brain whirled and my foot stumbled; and I felt my crashing fall through the tangled boughs
    beneath her feet and saw the dead white faces that welcomed me in the pit*" (J. Cortázar, *op. cit.*,
    S. 65).
13 P. Goyalde Palacios, *op. cit.*, S. 115.

nicht ganz, vielleicht wegen der Gerüchte über sie in der Nachbarschaft und in seiner Familie. Der Verdacht, der ihn dazu führt, den Inhalt von Delias Präparat zu überprüfen, bevor er zu essen beginnt, rettet ihn vor dem Schicksal seiner Vorgänger[14]. Des Weiteren sind Spuren von Keats' Schriften in Cortázars Essay *Imagen de John Keats* (1952) sehr deutlich. Bemerkenswert ist vor allem das Kapitel, das er *La Belle Dame sans merci* widmet. Laut Cortázar ist Keats' Gedicht „die furchtbare Erkenntnis, dass das süße und weinerliche Mädchen, das der Ritter am Straßenrand fand und mit sich nahm, Kirke ist, die Ewige [...]"[15]. Ein wenig weiter, nach mehreren Hinweisen auf den griechischen Mythos, erinnert Cortázar daran, dass „der Ritter ihre früheren Opfer sieht und hört"[16]. Keats' Gedicht ist für Cortázar Schilderung einer Metamorphose der Figur und einer Atmosphäre von Terror („*I saw pale kings and princes too, / Pale warriors, death-pale were they all; / They cried–,La Belle Dame sans Merci / Hath thee in thrall!'*"[17]), die später von den Präraffaeliten nachgeahmt wird. Neben der literarischen Verarbeitung des Themas von Rossetti malt sein Schüler Burne-Jones ein Bild mit dem Titel *Circe*, ein Detail, welches Cortázar auch erwähnt[18].

Andere Studien heben die Zugehörigkeit Kirkes zu dem Archetypus der *femme fatale* hervor. Gondouin bezieht sich auf ihre Figur als eine der frühesten literarischen Darstellungen dieses Frauentypus und weist auf ihre Mehrdeutigkeit hin, welche im Laufe der Zeit zahlreiche Rekonfigurationen hervorgebracht hat[19]. Laut Gondouin steht die Figur Kirkes der virtuosen Frau entgegen. Kirke stellt für die Männer die absolute Gefahr dar. Sie bedeutet den Verlust ihrer Manneskraft und Menschlichkeit. Interessant ist ihr Vergleich Kirkes mit Penelope, Odyseeus' Gattin, die ihm in seiner Abwesenheit treu bleibt. Kirke und Penelope wären bei Homer Gegnerinnen und Gegenbilder. Nach Ostriker kann die Frau im Mythos entweder als Engel oder Ungeheuer

---

14 Laut P. Goyalde Palacios würde Mario ebenfalls den Tod vermeiden, denn er sieht, wie in Rossettis Text, die blassen Gesichter von den im Grab gestapelten Leichen, die auf ihn warten.

15 J. Cortázar, *Imagen de John Keats*, Madrid, Alfaguara, 1996, S. 243 (übers. von L.D.).

16 *Ibid.*, S. 244.

17 J. Keats, *La Belle Dame sans merci. A Ballad*, in: *John Keats*, hrsg. von E. Cook, Oxford / New York, Oxford University Press, 1990, S. 273-274, hier: S. 274.

18 J. Cortázar, *op. cit.*, S. 244.

19 S. Gondouin, „Circé l'ambiguë: quelques révisions d'une figure mythique dans la littérature hispano-américaine", *Cahiers d'études romanes*, 27, 2013, S. 209-219.

wahrgenommen werden[20]. Während Penelope den Engel darstellt, verkörpert Kirke das Ungeheuer. Dieser Gegensatz zwischen den Figuren im griechischen Epos kommt in der Erzählung Cortázars nicht vor. Wie Gondouin darauf hindeutet, wird Delia dennoch mit derselben Mehrdeutigkeit gestaltet wie Homers Kirke. Cortázar zeigt sie als eine, deren Böswilligkeit hinter ihrer Schönheit versteckt bleibt. Unter ihrer scheinbaren Zartheit taucht eine grausame Entschlossenheit auf, die Liebhaber zu ermorden. Ihre Darstellung bewegt sich für diesen Zweck zwischen Anziehung und Abscheu. Dies zeigt sich beispielsweise nach dem ersten Kuss, als Mario bei ihr am Klavier steht: „Jemand schaltete das Licht an und Delia zog sich verärgert vom Klavier zurück, Mario kam es einen Augenblick so vor, als hätte ihre Reaktion auf das Licht etwas von der blinden Flucht eines Tausendfüßlers, von einem verrückten Die-Wände-hoch-Rennen"[21]. Die hier angewendete Tiermetapher entspricht nicht einem positiven Bild des Geliebten. Sie bedeutet – ganz umgekehrt – instinktive Abscheu. Mario reagiert auf die Warnung seines Unterbewusstseins. Darüber hinaus können die Tausendfüßler neben anderen Tierformen, die im Text erwähnt werden, wie Insekten, Kakerlaken oder Spinnen (die übrigens im Delias Familienname zu lesen sind: araña–Mañara), die weibliche Bedrohlichkeit symbolisieren. Wie eine schwarze Witwe oder Gottesanbeterin trägt Delia Trauer nach ihren verstorbenen Liebhabern. Delias Unbarmherzigkeit übertrifft die Bosheit von Homers Figur. Ihre Gewalttätigkeit drückt sich in der Erzählung durch ihr Keuchen aus, als sie Mario zu vergiften versucht, oder durch das Bild der Katze mit den Splittern in ihren Augen[22]. Ihre Arglist weist auf eine geistige Krankheit hin. Delias Eltern sind machtlos gegenüber der Psychose ihrer Tochter und fürchten sich vor ihr. Deswegen sind sie ihren Liebhabern gegenüber zurückhaltend, vermeiden Delias Rezepte und verstecken sich, als Mario ihre tödlichen Pläne entdeckt. Cortázar hat behauptet, diese Erzählung geschrieben zu haben, um einer Nahrungsfobie zu entkommen.

> Als ich «Circe» schrieb, durchlief ich in Buenos Aires eine Phase großer Müdigkeit [...]. Ich merkte, dass ich beim Essen oft Angst hatte, Fliegen oder

20 A. Ostriker, „The thieves of language: Women Poets and Revisionist Mythmaking", *Signs*, 8/1, Herbst 1982, S. 68-90, hier: S. 71.
21 J. Cortázar, „Circe", *Bestiarium. Erzählungen*, Frankfurt a.M., Suhrkamp, S. 65-83, hier: S. 74.
22 *Ibid.*, S. 83.

Insekten im Essen zu finden, obwohl es zu Hause vorbereitet wurde und ich dem völlig vertrauen konnte. Aber immer wieder war ich überrascht, dass ich vor jedem Bissen mit der Gabel im Teller scharrte. So fiel mir die Idee der Erzählung ein, die Idee eines unreinen Lebensmittels. Und als ich sie schrieb, übrigens ohne sie als eine Kur zu betrachten, entdeckte ich, dass das Schreiben als ein Exorzismus gewirkt hatte, denn ich wurde sofort gesund davon[23].

Laut Gondouin beabsichtigte Cortázar auch Delias Fatalität durch das Schreiben zu exorzieren[24]. Dieser Meinung kann man jedoch nicht zustimmen. Die Tragödie Delias (und ihrer Familie) dauert fort, denn Mario gibt es erbarmungsvoll auf, sie umzubringen: „Er lockerte den Druck, und sie torkelte bis zum Sofa, unter Krämpfen zuckend und schwarz im Gesicht, aber lebend. Er hörte die Mañaras keuchen, sie taten ihm wegen so vielem leid, auch wegen Delia, die er ihnen erneut und lebend zurückließ"[25]. Cortázar stellt Homers Kirke wieder her. Jedoch löscht er nicht das Fatum der Figur. Im Gegenteil: Er trägt dazu bei, ihre mit dem Mythos verbundene Negativität zu verstärken.

Zweifellos war Jorge Luis Borges einer der Autoren, die den größten Einfluss auf Cortázars ausgeübt hatte. 1923 erschien Borges *Fervor de Buenos Aires*. Er präsentiert dann den Gedichtband auf einer Lesereise durch Spanien und Deutschland, wo er laut Álvarez „sein allgemein bekannte und entsetzliche Romanze mit Pola Negri hat"[26]. Von diesem Geschehnis wird in der Erzählung Cortázars berichtet. So wird im Text gesagt: „Man sprach von Pola Negri, von einem Verbrechen in Liniers, von der partiellen Sonnenfinsternis und der Unsauberkeit der Katze"[27]. Seine künstlerische Konzeption ist von der argentinischen Hauptstadt geprägt und mit dieser verbunden. Wie Borges ist die Bindung Cortázar an Buenos Aires von großer Bedeutung für die seine Identität und seine Literatur. Die Nähe und die Ferne sowie die Liebe und der Hass zur argentinischen Hauptstadt prägen nicht nur das Leben des Autors, sondern sie bilden den zentralen Kern seines Werkes[28]. In *Circe* läuft Cortázar

---

23 L. Harss, *Los nuestros*, Madrid, Anaya, 1996, S. 269-270 (übers. von L.D.).
24 S. Gondouin, *op. cit.*
25 J. Cortázar, *op. cit.*, S. 83.
26 J.M. Álvarez, *Desolada grandeza*, Murcia, Universidad de Murcia, Secretariado de Publicaciones, S. 57 (übers. von L.D.).
27 J. Cortázar, *op. cit.*, S. 80.
28 D. Tomasi, *Cortázar por Buenos Aires, Buenos Aires por Cortázar*, Ciudad de Buenos Aires, Seix Barral, 2013, S. 18, 33.

wieder durch die Straßen seiner Jugend[29], um vielleicht unbewusst das Gedächtnis bestimmter Orte gegen den Zeitenwandel zu fixieren. Das Bemühen der Erinnerungen an das Stadtviertel Almagro, das auf diese Weise verehrt wird, wird von Barbetta in Änderungsschneiderei Los Milagros fortgeführt. Jede Bewegung ihrer Figuren in diesem Raum gibt Anlass dazu, die topographischen Referenzen des Textes von Cortázar zu erweitern. Auf der Gascón-Straße, in der Nähe von Castro Barros und Rivadavia, auf denen sich Delia und Mario in Cortázars *Circe* treffen, eröffnet Barbetta etwa 60 Jahre später ihr Geschäft. Der Auftrag, ein Brautkleides zu nähen, führt dazu, dass sich die Schicksale Mariana Nalos und Analía Moráns kreuzen. Im Roman, in dem aus einer extra-diegetischen Perspektive berichtet wird, wird der Anfertigungsprozess erzählt. Mariana übernimmt auf Initiative ihrer Tante, der Besitzerin des Geschäftes, Analías Auftrag. Die Anfertigung dieses Kleides sowie die Bekanntschaft mit Analía ermöglichen es, dass sich Mariana zum ersten Mal mit ihrer verdrängten Vergangenheit auseinandersetzt („Klar ist, daß es in Marianas Vergangenheit dunkle Punkte gibt, die unverarbeitet aus der Reihe tanzen"[30]). Analías Hochzeit löst Erinnerungen an ihre gescheiterte Liebesgeschichte aus. In beiden Figuren (mit deren Namen Barbetta absichtlich spielt) sind die Frauentypen von Penelope und Kirke wiederzuerkennen. Mariana ist naiv und treu. Sie gibt sich ganz ihrem Verlobten hin, da sie ein idealisiertes Konzept der Liebe besitzt. Der frühe Tod ihres Vaters trägt dazu bei, dass sie durch ihre Beziehung mit Gerardo die Lücke nach ihm zu füllen anstrebt. Außerdem leidet sie unter einer strengen moralischen und religiösen Erziehung, die zu einem tiefen inneren Konflikt führt: „Wie tötet man die Begierde, die Appetenz, die Begehrlichkeit? Wie die Gelüste, die Gier, die Leidenschaft? Mariana spürte die Nadeln in ihrem Rücken. Wie die Liebessehnsucht, die Lüsternheit, die Passion? Die Sinnlichkeit, den Trieb, die Wollust?"[31] Ihre Selbstbeharrung sowie der Schutz ihrer Ehre machen sie – aus der Sicht eines stereotypen Mannes – weder erreichbar noch begehrenswert. Ihre Werte und ihre Zurückgezogenheit, an denen sie festhält, weisen

---

29   1929 beginnt Cortázar sein Studium am Bildungsinstitut Escuela Normal de Profesores Mariano Acosta, das in der Straße Gral Urquiza liegt. In dieser Zeit besucht er oft die Bar La Perla del Once zwischen Avenida Rivadavia und Avenida Jujuy, in der er – wie Jahre früher Borges – seine Freunde traf.

30   M.C. Barbetta, *op. cit.*, S. 90.

31   *Ibid.*, S. 105.

sie von der Welt ab. Diese werden in Barbettas Roman als Schwäche betrachtet[32]. So wirft Milagros ihrer Schwägerin, Marianas Mutter, vor:

> du läßt sie nicht frei, du läßt nicht zu, daß sie sich entwickelt. Sie braucht ihren eigenen Entfaltungsraum, ein Gefilde für sich, in dem sie auf eigenen Füßen stehen kann, auch wenn da Dornen und Brennesseln sind. [...] Hinter dieser Melancholie, die sie manchmal an den Tag legt, versteckt sich eine echte Kämpferin[33].

Marianas Figur wird mit der eines feinen Schmetterlings[34] (S. 17) oder eines harmlosen Marienkäfers (S. 90) in Verbindung gebracht. Dies verweist auf die Zartheit und die Unschuld eines Engels. Wie Edoardo Rubinos Skulptur (1937), mit der Mariana verglichen wird, stellt sie das Geistige dar. Analía steht ihrerseits für eine verzaubernde Sinnlichkeit. Sie ist attraktiv und verführerisch ebenso wie ungehemmt und unmoralisch. Sie betrügt ihre Verlobten und übt über diese eine deutliche Machtkontrolle aus. Ihre Figur wird mit der einer Katze verglichen: „Analía registriert intuitiv die Zahlen, selbstvergessen und verliebt, eine Katze, die mit aller Selbstverständlichkeit ihre Zunge beim Putzen des Fells einsetzt"[35]. Darüber hinaus werden ihre Besuche in Milagros' Geschäft immer von einer an der Tür sitzenden schwarzen Katze beobachtet. Hiermit tritt erneut das Bild der *femme fatale* auf. Anders als Cortázars Delia („sie war schlank und blond[36]") gleichen Analías dichte, dunkle Haare (S. 33) der Figur Kirkes[37] sowie weiteren Darstellungen dieses weiblichen Archetypus, wie Prosper Mérimées *Carmen* (1847) oder *Salomé* von Henri Regnault (1870). Außerdem wird

---

32 Mit Marianas Figur, in der autobiografische Züge der Autorin erkennbar sind, kritisiert Barbetta den Konservatismus der argentinischen Gesellschaft. Laut Barbetta zeigt ihr Roman „wie schwer es ist, eine Identität zu finden oder mit der Sexualität, den Träumen und den Ängsten umzugehen, wenn man in einem katholischen Land aufgewachsen ist [...]" (Y. Prieto, *op. cit.*, S. 9, übers. von L.D.).

33 M.C. Barbetta, *op. cit.*, S. 62.

34 Zu Beginn des Romans wird gesagt, dass Mariana, vielleicht von ihrem Vater gefördert, eine Sammlung von Schmetterlingskörpern (S. 17) besitzt. Später, als sie zum ersten Mal Gerardo im Park Centenario begegnet, vergleicht er sie mit einem Schmetterling (S. 68). Darüber hinaus sieht die Statue der *Vittoria alata*, die Mariana auf einer Bank ihren Schatten spendet, mit ihren Flügeln ihrer Tierart ähnlich.

35 *Ibid.*, S. 52.

36 J. Cortázar, *op. cit.*, S. 65.

37 Im Homers *Odyssee* wird Kirke mit geflochtenen Haaren dargestellt. In der bildenden Kunst wird sie oft mit dunklen Haaren geschildert, wie in *Circe The Temptress* (1881) von Charles Hermans, *Circe Offering the Cup to Ulysses* (1891) und *Circe Invidiosa* (1892) von John William Waterhouse, *Circe* (1897) von Lucien Lévy-Dhurmer oder *Pernocratés* (1896) von Félicien Rops.

auf das Bild einer gefährlichen weiblichen Figur und der mit ihr verbundenen Beziehung zwischen Eros und Thanatos hingewiesen. Besonders deutlich wird das am Ende des Romans in den letzten Eintragungen des Naturwissenschaftlers Nicolás Nalo zum Verhalten der Gottesanbeterin:

> Das Männchen, der verliebte schmächtige Wicht, glaubt seine Zeit für gekommen. Es äugelt heftig nach seiner mächtigen Gefährtin hin; es dreht ihr den Kopf zu, es beugt den Nacken, es wirft sich wieder in die Brust. Seine kleine, spitze Fratze sieht fast wie ein leidenschaftliches Gesicht aus. In dieser Haltung betrachtet es reglos lange die Begehrte. Diese rührt sich nicht als wäre ihr alles gleichgültig. [...] Schließlich geht dann die Begattung vor sich, die auch lange, mitunter fünf bis sechs Stunden, andauert [...]. Im Verlaufe des Hochzeitstages, spätestens aber am andern Morgen, wird er von seiner Gefährtin gepackt, die ihm nach ihrem Brauch zunächst einmal den Nacken durchbeißt und ihn dann regelrecht in kleinen Bissen nach und nach verzehrt und nicht von ihm übrigläßt als die Flügel[38].

Laut Sola erscheint die Erzählung Cortázars aufgrund der feindlichen Gerüchte und des Tratsches der Nachbarschaft über Delia sowie der anonymen Briefe, die Mario erhält, wie eine feuilletonistische Chronik[39]. In der Schneiderwerkstatt wird vermutet, dass Analías Verlobter Roberto, den bisher niemand gesehen hat, Analías Cousine in einem nicht aufgeklärten Verbrechen umgebracht haben soll. Jedoch kommt Mariana aufgrund einer Schriftprobe Analías zu dem Ergebnis, dass es sich bei Roberto um ihren in den USA verschwundenen Liebhaber Gerardo handeln könnte.

> Er, der in fremden Landen wohl Anzeichen einer Veränderung verspürt hatte [...] war [...] einer dämonischen Gespielin begegnet, einer von ungefähr dahergerittenen Analía Morán, welche mit böser Zauberkunst und verderblicher Getränkemixtur [...], ihn schließlich um den Verstand bringen konnte[40].

Durch Marianas Verdacht stellt Barbetta eine neue Korrespondenz zur Erzählung Cortázars und zu Homers Epos dar. Wie Delia Mañara beschuldigt sie Analía, ihr den Verlobten mit manipulierten Getränken und Präparaten entrissen zu haben. Der Fund des Briefes führt dazu, dass die enge Beziehung zwischen Mariana und ihrer Kundin in Gefahr gerät. Wie der verstorbene Nicolas Nalo in seinen letzten Eintragungen

---

38 J. Cortázar, *op. cit.*, S. 322.
39 G. de Sola, *Julio Cortázar y el hombre nuevo*, Buenos Aires, Editorial Sudamericana 1968, S. 48.
40 M.C. Barbetta, *op. cit.*, S. 285-286.

erwähnt, reagiert seine Tochter auf die Vereinnahmung des Geliebten mit dem Beschluss, an Analía Rache zu nehmen. Sie besucht die Bank, um Robertos Identität zu demaskieren, trifft ihn aber nicht. Er ist etwas früher als sonst gegangen, um mit Analía ans Meer zu fahren. Mariana und Analías Erinnerungen und Gedanken vermischen sich bis zum Ende der Erzählung. Während dem Hochzeitskleid der letzte Schliff gegeben wird, reflektiert Barbetta über die Rolle der Frauen in der griechischen Mythologie. Sie verweist auf Passagen von Homers *Odyssee* und den Artemis-Mythos. Homers Epos beginnt mit dem von Athene geäußerten Rat, Zeus möge Odysseus von Kalypsos Insel Ogygia befreien. Kalypso nimmt Odysseus in ihrer Felsengrotte auf, bewirtet ihn mit Speisen und Getränken und bietet ihm ihr Bett an. Der Held lässt sich von ihr wie früher von Kirke verführen. Obwohl Odysseus Penelope nicht treu bleibt, wird er von den Göttern nicht bestraft, sondern – ganz im Gegenteil – diese helfen ihm. Die weiblichen Figuren dagegen werden im schlechten Licht dargestellt. Einer Legende nach bittet Artemis in ihrer Kindheit Zeus um die Erfüllung von acht Wünschen. Sie will für immer Jungfrau bleiben sowie Pfeile, einen Bogen und ein Gefolge von zwanzig Nymphen zur Verfügung haben, die auf ihre Hunde und Waffen bei der Jagd aufpassen. Artemis' Vater verliebt sich in ihre Gefährtin Kallisto, die zur Keuschheit verpflichtet ist. Zeus nähert sich Kallisto in der Gestalt Artemis', um ihr Vertrauen zu gewinnen und lässt sie ungewollt schwanger werden. Sie versucht ihre Schwangerschaft zu verbergen, diese wird aber von Artemis bei einem Bad entdeckt. Sie versucht der Göttin zu erklären, dass sie unschuldig ist. Diese glaubt ihr nicht und verstößt sie. Als Zeus' Gattin Hera das Ereignis entdeckt, fordert sie Artemis auf, Kallisto zu erschießen. Im Barbettas Roman wird von einer jungfräulichen Nymphe erzählt, die in einem See badet und von den Göttern insgeheim berührt wird. Sie verhöhnen sie und spielen damit, die Reinheit ihrer Schönheit zu verderben, da sie wissen, wie hoch der Preis ihrer Sünde ist. Diese intertextuellen Referenzen geben Barbetta Anlass, die Umgestaltung der klassischen Quellen zu rechtfertigen. Um die Verherrlichung des Helden auf Kosten der weiblichen Figuren zu kompensieren, führt sie in ihrem Werk eine Umkehrung des Mythos durch. Das Ende des Romans wird erneut mit dessen Beginn verbunden und es zeigen sich sichtbare Anklänge zu Borges. Am Ende von Barbettas Werk flaniert Analía statt Mariana mit der Stofftasche durch die Straßen. Dieser Austausch kann als Folge der Vollendung einer inneren Umwandlung interpretiert werden, die ein neues Licht auf ihr Schicksal in einer offenen Fortsetzung des Romans wirft. Bei Analías erstem Besuch im Geschäft von Milagros, beschreibt sie es als „echte Wunderkammer"[41]. In dieser Änderungsschneiderei versucht Barbetta die Fatalität Kirkes bzw. Delias endgültig auszulöschen. Schließlich führt die Anfertigung ihres Kleides zu einer Annäherung Marianas an sie, die ihr „fremd und merkwürdig vertraut ist"[42]. Sie überwindet die Polarisierung der Figuren in Homers Epos. Mariana und Analía – Penelope und Kirke – fungieren am Ende des Romans nicht mehr als Gegenpole und wollen nicht voneinander getrennt werden. Die Konkurrenz zwischen ihnen stellte in den traditionellen literarischen Texten ihre Schwäche dar. Aus ihr entsteht das Bild der *femme fatale*. Darüber hinaus wird das Negative dieses Frauentyps als Positives dargestellt und umgekehrt. Anders als Delia wird hier die weibliche Figur nicht mehr als Täterin sondern als Opfer veranschaulicht. Diese Perspektive ermöglichte es, die Erzählung Cortázars neu zu lesen: Warum ist Delia in diesem extremen Zustand geraten? Im Barbettas Roman werden die Opfer Delias, mit der selbst geopferten Mariana gleichgesetzt. Von ihren Vorfahren beeinflusst, schildert Mariana das Bild unterworfener Frauen, die mit Resignation und ohne Fragestellungen ihr Schicksal duldeten. In Analías Figur erklingen die Echos von Kirke und Delia. Sie verkörpert aber eine Freiheit, die den anderen versagt blieb[43]. Die Umwandlung, die Mariana hier erfährt, wird mit der Ausführung von Analías Auftrag in Verbindung gebracht. Während die Schneiderei als Schnittstelle zwischen dem alten und dem neuen Leben Marianas fungiert, steht das fertige Kleid als Symbol des Verwandlungsprozesses: „Das Brautkleid der Analía Morán, das ich so manches Mal anprobiert habe [...] wird morgen die Änderungsschneiderei verlassen und seinen Weg gehen"[44].

Leopoldo DOMÍNGUEZ
Universität Sevilla

---

41 *Ibid.*, S. 39.
42 Dieses Zitat entstammt dem Text auf der Rückseite des Einbandes.
43 Laut M.C Barbetta verlässt sie ihre Heimat, um die Freiheit zu suchen, eine Freiheit, die sie nie ganz gefunden hat (Prieto, *op. cit.*, S. 9).
44 M.C. Barbetta, *op. cit.*, S. 325.

BIBLIOGRAFIE

ALAZRAKI, Jaime, *En busca del unicornio: los cuentos de Julio Cortázar*, Madrid, Gredos, 1983.

ÁLVAREZ, José María, *Desolada grandeza*, Murcia, Universidad de Murcia, Secretariado de Publicaciones e intercambio científico, 1986.

BARBETTA, María Cecilia, *Änderungsschneiderei Los Milagros*, Frankfurt a.M., Fischer, 2008.

BARBETTA, María Cecilia, Interview vom 13.05.2009, https://www.youtube.com/watch?v=MllbQgN634k&t=165s, Zugriff: 28.05.2017.

CORTÁZAR, Julio, *Salvo el crepúsculo*, Madrid, Alfaguara, 1985.

CORTÁZAR, Julio, *Imagen de John Keats*, Madrid, Alfaguara, 1996.

CORTÁZAR, Julio, „Circe", *Bestiarium. Erzählungen*, Frankfurt a.M., Suhrkamp 1979, S. 65-83.

GONDOUIN, Sandra, „Circé l'ambiguë: quelques révisions d'une figure mythique dans la littérature hispano-américaine", *Cahiers d'études romanes*, 27, 2013, S. 209-219.

GOYALDE PALACIOS, Patricio, „Circe, de Julio Cortázar: una lectura intertextual", *Arrabal*, nº 1, 1998, S. 113-118.

HARSS, Luis, *Los nuestros*, Madrid, Anaya, 1996, S. 269-270.

OSTRIKER, Alicia, „The thieves of language: Women Poets and Revisionist Mythmaking", *Signs*, 8/1, Herbst 1982, S. 68-90.

PRIETO, Yolanda, „La escritora María Cecilia Barbetta", *La guía de Frankfurt / Rhein-Main*, nº 15, 2009, S. 6-9.

SOLA, Graciela de, *Julio Cortázar y el hombre nuevo*, Buenos Aires, Editorial Sudamericana, 1968.

TOMASI, Diego, *Cortázar por Buenos Aires, Buenos Aires por Cortázar*, Ciudad de Buenos Aires, Seix Barral, 2013.

VON DER XANTHIPPE
ZUR GUTEN EHEFRAU

Agnes Dürer in der deutschsprachigen Prosa
des 19. und 20. Jahrhunderts[1]

Das über Jahrhunderte hinweg vorherrschende Bild von Agnes Dürer als Xanthippe und „Hauskreuz" ihres berühmten Mannes, das von männlichen Geschichtsschreibern geprägt wurde, ist ein Paradebeispiel für ein von historischen Tatsachen unabhängiges, misogynes Narrativ. Die Figur der Agnes wurde dabei meistens als Folie benutzt, um die geistigen und charakterlichen Qualitäten Albrecht Dürers hervorzuheben, der unter anderem durch diesen Kontrast zu einem Kunsthelden und gar Kunstmärtyrer stilisiert werden konnte. Corine Schleif hat in ihren Studien die konstitutiven Momente dieses Narrativs aufgezeigt und die Versuche der „Ehrenrettung" von Dürers Ehefrau beleuchtet, die bereits im 19. Jahrhundert, insbesondere von Moritz Thausing, unternommen wurden. Zudem konfrontiert sie die schwarze Legende der Agnes Dürer mit archivalischen und ikonografischen Quellen, die zwar ein sehr unvollständiges, doch ursprünglich eher positives Porträt von ihr entstehen lassen[2]. Der vorliegende Beitrag hat zum Ziel, das historisch

---

1   Der vorliegende Beitrag ist eine gründlich überarbeitete und erweiterte Version des auf Polnisch veröffentlichten Aufsatzes: Tomasz Szybisty, *Odczarowanie złośnicy. Kilka uwag o literackich kreacjach Agnes Dürer w kontekście recepcji listu Willibalda Pirckheimera do Johanna Tscherte*, in: *Od mistyczki do komediantki: Kobiety Europy epok dawnych – źródła i perspektywy*, hrsg. von J. Godlewicz-Adamiec, P. Kociumbas, M. Sokołowicz, Warszawa, Instytut Germanistyki Uniwersytetu Warszawskiego, 2016, S. 189-200.

2   C. Schleif, „*Das pos Weyb* Agnes Frey Dürer: Geschichte ihrer Verleumdung und Versuche der Ehrenrettung", *Mitteilungen des Vereins für Geschichte der Stadt Nürnberg*, Bd. 86, 1999, S. 47-80 (hier umfangreiche Bibliografie zu Agnes Dürer); *eadem, Agnes Frey Dürer, verpackt in Bildern, vereinnahmt in Geschichten*, in: *Am Anfang war Sigena: Ein Nürnberger Frauengeschichtsbuch*, hrsg. von N. Bennewitz, G. Franger, Cadolzburg, ars vivendi, 1999, S. 67-77; *eadem, Albrecht Dürer between Agnes Frey and Willibald Pirckheimer*, in: *The Essential Dürer*, hrsg. von L. Silver, J.Ch. Smith, Philadelphia, University of Pennsylvania Press, 2010, S. 185-205.

variierende Bild von Agnes Dürer in der deutschsprachigen Prosa des 19. und 20. Jahrhunderts zu verfolgen, die neben historiografischen, publizistischen und kunstgeschichtlichen Texten, denen Schleif ihr hauptsächliches Augenmerk schenkt, ebenfalls bei der Tradierung wie auch der Dekonstruktion des Mythos der „bösen Agnes" eine große Rolle gespielt hat.

Agnes Dürer entstammte der Familie Frey, die in der sozialen Struktur Nürnbergs etwas höher positioniert war, als die ihres Ehemannes. Mütterlicherseits war sie mit den Patriziergeschlechtern Rummel und Haller verwandt, wovon die von den Eltern zur Sicherung des Wohlstands arrangierte Ehe mit Albrecht Dürer wohl profitieren konnte. Als mitarbeitende Ehefrau hatte sie einen nicht zu unterschätzenden Anteil an der Kunstwerkstatt ihres Mannes, die als Familienbetrieb funktionierte. Überliefert ist unter anderem, dass sie seine Druckgrafiken nicht nur in Nürnberg, sondern auch in Frankfurt verkaufte. Sie müsse auch, so Schleif, hohes Ansehen bei Dürers Auftraggebern genossen haben, wovon wertvolle Geschenke und Trinkgelder zeugen. Erwähnt wird Agnes auch in der Korrespondenz von Dürers Auftraggebern und gelehrten Freunden, wie Nikolaus Kratzer, Astronom am Hof von Heinrich VIII. Tudor, der ihr Grüße ausrichten ließ. Nach dem Tod ihres Mannes bemühte sie sich um die Verbreitung seiner Ideen, indem sie seine theoretischen Schriften übersetzen und in den Druck geben ließ, darüber hinaus stiftete sie ein Stipendium für einen Nürnberger Theologiestudenten in Wittenberg[3]. Diese ausgewählten, nach Schleif referierten Fakten sprechen überzeugend dafür, dass Agnes Dürer wohl eine geschäftstüchtige und intelligente Frau war, die zum Erfolg ihres Mannes beitrug. Mehr als wahrscheinlich ist es auch, dass sie sich über Jahre gründliche Kenntnisse in Fragen der Kunst und des Kunsthandels aneignete.

Die Anfänge des negativen Mythos der Agnes Dürer sind am Anfang des 17. Jahrhunderts anzusiedeln[4]. Bestand und große Resonanz verlieh ihm Joachim Sandrart. In seinem vielgelesenen Nachschlagewerk *Teutsche Academie der Edlen Bau-, Bild- und Mahlerey-Künste* von 1675-1680, das bis weit ins 18. Jahrhundert hinein populär war, druckte er einen irrtümlich als „Extract eines Schreibens Herrn Georg Hartmans an Herrn

---

3   C. Schleif, *Das pos Weyb, op. cit.*, S. 47-51, 71-72.
4   *Ibid.*, S. 56.

Büchler" betitelten Abschnitt der Korrespondenz aus dem Jahre 1530
zwischen Willibald Pirckheimer und dem Architekten Johann Tscherte
ab[5]. Pirckheimer, ein enger Freund von Albrecht Dürer, beschuldigte
darin Agnes Dürer, den Tod ihres Mannes verursacht zu haben:

> ich habe warlich an Albrechten der bästen Freund einen / so ich auf Erden
> gehabt habe / verloren / und dauret mich nichts höhers / dann daß er so
> eines hartseligen Tods verstorben ist / welchen ich / nach der Verhängnis
> Gottes / niemand dann seiner Hausfrauen zumessen kan / die ihm sein Herz
> abgenagt / und dermassen gepeinigt hat / dann er war ausgedorrt wie ein
> Scheit / dorfte keinen guten Muht mehr suchen / oder zu den Leuten gehn /
> also hat das bös Weib seiner Sorg / das ihr doch warlich nicht noht gethan
> hat / zudem hat sie ihn Tag und Nacht zu der Arbeit härtiglich gedrungen /
> allein darum / daß er Geld verdienet / und ihr das ließ / so er sturb / dann
> sie alleweg verderben hat wollen / wie sie dann noch thut / unangesehn ihr
> Albrecht biß in die 6000. Gulden wehrt verlassen hat / aber da ist kein
> Genügen: und in Summa ist sie allein seines Tods eine Ursach[6].

Das Bild des bösen, streitsüchtigen und geizigen Weibes perpe-
tuierten, oft in abgewandelter Form, viele spätere Biografen. Mitte
des 18. Jahrhunderts wurde ein Konzept des von Sandrart zitierten
Briefes, neben einigen anderen Unterlagen Pirckheimers, in einem
Versteck in Nürnberg entdeckt, was zwar den situativen Kontext des
entehrenden Urteils über Agnes Dürer und dessen Urheber enthüllte,
aber nichts an ihrem schlechten Ruf änderte, da die Bedingtheiten des
Textes nach wie vor nicht hinterfragt wurden[7]. Erst spätere Forscher
sollten darauf aufmerksam machen, dass Pirckheimer, 1530 schon ein
alter und kranker Mann, enttäuscht von der politischen Entwicklung
im Reich und erbost über Agnes Dürer, die ihm ein Hirschgeweih
aus der Sammlung ihres verstorbenen Mannes verweigerte, in seinen
Urteilen wohl äußerst subjektiv und ungerecht war. Der Dürer-Prosa
des 19. und 20. Jahrhunderts lieferte die Bestätigung der Identität

---

5   *Ibid.*, S. 54-57.

6   J. von Sandrart, *Teutsche Academie der Bau-, Bild- und Mahlerey-Künste*, Nürnberg
    1675/1679/1680, Wissenschaftlich kommentierte Online-Edition, hrsg. von Th. Kirchner,
    A. Nova, C. Blüm, A. Schreurs, Th. Wübbena, 2008-2012, S. 446, http://ta.sandrart.
    net/en/facs/446, (Zugriff: 18. 06. 2018); *cf.* die kritische Edition des Briefes: *Willibald
    Pirckheimers Briefwechsel*, bearb. u. hrsg. von H. Scheible, Bd. 7, München, C. H. Beck,
    2009, S. 431-440. Den Brief Pirckheimers bespricht im Kontext der Agnes Dürer u.a.
    Corine Schleif in ihren oben genannten Aufsätzen.

7   C. Schleif, *Das pos Weyb, op. cit.*, S. 54, 61.

Pirckheimers als Verfasser dieses Briefes allerdings einen literarisch
ergiebigen Ansatzpunkt, die Wahrnehmung des Verhältnisses zwischen
dem Maler und seiner Frau um einen bedeutenden Nebenakteur zu
erweitern. Die kontrastive Gegenüberstellung der Ehepartner spielte insbesondere
am Anfang des 19. Jahrhunderts eine große Rolle, als in der Atmosphäre
des romantischen Kunstkultes und der Suche nach nationalen Helden
eine gewisse „Kanonisierung" Dürers zum deutschen Kunstheiligen statt-
fand, die seine idealisierten Charaktereigenschaften zwangsläufig in den
Vordergrund rücken ließ[8]. Dieser Prozess festigte den Mythos der „bösen
Agnes" und ihr negatives Stereotyp blieb bis tief ins 20. Jahrhundert
bestehen, so Corine Schleif anhand zahlreicher wissenschaftlicher und
publizistischer Quellen[9]. Es schlug sich ebenfalls in der schöngeistigen
Literatur nieder. Am Rande der Untersuchung des literarischen Bildes
von Albrecht Dürer am Anfang des 19. Jahrhunderts analysierte Volker
Pirsich ansatzweise auch die Figur der Agnes. Er kam dabei zum Schluss,
dass ihre literarische Emanation in *Franz Sternbalds Wanderungen* nur
scheinbar differenziert und im Grunde negativ ist[10]. Er verzeichnete auch

---

8   Zum Dürer-Bild in der Romantik und im 19. Jahrhundert siehe insbesondere: B. Hinz,
     „Dürers Gloria", Dürers Gloria. Kunst, Kult, Konsum, Berlin, Gebr. Mann, 1971, S. 9-46;
     D. Bänsch, „Zum Dürerbild der literarischen Romantik", *Marburger Jahrbuch für
     Kunstwissenschaft*, Jg. 19, 1974, S. 259-274; V. Pirsich, „Die Dürer-Rezeption in der
     Literatur des beginnenden 19. Jahrhunderts", *Mitteilungen des Vereins für Geschichte der
     Stadt Nürnberg*, Bd. 70, 1983, S. 304-333; J. Białostocki, *Dürer and his critics. 1500-1971.
     Chapters in the history of ideas*, Baden-Baden, Valentin Koerner, 1986 (= Saecvla Spiritalia,
     7), insb. Kap. IV: *The two worlds of arts: Dürer versus Raphael* (S. 73-90), V: *The artist's
     divinity* (S. 91-143), VII: *The »Melancholy« and »Knight« in the Romantic vision* (S. 189-218);
     R. Wegner, „Dürerkult in der Romantik. Das Mittelalterbild der Nazarener", *Anzeiger
     des Germanischen Nationalmuseums*, 1998, S. 25-27; Th. Schauerte, „...Erinnerung an
     den vortrefflichsten Bürger der Stadt und ihre ehrenvollste Zeit'. Dürers Bild in der
     Frühromantik", *Sehnsucht Nürnberg. Die Entdeckung der Stadt als Reiseziel der Frühromantik*,
     hrsg. von M. Henkel, Th. Schauerte, Ausstellungskatalog, Nürnberg, Stadtmuseum
     Fembohaus, 25.08.-20.11.2011. Nürnberg, Tümmel, 2011, S. 29-33; K.M. Pahl, L. Werner,
     *Variation als Aneignung: Affirmation und Demarkation in der Dürer-Biographik zwischen
     1790-1840*, in: *Die Biographie – Mode oder Universalie? Zu Geschichte und Konzept einer
     Gattung in der Kunstgeschichte*, hrsg. von B. Böckem, O. Peters, B. Schellewald, Berlin/
     Boston, De Gruyter, 2016 (= Studien zur modernen Kunsthistoriographie, 7), S. 90-91;
     Th. Schauerte, *Albrecht Dürer als Zeitzeuge der Reformation*, in: *idem, Neuer Geist und neuer
     Glaube. Dürer als Zeitzeuge der Reformation*, Ausstellungskatalog, Nürnberg, Albrecht-
     Dürer-Haus, 30.06.-04.10.2017, Petersberg, Michael Imhof, 2017 (= Schriftenreihe der
     Museen der Stadt Nürnberg, 14), S. 11-51.
9   *Cf.* C. Schleif, *Das pos Weyb, op. cit.*, S. 58-65, 72-79.
10   *Cf.* V. Pirsich, *op. cit.*, S. 312-313.

das Drama von August Franz Wenzel Griesel von 1820, in dem Agnes Dürer als zänkische und unaufrichtige Frau konterfeit wird. Vor der Heirat verlockt sie Albrecht mit gespielter Güte und Subtilität, um dann ihre „wahre", d.i. niedere Natur zu offenbaren[11]. Es nimmt daher nicht Wunder, dass ihr längerer Aufenthalt in Schwaben für den in Nürnberg verbliebenen Künstler eine Zeit des „süßen Frieden[s]" bedeutet[12]. Das unerfreuliche Eheleben des Malers beklagt auch Johann Christoph Jakob Wilder in einem Gedicht von 1828 anlässlich der Enthüllung von Dürers Denkmal in Nürnberg[13]. In der Komödie *Albrecht Dürer in Venedig* von Eduard von Schenk wird die Gattin des Malers, deren einstige Schönheit ein „Zug von Stolz und böser Laune im Gesicht"[14] entstellt, eindeutig pejorativ dargestellt. Ein typisiertes Bild von Agnes Dürer als geiziger Frau, die nichts von Kunst versteht und ihrem Mann das Leben schwer macht, begegnet 1840 im Drama *Albrecht Dürer* von Caroline Leonhardt-Lyser (Pierson)[15]. In der Erzählung *Des Meisters letzte Liebe* von 1895 porträtiert Hugo Barbeck Agnes Dürer als „ein, wenn auch nicht unschönes, doch kaltes und strenges Frauenbild"[16]. Erwähnt wird abermals ihr angeblich „schnippische[s] und sparsame[s] Wesen"[17]. Albrecht heiratet die in ihn verliebte Agnes auf das Drängen seines Vaters hin, um die Familie vor der finanziellen Katastrophe zu retten, doch seine einzige wahre Liebe bleibt Katharina, die Schwester von Willibald Pirckheimer. Unter diesen Umständen ist die Ehe von vornherein zum Scheitern verurteilt, zumal die negativen Charaktereigenschaften der Dürerin im Alter immer deutlicher zum Vorschein kommen. Allerdings versucht Barbeck das negative Bild der unleidlichen Agnes in seinen

11 A.F. Wenzel Griesel, *Albrecht Dürer. Dramatische Skizze*, Prag, Friedrich Tempsky, 1820, S. 63-64; *cf.* V. Pirsich, *op. cit.*, S. 313.

12 W. Griesel, *op. cit.*, S. 63.

13 J.Ch.J. Wilder, *Lieder und Bilder aus Albrecht Dürers Leben. Zur Feier der Grundsteinlegung des Denkmals für Albrecht Dürer am 7. April 1828*, Nürnberg, Riegel u. Wießner, 1828, S. 15-16; die Passagen über Agnes kommentiert C. Schleif: „*Das pos Weyb*", *op. cit.*, S. 65-67.

14 *Cf.* E. von Schenk, *Albrecht Dürer in Venedig*, in: *Taschenbuch für Damen. Auf das Jahr 1829*, Stuttgart-Tübingen, J.G. Cotta'sche Buchhandlung, 1829, S. 17; *cf.* V. Pirsich, *op. cit.*, S. 313.

15 C. Leonhardt-Lyser, *Meister Albrecht Dürer*, Nürnberg, George Winter, 1840.

16 H. Barbeck, *Des Meisters letzte Liebe*, in: *idem*, „*Als Nürnberg freie Reichsstadt war.*" *Geschichten, Sagen und Legenden aus Nürnberg's vergangenen Tagen*, Nürnberg, Heerdegen-Barbeck, 1895, S. 140.

17 *Ibid.*, S. 138.

auktorialen Bemerkungen etwas auszugleichen, indem er auf eine bereits
etablierte Gegenerzählung hinweist:

> Wenn immer auch Agnes Frei nicht jene Xantippe gewesen, wie insbeson-
> dere die Nachrichten von ihr, welche Pirckheimer uns zurückgelassen, sie
> schildern, so ist doch anzunehmen, daß sie hinwiederum nicht jenes Ideal
> einer Hausfrau und liebenden Gattin gewesen sein mag, als welches Lazarus
> Spengler und mit ihm mehr die neueren Historiker des alten Nürnberg's und
> seines Dürer sie darzustellen versuchten[18].

Das ganze Repertoire negativer Eigenschaften, die der Nürnberger
Humanist Agnes Dürer in seinem Brief zugeschrieben hatte, wird von
Paul Frischauer noch 1925 in *Dürer. Roman der deutschen Renaissance*
wiederholt. Darin erscheint sie nur episodisch im Handlungsverlauf
als „Ebenbild ihrer Mutter"[19] übertrieben fromm und sparsam. „Sie
trägt sich in peinlich sauberer Kleidung aus schlechtem Zeug, hat die
blonden, glatten Haare schlicht unter dem Kopftuch nach rückwärts
gekämmt und die Augen in gottergebenem Niederschlag gesenkt"[20].
Albrecht kommt sie abscheulich vor, er würde am liebsten „heimlich
und grußlos an ihr vorbei in die Werkstatt" treten, aber „Mitleid und
Scheu vor endlosen Vorwürfen zwingt ihm den Gruß auf die Lippen
und läßt ihn stille stehen"[21]. Agnes bezichtigt ihn der Lüge und macht
ihm öffentlich Vorwürfe, was den Protagonisten zur Reflexion über
sein „mit Grausamkeit"[22] erfülltes Leben sowie zur erschreckenden
Erinnerung an ihre „knochige Umarmung"[23] veranlasst. Schließlich
versucht der Maler sich durch Flucht aus seiner Ehemisere zu befreien.
Vor den Toren der Stadt kehrt er allerdings um, als ihm bewusst
wird, dass auch Agnes das Opfer einer von den Eltern ausgehandelten
Zwangsehe ist[24]. Es sind also gesellschaftliche Umstände, die dem
Autor eine partielle Entschuldigung der Agnes ermöglichen, wodurch
ihre Eindimensionalität um etwas gebrochen wird. Dennoch bleibt sie
auch bei Frischauer eindeutig eine negative Figur.

---

18 *Ibid.*, S. 144.
19 P. Frischauer, *Dürer. Roman der deutschen Renaissance*, Berlin/Leipzig/Wien, Paul Zsolnay,
    1925, S. 29.
20 *Loc. cit.*
21 *Loc. cit.*
22 *Ibid.*, S. 30.
23 *Ibid.*, S. 31.
24 *Ibid.*, S. 82-83.

Die monotone Schablonenhaftigkeit bei der Zeichnung von Agnes als Kontrapunkt zu ihrem in allerlei Hinsicht idealen Mann war auf die Dauer weder psychologisch zu halten, noch konnte sie die Erwartungen erfüllen, die insbesondere nach der Reichsgründung an den Maler und seinen Familien- und Freundeskreis gestellt wurden. Dürer, der bereits in der ersten Hälfte des 19. Jahrhunderts zu einem Helden der Nationalmythologie wurde, blieb auch in der späteren Zeit eine umhuldigte Kunst-Ikone. Man betrachtete ihn nicht nur als moralisches Vorbild und künstlerisches Genie, dessen Werke als Höhepunkt der deutschen Kunst apostrophiert wurden, sondern auch als Propheten der Reformation sowie eminenten Vertreter der bürgerlichen Kultur. Diese Wahrnehmung hatte eine noch stärkere Idealisierung und die politisch-soziale Instrumentalisierung seiner Biografie und seines Charakters sowie seiner sozialen Umgebung zur Folge. Vor diesem Hintergrund wird klar, warum das Bild von Agnes Dürer einer Transformation unterzogen werden musste. In diesem Prozess war die Belletristik der Geschichtsschreibung voraus.

Als Wendepunkt hin zur „Ehrenrettung" von Agnes Dürer betrachtet Corine Schleif zu Recht die 1876 veröffentlichte Dürer-Biografie von Moritz Thausing sowie seinen Aufsatz *Dürers Hausfrau* von 1869[25]. Dieser österreichische Kunsthistoriker setzte sich nicht nur mit Pirckheimers Brief von 1530 kritisch auseinander, sondern machte auch auf einige Quellen aufmerksam, die Dürers Frau in einem positiven Licht zeigen. Die Stimmen, die ihr tradiertes, pejoratives Bild in Frage stellten, müssen allerdings bereits um die Mitte des 19. Jahrhunderts ziemlich deutlich gewesen sein, da bereits 1860 in einer anderen Dürer-Monografie die an Pirckheimers Objektivität zweifelnden Verteidiger der Agnes erwähnt werden[26]. Schleif wertet eine 1840 erschienene biografische Skizze von Moritz Maximilian Mayer als ersten Versuch das Image von Dürers Ehefrau aufzuhellen[27]. Doch bereits zwölf Jahre zuvor relativierte Leopold

25 M. Thausing, *Albrecht Dürer. Geschichte seines Lebens und seiner Kunst*, Leipzig, A.E. Seemann, 1876; *idem*, „Dürers Hausfrau. Ein kritischer Beitrag zur Biographie des Künstlers", *Zeitschrift für bildende Kunst*, Bd. 4, 1869, S. 33-42, 77-86; *cf.* C. Schleif, *Das pos Weyb*, *op. cit.*, S. 70-71. Schleif gibt irrtümlich an, dass die Dürer-Biographie von Thausing bereits 1860 veröffentlicht wurde.

26 *Cf.* A. von Eye, *Leben und Wirken Albrecht Dürer's*, Nördlingen, C.H. Beck'sche Buchhandlung, 1860, S. 89, 91.

27 M.M. Mayer, *Albrecht Dürer*, Nürnberg 1840, S. 5; *cf.* Schleif, *Das pos Weyb*, *op. cit.*, S. 69.

Schefer in seiner Novelle *Künstlerehe* das einseitige Bild von Agnes Dürer[28]. Den narrativen Rahmen bildet hier die Erzählung von Pirckheimer, dem der sterbende Künstler sein „Ehelaufs-Buch"[29] anvertraut hat. Die Geschichte des Paares beginnt im Jahr 1494, als Albrecht nach seiner Gesellenwanderung nach Nürnberg zurückkehrt. Die schöne Agnes verliebt sich zwar schon bei der ersten Begegnung in ihn, aber als stolze und selbstbewusste Frau kann sie sich nicht damit abfinden, dass ihr Vater, der die Ehe arrangierte, ihr kein Mitspracherecht erteilt hat. Darauf sind sowohl ihre scheinbare Gleichgültigkeit und Verschämtheit beim ersten Treffen mit dem künftigen Gatten wie auch das Verbergen ihrer wahren Gefühle nach der Heirat zurückzuführen. Symbolischer Ausdruck dieser zwiespältigen Haltung ist die Wangenröte, die bei der Vermählung in der Kirche markanterweise nur auf ihrer linken Wange zu sehen ist, während die rechte, nach Albrechts Seite, unverändert bleibt. Im Laufe der Zeit kommt es zwischen den Ehepartnern zu einer Anhäufung von Unannehmlichkeiten und Missverständnissen, die größtenteils aus Stolz und gelegentlich auch aus Neid der Frau resultieren. „[I]hr Leben war ihr ein stetes Beleidigtseyn" – stellt der Schefer'sche Pirckheimer fest[30]. Die Lage ändert sich nach der Geburt der Tochter. Agnes kommt bald zur Ansicht, dass Albrecht das Kind verwöhne. Zum Ausgleich verhält sie sich dem Kind gegenüber demonstrativ gleichgültig und verbirgt abermals ihre wahren Gefühle, die erst nach dem Tod der Tochter mit ungeheurer Stärke zum Ausdruck kommen. Diesen Gefühlsausbruch gestattet sie sich allerdings in einem Moment, in dem sie sich alleine wähnt. In der späteren Zeit pendelt die Beziehung zwischen Krisen und emotionaler Nähe, wozu nicht zuletzt auch finanzielle Aspekte beitragen. Nach Albrechts Rückkehr aus Italien verkauft Agnes das Selbstbildnis von Rafael, obwohl sie weiß, dass es für ihren Mann, als Geschenk des Italieners, einen besonderen Wert hat, und als Albrecht sein Honorar von Kaiser Rudolph ausbezahlt bekommt, schafft sie dafür neue Hausgeräte an. Dabei zeigt sie offen ihre Freude und lässt sich sogar nackt als Eva darstellen. Das Verhalten seiner Frau veranlasst Albrecht zu angestrengter Arbeit. Die schwerste Probe, die die Ehe

---

28 L. Schefer, „Künstlerehe", *Rosen. Ein Taschenbuch für 1828*, Leipzig, F.A. Leo, 1828, S. 355-493; *cf.* V. Pirsich, *op. cit.*, S. 313.

29 L. Schefer, *op. cit.*, S. 363.

30 *Ibid.*, S. 478.

überwinden muss, ist allerdings die Veränderung in Albrechts Gemüt
infolge von Melanchthons Predigten. Agnes glaubt, dass ihr Mann
deshalb zur neuen Lehre neige, weil er Scheidungsabsichten hege. In
einem Zornausbruch nennt sie ihren Mann sogar einen Satan, was das
Fass zum Überlaufen bringt. Der Maler verlässt Nürnberg und begibt
sich in die Niederlande. Nach einem längeren Aufenthalt im Ausland
kommt er zu seiner Frau zurück, die allmählich auch auf die Seite der
Reformation übergeht. Gleichzeitig vollzieht sich in ihr eine innerliche
Wandlung, sodass die letzten Jahre des Paares in relativer Harmonie
verlaufen können. Bilanzierend stellt der Erzähler Pirckheimer fest,
dass Albrecht und Agnes Dürer wie Licht und Schatten waren. Und
eben durch diesen Kontrast sowie die daraus resultierenden ehelichen
Probleme konnte sich der Maler als Künstler entwickeln[31]. Damit macht
Schefer Agnes Dürer ganz unerwartet zum Katalysator des Talents
ihres Mannes.

Eine nachhaltige, weil geschichtswissenschaftlich begründete
Änderung der literarischen Gestaltung von Dürers Ehefrau setzten
die erwähnten Publikationen von Thausing in Gang. So erscheint sie
1892 im apologetischen und deutlich protestantisch-national gefärbten
Roman *Albrecht Dürer. Ein Lebensbild* aus der Feder des evangelischen
Pfarrers Armin Stein (eigentl. Hermann Otto Nietschmann) als eine
schöne und liebevolle Frau. Die tradierte Ansicht, sie sei eine Xanthippe
gewesen, die ihrem Mann „durch ihr herrisches Wesen, durch ihren
Geiz und ihren Mangel an Verständnis für ihn das häusliche Leben
arg verbittert" habe, weist der Autor im Vorwort entschieden als einen
der „zwei Irrtümer" zurück, die sich über Dürer „im Lauf der Zeiten
eingewurzelt haben"[32], neben der angeblichen Armut des Künstlers.
Dabei präsentiert er dem Leser eine äußerst kritische Charakteristik von
Pirckheimer, der „in seinem Alter mit aller Welt zerfallen" gewesen, dazu
„vereinsamt, durch Podagra und Gallenstein ein eigensinniger, emp-
findlicher, mürrischer Greis geworden" sei[33]. Derselben Argumentation
bedient sich auch ein anderer Pfarrer, Rudolf Pfleiderer, in einem
biografischen Roman, wobei er namentlich auf Thausing verweist, der

---

31 *Ibid.*, S. 490-491.
32 A. Stein, *Albrecht Dürer. Ein Lebensbild*, Halle an der Saale, Buchhandlung des Waisenhauses,
     1892, S. IX.
33 *Ibid.*, S. IX-X.

als erster „die alte Mähr von Dürers unglücklicher Ehe, von seinem geizigen bösen Weibe [...] als tendenziöse Entstellung erwiesen und zurückgewiesen hat"[34].

Mit Thausings Schriften wurden die alten Vorurteile allerdings nicht mit einem Male getilgt, sondern sie klingen, abgemildert und allmählich nachlassend, bei späteren Autoren nach. Viele gingen dabei einen mittleren Weg, indem sie Agnes in der Rolle einer tüchtigen Hausfrau besetzten, doch ihr zugleich mangelndes Verständnis für die künstlerischen Probleme ihres Mannes andichteten. In der Ende des 19. Jahrhunderts erschienenen Erzählung von Otto von Golmen (eigentl. Julius Wilhelm Otto Richter) versucht Pirckheimer seinen Freund zu einer Reise nach Italien zu überreden, denn nur fern von seiner Frau werde er sein Talent entfalten können[35]. Der Maler verteidigt Agnes zwar, aber er tut das mehr der Pflicht halber als aus Überzeugung. Sie sei ihm vielleicht keine Gesprächspartnerin, aber dafür halte sie das Haus in gehöriger Ordnung[36]. Eine gute, doch etwas unwirsche Hausfrau ist sie auch im Roman von Beda Prilipp von 1916[37]. In der 1924 veröffentlichten Trilogie von Hermann Clemens Kosel[38] bedrücken die materialistische Einstellung seiner Frau sowie ihre ablehnende Haltung zur Antike und zur Nacktheit in der Kunst den nachdenklichen Maler, wobei diese nicht selten zum Grund ehelicher Zwistigkeiten werden[39]. Letztendlich weiß der sterbende und vollendete Künstler aber doch die Ergebenheit und den unerschütterlichen Charakter seiner Frau zu schätzen, die er als „beste Hüterin"[40] seiner Seele bezeichnet.

In nach 1945 entstandenen Romanen schließlich stabilisiert sich das positive Bild der Agnes Dürer und ihre von Pirckheimer aufgelisteten

---

34 R. Pfleiderer, *Albrecht Dürer. Ein altdeutsches Bürger- und Künstlerleben*, Kreuznach, R. Voigtländer, [1884] (= Deutsche Jugendbibliothek, 60), S. 130.

35 O. von Golmen, *Die Künstlerfahrt nach Welschland*, in: *idem, Albrecht Dürer. Drei Erzählungen aus dem Kunstleben Alt-Nürnbergs*, Leipzig, E. Ungleich, 1897, S. 59.

36 *Ibid.*, S. 56.

37 B. Prilipp, *Wahrheitsucher. Ein Dürer-Roman*, Berlin-Lichterfelde, Edwin Runge, [1916].

38 Bei der Vorbereitung dieses Beitrags wurde eine Nauauflage des Romans verwendet: H.C. Kosel, *Albrecht Dürer*, Bd. 1: *Jugend und Wanderjahre*; Bd. 2: *Der Meister*; Bd. 3: *Der Apostel*, Erfstatdt, area, 2004.

39 *Cf.* S. von Rüden, *Die Geschichtsbilder historischer Romane. Eine Untersuchung des belletristischen Angebots der Jahre 1913 bis 1933*, Berlin, Logos, 2018 (= Geschichtsdidaktische Studien, 4), S. 241-242.

40 *Ibid.*, Bd. 3, S. 300-301.

Laster werden endgültig in Tugenden umgewandelt. In dem episodisch komponierten Jugend-Roman von Irmengard von Roeder[41]
(1957) wird Dürers Frau ein ganzes Kapitel gewidmet[42]. Obwohl es
mit einer aufschlussreichen Szene beginnt, in der Agnes Geld zählt,
wird sie nicht als geizige Person ausgewiesen, sondern als geschickte
Vermittlerin, die auch bei anspruchsvolleren Kunden im Gespräch
mithalten kann. Geschäftssinn, Fleiß und stille Hingabe für ihren
Mann sind die wichtigsten Charaktereigenschaften der Agnes auch in
den beiden neuesten Dürer-Romanen: *Mein Agnes. Die Frau des Malers
Albrecht Dürer* von Ulrike Halbe-Bauer (1996) sowie *Albrecht Dürer* von
Ernst W. Wies (2000). Ersterer gehört zum populären Genre der femi-
nistischen Geschichtsprosa und stellt einen Versuch dar, das gemeinsame
Leben der Dürers aus der Perspektive von Agnes zu erzählen[43]. Dem
Text gingen gründliche historische Studien der Autorin voran. In einer
Nachbemerkung zu ihrem Roman sowie im Aufsatz *Das böse Weib?
Die Wahrheit über Agnes Dürer*[44] unternimmt Halbe-Bauer eine Kritik
der tradierten Lesart der Quellen. Dabei stellt sie nicht nur (wie viele
vor ihr) die Objektivität des Briefes von Pirckheimer in Frage, sondern
auch die der Dürer-Biografien, in denen als unumstößliche Tatsache
angenommen wird, dass der Maler „kurz nach der Hochzeit, während
die Pest in Nürnberg wütete, allein nach Venedig gereist ist, da eine
solche Reise für eine anständige Frau undenkbar gewesen sei"[45]. Die
Autorin verweist dagegen auf Frauen aus dem 16. Jahrhundert, die
sogar im Winter die Alpen passiert haben. Erklärtes Ziel ist eine neue,
feministische Interpretation der Quellen. Doch von der gemeinsamen
Reise der Dürers nach Italien abgesehen, die breit geschildert wird,
bewegt sich auch Halbe-Bauer mit dem Bild der Agnes Dürer in den
Bahnen der (prinzipiell männlichen) literarischen Tradition.

---

41 Bei der Vorbereitung dieses Beitrags wurde eine Neuauflage des Romans verwendet: I. von
    Roeder, *Der Maler aus Nürnberg. Albrecht Dürer und seine Zeit*, Stuttgart, Arena, 1970.
42 *Ibid.*, S. 31-37.
43 Bei der Vorbereitung dieses Beitrags wurde eine Neuauflage des Romans verwendet:
    U. Halbe-Bauer, *Mein Agnes. Die Frau des Malers Albrecht Dürer*, Gießen/Basel, Brunnen,
    2003; 2013 erschien die bearbeitete Fassung des Romans als *Mein Agnes. Die Geschichte
    der Agnes Dürer*.
44 *Eadem*, „Das böse Weib? Die Wahrheit über Agnes Dürer", *Am Anfang war Sigena: Ein
    Nürnberger Frauengeschichtsbuch*, hrsg. von N. Bennewitz, G. Franger, Cadolzburg, ars
    vivendi, 1999, S. 58-66.
45 *Eadem*, Nachbemerkung, in: *eadem*, *Mein Agnes…*, *op. cit.*, S. 326.

Von besonderer Bedeutung ist in Halbe-Bauers Erläuterungen die
Annahme, dass Dürer „vermutlich zwischen schöpferischen, genialischen
Phasen, in denen er überschäumend das Leben genießen konnte, und Zeiten
tiefer Verzweiflung, in denen er für seine Umgebung nur wenig Sinn auf-
brachte, hin und her" geschwankt habe[46]. Die Last der Haushaltsführung
ruhte dann zwangsläufig auf den Schultern seiner bodenständigen Frau.
Diese Annahme stellt das konstitutive Moment des Romans dar und liegt
der Figur der Agnes zugrunde, die einerseits der Sinuskurve der Gefühle
in einer grundsätzlich glücklichen Ehe mit Albrecht ausgesetzt ist und
andererseits sich den häuslichen Pflichten widmen muss. Im Text gibt es
daher mehrere Kapitel, die das Leben der Frauen an der Wende zur Neuzeit
illustrieren (*Im Bad, Häusliche Sorgen, Die Leitung der Werkstatt, Geschäfte*).
Von diesem weiblichen Aufgabenrepertoire hebt sich das Interesse der
Protagonistin an der Buchhaltung ab, die sie in Italien gründlich erlernt
und in der sie bald Gewandtheit erreicht. Bewandert im Rechnungswesen,
besorgt um den sozialen Status der Familie und psychisch stabil, wird
Agnes somit erneut als tüchtige, praktisch gesinnte und dadurch etwas
prosaische Frau dargestellt, was Schleif, die den Roman als noch der ersten
Welle des Feminismus verpflichtet sieht, mit einer spürbaren Enttäuschung
feststellt[47]. Ein ähnliches Bild zeichnet auch der Roman von Wies, der
sich stellenweise wie eine literarische Umsetzung von Erkenntnissen
wissenschaftlicher Arbeiten über Agnes Dürer liest. Ausführlich werden
unter anderem ihre Verbindungen mit den prominentesten Familien in
Nürnberg referiert und die damit zusammenhängenden Hoffnungen des
jungen Malers, der sich als wahrer Sohn seiner durch kaufmännisches Ethos
geprägten Heimatsstadt zu erkennen gibt[48]. Die gemeinsame Herkunft
und das bürgerliche Wertesystem bilden eine Verständigungsebene,
auf der sich die Liebe der Protagonisten entwickeln kann. Der geniale
Künstler steht also in keiner so deutlichen Opposition zu seiner Frau wie
bei Halbe-Bauer, ganz im Gegenteil, in vielerlei Hinsicht scheint er ihr
ähnlich zu sein. So teilt er mit ihr „die Neigung zur Sparsamkeit. [...]
nicht Geiz, sondern Vermeidung sinnloser Ausgaben"[49]. Die Sparsamkeit
wird hier als „normale Tugend der Nürnberger Hausfrau" gedeutet, „der

---

46 *Ibid.*, S. 325.
47 C. Schleif, *Das pos Weyb, op. cit.*, S. 79.
48 E.W. Wies, *Albrecht Dürer. Biographischer Roman*, Esslingen/München, Bechtle, 2000,
     S. 135-136.
49 *Ibid.*, S. 145.

von Jugend an gepredigt wird, dass Enthaltsamkeit und sparsamer Umgang mit Geld und Gut neben Keuschheit und Sittsamkeit zu den Grundtugenden des Weibes gehören"[50]. Auch Wies stattet Agnes mit einem ausgeprägten Geschäftssinn aus und ihre Handelsbegabung wird im Text mehrmals angesprochen. Ihre Sorge um materielle Dinge wird dabei als eine spezielle „Form der Liebe"[51] ausgelegt, die Albrecht zu schätzen weiß, auch wenn seine Frau ihm nicht immer Partnerin in Kunstfragen sein kann. Dieses „vernünftige" Gefühl erweist sich letztendlich als viel glücklicher und fruchtbarer als die leidenschaftliche Beziehung des jugendlichen Dürer zu der Seidenmachermeisterin Christine Olbrecht in Köln und die in Venedig, also schon nach seiner Heirat entfachte Liebe zu der Baronessa Elvira von Ferrata. Ausdrücklich wird im Text auch mit dem Brief von Pirckheimer polemisiert. So reagiert Albrecht mit Zorn auf die Bemerkung des Freundes, Agnes habe ihn „immerzu zur Arbeit angetrieben", und im Gespräch will er das Bild, das dieser „von ihr gezeichnet" habe, richtigstellen[52].

In der Dürer-Prosa des 19. und 20. Jahrhunderts zeichnet sich häufig der Versuch ab, Pirckheimers Unmut gegen Agnes zu ergründen. Dieses gespannte Verhältnis wird dabei nicht als einfache Konsequenz ihrer Untugenden dargestellt, sondern als Folge weltanschaulicher, moralischer oder sozialer Unterschiede zwischen Dürers Frau und seinem Freund. Letztere sind der Stein des Anstoßes im Roman von Pfleiderer: „Was Andere und Dürer selbst an Frau Agnes zu schätzen wußten, die Energie und Bestimmtheit des Wesens, insbesondere den sittenstrengen bürgerlichen Sinn, das hatte den patrizischen Lebemann Pirckheimer von jeher geärgert"[53]. Im Roman von Prilipp wird hingegen an Pirckheimer missbilligt, dass er „gern hübsche Frauen und Mädchen sieht"[54]. Auch bei Kosel kritisiert Agnes Dürer den Freund ihres Mannes für seine Behandlung der Frauen, insbesondere der in ihn verliebten Kathi Fürlegerin[55]. Damit verbindet sich ihre Distanzierung von den durch Pirckheimer inspirierten Antike- und Akt-Studien Albrecht Dürers. Ebenso verfährt Leo Weismantel, der Agnes zu einer beinahe fanatischen

---

50 *Ibid.*, S. 342.
51 *Ibid.*, S. 206.
52 *Ibid.*, S. 437.
53 R. Pfleiderer, *op. cit.*, S. 129.
54 B. Prilipp, *op. cit.*, S. 38.
55 H.C. Kosel, *op. cit.*, Bd. 1, S. 248-249.

Feindin der Nacktheit in der Kunst stilisiert[56]. Bei einer so angelegten Figurenzeichnung wird sie zu einer geradezu natürlichen Antagonistin von Pirckheimer. Eindeutig zugunsten Agnes, sowohl in ihrer Beziehung zu Albrecht, als auch im Verhältnis zu Pirckheimer, spricht sich hingegen Erich Galdiner (eigentl. Erich Czech) in seinem Roman *Albrecht Dürer. Maler der deutschen Seele* von 1952 aus[57]. Auffällig ist, dass der Maler, im Unterschied zum meist panegyrischen Ton der ihm gewidmeten Werke, hier als recht eigenwilliger und auf oberflächliche Schönheit konzentrierter Schwärmer dargestellt wird. Seine schöne Frau erfüllt seine ästhetischen Erwartungen, doch von Leidenschaft kann nicht die Rede sein. Auf das nicht zuletzt von Begierde motivierte Angebot Pirckheimers, er könne Agnes während Albrechts Abwesenheit von Nürnberg in seine Obhut nehmen, reagiert der Maler, ganz in Gedanken an seine Reise nach Venedig, ziemlich gleichgültig. Schlimmer noch, in Italien betrügt er seine Frau. Erst nach einer gewissen Zeit wird er seiner Gefühle für Agnes gewahr. Solange ihr Mann nicht nach Nürnberg zurückkehrt, muss Agnes Dürer dem immer aufdringlicheren Pirckheimer die Stirn bieten. Sie erteilt ihm eine eindeutige Abfuhr, worauf dieser, gekränkt in seinem männlichen Stolz, üble Gerüchte verbreitet. „Und selbst nach des Grossen Dürers Tod" – kommentiert Galdiner in Bezug auf den Brief von 1530 – wusste er „noch Schlechtes von ihr zu sagen"[58]. Wies begründet hingegen die Abneigung Pirckheimers gegen Agnes mit den Ereignissen nach dem Tod des Malers, auf die im letzten, *Bericht der Agnes Dürerin* überschriebenen Kapitel seines Romans eingegangen wird. Die Witwe ist empört, dass Pirckheimers Freunde, ohne sie zu fragen, die Leiche ihres Mannes nächtens ausgegraben haben, um einen Gipsabdruck des Gesichts zu nehmen. Auch konstatiert sie, ohne allerdings die Ursachen dieser Feindschaft näher zu beleuchten, dass Pirckheimer ihr „immer ein Feind"[59] gewesen sei.

Das hier in allgemeinen Konturen nachgezeichnete Bild der Agnes Dürer in der Prosa der letzten zwei Jahrhunderte, dessen Geschichte großenteils eine Auseinandersetzung mit dem Brief von

---

56 L. Weismantel, *Albrecht Dürers Brautfahrt in die Welt*, Freiburg-München, Karl Alber, 1950; idem, *Albrecht Dürer. Der junge Meister*, Freiburg-München, Karl Alber, 1950.

57 E. Galdiner, *Albrecht Dürer. Maler der deutschen Seele*, Zürich, Schweizer Druck- und Verlagshaus, 1952.

58 *Ibid.*, S. 96.

59 E.W. Wies, *op. cit.*, S. 468.

Willibald Pirckheimer von 1530 darstellt, erhebt keinen Anspruch auf
Vollständigkeit und versteht sich lediglich als Beitrag zur Forschung über
die Dürer-Biografistik. Aufgrund einer langen Tradition eignet sie sich
nämlich ausgezeichnet als Objekt nicht nur literaturwissenschaftlicher,
sondern auch kunsthistorischer Studien. Sie fokussiert nämlich mehrere
Aspekte, wie soziale und nationale Erwartungen gegenüber der Kunst
und dem Künstler und seinem Umkreis, den Stand des historischen
Wissens, bestimmte Rezeptionsmodi von Kunstwerken. Zugleich
demonstriert sie die Rolle der Literatur als Medium des immer wieder
aktualisierten historischen Diskurses, das die populäre Vorstellung von
der Vergangenheit, darunter auch von der Rolle der Frauen, mitgestaltet.
Die dichterische Freiheit erlaubt, aus überlieferten Fakten ein neues,
oft überraschendes Gefüge zu kreieren, das sich nicht unbedingt mit
dem fachwissenschaftlich konstruierten decken muss und gegebenen-
falls Tendenzen der Geschichtsschreibung antizipieren kann, wie die
Novelle von Leopold Schefer, der lange vor Moritz Thausing das Bild
der „bösen" Agnes einer Umdeutung unterzog.

Tomasz SZYBISTY
Pädagogische Universität Krakau

BIBLIOGRAFIE

BÄNSCH, Dieter, „Zum Dürerbild der literarischen Romantik", *Marburger Jahrbuch für Kunstwissenschaft*, Jg. 19, 1974, S. 259-274.

BARBECK, Hugo, „Des Meisters letzte Liebe", in: *idem, „Als Nürnberg freie Reichsstadt war." Geschichten, Sagen und Legenden aus Nürnberg's vergangenen Tagen*, Nürnberg, Heerdegen-Barbeck, 1895, S. 114-149.

BIAŁOSTOCKI, Jan, *Dürer and his critics. 1500-1971. Chapters in the history of ideas*, Baden-Baden, Valentin Koerner, 1986 (= Saecvla Spiritalia, 7).

EYE, August von, *Leben und Wirken Albrecht Dürer's*, Nördlingen, C.H. Beck'sche Buchhandlung, 1860.

FRISCHAUER, Paul, *Dürer. Roman der deutschen Renaissance*, Berlin/Leipzig/ Wien, Paul Zsolnay, 1925.

GALDINER, Erich, *Albrecht Dürer. Maler der deutschen Seele*, Zürich, Schweizer Druck- und Verlagshaus, 1952.

GOLMEN, Otto von, „Die Künstlerfahrt nach Welschland", in: *idem, Albrecht Dürer. Drei Erzählungen aus dem Kunstleben Alt-Nürnbergs*, Leipzig, E. Ungleich, 1897, S. 45-154.

GRIESEL, August Franz Wenzel, *Albrecht Dürer. Dramatische Skizze*, Prag, Friedrich Tempsky, 1820.

HALBE-BAUER, Ulrike, „Das böse Weib? Die Wahrheit über Agnes Dürer", *Am Anfang war Sigena: Ein Nürnberger Frauengeschichtsbuch*, hrsg. von N. Bennewitz, G. Franger, Cadolzburg, ars vivendi, 1999, S. 58-66.

HALBE-BAUER, Ulrike, *Mein Agnes. Die Frau des Malers Albrecht Dürer*, Gießen/ Basel, Brunnen, 2003.

HINZ, Berthold, Dürers Gloria, in: *Dürers Gloria. Kunst, Kult, Konsum*, Berlin, Gebr. Mann, 1971, S. 9-46.

KOSEL, Hermann Clemens, *Albrecht Dürer*, Bd. 1: *Jugend und Wanderjahre*; Bd. 2: *Der Meister*; Bd. 3: *Der Apostel*, Erfstatdt, area, 2004.

LEONHARDT-LYSER, Caroline, *Meister Albrecht Dürer*, Nürnberg, George Winter, 1840.

PAHL, Kerstin Maria, WERNER, Lukas, „Variation als Aneignung: Affirmation und Demarkation in der Dürer-Biographik zwischen 1790-1840", *Die Biographie – Mode oder Universalie? Zu Geschichte und Konzept einer Gattung in der Kunstgeschichte*, hrsg. von B. Böckem, O. Peters, B. Schellewald, Berlin/Boston, De Gruyter, 2016 (= Studien zur modernen Kunsthistoriographie, 7), S. 89-100.

PFLEIDERER, Rudolf, *Albrecht Dürer. Ein altdeutsches Bürger- und Künstlerleben*, Kreuznach, R. Voigtländer, [1884] (= Deutsche Jugendbibliothek, 60).

PIRSICH, Volker, „Die Dürer-Rezeption in der Literatur des beginnenden 19. Jahrhunderts", *Mitteilungen des Vereins für Geschichte der Stadt Nürnberg*, Bd. 70, 1983, S. 304-333.

PRILIPP, Beda, *Wahrheitsucher. Ein Dürer-Roman*, Berlin-Lichterfelde, Edwin Runge, [1916].

ROEDER, Irmengard von, *Der Maler aus Nürnberg. Albrecht Dürer und seine Zeit*, Stuttgart, Arena, 1970.

RÜDEN, Stefanie von, *Die Geschichtsbilder historischer Romane. Eine Untersuchung des belletristischen Angebots der Jahre 1913 bis 1933*, Berlin, Logos, 2018 (= Geschichtsdidaktische Studien, 4).

SANDRART, Joachim von, *Teutsche Academie der Bau-, Bild- und Mahlerey-Künste*, Nürnberg 1675/1679/1680, Wissenschaftlich kommentierte Online-Edition, hrsg. von Th. Kirchner, A. Nova, C. Blüm, A. Schreurs, Th. Wübbena, 2008-2012, S. 446 (http://ta.sandrart.net/en/facs/446, Zugriff: 18. 06. 2018).

SCHAUERTE, Thomas, „Albrecht Dürer als Zeitzeuge der Reformation", in: *idem, Neuer Geist und neuer Glaube. Dürer als Zeitzeuge der Reformation*, Ausstellungskatalog, Nürnberg, Albrecht-Dürer-Haus, 30.06.-04.10.2017, Petersberg, Michael Imhof, 2017 (= Schriftenreihe der Museen der Stadt Nürnberg, 14), S. 11-51.

SCHAUERTE, Thomas, „... Erinnerung an den vortrefflichsten Bürger der Stadt und ihre ehrenvollste Zeit'. Dürers Bild in der Frühromantik", *Sehnsucht Nürnberg. Die Entdeckung der Stadt als Reiseziel der Frühromantik*, hrsg. von M. Henkel, Th. Schauerte, Ausstellungskatalog, Nürnberg, Stadtmuseum Fembohaus, 25. 08.-20. 11. 2011. Nürnberg, Tümmel, 2011, S. 29-33.

SCHEFER, Leopold, „Künstlerehe", *Rosen. Ein Taschenbuch für 1828*, Leipzig, F.A. Leo, 1828, S. 355-493.

SCHENK, Eduard von, „Albrecht Dürer in Venedig", *Taschenbuch für Damen. Auf das Jahr 1829*, Stuttgart-Tübingen, J.G. Cotta'sche Buchhandlung, 1829, S. 1-64.

SCHLEIF, Corine, „Agnes Frey Dürer, verpackt in Bildern, vereinnahmt in Geschichten", *Am Anfang war Sigena: Ein Nürnberger Frauengeschichtsbuch*, hrsg. v. N. Bennewitz, G. Franger, Cadolzburg, ars vivendi, 1999, S. 67-77.

SCHLEIF, Corine, "Albrecht Dürer between Agnes Frey and Willibald Pirckheimer", *The Essential Dürer*, hrsg. von L. Silver; J.Ch. Smith, Philadelphia, University of Pennsylvania Press, 2010, S. 185-205.

SCHLEIF, Corine, „*Das pos Weyb* Agnes Frey Dürer: Geschichte ihrer Verleumdung und Versuche der Ehrenrettung", *Mitteilungen des Vereins für Geschichte der Stadt Nürnberg*, Bd. 86, 1999, S. 47-80.

STEIN, Armin, *Albrecht Dürer. Ein Lebensbild*, Halle an der Saale, Buchhandlung des Waisenhauses, 1892.

SZYBISTY, Tomasz, „Odczarowanie złośnicy. Kilka uwag o literackich kreacjach Agnes Dürer w kontekście recepcji listu Willibalda Pirckheimera do Johanna Tscherte", *Od mistyczki do komediantki: Kobiety Europy epok dawnych – źródła i perspektywy*, hrsg. von J. Godlewicz-Adamiec, P. Kociumbas, M. Sokołowicz, Warszawa, Instytut Germanistyki Uniwersytetu Warszawskiego, 2016, S. 189-200.

THAUSING, Moritz, *Albrecht Dürer. Geschichte seines Lebens und seiner Kunst*, Leipzig, A.E. Seemann, 1876.

THAUSING, Moritz, „Dürers Hausfrau. Ein kritischer Beitrag zur Biographie des Künstlers", *Zeitschrift für bildende Kunst*, Bd. 4, 1869, S. 33-42, 77-86.

WEGNER, Reinhard, „Dürerkult in der Romantik. Das Mittelalterbild der Nazarener", *Anzeiger des Germanischen Nationalmuseums*, 1998, S. 25-27.

WEISMANTEL, Leo, *Albrecht Dürer. Der junge Meister*, Freiburg/München, Karl Alber, 1950.

WEISMANTEL, Leo, *Albrecht Dürers Brautfahrt in die Welt*, Freiburg/München, Karl Alber, 1950.

WIES, Ernst W., *Albrecht Dürer. Biographischer Roman*, Esslingen/München, Bechtle, 2000.

WILDER, Johann Christoph Jakob, *Lieder und Bilder aus Albrecht Dürers Leben. Zur Feier der Grundsteinlegung des Denkmals für Albrecht Dürer am 7. April 1828*, Nürnberg, Riegel u. Wießner, 1828.

Willibald Pirckheimers Briefwechsel, bearb. und hrsg. von H. Scheible, Bd. 7, München, C.H. Beck, 2009.

ATTITUDES TO FEMALE EDUCATION IN 19ᵗʰ CENTURY ENGLISH LITERATURE WRITTEN BY WOMEN

From Jane Austen to Amy Levy

The late 18ᵗʰ and early 19ᵗʰ centuries saw fierce debates about the nature and purpose of women's education. How and whether should women–and particularly middle-class women–be educated? What was their "proper" place in society? Should they be confined to homes as their places? Should they have anything to say about public affairs? Should they vote? These were the issues which constituted the famous "Woman Question" debate in the second half of the 19ᵗʰ century, and the matter of female education is fundamental to all of these concerns.

"A woman, especially, if she have the misfortune of knowing any-thing, should conceal it as well as she can"[1] says the narrator of Jane Austen's *Northanger Abbey* and the comment, ironic as it is, has a great deal of truth in it. Conduct books and texts on education available in the late 18ᵗʰ and early 19ᵗʰ century generally agree that women should not be encouraged to improve their minds: Hannah More, a conservative social reformer, in her *Strictures on the Modern System of Female Education* claims that too much education enhances female "natural defects of temper" like vanity, indolence and the love of power[2]; moreover, the chief purpose of female education should be the development of cha-racter[3] and being useful to others[4]. Likewise, a moralist named John Gregory in an epistle *A Father's Legacy to his Daughters* went so far as to

---

1 J. Austen, *Northanger Abbey*, Ware, Hertfordshire, Wordsworth Classics edition, 1993, p. 71.
2 H. More, *Strictures on the Modern System of Female Education*, London, T. Cadell Jun. and W. Davies, 1799, vol 2, p. 130.
3 *Ibid.*, p. 12.
4 *Ibid.*, p. 2.

caution his daughters to hide their learning[5]. Finally, a common belief about capacities of both genders was that the minds of women were not designed for learning. In *An Inquiry into the Duties of the Female Sex* an Anglican priest Thomas Gisborne stated that "other studies, pursuits, and occupations, assigned chiefly or entirely to men, demand the efforts of a mind endued with the powers of close and comprehensive reasoning... in a degree which they are not requisite for the discharge of the customary offices of female duty"[6].

Jane Austen, whose six novels were published between 1811 and 1817, comments upon the issues of female development, mental and spiritual growth, and education. Each of her narratives can in a sense be called an education novel, since her main female heroines all grow from ignorance to self-awareness. Critics generally agree that "[Austen] identifies self-knowledge as education's primary end"[7] and that "[she] develops the women in her novels so that they educate themselves in order to achieve self-knowledge instead of simply achieving an advantageous marriage[8]. Interestingly, as noted by Barbara Horwitz, Austen "does differ from the other writers on education and conduct in that they insist the goal of education for women is the development of good nature, while she believes the goal of education for women ought to be identical to the goal of education for men: self-knowledge"[9]. Consequently, if we scrutinize Austen's novels, in all of them the element of attaining higher self-awareness is evident. In *Pride and Prejudice* Elizabeth has to learn that her inclination to draw conclusions based on false appearances has led her to misjudge both Darcy and Wickham; in *Sense and Sensibility* Marianne Dashwood similarly comes to understand the source of her false assumptions about Willoughby and why Colonel Brandon may be her perfect match; in *Emma* the titular heroine learns that in order to achieve happiness she needs to surrender some of her independence and give up total confidence in her own perceptive powers; in *Northanger*

---

5   E. McElligott, "Jane Austen: Shaping the Standard of Women's Education", *The Midwest Journal of Undergraduate Research*, 2014, p. 80-81.

6   *Ibid.*, p. 80.

7   B. Roth, "Jane Austen and the Question of Women's Education", *Studies in the Novel*, no. 25/1, 1993, p. 112.

8   E. McElligott, *op. cit.*, p. 79.

9   B. Horwitz, "Women's Education During the Regency: Jane Austen's Quiet Rebellion", *Persuasions*, no. 16, 1994, p. 135.

Abbey Catherine Morland must train herself to differentiate between fantasy and reality.

However, stressing the need for self-analysis and self-awareness is only one way in which Austen engages in the contemporary debates on female development. Another such debate directly relates to the questions of what, how and for what purpose women should study. In Austen's times there was no organized formal education system for women. While men aspired to become priests, naval officers (two of Austen's brothers joined the navy, two became clergymen), went to private boarding schools to live with tutors (like Edward Ferrars from *Sense and Sensibility*) or attended public schools like Eton (the case of Edmund Bertram in *Mansfield Park*), female education was largely a matter of domestic schooling and reading. As social critics and writers from Mary Wollstonecraft to Hannah More pointed out, females were excluded from broad intellectual education[10]. Female education consisted of four elements: basic schooling, household management, religious instruction and what came to be called "accomplishments." In the words of Gary Kelly:

> Basic schooling comprised practical skills such as literacy and numeracy [...] Household management included supervision if not participation in domestic needlework, food preparation, the regular but epic activity of washing-day and care of the sick, the young and the aged. Religious instruction, considered indispensable, inducted the young female into the family's church[11].

Accomplishments, in turn, were usually acquired at home from governesses or public tutors, and included such skills as dancing, singing, playing an instrument, decorative needlework, drawing, the basic knowledge of fashionable languages, particularly French and Italian. In contrast, male learning included mathematics, theology, Classical languages, analytical and scientific discourses.

Mary Wollstonecraft in her *Vindication* claims that educating women to be accomplished or notable denied them intellectual independence enjoyed by men and were an obstacle for reform. Furthermore, she voices her conviction that the lack of education "enslave[s] women by

---

10   Gary Kelly, "Education and Accomplishments", *Jane Austen in Context*, ed. J. Todd, Cambridge, Cambridge University Press, 2006, p. 258.

11   *Ibid.*, p. 256.

cramping their understandings"[12]. In her novels Austen stresses the fact that because of financial concerns as well as common beliefs about the purpose of education, women occupy an underprivileged position. The educational standards for women, while at times unreasonably high, did not, at the same time, provide them with useful skills which they could use to support themselves. In *Pride and Prejudice* Caroline Bingley lectures Elizabeth about proper schooling, saying that:

> no one can be really esteemed, who does not greatly surpass what is usually met with. A woman must have a thorough knowledge of music, singing, drawing, dancing, and the, to deserve the word; and besides all this, she must possess a certain something in her air and manner of walking, the tone of her voice, her address and expressions, or the word will be but half deserved[13].

The list is promptly completed by Mr Darcy who adds that "to all this she must yet add something more substantial, in by extensive reading"[14].

According to Gary Kelly, in Austen's times an "accomplished woman" was seen in contrast to a "learned" or "bluestocking" woman, where the first term had undeniably positive connotations in opposition to the other ones. A "learned" woman is, supposedly, unfeminine (since proper learning is the male domain) and thus unfit for marriage[15]. Although Austen's female characters are rather more accomplished than learned, Austen does not seem to perpetuate the dominant mode of thinking. In her novels men prefer intelligent, widely-read, talented, even snappy women to those who are conventionally thinking and behaving. Darcy finds Elizabeth alluring precisely because she can think independently; Colonel Brandon embraces Marianne's intelligence, passion for reading and music; Edward Ferrars values Elinor's reason as well as her physical appeal; Mr Knightly's love for Emma is motivated by her independence, self-confidence, intelligence mirrored in her discourse. Moreover, Austen's heroines are not only smart, passionate, stubborn, talented and outspoken, but also interested in their self-development. Elizabeth Bennet, in her conversation with Lady Catherine de Bourgh asserts that "those who want to be idle, certainly might" and concludes that "but such of us as wished to learn, never wanted the means. We were always encouraged

---

12 M. Wollstonecraft, *A Vindication of the Rights of Woman*, Harmondsworth, Penguin, 1971, p. 104.
13 J. Austen, *Pride and Prejudice*, London, Penguin Popular Classics, 1994, p. 33.
14 *Ibid.*, p. 33.
15 G. Kelly, *op. cit.*, p. 258.

to read, and had all the masters that were necessary"[16]. Similarly, Marianne Dashwood has a true passion for reading, both poetry and prose, which she treats as a means for self-development: "By reading only six hours a-day, I shall gain in the course of a twelvemonth a great deal of instruction which I now feel myself to want"[17] she states. In turn, Elinor has a talent as well as a passion for drawing. Interestingly, both Dashwood sisters are contrasted with illiterate and unintelligent Lucy Steele, Elinor's rival for Edward's attention, whose "deficiency of all mental improvement, her want of information in the most common particulars, could not be concealed from Miss Dashwood, in spite of her constant endeavour to appear to advantage. Elinor saw, and pitied her for the neglect of abilities which education might have rendered so respectable"[18]. Furthermore, she is certain that because of her intellectual shortcomings, Lucy Steele is not a proper partner for Edward:

> She might in time regain tranquillity; but HE, what had he to look forward to? Could he ever be tolerably happy with Lucy Steele; could he, were his affection for herself out of the question, with his integrity, his delicacy, and well-informed mind, be satisfied with a wife like her–illiterate, artful, and selfish[19]?

Thus, Austen does not perpetuate the widespread conviction that women should not train their minds; on the contrary, she sees that intelligent men want and need intelligent wives. She also shows that women want to educate themselves: the lack of proper education places them in a position in which they are fully financially dependent either on their fathers or on their husbands.

Another female novelist whose texts criticize the then existent status quo as far as women's learning is concerned is Mary Ann Evans, better known as George Eliot–the male pen name she embraced in order to ensure that her works would be treated seriously. Evans, who herself received thorough education both in three successive boarding schools and at home, openly admitted the importance of learning in her letters and in her fiction. She stated: "I think 'Live and teach' should be a proverb as well as 'Live and learn.' We must teach either for good

---

16 J. Austen, *Pride and Prejudice, op. cit.*, p. 130.
17 J. Austen, *Sense and Sensibility*, Ware, Hertfordshire, 2000, p. 230.
18 *Ibid.*, p. 84-85.
19 *Ibid.*, p. 91.

or evil"[20]. The statement epitomises the centrality of education in her thought, as well as her conviction that teaching others is a risk as well as a responsibility[21]. She also referred to Mary Wollstonecraft's seminal *Vindication of the Rights of Women:* as noted by a critic, "in an essay of 1855, George Eliot cites approvingly Wollstonecraft's contention that women should be educated for skilled professions. In contrast, she maintains, a woman trained only in ladylike accomplishments is 'fit for nothing but to sit in her drawing-room like a doll-Madonna in her shrine'"[22].

The issue of unequal rights in relation to schooling is perhaps best visible in Eliot's second novel, *The Mill on the Floss* (1860). Making the Tulliver twins two central characters in the book sharpened the contrast between the privileged position of Tom and the underprivileged situation of Maggie. At the same time, Eliot stressed the fact that formal, conventional schooling often proves both impractical and unnecessary, and that education, indispensable as it was, should be individualised, propagating "the true gospel that the deepest disgrace is to insist on doing work for which we are unfit–to do work of any sort badly"[23].

From the start of the novel Maggie Tulliver is presented as more unconventional, livelier, more intellectual and definitely brighter than her brother, Tom. This, however, is not the reason for untimely pride; on the contrary, it is the source of vexation and anxiety. Mr Tulliver, in particular, experiences ambivalent feelings as confronted with Maggie's intelligence: his "little wench", as he insists on calling her, is "twice as 'cute [acute] as Tom"[24], and, what's more, "too 'cute for a woman", which does not bide well: "an over' cute woman's no better nor a long-tailed sheep–she'll fetch none the bigger price for it" (*MF* 60). Mrs Tulliver, in turn, is disappointed by Maggie's looks–she wishes her daughter had such nice blond curls as Lucy, aunt Deane's daughter (*MF* 60-61), instead of unruly, black, witch-like wisps, which, with her dark complexion, make her look like a gypsy (*MF* 125). Her behaviour and inclinations are also

---

20 E. Gargano, "Education", in *George Eliot in Context*, ed. Margaret Harris, Cambridge, Cambridge University Press, p. 117.

21 *Loc. cit.*

22 *Ibid.*, p. 119.

23 *Ibid.*, p. 114.

24 G. Eliot, *The Mill on the Floss*, London, Penguin Books, 1985, p. 59. All further quotations from the novel refer to this edition and are given by the abbreviated title of the work (*MF*), followed by page number(s).

suspect–she is too outspoken, and does not want to do her needlework, logically arguing that it is a very foolish occupation: "tearing things to pieces to sew them again" (MF 61). Her fondness for reading also worries the adults–Mr Riley is shocked to have discovered that Maggie's favourite reading matter is Daniel Defoe's *The History of the Devil* (MF 67). Her love for books will grow into severe craving for knowledge, not to be satisfied because serious education was not intended for women.

In contrast, Maggie's brother Tom is sent to private tutoring to achieve proper education. At the same time their father clearly recognizes Tom's intellectual inferiority when compared to Maggie–as he states, Tom "hasn't got the right sort of brains for a smart fellow" and is "a bit slowish" (MF 59). Nevertheless, he needs education in order to "talk pretty nigh as if it was all wrote out for him" and know "a good lot o' words as don't mean much" (MF 59) to be able to assist his father with legal issues concerning the mill in which he became involved. Mr Tulliver wants Tom to learn arithmetic, to do sums quickly, and to have a general knowledge which will help him in business (MF 72). Unfortunately, Tom's education is thoroughly theoretical and very conventional–mostly he learns Latin, Eton Grammar, and Euclid (MF 207). Needless to say, Tom finds it a torture, and Mr Stelling, his private tutor, is convinced that Tom is "rather a rough cub" (MF 204). However, Tom, though not intellectual, is not stupid–such education is just not for him. Instead, he is good at games and sports, particularly competitive ones (MF 202), is practical, thinks logically, and when disaster strikes, he assumes responsibility for his family, although, as his uncle Deane defines him, he is "a lad of sixteen, trained to nothing in particular" (MF 315). The kind of schooling he acquired with Mr Stelling would have been just perfect for Maggie–who shows keen interest in reading, Latin and theoretical subjects. When she visits Tom, it is immediately visible that her intellect would very much profit from Mr Stelling's teaching. Despite her assertion that when she grows up she will be "a clever woman" (MF 216), Maggie promptly learns her place when Mr Stelling defines female intellectual capacities in such a way: "They can pick up a little of everything, I daresay [...] They've a great deal of superficial cleverness: but they couldn't go far into anything. They're quick and shallow" (MF 220-221).

Maggie, when she gets older, will be sent to school, just the right one for girls–the local boarding school in Laceham on the Floss, where she will be taught things women should know–particularly etiquette (*MF* 263). After her education is terminated, we learn that, looking through her collection of schoolbooks, she leafs through them "with a sickening sense that she knew them all, and they were all barren of comfort. Even at school she had often wished for books with more in them [...]" (*MF* 378-379). Maggie's intellectual craving leads her to renounce her self–the hunger of knowledge she experiences becomes unbearable. Therefore, she turns to the one book which will accompany her–Thomas à Kempis's *Imitation of Christ*, which will teach her how to avoid stimuli altogether. As Jacqueline Banerjee notes, "[i]nspired by this one book, the untutored girl now embarks on the deliberate starving of her mind, rejecting Philip Wakem's offer to lend her a copy of Sir Walter Scott's *The Pirate*, on the grounds that "it would make me long to see and know many things–it would make me long for a full life"[25].

While Maggie's education equipped her to become a teacher in "a third-rate schoolroom" (*MF* 494) which Lucy calls "dreary" and where, besides teaching, Maggie also had to mend little girls' clothes and probably fulfil other, similarly unappealing duties as well (*MF* 481), Tom, propelled by his practical sense and commitment, having forgotten the unnecessary knowledge he acquired with Mr Stelling, secured a reasonably stable position in life, a possibility Maggie has been deprived of. George Eliot, apart from stressing gender inequality which determines the fates of both of her main characters, also creates a supreme, yet cruel irony: Maggie, who would have been an excellent student and who craved for knowledge, was not believed fit for such learning because of her being a girl; Tom, who suffered to the extreme with his classical studies, found them an impediment in his attempts to secure a job he needed to support his family. In words of a critic, Eliot's fiction comments upon "the tyranny of educational conventions, the arbitrary impact of gender and class assumptions on teaching, and the need for an innovative and individualised pedagogy"[26].

Another female writer whose name is inextricably related to the issue of the "Woman Question", particularly in the context of education, is Elizabeth Barrett Browning. Herself supremely educated through

---

25   J. Banerjee, "'Girls' Education and the Crisis of the Heroine in Victorian Fiction," *English Studies*, vol. 75, no. 1, 1994, p. 38.
26   E. Gargano, *op. cit.*, p. 113.

extensive reading in history, literature, classics (particularly Greek) and modern foreign languages, she was an avid reader of Mary Wollstonecraft and a propagator of her ideas. She "also believed that this educational training was crucial to her aim to be recognised as a successful poet. This was particularly so given that the dominant conservative culture of the time believed that poetry was principally the literary domain of men. If women were to write poetry, they should write about love, nature or pious religion–that is, nothing that was perceived as too intellectually demanding"[27].

Her nine-book epic poem *Aurora Leigh*, published in 1856, talks about the struggles of a female writer to establish herself as a successful poet. The theme of an education which women desire but which is not considered feminine by the social standards of the age is considered already in Book I of the poem, where Aurora relates the story of her childhood. After the death of her parents (her mother died when she was four, her father–when she was thirteen), she was sent to live with her aunt, her father's sister. The Aunt takes it as her responsibility to educate her niece properly–thus, Aurora is compelled to study catechism and the Bible–since she has to be pious; "a little algebra, a little / Of the mathematics" (ll. 403-404) but not much of the sciences, since they might have made her frivolous; French and German, but "kept pure of Balzac and neologism" (l. 400); music, embroidery and drawing. Her aunt distrusted literature in general, but made her read conduct books for women, books demonstrating "[t]heir right of comprehending husband's talk / When not too deep, and even of answering' / With pretty 'may it please you,' or 'so it is'" (ll. 431-433). In short, this was just the type of education which defined women as ornaments, unable to think and talk seriously and logically, but skilled to appear superficially educated–not too deeply, of course, but enough to pass on as an accomplished woman. Nothing has changed since the days of Jane Austen.

Aurora sums up such schooling in a deeply ironic way. She says:

> The works of women are symbolical.
> We sew, sew, prick our fingers, dull our sight,
> Producing what? A pair of slippers, sir,

---

27 S. Avery, "Elizabeth Barrett Browning and the Woman Question", British Library, 2015, http://www.bl.uk/romantics-and-victorians/articles/elizabeth-barrett-browning-and-the-woman-question, acc. 1.02.2017.

> To put on when you're weary—or a stool
> To tumble over and vex you... (ll. 456-460)

Her concern is with the uselessness of a typically female education and production; she, in contrast, yearns to do something of importance. She is almost literally starved of learning and activities which would be of consequence. However, what revives her is her innate sensitivity to the beauty of nature, and the fact that she has discovered her father's library. Now she reads "books bad and good—some bad and good / At once" (ll. 779-780), voraciously devouring her father's scholarly collection. Reading, particularly of poetry, becomes her freedom, her consolation, and her aim in life. She thus relates the impression poetry had on her mind:

> As the earth
> Plunges in fury, when the internal fires
> Have reached and pricked her heart, and, throwing flat
> The marts and temples, the triumphal gates
> And towers of observation, clears herself
> To elemental freedom—thus, my soul,
> At poetry's divine first finger touch,
> Let go conventions and sprang up surprised,
> Convicted of the great eternities
> Before two worlds. (ll. 845-854)

Poetry becomes the language of sages, the vision of prophets. She sees the poets as "the only speakers of essential truth" (l. 860), "the only teachers who instruct mankind / From just a shadow on a charnel wall, / To find man's veritable stature out, / Erect, sublime [...]" (ll. 864-867). With an urge to matter, to do something significant in life, she vows to become a poet herself—a vocation which conduct books and literature for women did not teach. With such a resolution, she also trespasses on distinctly male territory—according to common beliefs, women were not cut out for writing serious poetry, but if they had to write, then their genres were romances and sentimental novels.

Thus, the model of education proposed by Barrett Browning in *Aurora Leigh* is highly individualistic; similarly to George Eliot, she voiced distrust in conventional schooling, by ridiculing the learning of catalogues of unimportant facts, acquiring impractical information and criticising the emphasis on conventionally feminine skills such as drawing, sewing and playing music. Moreover, she seems to have advocated an education model on a par with that propagated by the Romantics–reading, which feeds the soul and stimulates the individual mind. Cordner even notes an affinity between Barrett Browning, the Romantics and Rousseau, especially in her insistence on individualistic, experiential learning[28].

The last female author to be mentioned in this short overview is Amy Levy, a late Victorian poet and novelist, who, thanks to "the pioneering work of the previous generation of ambitious women" had opportunities to receive "a first-rate education, first in Brighton School for Girls and later at Newnham College, Cambridge"[29]. Although she left without obtaining a degree, she definitely belonged to the group of intellectual and educated women in London at that time, females who frequented the British Museum Reading Room, London theatres and galleries, and were identified as the New Women. Levy's artistic output is strongly connected with the "Woman Question"–her first novel, *Romance of a Shop* talks about difficulties of women who want to earn their own living in commerce; her poetical works, like *A Ballad of Religion and Marriage, Medea* or *Xantippe* primarily touch upon feminist concerns.

Xantippe, one of Levy's best known dramatic monologues, is an important text about female exclusion and marginalisation, and the resulting frustration that follows. Xantippe was Socrates's wife, allegedly untamed and argumentative, whose unfavourable portrayals in culture gave rise to the stereotype of a shrew (Shakespeare's *The Taming of the Shrew* being the prime example). In Levy's text we meet Xantippe as an older, disillusioned woman, who at the end of her days reflects upon her life, her yearnings, her blasted hopes and her own behaviour. Levy writes her monologue on the wave of growing fascination with Hellenic culture in England at the end of the 19ᵗʰ century, but she does so in order to ask important questions about her contemporary world. As Olverson observes, she "cleverly exposes the gendered nature of Hellenic discourse, and in so doing directly challenges the 'separate spheres' ideology of the late nineteenth century"[30].

---

28 S. Cordner, "Radical Education in Aurora Leigh", *Victorian Review*, vol. 40, no. 1, 2014, p. 245 (note).

29 T.D. Olverson, *Women Writers and the Dark Side of Late-Victorian Hellenism*, Basingstoke / New York, Palgrave Macmillan, 2010, p. 55.

30 *Ibid.*, p. 55.

Xantippe, on the verge of life and death, recalls her youth. Looking in retrospect, she knows she was not typical, and notes the fact that other girls ridiculed her because of "those vague desires, those hopes and fears, / Those eager longings, strong, though undefined, / Whose very sadness makes them seem so sweet" (ll. 30-32). Soon she defines the longings; she "yearned for knowledge, for a tongue / That should proclaim the stately mysteries / Of this fair world, and of the holy gods" (ll. 38-40). Having an innate thirst for knowledge and acute intellect, she needed tools to develop her intellectual potential, terms and concepts she could discourse about. Predictably enough, she soon learned that "such are not woman's thoughts" (l. 44) and that her "woman-mind had gone astray" (l. 43). When she learned that she was to marry Socrates, although repulsed by his physiognomy, she cherished her sweetest dream, the hope that under the great philosopher's guidance and counsel she would be able to satisfy her intellectual yearnings. Her hopes, however, proved futile, as he, "[p]regnant with noble theories and great thoughts / Deigned not to stoop to touch so slight a thing / As the fine fabric of a woman's brain" (ll. 120-122). In this way, Levy punctuates not only misogyny of allegedly cultured, democratic society, but also male hypocrisy; Socrates, deriding his wife's intellectual potential and refusing her the right to take part in philosophical discussions and debates, at the same time praises another woman, "this fair Aspasia" (l. 167) for having a mind "of a strength beyond her race" (l. 170) and for using it "beyond the way / of women nobly gifted" (ll. 172-173). Levy's Socrates, beside this perfunctory praise, does not mention the fact that he was under a strong influence of Aspasia, Pericles's wife, whose house became an intellectual centre in Athens; instead, his subsequent words record deep unease about what education of women may lead to:

Woman's frail –
Her body rarely stands the test of soul;
She grows intoxicate with knowledge; throws
The laws of custom, order, 'neath her feet,
Feasting at life's great banquet with wide throat. (ll. 173-177)

Socrates's speech resonates with nineteenth-century theories opposing the ideas of the intellectual and social equality of sexes. It famously held that female brains were unfit for knowledge; what is more, that if women study, then they may become infertile or at least not able to provide a proper care for their offspring. Nicholas Cooke, a scientist and physician, as early as in 1870 wrote about the degenerative impulse of feminism: "if carried out in actual practice, this matter of "Woman's Rights" will speedily eventuate in the most prolific source of her wrongs. She will become rapidly unsexed, and degraded from her present exalted position to the level of man, without his advantages; she will cease to be the gentle mother, and become the Amazonian brawler"[31].

Socrates's image of an unruly, unpredictable woman who, having consumed more than she can digest grows intoxicated and creates havoc and chaos in her surroundings, epitomizes the misogynistic perception of women according to the very well-known system of binary oppositions: emotional vs rational; chaotic vs orderly; sensual vs spiritual. Socrates's unmanageable woman becomes a fierce Maenad, in animalistic frenzy disrupting the rational social order created by men. Levy, having situated her dramatic monologue in distant past, questions the rationality and progressive spirit of Hellenistic culture as well as of her own times.

In conclusion, nineteenth century culture was pervaded by pressing concerns relating to the rights and position of women. The issue of female education became fundamental in thinking about the privileges of the sexes. By the end of the century, the opportunities for girls to receive a thorough education had visibly increased. The opening of the Girton College in 1869, the first college to educate women, was a radical step forward, alongside the fact that in 1878 London University became the first university in the UK to admit women to its degrees. Thus, the ideals of Mary Wollstonecraft and other radical campaigners for female equality were slowly implemented. Yet, as evidenced by historical facts as well as literary testimonies, the situation of women at the end of the nineteenth century was still far from ideal; fundamental fears and resistance concerning crucial changes in gender economy have not substantially changed. The New Woman was the aim of social ridicule, being defined as unfeminine, unmotherly, ruthless and idle, and

---

31   B. Dijkstra, *Idols of Perversity: Fantasies of Feminine Evil in Fin-De-Siècle Culture*, New York, Oxford University Press, 1988, p. 213.

presented as both ugly and ludicrous. An image of the independent and educated woman as a hag, an old unruly female or an unattractive spinster prevailed in innumerable caricatures published in satirical press. The great change was yet to have its day.

Małgorzata ŁUCZYŃSKA-HOŁDYS
University of Warsaw

BIBLIOGRAPHY

AUSTEN, Jane, *Northanger Abbey*, Ware, Hertfordshire, Wordsworth Classics edition, 1993.

AUSTEN, Jane, *Pride and Prejudice*, London, Penguin Popular Classics, 1994.

AUSTEN, Jane, *Sense and Sensibility*, Ware, Hertfordshire, Wordsworth, 2000.

AVERY, Simon, "Elizabeth Barrett Browning and the Woman Question", British Library, 2015, http://www.bl.uk/romantics-and-victorians/articles/elizabeth-barrett-browning-and-the-woman-question, acc. 1.02.2017.

BANERJEE, Jacqueline, "'Girls' Education and the Crisis of the Heroine in Victorian Fiction," *English Studies*, vol. 75, no. 1, 1994, p. 34-45.

BARRETT BROWNING, Elizabeth, *Aurora Leigh*, Chicago, Academy Chicago Printers, 1979.

CORDNER, Sheila, "Radical Education in Aurora Leigh", *Victorian Review*, vol. 40, no. 1, 2014, p. 233-249.

DIJKSTRA, Bram, *Idols of Perversity: Fantasies of Feminine Evil in Fin-De-Siècle Culture*, New York, Oxford University Press, 1988.

ELIOT, George, *The Mill on the Floss*, London, Penguin Books, 1985.

GARGANO, Elizabeth, "Education", in *George Eliot in Context*, ed. Margaret Harris, Cambridge, Cambridge University Press, p. 113-121.

HORWITZ, Barbara, "Women's Education During the Regency: Jane Austen's Quiet Rebellion", *Persuasions*, no. 16, 1994, p. 135-146.

KELLY, Gary, "Education and Accomplishments", *Jane Austen in Context*, ed. J. Todd, Cambridge, Cambridge University Press, 2006, p. 252-261.

LEVY, Amy, "Xantippe", *A Minor Poet and Other Verse*, London, T. Fisher Unwin, 1891.

MCELLIGOTT, Elizabeth, "Jane Austen: Shaping the Standard of Women's Education", *The Midwest Journal of Undergraduate Research*, 2014, p. 79-97.

MORE, Hannah, *Strictures on the Modern System of Female Education*, London, T. Cadell Jun. and W. Davies, 1799, vol. 2.

OLVERSON, Tracy D., *Women Writers and the Dark Side of Late-Victorian Hellenism*, Basingstoke / New York, Palgrave Macmillan, 2010.

ROTH, Barry, "Jane Austen and the Question of Women's Education", *Studies in the Novel*, vol. 25, no. 1, 1993, p. 112-114.

WOLLSTONECRAFT, Mary, *A Vindication of the Rights of Woman*, Harmondsworth, Penguin, 1971.

A SATIRE ON FEMALE EDUCATION
IN GILBERT AND SULLIVAN'S COMIC
OPERA *PRINCESS IDA* (1884)

Gilbert and Sullivan's operetta *Princess Ida, or Castle Adamant* (1884) develops the central theme of Lord Tennyson's long poem *The Princess: A Medley* (1847)–that of an all-female university–with a purpose of mocking feminist ideas, especially the demands of equality of men and women in higher education. The subject was already quite outmoded in the late nineteenth century; the opera did not prove a success in its own day, and has ever since been regarded by historians and critics primarily as an example of conservative backlash against the cause of women's rights. However, other themes present in Gilbert and Sullivan's work–particularly those of military and generational conflicts–suggest a potential broader perspective allowing for a revised reading.

The time period between 1847 when Lord Tennyson's narrative poem was published, and 1884 when its stage adaptation, Gilbert and Sullivan's comic opera premiered in London's Savoy Theatre, was a significant backdrop for Victorian women's activism in Britain, especially with regard to their access to higher education. An all-female Girton College at the University of Cambridge was opened in 1869, followed by a surge of similar institutions: Newnham College, Cambridge (1871), Lady Margaret Hall, Oxford (1878), Somerville College, Oxford (1879), and Westfield College, London (1882). They offered educational opportunities for female students, although they were not allowed to grant degrees similar to men's colleges[1]. Ever since the 1860s, the question of admittance of women to specialist training was present in intellectual debates in Britain, and by the last quarter of the nineteenth century the idea was gaining more public acceptance despite some reservations

---

1   S. Mitchell, *Daily Life in Victorian England*, London, Greenwood Press, 2009, p. 192.

from conservative-minded moralists[2]. It may therefore seem puzzling that Gilbert and Sullivan chose such an out-dated subject for their musical comedy.

The comic opera *Princess Ida* reworked W. S. Gilbert's earlier take on Tennyson's poem, a theatrical farce titled *The Princess* (1870), created in the form of alternative lyrics to the music of popular operatic composers. The new project, written in collaboration with composer Arthur Sullivan, continued the series of so-called Savoy operas, which earned Gilbert and Sullivan considerable recognition and financial success. It was the eighth of the total of fourteen works that they produced together. It opened on 5 January 1884 at the Savoy Theatre and had an initial run of 246 performances[3]. The war of the sexes, present as a theme in many Savoy operas, is taken to new heights in *Princess Ida*, where the eponymous rebellious noblewoman of a fairy-tale land opens a female university, teaching, among other explosive subjects, Darwinian theory of evolution. Ida's spurned fiancé Hilarion and his two companions, Cyril and Florian, dress up as women and infiltrate the institution trying to restore the threatened "natural" order. The theatrical production went much further than Tennyson's verse in condemning and ridiculing the cause of women's rights.

Gilbert and Sullivan were by no means the first to point their fingers at educated women. For example, a cartoon published on 24 January 1874 by popular *Punch* artist (and later writer) George Du Maurier bewailed the "Terrible result of the higher education of women!" It features a young and attractive "Miss Hypatia Jones, Spinster of Arts" who expresses her preference of enjoying a "rational conversation" with men over fifty over the trivial company of younger suitors[4]. Both her name, alluding to the ancient female philosopher, and her mock-academic title, parodying the well-established male equivalent of the "Master of Arts", suggest that pursuing a university education could only turn the heads of eligible young women and draw them away from their assumedly natural function of marriage and motherhood. A group of rejected and neglected handsome

2 J. Rendall, *The Origins of Modern Feminism: Women in Britain, France and the United States, 1780-1860*, London, Macmillan, 1985, p. 135.

3 *Princess Ida*, Gilbert and Sullivan Archive, http://www.gsarchive.net/princess_ida/html/index.html, acc. 4.05.2017.

4 http://www.victorianlondon.org/women/education.htm, acc. 4.05.2017.

bachelors lining the ballroom wall seems to confirm this further. As Carolyn Williams points out, this type of humour resembles attitudes expressed in earnest by some Victorian medical professionals (male of course) who, while believing women to be intellectually incapable of serious academic study, claimed that scholarly work would "draw energy away from the proper exercise of reproduction"[5]. Thus, in various cultural contexts, ranging from serious discussion to parody, women who demanded educational equality with men "were taken to be aggressively claiming superiority, a will to domination, or a destructive wish to obliterate sexual difference, refuse heterosexuality, and damage the family"[6].

Some scholars interpret Tennyson's poem as a voice in favour of a more inclusive treatment of female students by academic institutions[7]. After all, what women seem to demand in the poem is full social emancipation, which would ultimately double the intellectual, cultural, and creative capacity of humankind for the benefit of everybody. The manifesto of Princess Ida's female college is put forward in the famous inaugural address delivered by one of the professors, Lady Psyche:

> Two heads in council, two beside the hearth
> Two in the tangled business of the world,
> Two in the liberal offices of life,
> Two plummets dropt for one to sound the abyss
> Of science, and the secrets of the mind:
> Musician, painter, sculptor, critic, more:
> And everywhere the broad and bounteous Earth
> Should bear a double growth of those rare souls,
> Poets, whose thoughts enrich the blood of the world[8].

Lady Psyche's plea for complete equality between the sexes appears to be the expression of a genuine sentiment and is not mocked by the poet, even though he does not fully agree with it and later in the poem

---

5   C. Williams, *Gilbert and Sullivan: Gender, Genre and Parody*, New York, Columbia University Press, 2011, p. 242.

6   *Loc. cit.*

7   W.E. Houghton, *The Victorian Frame of Mind, 1830-1870*, New Heven, Yale University Press, 1985 (1957), p. 348-349; L. Fasick, "The Reform of Women's Education in Tennyson's *The Princess* and Gilbert and Sullivan's *Princess Ida*", *Gender and Victorian Reform*, ed. A. Rose, M.E. Gibson, Newcastle, Cambridge Scholars, 2008, p. 26.

8   A. Tennyson, *The Princess: a Medley*, 1847, Canto II, lines 157-164.

confronts it with an equally well-known diatribe by the Prince's father (called Hildebrand in Gilbert and Sullivan's comic opera) in defence of the patriarchal order:

> Man for the field and women for the hearth:
> Man for the sword and for the needle she:
> Man with the head and woman with the heart:
> Man to command and woman to obey;
> All else confusion[9].

Eventually, the conflict is resolved in Canto VII, where the Prince himself, his horizons broadened by this sojourn at the female college, seems to propose a middle way of perceiving the woman not as "undevelopt man", but as fundamentally "diverse" and complementary–until at last, free of the chores of reproduction, in their old age the spouses can "the man be more of woman; she of man"[10]. Only then, with their separate duties fulfilled, men and women can hope for intellectual, emotional, and spiritual equality.

Gilbert and Sullivan's *Princess Ida* goes much further than Tennyson in criticising the cause of women's rights. As Williams suggests, it may even represent a misreading of the original poem, "for if Gilbert took Tennyson to be making a feminist argument, he might have planned the anti-feminism of *Princess Ida* as a parodic inversion"[11]. The librettist follows "the broad contours of Tennyson's central story"[12], making important omissions and highlighting chosen elements for dramatic effect. Most importantly, he reverses the resolution of the final battle, granting victory to the Prince's side and assigning the last, reconciliatory lines of dialogue to Ida instead of the Prince:

> PRINCESS: Hilarion,
> I have been wrong–I see my error now.
> Take me, Hilarion–"We will walk this world
> Yoked in all exercise of noble end!
> And so through those dark gates across the wild
> That no one knows!" Indeed, I love thee–Come[13]!

---

9   *Ibid.*, Canto V, lines 437-441.
10   *Ibid.*, Canto VII, lines 259-260, 264.
11   C. Williams, *op. cit.*, p. 241.
12   A. Scutt, "The Princess – Foreword", *The Princess: a Medley, loc. cit.*
13   W.S. Gilbert, *Princess Ida, or Castle Adamant*, libretto, Savoy Theatre, 1884, p. 51.

In Tennyson's poem the final lines of reunion and compromise belong to the Prince:

> Forgive me,
> I waste my heart in signs: let be. My bride,
> My wife, my life. O we will walk this world,
> Yoked in all exercise of noble end,
> And so through those dark gates across the wild
> That no man knows. Indeed I love thee: come[14]

Thus, in contradiction to Tennyson's poem, Gilbert's libretto offers a much more conservative rationale for Victorian gender conventions according to which the fault for any discord between the sexes always lies with the woman. Before reconciliation can be achieved, she must admit her mistakes, ask forgiveness, and accept male intellectual and social superiority.

The central theme of conflict in *Princess Ida* is not, however, limited to the question of gender, but spreads to other areas of life, such as relations between neighbours or between parents and children. Act I of the comic opera presents the exaggerated and aggressive masculinity of the court of King Hildebrand, as he waits for his neighbour, the misanthropic and grumpy King Gama, to deliver his daughter Ida, betrothed in infancy to Prince Hilarion. The Princess fails to appear and only her three dim-witted and warlike brothers arrive. Having learned of Ida's rebellion against the wishes of her father, Hildebrand threatens war, but Hilarion, together with his friends Cyril and Florian, decide to go to Ida's Castle Adamant and try to win her back without resorting to brutal force.

As Gayden Wren asserts, after all the tub-thumping and gratuitous violence of Act I, "Castle Adamant initially seems a paradise", empha-sised by the use of "lush scales and harmonics" in Sullivan's score[15]. The first choral number, "Towards the Empyrean Heights", promises a peaceful and friendly learning environment without competitiveness and envy. However, very soon dangerous snakes are revealed in this Garden of Eden. The first lecture by Lady Psyche, an equivalent of

---

14   A. Tennyson, *op. cit.*, Canto VII, ll. 337-342.
15   G. Wren, *A Most Ingenious Paradox: The Art of Gilbert and Sullivan*, Oxford, Oxford University Press, 2001, p. 143.

Tennyson's beautiful speech, exposes the bigotry and falsehood inherent in women's university:

> If you'd cross the Helicon,
> You should read Anacreon,
> Ovid's Metamorphoses,
> Likewise Aristophanes,
> And the works of Juvenal:
> These are worth attention, all;
> But, if you will be advised,
> You will get them Bowdlerized[16]!

Psyche recommends reading classical authors–a staple reading material at any ambitious school for boys[17]–but she wants them bowdlerized, that is censored for any explicit content, especially concerning sexuality and profanity. Evidently, she agrees with the predominant Victorian belief that not all literature was appropriate for women, and that even the venerated classics could benefit from some moralistic interventions[18]. Furthermore, an innocent question from one of the students–"What's the thing that's known as Man?"–provokes a hysterical outburst:

> Man will swear and Man will storm
> Man is not at all good form
> Man is of no kind of use
> Man's a donkey, Man's a goose
> Man is coarse and Man is plain
> Man is more or less insane
> Man's a ribald, Man's a rake,
> Man is Nature's sole mistake[19]!

It is soon revealed that Lady Psyche's views are not inconsequential private opinions, but in fact the cornerstone of the whole learning at the female university. Almost immediately after Psyche's outburst of misandry Lady Blanche, the second female don, appears to discipline unruly students and punish such misbehaviours as playing chess (the figures are "men with whom you give each other mate"), or sketching

---

16   W.S. Gilbert, *op. cit.*, p. 12.
17   S. Mitchell, *op. cit.*, p. 179.
18   Thomas Bowdler made his name by publishing a heavily censored version of William Shakespeare's plays in 1807, re-edited several timed during the nineteenth century.
19   W.S. Gilbert, *op. cit.*, p. 13.

baby perambulators ("Double perambulator, shameless girl!") that may remind them of their forsaken feminine duties. Then Princess Ida arrives to deliver a lecture on the natural superiority of women. She prophesises that women shall soon conquer men the same way that men had conquered the animal world, but her speech quickly lays bare the faults in her logical thinking:

> In Mathematics, Woman leads the way
> The narrow-minded pedant still believes
> That two and two make four! Why we can prove,
> We women household drudges as we are
> That two and two make five or three of seven
> Or five and twenty, if the case demands!
> Diplomacy? The wiliest diplomat
> Is absolutely helpless in our hands;
> He wheedles monarchs, woman wheedles him!
> Logic? Why, tyrant Man himself admits
> It's waste of time to argue with a woman[20]!

Symptomatically, the supposed excellences of Ida's "new" women are precisely the result of their stereotypical social roles as "household drudges" caring for the family and skilfully dividing the resources among its members, or as cunning seductresses taking advantage of men's sexual desires to wheedle even the most clever or tyrannical among them. The Princess's rant is all emotion and no logic, to the extent of making her blind to authentically "natural" feminine qualities, such as maternal instinct and protectiveness, which became evident for the viewing audience. In her concluding remarks Ida promises that if her cause succeeds, women will treat men better than they have been treated themselves, but if men continue to resist the dominance of women, the women will punish them—by no longer caring how they look. In a way, Ida is ridiculed as a "strong-minded woman"[21] in the pejorative Victorian sense, that is an unnatural, masculinized female who displays vanity, but invites only scorn. Ida becomes a crude parody of a feminist. As Williams observes, "All the traditional anti-feminist stereotypes are trotted out: feminists have no sense of humor; they talk too much;

---

20   *Ibid.*, p. 15.
21   E.K. Helsinger, R. Lauterbach Sheets, W. Veeder, "The Angel and the Strong-Minded Woman", *The Woman Question: Society and Literature in Britain and America, 1837-1883*, Manchester, Manchester University Press, 1983, p. 89.

their thinking falls short of rationality; and they hate men"[22]. Unlike Tennyson's sincere proposal of more female-friendly society, Gilbert's "far glibber, less interesting, and less insightful"[23] libretto offers only mockery of female irrationality.

As the three young men infiltrate Castle Adamant dressed in women's costumes, the first taste they get of the kind of scholarship taught there is a lecture on the theory of evolution delivered by Lady Psyche (earlier revealed to be Florian's sister). At that stage the evolutionary argument has already been referenced in Ida's suggestion that a man's "brain is to the elephant's / As Woman's brain to Man's"[24], suggesting that a smaller size of the body implies a better use of the mind. However, the theory is foregrounded only in the show's main novelty aria, "The Lady Fair of Lineage High", in which Lady Psyche tells a story of an ape trying to court a beautiful woman.

> He bought white ties, and he bought dress suits,
> He crammed his feet into bright tight boots
> And to star in life on a brand new plan,
> He christened himself Darwinian Man!
> But it would not do,
> The scheme fell through
> For the Maiden fair, whom the Monkey craved,
> Was a radiant Being
> With a brain far-seeing
> While a Man, however well-behaved,
> At best is only a monkey shaved[25]!

The image of an ape completes earlier beastly imagery of men (a donkey, a goose) while most visibly alluding to the animalistic and violent nature of male sexuality. The discussion of the theory of evolution is of course a later addition by Gilbert to Tennyson's material, as Charles Darwin's *Origin of Species* was not published until 1859, and *The Descent of Man* until 1871. The professors of Ida's university clearly do not understand the basic tenets of the theory and claim that men and women followed different evolutionary paths, apparently developing from different ancestral creatures. At best, man is closer to the animal species than the

---

22   C. Williams, *op. cit.*, p. 243.
23   L. Fasick, *op. cit.*, p. 26.
24   W.S. Gilbert, *op. cit.*, p. 13.
25   *Ibid.*, p. 23.

woman–at worst, women are not descended from apes at all, but more superior, presumably semi-divine creatures. The ape's attempts to imitate a man through dress and behaviour are presented as being as futile and ludicrous as any man's attempts to imitate women. Still, the very lecture is delivered to a class containing three male cross-dressers who remain undiscovered to everyone except Lady Psyche herself, who agrees not to betray her brother's identity fearing for his life. In the topsy-turvy world of the comic opera, men cannot "evolve into women by cultural means whether through dress or education"[26] as gender is, much like the fact of belonging to a given species, biologically determined. And yet this also draws implicit attention to the idea that women cannot "evolve" into men through the same means as men and that their attempts to "ape" male behaviour are just as ludicrous as the ape is in the lecture.

Nevertheless, especially given the boisterous masculinity of Act 1, the women's hostility towards men seems partially justifiable. Hilarion, Cyril and Florian are (at least in the beginning) quite far from being beacons of an advanced, more egalitarian future society. They enter Ida's castle with sexist and potentially violent intent. Already at the end of Act 1, they express their plans in the song "Expressive Glances Will Be Our Lances", which, as Wren points out, "begins with an extended metaphor comparing love tokens with military armaments and segues into a virtual pledge of rape"[27]:

> And little heeding
> Their pretty pleading
> Our love exceeding
> We'll justify[28]!

As they get inside the castle walls, their behaviour becomes ever more rowdy and rough. Florian and Cyril parody the deportment of female students while putting on their clothes, openly admitting that they hope for multiple sexual conquests:

> Little care I what maid may be:
> So that a maid is fair to see,
> Every maid is the maid for me[29]!

---

26 C. Williams, *op. cit.*, p. 250.
27 G. Wren, *op. cit.*, p. 146.
28 W.S. Gilbert, *op. cit.*, p. 11.
29 *Ibid.*, p. 23.

The raucous horseplay of the song "I Am a Maiden Cold and Stately" serves as a kind of male bonding ritual in which the three young men reassert their virility and overcome the embarrassment caused by the necessity to disguise in women's clothes. Interestingly, no similar scenes of female bonding appear in the opera, with the possible exception of "Now Wouldn't You Like to Rule the Roost" sung between Lady Blanche and her daughter Melissa[30]. Of the three young men, Florian seems the most rambunctiously masculine and most disdainful towards the very idea of women's education:

> A Woman's college! Maddest folly going!
> What can girls learn within these walls worth knowing?
> I'll lay a crown (the Princess shall decide it)
> I'll teach them twice as much in half an hour outside it[31]!

The sexual innuendo of this utterance leaves little to the imagination and must have seemed rather crude also to the Victorian audience. The female students are of course expected to welcome the unsolicited male attention "with smiles and open arms"[32]. When the intruders are discovered by Lady Psyche, they "attempt to divert her with their teasing banter, trivializing her position as a don (and an adult) by reminiscing about her pedantic nature as a child"[33]. Thus, it is assumed that every woman can be charmed or at least intimidated by men.

However, Hilarion's attitude changes when he meets Ida in person. She is not what he expected. While his two friends mock her, he joins in her melancholy song, "The World Is But a Broken Toy" and, as Gayden Wren observes, "there is nothing in words or music to suggest that he is insincere"[34]. First seeds of genuine attraction are sowed.

The unruly behaviour of Cyril and Florian continues at luncheon, when Cyril gets drunk on the wine and breaks into another bawdy song, "Would You Know the Kind of Maid" suggesting that women only play coy, but in fact yearn for physical contact with men. In the ensuing confusion, Ida falls into a stream and nearly drowns, but is rescued by

---

30   I. Bradley, *Oh Joy! Oh Rapture! The Enduring Phenomenon of Gilbert and Sullivan*, Oxford, Oxford University Press, 2005, p. 96.
31   W.S. Gilbert, *op. cit.*, p. 20.
32   *Ibid.*, p. 24.
33   C. Williams, *op. cit.*, p. 247-248.
34   G. Wren, *op. cit.*, s. 146.

Hilarion who throws away his disguise. The outraged Princess pro-
nounces the death penalty for the trespassers, but Hilarion declares his
love for her, leaving her momentarily speechless. Even if this could be
seen as a desperate attempt at manipulation uttered by a man fearing
for his life, once again there is nothing either in the lyrics, or the music
to suggest it, and the Prince's feelings appear genuine.

Before Ida has a chance to respond, King Hildebrand arrives with his
army bringing with him Ida's father and brothers as hostages, ready to
do battle. As Wren notes, "The rape imagery returns full throttle with
the Act 2 finale, as the [soldiers of King Hildebrand] smash through the
gate with a battering ram while the women shriek"[35]. For a while the
aggressive aspect of masculinity dominates over the gentle attraction
displayed by Hilarion. Faced with an imminent threat of violation,
both of her castle, and possibly of the physical integrity of herself and
her ladies, Ida is forced to act before she has a chance to evaluate her
own feelings for the Prince.

Act 3 offers some dramatic turns of events. Much to Ida's disappoint-
ment, the female students refuse to face the invaders as they admit they
are afraid of fighting. Ida vows that, if necessary, she will defend the
castle alone. The scene is very far from being comical, and at this point
the whole opera could easily take a turn towards tragedy. Gayden Wren
envisages: "Hildebrand's soldiers slaughtering the women as Ida flings
herself from the ramparts"[36]. Such tragic finale appears quite possible,
especially regarding the stubbornness of both sides, as well as Ida's
vow to die rather than surrender. Instead, however, Ida agrees to a duel
between her brothers and Hilarion and his friends, which will decide
her future. Here Gilbert takes his greatest departure from Tennyson's
plot, as Hilarion, Florian and Cyril (still in women's clothes) manage
to defeat the Princess's strong, heavily armoured brothers–in the poem
the brothers beat and wound the suitors, but the Prince is nursed back
to health by Ida who comes to care for him in the process.

The change of this important resolution, which must have been quite
shocking for viewers who were well familiar with Tennyson's version
of the story, is so implausible that it can be read for comic effect. The
young aristocrats raised for courtly life are victorious over the "soldiers

---

35   *Loc. cit.*
36   *Ibid.*, p. 148.

three" who relish war. The only believable, albeit very romantic, explanation is that "Hilarion is inspired, and it is that inspiration that lets him win a fight that everyone (including the audience members, who have read Tennyson) expects him to lose"[37]. In a romantic cliché, true love conquers all and overcomes the brute force.

Prince Hilarion is presented as a representative of the new generation who can bring hope for the future. Whereas some reviewers still support the interpretation that in the diegetic world of the opera "young people become mature men and women by embracing conventional gender roles"[38], the possible alternative could be that the world of the parent generation–represented by both Kings, and Ladies Psyche and Blanche–is fundamentally flawed as not only the relations between men and women, but also those between neighbours or parents and children are warped and pathological. It is therefore necessary for young people to break with the past, and especially not to repeat the sins of their parents to achieve progress.

As Wren points out, "it is ironic that Hildebrand, Blanche, and even Gama end the opera thinking themselves victorious, since in a greater sense all three have lost"[39]. Hilarion won the duel, but he is never going to be the ruthless military commander his father would like him to be. He rejects the pose of a conqueror by submitting once more to Ida in a gesture of love and in the spirit of true egalitarianism. Lady Blanche fulfils her dream to "rule the roost" and head the college, but irrevocably loses her daughter Melissa who decides to leave the castle and follow Florian, with whom she has fallen in love. Melissa's choice–expressly described as "unhesitating"–serves as incontestable proof of the biological nature of heterosexual attraction, which cannot be supressed by what is exposed with full force as pseudo-scientific, ideologically laden mumbo-jumbo.

Arguably, the most interesting resolution involves the Princess herself. Before she can start her new life with Hilarion–whom she has come to appreciate, respect and admire–she must face the fathers one last time. At this point, their anti-feminist argumentation appears most caricatured and distorted. Reacting to Ida's hesitance to part with the

---

37   *Ibid.*, p. 149.
38   C. Williams, *op. cit.*, p. 223.
39   G. Wren, *op. cit.*, p. 157.

idea of a female college, King Hildebrand (now her prospective father-in-law) retorts patronizingly:

> But pray reflect
> If you enlist all women in your cause,
> And make them all abjure tyrannical Man,
> The obvious question then arises, "How
> Is this Posterity to be provided?"[40]

The argument of imminent human extinction if some women continue to pursue education sounds as hollow and pathetic as any of the earlier illogical tirades of Ladies Psyche and Blanche–especially regarding the fact that Lady Blanche herself, and both female professors in Tennyson's poem, are mothers.

The side remark offered by King Gama, Ida's own father, upon hearing Hildebrand's sniping comment is even more upsetting and hurtful:

> Consider this, my love, if your mama
> Had looked on matters from your point of view
> (I wish she had), why where would you have been[41]?

This is the only instance in the opera when Ida's mother is mentioned. Gama is not as overbearing as Hildebrand, but his personality is even more unpleasant. He never praises Ida, although most likely she is heiress to his crown (her brothers are never referred to as Princes). The parenthesized grumble "(I wish she had)", most likely performed as a little grumpy moan meant for himself, but perfectly audible to others, a trait that Gama frequently displays, clearly indicates that he regrets Ida ever being born. The whole phrase adds nothing substantial to the conversation, but throws uneasy light on the backstory and Ida's experience of family life. Eventually, Lady Blanche intervenes politely by replying to Gama: "There's an unbounded field of speculation, / On which I could discourse for hours!"[42]–very likely only to silence him.

Princess Ida's response to all this thinly veiled condescension is: "I have been wrong. I see my error now"[43]. It is however left unclear, what

---

40   W.S. Gilbert, *op. cit.*, p. 50.
41   *Ibid.*, p. 51.
42   *Loc. cit.*
43   *Loc. cit.*

exactly she perceives her error to be. In accordance with the conservative reading of the opera, it could be her audacity to presume female equality or–considering that it comes soon after Hildebrand's "posterity" speech–the mistake of overlooking men's biological indispensability. However, as Wren suggests, Ida "realizes that her 'error' lies in having unintentionally emulated her father, remaking his world in her own image. Instead of creating a new world free of oppression, while rejecting victimhood she has claimed the oppressor's role herself"[44].

As mentioned before, the final word, which in Tennyson's poem was given to the Prince, here comes from Ida herself:

> Take me, Hilarion–"We will walk the world
> Yoked in all exercise of noble end!
> And so through those dark gates across the wild
> That no man knows! Indeed, I love thee–Come!"[45]

Ida and Hilarion join voices in their first true duet in Gilbert and Sullivan's opera, "With Joy Abiding". In a fairy-tale ending, the greatest victory of the Prince is to cede a smaller prize to win a greater one; Hilarion wins Ida in a duel, only to accept her love and replace war of the sexes with peaceful union. She, in turn, learns to surrender to him in love without completely compromising her sense of freedom. Their commitment is mutual and voluntary.

The reactions of the critics did not fulfil the authors' expectations. As Williams reminds, contemporary reviewers of *Princess Ida* praised the high quality of Sullivan's music, but found Gilbert's libretto less than satisfactory, calling it "clumsy", "tedious", or "desperately dull"[46]. It had a shorter initial run than other Savoy operas and was replaced by a revival of their earlier collaboration, *The Sorcerer* (1877). Perhaps, as Alexander Scutt suggests, the subject matter itself ceased to be controversial enough to stir interest. By the mid-1880s, the public debate of female issues had moved away from the question of higher education, which was seen as residing "reasonably safely in the past"[47], to legal regulations of marital relations, culminating in the passing

44   G. Wren, *op. cit.*, p. 152.
45   W.S. Gilbert, *op. cit.*, p. 51.
46   C. Williams, *op. cit.*, p. 240-241.
47   A. Scutt, *op. cit.*, p. v.

of Married Women's Property Act in 1884, the same year *Princess Ida* premiered[48]. To the modern "enlightened taste", as expressed by Isaac Asimov in 1988, *Princess Ida* appears uncomfortable and out-dated in its "hollow" satire of the women's movement[49]. Perhaps it has just been misunderstood, and criticism has been swayed by the heavy emotional and cultural burden of over a century of fighting for women's rights, including the right of equality in education. Perhaps, as Gayden Wren proposes, the opera deserves to be approached again *sine ira et studio*, as an uplifting tale of "a generation–any generation–coming of age and rejecting the ways of the past"[50]. If not for anything else, then for its theatrical and musical achievement.

Dorota BABILAS
University of Warsaw

---

48 P. Bartley, *The Changing Role of Women 1815-1914*, London, Hodder and Stoughton, 1996.
49 Quoted by G. Wren, *op. cit.*, p. 138.
50 *Ibid.*, p. 157.

BIBLIOGRAPHY

BARTLEY, Paula, *The Changing Role of Women 1815-1914*, London, Hodder and Stoughton, 1996.

BRADLEY, Ian, *Oh Joy! Oh Rapture! The Enduring Phenomenon of Gilbert and Sullivan*, Oxford, Oxford University Press, 2005.

DU MAURIER, George, "Terrible result of higher education of women!", *Punch*, 24 January 1874, victorianlondon.org, acc. 4.05.2017.

FASICK, Laura, "The Reform of Women's Education in Tennyson's The Princess and Gilbert and Sullivan's *Princess Ida*", *Gender and Victorian Reform*, ed. A. Rose, M.E. Gibson, Newcastle upon Tyne, Cambridge Scholars, 2008, p. 26-43.

GILBERT and SULLIVAN Archive, gsarchive.net, acc. 6.12.2017.

GILBERT, W. S., *Princess Ida, or Castle Adamant*, libretto, Savoy Theatre, 1884.

HELSINGER, Elizabeth K.; SHEETS, Robin Lauterbach; VEEDER, William, *The Woman Question: Society and Literature in Britain and America, 1837-1883*, Manchester, Manchester University Press, 1983.

HOUGHTON, Walter E., *The Victorian Frame of Mind, 1830-1870*, New Heven, Yale University Press, 1985.

MITCHELL, Sally, *Daily Life in Victorian England*, London, Greenwood Press, 2009.

RENDALL, Jane, *The Origins of Modern Feminism: Women in Britain, France and the United States, 1780-1860*, London, Macmillan, 1985.

TENNYSON, Alfred, *The Princess, a Medley*, 1847, victorianweb.org, acc. 4.05.2017.

SCUTT, Alexander, "The Princess–Foreword", *The Princess, a Medley*, Alfred Tennyson, victorianweb.org, acc. 4.05.2017.

WILLIAMS, Carolyn, *Gilbert and Sullivan: Gender, Genre and Parody*, New York, Columbia University Press, 2011.

WREN, Gayden, *A Most Ingenious Paradox: The Art of Gilbert and Sullivan*, Oxford, Oxford University Press, 2001.

THE BEGINNINGS OF HIGHER EDUCATION FOR WOMEN IN VICTORIAN BRITAIN

Queen's College in London and its Literary Counterpart
in Tennyson's The Princess

> No man, I think, will ever be of much
> use to his generation, who does not apply
> himself mainly to the questions which
> are occupying those who belong to it.
> F.D. MAURICE, *The Kingdom of Christ*,
> from "Dedication", XXII.

The aim of the article is to describe the history of the foundation of Queen's College in London in 1848 by Fredrick Denison Maurice. Maurice was a professor of English Literature and History at King's College London and a Christian Socialist thinker whose ambition was to create a place where women could gain academic qualifications. The article also refers to the social and cultural context of the College's origin—the socialist doctrines of the French Saint-Simonians and the indefatigable campaign of Robert Owen in propagating their doctrines and the "New Feminism" in England. Finally, it will analyse how Alfred Tennyson reinterprets the College and creates its literary counterpart in his long blank verse poem of 1847–*The Princess. A Medley*[1].

Among the artefacts of the Royal Collection Trust in London there is a copy of 1860 edition of Tennyson's *The Princess: A Medley* illustrated by Daniel Maclise. The inscription on the flyleaf says: "To My beloved Alfred / from / his ever devoted & loving / wife / VR, Christmas 1859"[2]. The Queen's choice of the gift is not only a sign of her respect for the

---

1 The final extended version of the poem was published in 1853.
2 "The Princess: A Medley", Royal Trust official website, royalcollection.org.uk, acc. 12.07.2016.

poet, but, as the website of the trust says, it also "demonstrat[es] the royal couple's interest in women's education". The creation of the poem is closely tied to a very special event in the history of education in Britain—according to Hallam Tennyson's *Memoir*, the idea for the poem "may have suggested itself when the project of a Women's College was in the air, [...]. As for the various characters in the poem, they give all possible views of Woman's higher education"[3]. Considering the fact that the poem reflects important contemporary issues, Lindal Buchanan calls it "a representative cultural product of its times"[4]. In 1848, Tennyson's friend from Cambridge and a godfather to his eldest son[5], Frederick Denison Maurice was a mastermind behind the foundation of "the first institution in Great Britain where [women] could study for and gain academic qualifications"[6]. Queen Victoria granted the college a Royal Charter and her patronage in 1853, the current patroness of the school is also Her Majesty the Queen[7].

The scheme for the college was first started by the Governesses' Benevolent Institution whose primary task was to offer financial assistance to governesses who were out of work or unable to work. The members of the Institution (and Maurice among them) came forward with the idea of examinations for governesses and issuing certificates of their accomplishment in a given subject, which would raise their professional value and be a confirmed evidence of their qualifications. The members of the G.B.I. were professors of King's College, London who finally decided that "it was quite unsatisfactory to award certificates without providing

---

3   H. Tennyson, *Alfred Lord Tennyson. A Memoir by His Son*, London, Macmillan, 1897, p. 247-248.

4   L. Buchanan, "'Doing battle with forgotten ghosts': Carnival, Discourse, and Degradation in Tennyson's *The Princess*", *Victorian Poetry*, vol. 39, no. 4, 2001, p. 574.

5   F.D. Maurice to Charles Kinsley, 29 September 1852: "Alfred Tennyson has done me the high honour of asking me to be godfather to his son, who is to be baptised on that day" (*The Letters of Alfred Tennyson, Volume II: 1851-1870*, eds. E.F. Shannon Jr., C.Y. Lang, Cambridge, Massachusetts, Harvard University Press, 1987, p. 47).

6   Queen's College official website, qcl.org.uk, acc. 12.07.2016.

7   Queen Victoria's generous support of the college was secured by the honourable Amelia Murray, a maid of honour to the Queen who was much involved in promoting educational schemes: "It is of interest that in 1847 Amelia Murray published a book entitled *Remarks on Education*, in which expressed ideas which had much in common with those of Maurice. She disapproved of corporal punishment in any school, and she disliked competition" (E. Kaye, *A History of Queen's College, London 1848-1972*, London, Chatto & Windus, 1972, p. 16-17).

education as well"[8]. They formed themselves into The Committee of Education and purchased the lease of the premises at 67 Harley Street in September 1847. The Committee "held its first meeting on October 13 1847, in the Marsden Library of King's College. From that time, it may be said that Queen's College was launched", as Elaine Kaye notes[9]. F.D. Maurice had first-hand knowledge of contemporary education available to women as he was the only brother among seven sisters. When his father's misplaced investments failed, two of his elder sisters found employment as teachers and shared their experiences with Maurice. Already while at Cambridge he published "an unusually discerning and perceptive article on Female Education" calling it a "travesty of education" and laying bare its "trivial pursuits"[10]. His centrepiece principles of education were proposed in an 1839-series of lectures[11] where he laid particular emphasis on teaching to think for oneself, forming one's own opinions rather than repeating them thoughtlessly after others as the primary goals. He abhorred competition in the classroom, but valued co-operation among students and placed major stress on developing students' creativity and imagination. One of Maurice's students wrote in 1891 in *Queen's College Magazine*:

> In the papers we had to write for him, anything like borrowed opinions, second-hand criticism of books which one had not read, was in his eyes a breach of honesty, and he knew how to make one feel desperately ashamed of it. On the other hand, there never was anyone so kind and encouraging to even the most halting attempts at thinking for one's self, and writing one's own thoughts[12].

Similar sentiments were expressed by his friend and assistant lecturer of English literature, Charles Kingsley who thus wrote to the man assigned to replace him in 1849 when he was forced to resign:

> Go your own way; what do girls want with a "course of literature"? Your business and that of all teachers is, not to cram them with things but to teach them how to read for themselves. A single half century known thoroughly

---

8   E. Kaye, *op. cit.*, p. 19.
9   *Loc. cit.*
10   *Ibid.*, p. 24, p. 23.
11   The lectures were published in 1839 in a book entitled *Has the Church, or the State, the Power to Educate the Nation? Course of Lectures*, London, J. G. and F. Rivington, 1839.
12   Quoted in E. Kaye, *op. cit.*, p. 22.

will give them canons and inductive habits of thought whereby to judge all future centuries. We want to train–not cupboards full of "information" (vile misnomer), but real informed women[13].

It is noteworthy to add that the same precepts are still held as the most crucial goals of education in Queen's nowadays as one can read on the College's website together with quotes from Maurice's writings[14]. Although after Maurice's enforced resignation in 1853, the college was criticised for not taking active role in canvassing for university admission for women, its unquestionable achievement was educating open-minded female pioneers in the field who became renown principals and founders of high schools and other colleges, e.g. Barbara Leigh Smith (later Madame Bodichon), who campaigned for the Married Women's Property Act, Dorothea Beale, Frances Mary Buss, Alice and Mathilda Bishop–famous headmistresses, Sophia Jex-Blake–instrumental in founding the London School of Medicine for Women, Emily Bovella–a physician at the hospital for women in Marylebone Road, etc.

The following subjects were taught during the first year of the college's existence: Arithmetic, Drawing, English Literature, French, German, English Grammar, Latin, Geography, History, Mathematics, Theology, Italian, Mechanics, Method in Teaching, Physical Geography and Geology[15]. Students could either take a full-time course or only choose some classes and their fees depended on that. All lectures were attended by the so-called Lady Visitors, but the Committee of Education was all male, as Elaine Kaye explains: "It was unthinkable in 1848 that young ladies should attend a lecture given by a male professor without being chaperoned. A scheme was therefore drawn up for a body of Lady Visitors who would attend the lectures on a rota basis, and would be invited to 'make suggestions in a locked book kept for that purpose'"[16].

---

13   *Ibid.*, p. 47.
14   "We value teaching that inspires pupils and stimulates intellectual curiosity; that encourages intellectual rigour and the ability to make informed judgements; that helps pupils to know how to think, rather than what to think. We value in pupils self-reliance and independence of mind; self-discipline and determination to outstrip expectations; imagination and the courage to take risks", "We shall be glad to improve our practice every day, not alter our principle", F.D. Maurice, founder of Queen's College, Queen's website, qcl.org.uk, acc. 12.08.2016.
15   E. Kaye, *op. cit.*, p. 38.
16   *Ibid.*, p. 39.

Free evening lectures, which the King's professors were giving gratuitously, were conducted for existing governesses. Two hundred students enrolled into various courses during the first term of the college's existence despite the fact that the fee for the full-time course was high when compared with that charged in similar establishments for boys.

As the motto of the article implies, Maurice was eagerly involved in the political and social problems of his time. He was associated with Christian Socialist Movement and ardently supported the Chartists. Together with a few friends he joined the London Debating Society, founded by supporters of Robert Owen who propagated in England the Socialist doctrines of Saint-Simonians such as, among others, the emancipation of workers and women[17]. Owen and his co-workers cooperated with the increasingly active Mechanics' Institutes to spread his ideas in lecture halls throughout the country[18]. An article published in March 1834 by a feminist and Owenist activist argues convincingly for women's access to professions–interestingly, academic professions in particular:

> For those women whom early widowhood, or other causes, consign to celibacy, I see not why civil offices should not be open, especially chairs of science in colleges endowed for the education of their own sex. Why should moral philosophy come with less power from the lips of woman than of man? Why may she not fill a professorship of poetry as well as he[19]?

Considering the involvement which Mechanics' Institutes had with the Socialist movement it comes as no surprise that the action of Tennyson's poem takes place during an educational festival held by members of a Mechanics' Institute in a country garden belonging to a progressive English aristocrat–Sir Walter Vivian. The narrator states as follows:

> Sir Walter Vivian all a summer's day
> Gave his broad lawns until the set of sun
> Up to the people: thither flocked at noon
> His tenants, wife and child, and thither half
> The neighbouring borough with their Institute
> Of which he was the patron. I was there
> From college, visiting the son,–the son

---

17 P. Allen, *The Cambridge Apostles. The Early Years*, London, CUP, 1978, p. 75.
18 J. Killham, *Tennyson and The Princess. Reflections of an Age*, London, The Athlone Press, 1958, p. 44-66.
19 Quoted in J. Killham, *ibid.*, p. 51.

A Walter too,–with others of our set,
Five others: we were seven at Vivian-place. (Prol., II 1-9)[20]

The inset tale of a university for women is the result of a tough chal-
lenge which young Walter's sister issues to the college friends because of
their patronising and slighting attitude to female capacity for learning.
Lilia responds to her brother:

> There are thousands now
> Such women, but convention beats them down:
> It is but bringing up; no more than that:
> You men have done it: how I hate you all!
> Ah, were I something great! I wish I were
> Some mighty poetess, I would shame you then,
> That love to keep us children! O I wish
> That I were some great princess, I would build
> Far off from men a college like a man's,
> And I would teach them all that men are taught;
> We are twice as quick! (Prol., II 127-137)

In the inset medieval tale a Prince from the North together with
his two companions dress as women to investigate the matter of his
broken marriage contract; the intended bride founded a "University /
For maidens" where no man can enter on pain of death. First published
on 25 December 1947, Tennyson's poem precedes the official opening
of Queen's College on 1 May 1848, but can be considered as irrefutable
proof of the public interest which the pioneering venture inspired.

Unlike the original staff of Queen's College, all the members of the
teaching crew are female at Princess Ida's university. It has been established in her father's "summer palace" on the border of two kingdoms
which king Gama grants to his daughter (I, ll. 145-150). These facts
may imply at the outset that it is a temporary, radical venture which
will be seasonal and of short duration, as Lindal Buchanan observes:

> Ida's project is doomed from the start. For example, its setting in a summer
> palace evokes the passing seasons and the play of summer vacations, as well
> as attaching a sense of transitoriness to the undertaking. Financing is never
> explicitly discussed; however, the implication is clear that the sheltering

---

20   All citations from *The Princess* are from the following edition: A. Tennyson, "The Princess.
     A Medley", *Tennyson's Poetry*, ed. R.W. Hill, Jr., New York / London, W.W. Norton &
     Company, 1999, p. 129-202.

university [...] is supported with Gama's funding and thus remains dependent upon his tolerance and good will[21].

The statue of Pallas Athena stands at the university gates where the camouflaged recruits are given colourful academic silks "in hue / The lilac, with a silken hood to each, / And zoned with gold"; so that the newcomers looked "as rich as moths from dusk cocoons" (II, ll. 2-5). On their way to meet the honourable head of the institution they cannot but observe that "here and there on lattice edges lay / Or book or lute," which suggests focus on artistic subjects, boosting creativity and imagination like Music (II, ll. 15-16). In Queen's Maurice equally defended artistic subjects like Music and Drawing, "The study of drawing, he claimed, cultivates 'a power of looking below the surface of things for the meaning which they express', and Music has power to awaken 'the sense of an order and harmony in the heart of things'"[22]. It is important to mention that Art, Music, Drawing and Drama are still enlisted in Queen's College curriculum as subjects with "a strong creative tradition"[23]. Before official enrolment, the transvestite trio are bound to accept the strict university statutes, such as–

> Not for three years to correspond with home;
> Not for three years to cross the liberties;
> Not for three years to speak with any men;
> And many more. (II, ll. 56-59)

The assumption behind such rules is that only by being cut off from the "hostile" world and its supposed distractions, the female graduates can become strong and intellectually independent women. The Princess frequently uses the rhetoric of slavery and freedom to explain the purpose for imposing various restrictions at her university. She thus encourages looking at the statues of famous women of the past scattered in her halls:

> Dwell with these, and lose
> Convention, since to look on noble forms
> Makes noble through the sensuous organism
> That which is higher. O lift your natures up:

---

21   L. Buchanan, *op. cit.*, p. 578.
22   Quoted in E. Kaye, *op. cit.*, p. 44-45.
23   Queen's College official website, qcl.org.uk, acc. 12.08.2016.

Embrace your aims: work out your freedom. Girls,
Knowledge is now no more a fountain sealed:
Drink deep, until the habits of the slave,
The sins of emptiness, gossip and spite
And slander, die. (II, ll. 71-79)

Though freedom is often on her lips, she assays to control language
and what books can be read at her university. Princess Ida is well aware
that poetry can be used as a very efficient instrument in the service of
ideological truths, therefore she voices her disapproval of the moving
song "Tears, Idle Tears" about the power of past memories and the love
song "O, Swallow." The only poetry worth reading is that with a grand
worthy aim, be that an educational, moral or social message of highest
importance. She declares the following words to the disguised Prince
who dares to sing "a mere love-poem" (IV, l. 108):

But great is song
Used to greater ends: ourself have often tried
Valkyrian hymns, or into rhythm have dashed
The passion of the prophetess; for song
Is duer unto freedom, force and growth
Of spirit than to junketing and love. (IV, ll. 119-124)

The Princess also excludes university courses which she does not
consider as appropriate for female students such as Anatomy since she
is opposed to vivisection. Instead, she encourages her students to study
Nursing–"the craft of healing" which was so typical of "conventional
womanhood" in nineteenth-century (III, ll. 288-299, l. 303). It serves
notice that the young foundress repeatedly scorns the ideals of Victorian
femininity; she calls such women "household stuff", "laughing-stocks of
Time, / Whose brains are in their hands and in their heels", "For ever
slaves at home and fools abroad" (IV, l. 493, ll. 496-497, l. 500). The
censorship and constant surveillance at an institution which is supposed
to "free" the minds of women and open them to new ideas and thinking do not promise well as to the attainment of these goals. In the
evening the three trespassers could hear some bitter complaints in the
university gardens, there were those who "murmured that their May /
Was passing: what was learning unto them? / They wished to marry;
they could rule a house; / Men hated learned women" (II, ll. 439-442).

As was the case with the curriculum at Queen's in 1848, there is an introductory lecture at the beginning of studies at Ida's university, given by Lady Psyche who is a working mother with her little daughter sleeping beside her during the lecture. She starts her scientific discourse with the nebular theory explaining the formation and evolution of the Solar System formulated by Laplace and continues with a survey of great women in history. Other lectures that the male trespassers attend are Geometry, Classics, Geology and "Electric and chemic laws" (II, l. 362). "We issued gorged with knowledge, and I spoke: / 'Why, Sirs, they do all this as well as we," the narrator states (II, ll. 366-367). Studies at the Princess's university do not rely merely on theory since students are also encouraged to test their acquired knowledge in practice, for instance a geological expedition is organised to "take / The dip of certain strata to the North" where the students are "Hammering and clinking, chattering stony names / Of shale and hornblende, rag and trap and tuff, / Amygdaloid and trachyte" (III, ll. 153-154; ll. 343-345).

Contrary to Queen's College, Princess Ida's university was founded exclusively by women. Although the academic staff of Queen's consisted solely of male professors, most of them lecturing at King's College for men[24], women were equally a driving power behind the foundation of the College, for instance the honourable Amelia Murray, Maurice's teaching sisters and the Queen[25]. Queen's has been a successful academic institution till the present day since its foundation was an outcome of social cooperation between many people of both sexes. Conversely, Ida's university is a short-lasting venture because it was established outside society as a form of protest and an opposition to the all-existing social norms and traditions. Some of its ideological thinkers, like Ida and Lady Blanche seem to be empowered by hatred towards men, "barbarous laws" for the female kind up till now and negativity (VII, l. 219). "[...] 'tis my mother, / Too jealous, often fretful as the wind", Melissa speaks about Lady Blanche, "Pent in a crevice: much I bear with her: / I never knew my father, but she says / (God help her) she was wedded to a fool" (III, ll. 63-67). The following radical statutes do not contribute greatly to the attainment of the noble goal of female education–lifting "the woman's

---

24   E. Kaye, *op. cit.*, p. 78: "Women were given a subsidiary role as tutors and Lady Visitors".
25   *Ibid.*, p. 78-79: Mrs Reid, the foundress of Bedford College for women, sought help from the founders of Queen's as she organised her college along very similar lines to Queen's.

fallen divinity / Upon an even pedestal with men": the death penalty
imposed on any man braving the university entrance, severe statute laws
estranging students from family members, censorship of literature one
can read, Ida's open scorn of maternity and the so-called conventional
womanhood in Victorian England (III, ll. 207-208). Moreover, some
artworks and language used at the university refer to tragic myths and
biblical stories describing men's violent deaths at the hands of women,
for instance the myth about treacherous Danaids, the dreadful end of
Actaeon or Holofernes (II, l. 319; IV, ll. 185-188; IV, ll. 206-208). At the
end of the poem Ida's university scheme and its radicalism are compared
to the short-lasting and hardly effective social revolution in France of
1848[26], which according to the narrator wreaked merely havoc and
caused total chaos in the country. Looking at the shores of France from
a hill, the narrator explains:

> But yonder, whiff! there comes a sudden heat,
> The gravest citizen seems to lose his head,
> The king is scared, the soldier will not fight,
> The little boys begin to shoot and stab,
> A kingdom topples over with a shriek
> Like an old woman, and down rolls the world
> In mock heroics stranger than our own;
> Revolts, republics, revolutions, [...]
> Like our wild Princess with as wise a dream
> As some of theirs– (Prol., ll. 58-70).

The short duration of the Princess's college seems to confirm the
fact that any political and social change can be effected by mutual cooperation of various people, both men and women, in Lady Psyche's
words:

> everywhere
> Two heads in council, two beside the hearth,
> Two in the tangled business of the world,
> Two in the liberal offices of life,
> Two plummets dropt for one to sound the abyss
> Of science, and the secrets of the mind [...] (II, ll. 155-160)

---

26   The extract was "written after the disturbances in France, February 1848, when Louis
     Philippe was compelled to abdicate," and later added to the 1850 edition of the poem
     (A. Tennyson, *Tennyson: A Selected Edition*, ed. Christopher Ricks, London / New York,
     Routledge, 2007, p. 328).

The implicit meaning of the above speech is also conveyed in one of the first comments by a Queen's professor, concerning his didactic experience lecturing to female and male students. In his *Lectures on Medieval Church History* (1877) Richard Chenevix Trench writes:

> I cannot think the antithesis of "bonnets" and "brains" to be a just one. [...] having regard to receptive capacity, to the power of taking in, assimilating, and intelligently reproducing, what is set before them, my conviction after some experience in lecturing to the young of both sexes is, that there is no need to break the bread of knowledge smaller for young women than for young men[27].

Magdalena PYPEĆ
University of Warsaw

---

27   *Ibid.*, p. 55.

BIBLIOGRAPHY

ALLEN, Peter, *The Cambridge Apostles. The Early Years*, London, Cambridge University Press, 1978.

BUCHANAN, Lindal, "'Doing battle with forgotten ghosts': Carnival, Discourse, and Degradation in Tennyson's *The Princess*", *Victorian Poetry*, vol. 39, no. 4, 2001, p. 573-595.

KAYE, Elaine, *A History of Queen's College, London 1848-1972*, London, Chatto & Windus, 1972.

KILLHAM, John, *Tennyson and The Princess. Reflections of an Age*, London, University of London, The Athlone Press, 1958.

MAURICE, Frederick Denison, "Dedication", *The Kingdom of Christ; or Hints Respecting the Principles, Constitution, and Ordinances of the Catholic Church*, London, J.G.F. & J. Rivington, 1842, pp. V-XXXII.

TENNYSON, Alfred, "The Princess. A Medley", *Tennyson: A Selected Edition*, ed. Ch. Ricks, London / New York, Routledge, 2007, p. 219-330.

TENNYSON, Alfred, "The Princess. A Medley", *Tennyson's Poetry*, ed. R.W. Hill Jr., New York / London, W.W. Norton & Company, 1999, p. 129-202.

TENNYSON, Alfred, "The Princess: A Medley", Royal Collection Trust, Royalcollection.org.uk, acc. 12.07.2016.

TENNYSON, Alfred, *The Letters of Alfred Tennyson, Volume II: 1851-1870*, eds. Cecil Y. Lang, Edgar F., Shannon, Cambridge, Massachusetts, Harvard University Press, 1987.

TENNYSON, Hallam, *Alfred Lord Tennyson. A Memoir by His Son*, London, Macmillan, 1897, archive.org, acc. 12.07.2016.

LES FÉES, LES FEMMES ET LA MÉDECINE

La question des savoirs féminins
dans le *Roman de Perceforest*

Le Roman de Perceforest est un roman en moyen français divisé en six livres, dont la datation fait encore débat[1]. Si certains chercheurs soutiennent l'existence d'une version datant du XIVe siècle, les éditions de J. H. Taylor, pour le premier livre, et de G. Roussineau, pour les livres I à VI, utilisent des manuscrits rédigés au XVe siècle, les seuls qui nous sont parvenus. Cet immense roman raconte comment Alexandre le Grand, s'étant égaré en Bretagne sur le chemin de Babylone, la donne à deux frères : Gadiffer, qui devient roi d'Écosse et Bétis, qui devient roi d'Angleterre. Le premier livre raconte donc l'arrivée des Troyens en Bretagne puis celle d'Alexandre et surtout l'instauration de la civilisation en Bretagne qui commence avec la conquête de la forêt aux Merveilles par Bétis, prenant le nom de « Perceforest ». Les livres II à IV racontent, parmi une multitude d'épisodes et d'histoires, la construction progressive des royaumes d'Angleterre et d'Écosse. À partir du livre IV, on assiste à la déchéance puis à la destruction complète de ces royaumes alors à leur apogée, mais aussi à l'arrivée d'une nouvelle génération de chevaliers qui reconstruisent ceux de leurs ancêtres. Le livre IV s'achève sur la réunion de tous les chevaliers et l'adoubement de l'héritier d'Écosse qui épouse l'héritière d'Angleterre et ceint la couronne des deux royaumes. Les livres V et VI marquent le passage définitif du paganisme au christianisme,

---

1 Certains chercheurs pensent que la version actuelle avait un modèle au XIVe siècle qui a ensuite été remanié au XVe siècle. Voir notamment les études de G. Veysseyre, « Les métamorphoses du prologue galfridien au *Perceforest* : matériaux pour l'histoire textuelle du roman » et G. Roussineau, « Réflexions sur la genèse de *Perceforest* » dans Perceforest, *un roman arthurien et sa réception*, Rennes, PUR, 2012, p. 31-86 et p. 255-268. D'autres penchent pour une datation au XVe siècle, voir notamment l'ouvrage de Ch. Ferlampin-Acher, Perceforest *et* Zéphir : *propositions autour d'un récit arthurien bourguignon*, Genève, Droz, 2010.

s'achevant sur l'Évangile de Nicodème et le baptême des personnages principaux.

Au moment du couronnement des deux nouveaux rois au livre I, les seules femmes présentes sont Lidoire et Ydorus. Si elles sont respectivement les épouses de Gadiffer et Bétis, ce qui leur donne la fonction importante de reines, elles n'ont aucun rôle particulier et sont au contraire effacées voire absentes de ce début de roman. Les femmes commencent à prendre de l'importance lorsque le roi d'Angleterre nouvellement couronné par Alexandre, Bétis, entre dans la forêt Darnant à côté du lieu de son couronnement. Là, il tue l'enchanteur Darnant, chevalier qui s'était rebellé contre l'ancien roi Pir et qui faisait régner la terreur dans les forêts anglaises. C'est par cette première victoire que Bétis gagne le nom de Perceforest. Il est rejoint plus tard dans la forêt par Alexandre et ses compagnons, partis à la recherche du souverain anglais, et ils entrent ainsi tous en guerre contre le lignage très nombreux de Darnant, composé principalement d'enchanteurs et de violeurs. Les chevaliers, souvent submergés par le nombre de leurs ennemis, ont alors besoin d'être soignés et c'est là que les femmes de la forêt, victimes du lignage Darnant, interviennent en aidant les chevaliers de Perceforest. Dans le premier livre les femmes s'illustrent donc par leur savoir médical.

Cependant, dès la première fois où elles sont évoquées dans le roman, ces femmes médecins ne sont pas considérées de la même façon qu'Ydorus et Lidoire, puisque la rumeur leur donne une nature de fées. Dès le couronnement du roi d'Angleterre, Alexandre et les princes étrangers qui l'accompagnent sont avertis que la forêt Darnant en est remplie et que de nombreuses merveilles s'y produisent :

> Gentil sire, ne vous esmerveilliez de ceste chose, car se vous demourez en cest paÿs .II. moys, vous en verrez de trop plus merveilleuses. Car cy pres est la Forest Darnant, ou il a plenté de fees qui scevent par leur soubtil art toutes les soubtilles choses. Et sachiez qu'il n'est homme qui puist yssir de la forest puis qu'il est entré dedens ung arpent[2].

---

2   Traduction : « Noble roi, ne vous étonnez pas de cette merveille car si vous séjournez deux mois dans ce pays vous en verrez d'autres encore plus incroyables. Près d'ici se trouve en effet la forêt Darnant où pullulent les fées qui connaissent les choses occultes grâce à leur subtile science. Sachez qu'aucun homme ne peut sortir de la forêt après y être entré plus d'un arpent » *Perceforest. Première partie, tomes I et II*, éd. G. Roussineau, Genève, Droz, 2007, tome 1, par. 133, l. 3-8. Toutes les traductions du texte de *Perceforest* sont de l'auteur de cet article.

Or les fées, dans un roman qui tend à se christianiser, peuvent être des éléments faciles à diaboliser, comme on peut le voir dans ces conseils d'un ancien homme au roi Alexandre. Au-delà de l'explication qu'il donne des merveilles dont sont capables les fées, le vieil homme prévient les nouveaux arrivants du danger qu'elles peuvent représenter pour un homme qui s'aventure dans la forêt. Le savoir féminin apparaît donc d'emblée lié à la fois à la magie et à une menace pour les hommes. C'est pourquoi nous interrogerons ces deux aspects, la médecine et les fées, en étudiant l'influence du savoir médical féminin dans la représentation de la femme au sein du roman.

LA PRATIQUE FÉMININE
AU SEIN DU DOMAINE MÉDICAL

Malgré l'absence d'un lexique médical et scientifique précis, qui fait dire à Ch. Ferlampin-Acher que l'auteur, s'il est certes un savant, n'est pas un spécialiste des domaines qu'il évoque[3], il est possible pour le lecteur de distinguer trois types de médecine dans le *Roman de Perceforest* : la médecine de fortune, la médecine professionnelle et la médecine des femmes.

Toutes ces catégories ne sont pas accessibles aux femmes : les personnages qui pratiquent la médecine de fortune ainsi que la médecine professionnelle sont uniquement des hommes. La première, pratiquée notamment par les chevaliers en voyage, se caractérise par un manque de moyens matériels et par le fait que le savoir de ces médecins improvisés est fondé sur l'expérience. Il s'agit par exemple d'un chevalier qui va nettoyer les plaies de son compagnon pour éviter qu'elles n'empirent. La seconde est pratiquée par des *mires, maistres, medecins* et *cirurgiens*. Les frontières entre ces deux pratiques ne sont pas toujours nettement distinctes. En effet, quand un chevalier se retrouve blessé et loin de tout médecin, le personnage qui va s'improviser médecin ou chirurgien reprend les mêmes gestes que les médecins professionnels. Nabin, par exemple,

---

3   Ch. Ferlampin-Acher, *Fées, bestes et luitons : croyances et merveilles dans les romans français en prose (XIIIe-XIVe siècles)*, Presses Paris Sorbonne, Paris, 2002, p. 70.

est un marin qui fait partie de l'équipage ramenant Lyonnel, chevalier vainqueur d'un serpent monstrueux. Le chevalier étant blessé, les marins

> luy laverent le corps et le viaire, qui estoit tout taint et noircy du sang et de la fumee du serpent. Et sy regarderent ses playes que le serpent luy avoit faictes aux ongles, si ne trouverent playe qui fust gueres grevable fors du venin, mais pour les perilz, Nabin qui long temps s'en estoit aidie, mist sus ongnement qui estoit a ce bon[4].

Le type d'onguent[5] utilisé par le marin n'est pas précisé, ni son rôle exact dans la guérison de la blessure superficielle du chevalier, mais, d'après Nicolas Panis dans *Le Guidon de Guy de Chauliac*[6], le chirurgien doit porter avec lui cinq types d'onguents à utiliser en fonction de la nature de la plaie : le « bassilicon a madurer[7] », l'« apostolorum a mondifier[8] », l'« unguentum aureum a encarner[9] », l'« unguentum album a consolider[10] » et le « dyalteum a adoulcir[11] ».

Nabin n'étant pas médecin, s'il est capable de sélectionner l'onguent adapté à la blessure de Lyonnel et d'estimer que celle-ci est sans gravité, c'est grâce à son expérience et non grâce à un savoir universitaire. Pourtant, la façon dont les marins vont soigner le chevalier, en lavant, examinant puis soignant ses plaies, est comparable à celle dont les chirurgiens opèrent lorsqu'ils soignent la blessure de Galehaut, roi de l'île du Géant aux Cheveux Dorés :

> Adont il fut mené en sa chambre ou il fut desarmé et ses sirurgiens mandez, qui le defferrent, puis tenterent sa plaie et dirent qu'il estoit perilleusement

---

4   Traduction : « Ils lui lavèrent le corps et le visage qui étaient barbouillés et noircis du sang et de la fumée du serpent. Ils examinèrent les plaies que le serpent lui avait faites à coups de griffes mais ne trouvèrent rien de grave. Cependant, pour prévenir tout danger, Nabin y appliqua un onguent qu'il savait être bénéfique pour l'avoir utilisé pendant longtemps » *Perceforest. Deuxième partie, tome I*, éd. G. Roussineau, Genève, Droz, 1999, par. 620, l. 3-9.

5   Le terme d'« onguent » est généralement utilisé de façon assez floue, ce qui permet, quand il est utilisé par les femmes, de lui donner une connotation magique. Voir à ce sujet l'article de J.R. McGuire, « L'onguent et l'initiative féminine dans *Yvain* », *Romania*, 1991, 445-446, p. 65-82.

6   Nicolas Panis, *Le Guidon de Guy de Chauliac, traduit en français par Nicolas Panis*, Lyon, B. Buyer, 1478, chap. sing.

7   Traduction : « Le basilicon pour faire venir à maturité. »

8   Traduction : « L'onguent des apôtres pour purifier. »

9   Traduction : « L'onguent d'or pour réunir les lèvres d'une plaie. »

10   Traduction : « L'onguent blanc pour consolider. »

11   Traduction : « Le dialteum pour adoucir. »

navré, combien qu'il n'y avoit quelque dangier de mort ne d'affolure, ains le renderoient sain et en point pour porter armes en dedens le mois[12].

Dans les deux extraits l'auteur décrit sobrement les soins apportés aux blessés, sans utiliser de termes médicaux précis ni de détails, de sorte qu'il est difficile de voir une réelle différence entre la pratique de Nabin et celle des chirurgiens du roi. La similarité des épisodes mettant en scène les pratiques médicales des chevaliers et des médecins crée une confusion des catégories de la médecine et, de la même façon, il est assez difficile de définir exactement le rôle des femmes-médecins dans le roman, ce que nous allons pourtant tenter de faire.

LA MÉDECINE FÉMININE,
UNE QUALITÉ INNÉE RECONNUE
ET UNE EXPERTISE DÉNIÉE

La difficulté de définir le rôle des femmes au sein dans le domaine de la médecine vient d'abord du fait que l'étendue de leur savoir médical est difficile à délimiter, la capacité à soigner des blessures étant considérée comme une connaissance féminine innée. C'est ce qui est souligné lors de l'épisode où une jeune fille du nom de Canifre prend soin des blessures du chevalier Passelion : « pou estoit a ce tamps aucunes dames d'onneur qui ne se congnoissoient en navreures[13] ». Si toutes pratiquent la médecine, des différences de maîtrise apparaissent en fonction de l'âge et de l'habilité des femmes. Lorsque le roi Gadiffer est retrouvé par des jeunes filles après avoir été blessé par un sanglier au cours d'une chasse, celles-ci sont capables de lui prodiguer les premiers soins, mais se révèlent impuissantes face à la gravité des blessures : « Nous prenismes garde a

---

12   Traduction : « Alors il fut transporté dans sa chambre où il fut désarmé et ses chirurgiens appelés, qui lui ôtèrent le tronçon de lance, puis examinèrent sa plaie et dirent qu'il était gravement blessé, même s'il n'était pas en danger de mort ou de meurtrissure et qu'ils le guériraient et le mettraient en point pour porter les armes avant la fin du mois » *Perceforest. Cinquième partie, tomes I et II*, Genève, Droz, 2012, t. I, par. 176, l. 11-16.

13   Traduction : « car il y avait peu de dames d'honneur en ce temps-là qui n'avaient aucune connaissance dans le soin des blessures » *Perceforest. Quatrième partie, tomes I et II*, Genève, Droz, 1987, t. 2, par. 779, l. 171-173).

sa playe et meismes sus ce que nous cuidions que bon fust, mais pou en sçavons. Sy mandasmes une ancienne damoiselle qui moult scet de playes garir, qui demeure assez pres de cy[14] ».

Le recours à une « ancienne damoiselle » est alors nécessaire car son savoir, que l'insistance sur son âge montre être fondé sur l'expérience et la pratique, est supérieur à celui des jeunes filles. Lorsque la vieille femme parle de sa carrière, elle évoque le succès de sa pratique qui se traduit par l'afflux de patients en seulement deux ans : « Or advint que dedens les .ii. ans que je y euz demouré, que je y fuz assez achanlee de medecine, car je m'en chevissoie bien[15] ».

Guérisseuse rencontrant un grand succès, cette femme ne porte pourtant aucun titre particulier. Au contraire, lorsqu'un vieil homme est convoqué par le roi de l'Estrange Marche pour prendre en charge les blessures du chevalier Lyonnel, il est décrit comme « ung ancien homme qui bien se sceut aidier de playes garir[16] » et ce savoir fondé sur l'expérience lui vaut le titre de « maistre[17] ». C'est deux exemples permettent de voir une première différence entre la pratique féminine et masculine : si les hommes pratiquant la médecine sont des *mires*, des *maistres*, des *medecins* et des *chirurgiens*, les équivalents féminins des professions médicales sont rares dans *Perceforest*, voire inexistants. Le terme de *medecine*, équivalent féminin du médecin, ne se trouve pas dans le roman et il est difficile à relever dans les textes littéraires contemporains : une recherche dans le *Dictionnaire du Moyen Français* ne permet de retrouver *medecine* que dans les archives du Poitou de 1467[18], et le dictionnaire d'ancien français *Godefroy* ne signale la présence du terme que dans des écrits plus tardifs et datés du XVIe siècle. Quant à l'équivalent de *maistre*, *maistresse*, s'il est utilisé à plusieurs reprises dans le roman pour signaler l'expertise féminine dans un domaine particulier, souvent magique, il n'apparaît qu'une fois dans le roman dans son sens médical. Cette absence du titre

---

14 Traduction : « Nous avons pris garde à sa plaie et nous y avons mis ce qu'il nous semblait y être bénéfique mais nous en savons peu. C'est pourquoi nous avons eu recours à une demoiselle d'un âge avancé, qui sait guérir de nombreuses blessures et qui demeure dans les environs » *Perceforest, Deuxième partie, op. cit.*, t. 1, par. 237, l. 9-12.

15 Traduction : « Or il se trouva qu'après y avoir demeuré deux ans, je fus pourvue d'une assez bonne clientèle, car j'exerçais avec succès » *ibid.*, t. 2, par. 168, l. 14-16.

16 *Ibid.*, tome 1, par. 523, l. 10-11.

17 *Ibid.*, l. 13.

18 Doc. Poitou G., t. 11, 1467, 87. Voir la référence complète sur le *Dictionnaire du Moyen Français* (DMF 2015), ATILF-CNRS & Université de Lorraine, notice « medecine 2 ».

de *maistresse*, alors que son équivalent masculin est bien présent dans le roman, peut être interprétée comme une façon d'éviter de donner à l'expertise féminine le même statut que celui du savoir masculin, lequel est issu de l'enseignement universitaire. On observe par contre l'utilisation plus fréquente du terme de *cirurgienne*, ce que l'on pourrait expliquer par le fait que la fonction de chirurgien, moins prestigieuse que celle du médecin, n'est pas reconnue par l'université.

Si l'absence de titre officiel pour les femmes montre la distinction entre la médecine masculine et féminine il n'y a pas de différences notables entre leurs pratiques : les femmes reproduisent les mêmes gestes que les hommes lorsqu'il leur faut soigner un patient. Comme les marins et les médecins de Galehaut, Canifre examine et nettoie la plaie du chevalier Passelion avant d'y poser des remèdes adaptés. Si l'épisode de Canifre est comparable à ceux mettant en scène la médecine masculine, c'est aussi à cause de l'absence de termes précis pour décrire les opérations chirurgicales et les soins donnés, ce qui participe à cette confusion des catégories médicales.

LES LIMITES DE LA MÉDECINE
COMME FRONTIÈRES DES CATÉGORIES
PROFESSIONNELLES

Comme le montre le cas de l'ancienne demoiselle qui soigne le roi Gadiffer, ce qui fait le succès du médecin, homme ou femme, c'est l'efficacité des soins qu'il prodigue. Si les différents types de médecine s'exercent de façon similaire, il est alors intéressant d'étudier les limites des capacités des médecins afin de pouvoir dessiner de façon plus nette les contours de leur pratique. S'il est évident que, pour des raisons matérielles et d'hygiène, la médecine de fortune est la moins efficace, celles des hommes et des femmes restent en concurrence et il s'agit alors de déterminer laquelle est la plus efficace.

Au livre III, le chevalier Lyonnel est éventré dans un combat contre un chef ennemi. La blessure est grave et même si les *mires* soignent effectivement Lyonnel, le chevalier Estonné, inquiet de son état de santé, emmène la jeune Priande à son chevet pour lui apporter des soins supplémentaires. Cela montre que, pour cette fois, la médecine des femmes prend le relais de la médecine masculine et garantit une meilleure efficacité que la dernière.

De la même façon, lorsque les chevaliers Maronex et Sador sont gravement blessés au cours d'une de leurs aventures, ils bénéficient des soins des trois types de médecine. Ils essaient d'abord de se soigner seuls, ce qui s'avère inefficace et dangereux. L'échec de ces soins se traduit à la fois par leur incapacité à apaiser la douleur et par le risque d'aggravation de la blessure qui apparaît, les empêchant presque de chevaucher. Les chevaliers sont alors recueillis par un seigneur qui met à leur disposition un *maistre* qui les soigne, en ordonnant un mois de convalescence. Si l'efficacité de la médecine masculine est ici établie, elle n'est pourtant pas suffisante : les deux chevaliers veulent participer à un tournoi dont le prix pourrait être les jeunes filles dont ils sont amoureux et qui a lieu dans quelques jours. Ils reprennent alors la route malgré les conseils du médecin et sont finalement retrouvés puis soignés par la reine d'Écosse Lidoire. Initiée aux arts magiques au livre II et maîtrisant également la médecine, celle qu'on appelle maintenant la Reine Fée les rétablit en moins de huit jours. Si le *maistre* et la Reine Fée sont tous deux capables de mettre les chevaliers hors de danger, c'est la rapidité avec laquelle cette dernière peut les amener à un complet rétablissement qui marque sa supériorité sur les acteurs de la médecine masculine.

Comme le montre le surnom de Reine Fée, cette supériorité des femmes sur les hommes dans le domaine de la médecine fait que le peuple et les chevaliers, ne comprenant pas l'origine de leurs compétences extrêmement développées, vont les rejeter dans le domaine magique et donner à ces femmes la nature des fées.

LA FEMME MÉDECIN, LA FÉE ET LA SORCIÈRE

Le basculement de l'expertise féminine dans le domaine du surnaturel montre la peur face à des femmes devenues trop savantes, trop puissantes et le risque de voir cette image de femme-médecin devenue fée se déformer encore une fois pour devenir celle d'une sorcière.

Sébille par exemple, est une fée extrêmement douée en médecine, mais aussi une enchanteresse. Elle apparaît au livre I et recueille Alexandre le Grand qui est blessé. Elle le soigne et tombe amoureuse de lui. Refusant de le laisser partir, elle change sa perception du temps et il reste quinze jours avec elle en pensant être resté une nuit, ce qu'il découvrira plus tard. De sorte que, lorsqu'il est à nouveau blessé dans un autre épisode et que la jeune femme qui le recueille, Gloriande, lui propose d'appeler Sébille pour le soigner, le roi accepte à condition qu'il ait la garantie que Sébille n'utilisera pas ses sorts sur lui. Cette méfiance de la part du roi montre bien l'inquiétude que la femme fée peut susciter. Ses talents lui donnent en effet un contrôle sur le corps de l'homme qu'elle peut emprisonner, soigner ou dont elle peut faire empirer la maladie. La vieille femme qui est chargée de soigner les blessures de Gadiffer profite, par exemple, de son statut de médecin reconnu pour faire empirer discrètement l'état du roi afin de venger le lignage Darnant dont elle est issue et qui a été massacré par Gadiffer et son frère. Perdant alors son statut de médecin respecté, elle est appelée « vielle murdriere[19] » après sa tentative d'empoisonner la blessure du roi.

Si le terme de sorcière n'apparaît pas encore, plus tard, pendant une cérémonie de sabbat, de vieilles femmes sont désignées par le terme de « sorciere » et le diable déclare l'une d'elle « sorciere cirurgienne sur toutes maladies[20] ». Celui-ci lui donne « pouvoir de donner a toutes herbes telle vertu qu'il [lui] plaira[21] ». Or la *vieille murdriere* avait elle aussi cette expertise et le lecteur peut rétrospectivement associer cette simple empoisonneuse à une sorcière.

Le texte permettant de faire le lien entre les femmes capables d'utiliser les plantes et de soigner et la sorcellerie, une confusion est donc possible. Il y a aussi un risque que la représentation des femmes passe de fée à sorcière. Afin d'éviter ce basculement, il est nécessaire pour l'auteur de les intégrer au processus de christianisation auquel est soumis l'ensemble du roman. Il le fait, en rationalisant leur pratique de la médecine.

---

19 *Perceforest, Deuxième partie, op. cit.*, t. 1, par. 241, l. 2.
20 *Ibid.*, par. 386, l. 17.
21 *Ibid.*, l. 18-19.

LA FÉE ET L'AMANTE

L'exemple de Sébille est alors intéressant puisqu'elle est la première qui cumule les rôles de fée, de guérisseuse et d'amante. La possibilité pour la femme de jouer ces différents rôles va amener une évolution de son statut de médecin, en même temps que les termes pour désigner sa pratique tombent dans une sphère plus abstraite : il ne s'agit plus seulement de guérir le chevalier malade, mais aussi de répondre à son désir violent qui aggrave sa maladie.

Au livre V, par exemple, le chevalier Nero blessé est soigné dans une salle où il voit Clamidette, une jeune fille dont il est amoureux. La soudaine présence de l'être aimé est alors comparée à l'abondance d'une viande que l'estomac d'un malade doit éviter, renvoyant à l'importance d'un régime alimentaire adapté à une maladie[22] :

> Et pour ce il eust eu besoing de la veoir plus a dangier, ainsi comme il prent au malade quant il desire d'une vyande pour soy renouveller. Il n'a point besoing que l'on lui en porte devant lui plenté a la fois, car il a encores l'estomacq et l'appetit trop tendre et dangereux pour sa malladie, qui l'a fort affoibly[23].

La comparaison du début de l'extrait entre Nero amoureux et le malade amateur de viande permet une première analogie entre amour et médecine, mais c'est un peu plus tard, quand cet excès d'amour provoque une véritable hémorragie (« sa plaie recommensça a saignier[24] ») que la confusion entre blessure physique et blessure amoureuse est totale. Au livre VI, c'est cette fois le chevalier Lizeus qui est blessé et son amie Salfione qui se précipite à son chevet. La confusion entre le médecin et l'amante est alors troublante et il est

---

22 Au sujet de la tradition des régimes de santé en médecine, voir l'ouvrage de Marilyn Nicoud, *Les Régimes de santé au Moyen Âge, naissance et diffusion d'une écriture médicale (XIIIᵉ-XVᵉ)*, Rome, École française de Rome, 2007.

23 Traduction : « c'est pour cette raison qu'il aurait eu besoin de la voir de façon plus modérée, de la même façon qu'un malade qui désire une viande pour se redonner des forces. Il n'a pas besoin qu'on lui en apporte en abondance, car son estomac est trop fragile et son appétit trop dangereux pour sa maladie qui l'a beaucoup affaibli ». *Perceforest, Cinquième partie, op. cit.*, t. 1, par. 177, l. 10-15.

24 *Ibid.*, par. 177, l. 28.

impossible de déterminer précisément si elle apporte une aide médicale à son amant ou si elle se contente de le réconforter par sa présence, ce que montre la phrase « elle mettoit chascun jour dessus sa plaie medecine plaisante de main amoureuse[25] » en mêlant habilement les termes médicaux (« plaie », « medecine ») et abstraits (« plaisante », « amoureuse »).

LE CORPS SOIGNÉ ET LE CORPS DOMINÉ

Si Sébille était désignée comme une fée amante au livre I, ces jeunes filles, dont la vue seule guérit le chevalier amoureux, ne sont jamais confondues avec des fées. En même temps qu'elles perdent ce statut, leur expertise médicale est restreinte puisqu'elles ne soignent que le chevalier qui les aime. C'est cette confusion entre l'amante et le médecin qui permet de faire perdre à la médecine féminine son expertise scientifique et, par là, son caractère inquiétant. L'efficacité, sans pareil, du savoir féminin trouve alors une origine rassurante dans l'amour que leur voue le chevalier blessé. De cette façon, alors qu'elles avaient auparavant le contrôle du corps masculin en le soignant, les femmes deviennent l'objet du désir masculin. La conquête du corps féminin devient l'enjeu essentiel des épisodes de blessure et c'est sa possession qui permet la guérison du chevalier. De médecin, la femme devient donc remède à la maladie comme dans l'épisode où une jeune fille du nom de Neronés « fay present de [son] corps[26] » au fils du roi Gadiffer Nestor qui se laissait mourir d'amour, ce qui le rétablit complètement (« car vous estes cause de ma totale garison[27] »).

Cette évolution se fait a détriment du personnage de la fée : en donnant aux termes médicaux un sens plus abstrait et en les ajoutant au lexique amoureux, l'auteur efface les caractéristiques féériques que le début du roman prêtait aux femmes. Si celles-ci étaient considérées comme des fées par les habitants du royaume au livre I, elles perdent

---

25 *Perceforest. Sixième partie, tomes I et II*, Genève, Droz, 2014, t. 1, par. 632, l. 16-17.
26 *Perceforest. Troisième partie, tome I*, éd. G. Roussineau, Genève, Droz, 1988, p. 116, l. 228.
27 *Ibid.*, l. 237.

peu à peu ce titre pour celui de sage dame. Leur nature de fées apparaît alors comme un « malentendu » ainsi que l'explique A. Berthelot : elle est une construction de la naïveté du peuple, impressionnépar le savoir de ces femmes qui ne leur est pas accessible[28].

LA REINE FÉE :
LA CHRISTIANISATION DES FÉES GUÉRISSEUSES

Si Lidoire, épouse de Gadiffer d'Écosse, n'avait aucun rôle particulier au livre I, à la suite de la blessure de son mari au livre II, elle apprend de la fée Corrose les arts magiques et, parvenue à les maîtriser, elle cache son mari dans un endroit secret d'où elle gouverne l'Écosse. À partir de là et jusqu'au livre V, elle devient le personnage central du roman et n'est plus appelée que « la Reine Fée ». Maîtresse des arts magiques, elle intervient aussi pour sauver des chevaliers mortellement blessés. Au fur et à mesure que sa puissance augmente, elle concentre tous les termes de fées : au livre II 11 % des occurrences se rapportent à elle contre 81 % au livre IV lorsqu'elle est à l'apogée de sa puissance.

Cette forte concentration du terme sur Lidoire à partir du livre IV est un moyen de rationaliser et christianiser les autres fées. En regroupant les caractéristiques de la fée sur Lidoire, celle-ci monopolise les épisodes merveilleux et c'est donc avec ce personnage que se joue le sort de la femme fée dans le roman. Ainsi à mesure que les éléments féeriques sont transférés sur la Reine Fée, les autres fées s'humanisent et deviennent jeunes filles et dames de la forêt.

L'apprentissage de Lidoire se situe alors à un moment clé de l'évolution de la représentation des femmes : il est évoqué juste après la tentative d'assassinat de Gadiffer par une vieille guérisseuse et un peu avant l'épisode du sabbat et une série d'épisodes dans lesquels de mauvaises femmes piègent les chevaliers de Perceforest. Le cas de Lidoire est donc délicat puisque sa nature féerique se révèle à un moment où se multiplient les exemples de femmes dangereuses et maléfiques. C'est pourquoi les origines de son

---

28 A. Berthelot, « Magiciennes et enchanteurs », *Chant et enchantement au Moyen Âge*, Toulouse, Éditions universitaires du Sud, 1997, p. 109.

savoir sont ensuite modifies : si le livre II attribuait ses connaissances à la fée Corrose, le livre IV lui donne un nouveau maître, Aristote :

> La saige rouyne, qui pour lors estoit jenne pucelle, si repairoit entour lui et lui donnoit grant consolation ; et le saige Aristote avoit ses livres avecques lui, car tout son deduit avoit en estude. Mais la jenne pucelle, qui bien les sçavoit lirre [...] y leut et pourleut, avecq ce print moult grant delectation, qu'elle en retint moult, et depuis tant pourchassa qu'elle eut en ses mains aucuns livres de astronomie esquelz elle estudia, et tant enquist et demanda aux maistres pour savoir les doutances qu'elle devint tres bonne astronomienne, avecq ce fut maistresse d'arquemie et de nigromancie[29].

Ces nouvelles précisions interrompent la continuité des connaissances féminines des fées transmises par Corrose à Lidoire et donnent comme fondements du savoir de la reine celui des *maistres*, justifiant la rapidité et l'excellence de la maîtrise des savoirs par la Reine Fée. À ce savoir masculin, la Reine Fée ajoute une nature masculine, comme le lecteur l'apprend au livre IV, dans lequel la Reine Fée voit en songe la Nature. Celle-ci lui raconte que la matière dont elle est faite était d'une excellence telle que « voulentiers en eusse fait ung homme[30] », mais que, faute d'en avoir assez, elle s'était décidée à former le corps d'une femme. Malgré cela, la Reine Fée possède encore les qualités masculines inhérentes à la matière dont Nature l'a faite : « Que tant empourtastes de la nature a l'homme que vous devés estre constante, saige, subtile et de tresgrant engin avecques le tresor de mémoire[31] ».

---

29 Traduction : « La sage reine, qui alors était encore jeune fille, restait avec lui et lui procurait de grandes consolations. Le sage Aristote avait ses livres avec lui, car tout son plaisir résidait dans l'étude. Mais la jeune fille, qui était parfaitement capable de les lire, s'y plongeait souvent car elle en comprenait la signification et s'y intéressait de tout son cœur. Elle les lut et les relut souvent et se livrait à cette lecture avec délectation, ce qui fait qu'elle en retint beaucoup de choses, et depuis elle se donna tant de peine qu'elle eut en ses mains quelques livres d'astronomie qu'elle étudia. Elle rechercha et posa tant de questions aux maîtres pour éclaircir ses incertitudes, qu'elle devint une très bonne astronome et avec cela maîtresse d'alchimie et de nigromancie. » *Perceforest, Quatrième partie, op. cit.*, tome 1, p. 518, l. 25-39. – La notion de « nigromancie » (qui vient du mot « nigra », noire) c'est-à-dire l'invocation des démons est à distinguer de celle de « nécromancie » (de « necros », la mort), l'invocation des morts. À ce sujet, voir l'ouvrage de Jean-Patrice Boudet, *Entre science et nigromance. Astrologie, divination et magie dans l'Occident médiéval (XIIᵉ-XVᵉ siècle)*, Paris, Publications de la Sorbonne, 2006.

30 *Ibid.*, p. 574, l. 779-780.

31 Traduction : « vous tenez tant de la nature de l'homme que vous devez être constante, sage, subtile, pourvue d'une grande intelligence et d'un trésor de mémoire ». *Ibid.*, p. 575, l. 783-786.

La combinaison de sa nature et de son éducation masculines éloigne définitivement la Reine Fée du modèle de la femme savante et enchanteresse. Ces révélations sur son aspect masculin ont également lieu à des moments clés du roman : son savoir d'origine masculine est dévoilé après sa conversion au Dieu Souverain, prototype du dieu chrétien, et sa nature masculine au moment de l'annonce de la naissance de Jésus. La masculinisation du personnage de la Reine Fée s'accompagne donc de sa christianisation et de la perte de son statut de fée comme on peut le voir par l'abandon au livre IV de son nom de Reine Fée pour celui de la Sage Reine. Sa christianisation s'achève avec son baptême au livre VI puis son enterrement avec son mari le roi Gadiffer, son petit-fils Gallafur, son beau-frère Perceforest et le prêtre Dardanon, tous les cinq étant « les cinq anciennes personnes que Jhesucrist tenoit pour chier tresor[32] ». Si les cinq vieillards meurent en même temps après s'être recommandés au Dieu Souverain, elle est la seule à s'appeler du nom de « peceresse[33] », ce qui s'explique par le fait que la Reine Fée est coupable d'un double péché : celui d'être enchanteresse, mais aussi d'être femme, quoiqu'elle soit empreinte d'une nature masculine. Son baptême et sa rédemption avant sa mort signe alors le rachat des autres femmes du roman dont elle avait pris les traits féériques et par là, la nature pécheresse.

La dernière apparition de Lidoire est donc marquée à la fois par le rappel de sa nature féminine et par la repentance de son usage excessif de la magie, signant la rédemption des fées du roman dont elle était la plus brillante représentante. Seule femme parmi les cinq trésors de Jésus-Christ, elle doit cependant sa christianisation réussie ainsi que son niveau d'excellence sans pareil dans tous les domaines auxquels elle s'est adonnée à sa nature et son éducation masculines.

Les femmes dans *Perceforest* sont donc d'habiles praticiennes de la médecine au point de surpasser les maîtres par l'efficacité de leurs soins. Si le savoir féminin est à ce moment-là valorisé, leurs compétences extrêmement développées en font des êtres trop puissants qui suscitent l'angoisse des personnages masculins et l'imagination du peuple qui les appelle des « fées ». La christianisation du roman passe donc par une rationalisation de leur pratique, en mêlant la médecine à un domaine

---

32 *Perceforest, Sixième partie, op. cit.*, tome 2, par. 1079, l. 20-21.
33 *Ibid.*, par. 1083, l. 7.

plus abstrait où l'homme n'est plus à la merci d'une enchanteresse et en concentrant toutes les caractéristiques magiques des femmes sur un personnage : la Reine Fée. Sa conversion, son baptême et sa mort sont autant d'étapes qui marquent le rachat des femmes, que leur pratique de la magie condamnait à être fées.

Andréa RANDO MARTIN
Université Grenoble-Alpes

BIBLIOGRAPHIE

BERTHELOT, Anne, « Magiciennes et enchanteurs », *Chant et enchantement au Moyen Âge*, éd. Le groupe de recherches « Lectures Médiévales », Toulouse, Éditions universitaires du Sud, 1997, p. 105-120.

BOUDET, Jean-Patrice, *Entre science et nigromance. Astrologie, divination et magie dans l'Occident médiéval (XIIᵉ-XVᵉ siècle)*, Paris, Publications de la Sorbonne, 2006.

FERLAMPIN-ACHER, Christine, *Perceforest et Zéphir : propositions autour d'un récit arthurien bourguignon*, Genève, Droz, 2010.

FERLAMPIN-ACHER, Christine, *Fées, bestes et luitons : croyances et merveilles dans les romans français en prose (XIIIᵉ-XIVᵉ siècles)*, Presses Paris Sorbonne, Paris, 2002.

McGUIRE, James R., « L'onguent et l'initiative féminine dans *Yvain* », *Romania*, 1991, 445-446, p. 65-82.

PANIS, Nicolas, *Le Guidon de Guy de Chauliac, traduit en français par Nicolas Panis*, Lyon, B. Buyer, 1478.

ROUSSINEAU, Gilles, « Réflexions sur la genèse de *Perceforest* » *Perceforest : un roman arthurien et sa réception*, éd. Ch. Ferlampin-Acher, Rennes, Presses universitaires de Rennes (Interférences), 2012, p. 255-268.

VEYSSEYRE, Géraldine, « Les métamorphoses du prologue galfridien au *Perceforest* : matériaux pour l'histoire textuelle du roman », *Perceforest : un roman arthurien et sa réception*, éd. Ch. Ferlampin-Acher, Rennes, Presses universitaires de Rennes (Interférences), 2012, p. 31-86.

CINQUIÈME PARTIE

DANS LES SOURCES / CONSIDERING
DOCUMENTS AND PRIMARY SOURCES /
UNTERWEGS DURCH QUELLEN
UND DOKUMENTE

L'ÉDUCATION DES JEUNES FILLES
DANS L'ANCIENNE POLOGNE
AUX XVIᵉ ET XVIIᵉ SIÈCLES

Dans l'ancienne Pologne (la République nobiliaire des deux nations composée de la Lituanie et de « la Couronne », c'est-à-dire de la Pologne), la discussion sur la femme, sa position et son éducation est quasi inexistante. Il en est de même de la création littéraire qui, qu'elle soit en polonais ou en latin, reste une activité essentiellement masculine à visée morale et didactique, même si certains genres plus légers (épigrammes, satires, facéties) trouvent aussi des lecteurs. Cette production est le miroir de l'idéologie sarmate dont le XVIIᵉ siècle constituait l'apogée et qui se traduisait plus généralement par un style de vie collective, sociale et politique[1] où les femmes étaient écartées des débats politiques et économiques. Le régime démocratique polonais avantageait ainsi le développement de la littérature par laquelle les hommes se lançaient dans des polémiques politiques et critiques virulentes de la monarchie et de leur roi. Ainsi, l'importance attribuée à la politique (textes sur l'élection, la Diète, les diétines, etc.), à la guerre ou à l'Église ne constituait pas un terrain fertile à l'apparition de conditions politico-culturelles favorables à l'écriture créatrice des femmes et peu nombreuses étaient celles qui publiaient[2].

L'autre spécificité polonaise, c'est le manque de l'institution du salon au XVIIᵉ et au début du XVIIIᵉ siècle. La noblesse se rassemblait volontiers

---

1   J. Tazbir, *La République nobiliaire et le monde. Études sur l'histoire de la culture polonaise à l'époque du baroque*, Wrocław, Zakład Narodowy im. Ossolińskich, 1986, p. 11.

2   Il faut mentionner ici le nom d'Anna Stanisławska, *primo voto* Warszycka, *secundo voto* Oleśnicka, *tercio voto* Zbąska, qui est l'une des premières femmes de la République nobiliaire de Pologne du XVIIᵉ siècle ayant publié, en 1685, une autobiographie rimée *Transakcyja albo opisanie całego życia jednej sieroty przez żałosne treny od tejże samej pisane roku 1685* (*Transaction ou description de toute la vie d'une orpheline*). Dans ce long poème, l'auteure décrit l'histoire de sa vie et de ses trois unions, notamment l'annulation de son premier mariage avec un homme atteint d'une maladie mentale.

pour écouter des facéties, chanter ou danser, mais lors de ces rencontres amicales les invités ne prirent pas l'habitude de converser au sujet des textes littéraires lus ou représentés. De plus, puisque les échanges étaient dominés par des sujets constitutionnels, les femmes en étaient exclues. Elles n'étaient pourtant pas totalement mises à l'écart et c'est pour elles que pendant ces rencontres les hommes organisaient des chasses, des tournois, des bals ou des représentations théâtrales[3]. L'institution du salon apparaît finalement en Pologne vers le milieu du XVIIIe siècle[4], mais ce n'est qu'à la fin du siècle que les plus grandes familles commencent à suivre l'exemple du roi, Stanislas August Poniatowski, dans son habitude de rassembler des nobles, artistes et littéraires polonais lors de dîners de jeudi, et organisent elles-mêmes des réunions appelées *assemblées*. On y danse, mange et parle de la littérature, nouveau sujet de discussions[5]. Toujours est-il que, dans la République nobiliaire, la place de la femme reste déterminée par la famille et les structures sociales et les hommes ne consacrent pas leur énergie à la littérature destinée aux femmes[6].

Certes, dans l'ancienne Pologne, on attachait un grand intérêt à l'éducation, mais elle concernait les garçons et fort rarement les filles. D'ailleurs l'éducation des garçons constituait une question très importante de la République nobiliaire. C'est pourquoi les traités écrits aux XVIe et XVIIe siècles concernent la jeunesse masculine, c'est-à-dire de futurs nobles participant aux diètes ou aux séances des tribunaux. Il suffit de lire l'œuvre majeure d'Andrzej Frycz Modrzewski[7] – *De Republica*

---

3   M. Malinowska, «Czy kobiety miały taki sam wpływ na rozwój życia literackiego we Francji i Rzeczpospolitej szlacheckiej? Słów kilka o salonach, dworach i dworkach», *Acta Philologica*, n° 47, 2015, p. 31-32.

4   Les salons se développent en Pologne petit à petit sous le règne de Stanislas August Poniatowski qui, lors de son séjour parisien, fréquentait le salon de Marie-Thérèse Geoffrin. *Cf.* B. Craveri, *L'âge de la conversation*, trad. É. Deschamps-Pria, Paris, Gallimard, 2002, p. 429-430 et 443.

5   A. Kraushar, *Salony i zebrania literackie warszawskie na schyłku w.* XVIII *i w ubiegłym stuleciu*, Warszawa, Towarzystwo Miłośników Historyi, 1916, p. 8.

6   M. Bogucka, «Le mariage dans l'ancienne Pologne», *La femme dans la société médiévale et moderne*, éd. P. Mane, F. Piponnier, M. Wilska, M. Piber-Zbieranowska, Varsovie, Institut d'Histoire Académie Polonaise des Sciences, 2005, p. 153.

7   Andrzej Frycz Modrzewski (1503-1572), connu sous son nom latin d'Andreas Fricius Modrevius, était un grand humaniste et théologien polonais, appelé souvent le père de la démocratie polonaise. À la fin de sa vie, il s'est attaché au mouvement des Frères polonais, c'est-à-dire le courant réformateur polonais, le «socinianisme» (voir U. Augustyniak, «Pro Republica Emendanda», *KSAP* XX *lat*, éd. H. Samsonowicz, Warszawa, Krajowa Szkoła Administracji Publicznej, 2010, p. 101). C'est pourquoi pendant au moins deux

emendanda (*Du redressement de la République*), publiée en latin en 1551, pour comprendre que la réforme de l'État n'était possible que grâce aux changements des mœurs et de l'éducation. Modrzewski a prévu trois formes d'éducation : l'éducation à domicile (l'exercice physique), l'éducation à la cour (l'art militaire, les mœurs, l'administration), ainsi que l'école (les langues étrangères, la rhétorique)[8]. Mais cette éducation ne concernait que garçons et jeunes adultes, car leur instruction avait un but utilitaire – les préparer à la vie publique.

Ceux et celles qui voudraient étudier les conceptions éducatives à destination des jeunes filles sont devant une tâche fort difficile et cela pour plusieurs causes. Premièrement, il n'existe aucun traité entièrement consacré à l'instruction féminine. Deuxièmement, les extraits sur l'éducation des jeunes filles sont éparpillés dans plusieurs œuvres consacrées à des thématiques différentes et dont la matière touche soit à l'éducation des garçons, soit aux problèmes politiques, ou encore aux sujets religieux ou moralisateurs (en polonais et en latin). Troisièmement, les fragments qui nous intéressent sont souvent difficilement accessibles, parce que certaines œuvres ne sont pas éditées ou traduites, d'autres appartiennent à la littérature privée qui a disparu. Malgré l'insuffisance des sources relatives aux XVIe et XVIIe siècles, nous proposons de présenter les idées pédagogiques pour les jeunes filles de l'ancienne Pologne. Nous y exposerons trois sujets : les conceptions éducatives concernant les filles au XVIe siècle, ensuite celles du XVIIe siècle, ainsi que les lieux d'enseignement.

---

siècles, il a été considéré comme hérétique. Dans les années trente du XVIe siècle, il a fait son grand tour en Europe occidentale où il a pu connaître à Bâle *Institutio religionis christianae* de Jean Calvin. Il était contre la monarchie absolue, il a proposé non seulement la codification de la loi pour tout le territoire de la République, mais aussi l'égalité devant la loi.

8   *Cf.* A.F. Modrzewski, *O poprawie Rzeczypospolitej*, éd. S. Żółkiewski, Warszawa, PIW, 1953.

CONCEPTIONS ÉDUCATIVES AU XVIᵉ SIÈCLE

Les grands changements dans l'instruction féminine en Europe débutent à la Renaissance. Comme le souligne Martine Sonnet, c'est grâce à Jean Louis Vivès que commence le grand débat sur l'accès des femmes au savoir, parce qu'il est le premier à signaler que les défauts des femmes « proviennent de l'inculture[9] ». Linda Timmermans remarque aussi que le débat autour de l'éducation féminine était possible parce que cette époque-là voyait la naissance d'un nouveau genre littéraire : « le discours sur la supériorité des femmes[10] ». Même si dans l'ancienne Pologne, la *querelle des femmes* est inexistante, qu'il n'y ait pas de « champions des femmes » et que les auteur-e-s ne discutent pas de l'égalité ou de la supériorité de l'un des deux sexes, les Polonais cultivés lisent des textes de Vivès ou d'Érasme et commencent à écrire leurs propres réflexions sur l'éducation des filles. Pourtant, le peu de textes conservés jusqu'à nos jours ont été tous écrits par des hommes. Parmi les auteurs qui s'intéressaient à l'éducation en général il convient de citer : Andrzej Glaber de Kobylin (1500-1550), Erazm Glinczer (1535-1603), Andrzej Frycz Modrzewski (1503-1572) déjà cité ou encore Sebastian Petrycy de Pilzno (1554-1626).

En 1558, Erazm Glinczer a rédigé le premier traité pédagogique pour les parents *Książki o wychowaniu dzieci bardzo dobre, pożyteczne i potrzebne... (De très bons, utiles et nécessaires livres sur l'éducation des enfants...)* où il explique les obligations des parents envers leurs enfants. Il critique les parents trop indulgents ainsi que l'éducation à la cour et prône l'instruction à l'école[11]. Dans son traité, il n'aborde pourtant pas l'instruction des filles. Quant à Andrzej Frycz Modrzewski, dans son *De Republica emendanda* où il a proposé de grandes réformes de la République nobiliaire, il n'a consacré aux femmes qu'un très court chapitre XXI. N'acceptant pas que les femmes remplissent une fonction quelconque

---

9 M. Sonnet, « Une fille à éduquer », *Histoire des femmes en Occident*, tome III, XVIᵉ-XVIIIᵉ siècle, éd. N. Zenon Davis et A. Farge, Paris, Plon, 2002, p. 133.

10 L. Timmermans, *L'accès des femmes à la culture sous l'ancien régime*, Paris, Honoré Champion, 2005, p. 20.

11 *Cf.* E. Glinczer, *Książki o wychowaniu dzieci. Wybór pism pedagogicznych Polski doby odrodzenia*, éd. J. Skoczek, Warszawa, Zakład im Ossolińskich, 1956.

dans la vie publique[12], il n'a pas écrit un seul mot sur leur éducation. Pareillement, Sebastian Petrycy de Pilzno, auteur d'un ouvrage sur l'éthique d'Aristote de 1618, a consacré quelques pages au problème de l'instruction des filles dans le chapitre intitulé *Jako rządzić mają rodzice córki swe* (*Comment les parents doivent éduquer leurs filles*). Ce professeur de médecine à l'Académie de Cracovie porte beaucoup d'intérêt à l'éducation morale, car la jeune fille devait, selon lui, devenir une bonne épouse sans pour autant avoir accès à la vie publique. C'est pourquoi son instruction est limitée aux fonctions domestiques[13]. Il constate aussi qu'il faut strictement suivre l'instruction des filles, car elles font souvent honte à leurs parents à cause de leur mauvais comportement[14].

Ces trois exemples montrent nettement la position des humanistes polonais qui suivent la voie conservatrice, fondée sur le modèle de l'instruction morale et religieuse préparant la jeune fille à son futur rôle d'épouse et de mère. Ce rôle est certes important, mais radicalement différent par rapport à celui des garçons – futurs citoyens de la République.

Le seul auteur du XVIe siècle qui voyait dans la femme un être excellent, digne d'être étudié au même titre que les hommes, est Andrzej Glaber de Kobylin. Il a joint ces quelques idées fort favorables à sa traduction d'Aristote publiée en 1535. Il a observé que les petites filles apprenaient plus facilement que les garçons et il a même écrit que les hommes écartaient les femmes des sciences et du savoir par peur de perdre leur pouvoir[15].

CONCEPTIONS ÉDUCATIVES AU XVIIe SIÈCLE

Au XVIIe siècle, les textes sur l'éducation des filles sont encore moins nombreux. Deux uniquement sont parvenus à nos jours : ce sont deux instructions pédagogiques préparées en 1667 par les pères pour leurs

---

12 *Cf.* A.F. Modrzewski, *op. cit.*, chap. XXI.
13 *Cf.* S. Petrycy z Pilzna, *Pisma wybrane*, t. II, éd. W. Wąsik, Kraków, PWN, 1956, p. 51.
14 *Ibid.*, p. 49.
15 A. Glaber z Kobylina, *Gadki o składności członków człowieczych, z Arystotelesa i też inszych mędrców wybrane*, Kraków, Akademia Umiejętności, 1893, p. 324.

filles[16]. Les deux émanent du milieu de la haute aristocratie polonaise :
l'une est écrite par Andrzej Maksymilian Fredro[17] (1620-1679), l'autre
par Bogusław Radziwiłł (1620-1669). Ce ne sont pas des traités destinés
à la lecture de tout le public, mais des textes privés préparés à l'usage
familial pour un destinataire particulier. Ils ne permettent alors pas
de tirer de conclusions générales valables pour tout le XVIIe siècle sur
l'éducation des filles.

Bogusław Radziwiłł a eu une seule fille, Ludwika Karolina
Radziwiłłówna. Radziwiłł était Lituanien, grand magnat, prince du
Saint-Empire, membre de la Diète de la République nobiliaire, écuyer du
Grand-Duché de Lituanie ainsi que gouverneur général du duché de Prusse.
Il était aussi protecteur des calvinistes polonais et des Frères polonais
qui avaient abjuré leur foi après 1658 pour ne pas subir de persécutions.
L'instruction a été écrite en 1667, l'année de la naissance de Ludwika
Karolina. Le but de ce texte, très court d'ailleurs, est l'organisation de
la future cour de la princesse et de sa vie quotidienne. Le père y donne
des instructions sur toutes les matières possibles : la santé, les repas, les
vêtements, le temps libre, etc. Radziwiłł voulait surtout former le caractère
de sa fille, la rendre docile, patiente et ferme dans la foi calviniste. Dans
son testament du 27 décembre 1668, le prince voulait certes que sa fille
ait un mari calviniste, mais il se disait prêt d'accepter aussi un gendre
luthérien (de nationalité allemande) ou catholique[18].

En ce qui concerne les prescriptions purement éducatives dans
l'instruction princière, elles ne concernent que l'apprentissage des langues et la lecture. Il voulait que sa fille parle parfaitement trois langues :
polonais, allemand et français (ce dernier n'étant pas obligatoire). Il lui a
défendu l'apprentissage de l'italien, de l'espagnol et du latin[19]. Radziwiłł

---

16 L'instruction pédagogique est un genre très à la mode dans la première moitié du XVIIe siècle.
    Beaucoup de pères écrivent les instructions pour leurs fils, p. ex. Jakub Sobieski en 1640
    prépare une instruction pour ses deux fils, Jan et Marek. En 1676, Jan deviendra roi de
    la République nobiliaire, l'un des rois les plus érudits de cette époque (*cf.* I. Komasara,
    op. cit. ; S.I. Możdźeń, *Historia wychowania do 1795*, Sandomierz, Wydawnictwo Diecezjalne
    i Drukarnia, 2006).

17 Nous connaissons l'instruction d'Andrzej Maksymilian Fredro grâce à un large résumé
    en polonais préparé par H. Barycz, *Andrzej Maksymilian Fredro wobec zagadnień wycho-
    wawczych*, Kraków, Akademia Umiejętności, 1948.

18 *Ibid.*, p. 221.

19 U. Augustyniak, « Instrukcja Bogusława Radziwiłła dla opiekunów jego córki Ludwiki
    Karoliny (Przyczynek do edukacji młodej ewangeliczki w końcu XVII wieku) », *Odrodzenie
    i Reformacja w Polsce*, 36, 1991, p. 228.

a beaucoup voyagé en Europe, il était allié des Français et de certains princes allemands, il a pu donc penser aux futures alliances de sa fille. Bogusław Radziwiłł, comme François Fénelon, était persuadé que la pratique de l'italien et de l'espagnol menait à la lecture de livres pervers « capable[s] d'augmenter les fautes des femmes[20] ». U. Augustyniak suppose que l'interdiction de l'apprentissage du latin est pragmatique, car la maison calviniste de Radziwiłł ne voulait avoir aucun rapport, culturel ni linguistique, avec l'Église catholique[21].

Outre les langues, le programme éducatif n'est pas très riche : la danse, le dessin, la musique ainsi que les travaux manuels[22]. Radziwiłł voulait aussi que l'éducation morale de sa fille soit très soignée. Elle pouvait lire la Bible traduite en polonais ou allemand, mais certains extraits de l'Ancien Testament (jugés trop malséants) lui étaient interdits[23]. Selon certaines chercheuses polonaises, comme Urszula Augustyniak ou Joanna Partyka, cette instruction était marquée par le libéralisme et le pragmatisme[24], et par cela plus moderne que les conceptions pédagogiques de Krzysztof Kraiński, un autre calviniste du début du XVIIᵉ siècle qui dans son œuvre *Postylla* (*Postille*) de 1611 n'a prévu aucune éducation pour les jeunes filles.

Comparée à l'instruction d'Andrzej Maksymilian Fredro, l'instruction dite calviniste par Radziwiłł semble très rétrograde. Fredro était catholique, homme politique (sénateur, député et maréchal de la Diète en 1652), grand orateur et écrivain connu en Pologne pour ses textes politiques, militaires et économiques. Vers 1660, il a écrit une instruction pour ses deux fils, Jerzy Bogusław et Jan Paweł Piotr, puis en 1667 une autre pour Jerzy Bogusław qui allait étudier à l'Académie de Cracovie, et une dernière pour ses deux filles, Anna Wicencja et Teresa Antonia. Ses idées pédagogiques ont été rassemblées dans l'œuvre posthume publiée en 1730.

Andrzej Maksymilian Fredro s'intéressait beaucoup à l'instruction des enfants, en y voyant, comme François Fénelon, l'instrument indispensable au service de la société. Pour les deux hommes, la répartition

---

20   F. Fénelon, *De l'éducation des filles* (1687), Paris, Hachette, 1909, p. 122.
21   U. Augustyniak, *op. cit.*, p. 219.
22   *Ibid.*, p. 230.
23   *Ibid.*, p. 227.
24   J. Partyka, « Żona wyćwiczona » kobieta pisząca w kulturze XVI i XVII wieku, Warszawa, IBL PAN, 2004, p. 83.

des rôles dans la société était nécessaire. C'est pourquoi Fredro propageait l'idée de l'utilitarisme si chère dans l'ancienne Pologne. Il croyait que les femmes et les hommes devaient étudier selon les besoins sociaux. Comme l'un et l'autre sexe ont une autre fonction à remplir, ils devraient recevoir une éducation différente[25]. L'enseignement prévu pour les deux filles de Fredro était ainsi limité à leurs prédispositions sociales et leurs futures obligations familiales. Malgré ces restrictions, cette conception semble plus moderne que l'instruction préparée pour la princesse protestante : elle prévoit l'apprentissage de la lecture et de l'écriture, l'arithmétique, l'astronomie, la cosmographie d'après le livre de Jean de Sacro Bosco *De Sphera* (*De la sphère*), la géographie, la lecture de la vie des saints et de certains écrivains profanes traduits en polonais, comme Sénèque. Il a exclu la lecture de la Bible, à cause d'extraits malséants, l'apprentissage des langues mortes (le latin) et modernes (surtout le français), la musique, le luth aussi bien pour les garçons que pour les filles, car, comme beaucoup de moralistes de son temps, il était persuadé que cet instrument ne convenait pas à l'ordre de la noblesse[26]. Même si Fredro a écrit toutes ses œuvres en latin, langue universelle de son époque, il a postulé l'apprentissage du polonais. En tant que partisan de l'idée d'une nation forte et indépendante, il croyait que la maîtrise parfaite de la langue maternelle était l'un des fondements de l'identité culturelle de la Pologne.

Pourquoi Fredro a interdit l'apprentissage de la langue française à l'époque où la cour royale était de plus en plus sous l'influence de la culture française ? Sans doute à cause de la francophobie. Avant l'arrivée de Louise Marie de Gonzague (1611-1667), les reines de Pologne n'étaient que de compagnes dociles de leur mari. Louise-Marie de Gonzague est la première reine étrangère qui a introduit en Pologne sarmate, et surtout à la cour, la mode et la culture féminine française. Étant une femme ambitieuse, elle voulait faire de la politique et introduire dans sa nouvelle patrie le type d'élection *vivente rege*, ce que la noblesse polonaise ne voulait point accepter. Pour certains, la reine était ennemie de la « liberté d'or » nobiliaire, une étrangère incapable d'estimer à sa juste valeur la perfection des institutions politiques polonaises. À côté de la francophilie naissante, apparaissait donc la francophobie. La propagande

25 *Cf.* H. Barycz, *op. cit.*
26 *Ibid.*, p. 50-51.

politique stigmatisait les nouveautés venant de l'étranger qui par nature étaient nuisibles. Comme le souligne Janusz Tazbir quelqu'un « vêtu à la française projetait l'élection *vivente rege*[27] ». Cela explique pourquoi Fredro se méfiait du français.

Certes, l'instruction de Fredro semble très moderne par rapport à l'instruction de Radziwiłł. Mais il ne faut pas oublier que ces conceptions sur l'éducation féminine sont un résumé d'idées personnelles d'un père. Comme le dit Maciej Serwański, l'éducation des filles nobles était en général assez négligée et se limitait au développement des talents domestiques, sans le souci de donner les bases de la lecture ou de l'écriture[28].

LIEUX D'ENSEIGNEMENT

La maison familiale était le lieu principal de l'éducation des jeunes filles qui pouvaient, pourtant, être formées aussi dans les cours nobiliaires ou dans les couvents. Il faut remarquer qu'à cette époque, l'éducation était subordonnée à l'Église catholique, responsable de tout un réseau scolaire au niveau primaire : « Environ 90 % des paroisses polonaises, même à la campagne, tenaient une école et il y a des traces attestant une éducation commune des filles et des garçons dans ces institutions[29] ». Cette éducation était fort limitée et des changements n'arrivèrent qu'après le Concile de Trente. Dans les couvents, les religieuses s'occupaient de l'éducation des filles qui voulaient consacrer leur vie à la religion et de celles qui pensaient revenir à leurs maisons. Parmi ces congrégations, il est possible de citer : l'ordre des Bénédictines, de Sainte Catherine, de Présentation, de Filles de la Charité, de Visitation ou encore l'ordre des Bénédictines de l'Adoration perpétuelle du Très Saint Sacrement[30].

---

27 J. Tazbir, *op. cit.*, p. 171.

28 M. Serwański, « Les formes de l'éducation des filles nobles en Pologne aux XVIᵉ, XVIIᵉ et XVIIIᵉ siècles », *L'éducation des jeunes filles en Europe. XVIIᵉ-XVIIIᵉ siècles*, éd. Ch. Grell et A.R. de Fortanier, Paris, PUPS, 2004, p. 75-77.

29 I. Kraszewski, « L'école cracovienne des sœurs de la Présentation et la noblesse polonaise aux XVIIᵉ et XVIIIᵉ siècles », *L'éducation des jeunes filles, op. cit.*, p. 90.

30 *Cf.* D. Żołądź-Strzelczyk, W. Jamrożek, *Studia z dziejów edukacji kobiet na ziemiach polskich*, Poznań, BAJT, 2001 ; M. Borkowska, *Życie codzienne polskich klasztorów żeńskich w XVII-XVIII wieku*, Warszawa, PIW, 1996.

Au XVIIᵉ siècle, il y a deux écoles importantes pour les filles : l'école cracovienne des sœurs de la Présentation, fondée en 1627, et l'école varsovienne, fondée vers 1655. Ces deux établissements scolaires ont des programmes pédagogiques très différents. L'établissement cracovien fondé par une jeune veuve, Zofia Czeska, était destiné aux jeunes filles pauvres (7-14 ans) qui ne choisissaient pas la vie monastique. Le programme éducatif y était fort limité, car cette école était destinée à trois catégories des filles : le premier groupe se formait d'orphelines nobles ou bourgeoises dont l'entretien était garanti par la fondation. Le deuxième se composait de filles dont l'entretien était payant et qui étaient séparées des autres. Au troisième groupe appartenaient les enfants qui venaient le matin et l'après-midi pour suivre les cours. Les filles des deux premières catégories vivaient dans la Maison des Filles. La fondatrice, qui avait une conception nettement conservatrice de l'instruction, voulait surtout les préparer à une vie simple et conforme aux conventions sociales[31]. C'est pourquoi l'éducation morale était essentielle et s'articulait autour de la vie religieuse. Pour garantir le haut niveau moral des jeunes filles, le statut de l'établissement ne prévoyait presque pas de contacts avec le monde extérieur et même la correspondance personnelle était interdite[32]. Les sœurs enseignaient aussi toutes sortes de travaux typiquement féminins (couture et broderie) pour permettre aux filles de survivre et de subvenir à leurs besoins une fois leur formation terminée. Quant à l'instruction intellectuelle, elle se limitait aux apprentissages de base : lire, écrire, compter.

En 1654, la reine Louise Marie de Gonzague a fait venir en Pologne les visitandines. Elle voulait créer une maison des pénitentes, mais à cause de l'opposition des sénateurs polonais, elle a dû modifier son projet et ouvrir un établissement scolaire pour les jeunes filles nobles[33]. Les sœurs de la Visitation ont commencé leur œuvre pédagogique en 1655. Le programme offrait deux formes d'instruction : morale et profane. Bożena Fabiani, qui a mené des recherches dans les archives du couvent de visitandines à Varsovie, démontre que les sœurs s'occupaient elles-mêmes de l'éducation. L'instruction intellectuelle était plutôt pauvre,

---

31 J. Bar, *Z dziejów wychowania dziewcząt w dawnej Polsce (Zakład Panien Prezentek w Krakowie)*, « Prawo Kanoniczne », 2, 1959, nr 3-4, p. 322-324.

32 *Ibid.*, p. 325.

33 B. Fabiani, « Warszawska pensja panien wizytek w latach 1655-1680 », *Warszawa w* XVI-XVII *wieku*, t. XXIV, z. 2, 1977, p. 176-177.

car les visitandines n'offraient que l'enseignement de la religion, des travaux féminins, du chant, probablement aussi de la musique et du latin. L'éducation comprenait en outre l'apprentissage de la lecture et de l'écriture en polonais et en français. Au début, les cours de français étaient confiés aux sœurs venant de France, mais avec le temps les anciennes pensionnaires devenaient à leur tour maîtresses[34]. Force est de constater que l'apprentissage du français était une grande nouveauté.

La reine a évalué dans son acte de fondation les frais de l'entretien d'une pensionnaire à 400 zlotys par an, ce qui représentait une somme considérable dans le budget familial. Pourtant, l'école était ouverte non seulement aux filles des grandes familles polonaises ou étrangères, mais aussi aux représentantes de la petite noblesse, de la bourgeoisie et même aux petites filles externes se recrutant parmi le peuple varsovien. Soit les parents payaient selon leurs possibilités, soit les enfants suivaient les cours aux frais de la fondatrice[35]. À l'école varsovienne, les filles pauvres côtoyaient les représentantes des plus grandes familles du royaume polonais. À peu près 70 % des filles se recrutaient dans les familles nobles plus ou moins aisées. Les visitandines recevaient également dans leur couvent les toutes petites filles âgées de quatre ans, envoyées par leurs parents pour embrasser la vocation religieuse[36].

Il est évident que le programme scolaire de l'école de visitandines était mieux organisé que celle de Cracovie. Il est à noter également que Louise-Marie de Gonzague a introduit le principe d'égalité parmi les élèves et c'est un fait important étant donné que dans la Pologne nobiliaire la séparation des ordres était respectée partout et surtout dans les établissements scolaires. Les filles portaient aussi les mêmes robes de couleur noire ou brune[37]. B. Fabiani souligne que l'idée d'égalité appliquée dans l'établissement varsovien était très progressiste[38]. Quelle que soit la condition de la fille, elle devait être polie, disciplinée et soumise aux règles de l'établissement. La reine voulait que les filles apprennent à respecter le travail, ce qui était parfois très difficile pour une jeune aristocrate peu habituée aux travaux domestiques dans le manoir de ses parents. C'est pourquoi les filles devaient toutes apprendre à faire le

---

34 *Ibid.*, p. 178-180.
35 B. Fabiani, *op. cit.*, p. 180-181.
36 *Loc. cit.*
37 *Ibid.*, p. 185.
38 *Ibid.*, p. 190.

ménage, la vaisselle ou laver le linge[39]. Les riches aristocrates des maisons polonaises les plus réputées étaient ainsi obligées de se soumettre aux rudes travaux de la vie quotidienne.

Il ne faut pas croire pourtant que tous les établissements gouvernés par des religieuses étaient si bien organisés. L'esprit de ces institutions n'avait pas toujours un caractère aussi démocratique, elles n'étaient pas toutes ouvertes aux enfants de toutes les conditions sociales. Dans certains couvents, l'éducation était double : une pour celles qui étaient destinées à embrasser la vocation religieuse et l'autre pour celles qui retournaient dans la société. Les sœurs de la Charité, invitées par Louise-Marie de Gonzague à venir s'installer en 1652, ont organisé des écoles pour orphelines et les plus pauvres. Dans ce type d'établissement, l'instruction était réduite au minimum nécessaire et orientée vers l'apprentissage d'un métier.

Il convient également de mentionner les protestants qui, eux aussi, s'intéressaient à l'éducation des filles. Leurs institutions pédagogiques organisées vers le milieu du XVIe siècle auprès des congrégations, souvent dans de grandes villes (Poznań, Gdańsk), offraient parfois un programme éducatif tout à fait soigné. Les jeunes calvinistes ou luthériennes fréquentaient le même établissement que les garçons, mais elles avaient leurs propres classes et leurs maîtresses, souvent épouses des pasteurs[40]. Force est de souligner le cas exceptionnel des femmes appartenant aux congrégations des Frères polonais, appelés aussi sociniens[41]. Ils ont rejeté le dogme de la Trinité ainsi que l'interprétation

---

39 *Ibid.*, p. 182. Néanmoins B. Fabiani note qu'en 1658 et 1669 deux jeunes riches demoiselles ont eu droit de garder leurs servantes. *Ibid.*, p. 182.

40 *Cf.* J. Partyka, *op. cit.*, D. Żołądź-Strzelczyk, W. Jamrożek, *op. cit.*, M. Bogucka, « Reformacja i kontrreformacja a pozycja kobiety u progu ery nowożytnej », *Kobieta i rodzina w Średniowieczu i na progu czasów nowożytnych*, éd. Z.H. Nowak, A. Radzimiński, Toruń, Uniwersytet Mikołaja Kopernika, 1998, p. 175-192. Aujourd'hui des chercheur-e-s jugent plus sévèrement la Réformation soulignant que l'accès des femmes à la lecture biblique n'est pas un fait suffisant pour parler de l'émancipation féminine. La situation des femmes protestantes après un court mouvement d'émancipation s'aggrave à partir de la deuxième moitié du XVIe siècle. La fermeture des couvents ainsi que le rejet du culte de Marie et des saints a provoqué des effets négatifs, par ex. à Genève l'éducation des filles a été négligée (*cf.* E.W. Monter, *Woman in Calvinist Geneva 1550-1800*, *Signs : Journal of Women in Culture and Society*, 6, n° 2, 1980, p. 189-209).

41 Le terme *sociniens* (*socinianisme*), qui vient du nom de Fausto Socin (Sozzini), a été forgé par les adversaires de la doctrine prônée par les Frères polonais. Ce mouvement chrétien

péjorative du péché originel. Adam était aussi coupable qu'Ève, c'est pourquoi la femme n'était pas perçue par les Frères polonais comme un être inférieur. Les filles avaient donc le droit de suivre les mêmes cours que les garçons dans les écoles mixtes. De telles écoles fonctionnaient à Łusławice et à Raciborsk[42]. En 1658, la Diète a promulgué un décret obligeant les Frères polonais à embrasser le catholicisme et ceux qui ont refusé d'abjurer leur foi ont été condamnés au bannissement[43]. Suite à quoi ce mouvement très tolérant et démocratique a presque disparu du territoire polonais pour se répandre dans l'Europe entière.

CONCLUSION

Cette courte étude montre que dans l'ancienne Pologne l'éducation féminine suit un double itinéraire qui ne diffère pas de ce qu'on proposait en Europe de cette époque-là : d'une part, les programmes soumis aux convenances en vigueur, d'autre part, la scolarité plutôt restreinte et restrictive dans les établissements scolaires. Dans les deux cas, même si cela n'est pas toujours écrit *expressis verbis*, le choix de matières à enseigner est fondé sur le principe de l'infériorité féminine. En général, les études consistent en très peu de choses : lire, écrire et compter, car la femme n'est pas prédestinée à la vie publique. Même si certains écrivains admettent que l'instruction féminine est négligée, ils continuent à reléguer les jeunes filles dans le contexte de leurs futurs rôles imposés par la société et la famille. Le XVIIIe siècle n'a pas beaucoup changé la situation pédagogique dans l'ancienne Pologne. Il faudra attendre la fondation de la Commission de l'éducation nationale en 1773 pour que soit entreprise une réforme de l'éducation,

---

est né en Pologne au XVIe siècle (1562-1565) avant l'arrivée de Fausto Socin à la fin du XVIe siècle. Dans la République nobiliaire, les Frères polonais étaient appelés aussi les ariens. Par souci de rigueur, j'utilise la notion des Frères polonais, le nom choisi par les représentants de ce mouvement.

42   *Cf.* J. Partyka, *op. cit.*, p. 82-83, M. Bogucka, « Reformacja… », *op. cit.*, p. 186-189, J. Dürr-Durski, *Arianie polscy w świetle własnej poezji*, Warszawa, Państwowy Zakład Wydawnictw Szkolnych, 1948, P. Wilczek, *Erazm Otwinowski, pisarz ariański*, Kraków, Gnome Books, 1994.

43   *Cf.* Z. Gołaszewski, *Bracia polscy*, Toruń, Duet, 2005, p. 212-258.

ce qui est un moment marquant dans l'histoire pédagogique de la République nobiliaire. Hélas, les desseins de cette Commission n'ont pas été réalisés, et bientôt la Pologne a disparu de la carte de l'Europe pour 123 ans.

Monika MALINOWSKA
Université de Varsovie

BIBLIOGRAPHIE

AUGUSTYNIAK, Urszula, « Instrukcja Bogusława Radziwiłła dla opiekunów jego córki Ludwiki Karoliny (Przyczynek do edukacji młodej ewangeliczki w końcu XVII wieku) », *Odrodzenie i Reformacja w Polsce*, 36, 1991, p. 215-235.

BARYCZ, Henryk, *Andrzej Maksymilian Fredro wobec zagadnień wychowawczych*, Kraków, Polska Akademia Umiejętności, 1948.

BOGUCKA, Maria, « Reformacja i kontrreformacja a pozycja kobiety u progu ery nowożytnej », *Kobieta i rodzina w Średniowieczu i na progu czasów nowożytnych*, éd. Z.H. Nowak, A. Radzimiński, Toruń, Uniwersytet Mikołaja Kopernika, 1998, p. 175-192.

CRAVERI, Benedetta, *L'âge de la conversation*, trad. É. Deschamps-Pria, Paris, Gallimard, 2002.

DZIECHCIŃSKA, Hanna, *Kultura literacka w Polsce XVI i XVII wieku. Zagadnienia wybrane*, Warszawa, Semper, 1994.

FABIANI, Bożena, « Warszawska pensja panien wizytek w latach 1655-1680 », *Warszawa w XVI-XVII wieku*, t. XXIV, z. 2, 1977, p. 171-198.

FÉNELON, François, *De l'éducation des filles* (1687), Paris, Hachette, 1909.

GOŁASZEWSKI, Zenon, *Bracia polscy*, Toruń, Duet, 2005.

Histoire des femmes en Occident, tome III XVIᵉ-XVIIᵉ siècle, éd. N. Zenon Davis, A. Farge, Paris, Plon, 2002.

KOMASARA, Irena, *Jan III Sobieski – miłośnik ksiąg*, Wrocław, Ossolineum, 1982.

KRAUSHAR, Alexander, *Salony i zebrania literackie warszawskie na schyłku w. XVIII i w ubiegłym stuleciu*, Warszawa, Towarzystwo Miłośników Historyi, 1916.

KSAP XX lat, éd. H. Samsonowicz, Warszawa, Krajowa Szkoła Administracji Publicznej, 2010.

L'éducation des jeunes filles en Europe. XVIIᵉ-XVIIIᵉ siècles, éd. Ch. Grell, A.R. de Fortanier, Paris, PUPS, 2004.

Les femmes dans la société médiévale et moderne, éd. P. Mane, F. Piponnier, M. Wilska, M. Piber-Zbieranowska, Varsovie, Institut d'Histoire Académie Polonaise des Sciences, 2005.

LIBISZOWSKA, Zofia, *Królowa Ludwika Maria*, Warszawa, Zamek Królewski, 1985.

MALINOWSKA, Monika, *Sytuacja kobiety w siedemnastowiecznej Francji i Polsce*, Warszawa, WUW, 2008.

MODRZEWSKI, Andrzej Frycz, *O poprawie Rzeczypospolitej*, éd. S. Żółkiewski, Warszawa, PIW, 1953.

PARTYKA, Joanna, « *Żona wyćwiczona* ». *Kobieta pisząca w kulturze XVI i XVII wieku*, Warszawa, IBL PAN, 2004.

TARGOSZ, Karolina, *La cour savante de Louise-Marie de Gonzague et les liens scientifiques avec la France (1646-1667)*, Wrocław, Ossolineum, 1982.

TAZBIR, Janusz, *La République nobiliaire et le monde. Étude sur l'histoire de la culture polonaise à l'époque du baroque*, Wrocław, Ossolineum, 1986.

TIMMERMANS, Linda, *L'accès des femmes à la culture sous l'ancien régime*, Paris, Honoré Champion, 2005.

Wybór pism pedagogicznych Polski doby Odrodzenia, éd. J. Skoczek, Wrocław, Ossolineum, 1956.

ŻOŁĄDŹ-STRZELCZYK, Dorota, JAMROŻEK, Wiesław, *Studia z dziejów edukacji kobiet na ziemiach polskich*, Poznań, BAJT, 2001.

ANNE-THÉRÈSE DE LAMBERT,
UNE ÉDUCATRICE CARTÉSIENNE

Figure célèbre et influente dans les milieux mondains et intellectuels de Paris à la fin du XVIIᵉ et au début du XVIIIᵉ siècle, Anne-Thérèse de Lambert (1647-1733) sut s'entourer d'auteurs et de penseurs importants dès l'ouverture de son salon dans les années 1690 et montra jusqu'à sa mort un vif intérêt pour les sciences et les savoirs. Sa curiosité d'esprit fut encouragée très tôt par son beau-père Bachaumont qui s'attacha à lui donner une grande ouverture d'esprit et à lui offrir une éducation très large et variée. Mondain et libertin notoire, il l'initia notamment à des pensées philosophiques nouvelles, telles que le cartésianisme qui intéressa vivement les milieux mondains. Descartes chercha à être compris par les femmes, ce qui entraîna très vite l'idée topique qu'il était un philosophe des dames[1]. Cet engouement pour les savoirs et les pensées nouvelles fut accompagné d'un intérêt croissant pour les questions d'éducation, notamment féminine. Dans cet esprit, Fénelon écrivit en 1687 *De l'éducation des filles*, qui marqua profondément Lambert[2].

L'inventaire après décès de la bibliothèque de la marquise de Lambert renseigne sur l'importance du cartésianisme dans sa culture. La notion de cartésianisme concerne d'abord l'ensemble des attitudes et des propositions que Descartes énonce dans ses œuvres. Lambert jugeait d'ailleurs la lecture de Descartes indispensable à la formation des honnêtes gens et elle possédait notamment une traduction des *Méditations métaphysiques*[3]. Le cartésianisme désigne aussi l'héritage de la pensée, de la démarche

---

1 M.-F. Pellegrin, « "Être cartésienne", un devenir ? De Descartes à Poulain de la Barre ; d'Élisabeth de Bohème à Eulalie », *Qu'est-ce qu'être cartésien ?*, éd. D. Kolesnik-Antoine, Lyon, ENS, 2013, p. 365-384.

2 Lettre de Lambert à Fénelon, janvier 1710, dans *Œuvres de Madame la Marquise de Lambert*, Lausanne, chez Marc-Michel Bousquet & Compagnie, 1747, p. 402-403.

3 Selon la liste des ouvrages de Lambert, dans l'inventaire après décès (Archives nationales, Minutier central des notaires parisiens, MC/ET/LVIII/563/G), la date de la publication de la traduction que possède Lambert est inconnue. Mais la première traduction du

et de la méthode de Descartes dans la pensée des philosophes qui lui ont succédé. Ces derniers ont donc pris à leur compte sa méthode et ses principes pour continuer à les développer. En ce sens, ils sont devenus des médiateurs de sa philosophie et de sa volonté de penser par soi-même. Malebranche se dit ainsi disciple de Descartes, mais élabora un système théorique qui lui est propre. La marquise lut sans aucun doute *De la recherche de la vérité*, écrite en 1674, qu'elle possédait et qu'elle cite à plusieurs reprises dans ses œuvres. Poulain de la Barre qui écrivit *De l'égalité des sexes* en 1673 et *De l'éducation des dames* en 1674 est cartésien et se revendique de surcroît comme tel, car pour lui le cartésianisme mène au féminisme[4] et c'est en ce sens qu'il chercha à diffuser la pensée cartésienne auprès d'un public féminin. L'inventaire ne rend pas compte de la présence de ce dernier dans la bibliothèque de la marquise[5], mais le *Journal des Savants* auquel elle était abonnée répertoria ces deux publications en 1675 : il semble donc peu probable qu'elle ait ignoré leur existence. Il mérite d'être convoqué en raison de ses positions en faveur des femmes et de ses idées proches de celles de Lambert. Enfin et dans une dimension plus large, en cette fin du XVIIᵉ siècle, le cartésianisme désigne un combat rationnel mené contre le principe d'autorité traditionnelle qui se fonde sur l'esprit, éclairé et indépendant : « on est cartésien quand on s'approprie les principes de Descartes, non pas au sens d'un plagiat ou seulement d'une imitation, mais au sens d'une découverte de la vérité par l'usage de sa propre raison[6] ». Lambert s'est donc nourrie du cartésianisme selon deux perspectives qui définissent habituellement les modes d'assimilation de cette philosophie, à savoir la lecture des œuvres de Descartes et de ses héritiers, qui alimentèrent sa pensée et sa réflexion puis l'appropriation de leurs méthodes et principes, qui lui permirent de mieux fonder sa propre théorie.

Lambert, dans cette démarche, consacra deux traités d'éducation à sa fille et à son fils. Elle poursuivit de la sorte le travail de Fénelon en

---

duc de Luynes intitulée *Les méditations métaphysiques de René Descartes touchant la première philosophie* fut publiée à Paris, chez la veuve Camusat et P. le Petit en 1647.

4 M.-F. Pellegrin, « "Être cartésienne", un devenir ? De Descartes à Poulain de la Barre ; d'Élisabeth de Bohème à Eulalie », *op. cit.*

5 Les experts chargés des inventaires des bibliothèques avaient pour habitude de diviser la bibliothèque en lots et ne transcrivaient que le titre d'un seul ouvrage par lot. Ainsi seuls 67 titres sur 692 volumes de la bibliothèque de Lambert sont-ils mentionnés. En ce sens, il n'est pas invraisemblable que Poulain de la Barre fasse partie de ces volumes.

6 M.-F. Pellegrin, *op. cit.*, p. 380.

l'adaptant à sa conception de l'éducation et se conforma à une mode propre aux aristocrates et mondains de l'époque d'écrire leurs sentiments sur l'éducation de leurs enfants[7]. Les dimensions du cartésianisme méritent d'être examinées dans les *Avis d'une mère à sa fille*, composés entre 1688 et 1692[8], quand Monique-Thérèse sortit du couvent dans lequel elle fut éduquée. Lambert formule des conseils pour que sa fille continue de se perfectionner, l'éducation conventuelle n'étant pas suffisante aux yeux de la marquise. Dans cette logique, il convient d'étudier comment Lambert présente la possibilité de s'émanciper grâce à une conception cartésienne de l'esprit et de la raison, loin des préjugés genrés qui briment les femmes. Elle s'empare en effet de principes cartésiens pour prouver l'insuffisance de l'éducation féminine traditionnelle, avant de développer une démarche tout à fait cartésienne pour perfectionner l'esprit de sa fille. C'est finalement avec un esprit cartésien qu'elle assume des idées personnelles qui annoncent déjà les *Réflexions nouvelles sur les femmes* que Lambert écrivit entre 1715 et 1722 et qui furent l'occasion d'une revendication féminine assumée.

DES PRINCIPES CARTÉSIENS
AU CENTRE DE L'ÉDUCATION

Les *Avis d'une mère à sa fille* sont l'occasion pour Lambert d'exprimer une pensée de l'éducation féminine en procédant à un renversement de perspective par rapport à la tradition. Elle entreprend l'écriture des *Avis* à la sortie du couvent de Monique-Thérèse, au moment où cette dernière est censée être prête à faire son entrée dans le monde. Cependant, elle critique vivement l'éducation dispensée aux filles et reprend le cadre de cette éducation pour proposer une autre perspective soutenue par des principes cartésiens, rationnels et indépendants, pour donner à sa fille l'occasion de se libérer des préjugés et de penser par elle-même.

---

7   R. Marchal, *Madame de Lambert et son milieu*, Oxford, The Voltaire Foundation, 1991, p. 157-158.

8   Nous empruntons la datation, précise et argumentée, proposée par R. Marchal, *op. cit.*, p. 187-188.

Son propos s'ouvre sur le constat d'une éducation féminine négative : « on a dans tous les temps négligé l'éducation des filles ; l'on n'a
d'attention que pour les hommes[9] », et inappropriée : « rien n'est donc
si mal entendu que l'éducation qu'on donne aux jeunes personnes »
(p. 95). Les *Réflexions nouvelles sur les femmes* lui offrent, trente ans plus
tard environ, l'occasion de revenir sur cette idée en montrant que
l'éducation négative est accompagnée d'une dévalorisation systématique
des femmes dans la société perpétrée par les hommes : « les hommes
ont un grand intérêt à rappeler les femmes à elles-mêmes, et à leurs
premiers devoirs. Le divorce que nous faisons avec nous-mêmes est la
source de tous nos égarements[10] ». Au regard de l'accusation portée
dans son essai polémique, son objectif, dans le traité d'éducation, est
bien de se défaire de ce principe d'autorité masculine et traditionnelle
qui délaisse les jeunes filles et néglige leur éducation. Cette démarche
recoupe celle de Poulain de la Barre qui, dans *De l'égalité des sexes*, accuse
l'ignorance dans laquelle on maintient les filles, dénonce les préjugés
qui dominent leur esprit puis élabore une démonstration en faveur de
l'égalité entre les sexes.

Lambert s'attache donc à détruire les fondements de l'éducation
traditionnelle reçue et, pour ce faire, attaque les préjugés dans lesquels
on maintient les femmes, à savoir : « on les destine à plaire ; on ne
leur donne des leçons que pour les agréments ; on fortifie leur amour-
propre, on les livre à la mollesse, au monde et aux fausses opinions »
(p. 95). L'éducation des filles est entièrement tournée vers l'extériorité
et la sociabilité : on leur inculque des règles de courtoisie, la paresse et
les préjugés sociaux dominent leur être. Elle s'engage ainsi à détruire
les préjugés, c'est-à-dire les « jugements portés sur les choses, sans les
avoir examinées[11] », pour reprendre la définition donnée par Poulain
de la Barre, et Lambert précise qu'il s'agit d'« une opinion qui peut
servir à l'erreur comme à la vérité » (p. 98). Son objectif consiste donc
à « tirer [sa fille] de l'éducation ordinaire et des préjugés de l'enfance »
(p. 123). En ce sens, elle renverse totalement la perspective traditionnelle

---

9   A.-T. de Lambert, *Avis d'une mère à sa fille*, dans *Œuvres*, éd. R. Granderoute, Paris,
      Champion, 1990, p. 95.
10   A.-T. de Lambert, *Réflexions nouvelles sur les femmes, op. cit.*, p. 217.
11   F. Poulain de la Barre, *De l'égalité des deux sexes*, dans *De l'égalité des deux sexes, De l'éducation
      des dames, De l'excellence des hommes*, éd. M.F. Pellegrin, Paris, Librairie philosophique
      J. Vrin, 2011, p. 53.

de l'éducation qui enferme les jeunes filles dans des préjugés et des opinions communes au nom du respect des règles de la société : « Il ne suffit pas, ma fille, pour être estimable, de s'assujettir extérieurement aux bienséances » (p. 95), car ces opinions communes mal comprises sont la raison des dérèglements des mœurs : « J'ai cru que la plupart des désordres de la vie venaient de fausses opinions, que les fausses opinions donnaient des sentiments déréglés » (p. 123).

Elle laisse au contraire entendre à sa fille qu'un espace de liberté lui est ouvert si elle éduque son esprit : « donnez-vous une véritable idée des choses : ne jugez point comme le peuple ; ne cédez point à l'opinion ; relevez-vous des préjugés de l'enfance » (p. 115). Lambert exhorte sa fille à se libérer des prescriptions qui enferment les femmes dans un rôle social défini, car l'autorité n'est autre qu'un « tyran de l'extérieur, qui n'assujettit point le dedans » (p. 96) et elle cherche à lui offrir un autre champ de connaissance et de vie, qui est réglé autour de l'esprit et de la raison. La marquise, dans les *Réflexions nouvelles sur les femmes*, dénonce l'opinion commune opposée qui ridiculise les femmes savantes : « [Les hommes] veulent que nous ne fassions aucun usage de notre esprit ni de nos sentiments. [...] Ils veulent que la bienséance soit aussi blessée quand nous ornons notre esprit que quand nous livrons notre cœur. C'est étendre trop loin leurs droits » (p. 217). Lambert prend ici à son compte la thèse dualiste de Descartes pour soutenir que la raison, prise dans un sens large, est une instance souveraine et atemporelle qui évalue d'une manière objective, en dehors de toute situation historique qui biaiserait le jugement. Elle fait sienne la célèbre maxime de Poulain de la Barre : « l'esprit n'a point de sexe[12] » en affirmant qu'« il n'y a point de prescription contre la vérité : elle est pour toutes les personnes et de tous les temps » (p. 113). Lambert entreprend donc une véritable valorisation de la nature et de l'état des femmes en les intégrant à la nature humaine et en leur donnant les mêmes droits que les hommes. Une fois ces principes rappelés, l'éducation de Monique-Thérèse s'engage vers une éducation intime et intérieure qui lui permettra de penser par elle-même, en ce sens, il est « nécessaire de fortifier [sa] raison, et de [lui] donner des principes certains pour [se] servir d'appui » (p. 123).

---

12 *Ibid.*, p. 99.

UNE DÉMARCHE CARTÉSIENNE
POUR PERFECTIONNER
L'ÉDUCATION DE SA FILLE

Le perfectionnement de l'éducation de Monique-Thérèse passe par un retour sur soi : « apprenez que la plus grande science est de savoir être à soi » (p. 116), nécessaire du fait des désagréments de l'extérieur : « vous serez bien plus soutenue par votre raison que par celle des autres » (p. 114). Cela engage deux habitudes que Lambert cherche à donner à sa fille : la retraite, qui est « un asile en vous-même » (p. 116), et la solitude, car « c'est là où la vérité donne ses leçons, où les préjugés s'évanouissent, où la prévention s'affaiblit, et où l'opinion qui gouverne tout commence à perdre ses droits » (*loc. cit.*), idée réaffirmée dans les *Réflexions nouvelles sur les femmes* : « c'est dans la solitude que la vérité donne ses leçons » (p. 217). La retraite et la solitude ne doivent pas être envisagées uniquement dans le cadre de la vieillesse comme les seules conditions possibles du bonheur dans ce moment de la vie[13] et ne sont pas des spécificités purement féminines ; au contraire elles sont des conditions cartésiennes de la connaissance : « la solitude aussi assure la tranquillité, et est amie de la sagesse ; c'est au-dedans de nous qu'habitent la paix et la vérité » (p. 117). La tranquillité, la sagesse, la paix et la vérité sont donc les conditions d'un bonheur qui s'obtient par un retour à soi. Descartes a longuement médité ces notions, car, pour lui, la solitude, parce qu'elle laisse le loisir de méditer et de réfléchir, constitue l'une des conditions de la recherche de la vérité, elle-même source de bonheur : « Maintenant

---

13 Les critiques s'accordent généralement pour décrire la retraite dans la pensée de la marquise comme l'apanage de la vieillesse, selon l'idée topique que les femmes se devaient de s'éloigner du monde en vieillissant (Goncourt, *La femme au dix-huitième siècle*, Paris, Flammarion, 1982 ; B. Beugnot, « Y a-t-il une problématique féminine de la Retraite ? », *Onze études sur l'image de la femme dans la littérature française du dix-septième siècle*, éd. W. Leiner, Tübinger, TBL Verlag Gunter Narr, Paris, Édition Jean-Michel Place, 1978, p. 29-49 ; P. Hoffmann, « Madame de Lambert et l'exigence de dignité », *Travaux de Linguistique et de littérature*, 1973, vol. 11, p. 19-32. R. Marchal fait une synthèse efficace de la retraite lambertine dans l'étude « Repos et solitude » dans *Madame de Lambert et son milieu, op. cit.*, p. 451-464). Mais la retraite est une thématique qu'elle aborde à plusieurs reprises dans les *Avis d'une mère à sa fille*, les *Réflexions nouvelles sur les femmes*, le *Traité de l'amitié* notamment.

donc que mon esprit est libre de tous soins, et que je me suis procuré un repos assuré dans une paisible solitude, je m'appliquerai sérieusement et avec liberté à détruire généralement toutes mes anciennes opinions[14] », énonce-t-il dès le premier paragraphe de la première des *Méditations métaphysiques* datant de 1641. Dans *De l'éducation des dames* de Poulain de la Barre, Stasimaque, personnage qui soutient Eulalie dans son éducation, l'exhorte à se créer des espaces et des moments de solitude, car ce n'est qu'en étant seul, en se retrouvant face à soi-même qu'on atteint la tranquillité nécessaire à la connaissance et au bonheur[15]. Avec les philosophes cartésiens qui l'ont précédée, Lambert situe bien le bonheur aux antipodes des conditions sociales qu'on lui donne habituellement : « le bonheur est dans la paix de l'âme ».

La solitude et la retraite, conditions concrètes importantes pour la recherche de la vérité, doivent être accompagnées d'une démarche cartésienne pour acquérir la connaissance :

> Avant que de nous engager à des recherches qui sont au-dessus de nos connaissances, il faudrait savoir quelle étendue peuvent avoir nos lumières ; quelle règle il faut avoir pour déterminer notre persuasion ; apprendre à séparer l'opinion de la connaissance, et avoir la force de douter, quand nous ne voyons rien clairement. (p. 113)

Cette démarche implique, pour la personne qui recherche la connaissance, de la modestie pour définir ses capacités et ses limites, une libération des préjugés et une capacité à douter. Ce sont les étapes élaborées dans le *Discours de la méthode* de Descartes, qu'on retrouve aussi chez Poulain de la Barre dans *De l'éducation des dames* : Stasimaque engage ses deux élèves, Eulalie, une femme, et Timandre, un homme, à définir le programme de leur apprentissage en examinant leurs capacités, en les exhortant à douter de tout, y compris de sa propre parole, et à méditer et à peser toutes les idées pour avoir un avis personnel et s'en faire une idée subjective[16]. Par ailleurs, Descartes ne cesse que d'exprimer sa défiance envers l'expérience, les perceptions et les sens en général, ce que fait, à sa suite, Lambert qui met en garde contre « les plaisirs du monde [qui] sont trompeurs » (p. 97) et encourage sa fille

---

14 Descartes, *Méditations métaphysiques*, dans *Œuvres de Descartes. IX, Méditations et principes*, Paris, J. Vrin, 1996, p. 13.

15 F. Poulain de la Barre, *De l'éducation des dames, op. cit.*, p. 206 à 209.

16 *Ibid.*, début du deuxième entretien, p. 180-183.

à interroger toutes ses sensations pour ne pas se laisser guider par de
fausses opinions : « Examinez ce qui fait votre peine, écartez tout le faux
qui l'entoure et tous les ajoutés de l'imagination, et vous verrez que
souvent ce n'est rien, et qu'il y a bien à rabattre. N'estimez les choses
que ce qu'elles valent » (p. 115).

Au-delà de cette première étape qui consiste à se défaire des impressions premières pour ne pas rester influencée par des préjugés, Lambert
conseille à sa fille de penser par elle-même et de parfaire sa raison :
« accoutumez-vous à exercer votre esprit, et à en faire usage plus que
de votre mémoire. [...] Il faut s'accoutumer à penser : l'esprit s'étend et
augmente par l'exercice ; peu de personnes en font usage ; c'est chez nous
un talent qui se repose que de savoir penser » (p. 114). Deux conceptions
du savoir se font face ici : la capacité à user de son esprit et de sa raison
en pensant et en jugeant par soi-même, définition toute cartésienne,
face à l'érudition qui n'engage qu'un travail de mémorisation de savoirs
extérieurs, conception scolastique. Ces différences rappellent la définition
de la femme savante que Poulain de la Barre donne lorsqu'il entreprend
l'apologie du droit au savoir pour les femmes, dans *De l'éducation des
dames*. Il refuse l'image traditionnelle de la femme pleine d'érudition
qu'il oppose à la femme savante au sens cartésien, c'est-à-dire une
femme qui se connaît elle-même[17]. Une femme qui parvient à penser
par elle-même trouve l'équilibre nécessaire, pense de la même manière
Lambert : « on y gagnerait, si on pouvait tout d'un coup tirer de sa
raison tout ce qu'il faut pour son bonheur, l'expérience nous renvoie à
nous-mêmes » (p. 97).

Néanmoins, user de son esprit et de sa raison est un apprentissage long,
qui nécessite avant tout de la curiosité, c'est-à-dire : « une connaissance
commencée, qui vous fait aller plus loin et plus vite dans le chemin de
la vérité » (p. 110). Dans ces propos, Lambert reprend mot pour mot,
mais sans le nommer, Poulain de la Barre qui définissait la curiosité
en ces termes, car, précisait-il, « elle est une marque des plus certaines
d'un bon esprit et plus capable de discipline[18] » et qu'elle « regarde les
connaissances qui peuvent contribuer à la perfection de l'Esprit[19] ». À sa
suite, Lambert considère que la curiosité doit guider la jeune fille vers

---

17   *Ibid.*, p. 167.
18   F. Poulain de la Barre, *De l'égalité des deux sexes, op. cit.*, p. 138.
19   F. Poulain de la Barre, *De l'éducation des dames, op. cit.*, p. 225.

des « lectures solides qui ornent l'esprit et fortifient le cœur » (p. 112) et « des lectures solides qui fortifient la raison » (p. 122). La lecture qualifiée de « solide » renvoie d'une part à un vocabulaire malebranchien et justifie d'autre part un programme sérieux tourné vers la religion, l'histoire, la philosophie, qui contribuent au perfectionnement de notre esprit, plutôt que vers les romans ou la poésie, dont la marquise se méfie du fait de leur caractère trop superficiel, fondé sur des sensations et des émotions, et qui retarde notre connaissance et l'usage de notre esprit propre. La lecture participe donc de cette éducation efficace et intérieure, ce qui est rappelé dans les *Réflexions nouvelles sur les femmes* : « quand nous savons nous occuper par de bonnes lectures, il se fait en nous insensiblement une nourriture solide qui coule dans les mœurs » (p. 217). La marquise justifie même la lecture des cartésiens : « je ne blâmerai pas même un peu de philosophie surtout de la nouvelle, si on en est capable : elle vous met de la précision dans l'esprit, démêle vos idées, et vous apprend à penser juste » (p. 111), qui lui ont permis de sortir du joug des préjugés et de développer une ouverture d'esprit et une connaissance solide.

UNE APPROPRIATION
DE L'ESPRIT CARTÉSIEN

Lambert a en effet médité les leçons de la « philosophie nouvelle » et s'est approprié l'esprit cartésien : en ce sens, elle a exploré des qualités dites féminines, souvent sujettes à caution dans l'esprit commun, et les a présentées à sa fille dans une perspective qui permet à cette dernière de continuer à parfaire son éducation.

Elle ne cesse ainsi que d'exhorter sa fille à utiliser, au même titre que sa raison, son imagination et ses sentiments pour le perfectionnement de son être. Le questionnement sur l'imagination que Lambert exploite et reformule dans plusieurs œuvres a souvent été perçu par les critiques comme une simple paraphrase de Pascal, de Montaigne et de Fénelon, et notamment lorsqu'ils interrogent l'imagination féminine. Pourtant, le vocabulaire qu'elle emploie en exposant sa pensée sur cette notion rappelle Malebranche : « si vous pouvez régler votre *imagination* et la rendre soumise à la *vérité* et à la *raison*, ce sera une grande avance pour votre *perfection* et pour votre *bonheur* » (p. 114, c'est nous qui soulignons). Le philosophe a en effet beaucoup médité sur les notions de perfection et de bonheur qu'il envisage d'après la vérité et la raison qui se révèlent être les seuls moyens de les atteindre. Cependant, Malebranche, dans *De la recherche de la vérité*, se méfie de l'imagination qu'il analyse comme une puissance ambiguë que peu d'hommes savent employer efficacement dans la recherche de la connaissance du fait que l'imagination peut dépendre aussi bien de l'âme que du corps. Or peu de personnes sont capables d'user de l'imagination de l'âme et les hommes en général restent dépendants de l'imagination des sens, la plus spontanée et la moins difficile à ressentir. Pourtant, seule l'imagination de l'âme est une puissance et un moyen de connaître, car l'âme seule a la puissance de former des images. En ce sens, l'imagination ne peut être conçue comme une qualité que si elle est maîtrisée par l'âme :

> Ce n'est pas un défaut que d'avoir le cerveau propre pour imaginer fortement les choses, et recevoir des images très distinctes et très vives des objets les moins considérables ; pourvu que l'âme demeure toujours la maîtresse de l'imagination, que ces images s'impriment par ses ordres, et qu'elles s'effacent quand il lui plaît : c'est au contraire l'origine de la finesse, et de la force de l'esprit. Mais lorsque l'imagination domine sur l'âme, et que sans attendre les ordres de la volonté, ces traces se forment par la disposition du cerveau, et par l'action des objets et des esprits, il est visible que c'est une très mauvaise qualité et une espèce de folie[20].

Lambert s'approprie la méthode de Malebranche, mais développe une pensée plus positive sur l'imagination et son rôle pour les femmes dans l'accès à la vérité et à la connaissance. Selon le principe que « la morale n'a pas pour objet de détruire la nature, mais de la perfectionner » (p. 119), elle cherche à parfaire l'imagination et rejoint de la sorte la pensée de Descartes qui refuse d'évincer ou de circonscrire les passions, mais au contraire cherche à les perfectionner[21]. Au lieu de déconsidérer le rôle de l'imagination féminine en cherchant à la maîtriser ou à la limiter,

---

20 N. Malebranche, *De la recherche de la vérité*, Livre II « De l'imagination », dans *Œuvres complètes*, tome I, *De la recherche de la vérité*, Paris, J. Vrin, 1991, p. 324.
21 Descartes, *Les passions de l'âme*, dans *Œuvres de Descartes*. XI, Paris, J. Vrin, 1996, notamment les articles CCXI et CCXII, p. 485 à 488.

elle choisit de la « régler », de l'affiner et d'en faire usage pour cultiver sa raison. La marquise fait donc de l'imagination, habituellement décriée, une qualité, une fois qu'elle a été perfectionnée. En ce sens, elle s'associe à la pensée de Poulain de la Barre pour qui l'imagination est une manière presque spontanée pour une femme de compenser l'impossibilité sociale de l'acquisition des savoirs par le truchement de l'éducation. Autrement dit, l'étude étant interdite socialement aux femmes, seule l'imagination leur permet de saisir spontanément dans leur esprit les images des choses et donc les savoirs. Poulain de la Barre fait ainsi l'éloge de l'imagination des femmes en tant qu'intelligence innée, qui n'a pas besoin d'érudition pour briller[22]. Comme lui, Lambert se sert d'une pensée cartésienne qu'elle dote d'une revendication féminine et c'est dans cette perspective que les *Réflexions nouvelles sur les femmes* louent l'imagination et le talent des auteures.

Les sentiments, décriés tout autant que l'imagination dans l'opinion commune, constituent pourtant le fondement de l'être selon Lambert : « Ce sont les sentiments qui forment le caractère, qui conduisent l'esprit, qui gouvernent la volonté, qui répondent de la réalité et de la durée de toutes nos vertus » (p. 95-96). Les termes *caractère, esprit, volonté* et *vertus* relèvent d'un lexique malebranchien que la marquise exploite pour légitimer les sentiments dont le philosophe se méfie du fait qu'ils affaiblissent la raison et éloignent de la vérité. Lambert cherche encore à perfectionner la nature, car elle conseille à sa fille d'« épurer [ses] sentiments : qu'ils soient raisonnables et pleins d'honneurs » pour être vertueuse (p. 100). En ce sens, le sentiment épuré, qu'elle qualifie d'« heureux et nécessaire », « fait aimer et espérer, donne un avenir agréable, accorde tous les temps, assure tous les devoirs, répond de nous à nous-mêmes [...] et est notre garant envers les autres » (p. 96). La légitimation de l'imagination et des sentiments contribue donc à définir la vertu, but ultime de l'éducation, car elle est « la source du bonheur, de la gloire et de la paix » (p. 96).

Lambert ne s'éloigne pas de l'objectif de Descartes et de Malebranche qui considèrent la « vertu » comme la qualité ultime à acquérir dans la recherche de la vérité : « Quand vous connaîtrez la vérité et que vous aimerez la justice, toutes les vertus seront en sûreté », écrit-elle (p. 129). Elle semble ici se jouer des préjugés en employant le terme

---

22   F. Poulain de la Barre, *De l'égalité des deux sexes, op. cit.*, p. 74 et 122-123.

vertu au pluriel. À première vue, elle ne prend pas comme modèle la vertu cartésienne, mais semble désigner les « vertus », c'est-à-dire les devoirs des femmes, les bienséances et la pudeur. Elle se sert en réalité des modèles cartésiens pour détruire les préjugés et les bienséances commandés par les hommes et par les codes de la société, car si sa fille doit respecter les « vertus », ce n'est plus dans un sens commun, mais selon la vérité qu'elle a atteinte et qui la guide. L'usage du pluriel participe encore d'un travail de légitimation des caractéristiques dites féminines. La vertu consiste donc surtout à agir selon son propre être, c'est-à-dire sans dépendance envers l'extérieur et en respectant sa propre personne. L'épuration des sentiments et la soumission de l'imagination à la vérité et à la raison permettent aux femmes d'accéder rapidement aux vertus. Grâce à un esprit cartésien qui tend à perfectionner la nature humaine, Lambert a réussi à renverser les défauts féminins en qualités et revendique, de fait, une spécificité féminine dans l'acquisition de la connaissance et de la vérité.

Anne-Thérèse de Lambert intègre donc la démarche cartésienne dans son traité d'éducation. En effet, penser le savoir en tant que connaissance de soi-même, à la manière de Descartes et de Malebranche, lui permet d'engager sa fille vers la voie de l'émancipation. Elle l'exhorte à se libérer des bienséances purement extérieures et des devoirs sociaux, qui fondent généralement l'enseignement dispensé aux jeunes filles, mais qui ne sont que des préjugés, au nom d'une connaissance de soi. En ce sens, sa fille ne sera plus déterminée par son être strictement social, son extériorité, mais son intériorité et sa raison pourront composer son attitude sociale. Comme Poulain de la Barre, elle cherche à lui donner les lumières nécessaires pour éclairer son esprit et sa raison et à lui offrir véritablement les moyens d'accéder aux connaissances et aux savoirs. Elle s'approprie donc des principes pour donner à sa fille et aux femmes la possibilité de se libérer par l'intériorité. Après avoir combattu les idées et les préjugés faisant des femmes des êtres inférieurs et à part en révélant qu'elles étaient capables des mêmes connaissances que les hommes, Lambert exhibe une spécificité féminine pour montrer la singularité et les qualités que les femmes doivent chercher à invoquer. En ce sens, son traité d'éducation se révèle être un combat rationnel contre le principe d'autorité et c'est certainement pour cela que les *Avis d'une mère à sa fille* ont été si souvent édités. Ils ont été publiés pour la première fois en 1728 à Paris[23], sans l'accord de Lambert, et ont connu des éditions pirates dès 1729[24]. Ils ont été traduits en anglais dès 1729 à Londres[25] et les multiples rééditions à Londres, Dublin, Édimbourg, Philadelphie durant tout le XVIIIe siècle prouvent bien l'intérêt qu'on portait à ses pensées et l'importance de ses idées nouvelles pour l'éducation féminine, en Europe et au-delà.

Nadège LANDON
Université Jean Monnet Saint-Étienne
IHRIM UMR 5317

---

23 Anonyme, *Avis d'une mère à son fils. Et à sa fille*, Paris, chez Étienne Ganeau, 1728.

24 *Lettres sur la véritable éducation, par Madame la Marquise de Lambert*, Amsterdam, chez Jean-François Bernard, 1729.

25 *Advice from a mother to her son and daughter, written originally in French by the Marchioness de Lambert and just publish'd with great Approbation at Paris. Done into English by a Gentleman*, London, Printed for Tho. Worall, 1729.

BIBLIOGRAPHIE

BEUGNOT, Bernard, « Y a-t-il une problématique féminine de la Retraite ? », *Onze études sur l'image de la femme dans la littérature française du dix-septième siècle*, éd. W. Leiner Wolfgang, Tübinger, TBL Verlag Gunter Narr, Paris, Édition Jean-Michel Place, 1978, p. 29-49.

DESCARTES, *Les passions de l'âme*, dans *Œuvres de Descartes*. XI, Paris, J. Vrin, 1996.

DESCARTES, *Méditations métaphysiques*, dans *Œuvres de Descartes*. IX, Méditations et principes, Paris, J. Vrin, 1996.

GONCOURT, Edmond et Jules de, *La femme au dix-huitième siècle*, Paris, Flammarion, 1982.

HOFFMANN, Paul, « Madame de Lambert et l'exigence de dignité », *Travaux de Linguistique et de littérature*, 1973, vol. 11, p. 19-32.

LAMBERT, Anne-Thérèse de, *Œuvres*, éd. R. Granderoute, Paris, Champion, 1990.

MALEBRANCHE, Nicolas, *Œuvres complètes*, tome I, Paris, J. Vrin, 1991.

MARCHAL, Roger, *Madame de Lambert et son milieu*, Oxford, The Voltaire Foundation, 1991.

PELLEGRIN, Marie-Frédérique, « "Être cartésienne", un devenir ? De Descartes à Poulain de la Barre ; d'Élisabeth de Bohème à Eulalie », *Qu'est-ce qu'être cartésien ?*, éd. D. Kolesnik-Antoine, Lyon, ÉNS Éditions, 2013, p. 365-384.

POULAIN DE LA BARRE, François, *De l'égalité des deux sexes, De l'éducation des dames, De l'excellence des hommes*, éd. M.F. Pellegrin, Paris, Librairie philosophique J. Vrin, 2011.

VINDICATING KNOWLEDGE

Mary Wollstonecraft's defense of female education

In his letter to Jean d'Alembert, Jean-Jacques Rousseau criticized the salon culture of his time which was promulgated in his view by impudent women of great ambition[1]. In their failure to obtain political power and influence, Parisian women of the upper class gathered in their salons "a harem of men more womanish than [them] in an attempt to weaken their prestige and put their intelligence to the test"[2]. Therefore, a conscious man should at all costs and by all means avoid erroneous acts that were meant to flatter and please women of that sort who wished to imitate masculine virtues by putting their "charming modesty" aside[3]. Rousseau's deep-rooted concern over the unnatural domination of the *salonnière* echoed beyond French borders triggering one of the most significant intellectual conflicts of the long 18th century.

Mary Wollstonecraft's *Vindication of the Rights of Woman* came as a response to Charles-Maurice de Talleyrand's as well as Rousseau's conservative views on the participation of women in literary circles and worldly salons. Her attempt to position herself as a proponent of moral and intellectual freedom for women, constituted the main cause of the ideological conflict that was created after the latter's death. In this essay, I will discuss the emergence of this conflict and I will trace its intellectual and social outcomes. A close study of Wollstonecraft's views on the inclusion of women in the sociopolitical dialogue as well as the impact of her work will pave the way for a more thorough understanding of the social and intellectual innovations that she fought to introduce.

---

1   J.J. Rousseau, *Politics and the Arts: Letter to M. D'Alembert on the Theater*, ed. A. Bloom, Ithaca / New York, Cornell University Press, 1968, p. 101.
2   J.J. Rousseau quoted in D. Goodman, *The Republic of Letters: A Cultural History of the French Enlightenment*, Ithaca / New York, Cornell University Press, 1994, p. 55.
3   J.J. Rousseau quoted in M.D. Sheriff, *The Exceptional Woman. Élisabeth Vigée-Lebrun and the Cultural Politics of Art*, Chicago, The University of Chicago Press, 1996, p. 110.

Since the 1990s, feminist theoreticians have praised Wollstonecraft's contestations of Rousseau's views of public life as predominantly male[4]. More specifically, they stressed that women created parallel public spheres in opposition to the dominant male order. These parallel spheres of female networking functioned as "subaltern counterpublics"[5] or "circuitous access routes"[6] to those domains of public life from which women were formally and institutionally excluded. In an effort to remedy this exclusion, women created their own informal parallel circles such as dining clubs, philanthropic associations and literary salons, through which they aimed to influence public opinion indirectly[7]. According to Susanne Schmid, British women would gain legitimacy, prestige and intellectual merit by placing themselves at the centre of a literary salon[8]. By tracing the evolution of Wollstonecraft's ideas and their implementation in a socio-cultural context other than that of Britain, a more diverse and transnational approach to female networks is possible. This approach is enhanced by the practice of translation and the publication of excerpts of the *Vindication of the Rights of Woman* in foreign journals[9].

The idea of a modern and learned woman was acutely described in the *Vindication of the Rights of Woman*, which was published in London in 1792 and translated into French in the same year under the title *Défense des droits des femmes*[10]. Throughout her *Vindication*, Wollstonecraft emphasized the importance of giving women full access to education that would help them evolve intellectually as well as aesthetically and develop a better understanding of life. In addition, salons and coteries were considered by Wollstonecraft as places where social interaction was made possible and which could enhance women's education and social

---

4   *Feminist Interpretations of Jean-Jacques Rousseau*, L. Lange ed., Pennsylvania, State University Press, 2002.
5   N. Fraser, "Rethinking the Public Sphere: A Contribution to the Critique of Actually Existing Democracy", *Social Text* 25/26, 1990, p. 56-80.
6   M. Ryan, "Gender and Public Access: Women's Politics in Nineteenth-Century America", *Habermas and the Public Sphere*. ed. Craig Calhoun, Cambridge, MIT Press, 1992, p. 259-288.
7   A. Firor Scott, *Natural Allies: Women's Associations in American History*, Urbana, University of Illinois, 1991, p. 57.
8   S. Schmid, *British Literary Salons of the Late Eighteenth and Early Nineteenth Centuries*, New York, Palgrave Macmillan, 2013, p. 63.
9   Excerpts of M. Wollstonecraft's *Vindication* appeared in Elisabetta Caminer Turra's *Nuovo Giornale Enciclopedico* which was edited in Venice between 1782 and 1789.
10   M. Wollstonecraft, Œuvres. *Défense des droits des femmes, Maria ou le Malheur d'être femme, Marie et Caroline*, éd. I. Bour, Paris, Classiques Garnier, 2016.

skills. In her writings, she did not insist on the separation between a public education system and an elitist private one. In her view, in order for education to have positive effects, society ought to be "differently constituted" so that women could express themselves in liberty without being judged by their male counterparts[11]. Wollstonecraft underscored that the personal and intimate sphere should be closely entwined with the social and the political dimensions of a given society. Good manners and rationality in private encounters would have a positive impact on society as a whole and would contribute to the common good and the pursuit of prosperity. And conversely, a corrupted political system would have a negative impact on the citizens and would harm individuals despite their age or gender. For this reason, salons were seen as spaces of social participation rather than sources of impunity and immorality as described by Rousseau.

By introducing these ideas to the public, Wollstonecraft engaged in an open debate with Charles-Maurice de Talleyrand, a French noble and former bishop who held his own salon on the rue d'Anjou in Paris. Although he benefited from the salon culture of his time in order to expand the range of his political acquaintances, he was against women who tried to exert influence through their own salons. In one of his speeches at the National Assembly, he declared that women should not aspire to exercise political rights nor occupy political functions for "when they renounce all political rights, they will acquire the certainty of seeing their civil rights substantiated and even expanded"[12]. At the very beginning of her *Vindication*, Wollstonecraft responded to Talleyrand's pamphlet on national education by asking him to reconsider his views on the subject and urged him to consider whether women had not been deprived of their fundamental right to think critically and act as free and autonomous individuals[13]. Her response to Talleyrand had a decisive

11 M. Wollstonecraft, *A Vindication of the Rights of Woman: with Strictures on Political and Moral Subjects*, London, J. Johnson, 1792, p. 20. All subsequent references are excerpt of this edition unless otherwise stated.

12 Ch.M. de Talleyrand-Périgord, *Rapport sur l'instruction publique fait au nom du Comité de constitution, à l'Assemblée nationale, les 10,11, et 19 de septembre 1791*, Paris, 1791, quoted in U. Parameswaran, *Quilting a New Canon: Stitching Women's Words*, Toronto, Sister Vision, 1996, p. 7.

13 M. Wollstonecraft, *op. cit.*, p. 21: "It is an affection for the whole human race that makes my pen dart rapidly along to support what I believe to be the cause of virtue: and the same motive leads me earnestly to wish to see women placed in a station in which she would advance, instead of retarding".

resonance in Europe and was followed by a critique of Rousseau's views on female education and sociability.

By the time the *Vindication of the Rights of Woman* was published, Jean-Jacques Rousseau had already been dead for fourteen years. His plan for the education of women was fully described in his famous work *Émile* (1762) which inspired John Gregory's *A Father's Legacy to his Daughters* (1774) and remained one of the most popular works on female education throughout the 18ᵗʰ century. Wollstonecraft dismissed Rousseau's views as presented in *Émile* and argued against the archetypal figure of Sophia, Émile's ideal female companion whose submissive character affirmed women's intellectual and physical inferiority. In contrast to the female model that was introduced by Rousseau, Wollstonecraft insisted on the need for women to be deemed as active and useful members of society, equal to their male counterparts. In the first pages of her book, she asserted: "I shall begin with Rousseau, and give a sketch of his character of woman, in his own words, interspersing comments and reflections"[14].

According to her *Vindication*, the problematic aspect of Rousseau's work was that it aimed to render women weaker rather than stronger by assigning them an exclusively domestic role that hindered their true talents and capacities: "But, granting that women ought to be beautiful, innocent, and silly, to render her a more alluring and indulgent companion; –what is her understanding sacrificed for?"[15]. The question of understanding is of primary importance since women, according to Rousseau, were expected to be the observers of life rather than its active participants. This was a controversial approach which nevertheless drew the attention of a large female public. In that respect, Mary Seidman Trouille emphasizes that learned women such as Mary Wollstonecraft in Britain and Madame De Staël in France "were passionate admirers and, at the same time, strong critics of Jean-Jacques; yet both were strangely unaware of–or unwilling to recognize–their own ambivalence"[16]. Indeed, Wollstonecraft did not dismiss Rousseau's work altogether, but criticized certain aspects of it. Her main objection to his arguments is

---

14 M. Wollstonecraft, *op. cit.*, p. 79.
15 *Ibid.*, p. 91.
16 M. Seidman Trouille, *Sexual Politics in the Enlightenment: Women Writers Read Rousseau*, Albany, State University of New York Press, 1997, p. 7.

closely entwined with the education of women and their participation in salon circles. Although Rousseau considered female sociability as a threat to the established state of affairs, Wollstonecraft defended prominent women writers who wished to participate in worldly gatherings. This opposition in their work and ideas offers an interesting lens through which modern readers can understand the emergence of salons as spaces of female expression.

Two major spaces that functioned either as semi-private or as full-public spheres gave women the opportunity to engage in learned conversations and establish transnational networks of intellectual exchange. These were, on the one hand, the literary salons that flourished throughout the 18th century and, on the other hand, the printed press that marked in an unprecedented way the long 19th century. Their emergence opened new horizons for the active participation of women in the cultural and political debate of their time and triggered a change of paradigm that merits further scrutiny. In this regard, Joan Landes underscores that women who participated in salons "began to redefine nobility and virtue"[17]. She further argues that "not birth but commerce, venality of office, and intrigue at court became the new coins of power"[18]. According to this view, women in salons became proponents of new values that dissociated nobility from birth and associated it with gallant behaviour. This was the beginning of women's impact on society and constitutes a decisive turning point in the *status quo* of the time. Not only did salon women become advocates of change but they were also "particularly important in teaching the appropriate style, dress, manners, language, art, and literature"[19]. This is certainly one of the main reasons why men like Rousseau revolted against female "participation in and leadership of urban salons"[20]. More specifically, after attending the salons of D'Alembert's partner Julie Éléonore de Lespinasse in Paris, Rousseau became a fervent opponent of what came to be known as "sociabilité mondaine"[21]. D'Alembert's relationship with

---

17 J. Landes, *Women and the Public Sphere in the Age of the French Revolution*, Ithaca, Cornell University Press, 1988, p. 24.
18 *Loc. cit.*
19 *Loc. cit.*
20 *Ibid.*, p. 25.
21 R. Unfer Lukoschik, ed. *Elisabetta Caminer Turra (1751-1796). Una letterata veneta verso l'Europa*, Verona, Essedue, 1998, p. 228.

the influential *salonnière* can provide an insight into Rousseau's critique of the "womanish" salon attendees. Rousseau presented himself as a man of virtue who could discern and avoid the traps set by what he believed to be the manipulating women of his time. He thus disapproved of female domination in the context of the salon where women felt free to dictate to their male counterparts. In Rousseau's view, such was the case of Lespinasse and D'Alembert "whom she referred to as her 'secretary'; she spoke, he transcribed"[22].

Rousseau's fear of an immoral society dominated by corrupting women was shared by other prominent figures of his time such as Louis-Sébastien Mercier who underlined that "men of genius who have learned how to meditate should learn how to protect themselves against the enslavement of [their] masculine talents by the taste of *sociétés*"[23]. Dena Goodman argues that Rousseau's strong contempt for the *salonnières* "still underlies Enlightenment scholarship today"[24]. In order to tackle this problematic aspect of Rousseau's positions, one needs to investigate the main reasons why women writers such as Mary Wollstonecraft participated in the salons of their time. It is in this way that the position of women in the realm of salon sociability will become clearer to the modern reader.

As stressed by Janet Todd, Wollstonecraft was an admirer of the French salons but feared that refined social life could sometimes encourage adulterous behaviors[25]. Despite her doubts on the potential laxity of the salon attendees, she became part of the expatriate community that was embedded in French political and cultural life. During her stay in Paris from 1792 to 1795, she attended the famous salons of the British novelist Helen Maria Williams, the French revolutionary Jeanne Manon Roland and the Swiss Anna Magdalena Schweitzer. These salons were frequented by leading Girondist deputies such as Jacques Pierre Brissot and Pierre Vergniaud who were concerned with the particularly tumultuous sociopolitical landscape during the years of the French

---

22 J. Locke, *Democracy and the Death of Shame*, New York, Cambridge University Press, 2016, p. 84.
23 L.S. Mercier, *Le Bonheur des gens de lettres*, Paris, 1766, quoted in Dena Goodman, *op. cit.*, p. 55.
24 D. Goodman, *op. cit.*, p. 56.
25 J. Todd, *Mary Wollstonecraft: A Revolutionary Life*, New York, Columbia University Press, 2000, p. 78.

Revolution. The social bonds established within the salons can account for the many cultural, intellectual and aesthetic transfers that took place among its male and female members. For instance, at the various salons and dinners held in Paris, Wollstonecraft met with prominent figures of the French Revolution such as the communitarian François-Noël Babeuf whose radical ideas on the common ownership of land impressed her deeply. Although she maintained a more temperate attitude towards the Revolution, she showed great eagerness in anticipating social as well as intellectual changes: "It is time to effect a revolution in female manners–time to restore to them their lost dignity–and make them, as a part of the human species, labour by reforming themselves to reform the world"[26]. In this passage, Wollstonecraft emphasized the need to reform society and the world through a revolution in manners. In this sense, salons and coteries could allow this revolution to happen by giving more space and opportunities to cultured women who wished to improve the quality of their thinking as well as their place in society.

Parisian salons have often been characterized as elitist spaces of pleasurable diversion that became towards the end of the eighteenth-century the symbols of social and political decadence[27]. Although their recreational aspect is evident and cannot be neglected, the consequences triggered by salon life were much more complex. French salons challenged deep-rooted conventions by stimulating women's active involvement in the national as well as the European ideological debate of their time. This was also valid for the salons that were held at the same time in other European countries such as Italy[28]. Marianna D'Ezio argues that in the Veneto region, international acquaintances nurtured women's awareness of their own potential as cultural mediators and invited them to reconsider their position in the private sphere of their homes and in society at large. Rather than maintaining the traditional values of a patriarchal society, salon hostesses surpassed the distinctions based on

---

26 M. Wollstonecraft, *op. cit.*, p. 117.
27 A. Lilti, *The World of the Salons: Sociability and Worldliness in Eighteenth-century Paris*, Oxford, Oxford University Press, 2005, p. 38.
28 M. D'Ezio, "Italian Women Intellectuals and Their Cultural Networks", *Political Ideas of Enlightenment Women: Virtue and Citizenship*, ed. L. Curtis-Wendlandt, P. Gibbard, K. Green, Farnham, Ashgate Publishing, 2013, p. 114: "Salons represented an ideal locus for exchanging ideas, reading books and pamphlets, discussing contemporary events with foreign guests".

gender by welcoming both male and female participants. In contrast to English coffee houses and clubs, from which women were often excluded, French as well as Italian salons were usually established by women of the upper class who paved the way for a new understanding of the concepts of sociability and cosmopolitanism. Due to the cultural mediation of the *salonnière*, those two concepts could be understood not only through the spectra of interpersonal relations but as vehicles for sociopolitical reformation which promoted "the spirit of reform already silently pursuing its course"[29].

The spirit of reform was not only understood but also highly promoted by women writers, journalists and salon hostesses and became at the second half of the eighteenth century the core reason for a substantial debate. On one end of the spectrum, Rousseau argued that women's power should only be exercised within marriage, whereas men ought to express their strength in the world of public action and governance[30]. On the other end, Wollstonecraft highlighted that Rousseau's hypothesis on a natural state of affairs that favoured male domination was false. In her attempt to fight for freedom of speech and ways of expression, she moved to France where women could enjoy more freedom compared to other European countries. During her stay in Paris she realized that the subversive potential of the salons could contribute to an eventual change of women's social and intellectual position: "In France there is undoubtedly a more general diffusion of knowledge than in any part of the European world, and I attribute it, in a great measure, to the social intercourse which has long subsisted between the sexes"[31].

As an acute observer of the French socio-political scene, Rousseau understood the potential influence that salon life could exert upon women of the bourgeoisie. Consequently, he saw the salons as a threat to the patriarchal order of society and warned his audience against the dangers of a possible paradigm shift: "Imagine, what can be the temper of the soul of a man who is uniquely occupied with the important business of

29 M. d'Ezio, "Sociability and Cosmopolitanism in Eighteenth-Century Venice: European Travellers and Venetian Women's Casinos", eds. D. Burrow, S. Brueninger, *Sociability and Cosmopolitanism: Social Bonds on the Fringes of the Enlightenment*, New York, Routledge, 2012, p. 47.

30 See J.J. Rousseau, *Discours sur l'Origine et les Fondements de l'Inégalité parmi les Hommes*, Amsterdam, Marc Michel Rey, 1755.

31 M. Wollstonecraft, *op. cit.*, p. 16.

amusing women, and who spends his entire life doing for them what they ought to do for us?"[32]. That was the crux of Wollstonecraft's profound disagreement with Rousseau. Throughout his life Rousseau had emphasized the need for reestablishing a natural order that would assign to women a weaker position than that of men. Wollstonecraft opposed this view by illustrating the need to perceive women as essentially free and reasonable creatures. The difference in their approaches stems from their diametrically opposed perception of the female nature. For instance, Rousseau saw women who wished to be involved in politics as enemies of reason who were trying to surpass their natural limits: "Unable to make themselves into men, the women make us into women"[33]. Wollstonecraft, on the other hand, saw female education as a necessary step towards a natural and common process of evolution. Reason was in her view a virtue that both sexes needed to share in an equal way. She thus emphasized that: "Rousseau was more consistent when he wished to stop the progress of reason in both sexes, for if men eat of the tree of knowledge, women will come in for a taste"[34]. In the *Vindication of the Rights of Woman* female education was the prerequisite of social progress to which Wollstonecraft attached a particular importance. In order for education to be complete, women had to be knowledgeable in the fields of art and literature and well-informed concerning the social and political issues at stake. A number of illustrious European women were used as examples that once again sought to demonstrate the considerable power of knowledge and reason over the absurdity of ignorance:

> Sappho (600 B.C.), Greek poet; Héloïse (1101-1164), medieval intellectual and lover of Pierre Abélard; Catharine Macaulay (1731-1791), historian and author of History of England; Catherine of Russia (1684-1727); Charles de Beaumont, chevalier d'Éon (1728-1810) [French secret agent who lived in London disguised as a woman. "Madame" d'Éon's sex was revealed by an autopsy in 1810]. I wish to see women neither heroines nor brutes; but reasonable creatures[35].

Although Rousseau's writings on the inferior quality of female reasoning had become influential during his lifetime, Wollstonecraft's

---

32 J.J. Rousseau, quoted in Dena Goodman, *op. cit.*, p. 55.
33 *Ibid.*, p. 54.
34 M. Wollstonecraft, *op. cit.*, p. 19.
35 *Loc. cit.*

fierce objections started to gain ground after his death in 1778. The *Vindication of the Rights of Woman* aroused the interest of a wide audience and contributed to the general tendency for social change that marked the end of the eighteenth century. A few months before its circulation, its premises had already had a considerable influence in Paris where the famous salon hostess Olympe de Gouges published her influential *Déclaration des droits de la femme et de la citoyenne* (1791). Gouges was a revolutionary activist with whom Wollstonecraft shared mutual acquaintances. She was characterized as an "unnatural woman" and was executed during the Jacobin Reign of Terror that Wollstonecraft witnessed closely during her stay in Paris. Salon participation was at that time met with suspicion and could be used as evidence against women who were involved in the political scene of the time. Wollstonecraft's participation in the Parisian salon circles was therefore perilous and came to an end when she embarked on a trip to Scandinavia in 1795. Although her stay in Paris was over, she had already succeeded in establishing a name for herself which encountered no difficulty in surpassing French borders.

Before long Wollstonecraft's ideas on the participation of women in public dialogue reached the famous salons of Venice. Elisabetta Caminer Turra was one of the most prominent intellectuals who largely contributed to the reception and dissemination of her work in Italy. Turra was able to capture the polemical tone of the *Vindication* and characterized Wollstonecraft as "the champion of her sex"[36]. Although the two women never met in person, they both attacked Rousseau's views concerning female education and insisted on the need for social and intellectual transformation. In August 1793, Turra addressed her public by nuancing some of the most subversive parts of Wollstonecraft's *Vindication*. In particular, she emphasized that women around Europe were all too often admired for their ephemeral beauty and not for their intellectual capabilities. In the pages of her journal, Turra urged the need for a better education and defended Wollstonecraft's cause: "These are the sources with which Madame Wollstonecraft would like female power to be bestowed, and these are the issues with which her Work

---

36 Elisabetta Caminer Turra, quoted in *Selected Writings of an Eighteenth-Century Venetian Woman of Letters: Elisabetta Caminer Turra*, ed. C.M. Sama, Chicago, University of Chicago Press, 2003, p. 188.

deals, a work that is but the millionth proof that women can deserve the honour of being regarded as a part of the human species"[37].

Subsequently, the growing importance of the literary salons, not only in Britain but also in France and in Italy, as well as the emergence and growing influence of the printed press encouraged women to obtain a prominent position in shaping new conceptions of femininity and a new understanding of social roles. Wollstonecraft's opposition to Rousseau's views paved the way for a better understanding of women's agency and encouraged the development of mentoring relationships across borders. From this perspective, not only did Wollstonecraft help to bring social and intellectual changes to fruition but she also became an agent in the Enlightenment project of vindicating knowledge and shaping critical thinking. These were the most significant elements of her legacy for which generations throughout the nineteenth and the twentieth century continued to fight.

Christina BEZARI
Ghent University

---

[37]   E. Caminer Turra quoted in M. Di Giacomo, *L'Illuminismo e le Donne. Gli scritti di Elisabetta Caminer*, Rome, Università La Sapienza, 2004, p. 118.

BIBLIOGRAPHY

BURROW, David; BRUENINGER, Scott (eds.), *Sociability and Cosmopolitanism: Social Bonds on the Fringes of the Enlightenment*, New York, Routledge, 2012.

D'EZIO, Marianna, "Sociability and Cosmopolitanism in Eighteenth-Century Venice: European Travellers and Venetian Women's Casinos", ed. D. Burrow, S. Brueninger, *Sociability and Cosmopolitanism: Social Bonds on the Fringes of the Enlightenment*, New York, Routledge, 2012.

D'EZIO, Marianna, "Italian Women Intellectuals and Their Cultural Networks", *Political Ideas of Enlightenment Women: Virtue and Citizenship*, ed. L. Curtis-Wendlandt, P. Gibbard, K. Green, New York, Routledge, 2013.

DI GIACOMO, Mariagabriella, *L'Illuminismo e le Donne. Gli scritti di Elisabetta Caminer*, Rome, Università La Sapienza, 2004.

FIROR SCOTT, Anne, *Natural Allies: Women's Associations in American History*, Urbana, University of Illinois, 1991.

FRASER, Nancy, "Rethinking the Public Sphere: A Contribution to the Critique of Actually Existing Democracy", *Social Text*, no. 25/26, 1990.

GOODMAN, Dena, *The Republic of Letters: A Cultural History of the French Enlightenment*, Ithaca / New York, Cornell University Press, 1994.

LANDES, Joan, *Women and the Public Sphere in the Age of the French Revolution*, Ithaca, Cornell University Press, 1988.

LANGE, Lynda (ed.), *Feminist Interpretations of Jean-Jacques Rousseau*, Pennsylvania, State University Press, 2002.

LILTI, Antoine, *The World of the Salons: Sociability and Worldliness in Eighteenth-century Paris*, Oxford, Oxford University Press, 2005.

LOCKE, Jill, *Democracy and the Death of Shame*, New York, Cambridge University Press, 2016.

PARAMESWARAN, Uma, *Quilting a New Canon: Stitching Women's Words*, Toronto, Sister Vision, 1996.

ROUSSEAU, Jean-Jacques, *Discours sur l'Origine et les Fondements de l'Inégalité parmi les Hommes*, Amsterdam, Marc Michel Rey, 1755.

ROUSSEAU, Jean-Jacques, *Politics and the Arts: Letter to M. D'Alembert on the Theater*, ed. A. Bloom, New York, Cornell University Press, 1968.

RYAN, Mary, "Gender and Public Access: Women's Politics in Nineteenth-Century America", *Habermas and the Public Sphere*, ed. C. Calhoun, Cambridge, MIT Press, 1992, p. 259-288.

SAMA, Catherine M., (ed.) *Selected Writings of an Eighteenth-Century Venetian Woman of Letters: Elisabetta Caminer Turra*, Chicago, University of Chicago Press, 2003.

SCHMID, Susanne, *British Literary Salons of the Late Eighteenth and Early Nineteenth Centuries*, New York, Palgrave Macmillan, 2013.

SEIDMAN TROUILLE, Mary, *Sexual Politics in the Enlightenment: Women Writers Read Rousseau*, Albany, State University Press, 1997.

SHERIFF, Mary Diana, *The Exceptional Woman. Élisabeth Vigée-Lebrun and the Cultural Politics of Art*, Chicago, The University of Chicago Press, 1996.

TODD, Janet, *Mary Wollstonecraft: A Revolutionary Life*, New York, Columbia University Press, 2000.

UNFER LUKOSCHIK, Rita, (ed.), *Elisabetta Caminer Turra (1751-1796). Una letterata veneta verso l'Europa*, Verona, Essedue, 1998.

WOLLSTONECRAFT, Mary, *Œuvres. Défense des droits des femmes, Maria ou le Malheur d'être femme, Marie et Caroline*, éd. I. Bour, Paris, Classiques Garnier, 2016.

WOLLSTONECRAFT, Mary, *A Vindication of the Rights of Woman: with Strictures on Political and Moral Subjects*, London, J. Johnson, 1792.

RAHEL VARNHAGEN
IN DEN BRIEFEN KARL AUGUST
VARNHAGENS AN SEINE SCHWESTER
(AUS DEN JAHREN 1811-1819)

Rahel Varnhagen von Ense (1771-1833), auch bekannt als Rahel Levin, Rahel Robert oder Friederike Antonie Varnhagen, war eine deutsch-jüdische Schriftstellerin aus Berlin und eine der bekanntesten Vertreterinnen der deutschen Frauenliteratur des 19. Jahrhunderts. Von 1790 bis 1806 führte sie einen literarischen Salon, in dem sich VertreterInnen verschiedener gesellschaftlicher Schichten, Stände, Konfessionen und Weltanschauungen, aber auch berühmte Politiker, Dichter und Wissenschaftler begegneten[1]. Levin, die vor allem mit der Epoche der Romantik in Verbindung gebracht wird, zeigte sich als Verfechterin der Aufklärung sowie als Befürworterin der Frauenemanzipation und der gesellschaftlichen Gleichstellung der Juden. Sie konvertierte zum Christentum und heiratete 1814 den Schriftsteller und Diplomaten Karl August Varnhagen (1785-1858). Von 1820 bis 1833 führte Rahel Varnhagen in Berlin wieder einen literarischen Salon. Damals wurde sie vor allem als Tagebuchautorin sowie als Verfasserin zahlreicher Briefe und Aphorismen bekannt. Die meisten ihrer Texte wurden nach ihrem Tod von Karl August Varnhagen und der Schriftstellerin Rosa Ludmilla Assing herausgegeben.

Unter den Handschriften Karl August Varnhagens, die in der Krakauer Jagiellonen-Bibliothek aufbewahrt werden, befinden sich auch Briefe, die der Offizier und Diplomat an seine Schwester, Rosa Maria Assing schrieb. Aus dieser umfangreichen Sammlung von fast 200 Schriftstücken wählte und untersuchte ich 38, die er in den Jahren 1811-1819 verfasste. Dabei handelt es sich um die Zeit, in der Rahels

---

1 *Cf.* P. Wilhelmy, *Der Berliner Salon im 19. Jahrhundert (1780-1914)*, Berlin / New York, De Gruyter, 1989, S. 434.

und Karl Augusts Beziehung beginnt[2], es zur Eheschließung kommt, die Beiden sich auf Reisen begeben und für drei Jahre nach Karlsruhe ziehen, um 1819 schließlich nach Berlin zurückzukehren. Mein besonderes Interesse galt dem Bild Rahels als Frau, Ehegattin, Künstlerin und Intellektuelle, das aus den Briefen Karl Augusts hervorgeht, sowie der Darstellung ihrer Beziehung, die nach wie vor zahlreiche Fragen aufwirft. Als wichtige Grundlage diente mir das Werk *Rahel Varnhagen. Lebensgeschichte einer deutschen Jüdin aus der Romantik* – eine Biographie Rahel Varnhagens, die von Hanna Arendt als Habilitationsschrift verfasst und 1957 in London veröffentlicht wurde.

Arendt sieht in Rahel Levin im Jahr 1811 eine zutiefst enttäuschte Person, deren Leben von zahlreichen Misserfolgen geprägt ist. Sie charakterisiert die deutsch-jüdische Schriftstellerin mit folgenden Worten:

> Rahel ist inzwischen vierzig Jahre alt geworden, und nichts ist ihr gelungen. Sie wollte aus dem Judentum heraus und ist drin geblieben, sie wollte heiraten und keiner hat sie genommen, sie wollte reich werden und verarmte; sie wollte in der Welt etwas sein, etwas gelten, aber die wenigen Möglichkeiten, die sie in der Jugend hatte, sind verloren. [...] Sie war für eine entschiedene Änderung stets bereit, alle nur erdenklichen Opfer zu bringen. Sie hat [...] nie geglaubt, daß man anders als gezogen – geschleppt oder gerettet – in die gute Gesellschaft hereinkommt. Und gerade sie [...] hat man [...] einfach sitzen lassen[3].

Rahel Levins Lage verschlechtert sich nach dem Tod der Mutter, denn durch den Verlust der Mitgift verliert sie auch die letzte Chance auf eine standesgemäße Eheschließung[4]. Sie steht fast nur noch mit Juden in Briefkontakt. Die einzigen Ausnahmen sind Alexander von der Marwitz und Karl August Varnhagen[5]. Schließlich beginnt die Schriftstellerin zu erkennen, dass eine Heirat mit Varnhagen ihr einen Ausweg bieten könnte. Auch wenn dieser keinen Adelstitel besitzt und weder wohlhabend noch bekannt ist, kann sie sich seiner Zuneigung sicher sein[6]. Zwar weiß Rahel nicht, ob Varnhagen es zu etwas bringen wird, doch beschließt sie diesen Schritt zu wagen. Da „sie alle Chancen,

---

2   R. Levin lernt Karl August Varnhagen bereits 1808 kennen.
3   H. Arendt, R. Varnhagen, *Lebensgeschichte einer deutschen Jüdin aus der Romantik*, München, Piper, 1985, S. 166.
4   *Cf. ibid.*, S. 170.
5   *Cf. ibid.*, S. 168.
6   *Cf. ibid.*, S. 171.

von oben gerettet zu werden, verspielt hat, bleibt ihr nichts anderes
mehr als zu versuchen, mit einem, der auch nichts hat – noch nichts –,
zusammen in die Höhe zu kommen"[7].
Von alldem erfährt man aus Karl Augusts Schriftverkehr mit Rosa
Maria verständlicherweise nichts. Die Beziehung beginnt, wie es sich aus
einem Brief vom 14. September 1812 entnehmen lässt, als intellektuelle
Begegnung zweier sehr unterschiedlicher Menschen – des 27-jährigen
Mannes mit der vierzehn Jahre älteren, lebenserfahrenen Berliner
Salonnière, von der Varnhagen eindeutig fasziniert ist. Er schreibt
Folgendes über seinen dreiwöchigen Aufenthalt in Berlin:

> Hier in Berlin gefällt es mir außerordentlich; […] Zudem ist die Universität mit
> den herrlichen Männern, die sie hier vereinigt, für mich ein unüberwindlich
> lockender Reiz, und ich fange schon durch den bloßen Aufenthalt an wieder
> stärkere, geistigere Gedanken zu bekommen, als ich in Österreich gewohnt
> war. Meine Freundin Rahel hätte ich vor allem andern genannt, wenn nicht
> diese mein Aufenthalt selbst wäre, und ich um ihretwillen nicht allein Prag,
> sondern jedes Dorf mit Freuden bewohnen würde[8].

Im Dezember desselben Jahres berichtet Karl August Varnhagen von
seinen Besuchen bei der Schriftstellerin, die er – wie aus einem Brief hervorgeht – den Begegnungen mit anderen Bekannten, darunter auch mit
Adelbert von Chamisso, vorzieht[9]. Rahel, „bei der ich alle Tage bin, und
mit der allein ich meine Sachen recht beraten kann[10] – so Varnhagen –
spielt für Karl August in der Anfangsphase der Beziehung die Rolle
einer Mentorin, wobei der intellektuelle Austausch im Vordergrund zu
stehen scheint. Vier Monate nach der Eheschließung, am 8. Februar 1815,
bringt der Offizier zum ersten Mal seine starke emotionale Bindung an
Rahel zum Ausdruck, als er Rosa Maria Folgendes versichert: „Meine
Frau macht mein höchstes Glück, ich glaube nicht, daß die Welt mir
höheres in irgend einer Zeit hätte bieten können"[11]. Einige Zeit später
beschreibt er noch eindringlicher seine starken Gefühle für Rahel:
„Du kannst es dir gar nicht denken, liebes Röschen, wie glücklich ich

---

7   *Ibid.*, S. 172.
8   Brief K.A. Varnhagens, Berlin, 14.09.1812, in: Varnhagen-Sammlung, Jagiellonen-
     Bibliothek Krakau (J.B.).
9   *Cf.* Brief K.A. Varnhagens, Berlin, 14.12.1812, in: J.B.
10   Brief K.A. Varnhagens, Berlin, 14.12.1812, in: J.B.
11   Brief K.A. Varnhagens, Wien, 08.02.1815, in: J.B.

mich in diesem Verhältniß fühle, ich glaube nicht, daß so etwas noch Einmal auf der Welt ist"[12]. Darüber hinaus sieht er in seiner Frau eine einfühlsame Person, von der er in schwierigen Momenten Beistand, Trost und Anteilnahme erfährt.

Nichtsdestotrotz geht aus Hannah Arendts Arbeit hervor, dass Karl Augusts Liebe von Rahel nicht entgegnet wurde. Die Schriftstellerin mag zwar ihren Mann gut behandelt und über die Jahre hinweg eine starke Bindung zu ihm aufgebaut haben, doch verliebt war sie in ihn nicht. Sie habe weder Varnhagen noch sich selbst eingeredet, dass sie ihn liebe[13]. Rahels Beziehung zu Karl August, „ursprünglich zur Sicherung eines Parvenudaseins bestimmt"[14], beruhte – so Arendt – vor allem auf Dankbarkeit und „verwandelte sich im Laufe der Ehe zu einem Unterschlupf, zu einem dargebotenen und mit Dankbarkeit angenommenen Asyl"[15]. Varnhagen „nimmt Rahel mit, sie arriviert zur Gattin eines Schriftstellers mit Aussicht auf Karriere und Erfolg, wird aber gleichzeitig die Frau eines ‚freien Geistes'"[16], der ihr nicht nur seine volle Aufmerksamkeit widmet und sie zu verstehen versucht, sondern der sich auch um ihr materielles Wohlergehen kümmert.

Im Kontrast zu Karl Augusts enthusiastischen Äußerungen steht die Tatsache, dass er doch im Allgemeinen wenig und selten über Rahel schreibt. Als Rosa Maria mehr über die Freundin ihres Bruders erfahren möchte, antwortet dieser lakonisch: „ich könnte nur über sie schreiben, wenn du sie kenntest; ihr Wesen und ihre Eigenschaften laßen sich nicht vereinzeln, und um das Ganze mit wenigen Zügen darzustellen, dazu müßte ich so hoch über ihr stehen, als sie über mir steht"[17]. Der zwei Tage nach der Hochzeit verfasste Bericht wirkt auch äußerst kurz und bündig, was bei Berücksichtigung der Gesamtlänge des Briefes recht merkwürdig erscheint. Varnhagen äußert sich über seine Eheschließung wie folgt:

> Theure geliebte Schwester! Ich eile dir anzuzeigen, daß ich am 27sten mich mit Mlle Friederike Robert vermählt habe, und bin deiner herzlichen Theilnahme an diesem für mein ganzes Leben glücklichsten Ereigniß versichert. Leider

---

12 Brief K.A. Varnhagens, Paris, 23.07.1815, in: J.B.
13 *Cf.* H. Arendt, *op. cit.*, S. 171.
14 *Ibid.*, S. 199.
15 *Loc. cit.*
16 *Ibid.*, S. 185.
17 Brief K.A. Varnhagens, Berlin, 26.02.1813, in: J.B.

muß ich mich aber aufs neue von meiner Gemahlin auf ein Paar Wochen wieder trennen. [...] Fouque kam zufällig zu meiner Vermählung[18].

In den meisten Briefen findet sich kein einziger Satz über Rahel, was aber – berücksichtigt man die häufige kriegsbedingte Abwesenheit Varnhagens und seine weiten Reisen – gewissermaßen verständlich erscheint.

An manchen Stellen wird die Schriftstellerin als sensible, filigrane Frau dargestellt, die sich nach Ruhe, Stabilität und Zurückgezogenheit sehnt. Nach der Abberufung vom Posten des preußischen Gesandten in Karlsruhe im Jahr 1819, mit dem Karl August nach Abschluss des Wiener Kongresses betraut wurde, äußert er sich in einem in Baden bei Rastatt (heute Baden-Baden) verfassten Brief wie folgt:

> Über meine künftige Bestimmung hat mich das Ministerium auch noch nichts wißen laßen, ich warte die nähere Entscheidung deshalb hier in Baden [...]. Besonders meine Frau ist von der Veränderung hart betroffen, Einrichtung, Gewöhnung, sichre Ordnung und fester Aufenthalt, Land und Gegend, Verkehr, alles dies hatte sich nach und nach für uns auf Karlsruhe gerichtet. Nun ist auf einmal alles schwankend und ungewiß, das künftige Gewiße vielleicht nicht erwünscht[19].

Er fügt jedoch hinzu, dass seine Frau „in ihrem äußern Gleichmuthe des Lebens nicht gestört"[20] sei. Eine Passage aus einem mehr als ein Jahr zuvor verfassten Brief deutet auf Rahels vermeintliche Gebrechlichkeit hin[21]. In dem bereits angeführten Brief vom 14. September 1812 findet man eine ähnliche Stelle[22].

Aus anderen Quellen erfährt man, dass die Schriftstellerin in ihrer Beziehung keineswegs eine passive Rolle einnimmt – ganz im Gegenteil, sie motiviert Karl August zu verschiedenen Entscheidungen und Handlungen, die sie ihrem Ziel näher bringen sollen. Rahel zwingt ihren Mann förmlich dazu, sein Abenteuerleben an der Seite des Grafen von Bentheim aufzugeben[23]. Varnhagen wird in den Adelsstand erhoben, doch er findet für sich die Adelsfuge nicht ausschließlich aus eigenem

---

18 Brief K.A. Varnhagens, Berlin, 29.09.1814, in: J.B.
19 Brief K.A. Varnhagens, Baden bei Rastatt, 05.08.1819, in: J.B.
20 Brief K.A. Varnhagens, Baden bei Rastatt, 05.08.1819, in: J.B.
21 *Cf.* Brief K.A. Varnhagens, Karlsruhe, 19.04.1818, in: J.B.
22 *Cf.* Brief K.A. Varnhagens, Berlin, 14.09.1812, in: J.B.
23 *Cf.* H. Arendt, *op. cit.*, S. 174.

Antrieb, sondern auf Rahels Zureden hin[24]. Schließlich fordert sie von ihm, dass er alles, was er im Krieg erreichte, zivil und rechtlich bestätigen lässt, so z. B. den Titel »Kaiserlicher Hauptmann«, den er im Regiment Friedrich Karl von Tettenborns in der russischen Armee erwarb[25].

Nicht selten agiert Rahel völlig unabhängig von ihrem Mann, ohne dabei auf dessen Meinung Rücksicht zu nehmen. Sie erteilt beispielsweise kurz nach der Heirat Varnhagen den Auftrag, ihre kompromittierte Jugendfreundin[26], Pauline Wiesel, in Paris aufzusuchen[27]. Karl August tut, was seine Frau von ihm verlangt. Er beginnt jedoch mit der Zeit gegen die Bekanntschaft mit der ehemaligen Geliebten des preußischen Prinzen Louis Ferdinand[28] zu protestieren[29]. Rahel bleibt davon unbeeindruckt. Sie beginnt eine regelmäßige Beziehung zu Pauline Wiesel, wovon u. a. der kontinuierliche Briefwechsel[30] mit der Jugendfreundin, der bis zu ihrem Tod andauert, zeugt[31]. In Karl Augusts Korrespondenz aus jener Zeit findet man keine Spur von dieser problematischen Bekanntschaft, die dem Diplomaten großes Kopfzerbrechen bereitet.

Die Schriftstellerin ist mit ihrem neuen Leben an der Seite Varnhagens und der Neugestaltung ihrer Identität, die sie anfangs selbst anstrebt, deutlich unzufrieden[32]. So wird aus Rahel Levin Frau Friederike Varnhagen von Ense, aber nur nach außen hin. Immer wieder erfährt sie von anderen Menschen Kränkungen und wird an ihre jüdische Herkunft erinnert[33]. Letzten Endes begreift sie, dass „ihr Aufstieg nur Schein ist"[34], und dass sie in manchen Kreisen mit ihrem Mann, aber keineswegs allein geduldet wird[35]. Die Eheschließung ermöglicht zwar ein gesellschaftliches Minimum, doch das eigentliche Ziel – die Aufnahme in die »bessere Gesellschaft« – lässt sich dadurch

---

24 *Cf. ibid.*, S. 175.
25 *Cf. ibid.*, S. 179.
26 *Cf.* H. Thomann Tewarson, Rahel *Levin Varnhagen. The Live and Work of a German Jewish Intellectual*, Lincoln, University of Nebraska Press, 1998, S. 104.
27 *Cf.* H. Arendt, *op. cit.*, S. 192-193.
28 *Cf.* H. Thomann Tewarson, *op. cit.*, S. 104.
29 *Cf.* H. Arendt, *op. cit.*, S. 192-194.
30 *Cf.* H. Thomann Tewarson, *op. cit.*, S. 104.
31 *Cf.* H. Arendt, *op. cit.*, S. 193.
32 *Cf. ibid.*, S. 195.
33 *Cf. ibid.*, S. 195-196.
34 *Ibid.*, S. 195.
35 *Cf. ibid.*, S. 196.

nicht erreichen[36]. Hannah Arendt beschreibt Rahels Dilemmata folgendermaßen:

> Rahel Levin ist sie endlich losgeworden, aber Friederike Varnhagen, geborene Robert, möchte sie auch nicht werden. Jene wurde nicht akzeptiert, diese will sich nicht zu einer lügenhaften Selbstidentifizierung entschließen. [...] Unsinnig ist ihr Trotz zu behaupten, nichts habe sich verändert. Sie ist nicht mehr jung, sie hat Namen, Stand, Vermögen, gesellschaftliches Ansehen erworben, ist verheiratet, Frau eines Beamten, nicht mehr ungebunden, muß Rücksicht nehmen, sich verstellen – was soll sich eigentlich noch ändern? Sie lebt nicht mit den alten »Jugendgenossen«, sondern sitzt in Varnhagens Salon, wird als Rahel immer unbekannter. Auch mit der Liebe ist es endlich aus; denn den Mann, mit dem sie lebt, hat sie nie geliebt[37].

Die Wiederaufnahme der Beziehung zu Pauline Wiesel zeigt, dass die Schriftstellerin immer wieder versuchte, „alles Erreichte als nie Gewünschtes abzuleugnen"[38], Relikte ihrer alten Existenz zu bewahren und im Verborgenen ihr eigenes Leben zu leben[39]. Es ist schwierig zu sagen, inwiefern Karl August die inneren Konflikte Rahels wahrnahm. Jedenfalls lässt sich das anhand der – allen Anschein nach – gut durchdachten und von oberflächlichen Äußerungen sowie von Höflichkeitsfloskeln strotzenden Briefe an Rosa Maria nicht feststellen.

In dem bereits erwähnten Brief vom 14. September 1812 fügt Varnhagen hinzu, dass Rahel, deren Biographie und Karriere so stark mit der Hauptstadt Preußens verbunden sind, „selber nicht sehr gern in Berlin"[40] ist. Die ökonomische Abhängigkeit von ihrer Familie mag einer der Gründe dafür sein. Rahels Ambition, sich daraus zu befreien, wird erst nach der Eheschließung und dank Karl Augusts Stellung bei Tettenborn[41] befriedigt, als ihr Mann finanzielle Stabilität erlangt[42]. Die Schriftstellerin flieht zu Varnhagen aus ihrer früheren Existenz, die sie als „zu ruppig"[43] bezeichnet.

---

36 Cf. J. Frankel, S.J. Zipperstein (Hg.), *Assimilation and Community. The Jews in Nineteenth-Century Europe*, Cambridge, Cambridge University Press, 2004, S. 5.

37 H. Arendt, *op. cit.*, S. 197.

38 *Ibid.*, S. 197.

39 *Cf. ibid.*, S. 195.

40 Brief K.A. Varnhagens, Berlin, 14.09.1812, in: J.B.

41 *Cf.* P. Ziegler, *Prominenz auf Promenadenwegen. Kaiser – Könige – Künstler – Kurgäste in Bad Kissingen*, Würzburg, Schöningh Würzburg, 2004, S. 59.

42 *Cf.* H. Arendt, *op. cit.*, S. 184.

43 *Ibid.*, S. 182.

Hanna Arendt deutet in ihrer Arbeit auf Rahels opportunistische Haltung hin, die sich ab und zu bemerkbar macht, so z. B. 1812, als die preußischen Juden zu Bürgern des Staates werden[44] und alles daran setzten, im Krieg ihre Loyalität dem Königreich gegenüber zu beweisen[45]. Die Schriftstellerin organisiert nicht nur Hilfe und sammelt Geld für Verwundete[46]. Sie ändert auch ihre Einstellung zum Krieg. Anfangs äußert sie – aus der Position einer Aufgeklärten heraus – Kritik am deutschen Chauvinismus und versucht sich Napoleon als Vertreter der Aufklärung anzuschließen[47]. Später beginnt sie sich, ähnlich wie viele Wortführer des deutschen Judentums, immer mehr mit nationalistischen Ideen[48] zu identifizieren[49]. Dabei beruft sie sich auf die Tugend der Gerechtigkeit – der Kampf gegen die französische Unterdrückung sei nämlich ein gerechter Kampf. So übernimmt sie Varnhagens Interpretation des Krieges[50], um nicht in Isolation von ihrer Umgebung zu geraten[51]. In Karl Augusts Briefwechsel mit seiner Schwester ist nie von Rahels Gesinnungswandel die Rede.

Die Schriftstellerin begleitet ihren Mann auf manchen seiner Reisen. Noch vor der Heirat kommt es zu einem gemeinsamen Besuch in Teplitz, wo Rahel sich erstmals öffentlich mit Varnhagen zeigt[52]. Von nun an

---

44 Cf. J.H. Schoeps, „Von der Untertanenloyalität zum Bürgerpatriotismus. Preußen, die Juden und die Anfänge des Identifikationsprozesses zu Beginn des 19. Jahrhunderts", *Das Emanzipationsedikt von 1812 in Preußen. Der lange Weg der Juden zu „Einländern" und „preußischen Staatsbürgern"*, hrsg. von I.A. Diekmann, *Europäisch-jüdische Studien. Beiträge*, Bd. 15 (2013), S. 6019, hier: 12.

45 Cf. H. Arendt, *op. cit.*, S. 181.

46 Cf. *ibid.*

47 Cf. *ibid.*, S. 180.

48 Cf. D. Hertz, *Wie Juden Deutsche wurden. Die Welt jüdischer Konvertiten vom 17. bis zum 19. Jahrhundert*, Frankfurt / New York, Campus, 2010, S. 108.

49 Cf. H. Arendt, *op. cit.*, S. 181.

50 Karl August Varnhagen tritt in den Stab des Militärführers Friedrich Karl Freiherr von Tettenborn ein, weil er sich am nationalen Kampf gegen Kaiser Napoleon beteiligen will. Er hofft auf eine nationale Erhebung gegen die französischen Besatzer und möchte an der Gestaltung des Geschehens teilhaben. Sein Betätigungsfeld sieht er jedoch vor allem im Bereich der Presse. Deshalb ist seine Publizistik aus jener Zeit propagandistisch geprägt und vorrangig dem Kampf gegen die napoleonische Herrschaft gewidmet. Das Frühjahr 1813 bildet den Ausgangspunkt für Varnhagens Entwicklung zum politischen Journalisten und Schriftsteller. (*cf.* U. Wiedenmann, *Karl August Varnhagen von Ense. Ein Unbequemer in der Biedermeierzeit*, Stuttgart/Weimar, Metzler, 1994, S. 161-162.)

51 Cf. H. Arendt, *op. cit.*, S. 181.

52 Cf. *ibid.*, S. 176.

beginnt Karl August sich als ihr Verlobter zu betrachten, doch er lässt seine Schwester darüber im Dunkeln, welche Rolle der Aufenthalt in Teplitz in diesem Zusammenhang spielt und wie wichtig er für seine Beziehung zu Rahel ist. Der Diplomat beschreibt viel lieber weniger signifikante Ereignisse, wie z. B. eine Begegnung mit Rahels jüngerer Schwester Rosa, die er und seine Frau während einer Reise aus Frankfurt nach Brüssel besuchen[53]. Aus mehreren Briefen geht hervor, dass das Ehepaar häufig getrennt ist, denn die meisten Reisen unternimmt der Diplomat alleine[54].

Besonders hervorzuheben ist die Tatsache, dass Karl August in einem im Dezember 1816 verfassten Brief[55] die Veröffentlichung von Teilen der Korrespondenz seiner Frau in der Zeitschrift »Schweizerisches Museum« unter dem Titel *Bruchstücke aus Briefen und Denk-Blättern* erwähnt[56]. Diese erfolgte auf seine Initiative hin. Wie bereits angedeutet, wurden die meisten Werke Rahels von ihrem Mann und Rosa Ludmilla Assing – hauptsächlich nach dem Tod der Schriftstellerin, herausgegeben. Viele der in gedruckter Form erschienenen Texte enthalten jedoch Auslassungen und Änderungen von Varnhagens Hand, weshalb sie mit kritischem Abstand zu betrachten sind.

Zusammenfassend muss gesagt werden, dass Karl Augusts Briefe an seine Schwester aus den Jahren 1811-1819 keineswegs als zuverlässige Informationsquelle über Rahel Varnhagen betrachtet werden können. Der junge Diplomat schneidet darin nur Themen an, die er für geeignet hält und biegt die Realität so zurecht, dass möglichst keine Dissonanz zwischen dem Inhalt der Briefe und dem Wunschbild seiner Ehe, das er Außenstehenden vermitteln will, entsteht. Nicht nur im Briefwechsel mit Rosa Maria, sondern auch in anderen Bereichen und Situationen, investiert er viel Zeit und Mühe, um das Bild seiner Frau zu verklären. Rahel, die in den ersten Jahren der Beziehung vor allem an gesellschaftlichem Aufstieg und Assimilation interessiert war, beginnt immer deutlicher die Nachteile ihrer Haltung zu sehen. Sie zeigt weniger Bereitschaft, ihre alte Identität aufzugeben und

---

53 *Cf.* Brief K.A. Varnhagens, Brüssel, 24.09.1817, in: J.B.
54 *Cf.* Brief K.A. Varnhagens, Frankfurt am Main, 26.11.1815, in: J.B.; Brief K. A. Varnhagens, Paris, 23.07.1815, in: J.B.
55 *Cf.* Brief K.A. Varnhagens, Karlsruhe, 15.12.1816, in: J.B.
56 *Vide:* Bruchstücke aus Briefen und Denk-Blättern, in: *Schweizerisches Museum*, Bd. 1 (1816), H. 2, S. 212-242 u. H. 3, S. 329-376.

die Neugestaltung ihrer Existenz voranzutreiben, was bereits vor 1819 klar zu erkennen ist. Somit lässt sich eine deutliche Divergenz zwischen dem Bild Rahels in Varnhagens Briefen und dem Selbstbild der Schriftstellerin bzw. ihrem realen Leben, mit seinen Höhen und Tiefen, Freuden und Nöten, feststellen.

Michael SOBCZAK
Jagiellonen-Universität

BIBLIOGRAFIE

ARENDT, Hannah; Rahel Varnhagen, *Lebensgeschichte einer deutschen Jüdin aus der Romantik*, München, Piper, 1985.

FRANKEL, Jonathan; ZIPPERSTEIN, Steven J. (Hg.), *Assimilation and Community: The Jews in Nineteenth-Century Europe*, Cambridge, Cambridge University Press, 2004.

HERTZ, Deborah, *Wie Juden Deutsche wurden: Die Welt jüdischer Konvertiten vom 17. bis zum 19. Jahrhundert*, Frankfurt / New York, Campus, 2010.

SCHOEPS, Julius, „Von der Untertanenloyalität zum Bürgerpatriotismus: Preußen, die Juden und die Anfänge des Identifikationsprozesses zu Beginn des 19. Jahrhunderts", *Das Emanzipationsedikt von 1812 in Preußen: Der lange Weg der Juden zu „Einländern" und „preußischen Staatsbürgern"*, hrsg. von I.A. Diekmann, *Europäisch-jüdische Studien. Beiträge*, Bd. 15/2013, S. 6-19.

THOMANN TEWARSON, Heidi, *Rahel Levin Varnhagen: The Live and Work of a German Jewish Intellectual*, Lincoln, University of Nebraska Press, 1998.

VARNHAGEN, Karl August, 38 unveröffentlichte Briefe an Rosa Maria Varnhagen (Assing) – vom 14. September 1812 bis zum 7. Dezember 1819, in: Varnhagen-Sammlung, Jagiellonen-Bibliothek Krakau.

WIEDENMANN, Ursula, *Karl August Varnhagen von Ense: Ein Unbequemer in der Biedermeierzeit*, Stuttgart/Weimar, Metzler, 1994.

WILHELMY, Petra, *Der Berliner Salon im 19. Jahrhundert (1780-1914)*, Berlin / New York, De Gruyter, 1989, Veröffentlichungen der Historischen Kommission zu Berlin, Bd. 73.

ZIEGLER, Peter, *Prominenz auf Promenadenwegen: Kaiser – Könige – Künstler – Kurgäste in Bad Kissingen*, Würzburg, Schöningh Würzburg, 2004.

DER ERZIEHUNGSGEDANKE
IN AUSGEWÄHLTEN WERKEN
VON AMALIA SCHOPPE[1]

Amalia Schoppe, geb. Weise (1791-1858), „eine der meistgelesenen Unterhaltungsschriftstellerinnen der Zeit"[2], gehört trotz ihrer zahlreichen Werke, zu den eher vergessenen Autorinnen. Wie gut aber ihre widersprüchliche Figur in den Bereich der Fragestellung „Frauen und Wissen" passt, lässt sich schon den folgenden biographischen Bemerkungen von Hargen Thomsen entnehmen:

> Ihr Vater war Arzt, die Angehörigen ihrer Mutter Geistliche, Juristen, hohe Verwaltungsbeamte oder Wissenschaftler, und durch ihren Stiefvater hatte sie Zugang zu den besten gesellschaftlichen Kreisen Hamburgs. In diesem Millieu eines gehobenen, weltoffenen Bürgertums und in einem historischen Moment, da das aufgeklärte Zeitalter seinen Höhepunkt erreichte, war es möglich, daß sie eine derart sorgfältige und umfassende Ausbildung erhielt, wie es für ein Mädchen zuvor nicht denkbar gewesen war und danach erst im 20. Jahrhundert wieder möglich sein sollte. Das 18. Jahrhundert hat die ersten studierten Frauen gekannt, und auch Amalia hätte dieser Weg offen gestanden. Bezeichnenderweise war sie selbst es, die vor dem wahrhaft revolutionären Plan ihres Stiefvaters, sie Medizin studieren zu lassen, zurückschreckte. Dieser Widerspruch zwischen einer für eine Frau des 19. Jahrhunderts außergewöhnlich unabhängigen Existenz und der Angst, die ‚Grenzen des Weiblichen' zu überschreiten, zwischen der scharfsichtigen Erkenntnis dieser Grenzen und der Unfähigkeit sie zu überwinden, zwischen Wollen und Nichtkönnen einerseits und Können und Nichtwollen andererseits ist prägend für ihr ganzes Leben und ein roter Faden, der sich durch

1   Dieser Beitrag entstand im Rahmen des durch das Nationale Wissenschaftszentrum, Polen (Narodowe Centrum Nauki) geförderten Projekts Nr. 2014/15/B/HS2/01086, das durch das Forschungsteam Paweł Zarychtas an der Jagiellonen-Universität Krakau umgesetzt wird.
2   A. Hoffmann, *Schule und Akkulturation. Geschlechtsdifferenzierte Erziehung von Knaben und Mädchen der Hamburger jüdisch-liberalen Oberschicht 1848-1942*, Münster / New York / München / Berlin, Waxmann Verlag, 2001 (= Jüdische Bildungsgeschichte in Deutschland, Bd. 3), S. 50.

viele ihrer Briefe zieht. [...] Noch in der Revolution von 1848 polemisiert sie gegen die ‚emancipierten Weiber' – und ist doch selber eines[3]!

Die Eigenschaft, die in der Sekundärliteratur immer wieder unterstrichen wird, ist Schoppes enorme schriftstellerische Fruchtbarkeit (138 Titel, viele mehrbändig), es tauchen aber auch solche Bezeichnungen auf, wie „ein Genie der Quantität"[4], „Schreibmanie"[5], „eine Skriptomanin"[6], die einen nicht verkennbaren Zug der Distanz zur Qualität ihres Werkes verraten. Sogar in einem Brief ihrer langjährigen Freundin Rosa Maria an ihren Bruder Karl August Varnhagen von Ense (vom 6.02.1821) liest man: „Wenn sie je etwas Gutes hätte liefern können so geht es bei diesem Vielschreiben zu Grunde, zu dem sie freilich zum Theil die Noth treibt. Sie ist mir in ihrem Umgange tausendmal lieber als in ihren Schreibereien"[7]. Zu einem großen Teil lag der Grund für Schoppes rege schriftstellerische Tätigkeit darin, dass sie damit sich und ihre drei Söhne unterhalten musste, weil ihre unglückliche Ehe lange Perioden der Trennung von dem alkoholsüchtigen Ehemann mitbrachte[8], der auch ziemlich früh starb.

In diesem schwierigen Leben ist die pädagogische Tätigkeit als ein heiterer Lichtstrahl stets präsent. Die Erziehung, die Amalia alleine (nach dem Tod des Vaters) erlebt hat, darf keinesfalls als vorbildlich bezeichnet werden. Bei Schleucher kann man lesen:

> Die sechsjährige Amalia wurde von einem Onkel in Hamburg zur weiteren Erziehung übergeben. Der Mann war ein Trinker und ein Prügeler. „Ihr Unglück hatte es gewollt, daß ihrem Peiniger der *Emile* von Rousseau in

---

3 H. Thomsen, „Kindheit und Jugend 1791-1809", *Amalia Schoppe. „...das wunderbarste Wesen, so ich je sah". Eine Schriftstellerin des Biedermeier (1791-1858) in Briefen und Schriften*, hrsg. von H. Thomsen, Bielefeld, Aisthesis Verlag, 2008, S. 19-20, hier: S. 19.

4 K. Schleucher, *Das Leben der Amalia Schoppe und Johanna Schopenhauer*, Darmstadt, Turris-Verlag, 1978, S. 42.

5 L. French, „Amalia Schoppe (1791-1858). „Die Arbeit ist aber Freude und Gewohnheit für mich", *Vom Salon zur Barrikade. Frauen der Heinezeit*, hrsg. von I. Hundt, mit einem Geleitwort von J.A. Kruse, Stuttgart/Weimar, Metzler-Verlag, 2002, S. 129-142, hier: S. 132.

6 K. Schleucher, *op. cit.*, S. 240.

7 Der Brief von Rosa Maria Assing an Karl August Varnhagen von Ense vom 6.02.1821, Handschriftenabteilung der Jagiellonen-Bibliothek Krakau (Biblioteka Jagiellońska), Sammlung Varnhagen. *Cf.* auch: „ihre Erzählungen wollen mir gar nicht gefallen, es fehlt ihnen Geist und Leben" – der Brief von Rosa Maria Assing an Karl August Varnhagen von Ense vom 7.12.1818, Handschriftenabteilung der Jagiellonen-Bibliothek Krakau (Biblioteka Jagiellońska), Sammlung Varnhagen.

8 Eine weitere Konsequenz ihrer privaten Enttäuschung war auch, dass „sie sich völlig in eine Welt der Frauen zurück[zog]," wie Kurt Schleucher bemerkt, K. Schleucher, *op. cit.*, S. 72.

die Hände fiel und dieser ihm dermaßen zusagte, daß er seinen Pflegling nach den in diesem Buche aufgestellten Grundsätzen zu erziehen beschloß." Der Erziehungsprogramm bestand in Abhärtung gegen Hunger und Kälte, Abschaffung von Hüten und Handschuhen als naturwidrigem Luxus, Stockhieben als Strafen, Austreibung der Angst durch Furcht vor Prügel[9].

Diese Erziehung des Onkels[10] hinterließ tiefe Spuren und war auch womöglich die Ursache von ihrem „penible[n] Fleiß" und ihrer „fanatische[n] Pünktlichkeit"[11]. Nichtsdestoweniger hat es sich erwiesen, dass sich die von „de[m] pädagogischen Eros"[12] beflügelte Amalia doch sehr gut für den Beruf einer Erzieherin eignete, zuerst als Hauslehrerin, dann gründete sie eine Privatschule[13] für Mädchen in ihrem Heimatort: „Ihr pädagogischer Takt, ihre sanfte Heiterkeit, ihr sozialer Sinn für die Schwächeren ließ sie wie geboren erscheinen als Helferin auf dem Weg ins Leben. Als sorgsame Behüterin war sie der Schutzengel der ihr Anbefohlenen. [...] Sie war glücklich in der Welt des Kinderzimmers"[14]. Ein weiterer Schritt war ein Internat für Töchter gebildeter Stände, das sie mit Fanny Tarnow in Wandsbek leitete[15], diese Unternehmung scheiterte jedoch nach kurzer Zeit. Schoppe hat auch einige Zeitschriften herausgegeben, darunter eine Jugendzeitschrift „Iduna"[16]. „Dann kam die große Verführung: Schreiben. [...] Der Schulsaal verwinzigte sich zum Blatt Papier, auf dem sie als Tugendtante moralisierte"[17].

Die Erziehung ist ihre wahre Leidenschaft, in einem Brief an Justinus Kerner schreibt sie:

Ich hätte nie geglaubt daß die Erziehung die Bildung eines Menschen dem Bilder [!] Freude, reines Entzücken gewähren könnte; aber ich habe geschmeckt, welche Wonne darin liegt wenn ich den Wachsthum in allem Guten bei diesem

---

9   *Ibid.*, S. 17.
10   Für den Thomsen solche Bezeichnungen verwendet wie „das Zerrbild eines Aufklärers, ein pervertierter Rousseauist", Thomsen, *op. cit.*, S. 19.
11   K. Schleucher, *op. cit.*, S. 74. *Cf.* dazu auch „denke Dir, daß ich fast jeden Tag 12 Stunden arbeite", der Brief von Amalia Schoppe an Rosa Maria Varnhagen vom 30.11.1814, in: *Amalia Schoppe. „...das wunderbarste Wesen, so ich je sah". Eine Schriftstellerin des Biedermeier (1791-1858) in Briefen und Schriften*, hrsg. von H. Thomsen, *op. cit.*, S. 108.
12   K. Schleucher, *op. cit.*, S. 60.
13   *Cf. loc. cit.*
14   *Ibid.*, S. 21.
15   *Cf. ibid.*, S. 72.
16   *Cf.* O. Assing, *Amalie Schoppe, geb. Weise. Ein Nekrolog*, in: H. Thomsen, *op. cit.*, S. 15-18, hier: S. 16.
17   K. Schleucher, *op. cit.*, S. 396.

lieblichen Wesen anschaue. Wenn die blühende Unschuld mir freundlich
entegegen kommt vergeß ich in diesem Kinde wie in einer idealischen Welt,
wie im Paradi[ß] der ersten Menschen. Ja es war kein Traum den die Alten
hegten vom Paradiß; umgeben von frohen Kindern in der schönen freien
Natur kann ein jeder es erschaun[18].

Und in einem Brief an Rosa Maria Varnhagen vom 29.10.1813
schreibt sie über ihre Schülerinnen auf Fehmarn:

> Ich wünsche es mir so oft daß Du einmal ihre Kopf- und Handarbeiten sähest,
> die Gluth womit sie alles umfassen, den Fleiß womit sie alles zu behalten streben,
> und Du würdest mich beneiden sie zu unterrichten. [...] [D]ie heilige Güte und
> Unschuld, das durch keine Eitelkeit berührte und verletzte Gefühl der Demuth
> und des frommen Glaubens – o Rosa hier giebt es noch heilige Kinder[19]!

Die Hoffnung, die der Erzieherin der Kontakt mit den Kindern
vermittelt, ist auch in Bezug auf ein konkretes Mädchen sichtbar: „Die
Anschauung dieses Kindes söhnt mich ganz wieder mit unserm ver-
derbten Zeitalter aus – es kann kein ganz böser Aufenthaltsort unsre
Erde sein wo solche Kinder sind"[20].

Die Welt der Kinder funktioniert in diesen Briefen als das verlorene
Paradies und der Kontakt mit ihnen bedeutet eine Auszeichnung für den
Erzieher. Diese Einstellung enthält Spuren der romantischen idealisierten
Kindheitsvorstellung, des sogenannten Kindheitsmythos der romantischen
Anthropologie, von der u. a. Weinkauff und Glasenapp schreiben:

> Die Romantik lehnt die Vernunftpädagogik und das Nützlichkeitsdenken
> der Aufklärung ab, denn ihr gilt die Kindheit als eine gerade aufgrund der
> Affinität zu der Sphäre des Wunderbaren, der Natur, der Religion und der
> Kunst schützenswerte Daseinsform[21]. Die Eigenart des Kindes wurde zu
> einem Wert an sich – verstanden als Abglanz einer idealen Vergangenheit
> und Vorschein einer idealen Zukunft gleichermaßen[22].

An der Stelle soll aber schon angedeutet werden, dass diese romantische
Linie der Betrachtung von Kindheit in den konkreten an Kinder und

---

18 Der Brief von Amalia Schoppe an Justinus Kerner vom 9.07.1810, zit. nach: H. Thomsen,
    op. cit., S. 67.
19 *Ibid.*, S. 93.
20 Zit. nach: *ibid.*, S. 94.
21 G. Weinkauff, G. v. Glasenapp, *Kinder- und Jugendliteratur*, Padeborn, Schöningh Verlag,
    2010, S. 47.
22 *Ibid.*, S. 51.

Jugendliche adressierten Texten nicht dominierend ist, sie funktioniert parallel mit der vorherrschenden streng didaktischen Literatur für Kinder:

> Doch so groß die literaturgeschichtliche Bedeutung der Romantik von der Gegenwart betrachtet sich ausnimmt, so gering war ihr Einfluss auf das tatsächliche Literaturangebot für Heranwachsende im frühen 19. Jahrhundert. Die romantische Kinderliteratur ist in ihren Funktionen und Merkmalen durch ihren Bezug auf das Kindheitsideal der Früh- und Hochromantik bestimmt. Sie orientiert sich an den Traditionen der Volksliteratur mit den dort bevorzugten Gattungen Kinderlied, Märchen, und Sage. [...] Auch in der Kinderliteratur der ersten Hälfte des 19. Jahrhunderts überwiegen pädagogisch geprägte Texte und Gattungen, die sich auf die kinderliterarische Tradition der Aufklärung zurückführen lassen: Belehrungsschriften, Exempel-Geschichten, religiöse Erzählungen, Ratgeberliteratur (v.a. für Mädchen), Sachliteratur[23].

Ähnlich sieht das auch bei Amalia Schoppe aus. Unter ihren Werken gibt es eine große Gruppe von Texten, die man der Kinder- und Jugendliteratur anrechnen soll, sie sind fest eben in der Tradition der Erziehungsliteratur verankert, obwohl Schoppe (vor allem in den Briefen) die Kindheit oft im romantischen Sinne verherrlicht.

Vor der Analyse konkreter Werke sei es mir erlaubt auf einige Merkmale der Kinder- und Jugendliteratur hinzuweisen, denn sie mögen auch zum Teil das Phänomen der Beständigkeit der didaktischen Tendenz beleuchten. Die Bezeichnung „didaktische Literatur":

> besagt, daß eine der zentralen Aufgaben von Kinder- und Jugendliteratur darin bestehe, [...] Kentnisse und Werte zu vermitteln. Dabei soll es vorrangig [...] um Kentnisse und Werte [gehen] [...], die nach Auffassung der jeweiligen Epoche den Heranwachsenden im Zuge ihrer Enkulturation vermittelt werden sollen[24].

Hans-Heino Ewers weist auf die Doppeltadressiertheit der Kinder- und Jugendliteratur und auf die Vermittler hin, Eltern, Lehrer, Pädagogen, erwachsene Bezugspersonen, Buchhändler, Bibliothekare usw., und erklärt:

> Wenn es sich demnach bei der kinder- und jugendliterarischen nahezu ausschließlich um eine über Dritte vermittelte Kommunikation handelt, dann

---

23   *Ibid.*, S. 66.
24   H.-H. Ewers, *Literatur für Kinder und Jugendliche. Eine Einführung in grundlegende Aspekte des Handlungs- und Symbolsystems Kinder- und Jugendliteratur. Mit einer Auswahlbibliographie Kinder- und Jugendliteraturwissenschaft*, München, Wilhelm Fink Verlag, 2000, S. 178.

muß ein Sender seine Botschaft allererst an diese Zwischeninstanzen richten,
denn erst deren Zustimmung eröffnet ihm den Zugang zum eigentlichen
Adressaten [...]. Die Kinder- und Jugendliteratur stellt damit – entgegen dem
ersten Anschein – nicht eine einfachadressierte, sondern eine doppeltadres-
sierte Literatur dar: Sie wendet sich sowohl an Kinder und Jugendliche wie
an die (professionellen und nicht-professionellen) erwachsenen Kinder- und
Jugendliteraturvermittler[25].

Diese Doppeltadressiertheit findet ihren Ausdruck an der Textoberfläche,
besonders in der Vor- und Nachrede wurde Kommunikation mit den
erwachsenen Vermittlern geführt: „Im 18. und frühen 19. Jahrhundert
erscheint kaum ein Kinder- und Jugendbuch von Rang, das sich nicht durch
eine begleitende Stellungnahme gegenüber den Erwachsenen auswiese"[26].

Zur Analyse habe ich zwei Texte von Schoppe gewählt, die sich an
zwei andere Zielgruppen richten, was man unschwer an dem jeweiligen
Untertitel erkennen kann. Es sind: *Robinson in Australien. Ein Lehr- und
Lesebuch für gute Kinder* (1843) und *Eugenie. Eine Unterhaltungsschrift für
die erwachsene weibliche Jugend* (1824). Dem ersten Anschein nach haben
die Texte wenig gemeinsam, erst bei dem genaueren Hinschauen werden die Ähnlichkeiten sichtbar, die eben dem Erziehungsgedanken von
Schoppe eigen sind.

Beide Texte schreiben sich in den Bereich der didaktischen, moralischen Literatur ein. Hans-Heino Ewers beschreibt die Tätigkeit des
Erziehungsschriftstellers in Bezug auf die Literatur für Kinder, dies
könnte aber *mutatis mutandis* auch auf Schoppes Bücher für die ältere
Jugend bezogen werden:

Erziehungsgeschichten [...] sollen dem intendierten kindlichen Leser die
Einsicht in die Notwendigkeit von Erziehung vermitteln und seine Bereitschaft
fördern, sich erziehen zu lassen [...]. – Im zweiten Fall bietet der literarische
Kindererzieher das Bild einer bereits erzogenen, einer idealen Kindheit, was
in diesem Fall heißt: einer vollends erzogenen Kindheit[27].

Die Erziehungsgeschichte, die zahlreiche moralische Lehren vermittelt,
hat also ein übergeordnetes Ziel: zu bewirken, dass sich der Zögling willent-
lich erziehen lässt und die Notwendigkeit der Erziehung akzeptiert.

---

25   *Ibid.*, S. 103.
26   *Ibid.*, S. 110.
27   *Ibid.*, S. 161.

Das Thema des Romans *Robinson in Australien. Ein Lehr- und Lesebuch für gute Kinder* (1843) wurde bekanntlich mehrmals verarbeitet, was aber für einen Erziehungsschriftsteller der Kinder- und Jugendliteratur keine Schwierigkeit bereitet:

> Sein Metier ist die Übermittlung als solche, nicht unbedingt aber auch die Elaborierung und Autorisierung der zu übermittelnden Botschaften. Deshalb ist es letztlich auch nicht entscheidend, ob das Übermittelte seine Hervorbringung bzw. seine Erfindung ist; es darf ohne weiteres anderen Werken [...] entnommen sein[28].

Bezug auf die Robinsonade[29] von Joachim Heinrich Campe wird offen zugegeben[30]. Es ist charakteristisch, dass hier sein *Robinson der Jüngere* (1779) und nicht der Text von Daniel Defoe *The Life and Strange Surprizing Adventures of Robinson Crusoe* (Originalausgabe 1719, deutsche Erstausgabe 1720) erwähnt wird, wobei man aber anmerken soll, dass die Popularität des Textes von Campe in der Zeit in Deutschland diejenige des Originals übertraf[31]. Schoppes Roman[32] teilt mit dem Robinson

---

28 *Ibid.*, S. 156.

29 „Stärker noch als der Abenteuerroman ist auch der Reiseroman bei der Darstellung fremder Welten und Kulturen [...] an didaktische Wirkungsstrategien gebunden. Dieser Anspruch auf Stimmigkeit der geografischen Referenzen gilt auch für eine besondere Variante des Reiseromans, die dem Abenteuerroman ebenfalls eng verwandt ist: die Robinsonade. Wie im Abenteuerroman spielt auch in den Robinsonaden der Aufbruch des Protagonisten und damit das Verhältnis zwischen Heimat (Herkunftswelt) und Fremde (neue Welt) eine zentrale Rolle. Dem Aufbruch zugrunde liegt immer die ‚Versehrtheit' der jeweiligen Herkunftswelt. Dieses sehr unterschiedliche Spannungsverhältnis zwischen Herkunftswelt und dem/den Akteur(en) [...] treibt die Figuren hinaus in die Welt, eine ‚Reise', die in allen Fällen unfreiwillig endet". *Ibid.*, S. 121-122.

30 „Ich bitte diejenigen unter Euch, die durch diesen ‚neuen Robinson' nicht blos unterhalten, sondern zugleich auch belehrt sein wollen, [...] eine Weltcharte oder ein Planiglobium zur Hand zu nehmen und unserm jungen Reisenden auf derselben zu folgen. Es ist eine schöne Fähigkeit, stets das Nützliche mit dem Angenehmen zu verbinden, und ich ermahne Euch, sie zeitig zu üben. Ihr werdet dadurch nach und nach eine Menge Kenntnisse erlangen, die Euch sonst vielleicht fremd blieben. Jetzt aber zurück zu unserm Robinson, der seinen [...] Namen nicht vergebens führte, da das Schicksal ihn dazu ausersehen hatte, ähnliche Begebenheiten zu erleben, wie der, den Vater Campe [...] in seinem vielgelesenen Buche geschildert hat". A. Schoppe, *Robinson in Australien. Ein Lehr- und Lesebuch für gute Kinder*, Heidelberg, Verlagshandlung von Joseph Engelmann, 1843, S. 37.

31 *Cf.* G. Weinkauff, G. von Glasenapp, *op. cit.*, S. 31.

32 Bei Schoppe finden sich lokale Akzente: Robinson ist in Hamburg geboren, es taucht im Text Adalbert von Chamisso auf, und die Insel Rosmarien, deren Name an die kurz verstorbene Rosa Maria Assing hinweisen soll.

von Campe die charakteristischen Züge der didaktischen Literatur[33].
Die auktoriale Erzählerin wendet sich immer wieder an die kleinen
Leser mit ihren (penetranten) Kommentaren und Erläuterungen, wie
in einem Lehrbuch[34].

Drei Hauptwerte, die vom Text vermittelt werden und sich besonders
hervortun, indem sie dem neuen Robinson sein Überleben in der Ferne
ermöglichen, sind Verehrung der Mutter (also Autoritätshörigkeit),
Einsicht in die Nützlichkeit des Lernens und vor allem Frömmigkeit.
Robinson erlebt viele gefährliche Abenteuer, aber er kann sich retten,
weil er auf Gott vertraut und die Hoffnung nie verliert, sich an die
Worte der Mutter erinnert und sich danach richtet, und sich auf sein
früher erworbenes Wissen, Erziehung und Lektüren berufen kann.

Auch in der Ferne ist es immer wieder die Erinnerung an die Mutterfigur,
die den Protagonisten William auf dem rechten Weg erhält: „So hat
meine brave Mutter es mir gelehrt und dabei will ich, so lange ich lebe,
bleiben"[35]; „Wie oft hatte er seine gute Mutter in Augenblicken der Noth
die Worte sagen hören"[36]; „Wie oft hatte seine sorgsame Mutter ihn [...]
gewarnt!"[37]. Seine Probleme entstehen meistens erst dann, wenn er etwas
von diesen mütterlichen Lehren vergisst. Im Vordergrund steht das Gefühl
der Dankbarkeit für die Erziehung und die ihm erteilten Lehren, was die
Leser überzeugen soll, wie lohnenswert ihre Beachtung sei.

Es wird auch immer wieder die Nützlichkeit des Lernens hervorge-
hoben. Die ganze Reise dient im Prinzip dazu, das in Europa erworbene
Wissen zu bestätigen, sie zeigt, wie günstig es war, dass man so viel
gelernt und gelesen hat und das man erzogen wurde: „Hieraus könnt

---

33 Die von Weinkauff/Glasenapp formuliert werden wie folgt: „Der Roman [von Campe] ist
in vielerlei Hinsicht typisch für die Kinder- und Jugendliteratur der Aufklärung: – Seine
markante pädagogisch-didaktische Ausrichtung entspricht einer normativen Vorstellung von
Kinder- und Jungendliteratur als einem Medium der Wissens- und Wertevermittlung / – Er
ist auf allen Ebenen der Handlung vom Erziehungsoptimismus der Aufklärung geprägt,
von ihrem Arbeitsethos und von ihrem auf Vernunft, Tugendhaftigkeit und Triebkontrolle
gegründeten Menschenbild. – Es handelt sich nicht um eine originäre literarische Schöpfung,
sondern um eine Bearbeitung". G. Weinkauff, G. von Glasenapp, *op. cit.*, S. 34. Der Text
von Schoppe ist ebenfalls ein Musterbeispiel der didaktischen Literatur.

34 Weltkenntnisse von Schoppe sind auch mangelhaft: „Australien [besitzt] keine
fleischfressenden Thiere, die dem Menschen gefährlich werden". A. Schoppe, *Robinson*,
op. cit., S. 130. *Cf.* auch S. 53, S. 199.

35 *Ibid.*, S. 44.

36 *Ibid.*, S. 61.

37 *Ibid.*, S. 108.

ihr ersehen, wie förderlich es ist, wenn man beim Lesen guter Bücher auf Alles merkt und das Gelesene seinem Gedächtnisse einzuprägen sucht"[38]. Die Freude am Lernen ist auch der Unterschied zwischen dem Europäer William und dem Einheimischen[39] Kolbi: „Daß es ein großes Vergnügen für einen denkenden Menschen sei, sich zu belehren, davon hatte unser Wilder keinen Begriff"[40]. Das Erziehen und die damit verbundene Wonne des Lehrers werden auch thematisiert[41].

Zur Haupttugend wird im Roman aber eindeutig die Frömmigkeit. Es werden sogar beinahe philosophische Diskussionen über die Theodyzee geführt: „Ich weiß noch nicht, [...] wozu es gut und für uns heilsam war, daß wir dieses Unheil erfahren mußten; allein ich hege das feste Vertrauen zu der Gnade, Weisheit und Freundlichkeit meines Gottes, daß er es auch in dieser Prüfung gut mit uns meinte, und daß sie zu unserm wahren Heile dienen werde"[42]. Es wird der hohe Wert des Gebets herausgehoben: „Obgleich nun die Gefahr mit jedem Augenblick höher stieg [...], war doch durch das Gebet eine größere Ruhe über das Herz des armen William gekommen. [...] eine wahrhaft himmlische Ruhe"[43]. Das Element des Religiösen, das hier besonders exponiert wird, ist nicht die moralische Lehre der Kirche, sondern vor allem die Bereitschaft Gott zu vertrauen und im Gebet nach dem inneren Frieden zu suchen, indem man sich als Geschöpf Gottes geborgen in seiner Hand erlebt[44].

Es erstaunt nicht, dass Fleiß, der auch für die Autorin so wichtig war, im Text immer wieder gelobt wird[45], ähnlich auch Schoppes private Gewohnheit, früh aufzustehen:

> Die meisten von den vielen Büchern, die Euch und andern gute Kinder schon erfreut haben, sind in solchen Stunden geschrieben worden, in denen der gern spät aufstehende Großstädter sich noch im warmen Bette dreht. Macht es so wie ich, und Ihr werdet, meine Geliebten, viele Zeit, ein gutes Wohlbefinden, Kraft und Munterkeit dadurch gewinnen[46].

---

38 *Ibid.*, S. 75.
39 „Und Kolbi war, obschon nur ein Wilder, der beste zärtlichste Freund." *Ibid.*, S. 174.
40 *Ibid.*, S. 163-164.
41 *Cf. ibid.*, S. 175.
42 *Ibid.*, S. 206-207.
43 *Ibid.*, S. 61.
44 Beweis für die Richtigkeit der dargestellten Lehre soll der Reichtum sein, den Robinson zum Schluss erreicht.
45 *Cf. ibid.*, S. 165.
46 *Ibid.*, S. 188-189.

Die Handlung des Briefromans *Eugenie. Eine Unterhaltungsschrift für die erwachsene weibliche Jugend* (1824) ist sehr schematisch, im Mittelpunkt steht die vorbildliche Figur einer tugendhaften und frommen Erzieherin, Eugenie; ihre Antagonistin ist die strenge Baronin von Sternburg, eine Atheistin, was für die Handlung von Bedeutung ist, bei der Eugenie arbeitet, und die der Ehe ihres ebenfalls tugendhaften und frommen Sohnes, Erich, mit Eugenie im Wege steht. Das Paar entsagt dem Glück in der Ehe, weil sie nichts ohne mütterlichen Segen der Baronin unternehmen wollen. Nach der lebensgefährlichen Krankheit ihrer jüngsten Tochter, erlebt die Baronin eine tiefe religiöse Bekehrung und erlaubt dem Sohn, Eugenie zu heiraten, dem völligen Glück steht jetzt nichts im Wege, zumal es sich erweist, dass der leibliche Vater des Mädchens doch aus höherem Stande war.

Das Ziel meiner Untersuchung ist nicht die Auflistung der moralischen Lehren, die im Text auf Schritt und Tritt verstreut werden, sondern die Reflexionen über Erziehung, die hier *explicite* formuliert wurden. Was im Roman gezeigt wird, sind eben: der große Einfluss des Erziehers auf die Entwicklung des Menschen, Konsequenzen guter und schlechter Erziehung, Konsequenzen der Wahl einer guten (Eugenie) oder einer schlechten (Pauline) Erzieherin.

Die Ungläubigkeit und der unangenehme Charakter der Baronin werden direkt auf ihre Erziehung zurückgeführt:

> Die Erziehung einer gleichgesinnten, sehr eitlen und thörichten Mutter [...] verdarb alles Gute und Heilige im Keime schon an der unglücklichen Sternburg, und kein rettender, schützender Engel stand ihr zur Seite, der sie auf den rechten Pfad hätte zurück führen können. [...] Eine Französin, die man ihr zur Erzieherin gab, bemühte sich eifrig, ihren Verstand auf Kosten des Gemüths zu bereichern, so lernte sie früh, die Klugheit als das höchste Gut des Lebens, als das einzige würdige Ziel aller Bestrebungen zu betrachten, und diesem Götzen jegliches Opfer darzubringen[47].

Man sieht hier Spuren dieser Vorstellung von dem ursprünglich guten Kinde, das erst wegen der schlechten Erziehung verdorben wird, auch Spuren Rousseaus. Die Reaktion von Eugenie auf diesen Charakter ist eben Mitleid mit der schlechten Erziehung: „daß ich ein herzinniges Mitleid mit ihr fühle, [...] wenn ich nun [...] bedenke, wie viel herrliche

---

47 A. Schoppe, *Eugenie. Eine Unterhaltungsschrift für die erwachsene weibliche Jugend*, Berlin, E.H.G. Christiani, 1824, S. 31.

Anlagen hier durch eine durchaus verfehlte Erziehung zu Grunde gingen"[48]. Diese Stellen weisen darauf hin, wie große Bedeutung für die Entwicklung des Menschen gute Erziehung und vor allem ein guter Erzieher haben.

Ein wiederkehrendes Motiv ist Dankbarkeit dafür, dass man einen guten Erzieher hatte; Emilie schreibt Eugenie von ihrer Dankbarkeit, weil sie einsehen kann, wie viel diese Erziehung an ihrem Charakter geändert hat: „glaube es mir, daß keins Deiner herrlichen Worte an mir verloren geht, daß die Saat, welche Du in mein Herz streutest, Wurzel, Blüten und Frucht treibt [...] mich Dir ähnlich zu machen"[49]. „Du, die Du die Keime des Guten in meine Seele streutest"[50]. Die organische Metapher, die den jungen Menschen mit einer Pflanze oder Acker vergleicht, vermittelt den (aufklärerischen) Erziehungsoptimismus: die Erziehung ist wichtig und möglich. Diese Dankbarkeit wird im Roman besonders stark in Bezug auf die religiöse Erziehung[51] artikuliert.

Viele Stellen des Textes weisen darauf hin, wie große Freude es bereitet, einen Menschen zu erziehen:

> Es ist nur die Wonne, einen Glücklichen zu machen, die im Stande ist, uns für die Mühe zu belohnen, die wir anwenden mußten, einen Menschen in den Stand zu setzen, glücklich zu seyn. Jeder andere Lohn ist für einen guten Erzieher unzureichend und unbefriedigend, und er verlangt nach keinem weiter[52].

Diese Stelle ähnelt den Aussagen in den Briefen Schoppes. Die Erziehung ist also ein Prozess, der zum Ziel hat, den Zögling zu beglücken, wobei auch der Erzieher glücklich wird, es ist auch eine Aufgabe mit einer religiösen Sanktion: „Schön und erfreulich erscheint mir nun meine Bestimmung, [...] vielleicht das von Gott erwählte Werkzeug [...] zu seyn"[53].

Es wird auch die Stellung der Erzieherin im Familienkreis reflektiert; während die Baronin Eugenien als „Dienerin des Hauses"[54] betrachtet, ist sie in den Augen des in sie verliebten Erichs viel wichtiger: „Die

---

48 *Ibid.*, S. 37.
49 *Ibid.*, S. 165. Auch Erichs Freund und Eugenie selbst sind für ihre Erziehung dankbar.
50 *Ibid.*, S. 178.
51 „[U]nter heißen Thränen danke ich Gott [...], daß Er, der Allgütige, mir einen Erzieher gab, der mein Herz früh auf das aufmerksam machte, was uns Allen Noth thut, im Leben und im Sterben – auf Gottergebenheit." *Ibid.*, S. 109.
52 *Ibid.*, S. 268.
53 *Ibid.*, S. 37.
54 *Ibid.*, S. 100.

Erzieherin meiner Schwester hat hier kein anderes Geschäft, als das der
Bildung und des Unterrichts derselben, welches ein so ehrenvolles ist,
daß es sie von jedem andern freispricht"[55].

Es ist wichtig, dass der Erziehungsprozeß hier vor allem durch
den Umgang mit einer schon erzogenen Person, die die begehrten
Eigenschaften besitzt, vor sich geht. Wenn man nach der wichtigsten
Eigenschaft sucht, die eben verursacht, dass Eugenie sich gut für den
Beruf der Erzieherin eignet, dann ist es im Roman: „ein unnenbares,
unbegreifliches Etwas, [...] Adel der Seele"[56]; „die schöne Seele"[57]. In
dieser Beschreibung haben wir Bezug auf den *je ne sais quoi*-Topos der
Geschmackstheorien – Amann schreibt in seiner Monographie über die
Kategorie des Geschmacks:

> In Opposition zur klassizistischen Regelästhetik wird durch das *je ne sais quoi*
> auf provokante, aber auch manieristische Weise ein intuitives Gefallen ausge-
> drückt. [...] Geht das Wirkungsmoment des *je ne sais quoi* allmählich in die
> Auseinandersetzung um den Geschmackbegriff ein, so bezeichnet die Anmut
> das 'besondere Etwas' an den Gegenständen. [...] Die Bestimmung dessen, was
> an der Grazie und an der Anmut ihren Betrachter einnimmt, Zuneigung und
> Sympathie erweckt, bleibt in den Diskussionen im 18. Jahrhundert immer
> in der Nähe dieses Unaussprechlichen und entzieht so die Anmut der begrif-
> flichen Eindeutigkeit, die der Figur ihren besonderen Reiz nehmen würde[58].

Die Idee der harmonischen „schönen Seele" erinnert auch an Schillers
Ueber Anmuth und Würde: „Anmuth ist eine Schönheit, die nicht von
der Natur gegeben, sondern von dem Subjekte selbst hervorgebracht
wird"[59]. Die der Eugenie zugeschriebenen Eigenschaften sind wichtig,
weil Eugenie hier als „die bereits Erzogene" gilt, also als Erziehungsideal[60].

---

55 *Ibid.*, S. 76.
56 *Ibid.*, S. 8.
57 *Ibid.*, S. 57.
58 W. Amann, *Die stille Arbeit des Geschmacks. Die Kategorie des Geschmacks in der Ästhetik
    Schillers und in den Debatten der Aufklärung*, Würzburg, Königshausen und Neumann
    Verlag, 1999, S. 67. *Cf.* auch: „Mit der Anmut wird weniger Intellektualität als vielmehr
    natürliche Spontaneität verbunden. Die in der aufklärerischen Pädagogik begründete
    Ausstattung der Frau mit einer eigenen Natur und ihre Abdrängung in eine Sphäre
    intellektueller Unbedarftheit wird auf diese Weise noch einmal nachträglich ästhetisch
    idealisiert". *Ibid.*, S. 69.
59 F. Schiller, „Ueber Anmuth und Würde", *Neue Thalia*, Bd. 3, 1793, S. 115-230, hier: S. 123.
60 Die Mutterfigur dagegen wird getadelt, paradoxerweise zeigt der Roman eigentlich
    den Prozess der Entwicklung der Baronin, also einer erwachsenen, aber eben a-religiös
    erzogenen Figur, auch in der Situation wird die Mutter immer noch als Figur gezeigt,

Der ganze Text ist sehr stark im religiösen Kontext verankert, es wird die Freude und Ruhe gepredigt, die mit dem reinen Gewissen und völligen Vertrauen auf Gott verbunden sind. Beiden Texten ist es gemeinsam, dass sie eigentlich vor allem vermitteln, wie wichtig die Erziehung als solche ist. Sie sollen den jungen Menschen, unabhängig von dem Alter, dazu ermuntern, sich diesem Prozess mit Vertrauen zu unterziehen. Es mag verwundern, wie sehr diese zwei Texte von Schoppe einander ähneln, obwohl sie scheinbar ganz verschieden sind; im Vordergrund stehen: Gehorsam der Mutter gegenüber (die Pflicht erfüllen); Wert der Erziehung und des Lernens (sich entwickeln) und volles Vertrauen Gott gegenüber in Schwierigkeiten (das Schwierige ruhig hinnehmen).

Die absolute Dominante der beiden Texte von Amalia Schoppe ist die religiöse Erziehung. Glück des Menschen sei davon abhängig, ob er diese bekommen habe, ob er die Gottergebenheit kenne. Die starke Präsenz des Religiösen bezieht sich hier auf keine moralischen Normen, Bräuche, Sakramente, man könnte hier im Vordergrund das Kreaturgefühl von Schleiermacher erkennen, also Religion als Gefühl absoluter Abhängigkeit, Akzeptanz der Tatsache, das man nur ein Geschöpf im Verhältnis zum Schöpfer ist, die hier den Figuren inneren Frieden und Glück spendet. Es scheint, dass diese drei wichtigsten Werte sich sowohl auf die Erziehung der Männer, als auch der Frauen beziehen sollen; das religiöse Element ist hier übergeodnet, wichtiger als Erfüllung der mütterlichen Wünsche, wichtiger als das Wissen[61]. Schoppes idealisierte Vision der Kindheit und Jugend ist hier stets präsent, aber in der Praxis beweisen die Texte eben, wie sehr der junge Mensch der Erziehung bedarf.

Agnieszka SOWA
Jagiellonen-Universität

---

der man Gehorsam schuldig ist. Die Kritik war möglich, anders als in *Robinson*, was damit verbunden sein kann, dass sich *Eugenie* schon an ältere Jugend wendet und die Schlüsselrolle der Figur einer Erzieherin zugeschrieben wird.

61   „Die Naturwissenschaften führen uns mehr denn alle andern zu Gott, darum sollten sie selbst nicht vom Kreise des Wissens der Frauen ausgeschlossen seyn, wie dies bei sonst sorgfältigen Erziehungen doch oft geschieht." A. Schoppe, *Eugenie, op. cit.*, S. 237-238.

BIBLIOGRAFIE

AMANN, Wilhelm, *Die stille Arbeit des Geschmacks. Die Kategorie des Geschmacks in der Ästhetik Schillers und in den Debatten der Aufklärung*, Würzburg, Königshausen und Neumann Verlag, 1999.

ASSING, Rosa Maria, Die Briefe an Karl August Varnhagen von Ense vom 7.12.1818 und vom 6.02.1821. Handschriftenabteilung der Jagiellonen-Bibliothek Krakau (Biblioteka Jagiellońska), Sammlung Varnhagen.

EWERS, Hans-Heino, *Literatur für Kinder und Jugendliche. Eine Einführung in grundlegende Aspekte des Handlungs- und Symbolsystems Kinder- und Jugendliteratur. Mit einer Auswahlbibliographie Kinder- und Jugendliteraturwissenschaft*, München, Wilhelm Fink Verlag, 2000.

FRENCH, Lorely, „Amalia Schoppe (1791-1858). ,Die Arbeit ist aber Freude und Gewohnheit für mich'", *Vom Salon zur Barrikade. Frauen der Heinezeit*, hrsg. von I. Hundt, mit einem Geleitwort von J.A. Kruse, Stuttgart/ Weimar, Metzler, 2002, S. 129-142.

HOFFMANN, Andreas, *Schule und Akkulturation. Geschlechtsdifferenzierte Erziehung von Knaben und Mädchen der Hamburger jüdisch-liberalen Oberschicht 1848-1942*, Münster / New York / München / Berlin, Waxmann Verlag, 2001 (= Jüdische Bildungsgeschichte in Deutschland, Bd. 3).

SCHILLER, Friedrich, „Ueber Anmuth und Würde", *Neue Thalia*, Bd. 3, 1793, S. 115-230.

SCHLEUCHER, Kurt, *Das Leben der Amalia Schoppe und Johanna Schopenhauer*, Darmstadt, Turris-Verlag, 1978.

SCHOPPE, Amalia, *Robinson in Australien. Ein Lehr- und Lesebuch für gute Kinder*, Heidelberg, Verlagshandlung von Joseph Engelmann, 1843.

SCHOPPE, Amalia, geb. Weise, *Eugenie. Eine Unterhaltungsschrift für die erwachsene weibliche Jugend*, Berlin, E.H.G. Christiani, 1824.

THOMSEN, Hargen (Hg.), „Amalia Schoppe. ,...das wunderbarste Wesen, so ich je sah'". *Eine Schriftstellerin des Biedermeier (1791-1858) in Briefen und Schriften*, Bielefeld, Aisthesis-Verlag, 2008.

WEIMER, Hermann; WEIMER, Heinz, *Geschichte der Pädagogik*, Berlin, Gruyter, 1967.

WEINKAUFF, Gina; GLASENAPP, Gabriele v., *Kinder und Jugendliteratur*, Padeborn, Schöningh Verlag, 2010.

FRAUEN-DENKEN

Der weibliche Essay zu Beginn
des 20. Jahrhunderts im Zwischenraum
von Wissen, Literatur und Leben

Versucht man, die Frau in der akademischen Welt des angehenden
20. Jahrhunderts zu verorten, darf eine besondere Entwicklungslinie
von Schriftstellerinnen und Denkerinnen dieser Zeit nicht außer Acht
gelassen werden. Das den europäischen Frauen seit den 60er Jahren des
19. Jahrhunderts gewährte Recht auf das Universitätsstudium, zuerst
als Hospitantinnen, dann als ebenbürtige, das heißt „ordentliche"
Studentinnen, eröffnete vor ihnen die lange ersehnte Möglichkeit, das
männliche Territorium des Wissens zu betreten[1]. Die Zulassung zur
Universität war aber nicht für jede Frau mit dem Abschluss des Studiums
gleichbedeutend, geschweige denn mit der praktischen Anwendung der
erworbenen Kenntnisse. Für einige von ihnen galt der Kontakt mit
einer Hochschule, männlichen Kollegen oder vielen hochangesehen
Professoren trotzdem als eine Form des „Kapitalerwerbs" im Sinne
von Pierre Bourdieu, das unverzüglich weiter transferiert werden soll,
meistens aber schon außerhalb des Universitätsraumes. Die Rede ist
hier von Frauen, die das Universitätswissen entweder dank ihrer akademischen Erfahrung oder durch eher flüchtige Kontakte sich zu eigen
gemacht haben. Gemeint sind z. B. Lou Andreas-Salomé, Margarete
Susman, Gertrud Kantorowicz, Edith Stein, Alice Rühle-Gerstel oder
Hannah Arendt. Sie haben sich dabei verschiedener literarischer oder
paraliterarischer Gattungen angenommen, allen voran des Essays, der

---

1   1864 hat die Universität Zürich als erste deutschsprachige Hochschule ordentliche
    Studentinnen zugelassen. *Cf.* www.archiv.rwth-aachen.de/web/online-pionierinnen
    (Zugriff: 28.04.2017). Über die Hospitantinnen *cf.* M. Friedrich, „*Ein Paradies ist uns
    verschlossen…*" *Zur Geschichte der schulischen Mädchenerziehung in Österreich im „langen" 19.
    Jahrhundert*, Wien/Köln/Weimar, Böhlau, 1999, S. 139-143; R. Seebauer, *Frauen, die
    Schule machten*, Wien/Berlin, LIT, 2007, S. 96-102.

in den ersten Jahrzehnten des 20. Jahrhunderts eine deutlich weibliche Prägung bekam.

Im Gegensatz zum 18. und 19. Jahrhundert, in denen essayistische Ansätze hauptsächlich an weiblichen Briefen, Reiseberichten, auto-biographischen Schriften oder Aufsätzen emanzipatorisch gesinnter Schriftstellerinnen und Frauenrechtlerinnen exemplifiziert wurden, lässt sich zu Beginn des 20. Jahrhunderts ein gesteigertes Interesse insbesondere für dieses Genre bemerken. Ingeborg Nordmann begrün-det jene sprunghafte Entwicklung der weiblichen Essayistik „durch mehrere politische und kulturelle Umwälzungen [...], durch die poli-tische Gleichberechtigung der Frau, ihre Zulassung zur Universität, durch die Krise traditioneller Denkweise und eine Vielfalt literarischer und theoretischer Aufbrüche"[2]. Marlis Gerhardt, die Ende der 80er Jahre des 20. Jahrhunderts eine Sammlung von weiblichen Essays aus zwei Jahrhunderten herausgegeben hat, behauptet hingegen, dass die rapide Entwicklung dieser literarischen Form mit der sogenannten Frauenfrage zusammenhing[3]. Verbindet man aber den weiblichen Essay, z. B. von Louise Otto-Peters, Hedwig Dohm oder Rosa Mayreder, nur mit der Frauenfrage, so schmälert man die Bedeutung jener weiblichen Schriftstellerinnen, die an das Problem der Frauenemanzipation nie herangingen[4], wie z. B. Ricarda Huch oder Hannah Arendt. Auch wenn sich die beiden Positionen in Konkurrenz zueinander sehen, muss man wohl anerkennen, dass nicht der weibliche Essay von der Frauenfrage profitierte, sondern dass die Frauenemanzipation durch den Essay deut-lich zum Ausdruck kam, weil die Frauen die gattungsspezifische Stärke dieses Genres für sich entdeckt haben.

---

2   I. Nordmann, *Nachdenken an der Schwelle von Literatur und Theorie. Essayistinnen im 20. Jahrhundert*, in: *Deutsche Literatur von Frauen*, hrsg. von G. Brinker-Gabler, München, Beck, 1988, Bd. 2, S. 366.

3   *Essays berühmter Frauen. Von Else Lasker-Schüler bis Christa Wolf*, hrsg. von M. Gerhardt, Frankfurt a.M. / Leipzig, Insel, 1987, S. 335.

4   I. Nordmann, *op. cit.*, S. 366.

DIE GATTUNG ESSAY UND DER WEIBLICHE
UMGANG MIT WISSEN

Es lässt sich paradoxerweise bemerken, dass ‚frauenfreundliche' Merkmale eines Essays bereits seit dessen Ursprüngen in ihm verankert waren. Seine Wirkung wird im Fall der Frauen dadurch befördert, dass er von Anfang an, mit Ausbildung und Erfahrung gekoppelt, doch gar nicht für das weibliche Geschlecht bestimmt war. Der französische Moralist Michel de Montaigne verstand ihn aber als „Versuch an sich selbst", d. h. die Selbstbildung durch Selbstdarstellung, womit der Spannungsbogen für die künftige weibliche Entfaltung eröffnet scheint[5]. Im Laufe der Jahrhunderte waren viele Theoretiker darum bemüht, das „Antisystematische" und „methodisch Unmethodische"[6] dieses Genres aufzuzeigen und ihm alle normativen Kriterien zu entziehen[7].

Die Definition des Gattungsklassikers Montaigne und dessen Nachfolger trifft zweifelsohne auf zwei wesentliche Züge eines Essays zu: seine Freizügigkeit und den unbegrenzten Umgang mit Wissen und Bildung – jene Eigenschaften, an denen es den Frauen über Jahrhunderte gefehlt hatte, und was sie im 20. Jahrhundert auf allen möglichen Wegen nachzuholen versuchten. Die Marginalisierung des Inhalts zugunsten der Form, was schon Montaigne postulierte[8], und eine nach Klaus Weissenberger dem Essay innewohnende Doppelbezüglichkeit von Ignoranz sowie das Setzen auf diese Ignoranz als einzige Alternative für Erkenntniserweiterung[9], stellen ausgezeichnete Voraussetzungen für die Entwicklung des weiblichen Denkpotenzials dar, für den Ansatz von einem in vielen Fällen noch unvollkommenen Bildungskapital und mangelnder akademischer Erfahrung sowie auch der literarischen Ansprüche. Diese besondere Zwischenposition des Essays heben auch zwei

---

5   O.F. Best, *Handbuch literarischer Fachbegriffe. Definitionen und Beispiele*, Frankfurt a.M., Fischer Taschenbuch, 1994, S. 162.

6   *Cf.* Th.W. Adorno, *Der Essay als Form*, in: idem, *Noten zur Literatur*, hrsg. von R. Tiedemann, Frankfurt a.M., Suhrkamp, 1991, S. 27.

7   *Cf.* K. Weissenberger, *Der Essay*, in: idem, *Prosakunst ohne Erzählen. Die Gattungen der nichtfiktionalen Kunstprosa*, Tübingen, Niemeyer, 1985, S. 106.

8   *Loc. cit.*

9   *Ibid.*, S. 107.

prominente deutsche Gegenwartsforscher hervor – Wolfgang Müller-Funk, der diese Gattung als einen „Zwischenraum von Denken und Dichten"[10] ansieht, und Peter V. Zima, der „das kritische Potenzial des Essays mit einer dialogisch aufgefassten wissenschaftlichen Reflexion"[11] verbindet. Beide verweisen auf jenes Merkmal des Essays, das auch Th. W. Adorno auf den Punkt gebracht hat – auf dessen Ungebundenheit an ein Ressort[12]. Diese Möglichkeit scheinen auch Frauen wahrgenommen zu haben, die zu Beginn des 20. Jahrhunderts im Essay einen Raum für sich gefunden haben, in dem sie das von ihnen erworbene Wissen auf eigene subjektive Art und Weise ins Sichtbare transponierten.

Zum Gegenstand der Betrachtung wurden im vorliegenden Artikel zwei Essayautorinnen gemacht: Alice Rühle-Gerstel und Margarete Susman. Die Erste setzte sich mit ihrem essayistischen Schreiben für die Frauenfrage ein, die Zweite griff zwar auf diese Problematik zurück, strebte jedoch mehr eine Standortbestimmung von Frauen in der damaligen Gesellschaft an und suchte sie in die kulturwissenschaftlichen Prozesse des 20. Jahrhunderts einzuordnen[13]. Ihre Herangehensweise an theoretische Ansätze und der Gebrauch des erworbenen Wissens weisen viele inhaltliche und formale Unterschiede auf, obgleich man auch analytisch auf die Merkmale dieses Genres im Hinblick auf seine weibliche Spezifik schließen kann.

---

10   W. Müller-Funk, *Die Dichter der Philosophen. Essays über den Zwischenraum von Denken und Dichten*, München, Fink, 2013. *Cf. Essay und Essayismus. Die deutschsprachige Essayistik von der Jahrhundertwende bis zur Postmoderne*, hrsg. von S. Leśniak, Gdańsk, Wydawnictwo Uniwersytetu Gdańskiego, 2013, S. 9.

11   *Ibid.*, S. 9. *Cf.* P.V. Zima, *Essay/Essayismus. Zum theoretischen Potential des Essays. Von Montaigne bis zur Postmoderne*, Würzburg, Königshausen und Neumann, 2012.

12   Th.W. Adorno, *op. cit.*, S. 10.

13   M. Susman widmete der Frauenproblemantik viele Schriften: *Die Revolution und die Frau* (1918), *Das Frauenproblem in der gegenwärtigen Welt* (1926), *Frauen der Romantik* (1929), *Frau und Geist* (1931) und *Wandlungen der Frau* (1933).

ALICE RÜHLE-GERSTEL
Ein Beispiel für
„methodisch unmethodische" Denkweise

Die 1894 in Prag geborene Alice Rühle-Gerstel wuchs im interkulturellen Milieu ihrer Heimatstadt auf: Die Tradition des jüdischen Hauses verband sie mit einer guten Ausbildung an deutschen Schulen, die im Literatur- und Philosophiestudium in München und anschließend 1921 in der Promotion über Friedrich Schlegel ihre Abrundung erfuhr[14]. Durch ihr engagiertes Leben in den literarischen Zirkeln Prags, zu denen u. a. Willy Haas, Franz Werfel und Egon Erwin Kisch gehörten, positionierte sie sich gegen einen damals noch wenig frauenfreundlichen Zeitgeist[15]. Zu einer der wichtigsten Stationen ihres Lebens wurde jedoch die bayrische Hauptstadt: In München entdeckte sie die Individualpsychologie von Alfred Adler und lernte ihren Mann, den sozialdemokratischen Politiker und Schriftsteller, Otto Rühle, kennen. Die Zusammenarbeit des Ehepaares führte zur Veröffentlichung von zahlreichen Aufsätzen, in denen die Verfasser ihre sozialistische Gesinnung bekundeten, sowie zur Herausgabe der Zeitschrift „Das proletarische Kind"[16]. Zu dieser Zeit hält Rühle-Gerstel Vorträge, die einen Vorgeschmack auf ihre spätere emanzipatorische Wirkung geben. Ihr Hauptwerk *Das Frauenproblem der Gegenwart. Eine psychologische Bilanz* (1932), das 1973 als *Die Frau und der Kapitalismus* nachgedruckt wurde, lässt sich als ein Gesamtessay betrachten, dessen Kapitel als selbständige Abhandlungen gelten könnten. Das Werk fand bei seinem Erscheinen

---

14 Über die Ausbildung und das Studium von A. Rühle-Gerstel, *cf.* J. Mikota, *Alice Rühle-Gerstel: ihre kinderliterarischen Arbeiten im Kontext der Kinder- und Jugendliteratur der Weimarer Republik, des Nationalsozialismus und des Exils*, Frankfurt a.M. / Berlin / Bern, Lang 2004, S. 29-30; J. Friedrich, *Alice Rühle-Gerstel (1894-1943): eine in Vergessenheit geratene Individualpsychologin*, Würzburg, Königshausen und Neumann, 2012, S. 24-25.

15 Zu dieser Lebensetappe von A. Rühle-Gerstel, *cf.* Friedrich, *op. cit.*, S. 19-24.

16 Nach ihrer Promotion 1921 heiratete sie den SPD-Politiker, Otto Rühle (1874-1943). Ihr Mann war zuerst mit der SPD, dann ab 1918 mit der KPD und zuletzt mit der KAPD verbunden. Er beschäftigte sich mit der Schul- und Bildungspolitik. Das Ehepaar gründete zusammen einen Verlag, in dem neben den theoretischen Schriften, der Zeitschrift „Das proletarische Kind" auch ihre Abhandlungen *Freud und Adler* und *Der Weg zum Wir* veröffentlicht wurden. *Cf.* Nordmann, *op. cit.*, S. 567.

große Beachtung, seine Rezeption brach jedoch mit der Emigration des Ehepaares Rühle nach Mexiko ab, wo sie sich nicht etablieren konnten; 1943 haben sie sich nacheinander das Leben genommen[17].

Im vorliegenden Artikel soll aufgezeigt werden, wie die Autorin mit ihrem Wissen umgeht und wie sie es anzuwenden vermag. Zuerst ist anzumerken, dass die Essayistin von jenen Wissenszweigen ausgeht, die sie persönlich interessierten und die sie mit ihrem Mann sowie Freunden[18] teilte, d. h. von der Individualpsychologie Adlers und dem Marxismus. Schnell zersetzt sie aber die Solidität ihrer Basiskenntnisse und lässt sie ins Gegenteil verkehren, als ob sie auf eine ‚ignorante' Art und Weise mit ihren Ansichten spielen wollte. Klaus Weissenberger bemerkt sehr treffend, dass jeder Essay die von Johan Huizinga formulierten Merkmale eines Spiels völlig erfüllt: Er weise „Spannung, Gleichgewicht, Auswägen, Ablösung, Kontrast, Variation, Bindung und Lösung, Auflösung"[19] auf. Solch ein spielerischer Charakter kennzeichnet ebenfalls das Aufbauprinzip von *Das Frauenproblem der Gegenwart.* Die zuerst durch die Verfasserin aufgestellte These über die geschlechtliche Bedingtheit des Menschen lässt sie selbst abschwächen[20], indem sie von einem Leben außerhalb des Geschlechts schwärmt. Zwar erkennt sie die Rolle der Natur und somit des biologischen Körpers des Menschen an und befürwortet die sich daraus ergebende Rollenverteilung als Mutter und Vater, aber auf der anderen Seite ist sie davon überzeugt, dass man diese Zuschreibungen umgehen und neu deuten kann. „Das Leben ist geschlechtsbedingt, aber nicht geschlechtsgebunden"[21], konstatiert sie und auf diese Art und Weise eröffnet die Verfasserin sich selbst und auch

---

17 *Cf. loc. cit.*
18 Zum Freundeskreis gehörte u. a. der aus Galizien stammende Schriftsteller und Philosoph Manès Sperber (1905-1984), der genauso wie A. Rühle-Gerstel viel Interesse für Adlers Psychologie zeigte, wovon sein Essay *Alfred Adler. Der Mensch und seine Lehre* (1926) zeugt. *Cf.* W. Kutz, *Der Erziehungsgedanke in der marxistischen Individualpsychologie. Pädagogik bei Manès Sperber, Otto Rühle und Alice Rühle-Gerstel als Beitrag zur Historiographie tiefenpsychologisch geprägter Erziehungswissenschaft,* Bochum, Schallwig Verlag, 1991.
19 K. Weissenberger, *op. cit.,* S. 107.
20 Die in der Einleitung zum Werk provokativ gestellte Frage nach den Determinanten der menschlichen Entwicklung gilt als Hauptthese des Essays, die im Nachhinein entweder nachgewiesen oder von ihr selbst widerlegt wird. Es interessiert die Verfasserin, ob „die psychologische Verschiedenheit und die Rollenverteilung im Fortpflanzungsprozeß und auch für das seelische Leben und das soziale Verhalten ausschlaggebend [sind]." *Cf.* A. Rühle-Gerstel, *Das Frauenproblem der Gegenwart. Eine psychologische Bilanz,* Leipzig, Hirzel 1932, S. V.
21 *Ibid.,* S. 4.

dem Leser / der Leserin einen Raum zum Nachdenken. In Anlehnung an
Adlers Psychologie sieht sie nämlich die Möglichkeit der Kompensierung
von den sogenannten biologischen Schwächen der Frau durch ihren
Charakter. Der/die in Spannung gehaltene Leser/Leserin erwartet an
dieser Stelle eine Darbietung der potenziellen Charakterprojektionen,
die als Untermauerung der These gelten könnten. Durch das enttäu-
schende Manöver wird aber kontrastiv eine Alternative für die weibliche
Entfaltung angeboten, die in einer gerechten Rollenverteilung von Frauen
und Männern besteht. Statt der Unterschiede setzt die Autorin auf
Gemeinsamkeiten beider Geschlechter, die sich ihrer Meinung nach am
besten in den Aufgaben des Vaters und der Mutter widerspiegeln. Die
spielerische Ablösung dieses für eine Weile festen Geflechts geschieht
fast zwangsläufig, indem Rühle-Gerstel die Geschlechter auf eine neue
Art und Weise schattiert, und zwar marxistisch. Der Charakter eines
Menschen könne sich nach ihr kaum frei entfalten, weil er durchaus sozial
determiniert ist. Die Frau sei dieser Konzeption nach zum doppelten
Proletarier verurteilt, erstens in ihrer gesellschaftlichen Abhängigkeit
vom Staat, zweitens vom Mann. Diese Situation kommentiert Rühle-
Gerstel folgenderweise:

> Denn der Proletarier ist eben dadurch gekennzeichnet, daß er erstens nichts
> besitzt als seine Arbeitskraft, daß er zweitens jedoch frei mit diesem seinem
> einzigen Besitztum umgehen kann; daher „freier Arbeiter". In der gleichen
> Freiheit befindet sich aber nur eine kleinere Gruppe von Frauen, die über 21
> Jahre alten Ledigen und Witwen. Nach dem Bürgerlichen Gesetzbuch darf
> die Frau über ihre Arbeitskraft zu Erwerbszwecken nur mit Einverständnis
> des Gatten und nach Maßgabe ihrer häuslichen Beanspruchung verfügen[22].

Der einzige Bereich, in dem Frauen sich frei fühlen können, ist
daher der der Mutterschaft; in den anderen Familienrollen sind sie den
Männern unterstellt[23]. Zwar versucht die Autorin in ihrer weiteren
Argumentation, sich mit einzelnen Vor- und Nachteilen des Frauenseins
in der Familie und Gesellschaft auseinanderzusetzen, letztendlich
scheint sie aber doch die Unfähigkeit der Frau, sich weder im privaten
noch im öffentlichen Bereich bewähren zu können, anzuerkennen.
Das auf Kontrasten beruhende Denkverfahren der Autorin strebt

---

22 *Ibid.*, S. 19.
23 Über die Position der Frau in der Familie schreibt A. Rühle-Gerstel in Kapitel 3 „*Die
    Angehörige" in der Familie. Cf. ibid.*, S. 13-27.

in der letzten Argumentationsphase eine Lösung an, die die beiden Konzeptionen, die der Charakterbildung sowie der unüberbrückbaren sozialen Determination, zu vereinigen versuchen. Dieses Denkverfahren zeigt sich in der von Rühle-Gerstel selbst konzipierten, aus zwölf Bildern bestehenden Typologie von Frauencharakteren, die je nach Anpassungs- oder Reproduktionsgrad der männlichen Eigenschaften durch Frauen gestuft ist[24].

Mit der „Richtigen" beginnend, die die männlichen Anweisungen vorwurfslos befolgt, über die „Protestlerin", die einen typischen Männerberuf ergreift, bis zur „Dämonin", die in der eigenen, phantasievollen Welt lebt und über die Schranken des Geschlechtlichen hinaus strebt, entbehren diese von Rühle-Gerstel sehr ausführlich dargestellten Frauen jeglicher Selbstständigkeit[25]. Auch diese Frauentypen können – so die Essayistin – den Erwartungen und Hoffnungen auf eine gleichberechtigte Position der Frauen nicht gerecht werden. Jenen Ansprüchen mag in ihren Augen nur das Bild der neuen Frau – der „Überspannten" – entgegenkommen. Sie will sich nämlich von den Schranken des Geschlechts befreien, aber – und hier manifestiert sich noch einmal der spielerische Gestus der Autorin – teils ungebunden, und teils konventionell leben, sämtliche weiblich und männlich orientierten Eigenschaften vereinigend[26]. Solch eine Kombination lässt die Autorin, überraschenderweise, den Verdacht einer Neurose erheben und diese Überspannte als misslungenes Produkt der projizierten Doppelgeschlechtlichkeit erscheinen, wobei sie diese krankhafte Erscheinung – sich der damaligen medizinischen Sprache bedienend, aber zugleich eigene Argumente heranziehend – mit der gesellschaftlichen Frauenposition in Verbindung setzt:

---

24 In der Typologie von A. Rühle-Gerstel bildet jeweils der Mann ein Vorbild, dem die Frauen nacheifern. Eine ähnliche Konzeption vertritt Pierre Bourdieu, der von einer symbolischen Gewalt spricht, die „der Herrschende und der Beherrschte kennen und anerkennen". P. Bourdieu, *Die männliche Herrschaft*, Frankfurt a.M., Suhrkamp, 2013, S. 8.

25 A. Rühle-Gerstel charakterisiert insgesamt 13 Frauentypen, die sie als normal, weiblich oder übergeschlechtlich einstuft. Bei der vorliegenden Darstellung wird nur auf einige von ihnen eingegangen, um lediglich den Spielmechanismus und, dessen variierendes und suchendes Prinzip zu veranschaulichen. Es wurden z. B. solche interessanten Typen wie die „Ideale", die die typischen weiblichen Eigenschaften (Hilfsbereitschaft, Mütterlichkeit, Unzuverlässigkeit und Unselbständigkeit) verkörpert, oder die „Liebesgöttin", welche beachtet, begehrt und umworben wird, übersehen. Zur Typologie der Frauencharaktere, *cf.* A. Rühle-Gerstel, *op. cit.*, p. 81-123, hier: S. 99.

26 *Cf. ibid.*, S. 115.

Neurose ist mangelnde Angepaßtheit an die Erfordernisse des sozialen Lebens.
Sie kommt zustande auf dem Boden einer falschen Selbsteinschätzung und
wird gespeist von dem Geltungsverlangen entmutigter Ehrgeiziger. [...]
Das ganze weibliche Geschlecht ist mehr als das männliche zu neurotischen
Überkompensationen geneigt, weil es sich in der Minderwertigkeitsposition
des zweitrangigen Geschlechts befindet[27].

Trotz vieler Überlegungen über die Komplexität und
Verschiedenartigkeit der weiblichen Psyche und der Charaktere stellt
die Essayistin doch die Möglichkeit einer Lösung der Frauenprobleme
in Frage und beginnt in der sozialen Revolution die einzige Chance
für eine neue Welt mit einer neuen Geschlechterkonzeption zu sehen.
Zum Abschluss ihrer über 400 Seiten zählenden Studie konstatiert die
Autorin Folgendes: „Die neue Frau entsteht. Diese neue Frau, der so viele
Lobeshymnen und so viele Pamphlete der neuen Frauenliteratur gelten;
diese neue Frau, von der manchmal so gesprochen wird, als wäre sie
schlechthin die Frau von heute, während sie doch eine seltene Vorbotin
des Morgen ist"[28]. Mit dieser Schlussbemerkung, einem Postulat gleich,
will die Autorin eine Debatte anstoßen, die Leserinnen und Leser zum
Nachdenken zwingen und sie zum Handeln ermutigen. Das Ausbleiben
einer Pointe macht das Spiel endlos und lässt seine immer neuen Attribute
erkennen. Dieses Vorhaben wird durch die von Rühle-Gerstel ergrif-
fenen rhetorischen Mittel unterstützt, zu denen u. a. Kontrapunkte,
Metaphern und Vergleiche (z. B. Seele als vielstimmiges Instrument[29]),
Rollenspiel und dramatisierte Erzählungen gehören. Sie bilden eine
Kulisse für ihren reflexiven Umgang mit Wissen, für die in den Text
transponierten Informationen aus Psychologie, Psychoanalyse, Rechts-
und Sozialwissenschaft, welche einerseits sorgfältig eingeordnet werden,
andererseits einem freiheitsstiftenden Prinzip folgen, das sich in der
Sprache widerspiegelt. Auf dieses Merkmal des essayistischen Schreibens
von Rühle-Gerstel verweist Ingeborg Nordmann, indem sie die Offenheit
des geführten Diskurses hervorhebt: „Die Anstrengung um einen
kohärenten wissenschaftlichen Zusammenhang und die Zerstreuung
der Aufmerksamkeit an die Vielfalt der Phänomene kreuzen sich und
machen aus dem Text nicht eine antwortende, sondern eine fragende

27 *Ibid.*, S. 117.
28 *Ibid.*, S. 408.
29 *Cf. ibid.*, S. 115.

Theorie"[30]. Solch eine Form des Umgangs mit Wissen ermöglicht den Lesenden zu jeder Zeit, sich der Diskussion anzuschließen und Stellung zu nehmen, was eine durchaus aktive Aufnahme des Wissens bedeutet.

MARGARETE SUSMAN – AUF DIALOG AUSGERICHTET

Margarete Susman (1872-1966) ist das Beispiel für eine andere Anwendung des erworbenen Wissens in essayistischer Form. Die aus einer jüdischen Hamburger Kaufmannsfamilie stammende spätere Journalistin, Essayistin und Dichterin verbrachte ihre Kindheit und Jugend in Zürich, wohin sie 1933 als Emigrantin zurückgekehrt ist[31]. Sie durfte nicht studieren, nur Malakademien in Düsseldorf und Paris besuchen; danach wohnte sie in Berlin den Vorlesungen von Georg Simmel bei. Sie hat nie eine akademische Laufbahn angestrebt, weil ihr diese Welt völlig fremd blieb[32]. Bevor sie mit essayistischem Schreiben begann, veröffentlichte sie Gedichte, Aufsätze und Rezensionen für die „Frankfurter Zeitung"[33]. Viele Impulse schöpfte sie aus privaten Kontakten mit Georg Simmel und seinem Intellektuellenkreis sowie aus den Freundschaften und Korrespondenzen mit Ernst Bloch,

---

30 I. Nordmann, *op. cit.*, S. 373.

31 Nach dem Zweiten Weltkrieg reiste sie nie mehr nach Deutschland. Zu Susmans Emigration in der Schweiz, *cf.* K. Schulz, *Die Schweiz und die literarischen Flüchtlinge: (1933-1945)*, Berlin, Akademie Verlag, 2012, S. 154-166.

32 Über das Leben von Margarete Susman, *cf.* M. Susman, *Ich habe viele Leben gelebt. Erinnerungen*, Stuttgart 1964, in: www.margaretesusman.com/bibliographie (online-Version) (Zugriff: 28.04.2017). Der italienische Susman-Forscher hebt deren These hervor, dass „die Ungeeignetheit der Frauen für das Universitätsstudium nicht an der Tatsache liege, dass sie dem Manne unterlegen seien [...], sondern dass die Akademie die geistigen Bedürfnisse der weiblichen Studierenden nicht berücksichtige, indem ihrer Differenz – die laut Susman in anderen Lernmethoden besteht, in die nicht nur das Gehirn, sondern die ganze Persönlichkeit mit einbezogen wird – keinen Raum lassen". *Cf.* G. Lozzi, *Margarete Susman, E i saggi sul femminile*, Firenze, University Press 2015, S. 65.

33 Die Aufzeichnung von Susmans Werk ist der von Barbara Hahn erarbeiteten Internetseite www.margaretesusman.com und dem neuesten monographischen Werk von Elisa Klapheck zu entnehmen. *Cf.* E. Klapheck, *Margarete Susman und ihr jüdischer Beitrag zur politischen Philosophie*, Berlin, Hentrich & Hentrich Verlag, 2014, S. 378-400.

Martin Buber, Gustav Landauer, Stefan George und in ihren letzten
Lebensjahren – Paul Celan. Viele von den genannten Persönlichkeiten
bildeten die sogenannte Jüdische Renaissance, eine Strömung am
Anfang des 20. Jahrhunderts, die das Jüdisch-Sein und Deutsch-Sein
zu verbinden suchte[34]. Dem Werk von Susman schreibt die schon im
Kontext der Rühle-Gerstel-Studien zitierte Ingeborg Nordmann eine
„Zwischenstellung" zu. Die Essayforscherin versteht darunter einen
Raum zwischen den Kulturen, der deutschen und der jüdischen,
zwischen Philosophie und Literatur, Theorie und Dichtung sowie
Alltag und Geschichte[35]. Diese Phänomene vermag Susman dank der
Kunst der Dialogführung zu vereinigen. Eine ausschlaggebende Rolle
spielen dabei Fragen, die vom geistigen Potenzial des ‚Fragenden' haben
Zeugnis ablegen sollen[36]. Auch bei Simmel lässt sich eine dialogische
Haltung erkennen, da er im Essay nicht auf die Dialektik setzt, so
Müller-Funk, sondern auf eine Denkbewegung, die danach strebt, „im
Medium der Sprache, Relationen zu stiften"[37]. Susmans und Simmels
Texte weisen auf diesem Gebiet viel Gemeinsames auf – beide zielen
auf einen Kompromiss, eine ‚mittlere' Lösung ab.

Susmans Dialogbereitschaft kommt in vielen ihrer Essays vor. Im
vorliegenden Artikel soll die Abhandlung *Vom Sinn unserer Zeit* aus
der Sammlung *Vom Geheimnis der Freiheit*[38] analysiert werden. Es wird

---

34 *Cf. ibid.*, S. 28-36.

35 I. Nordmann, *op. cit.*, S. 368.

36 Der Dialog spielt in der jüdischen Tradition eine bedeutende Rolle. Vollends transparent
wurde dessen ästhetische Komplexität und Wirksamkeit schon im Talmud, wo der Dialog
zum bevorzugten Mittel der Darstellung von Rabbinerlehren wurde. Solche jüdischen
Denker wie z. B. Martin Buber oder Franz Rosenzweig griffen diese Form häufig auf,
um ihren Werken eine entsprechende Aussagekraft zu verleihen. *Cf.* J.J. Laschke, „*Wir
sind eigentlich, wie wir sein möchten, und nicht so wie wir sind". Zum dialogischen Charakter
von Frauenbriefen Anfang des 19. Jahrhunderts, gezeigt an den Briefen von Rahel Varnhagen
und Fanny Mendelssohn*, Frankfurt a.M., Lang, 1988, S. 25.

37 W. Müller-Funk, *Henkel, Brüche und Tür. Ein kurzer Kommentar zu Georg Simmels Essayismus*,
in: *Essay und Essayismus, op. cit.*, S. 34.

38 Die Sammlung umfasst Susmans Texte aus den Jahren 1914-1964. *Cf.* M. Susman,
Vom Geheimnis der Freiheit, hrsg. von M. Schlösser, Darmstadt/Zürich, Agora, 1965. Der
Essay *Vom Sinn unserer Zeit* ist 1931 entstanden und wurde zuerst beim Gottesdienst vor
der jüdischen Reformgemeinde Berlin am 26. April 1931 vorgetragen, anschließend
gedruckt in „Mitteilungen der jüdischen Reformgemeinde Berlin" vom 1. Juli 1931.
Cf. E. Klapheck, *Margarete Susman politisch gelesen*, in: *Das Judentum kann nicht definiert
werden. Beiträge zur jüdischen Geschichte und Kultur*, hrsg. von R. Boschki, R. Buchholz,
Berlin, LIT, 2014, S. 203-214, hier: S. 212.

in ihr nämlich der Versuch unternommen, die existenzielle Krise der
Nachkriegszeit, der Weimarer Republik und des herumgeisternden
Nationalsozialismus überwinden zu wollen. Von den ersten Zeilen
dieses Essays an zeigt sich Susmans Umgangsweise mit ihrem Wissen,
ihren Erfahrungen und die Notwendigkeit von deren Verarbeitung.
Kennzeichnete die Skepsis und das mangelnde Vertrauen zu den
Menschen die Essayistik ihrer Zeitgenossen, so bezweifelt Susman
die Fähigkeiten der Menschen keineswegs und formuliert die hof-
fnungsvolle Ansicht, „der Mensch sei das einzige Lebewesen, das
nach dem Sinn des Lebens fragt"[39]. Es ist zu betonen, dass sie diese
These in ihren weiteren Ausführungen weder zu bestreiten sucht,
noch ihre Richtigkeit bestätigt. Eine geduldige Lehrerin spielend,
erklärt sie jene Mechanismen, die den gegenwärtigen Menschen in
den Abgrund gestoßen haben, aus dem heraus er jetzt nach dem
Sinn des Lebens fragt. Die Zivilisationskrise, die Entwicklung der
Technik, das Zerreißen des Bandes „zwischen Mensch und Mensch"[40]
sind nach Susman jene Faktoren, die den Menschen so verändert
haben, dass er „sich nicht mehr in dem Nächsten erkennt und nicht
mehr weiß, wer er selbst ist"[41]. Trotzdem lässt diese Krisensituation
kein Zurückschauen zu, denn „die Vergangenheit ist voll von unseren Sünden; die Zukunft liegt rein und fleckenlos vor uns. In der
Vergangenheit sind wir bestimmt und gebunden; die Zukunft ist
das Reich unserer Freiheit"[42]. Deswegen erkennt die Essayistin die
Chance für die neue Menschheit in der Religion, im Judentum und
dem Streben nach der Gottähnlichkeit:

> In der aufrufenden Weisung an die Zukunft liegt darum das ganze gewaltige
> Ethos des Judentums, in ihr wird der Mensch aufgerufen zu sich selbst,
> nicht zu dem, was er ist, was er geworden ist, sondern zu dem, was er *sein
> kann*, was er *sein soll*. Denn was er sein soll – das ist unverrückbar, uner-
> schütterlich für alle Zeiten in der Zukunft festgelegt. Aber nicht auf nahe
> Zukunft, überhaupt nicht auf eine zeitlich bestimmbare Zukunft dürfen
> wir den Blick richten, um den Menschen in seiner Freiheit zu finden –,
> sondern wir müssen ihn richten auf die unendlich ferne Zukunft des ganzen
> Menschengeschlechts. Am Ende der Zeiten steht das Urbild und Vorbild

---

39 M. Susman, *Vom Sinn unserer Zeit*, in: eadem, *op. cit.*, S. 3-14, hier: S. 3.
40 *Ibid.*, S. 6.
41 *Loc. cit.*
42 *Ibid.*, S. 7.

des Menschen, zu dem Gott ihn am Anfang berufen hat, indem er ihn nach seinem Bilde schuf. Das ewig eine unverrückbare Ziel des Menschen ist der Mensch als Ebenbild Gottes[43].

Die in dem zitierten Auszug vertretene Ansicht scheint an eine bestimmte Adressatengruppe gerichtet zu sein, nämlich an die gläubigen Juden. Susman hebt aber mit einer neuen Frage den Eindruck des begrenzten Empfängerkreises und der Finalität ihres Diskurses auf. Durch eine in Wir-Form gestellte Frage zieht sie alle Vertreter der Menschheit in ihre Überlegungen mit ein und lädt sie *quasi* zum gemeinsamen Durchwandern von Epochen ihrer Entwicklung ein. Daher erlaubt ihre Haltung keine Stagnation, kein Warten, sondern sie impliziert einen neuen Weg – den der Wahrheit, der Freiheit und des Friedens. Alle drei sind für Jedermann bestimmt, denn sie bieten, unabhängig vom Glauben oder politischer Gesinnung, einen universellen Wegweiser, was die Essayistin abschließend hervorhebt:

> In diesem Sinne führen auch die Wege des Gott-losen zum Reich Gottes, weil sie die Überwindung des Chaos bedeuten, das ja nichts anderes ist als das Erkalten der Liebe in den menschlichen Herzen. Das Zerreißen der Fäden zwischen Mensch und Mensch, das Taub- und Blindwerden der Menschen füreinander, die wachsende schauerliche Beziehungslosigkeit ist das eigentliche Nichts, das Chaos selbst[44].

Ähnlich wie Alice Rühle-Gerstel bemüht sich auch Margarete Susman, ihren Essay mit einer Pointe, einer Lösung zu beenden. Diese nimmt die Gestalt eines schwebenden Gottes an, der durch seine Worte und Taten „das Chaos zur Schöpfung"[45] werden lässt. Solch ein Vorhaben lässt die Frage erheben, worin eigentlich der dialogische Charakter von Susmans Essay und ihrem Umgang mit Wissen besteht? Ingeborg Normann bringt dieses Phänomen auf den Punkt, indem sie das Verdienst der Autorin darin erblickt,

> jeweils entlang der Besonderheit eines Textes, einer philosophischen oder politischen Fragestellung, konkrete Formen der Auseinandersetzung zu entwickeln, die sowohl der ‚Bahn des Gegenstandes' (Walter Benjamin) zu folgen vermögen als auch Spielraum für das eigene Urteil lassen. Dieses dialogische

---

43 *Loc. cit.*
44 *Ibid.*, S. 14.
45 *Loc. cit.*

Vermögen, das der Versicherung einer gemeinsamen Wahrheit nicht bedarf, hat Margarete Susman mit der anderen Art, als Jüdin zur abendländischen Kultur zu gehören, in Zusammenhang gebracht[46].

Renata DAMPC-JAROSZ
Schlesiche Universität in Katowice

---

46 M. Susman, „*Das Nah- und Fernsein des Fremden*". *Essays und Briefe*, hrsg. von I. Nordmann, Frankfurt a.M., Jüdischer Verlag, 1992. Zit. nach http://www.margaretesusman.com/fremdbewegen_Nordmann.htm (Zugriff: 28.04.2017).

BIBLIOGRAFIE

ADORNO, Theodor W., *Der Essay als Form*, in: idem, *Noten zur Literatur*, hrsg. von R. Tiedemann, Frankfurt a.M., Suhrkamp, 1991, S. 9-33.

BEST, Otto F., *Handbuch literarischer Fachbegriff. Definitionen und Beispiele*, Frankfurt a.M., Fischer Taschenbuch, 1994, S. 162 *sq.*

BOURDIEU, Pierre, *Die männliche Herrschaft*, Frankfurt a.M., Suhrkamp, 2013.

Essay und Essayismus. Die deutschsprachige Essayistik von der Jahrhundertwende bis zur Postmoderne, hrsg. von S. Leśniak, Gdańsk, Wydawnictwo Uniwersytetu Gdańskiego, 2013.

Essays berühmter Frauen. Von Else Lasker-Schüler bis Christa Wolf, hrsg. von M. Gerhardt, Frankfurt a.M. / Leipzig, Insel, 1987.

FRIEDRICH, Jutta, *Alice Rühle-Gerstel (1894-1943): eine in Vergessenheit geratene Individualpsychologin*, Würzburg, Königshausen und Neumann, 2012.

FRIEDRICH, Margret, *„Ein Paradies ist uns verschlossen…"Zur Geschichte der schulischen Mädchenerziehung in Österreich im „langen" 19. Jahrhundert*, Wien/Köln/Weimar, Böhlau, 1999.

JANDER, Simon, *Die Poetisierung des Essays: Rudolf Kassner, Hugo von Hofmannsthal, Gottfried Benn*, Heidelberg, Winter, 2008.

KLAPHECK, Elisa, *Margarete Susman politisch gelesen*, in: *Das Judentum kann nicht definiert werden, Beiträge zur jüdischen Geschichte und Kultur*, hrsg. von R. Boschki, R. Buchholz, Berlin, LIT, 2014, S. 203-214.

KLAPHECK, Elisa, *Margarete Susman und ihr jüdischer Beitrag zur politischen Philosophie*, Berlin, Hentrich & Hentrich Verlag, 2014.

KUTZ, Wolfgang, *Der Erziehungsgedanke in der marxistischen Individualpsychologie. Pädagogik bei Manès Sperber, Otto Rühle und Alice Rühle-Gerstel als Beitrag zur Historiographie tiefenpsychologisch geprägter Erziehungswissenschaft*, Bochum, Schallwig Verlag, 1991.

LASCHKE, Jutta Juliane, *„Wir sind eigentlich, wie wir sein möchten, und nicht so wie wir sind". Zum dialogischen Charakter von Frauenbriefen Anfang des 19. Jahrhunderts, gezeigt an den Briefen von Rahel Varnhagen und Fanny Mendelssohn*, Frankfurt a.M., Lang, 1988.

LOZZI, Giuliano, *Margarete Susman, E i saggi sul femminile*, Firenze, University Press, 2015.

MIKOTA, Jana, *Alice Rühle-Gerstel: ihre kinderliterarischen Arbeiten im Kontext der Kinder- und Jugendliteratur der Weimarer Republik, des Nationalsozialismus und des Exils*, Frankfurt a.M. / Berlin / Bern, Lang, 2004.

MÜLLER-FUNK, Wolfgang, *Die Dichter der Philosophen. Essays über den Zwischenraum von Denken und Dichten*, München, Fink, 2013.

MÜLLER-FUNK, Wolfgang, *Henkel, Brüche und Tür. Ein kurzer Kommentar zu Georg Simmels Essayismus*, in: *Essay und Essayismus. Die deutschsprachige Essayistik von der Jahrhundertwende bis zur Postmoderne*, hrsg. von S. Leśniak, Gdańsk, Wydawnictwo Uniwersytetu Gdańskiego, 2013, S. 30-36.

NORDMANN, Ingeborg, *Nachdenken an der Schwelle von Literatur und Theorie. Essayistinnen im 20. Jahrhundert*, in: *Deutsche Literatur von Frauen*, hrsg. von G. Brinker-Gabler, München, Beck, 1988, Bd. 2, S. 364-379.

RÜHLE-GERSTEL, Alice, *Das Frauenproblem der Gegenwart. Eine psychologische Bilanz*, Leipzig, Hirzel 1932.

SCHULZ, Kristina, *Die Schweiz und die literarischen Flüchtlinge: (1933-1945)*, Berlin, Akademie Verlag, 2012, S. 154-166.

SEEBAUER, Renate, *Frauen, die Schule machten*, Wien/Berlin, LIT, 2007.

SUSMAN, Margarete, *„Das Nah- und Fernsein des Fremden". Essays und Briefe*, hrsg. von I. Nordmann, Frankfurt a.M., Jüdischer Verlag, 1992.

SUSMAN, Margarete, *Ich habe viele Leben gelebt. Erinnerungen*, Stuttgart 1964, in: www.margaretesusman.com/bibliographie.

SUSMAN, Margarete, *Vom Geheimnis der Freiheit*, hrsg. von M. Schlösser, Darmstadt/Zürich, Agora, 1965.

SUSMAN, Margarete, *Vom Sinn unserer Zeit*, in: ead.: *Vom Geheimnis der Freiheit*, hrsg. von M. Schlösser, Darmstadt/Zürich, Agora, 1965, S. 3-14.

WEISSENBERGER, Klaus, *Der Essay*, in: idem, *Prosakunst ohne Erzählen. Die Gattungen der nichtfiktionalen Kunstprosa*, Tübingen, Niemeyer 1985, S. 105-124.

ZIMA, Peter V., *Essay/Essayismus. Zum theoretischen Potential des Essays. Von Montaigne bis zur Postmoderne*, Würzburg, Königshausen und Neumann, 2012.

REDNERINNEN IN DER ERSTEN HÄLFTE DES 20. JAHRHUNDERTS

Eine rhetorische Analyse

„Seht mich, Männer der Heimat, / Gehen den letzten Weg, / Schauen zum letzten Mal der Sonne / Leuchten und niemals mehr"[1]. So wendet sich Sophokles' Antigone an ihre Stadt, bevor sie zum Tode verurteilt wird, weil sie gegen das Gesetz des Königs rebelliert. Antigone könnte man als eine der wenigen Frauen aus der Antike betrachten, die eine öffentliche Rede vor ihrer Stadt gehalten haben. Mit ihrer Aussage „Ich sage, dass ich's tat, und leugne nicht"[2], die von Judith Butler als Beispiel für die performative Kraft des Sprechaktes angeführt wird[3], bejaht sie zweimal, das Gesetz missachtet und – gegen den Willen Kreons – ihren Bruder Polyneikes begraben zu haben. Rhetorisch gesehen spricht sie nach Butler die (männliche) Sprache der Macht und wird aus diesem Grund von Kreon zum Tode verurteilt. Auf diese Weise wird das Wort Antigones durch ein Handeln ergänzt, denn ihr „Tun sprachlich zu verkünden, bedeutet in gewissem Sinne, es zu vollenden, und markiert den Moment ihres Einbezogenseins in den Hybris genannten männlichen Exzeß"[4].

Laut Butler, deren Konzeption des performativen hauptsächlich von Michel Foucault geprägt ist, schaffen Sprechakte eine politische Wirklichkeit, die Antigone nicht nur in ihrer Auseinandersetzung mit Kreon sondern auch später in einer Rede an ihre Stadt zum Ausdruck bringt. Nachdem sie zum Tode verurteilt wird, wendet sich Antigone nämlich an ihre Mitbürger und hält eine schlagende Rede, in der sie

---

1   Sophokles, *Antigone*, übers. von W. Kuchenmüller, Stuttgart, Reclam, 2000, V. 806-808, S. 38.
2   *Ibid.*, V. 443, S. 22.
3   *Cf.* J. Butler, *Antigones Verlangen: Verwandtschaft zwischen Leben und Tod*, Frankfurt a.M., Suhrkamp, 2001, S. 102-103.
4   *Ibid.*, S. 26-27.

nicht mehr die Sprache der Macht spricht, sondern ihre Verzweiflung als Frau ausdrückt, weil sie auf ihre Zukunft als Braut und als Mutter verzichten muss: „Kein Brautgesang mir gesungen, / Acherons Braut soll ich werden"[5]; „Unbeweint, ungeliebt, unvermählt / Führen sie mich den beschlossnen Weg"[6].

Von der tragischen Geschichte ausgehend könnte man den Tod Antigones symbolisch als den Beginn des „langen Weg[s] zur Mündigkeit der Frauen" definieren, um eine bekannte Formulierung von Barbara Becker-Cantarino zu verwenden[7], mit der sie die Tatsache betont, dass die Frauen für eine lange Zeit weder zur rhetorischen Ausbildung noch zur politischen Rede Zugang hatten. Aus einer historischen Perspektive spricht die feministische Forschung von einer Sprachlosigkeit bzw. Unmündigkeit der Frauen, um zu unterstreichen, dass bis auf wenige Ausnahmen die deutschen und die europäischen Frauen bis zum Ende des 19. Jahrhundert keine Möglichkeit hatten, als Rednerinnen tätig zu sein.

Wie Regula Venske in ihren „Thesen zu einer feministischen Rhetorik" ausführt, sei „Rhetorik in ihren historischen Ausprägung als Praxis und Theorie eine männliche Disziplin und Wissenschaft"[8]. Seit der Antike versteht man unter Rhetorik die Art und Weise, wie ein Mann sich im öffentlichen Raum über politische bzw. gesetzliche Themen ausdrückt. Eine Kunst, die nur an erwachsene, ausgebildete, wohlhabende Männer gerichtet war und von Quintilian kanonisiert wurde, der in seinem *Institutio Oratoria* den „vir bonus" / den „ethisch guten Mann" zum Vorbild eines guten Redners macht[9]. Die Rhetorik ist im letzten Jahrhundert wieder in den Mittelpunkt des Interesses der Sprachwissenschaft gerückt. Dieses Interesse gründet sich in der Tatsache, dass die Rhetorik den Schnittpunkt zwischen Linguistik, Literatur- und Kulturwissenschaft darstellt und Gegenstand transversaler und interdisziplinärer Untersuchung sein kann.

Im vorliegenden Beitrag möchte ich mich darauf beschränken, den Zusammenhang zwischen der Mikroebene der Stilistik (der Frage also:

---

5   Sophokles, *op. cit.*, V. 814-815, S. 38.

6   *Ibid.*, V. 876-877, S. 40.

7   *Cf.* B. Becker-Cantarino, *Der lange Weg zur Mündigkeit: Frau und Literatur (1500-1800)*, Stuttgart, Metzler, 1987.

8   R. Venske, „Thesen zu einer feministischen Rhetorik", *Rhetorik. Ein internationales Jahrbuch*, Bd. 4, 1985, S. 149-158, hier: S. 149.

9   *Cf.* L. Tonger-Erk, *Körper und Geschlecht in der Rhetoriklehre*, Berlin, De Gruyter, 2012.

wie werden Sprechakte durchgeführt?) und der Geschlechterforschung aus poststrukturalistischer Sicht zu thematisieren, die Geschlecht/gender als performative und rhetorische Handlungen analysiert: „Weiblichkeit ist keine natürliche Kategorie, sondern eine rhetorische"[10]. Man fragt sich dabei nicht nur, wie Frauen und Männer rhetorisch dargestellt werden können, sondern auch was für eine kulturelle, politische und geschlechtliche Spezifität sie in bestimmten Kontexten erzeugen, in denen sie als rhetorische Subjekte auftreten.

Im germanistischen Kontext ist das Verhältnis zwischen Geschlecht und Rhetorik in den letzten Jahrzehnten u. a. von Forscherinnen wie Bettine Menke, Doerte Bischoff, Lily Tonger-Erk und Martina Wagner-Egelhaaf[11] untersucht worden, auf die ich – indirekt zumindest – hier Bezug nehmen werde. Es wird dabei zu fragen sein, welche rhetorischen Strategien einige Rednerinnen, die in der ersten Hälfte des 20. Jahrhunderts in Deutschland tätig waren, entwickelt haben.

Von diesem theoretischen Ansatz ausgehend werde ich Ausschnitte aus Reden von drei Frauen vergleichend analysieren: der Essayistin, Dichterin und Kulturwissenschaftlerin Margarete Susman (1872-1966); der Gründerin des jüdischen Frauenbundes und Frauenrechtlerin Bertha Pappenheim (1859-1936); sowie der Nobelpreisträgerin und Vertreterin der Friedensbewegung Bertha von Suttner (1843-1914). Es werden vor allem diese Ausschnitte aus den Reden herangezogen, die den Zusammenhang zwischen Rhetorik und Weiblichkeit am besten ans Licht bringen können.

Susman, Pappenheim und von Suttner haben ihr Leben lang über immer neue Themen vorgetragen, so dass der Spannungsbogen von Problemen, die ihnen am Herzen lagen, sehr breit ist: die Rolle der Frau in der Politik, die Friedensbewegung, die Begriffe von Gewalt, Revolution und Religion. Sie waren in einem deutschsprachigen Raum

---

10 A. Babka, U. Knoll, „Geschlecht erzählen: Zur Rhetorik der Unterbrechung in Herculine Abel Barbins autobiographischen Aufzeichnungen", *Narrative im Bruch. Theoretische Positionen und Anwendungen*, hrsg. von A. Babka, M. Bidwell-Steiner, W. Müller-Funk, Wien, Vienna University Press, 2016, S. 195-222, hier: S. 195.

11 *Cf. Weibliche Rede. Rhetorik der Weiblichkeit. Studien zum Verhältnis von Rhetorik und Geschlechterdifferenz*, hrsg. von D. Bischoff, M. Wagner-Egelhaaf, Freiburg i.B., Rombach, 2003; *Einspruch! Reden von Frauen*, hrsg. von L. Tonger-Erk, M. Wagner-Egelhaaf, Stuttgart, Reclam, 2011; L. Tonger-Erk, „Rhetorik und Gender Studies", *Rhetorik und Stilistik. Ein internationales Handbuch historischer und systematischer Forschung*, hrsg. von U. Fix, A. Gardt, J. Knape, Berlin / New York, De Gruyter, 2009, Bd. 2, S. 881-894.

tätig, wo „die Frau", um Margarete Susman zu zitieren, „ihr Schweigen gebrochen [hat]". Dies ist ein revolutionäres Ereignis: „Wir stehen heute inmitten eines Versuches weiblicher Selbsterkenntnis, wie ihn Europa so noch nicht gesehen hat"[12].

Trotz sehr unterschiedlicher Lebensgeschichten sind Pappenheim, Susman und von Suttner Frauen, in deren Reden die „handelnde Kraft" des Wortes aufzuspüren ist[13]. Anders als die politischen Reden einer Rosa Luxemburg oder einer Clara Zetkin, die an die Partei gerichtet waren, verhalten sich diese Rednerinnen – im Sinne Hannah Arendts – politisch. Ihre Reden sind nämlich mit der Konstruktion ihrer Identitäten tief verbunden und durch eine handelnde Geste geprägt, die sich auf bis dahin kaum verwendete rhetorische Strategien stützt. „Das Politische", so äußert sich Bertha Pappenheim zum Verhältnis von Frauen und Politik, „ist ein Gebiet, auf dem die deutsche Frau vorläufig noch nicht imstande wäre, ihr Recht nützlich zu gebrauchen. Darauf ist uns kein Vorwurf zu machen, denn die Politik ist ein großes, kompliziertes Interessengebiet, dem wir bisher absichtlich fern gehalten wurden [...]"[14]. Von diesem Wort Pappenheims lässt sich ableiten, warum und inwieweit das politische Engagement dieser deutschen Autorinnen und die Entwicklung einer individuellen, weiblichen rhetorischen Strategie zusammenhängen. Es geht dabei um eine Strategie, die eine gewisse „performative" Kraft besitzt, die u. a. an Sophokles' *Antigone* erinnern lässt. Die Themen, über die die drei Rednerinnen sprechen, sind vielfältig, sie zielen aber alle darauf, innere und äußere Transformationen in Gang zu setzen.

Um die Opposition zur kulturgeschichtlichen Sprachlosigkeit bzw. zum Schweigen der Frauen zu thematisieren, hat Bettine Menke in Anlehnung an Paul de Mans *Autobiographie als Maskenspiel* (1979) und im Bereich der feministischen Dekonstruktion auf eine rhetorische Figur hingewiesen, die den Gestus des „eine-Stimme-Gebens" bzw. des „des Gebens und Nehmens

---

12 M. Susman, „Das Frauenproblem in der gegenwärtigen Welt"(1926), *Das Nah- und Fernsein des Fremden*, hrsg. von I. Nordmann, Frankfurt a.M., Jüdischer Verlag, 1996, S. 143-167, hier: S. 143.

13 Hier beziehe ich mich auf Hannah Arendts Konzept des „handelnden Wortes", das die Denkerin in ihrer wohlbekannten Publikation *Vita Activa oder vom tätigen Leben* als Basis einer Konstruktion der menschlichen Identität versteht und als Ausgangspunkt des politischen Handelns ausführlich darstellt. *Cf.* H. Arendt, *Vita Activa oder vom tätigen Leben*, München, Piper, 2010, S. 213-215.

14 B. Pappenheim (P. Berthold), „Eine Frauenstimme über Frauenstimmrecht" (1887), *Zeitungsartikel*, Hamburg, Tredition, 2011, S. 9-12, hier: S. 11.

von Gesichtern und Stimmen"[15] zum Ausdruck bringt: Es geht um die
Prosopopöe, eine Trope, die aus dem griechischen προσωποποιία stammt
und die Begriffe „Person, Maske, Rolle" (πρόσωπον) und „schaffen, machen,
verfertigen" zusammenbringt[16]. Die Prosopopöe wird oft von Margarete
Susman und Bertha Pappenheim in ihren Reden verwendet, um ihre
Stimmen als Frauen hören zu lassen und von den anderen Frauen gehört zu
werden. In diesem Zusammenhang verstehen sie sich quasi als Sprachrohr
aller Frauen oder aller Jüdinnen, wie in den folgenden Reden zu sehen ist:

> So sehe ich zwischen den aufrechten Bekennerinnen der Frauen der drei
> Konfessionen einen Wechselstrom höchsten menschlichen Wollens, und
> wir Jüdinnen wollen den unsrigen der drei Ringe, der noch die alte Kraft
> bewährt „vor Gott und Menschen angenehm zu machen" in dieser Zuversicht
> vertrauensvoll bewahren[17].
>
> Wir deutsche Frauen waren bisher noch weit weniger politisch, als es die
> deutschen Männer waren [...]. Hier steht den Frauen der unmittelbarste
> Zugang zur Revolution offen. Nicht nur, weil die Liebe die Stelle ist, die
> der Krieg am tiefsten in ihnen verwundet hat – sondern auch, weil dies das
> Wort ist, auf das jede echte Frau wie auf das erste flammende Signal aus
> einer besseren Welt hört[18].

Die Prosopopöe Susmans besitzt einerseits eine starke politische
Konnotation, andererseits ist sie nach der Regel des rhetorischen *ornatus*
mit zahlreichen Metaphern beladen[19]. Es sind die Tropen, die den Stil
der Rednerin reicher machen, wie in einer Rezension über Susmans
Vorträge aus dem Jahre 1930 betont wird: „Den Zauber des gesprochenen

---

15 A. Babka, „,… und dem erschütteten Herzen ein einziges Wort abringen…' – zur Frage
    (auto)biographischer und/oder fiktionaler Identitätsentwürfe", *Autobiographische Diskurse
    von Frauen (1900-1950)*, hrsg. von M. Bascoy, L. Silos Ribas, Würzburg, Königshausen
    & Neumann, 2017, S. 75-86.

16 *Cf.* B. Menke, „Verstellt – Der Ort der Frau", *Dekonstruktiver Feminismus. Literaturwissenschaft
    in Amerika*, hrsg. von B. Vinken, Frankfurt a.M., Suhrkamp, 1992, S. 436-476.

17 B. Pappenheim, „Die Frau im kirchlichen und religiösen Leben", *Einspruch! Reden von Frauen*,
    hrsg. von L. Tonger-Erk, M. Wagner-Egelhaaf, Stuttgart, Reclam, 2011, S. 61-75, hier: S. 75.

18 M. Susman, „Die Revolution und die Frau" (1918), *Das Nah- und Fernsein des Fremden*,
    hrsg. von I. Nordmann, *op. cit.*, S. 117-139, hier: S. 117.

19 Laut dem Aristoteles-Schüler Theophrast gehört das Paar *ornatus* (Schmuck) und *aptum*
    (Angemessenheit) zu den vier Begriffskategorien, die eine Rede (*elocutio*) charakterisieren
    sollten. In seinem Werk *Institutio Oratoria* definiert Quintilian den *ornatus* als die Entfaltung
    vom ästhetischen Gefallen einerseits (*gratia*) und von der rhetorischen Wirkung (*vis*)
    andererseits. Eine zentrale Rolle spielt die Frage nach dem *ornatus* in Ciceros *De Oratore*,
    in dem u. a. die Verwendung der Metapher thematisiert wird. *Cf.* Th. Schirren, „Figuren
    im Rahmen der klassischen Rhetorik", *Rhetorik und Stilistik*, *op. cit.*, Bd. 2, S. 1459-1485.

Wortes noch in der Erinnerung und die Klangfülle ihrer dunklen Stimme noch im Ohr, verfällt man [...] dem Bilderreichtum ihrer Sprache und ihrer Gestaltungskraft"[20]. Die Kraft der Metapher (die laut Paul de Man „sont beaucoup plus tenaces que les faits"[21]) wird am folgenden Zitat aus Susmans *Revolution und die Frau* deutlich, in dem die Autorin eine aktivere Teilnahme der Frauen an der Politik fordert:

> Das innerste Menschliche, das freie Gewissen konnte die mächtige Umschnürung mit Vorläufigem nicht zersprengen; denn es war noch nicht erstarkt durch das, was ihm allein zu sich selber helfen kann: die *Erziehung* zur Freiheit. So blieben die Frauen eine dumpfe tragende Masse, auf deren Rücken sich all das Grauenvolle abspielte, und das einzige, worin ihr Weh und ihre Gewissensnot sich äußerte, waren Tränen. Aber diese Tränen haben sie einen gewaltigen Ruck vorwärtsgetriebenen zur Politisierung[22].

Durch die starke Metapher der Handlangerin und die Synekdoche der Tränen, die für das Leiden aller Frauen stehen, stellt Susman die Verwandlung der Frauen empathisch dar. Auch in den Reden Pappenheims wird eine Rhetorik der Prosopopöe verwendet, sie wird aber oft zum Widerhall einer jüdischen weiblichen Überlieferung, die teilweise verlorengegangen ist. Man würde hier von einer Rhetorik des Echos sprechen, in dessen Zusammenhang Gerüchte, Stimmen, Echos aus einer mündlichen jüdischen weiblichen Tradition aufgerufen werden[23]. Als „Idealistin und Pragmatikerin" ist in Pappenheims Reden die „einzigartige Verbindung zwischen Feminismus, Sozialarbeit und jüdischer Religion"[24], wie Elisa Klapheck und Lara Dämmig bemerken, wieder auffindbar:

> Nach der alten traditionell-jüdischen Auffassung handelt es sich, wenn von der Frau gesprochen wird, immer nur um die verheiratete Frau, [...]. Die Frau ist die Trägerin, Hüterin und Erhalterin des Volkes, und nur insofern sie dieser ihr

---

20   I. Britschgi-Schimmer, „Margarete Susman. Frauen der Romantik", *Jüdische Rundschau*, 13, 1930, S. 89.

21   P. de Man, *Allégories de la lecture. La langage figuré chez Rousseau, Nietzsche, Rilke et Proust*, Paris, Éditions Galilée, 1989, S. 26.

22   M. Susman, „Die Revolution und die Frau", *op. cit.*, S. 118.

23   Meine Analyse geht vom folgenden Beitrag aus: B. Menke, „Rhetorik der Echo. Echo-Trope, Figur des Nachlebens", *Weibliche Rede. Rhetorik der Weiblichkeit. Studien zum Verhältnis von Rhetorik und Geschlechterdifferenz*, *op. cit.*, S. 135-159.

24   E. Klapheck, L. Dämmig, „Bat Kol – Die Stimme der Bertha Pappenheim", B. Pappenheim, *Gebete/Prayers*, hrsg. von E. Klapheck, L. Dämmig, Berlin, Hentrich&Hentrich, S. 7-21, hier: S. 16.

ureigentümlichen Aufgabe, die die Grundlage für die Verheißung des Fortbestandes des Volkes Israel ist, gerecht wird, tritt sie in ihre volle Bedeutung ein[25].

In der Rhetorik des Echos, die laut Bettine Menke „die Figur einer nachträglichen An/Abwesenheit"[26] ist und „das Gegenmodell zur Autorschaft"[27] darstellt, geht es um eine ferne doch immerhin tradierte Vielstimmigkeit, die über die eigene Rede hinausgeht und im Falle Pappenheims eine jüdisch-weibliche Sprache fördert.

An wen wenden sich Susman und Pappenheim? Worin besteht ihr illokutionärer Akt? Beiden beharren auf einem „Wir: Wir Frauen" bzw. „Wir jüdische Frauen", einer Art Verallgemeinerung also, die in den männlichen Reden nicht üblich ist. Es geht um eine Wiederholung, die man gewiss auf die Konstruktion einer gemeinsamen Identität beziehen könnte, die aber auch mit einer Rhetorik des Privaten zu tun hat, um eine Definition von Regula Venske aufzugreifen[28]. Susman und Pappenheim wenden sich in den Vorträgen, die sie anlässlich öffentlicher Frauendemonstrationen (Susman) oder Versammlungen des jüdischen Frauenbundes (Pappenheim) hielten, nur an die Frauen, die ihnen nah sind bzw. ihnen nah zu sein scheinen, als ob sie Teil einer gemeinsamen, einzigen Gruppe wären. In diesem Zusammenhang entwickelt sich eine Rhetorik der Differenz, die oft entweder implizit oder explizit gegen die Männer gerichtet ist. Infolgedessen löst sich ein Konflikt aus, der typisch für die frauenemanzipatorische Bewegung ist und rhetorisch gesehen auf einer Verteidigung und auf einer Opposition Mann/Frau basiert:

> Wir jüdischen Frauen müssen auch Lob und Tadel, Huldigung und Verurteilung unseres Geschlechtes, wo sie uns als Destillat einer ungeheuren Aufhäufung von Literatur entgegengebracht werden, widerspruchslos hinnehmen, so wie sie durch die Brille der männlichen Schriftgelehrten und Forscher je nach deren Ansicht und vielleicht auch durch persönliche Erfahrungen gefärbt, aus den jüdischen Schriftwerken herausgelesen werden[29].

Anders als Susman und Pappenheim, die sich an eine allgemeine Gruppe von Frauen wenden, ist die Rede *Aus der Werkstatt des Pazifismus*

---

25 B. Pappenheim, „Die Frau im kirchlichen und religiösen Leben" (1912), *Einspruch! Reden von Frauen*, op. cit., S. 63-75, hier: S. 68.
26 B. Menke, „Rhetorik der Echo", op. cit., S. 147.
27 *Ibid.*, S. 153.
28 R. Venske, „Thesen zu einer feministischen Rhetorik", op. cit., S. 51.
29 B. Pappenheim, „Die Frau im kirchlichen und religiösen Leben", op. cit., S. 67.

von Bertha von Suttner nicht nur an Frauen gerichtet, sondern an eine
offene, nicht explizit weibliche, sondern heterogene Zuhörerschaft, die
die Rednerin zugegebenermaßen nicht kennt. Solcher Offenheit liegt
das Vorhaben Suttners zugrunde, ihr Publikum nicht zu kategorisieren:

> Doch ehe ich damit beginne, möchte ich mich ein wenig mit jenen aus der
> geehrten Zuhörerschaft auseinandersetzen – und ich fürchte, es ist die große
> Mehrzahl – die sich im Stillen fragen: Wie kann man bei der gegenwärtigen
> Weltlage überhaupt vom Frieden sprechen[30]?

Von Suttner, eine erfahrene Rednerin und Freidenkerin, die im Jahre 1891
die erste Frau gewesen war, die auf einem International Friedenskongress
vortrug, kommentiert ihre Erfahrung als Rednerin wie folgt:

> Einen Augenblick lang wollte mich ein Gefühl der Schwäche, wenn ich es so
> nennen darf, beschleichen. War ich doch die erste Frau, die an dieser weltge-
> schichtlichen Stelle eine öffentliche Rede halten sollte. Aber ich sagte mir,
> dass ich im Dienste einer großen Idee stehe, [...]. Ich wollte keine bedeutende
> Rede halten, sondern einfach aussprechen, was ich denke und fühle [...]. Der
> Augenblick aber, wo ich an derselben Stelle, von der aus einst Cicero, Cäsar,
> und Antonius zum römischen Volke sprachen, für die Idee des allgemeinen
> Weltfriedens eintreten durfte, wird mir stets unvergesslich bleiben[31].

Ohne sich von den „prominenten" Männern zu distanzieren, schließt
Bertha von Suttner an die antike Tradition der Rhetorik an und nimmt
sie sich vor, sie fortzusetzen. In dieser Hinsicht trägt sie als selbstbewusste
Frau vor, die in einer Rede verschiedene Sprechakte kombiniert und
eine rhetorische Dynamik erzeugt. Im folgenden Zitat aus der Rede *Aus
der Werkstatt des Pazifismus* reagiert von Suttner auf ein „Hörensagen"
über die anscheinende, klischeeartige Vergeblichkeit der Friedensideale
erstmals mit einer apodiktischen Weigerung, die sie aber dann durch
eine Rhetorik der Bescheidenheit mildert:

> Gar oft muss ich hören: „Ach, geehrte Frau, wie müssen Sie und Ihre Freunde jetzt
> leiden, Ihre schönen Illusionen so grausam vernichtet zu sehen. Es ist wirklich
> traurig... aber [...] es ist schon einmal so; der Krieg ist ein historisches Gesetz
> und Ihre Ideale sind eben weiter nichts als Ideale. Vor der rauhen Wirklichkeit
> müssen Sie die Segel streichen". Nein, wir streichen sie nicht! Die kriegerischen

---

30　B. von Suttner, „Aus der Werkstatt des Pazifismus" (1912), *Einspruch! Reden von Frauen*,
　　op. cit., S. 79-82, hier: S. 80.
31　*Ibid.*, S. 78.

Ereignisse, die uns umtoben und die uns bedrohen, beweisen gar nichts gegen die Postulate der Friedensbewegung – [...]. Wir haben uns geirrt, das geben wir zu. Aber nicht in unseren Prinzipien, sondern in der Einschätzung der zeitgenössischen Zivilisationshöhe und des öffentlichen Gewissens[32].

Es geht also bei Bertha von Suttner um eine öffentliche und offene Rede, in der die Ehrlichkeit der Weigerung („Nein, wir streichen sie nicht!") und die Kraft der Bescheidenheit („Wir haben uns geirrt, das geben wir zu") an die performative Kraft der schon erwähnten Aussage Antigones – „Ich sage, dass ich's tat, und leugne nicht" – erinnern lässt. Die obenerwähnte Rhetorik des Privaten, dieses „wir Frauen", das die Aktivität der Frauen nur auf bestimmte Kontexte beschränkt hat, spielt bei von Suttner keine Rolle. Ihr Fokus liegt darauf, alle zu überzeugen, die der Friedensbewegung mit Skepsis und mit Vorurteilen begegnen. Ob sie ihr Ziel erreicht hat oder nicht, ist eine legitime Frage, die aber mit der großen Resonanz, die Bertha von Suttners Botschaft in der ganzen Welt gefunden hat, mit einem „Ja" zu beantworten ist.

Suttner, Susman und Pappenheim, auf die hier nur kurz und leider nicht detailliert eingegangen wurde, stellen drei paradigmatischen Beispiele von Rednerinnen dar, die dank ihrer Reden in der ersten Hälfte des vergangenen Jahrhunderts einen wichtigen Beitrag zur deutschen und zur internationalen Kulturwissenschaft geleistet haben. Der rhetorischen Vielfältigkeit der analysierten Reden liegen sowohl verschiedene kulturelle und biographische Hintergründe, als auch unterschiedlichen Absichten zugrunde, die sich hinter der Ebene der Stilistik und der Rhetorik verbergen. Die Substanz ihrer Reden, die hier aus einer dekonstruktivistischen Perspektive analysiert wurden, lässt also eine grundsätzliche „Spannung" erblicken, „zwischen dem, was gesagt wird, und dem, was in den Texten, in der Sprache geschieht"[33].

Giuliano Lozzi
Università La Tuscia

---

32 *Ibid.*, S. 81.
33 B. Menke, „Verstellt – Der Ort der Frau", *op. cit.*, S. 439.

BIBLIOGRAFIE

ARENDT, Hannah, *Vita Activa oder vom tätigen Leben*, München, Piper, 2002.

BABKA, Anna; KNOLL, Ursula, „Geschlecht erzählen: Zur Rhetorik der Unterbrechung in Herculine Abel Barbins autobiographischen Aufzeichnungen", *Narrative im Bruch. Theoretische Positionen und Anwendungen*, hrsg. von A. Babka, M. Bidwell-Steiner, W. Müller-Funk, Wien, Vienna University Press, 2016, S. 195-222.

BECKER-CANTARINO, Barbara, *Der lange Weg zur Mündigkeit: Frau und Literatur (1500-1800)*, Stuttgart, Metzler, 1987.

BISCHOFF, Doerte; WAGNER-EGELHAAF, Martina (Hg.), *Weibliche Rede. Rhetorik der Weiblichkeit. Studien zum Verhältnis von Rhetorik und Geschlechterdifferenz*, Freiburg i.B., Rombach, 2003.

BRITSCHGI-SCHIMMER, Ina, „Margarete Susman. Frauen der Romantik", *Jüdische Rundschau*, 13, 1930, S. 89.

BUTLER, Judith, *Antigones Verlangen: Verwandtschaft zwischen Leben und Tod*, Frankfurt a.M., Suhrkamp, 2001.

DE MAN, Paul, *Allégories de la lecture. La langage figuré chez Rousseau, Nietzsche, Rilke et Proust*, Paris, Éditions Galilée, 1989.

KLAPHECK, Elisa; DÄMMIG, Lisa, „Bat Kol – Die Stimme der Bertha Pappenheim", in: Bertha Pappenheim, *Gebete/Prayers*, hrsg. von E. Klapheck, L. Dämmig, Berlin, Hentrich&Hentrich, S. 7-21.

MENKE, Bettine, „Rhetorik der Echo. Echo-Trope, Figur des Nachlebens", *Weibliche Rede. Rhetorik der Weiblichkeit. Studien zum Verhältnis von Rhetorik und Geschlechterdifferenz*, hrsg. von D. Bischoff, M. Wagner-Egelhaaf, Freiburg i.B., Rombach, 2003, S. 135-159.

MENKE, Bettine, „Verstellt – Der Ort der Frau", *Dekonstruktiver Feminismus. Literaturwissenschaft in Amerika*, hrsg. von B. Vinken, Frankfurt a.M., Suhrkamp, 1992, S. 436-476.

PAPPENHEIM, Bertha, „Eine Frauenstimme über Frauenstimmrecht"(1887), *Zeitungsartikel*, Hamburg, Tredition, 2011, S. 9-12.

SCHIRREN, Thomas, „Figuren im Rahmen der klassischen Rhetorik", *Rhetorik und Stilistik. Ein internationales Handbuch historischer und systematischer Forschung*, hrsg. von U. Fix, A. Gardt, J. Knape, Berlin / New York, De Gruyter, 2009, Bd. 2, S. 1459-1485.

SOPHOKLES, *Antigone*, übers. von W. Kuchenmüller, Stuttgart, Reclam, 2000.

SUSMAN, Margarete, „Das Frauenproblem in der gegenwärtigen Welt", *Das*

Nah- und Fernsein des Fremden, hrsg. von I. Nordmann, Frankfurt a.M., Jüdischer Verlag, 1996, S. 143-167.

SUSMAN, Margarete, „Die Revolution und die Frau", *Das Nah- und Fernsein des Fremden*, hrsg. von I. Nordmann, Frankfurt a.M., Jüdischer Verlag, 1996, S. 117-139.

TONGER-ERK, Lily, „Rhetorik und Gender Studies", *Rhetorik und Stilistik. Ein internationales Handbuch historischer und systematischer Forschung*, hrsg. von U. Fix, A. Gardt, J. Knape, Berlin / New York, De Gruyter, 2009, Bd. 2, S. 881-894.

TONGER-ERK, Lily, *Körper und Geschlecht in der Rhetoriklehre*, Berlin, De Gruyter, 2012.

TONGER-ERK, Lily; WAGNER-EGELHAAF, Martina (Hg.), *Einspruch! Reden von Frauen*, Stuttgart, Reclam, 2011.

VENSKE, Regula, „Thesen zu einer feministischen Rhetorik", *Rhetorik. Ein internationales Jahrbuch*, Bd. 4, 1985, S. 149-158.

VON SUTTNER, Bertha, „Aus der Werkstatt des Pazifismus", *Einspruch! Reden von Frauen*, Stuttgart, Reclam, 2011, S. 79-82.

INDEX

RÉSUMÉS

Dorota Babilas, « A Satire on Female Education in Gilbert and Sullivan's comic opera *Princess Ida* (1884) »

L'opéra-comique de Gilbert et Sullivan, *Princess Ida or Castle Adamant* (1884), basé sur le poème de Lord Tennyson *The Princess. A Medley* de 1847, est d'habitude considéré comme une ridiculisation des idées féministes à travers l'image d'une université de femmes. Mais il existe une autre façon de lire cette œuvre, comme un commentaire comique sur le conflit des générations où les jeunes protagonistes s'opposent à leurs parents agressifs et belliqueux.

Christina Bezari, « Vindicating knowledge. Mary Wollstonecraft's defense of female education »

Cet article se concentre sur les idées de Mary Wollstonecraft concernant l'éducation des femmes et sa défense du droit à la participation des femmes du XVIIIe siècle au dialogue public. Il se concentre sur la justification des droits des femmes en réponse aux observations de Jean-Jacques Rousseau sur la femme idéale. Une analyse des salons littéraires permettra de retracer les prémisses du conflit idéologique qui est apparu après la mort de Rousseau en 1778 et a profondément marqué le XVIIIe siècle.

Carole Carribon, « Des femmes de science dans un métier d'hommes. L'Association française des femmes médecins dans l'entre-deux-guerres »

Même si dans le dernier quart du XIXe siècle les Françaises ont finalement eu accès aux études médicales, elles sont restées minoritaires parmi les praticiens lors de la création de l'Association française des femmes médecins. A-t-elle été créée en réponse à cette faible féminisation de la profession médicale ? Dans quelle mesure les centres d'intérêt et les engagements de ses membres ont-ils été influencés par le fait qu'elles étaient des femmes de science dans un métier d'hommes ?

Renata Dampc-Jarosz, « Frauen-Denken. Der weibliche Essay zu Beginn des 20. Jahrhunderts im Zwischenraum von Wissen, Literatur und Leben »

La possibilité de poursuivre des études en sciences a permis aux femmes de découvrir et de s'approprier un genre littéraire : l'essai. L'article se concentre sur la manière d'exploiter ce genre par deux essayistes allemandes – Alice Rühle-Gerstel (1894-1943) et Margarete Susman (1872-1966) – qui y ont mis à profit leurs connaissances acquises au cours de leurs études et à travers leurs contacts avec les scientifiques.

Leopoldo Domínguez, « Die ewige Wiederkehr. Metamorphosen des Mythos von Kirke in der deutsch-argentinischen Literatur »

Dans sa première œuvre littéraire, *Änderungschneiderei Los Milagros* (2008), l'écrivaine argentine María C. Barbetta propose une nouvelle lecture du mythe de Circé et de ses différentes représentations littéraires ou artistiques. Le but de cet article est d'examiner cette version du mythe, surtout par rapport au modèle d'Homère et de Julio Cortázar, en prenant en compte aussi les éléments autobiographiques que l'auteur y a introduits.

Armel Dubois-Nayt, « Marie Stuart dans la Querelle du Savoir »

Cet article examinera la place de Marie Iʳᵉ d'Écosse (1542-1587) dans la défense de l'accès des femmes à la culture, comme à la fois auteur d'une liste de femmes savantes et comme une femme savante elle-même. Il parlera des controverses entourant Marie Stuart en tant que savante et réexaminera la question de l'éducation de la reine à travers la description de son impressionnante bibliothèque.

Loukia Efthymiou, « L'École normale supérieure de Sèvres. Naissance, évolutions, mutations d'une institution de formation professorale féminine sous la IIIᵉ République »

Le présent article propose de reconstituer le début de l'histoire de l'École normale supérieure pour jeunes filles à Sèvres. Il décrit l'évolution des objectifs de la formation des jeunes femmes, les modifications du programme d'enseignement et l'organisation des concours nationaux pour enseignants.

Enfin, il s'intéresse aux changements vers plus d'unification du cadre et des contenus d'enseignement pour les futurs enseignants féminins et masculins.

Joanna GODLEWICZ-ADAMIEC, Paweł PISZCZATOWSKI, « Arm im Geiste? Weibliches Schreiben und literarische Frauenfiguren im deutschen Mittelalter »

L'anthropologie médiévale, ainsi que la loi, percevaient les femmes comme un sexe plus faible, ce qui a conduit à les décrire comme « pauvres en esprit ». Cela implique-t-il l'absence de femmes dans les métiers d'art ou leur manque d'éducation ? Le présent article se concentre non seulement sur la question de l'auctorialité féminine, mais aussi analyse quelques textes épiques médiévaux où un rôle important est joué par des personnages féminins.

Agnieszka JANIAK-JASIŃSKA, Andrzej SZWARC, « Women's history at the University of Warsaw. A review of research »

Des recherches sur l'histoire des femmes et l'histoire des genres à l'université de Varsovie sont menées depuis les années 1990. Elles ont été initiées et dirigées à l'Institut d'histoire par Anna Żarnowska pendant près de vingt ans. La chercheuse a réussi à rassembler de nombreux historiens des centres de recherche en Pologne et à l'étranger intéressés par l'analyse de la position sociale des femmes aux XIXe et XXe siècles.

Monika KULESZA, « Marguerite Buffet, de la grammaire française à la promotion féminine »

L'article propose de décrire les différences entre les *Nouvelles observations sur la langue française [...] avec les Éloges des Illustres Savantes tant anciennes que modernes* de Marguerite Buffet et *Remarques sur la langue française* de Vaugelas pour prouver qu'une excellente connaissance de la langue française était censée aider les femmes à développer leur intellect et les compétences sociales, ce qui devait les aider non seulement à devenir égales avec les hommes, mais aussi à les dépasser.

Nadège LANDON, « Anne-Thérèse de Lambert, une éducatrice cartésienne »

A.-T. de Lambert, mondaine cultivée et familière des théories cartésiennes, présente dans son *Avis d'une mère à sa fille* ses réflexions sur l'éducation des femmes. Connaissant à la fois l'approche de Descartes, la théorie de Poulain de la Barre et la pensée de Malebranche, elle encourage sa fille à surmonter les préjugés et à penser par elle-même. De cette façon, elle lui donne la possibilité d'élargir ses connaissances en fonction de ses capacités naturelles et d'avoir une meilleure connaissance d'elle-même.

Véronique LE RU, « Gabrièle-Émilie de Breteuil, la marquise du Châtelet, une grande Dame savante »

L'objectif de l'article est de présenter le rôle de Gabrielle-Émilie de Breteuil, marquise du Châtelet (1706-1749), dans le développement de la science au siècle des Lumières. Elle a traduit du latin et commenté l'intégralité des *Principia mathematica philosophiae naturalis*. C'est toujours la seule traduction de ce traité de Newton en français. La vie qu'elle partage avec Voltaire à Cirey (1735-1749) renforce le newtonianisme de Voltaire et encourage la marquise à écrire un essai sur le philosophe.

Giuliano LOZZI, « Rednerinnen in der ersten Hälfte des 20. Jahrhunderts. Eine rhetorische Analyse »

L'article s'intéresse à la relation entre rhétorique et genre en Allemagne du début du XXᵉ siècle. La rhétorique était théorisée par les hommes et destinée aux hommes qui ont appris à être de « bons orateurs ». Pourquoi les femmes ne pourraient-elles pas prendre la parole en public ? Les femmes qui l'ont fait ont-elles utilisé des stratégies rhétoriques différentes ? L'article analyse les discours prononcés par trois femmes germanophones : Margarete Susman, Bertha Pappenheim et Bertha von Suttner.

Małgorzata ŁUCZYŃSKA-HOŁDYS, « Attitudes to female education in 19th century English literature written by women. From Jane Austen to Amy Levy »

De nombreux débats éclatent à la fin du XVIIIᵉ siècle et au début du XIXᵉ siècle sur la forme et les objectifs de l'éducation des femmes : quelle éducation leur donner ? Quelle est leur place dans la société ? Devraient-elles voter ? Ces interrogations se reflètent dans la littérature de l'époque. Le présent article est une tentative de mise au point sur les attitudes des écrivaines envers l'éducation féminine en Angleterre à cette période.

Magdalena MALINOWSKA, « Le rôle de la scolarisation des filles dans l'émancipation des femmes algériennes dès l'indépendance jusqu'au XXIᵉ siècle »

Dans cet article, l'auteur suit l'évolution de la situation des filles et des femmes algériennes pour prouver que la scolarisation massive des filles a permis aux femmes d'accéder au travail salarié et elle est devenue ainsi l'une des plus grandes réussites du pays après l'obtention de son indépendance en 1962.

Monika MALINOWSKA, « L'éducation des jeunes filles dans l'ancienne Pologne aux XVIᵉ et XVIIᵉ siècles »

L'article se concentre sur différentes conceptions de l'éducation des filles en Pologne, principalement aux XVIᵉ et XVIIᵉ siècles. Le petit nombre de textes sur cette question, et le fait que les rares textes qui existent ont été écrits par des hommes, en dit long sur l'attitude dominante de cette période. L'article mentionne également quelques lieux d'enseignement où les filles polonaises pouvaient recevoir une éducation.

Monika NOWAKOWSKA, « Mothers, wives and lovers, sometimes spies. The educational needs of women from the perspective of normative (*śāstra*) texts in classical India »

L'article présente les principales caractéristiques de l'éducation féminine dans l'Inde ancienne dans la perspective définie par les trois textes sanskrits normatifs, des *śāstras* (« apprentissage, science »), à savoir *Mānavadharmaśāstra* ou *Manusmṛti*, *Arthaśāstra* et *Kāmaśāstra* ou *Kāmasūtra*. Ces traités révèlent l'attitude de leurs auteurs à l'égard des femmes, tout en définissant trois objectifs de la vie humaine : *dharma* (« loi, moralité »), *artha* (« richesse, pouvoir ») et *kāma* (« désir, plaisirs charnels »).

Schirin NOWROUSIAN, « Breath made thinkable. A reading of the work of Anna Halprin, American dancer, choreographer and performer »

Cet article propose une interprétation du travail d'Anna Halprin, danseuse et chorégraphe américaine, bien connue aux États-Unis pour avoir aboli les frontières entre la danse, le théâtre et la performance. Il analyse aussi le film de Rudi Gerber sur sa vie et son travail, *Souffle de la danse*, où Halprin parle des bouleversements qui se sont produits dans sa vie, et qui a profondément marqué son art.

Aurélie PERRET, « Les débuts de l'enseignement pour filles pauvres dans la France du XVIIᵉ siècle. Traditions historiographiques et travaux en cours »

Cet article analyse l'importance des écoles primaires dans l'espace urbain français au XVIIᵉ siècle et présente les débuts de l'éducation des filles pauvres. Après un rapide survol de l'historiographie du sujet, il parle en grandes lignes du développement de la scolarisation des filles en France moderne et donne l'exemple des écoles caritatives lyonnaises qui semblent constituer une sorte d'archétype de l'éducation des filles de l'Ancien Régime.

Natalie PIGEARD-MICAULT, « Les biographies sur Marie Skłodowska-Curie comme outil de construction des stéréotypes et des idéologies »

L'image de Marie Skłodowska-Curie (1867-1934) en France a beaucoup évolué, pour faire partie de la mémoire collective et devenir une sorte d'icône de la science. La construction de cette image qui a commencé alors que la chercheuse était encore vivante a non seulement eu un impact très important sur l'image véhiculée par ses biographies, mais également sur l'histoire des femmes dans la science.

Magdalena PYPEĆ, « The Beginnings of Higher Education for Women in Victorian Britain. Queen's College in London and its Literary Counterpart in Tennyson's The Princess »

L'article décrit l'histoire de la fondation de Queen's College à Londres en 1848 par Frederick Denison Maurice et tente d'analyser le contexte social et culturel qui explique l'apparition de cette institution. Enfin, il s'intéresse à la manière dont Alfred Tennyson perçoit le Collège et son rôle, et crée son homologue littéraire dans son long poème de 1847 – *The Princess. A Medley.*

Magdalena ROGUSKA, « Women's and Gender Studies in Hungary »

L'article présente l'état actuel de la recherche dans le domaine des études sur les femmes et le genre en Hongrie. Il énumère les universités et les établissements de l'enseignement supérieur hongrois qui proposent des cours sur les femmes et le genre, ainsi que les travaux liés à ces questions dans le domaine des études littéraires, sociologiques, des sciences politiques et de la linguistique. Enfin, il s'interroge sur le développement futur des études sur les femmes et le genre en Hongrie.

Andréa RANDO MARTIN, « Les fées, les femmes et la médecine. La question
    des savoirs féminins dans le *Roman de Perceforest* »

Si certaines femmes du *Roman de Perceforest* ne sont que des personnages
secondaires anonymes, nombreuses sont celles qui acquièrent un nom après
avoir maîtrisé ce que l'auteur définit comme le savoir féminin. Parce que
cette connaissance est en dehors du contrôle masculin, la femme devient une
créature dérangeante, dangereuse, voire diabolique. L'auteur de l'article ten-
tera de racheter ces personnages, en intégrant ces femmes dans le processus
de christianisation que développe le roman.

Michael SOBCZAK, « Rahel Varnhagen in den Briefen Karl August Varnhagens
    an seine Schwester (aus den Jahren 1811-1819) »

Rahel Antonie Friederike Varnhagen (1771-1833) était une écrivaine juive
qui tenait l'un des salons les plus en vue de Berlin à la fin du XVIIIe et au
début du XIXe siècle. Ce salon a permis à Rahel de créer un lieu où les juifs
et les non-juifs pouvaient se voir dans une relative égalité. L'article s'intéresse
à l'image de Rahel Varnhagen dans la correspondance de son mari avec sa
sœur, poète Rosa Maria Assing.

Małgorzata SOKOŁOWICZ, « "Monsieur Ingres ! Ora pro nobis !". La formation
    des femmes-peintres à Paris au tournant du siècle, l'École des beaux-arts
    et l'Académie Julian »

Le présent article étudie la formation des femmes-peintres à Paris au
tournant du XIXe et XXe siècle. Basé sur les journaux écrits par deux femmes
rêvant de devenir peintres professionnels, Marie Bashkirtseff (1858-1884) et
Aline Réveillaud de Lens (1881-1925), il présente les lieux de formation en
peinture les plus importants de Paris : l'École des beaux-arts et l'Académie
Julian.

Martine SONNET, « Les chercheuses de la Caisse nationale des sciences en
    France dans les années 1930. L'insertion immédiate des femmes dans un
    métier neuf »

Les bourses distribuées par la Caisse nationale des sciences (CNS) entre
1931 et 1939 produisent un nouveau type de chercheur, en dehors du système

académique. 15 % des femmes parmi les chercheurs du CNS est une proportion relativement élevée par rapport au petit nombre de femmes diplômées au cours de cette période. L'article propose un portrait collectif des 164 femmes universitaires du CNS qui représentent tous les domaines de la science (sciences exactes et sciences humaines).

Agnieszka SOWA, « Der Erziehungsgedanke in ausgewählten Werken von Amalia Schoppe »

L'article présente l'image de la parentalité dans les œuvres d'Amalia Schoppe (1791-1858), avant tout dans son roman pour enfants *Robinson en Australie* (1843) et dans celui destiné aux adolescentes *Eugénie* (1824). L'objectif de l'article est de montrer les principales valeurs qui devraient selon Schoppe être enseignées aux jeunes. L'auteur s'intéresse également aux opinions sur l'éducation dans sa correspondance privée de Schoppe.

Tomasz SZYBISTY, « Von der Xanthippe zur guten Ehefrau. Agnes Dürer in der deutschsprachigen Prosa des 19. und 20. Jahrhunderts »

L'article analyse les changements des représentations littéraires d'Agnes Dürer dans la prose allemande des XIXe et XXe siècles. À l'époque romantique, en général la femme d'Albrecht Dürer n'avait pas une bonne presse, mais c'est justement à cette époque que cette image peu positive commence à changer, notamment dans les écrits de Léopold Schefer dès 1828. L'image plus humaine, plus vertueuse n'apparaîtra qu'à la fin du XIXe siècle.

Alicja URBANIK-KOPEĆ, « From seamstress to typesetter. A project of vocational schools for women in the Kingdom of Poland (1870-1895) »

L'article analyse le projet d'écoles professionnelles pour les femmes dans le dernier quart du XIXe siècle dans le Royaume de Pologne. Elles ont été conçues pour faire face à l'opposition entre les femmes des classes inférieures et supérieures, offrir aux femmes défavorisées la chance de s'émanciper ou pour devenir un passe-temps à la mode pour les filles des classes supérieures. L'article examine aussi différentes écoles professionnelles et le discours de presse qui entourait leur création.

Włodzimierz ZIENTARA, « Studierende Frauen an deutschen Universitäten an der Schwelle des 19. und 20. Jahrhunderts »

L'histoire des femmes qui entreprennent des études universitaires et même obtiennent un doctorat remonte au XVIIIᵉ siècle, mais cette pratique était exceptionnelle plutôt que régulière. Les sénats des universités allemandes, en particulier en Prusse, étaient très réticents. Au début du XXᵉ siècle, des changements lents ont commencé ; 1914 a marqué un tournant majeur, quand les étudiantes ont acquis un statut égal à celui des étudiants.

LISTE DES RAPPORTEURS

Claudia Albes (Leuphana Universität Lüneburg), Deborah Barton (Université de Montréal), Jean-Philippe Beaulieu (Université de Montréal), Alain Bonnet (Université de Bourgogne), Linda L. Clark (Millersville University of Pennsylvania), Yolande Cohen (Université du Québec à Montréal), Barbara Di Noi (Università degli Studi di Firenze), Ilona Dobosiewicz (Uniwersytet Opolski), Nicole Edelman (Université Paris Nanterre), Frederike Eigler (Georgetown University), Jeanne d'Arc Gaudet (Université de Moncton), Alain Génétiot (Université de Lorraine), Linda Gil (Université Paul-Valéry Montpellier 3), Dominique Gaudineau (Université Rennes 2), Marzena Górecka (Katolicki Uniwersytet Lubelski Jana Pawła II), Ann Heilmann (Cardiff University), Tatjana Kuharenoka (Latvijas Universitāte), Yasemin Karakasoglu (Universität Bremen), Robert Małecki (Uniwersytet Warszawski), Urszula Mazurczak (Katolicki Uniwersytet Lubelski Jana Pawła II), Pierre Moulinier (Groupe d'études et de recherche sur les mouvements étudiants, GERME, Paris), Magdalena Ożarska (Uniwersytet Jana Kochanowskiego w Kielcach), Maja Pawłowska (Uniwersytet Wrocławski), Bernard Ribémont (Université d'Orléans), Dolors Sabate-Planes (Universidade de Santiago de Compostela), László V. Szabó (Panon Egyetem Veszprém), Patricia Touboul (Université Paul-Valéry Montpellier 3), Piotr Ugniewski (Uniwersytet Wrocławski), Monika Wolting (Uniwersytet Wrocławski)

TABLE DES MATIÈRES

TROISIÈME PARTIE

DANS LA CULTURE /
CONSIDERING CULTURE /
UNTERWEGS DURCH DIE KULTUR

QUATRIÈME PARTIE

DANS LA LITTÉRATURE /
CONSIDERING LITERATURE /
UNTERWEGS DURCH DIE LITERATUR